U0903809

建筑工程施工管理技术要点集丛书

建筑结构施工

杨南方　编著

中国建筑工业出版社

图书在版编目（CIP）数据

建筑结构施工/杨南方编著.—北京：中国建筑工业出版社，2004
（建筑工程施工管理技术要点集丛书）
ISBN 7-112-06943-2

Ⅰ.建…　Ⅱ.杨…　Ⅲ.建筑工程—工程施工　Ⅳ.TU74

中国版本图书馆 CIP 数据核字（2004）第 111013 号

建筑工程施工管理技术要点集丛书
建筑结构施工
杨南方　编著
*
中国建筑工业出版社出版、发行(北京西郊百万庄)
新 华 书 店 经 销
北京云浩印刷有限责任公司印刷
*
开本：850×1168 毫米　1/32　印张：22⅞　字数：614 千字
2005 年 2 月第一版　2005 年 2 月第一次印刷
印数：1—5000 册　定价：**37.00** 元
ISBN 7-112-06943-2
TU·6185（12897）
版权所有　翻印必究
如有印装质量问题，可寄本社退换
（邮政编码　100037）
本社网址：http://www.china-abp.com.cn
网上书店：http://www.china-building.com.cn

本书根据国家现行的施工质量验收规范和有关技术标准、规范、规程以及法令，按《建筑工程施工质量验收统一标准》GB 50300—2001规定的分部分项工程，重点介绍地基基础工程、混凝土结构工程、砌体结构工程和钢结构工程中有关施工准备、原材料进场验收、工艺流程标准、施工中结构的安全控制、施工工程质量控制、从检验批至分部工程的验收、成品保护，以及常见质量缺陷与预控制措施等八项主要任务的做法。

本书专供建筑施工现场技术管理人员，质量监控人员应用，也可作为施工技术与管理人员学习参考书。

* * *

责任编辑：黎　钟
责任设计：郑秋菊
责任校对：刘　梅　王金珠

丛书前言

优异的建筑，不仅要有优秀的设计、优质的建材和设备，还要有先进的施工技术、精湛的施工工艺和全程的过程控制。而规范的施工管理则是优异建筑永恒的主题。

改革开放以来，特别是进入21世纪以来，国家对施工管理的改革进一步深化，颁布实施一系列规定，如竣工验收备案制度、见证取样和送检规定等；对有关结构设计和施工质量验收的标准规范本着“验评分离，强化验收，完善手段和过程控制”的方针进行了修订，并于2003年全部实施等。这些规定、标准、规范的实施强化了施工管理工作，同时对施工管理工作提出了新的、更高的要求。

参加工程建设的各方应努力学习国家有关新规定、新标准和新规范等，对工程建设施工管理进一步加强和深化，以适应新形势对施工管理的要求，确保工程建设质量。为此，解放军工程质量监督总站、沈阳军区基建营房部在中国建筑工业出版社支持下，组织有关单位一些具有较高理论水平和丰富实践经验的人员，依据国家近年来颁布实施的结构设计标准、施工质量验收规范和相关的标准、规范、规章、规定等，结合施工中的实际编写了这套要点集丛书。

本套要点集丛书共10本，分别是：

工程项目管理、施工组织设计编制、建筑工程造价管理、新型建筑材料应用、建筑工程质量检验、建筑结构施工、建筑安装施工、建筑装饰施工、房屋防渗漏和施工质量验收。

本套丛书适用于参加工程建设的建设单位、监理单位、施工单位以及质量监督机构和主管部门的有关人员，也可供有关院校教学参考。

本套丛书在编写过程中得到有关专家、教授和同行的大力支持和帮助，在此表示诚挚的感谢！

由于作者水平有限，文中不当之处敬请读者给予斧正。

前　言

建筑是人类创造自己世界的第一个活动，是人类最迫切的需要之一。大自然的伟力将岩块和砂石造成珠穆朗玛高峰，建筑师和建筑工人则以他们的聪明才智和辛勤的汗水将那些石块和砂砾凝聚成一幢幢大厦高楼。在这一幢幢大厦高楼之中，结构是承重的骨架，它的质量的好坏，决定着建筑物的安危；结构的质量是建筑的生命。

一个高质量的建筑结构，不仅要有好的设计、先进的施工技术和方法，更要有出色的施工组织和管理。施工技术管理人员则是建造优异建筑结构的顶梁柱，负责在现场进行质量控制，特别是结构工程质量控制主要工作有八方面内容：一是进行施工准备，创造作业条件；二是对原材料进行进场检查和验收；三是对施工工艺流程和方法有针对性地确定其相应的施工技术标准、规程和措施；四是保证施工过程中结构安全的控制；五是在质量控制过程中依据有关法规、标准和规范检查工程质量；六是依据施工质量验收规范对各分项工程从检验批作为基层的单位开始按层次进行验收，最后对分部(子分部)工程进行验收；七是对建好的成品进行有效保护；八是掌握施工中常见的质量缺陷并采取预控措施。

本书严格根据国家现行的“施工质量验收规范”和有关技术标准、规范、规程以及法令，按《建筑安装工程施工质量验收统一标准》(GB 50300—2001)规定的子分部、分项工程进行分类，重点介绍了地基与基础工程、混凝土结构工程、砌体工程和钢结构工程的上述八方面的监控要点、程序和方法。书末附有“建筑结构检测”的有关内容。

和参加工程建设的各方施工管理人员、工程技术人员、施工人员、质量检查员、监理人员以及工程质量监督人员共同探讨建筑物结构工程施工管理技术要点是本书的初衷。

参加本书编写的有彭尚银、贾丕业、赵立波、张建设、姜晓、姜涛、李仁林、翁兴武、刘继忠、杨元林、刘振州、侯振佳、杨志峰、乔宏、孙建刚等同志。限于编者的学识水平，书中疏漏和不当之处在所难免，恳请读者批评指正，使其日臻完善。

编　者

二〇〇四年八月

目　录

1 地基与基础工程

建筑物地基是基础下面承受建筑物总荷载(包括基础荷载)的土体(岩体)，地基自身不作为建筑物的组成构件。基础是建筑物地面以下的承重构件。由于地基与基础共同作用，在设计与施工中密切相关，所以把地基与基础合为一个分部工程。

建筑施工，是从地基与基础工程开始的。地基与基础工程质量的好坏，关系到上部的结构，也影响到施工进度和工程质量。

1.1 一般规定与术语

1.1.1 地基与基础工程施工特点

(1) 工程量大，劳动繁重。一般的营房建筑地基与基础工程的工程量不小于主体工程的工程量的10%，有的可达30%～40%。某些多层和高层的大型营房建筑，地基与基础工程量较大，且劳动相当繁重。

(2) 施工条件复杂。地基与基础工程施工，不仅受到地质、地形、地下水和气候等条件的影响，而且还因上部结构形式不同，采取的施工方法也不同。

(3) 风险性。由于岩土的非均质性，特别是在复杂条件下场地条件的多变性，有时会严重影响地基与基础工程评价和监控的精度，给地基与基础工程施工管理带来风险性，这就需要采用适当的先进技术进行监控，对复杂重大的地基与基础工程项目(或某个方面)进行科学的周密的验证。

(4) 时效性。由于地基与基础工程的隐蔽性，在其各环节施工过程中，如不及时监控检测，一旦出现质量问题就难以补救，所以地基与基础工程施工的时效性特别强。

（5）综合性。由于地基与基础工程特别是大型复杂工程的地基与基础工程，涉及的专业多种多样，诸如地基与基础工程、工程施工、工程技术经济、工程原位测试以及工程测量、水文地质、环境工程地质等。因此在组建工程管理机构时，须根据工程的规模和复杂程度，配齐适合工程特点要求的工程技术人员。

鉴于地基与基础工程的施工特点，在条件许可情况下，尽可能采用先进的施工技术，采用机械化和半机械化施工。在施工前，做好周密的调查和前期准备工作，制定合理的施工方案。

1.1.2 地基基础工程包括内容

地基基础分部工程，可划分为 9 个子分部工程，共可划分为 61 个分项工程。本章只介绍前 4 个子分部工程有关内容。后 5 个子分部工程见本书相关章内容。具体划分见表 1.1.1。

地基基础分部工程内容划分 **表 1.1.1**

序号	子分部工程	分项工程
1	无支护土方	土方开挖、土方回填
2	有支护土方	排桩，降水、排水，地下连续墙、锚杆、土钉墙、水泥土桩、沉井与沉箱，钢及混凝土支撑
3	地基及基础处理	灰土地基、砂和砂石地基、碎砖三合土地基，土工合成材料地基，粉煤灰地基，重锤夯实地基，强夯地基，振冲地基，砂桩地基，预压地基，高压喷射注浆地基，土和灰土挤密桩地基，注浆地基，水泥粉煤灰碎石桩地基，夯实水泥土桩地基
4	桩基	锚杆静压桩及静力压桩，预应力离心管桩，钢筋混凝土预制桩，钢桩，混凝土灌注桩(成孔、钢筋笼、清孔、水下混凝土灌注)
5	地下防水	防水混凝土，水泥砂浆防水层，卷材防水层，涂料防水层，金属板防水层，塑料板防水层，细部构造，喷锚支护，复合式衬砌，地下连续墙，盾构法隧道；渗排水、盲沟排水，隧道、坑道排水；预注浆、后注浆，衬砌裂缝注浆

续表

序号	子分部工程	分项工程
6	混凝土基础	模板、钢筋、混凝土，后浇带混凝土，混凝土结构缝处理
7	砌体基础	砖砌体，混凝土砌块砌体，配筋砌体，石砌体
8	劲钢(管)混凝土	劲钢(管)焊接，劲钢(管)与钢筋的连接，混凝土
9	钢结构	焊接钢结构、栓接钢结构，钢结构制作，钢结构安装，钢结构涂装

1.1.3 地基与基础工程施工基本要求

(1) 地基与基础工程施工前，必须具备完备的地质勘察资料，弄清工程附近地下管线、建筑物、构筑物和其他公共设施的构造情况，以确保工程质量及临近建筑物的安全。

(2) 施工单位必须具备相应专业资质，并应建立完善的质量管理体系和质量检验制度。

(3) 从事地基与基础工程检测及见证试验的单位，必须具备省级以上(含省、自治区、直辖市)建设行政主管部门颁发的资质证书和计量行政主管部门颁发的计量认证合格证书。

(4) 地基与基础的施工、质量检查与验收应符合国家现行标准《建筑工程施工质量验收统一标准》(GB 50300—2001)、《建筑地基基础工程施工质量验收规范》(GB 50202—2002)，以及强制性标准和行业有关标准规范的规定。

(5) 施工过程中出现异常情况时，应停止施工，由建设或监理单位组织勘察、设计、施工等有关单位共同分析情况，解决问题，消除质量隐患，并应形成文件资料。

1.1.4 地基与基础工程施工勘察要点

(1) 一般要求

1) 所有建(构)筑物均应进行施工验槽。遇到下列情况之一时，应进行专门的施工勘察：

① 工程地质条件复杂，详勘阶段难以查清时。

② 开挖基槽发现土质、土层结构与勘察资料不符时。

③ 施工中边坡失稳，需查明原因，进行观察处理时。

④ 施工中地基土受扰动，需查明其性状及工程性质时。

⑤ 为地基处理，需进一步提供勘察资料时。

⑥ 建(构)筑物有特殊要求，或在施工中出现新的岩土工程地质问题时。

2）施工勘察应针对需要解决的岩土工程问题安排工作，勘察方法可根据具体情况选用施工验槽、钻探取样和原位测试等方式。

（2）天然地基基槽检验要点

1）基槽开挖后，应检验下列内容：

① 核对基槽的位置、平面尺寸、槽底标高。

② 核对基槽土质和地下水位情况。

③ 坑穴、古墓、古井、防空掩体及地下埋设物的位置、深度、性状。

2）在进行直接观察时，可用袖珍式贯入仪作为辅助手段。

3）遇到下列情况之一时，应在基坑底普遍进行轻型动力触探：

① 持力层明显不均匀。

② 浅部有软弱下卧层。

③ 有浅埋的坑穴、古墓、古井等，直接观察难以发现时。

④ 勘察报告或设计文件规定应进行轻型动力触探时。

4）采用轻型动力触探进行基槽检验时，检验深度及间距见表1.1.2。

轻型动力触探检验深度及间距表(m) **表 1.1.2**

探孔排列方式	基槽宽度	检验深度	检验间距
中心一排	<0.8	1.2	1.0～1.5m，视地层复杂情况定
两排错开	0.8～2.0	1.5	
梅花型	>2.0	2.1	

5）遇下列情况之一时，可不进行轻型动力触探：

① 基坑浅处有承压水层，触探可造成冒水涌砂时。

② 持力层为砾石层或卵石层，且其厚度符合设计要求时。

6）基槽检验应填写验槽记录或形成检验报告。

（3）深基础施工勘察要点

1）当预制打入桩、静力压桩或锤击沉管灌注桩的入土深度与勘察资料不符或对桩端下卧层有怀疑时，应核查桩端下主要受力层范围内的标准贯入击数和岩土工程性质。

2）在单柱单桩的大直径桩施工中，如发现地层变化异常或怀疑持力层可能存在破碎带或溶洞等情况时，应对其分布、性质、程度进行核查，评价其对工程安全的影响程度。

3）人工挖孔混凝土灌注桩应逐孔进行持力层岩土性质的描述及鉴别，当发现与勘察资料不符时，应对异常之处进行施工勘察，并提出技术处理措施。

（4）地基处理工程施工勘察要点

1）根据地基处理方案，对勘察资料中场地工程地质及水文地质条件进行核查和补充；对详勘阶段遗留问题或地基处理设计中的特殊要求进行有针对性的勘察，提供地基处理所需的岩土工程设计参数，评价现场施工条件及施工对环境的影响。

2）当地基处理施工中发生异常情况时，进行施工勘察，查明原因，为调整、变更设计方案提供岩土工程设计参数。

（5）施工勘察报告主要内容应包括：工程概况、勘察目的和要求、原因分析、工程安全性评价、处理措施及建议。

1.1.5 术语

（1）基础类术语

1）地基：支承基础的土体或岩体。

2）基础：将结构所承受的各种作用传递到地基上的结构组成部分。

3）扩展基础：将上部结构传来的荷载，通过向侧边扩展成一定底面积，使作用在基底的压应力等于或小于地基土的允许承载力，而基础内部的应力应同时满足材料本身的强度要求，这种起到压力扩散作用的基础称为扩展基础。

4）无筋扩展基础：由砖、毛石、混凝土或毛石混凝土、灰土和三合土等材料组成的，且不需配置钢筋的墙下条形或柱下独立基础。

5）桩基础：由设置于岩土中的桩和连接于桩顶端的承台组成的基础。

6）建筑基坑：为进行建筑物（包括构筑物）基础与地下室的施工所开挖的地面以下空间。

7）基坑侧壁：构成建筑基坑围体的某一侧面。

8）基坑周边环境：基坑开挖影响范围内包括既有建（构）筑物、道路、地下设施、地下管线、岩土体及地下水体等的统称。

9）基坑支护：为保证地下结构施工及基坑周边环境的安全，对基坑侧壁及周边环境采用的支挡、加固与保护措施。

10）支撑体系：由钢或钢筋混凝土构件组成的用以支撑基坑侧壁的结构体系。

11）地下水控制：为保证支护结构施工、基坑挖土、地下室施工及基坑周边环境安全而采取的排水、降水、截水或回灌措施。

12）止水帷幕：用于阻截或减少基坑侧壁及坑底地下水流入基坑而采用的连续止水体。

（2）勘察检测类术语

1）标准冻深：在地面平坦、裸露、城市之外的空旷场地中不少于10年的实测最大冻深的平均值。

2）地基变形允许值：为保证建筑物正常使用而确定的变形控制值。

3）地基承载力特征值：指由载荷试验测定的地基土压力变形曲线线性变形段内规定的变形所对应的压力值，其最大值为比例界限值。

4）重力密度（重度）：单位体积岩土所承受的重力。重力密度为岩土的密度与重力加速度的乘积。

5）地基处理：为提高地基土的承载力，改善其变形性质或渗透性质而采取的人工方法。

6）岩体结构面：岩体内开裂的和易开裂的结构面。如层面、节理、断层、片理等。又称不连续构造面。

7）支挡结构：使岩土边坡保持稳定、控制位移而建造的结构物。

8）岩土工程勘察：根据建设工程的要求，查明、分析、评价建设场地的地质、环境特征和岩土工程条件，编制勘察文件的活动。

9）工程地质测绘：采用搜集资料、调查访问、地质测量、遥感解释等方法，查明场地的工程地质要素，并绘制相应的工程地质图。

10）原位测试：在岩土体所处的位置，基本保持岩土原来的结构、湿度和应力状态，对岩土体进行的测试。

11）岩土工程勘察报告：在原始资料的基础上进行整理、统计、归纳、分析、评价，提出工程建议，形成系统的为工程建设服务的勘察技术文件。

12）现场检验：在现场采用一定手段，对勘察成果或设计、施工措施的效果进行核查。

13）现场监测：在现场对岩土性状和地下水的变化，岩土体和结构物的应力、位移进行系统监视和观测。

14）岩石质量指标：用直径为75mm的金刚石钻头和双层岩芯管在岩石中钻进，连续取芯，每次钻进所取岩芯中，长度大于10cm的岩芯段长度之和与该回次进尺的比值，以百分数表示。

15）土试样质量等级：按土试样受扰动程度不同划分的等级。

16）地面沉降：大面积区域性的地面下沉，一般由地下水过量抽吸产生区域性降落漏斗，引起大面积地下采空和黄土自重沉陷，也可引起地面沉降。

1.2 土方工程

1.2.1 一般规定

(1) 土方工程施工前，施工单位应根据建设单位提供的技术资料，结合现场实际情况编制合理的施工组织设计(或施工方案)，并尽量采用新技术和机械化施工。

(2) 土方工程施工应进行土方平衡计算，按照土方运距最短、运程合理和各个工程项目的施工顺序做好调配，减少重复搬运。

土方平衡调配尽可能与城市规划和农田水利相结合，将多余土一次性运至指定地点。

(3) 土方开挖时，应防止附近已有建筑物(构筑物)、道路、管线等发生下沉和变形，并在施工中进行沉降和位移观测。

(4) 土方工程施工中，应经常测量和校核其平面位置、标高和边坡坡度等是否符合设计要求。平面控制桩和水准点也应定期复测和检查是否正确。

(5) 在敷设有地上或地下管道、电线的地段进行土方工程施工时，应事先取得管线管理部门的书面同意，施工中应采取必要的保护措施。

(6) 雨期施工的工作面不宜过大，应逐段、逐片地分期完成。重要的或特殊的土方工程，应尽量在雨期前完成。雨期施工中应有保证工程质量和安全施工的技术措施。

(7) 夜间施工时，应合理安排施工工序，防止超挖或铺填超厚。施工场地应根据需要安设照明设施，在危险地段应设置明显标志。

(8) 采用机械化施工时，必要的边坡修整和场地边角、小型沟槽的开挖或填土等，可用人工或小型机具配合进行。

(9) 土方工程不宜在冬期施工，如必须在冬期施工时，其施工方案应经技术经济比较后确定。施工前应周密计划，做好准备，做到连续施工。

1.2.2 场地平整

(1) 基本要求

场地平整要考虑满足总体规划、施工、交通运输和场地排水等要求，并尽量做到场地内挖填方平衡且土方量最小，土方调配合理且费用最少。

1) 场地平整应做好地面排水。场地平整的表面坡度应符合设计要求，如设计无要求时，一般应向排水沟方向做成不小于0.002的坡度。

2) 场地平整应经测量和校核其平面位置、标高和边坡坡度是否符合设计要求。平面控制桩和水准控制点应采取可靠措施加以保护，定期复测和检查；土方不应堆放在边坡边缘。

3) 场地平整应做好分层的检查验收工作。

(2) 施工程序

现场勘察→清除地面障碍物→标定整平范围→设置水准基点→设置方格网，测量标高→计算土方挖填工程量→平整土方→场地碾压→验收

(3) 施工监控要点

1) 了解场地地形、地貌和周围环境，根据建筑总平面图及规划，确定现场平整场地的大致范围。

2) 清理场地平整范围内的障碍物，如：树木、电线、电杆、管道、房屋、坟墓等，然后根据总平面图要求的标高，从水准基点引进基准标高作为确定土方量计算的基点。

3) 计算土方量。场地平整土方量的计算包括：场地平整高度计算、土方工程量计算、边坡土方量计算、土方平衡与调配计算等。

4）场地平整施工

① 选择施工方法（人工或机械化）和施工顺序。

② 场地平整的施工顺序，主要解决和确定工程的总起始点及流向、工程分区内的起始点及流向、主要工种之间的施工顺序、不同专业之间的穿插配合等。

③ 选择施工机械。一般常用土方机械可参考表1.2.1选用。

常用土方机械的选择 **表1.2.1**

机械名称、特性	作业特点及辅助机械	适用范围
推土机 操作灵活，运转方便，工作面小，可挖土、运土，易于转移，行驶速度快，应用广泛	1. 作业特点 (1)推平；(2)运距100m内的推土(效率最高为60m)；(3)开挖浅基坑；(4)推送松散的硬土、岩石；(5)回填、压实；(6)配合铲运机助铲；(7)牵引；(8)下坡坡度最大35°，横坡最大为10°，几台同时作业，前后距离应大于8m。 2. 辅助机械 土方挖后运出需配备装土、运土设备，推挖三～四类土，应用松土机预先翻松	1. 推一～四类土。 2. 找平表面，场地平整。 3. 短距离移挖回填，回填基坑(槽)、管沟并压实。 4. 开挖深不大于1.5m的基坑(槽)。 5. 堆筑高1.5m内的路基、堤坝。 6. 拖羊足碾。 7. 配合挖土机从事集中土方、清理场地、修路开道等
铲运机 操作简单灵活，不受地形限制，不需特设道路，准备工作简单，能独立工作，不需其他机械配合能完成铲土、运土、卸土、填筑、压实等工序，行驶速度快，易于转移；需用劳力少，动力少，生产效率高	1. 作业特点 (1)大面积整平；(2)开挖大型基坑、沟渠；(3)运距800～1500m内的挖运土(效率最高为200～350m)；(4)填筑路基、堤坝；(5)回填压实土方；(6)坡度控制在20°以内。 2. 辅助机械 开挖坚土时需用推土机助铲，开挖三、四类土宜先用松土机预先翻松20～40cm；自行式铲运机用轮胎行驶，适合于长距离，但开挖亦须用助铲	1. 开挖含水率27%以下的一～四类土。 2. 大面积场地平整、压实。 3. 运距800m内的挖运土方。 4. 开挖大型基坑(槽)、管沟、填筑路基等。但不适于砾石层、冻土地带及沼泽地区使用

续表

机械名称、特性	作业特点及辅助机械	适用范围
正铲挖掘机 装车轻便灵活，回转速度快，移位方便；能挖掘坚硬土层，易控制开挖尺寸，工作效率高	1. 作业特点 (1)开挖停机面以上土方；(2)工作面应在1.5m以上，开挖合理高度受限；(3)开挖高度超过挖土机挖掘高度时，可采取分层开挖；(4)装车外运。 2. 辅助机械 土方外运应配备自卸汽车，工作面应有推土机配合平土及集中土方进行联合作业	1. 开挖含水量不大于27%的一～四类土和经爆破后的岩石与冻土碎块。 2. 大型场地整平土方。 3. 工作面狭小且较深的大型管沟和基槽路堑。 4. 独立基坑。 5. 边坡开挖
反铲挖掘机 操作灵活，挖土、卸土均在地面作业，不用开运输道	1. 作业特点 (1)开挖地面以下深度不大的土方；(2)最大挖土深度4～6m，经济合理深度为1.5～3m；(3)可装车和两边甩土、堆放；(4)较大、较深基坑可用多层接力挖土。 2. 辅助机械 土方外运应配备自卸汽车，工作面应有推土机配合推到附近堆放	1. 开挖含水量大的一～三类的砂土或黏土。 2. 管沟和基槽。 3. 独立基坑。 4. 边坡开挖
拉铲挖掘机 可挖深坑，挖掘半径及卸载半径大，操纵灵活性较差	1. 作业特点 (1)开挖直井或沉井土方；(2)可装车或甩土；(3)排水不良也能开挖；(4)吊杆倾斜角度应在45°以上，距边坡应不小于2m。 2. 辅助机械 土方外运时，按运距配备自卸汽车	1. 挖掘一～三类土，开挖较深较大的基坑(槽)、管沟。 2. 大量外借土方。 3. 填筑路基、堤坝。 4. 挖掘河床。 5. 不排水挖取水中泥土
抓铲挖掘机 钢绳牵拉灵活性较差，工效不高，不能挖掘坚硬土；可以装在简易机械上工作，使用方便	1. 作业特点 (1)开挖直井或沉井土方；(2)可装车或甩土；(3)排水不良也能开挖；(4)吊杆倾斜角度应在45°以上，距离边坡应不小于2m。 2. 辅助机械 土方外运时，按运距配备自卸汽车	1. 土质比较松软，施工面较狭窄的深基坑和基槽。 2. 水中挖取土，清理河床。 3. 桥基、桩孔挖土。 4. 装卸散装材料

续表

机械名称、特性	作业特点及辅助机械	适用范围
装载机 操作灵活，回转移位方便、快速；可装卸土方和散料，行驶速度快	1. 作业特点 (1)开挖停机面以上土方；(2)轮胎式只能装松散土方，履带式可装较实土方；(3)松散材料装车；(4)吊运重物，用于铺设管道。 2. 辅助机械 土方外运需配备自卸汽车、作业面需经常用推土机平整并松土	1. 外运多余土方。 2. 履带式改换挖斗时，可用于开挖。 3. 装卸土方和散料。 4. 松散土的表面剥离。 5. 地面平整和场地清理等工作。 6. 回填土。 7. 拔除树根

④ 注意挖土机与汽车的配套。一是汽车载运量与挖土机铲斗容量的关系，一般宜为 3～5 倍；二是汽车台数与挖土机台数的比例关系，一般 1 台挖土机以 2～4 台自卸汽车配合，并保证在现场始终有 2 台汽车为挖土机服务为宜。

⑤ 机械化场地平整施工

A. 定位、放线、抄平、找坡。确定控制桩，根据永久水准点抄平，根据设计坡度找坡。

B. 按方案实施土方开挖、土方运输和土方填筑。

⑥ 填土应分层填筑和压实。分层厚度和碾压遍数见表 1.2.2。

填土施工时的分层厚度及压实遍数　　表 1.2.2

压实机具	分层厚度(mm)	每层压实遍数
平　碾	250～300	6～8
振动压实机	250～350	3～4
柴油打夯机	200～250	3～4
人工打夯	不大于 200	3～4

⑦ 土方压实方法有碾压法、夯实法、振动压实法和运土工具压实法等。大面积填方工程多采用碾压法和运土工具压实法；小面积填方工程多采用夯实法和振动压实法。

(4) 施工质量要求

1) 检查数量：平整后的场地表面应逐点检查，检查点为每100～400m^2 取 1 点，但不少于 10 点；长度、宽度和边坡均为每20m 取 1 点，每边不少于 1 点。

2) 质量要求

① 坐标、高程符合测量精度。

② 允许偏差、标高：人工 ± 30mm，机械 ± 50mm。人工20mm，机械 30mm。

③ 中线位置符合设计要求，断面尺寸不应偏小。

④ 边坡坡度不应偏陡。

⑤ 水沟排水设施符合设计要求。

⑥ 填土质量符合设计规范的要求。

1.2.3 土方开挖工程

(1) 基本要求

1) 土方开挖方法

① 分层开挖

一般适用于基坑较深，且不允许分段、分块施工混凝土垫层的基坑，或土质较软弱的基坑。分层开挖，整体浇筑混凝土垫层和基础，开挖顺序视工作面与土质情况，可从基坑的一边向基坑的另一边平行开挖，或从基坑两头对称开挖，也可从基坑中间向两边平行对称开挖，还可交替分层开挖。最后一层土开挖后，立即浇灌混凝土垫层。挖运土方方法应根据工程具体条件、开挖方式与方法及挖运土方机械设备等情况采用设坡道、不设坡道和阶梯式开挖。

A. 设坡道：可设土坡道或栈桥坡道。

土坡道的坡度视土质、挖土深度和运输设备情况而定，一般为 1∶8～1∶10，坡道两侧要采取挡土或其他加固等措施。栈桥结构分两种：一种是根据运输设备动力状况设坡度，把挖土机械和运输车辆直接开进坑底作业；另一种是设一定的坡度，把坡道深入坑内，但不深入到底，使挖土机械能以较少的翻驳次数，就能把土方直接装车外运，加快挖土速度。

B. 不设坡道：一般有钢平台、栈桥和阶梯式三种。

钢平台要根据挖土机械和运输车辆的荷载进行设计。挖土机械可用吊车吊下坑底作业，用吊车或铲车出土；或采用抓斗挖掘机在平台上作业，辅以推土机、挖土机等机械或人工集土修坡。

栈桥可结合基坑围护结构的第一道钢筋混凝土水平支撑，设置十字形的贯通全基坑的栈桥，作为挖土平台和运输通道．栈桥与支撑合而为一。

C. 阶梯式开挖

在基坑较深，基坑面积较大时，土方开挖也可采用阶梯式分层开挖，每个阶梯台作为挖土机械接力作业平台。阶梯宽度要以挖土机械能够作业为度，阶梯的高度要视土质和挖土机臂长而定。

② 分段开挖

分段、分块开挖适用于基坑周围环境复杂，土质较差或基坑开挖深浅不一，或基坑平面不规则的情况。分段和分块的大小、位置和开挖顺序要根据开挖场地工作面条件、地下室平面与深浅以及施工工期的要求来决定。分块开挖，即开挖一块，施工一块混凝土垫层或基础，必要时可在已封底的基底与围护结构之间加斜撑。

③ 中心岛开挖

先在基坑中心开挖，周围一定范围内暂时不挖，视土质情况，可按 1∶1～1∶2.5 放坡，或做临时性支护挡土，使之形成对四周围护结构的被动土反压力区，保护围护结构的稳定性。四周的被动区土可视情况，待中间部分的混凝土垫层、基础或地下结构物施工完成后，再用斜撑或水平撑在四周围护结构与中间已施工完毕的基础或结构物之间对撑，然后进行四周土的开挖和结构施工。

④ 盆式开挖

采用与中心岛开挖法施工顺序相反的做法，先开挖两侧或四周的土方，并进行周边支撑或基础和结构物施工，然后开挖中间残留的土方，再进行地下结构的施工。

2）基坑(槽)以及管沟开挖前应做好下列准备工作：

① 应根据支护结构形式、挖深、地质条件、施工方法、周围环境、工期、气候和地面载荷等资料制定施工方案、环境保护措施和监测方案，上报审批。

② 施工前，应对降水、排水措施进行设计，系统应经检查和试运转，保证一切正常。

③ 基坑(槽)的单独支护方案，应经申报并批准。

3）土方开挖的顺序、方法必须与设计工况相一致，并遵循“开槽支撑，先撑后挖，分层开挖，严禁超挖”的原则。

4）基坑(槽)和管沟的挖土应分层进行。在施工过程中基坑(槽)、管沟边堆置土方不应超过设计荷载，挖方时不应碰撞或损伤支护结构和降水设施。

5）基坑(槽)和管沟土方施工中应对支护结构、周围环境进行观察和监测，如出现异常情况应及时进行处理，待恢复正常后方可继续施工。

6）基坑(槽)和管沟开挖至设计标高后，应对坑底进行保护，经验槽合格后，方可进行垫层施工。

7）基坑(槽)及管沟回填时，应符合下列要求：

① 填土前，已清除沟槽内的积水和有机杂物。

② 基础或管沟的现浇混凝土已达到一定强度。

③ 沟(槽)回填顺序，按基底排水方向由高至低分层进行。

④ 回填土料、每层铺填厚度和压实要求，按设计要求或有关规定执行。如设计允许回填土自行沉实时，可不夯实。

⑤ 基坑(槽)回填，在相对两侧或四周同时进行。

⑥ 回填管沟时，为防止管道中心线位移或损坏管道，应用人工先在管子周围填土夯实，并应从管道两边同时进行，直至管顶0.5m以上。在不损坏管道的情况下，方可采用机械回填和压实。

⑦ 管道安装的接口处、防腐绝缘层或电缆周围，使用细粒土料回填。

⑧ 季节性施工对填压土工程有影响时，应采取相应的技术措施。

(2) 施工监控要点

1) 土方开挖程序

测量放线 → 切线分层开挖 → 排降水 → 修坡 → 整平 → 留足预留土层 → 检查验收

2) 控制在基坑边缘堆置的土方和建筑材料，或沿挖方边缘移动运输工具和机械，应距基坑上部边缘不少于2m，弃土堆置高度不应超过1.5m，并且不能超过设计荷载值；在垂直的坑壁边，还应适当加大安全距离；软土地区应禁止在基坑边堆置弃土。

3) 开挖过程中应随时做好坑内明排水，并经常检查降水是否正常，水位是否达到设计要求，是否引起周围建筑物下沉变形或基底土隆起等事故。如在恶劣的季节开挖，应要求施工单位采取相应和必要的技术措施。同时，坑面、坑底排水系统应良好；如在潮汛期开挖土方，应有防洪措施，防止坑外水浸入坑内；冬期开挖时，须防止基土遭冻，如设有围护结构但须隔一段时间方施工基础时，应要求施工单位留适当厚度的土或用其他保温材料覆盖；如发现围护结构有水土流失现象时，应及时通知施工单位封堵。

4) 临时性挖方的边坡值应符合表1.2.3的规定。

临时性挖方边坡值 **表1.2.3**

土的类别		边坡值(高：宽)
砂土(不包括细砂、粉砂)		1∶1.25～1∶1.50
一般性黏土	硬	1∶0.75～1∶1.00
	硬、塑	1∶1.00～1∶1.25
	软	1∶1.50或更缓
碎石类土	充填坚硬、硬塑黏性土	1∶0.50～1∶1.00
	充土砂土	1∶1.00～1∶1.50

注：1. 设计有要求时，应符合设计标准。
2. 如采用降水或其他加固措施，可不受本表限制，但应计算复核。
3. 开挖深度．对软土不应超过4m，对硬土不应超过8m。

5）采用机械开挖基坑时，应根据土质情况和挖土机械的类型，要求施工单位在基坑底保留 150～300mm 土层，由人工开挖修整，以防扰动坑底土。

6）注意保护测量坐标、水准点，以及监测埋设的仪器与元件；严禁在开挖过程中碰撞、损坏围护结构、支撑、工程桩和止水帷幕、降排水设施；对周围的电信、电缆、燃气、供排水管道等重要地下设施，要采取可靠的保护措施，防止撞坏而造成事故。

7）在基坑开挖过程中，应与监测单位保持密切联系，随时对围护结构、支撑等的内力变化与变形、基坑顶地面沉降、坑底隆起、孔隙水压力、地下水位变化以及临近周围建筑物动态等进行了解，发现异常，应及时采取对策，加以控制。

8）经常对平面控制桩、水准点、标高、基坑平面位置、边坡坡度等复测检查。

9）基坑开挖中拆支撑时应自下而上逐层拆除。如要换撑，必须用临时支撑顶住，然后再拆除原有支撑。

10）基底检查内容

① 检查基底的土质情况，特别是土质与承载力是否与设计相符。

② 通过施工变形监测，检查基底围护结构是否基本稳定。

③ 当基底为砂或软黏土时，应按设计要求，及时铺碎石、卵石，其厚度不小于 20cm，对下沉尚未稳定的沉井，其刃脚下还应密垫块石。

④ 如遇有局部超挖时，不允许用素土回填，应用封底的混凝土加厚填平。

⑤ 如发现基底土体仍有松土或有水井、古河、古湖、橡皮土或局部硬土（硬物）等，参建单位应共同协商，根据具体情况，采取相应处理措施。

11）基底垫层检查内容

① 当底板混凝土强度达到 70%以上后．才能停止抽水。

② 用法兰盘加橡胶垫圈封闭集水井，在其上敷设加强钢筋，应用不低于C20混凝土(最好掺些快凝剂)填筑该处与底板平。

(3) 常见质量缺陷及预控措施见表1.2.4。

常见质量缺陷及预控措施 **表1.2.4**

常见质量缺陷	应急措施	预控措施
1. 悬臂式围护结构过大的内倾位移	(1) 采取坡顶卸载的办法，如在桩后适当挖土卸载或人工降水，坑内桩前堆筑砂石袋。 (2) 增设坑内支撑或增加坑内混凝土垫层的厚度。 (3) 设置配筋混凝土垫层等方法来增大被动土压力	(1) 根据有关勘察设计资料，做好结构的合理选型，勘察资料应准确，设计参数取值要合理。 (2) 在打入式群桩打设后，宜停留一段时间待土体重新固结，才能开始开挖土方。 (3) 土方开挖分层与开挖顺序要合理，严禁超挖。 (4) 要做好防水、降水、排水，尽量避开在不利的季节施工。如无法避开，应采取安全的技术措施。 (5) 不能在基坑顶周围搭设临时建筑物、库房，以及停放大型施工机械和车辆等，并严禁超载堆土、堆材料；施工机械不能碰撞围护结构和工程桩。 (6) 先开挖土方后在坑内施工，人工挖孔桩时，挖出一根桩孔应随即灌注混凝土，防止同时出现临空面
2. 内撑或锚杆围护结构失稳发生较大变形	首先应在坡顶或桩后卸载，坑内停止一切作业，在坑内增设支撑、锚杆	应准备适量的内撑杆件(如钢管、槽钢、工字钢等)及砂石袋作为备用
3. 边坡失稳	(1) 应尽快降低坑外地下水位，进行坡顶卸载，加强未滑坡区段的监测和保护，严防事故的继续扩大。 (2) 在坡脚堆筑砂石袋，或在未滑部位施打钢板桩、钢管、木桩等以挡土，并尽快灌注封底混凝土	(1) 边坡设计要根据水文地质条件，严格按规定坡度放坡，做好降水、排水和边坡保护的设计和施工。 (2) 在坑内和坡顶做好排水沟、集水井，将渗透水、地面水、雨水排出场外，防止浸泡基坑和边坡。 (3) 放慢接近边坡处的土方开挖速度，严禁在坡脚掏土和超挖。 (4) 严格控制地面荷载，严禁在坡顶堆土、堆材料和设备等

续表

常见质量缺陷	应 急 措 施	预 控 措 施
4. 基底隆起	(1) 在基坑外卸载。 (2) 在坑底加压重，如堆砂石袋或其他压重材料，或用快凝压力注浆或高压旋喷对基底土体进行加固等。 (3) 有条件时也可在坑内、坑外周围进行深层降水减压	(1) 施工组织设计时，要考虑采取防止基坑土回弹变形过大的措施。如采取分段开挖，分段施工垫层，土方挖到设计标高时，应减少暴露时间，最好随即浇灌混凝土垫层。 (2) 要注意做好排水，防止坑内浸水。 (3) 设计时，可增设桩基，或增加围护结构的插入深度等
5. 流土	(1) 流土不严重时，宜放慢开挖速度；流砂较严重时，应立即停止挖土，采取应急措施进行处理。 (2) 如因围护桩间距过大产生流砂、流土，引起地面下沉，应立即停止开挖，采取补桩；或在桩间加挡土板等进行堵封。 (3) 采用化学灌浆快速凝固，进行抢险	(1) 分别采用各类井点降水，降低基坑内外的地下水位。 (2) 在条件允许时，可在基坑内适当积水，保留一定的水深，减小坑内外水头差。 (3) 在基坑四周设置止水帷幕或支挡结构。 (4) 可采用冻结法，使基坑周围一定范围内土体冻结
6. 管涌	与流土相同	降低水力坡度和在管涌出口处增设反滤层
7. 坑底突涌	(1) 用降压井降低承压水头。 (2) 其余的应急措施与流砂处理方法基本相同	在基坑围护结构设计前要查清地下承压含水层的标高，然后采用降压井降低承压水头，同时，止水帷幕墙要进入不透水层
8. 周围地面沉降	停止坑外降水，采取回灌措施或在围护结构外围以压力注浆或深层搅拌桩、钢板桩进行隔水	(1) 要合理设计围护结构，地下水位高的地区设置止水帷幕墙，对围护结构周围进行止水处理，坑外要设置若干回灌井、观察井。 (2) 在周围建筑物与围护结构之间设隔水墙。 (3) 要建立监测系统，发现苗头，应立即进行回灌和采取其他相应措施

(4) 土方开挖的质量要求见表 1.2.5。

土方开挖的质量检验标准 **表 1.2.5**

<table>
<tr><th colspan="3" rowspan="3">检验项目</th><th colspan="5">允许偏差或允许值(mm)</th><th rowspan="3">检验方法</th></tr>
<tr><th rowspan="2">柱基、基坑、基槽</th><th colspan="2">挖方场地平整</th><th rowspan="2">管沟</th><th rowspan="2">地(路)面基层</th></tr>
<tr><th>人工</th><th>机械</th></tr>
<tr><td rowspan="3">主控项目</td><td>1</td><td>标　高</td><td>−50</td><td>±30</td><td>±50</td><td>−50</td><td>−50</td><td>水准仪</td></tr>
<tr><td>2</td><td>长度、宽度(由设计中心线向两边量)</td><td>+200
−50</td><td>+300
−100</td><td>+500
−150</td><td>+100</td><td>—</td><td>用经纬仪、钢尺检查</td></tr>
<tr><td>3</td><td>边　坡</td><td colspan="5">设计要求</td><td>观察或用坡度尺检查</td></tr>
<tr><td rowspan="2">一般项目</td><td>1</td><td>表面平整度</td><td>20</td><td>20</td><td>50</td><td>20</td><td>20</td><td>用 2m 靠尺和楔形塞尺检查</td></tr>
<tr><td>2</td><td>基底土性</td><td colspan="5">设计要求</td><td>观察或土样分析</td></tr>
</table>

注：地(路)基层的偏差值适用于直接在挖、填方上做地(路)面的基层。

1.2.4 土方回填

(1) 填方土料的要求

填方土料含水量的大小，直接影响到夯实遍数和夯实质量，在夯实前应予试验，以得到符合密实度要求条件下的最佳含水量和最少夯实遍数。当填料为黏性土或排水不良的砂土时，其最佳含水量与相应的最大干密度，应由击实试验确定。

填土压实的最佳含水量和最大干密度见表 1.2.6。

土的最佳含水量和最大干密度参考表 **表 1.2.6**

<table>
<tr><th rowspan="2">土的种类</th><th colspan="2">变动范围</th><th rowspan="2">土的种类</th><th colspan="2">变动范围</th></tr>
<tr><th>最佳含水量(%)</th><th>最大干密度(t/m^3)</th><th>最佳含水量(%)</th><th>最大干密度(t/m^3)</th></tr>
<tr><td>砂　土</td><td>8～12</td><td>1.80～1.88</td><td>重粉质黏土</td><td>16～20</td><td>1.67～1.79</td></tr>
<tr><td>粉　土</td><td>19～23</td><td>1.61～1.80</td><td>粉质黏土</td><td>18～21</td><td>1.65～1.74</td></tr>
<tr><td>砂质粉土</td><td>9～16</td><td>1.85～2.08</td><td>黏　土</td><td>19～23</td><td>1.68～1.70</td></tr>
<tr><td>粉质黏土</td><td>12～15</td><td>1.85～1.95</td><td></td><td></td><td></td></tr>
</table>

(2) 施工监控要点

1）施工程序

基坑底清理 → 检验土质 → 分层铺土、耙平 → 分层夯打密实 → 验收

2）基础的现浇混凝土应达到一定的强度，不致因填土而受损伤时，方可回填。

3）土方回填前应清除基底的垃圾、树根等杂物，抽出坑穴积水、淤泥，验收基底标高，合格后方可施工。如在耕植土或松土上填方，应在基底压实后再进行。

4）基坑回填，应按基底排水方向由高至低分层进行。

5）回填管沟时，为防止管道中心线位移或损坏管道，应先在管子周围填土夯实，并应从管道两边同时进行，直至管顶 0.5m 以上，在不损坏管道的情况下，方可采用机械回填和压实。

6）基坑回填土方时，应在相对的两侧或四侧同时进行，同时应检查排水措施、每层填筑厚度、含水量控制和压实程度。填筑厚度及压实遍数应根据土质、压实系数及所用机具确定。如无试验依据，应符合表 1.2.7 的规定。

填土施工时的分层厚度及压实遍数　　表 1.2.7

压实机具	分层厚度(mm)	每层压实遍数
平　碾	250～300	6～8
振动压实机	250～350	3～4
柴油打夯机	200～250	3～4
人工打夯	＜200	3～4

7）填土应预留一定的下沉高度，以备在堆重或干湿交替等自然因素作用下，土体逐渐沉落密实。当填土用机械分层夯实时，其预留下沉高度，一般不超过填方高度的 3%。

8）人力夯实要按一定方向进行，打夯时应一夯压半夯，夯夯相接，行行相连，每遍纵横交叉，分层夯打。夯实基槽及地坪时，行夯路线应由四边开始，然后再夯中间。蛙式打夯机等小型

机具夯实之前，对填土应初步平整，打夯机依次夯打，均匀分布，不留间隙。

9）冬期填方每层铺土厚度应比常温施工时减少20%～25%，预留沉陷量应比常温施工时适当增加。含有冻土块的土料用作填土时，冻土块的体积不得超过填土总体积的15%，冻土块粒径不得大于150mm。铺填时，冻土块应均匀分布，逐层压实。室内的基坑不得用含有冻土块的土回填。回填土工作应连续进行，防止基土或已填土层受冻。

（3）土方回填施工质量验收见表1.2.8。

填土工程质量验收 **表1.2.8**

<table>
<tr><th rowspan="3">项目</th><th rowspan="3">序号</th><th rowspan="3">检验项目</th><th colspan="5">允许偏差或允许值（mm）</th><th rowspan="3">检验方法</th></tr>
<tr><th rowspan="2">柱基、基坑、基槽</th><th colspan="2">场地平整</th><th rowspan="2">管沟</th><th rowspan="2">地(路)面基础层</th></tr>
<tr><th>人工</th><th>机械</th></tr>
<tr><td rowspan="2">主控项目</td><td>1</td><td>标高</td><td>－50</td><td>±30</td><td>±50</td><td>－50</td><td>－50</td><td>水准仪</td></tr>
<tr><td>2</td><td>分层压实系数</td><td colspan="5">设计要求</td><td>按规定方法</td></tr>
<tr><td rowspan="3">一般项目</td><td>1</td><td>回填土料</td><td colspan="5">设计要求</td><td>取样检查或直观鉴别</td></tr>
<tr><td>2</td><td>分层厚度及含水量</td><td colspan="5">设计要求</td><td>水准仪及抽样检查</td></tr>
<tr><td>3</td><td>表面平整度</td><td>20</td><td>20</td><td>30</td><td>20</td><td>20</td><td>用靠尺或水准仪</td></tr>
</table>

1.3 基坑工程

1.3.1 一般规定

（1）在基坑(槽)或管沟工程等开挖施工中，现场不宜进行放坡开挖，当可能对邻近建(构)筑物、地下管线、永久性道路产生危害时，应对基坑(槽)、管沟进行支护后再开挖。

（2）做好施工准备

1）应根据支护结构形式、挖深、地质条件、施工方法、周围环境、工期、气候和地面载荷等资料制定施工方案、环境保护措施、监测方案，经审批后方可施工。

2）施工前，应对降水、排水措施进行设计，系统经检查和试运转一切正常时，方可开始施工。

3）围护结构须经检查验收合格后，方可进行基坑施工。

（3）土方开挖的顺序、方法必须与设计工况相一致，并遵循“开槽支撑，先撑后挖，分层开挖，严禁超挖”的原则。

（4）基坑(槽)、管沟的挖土应分层进行。在施工过程中基坑(槽)、管沟边堆置土方不应超过设计荷载，挖方时不应碰撞或损伤支护结构、降水设施。

（5）基坑(槽)、管沟土方施工中应对支护结构、周围环境进行观察和监测，如出现异常情况应及时进行处理，待恢复正常后方可继续施工。

（6）基坑(槽)、管沟开挖至设计标高后，应对坑底进行保护，经验槽合格后，方可进行垫层施工。对特大型基坑，宜分区、分块挖至设计标高，分区、分块及时浇筑垫层。必要时，可加强垫层。

（7）基坑(槽)、管沟土方工程的检查验收必须确保支护结构安全和周围环境安全为前提。当设计有指标时，以设计要求为依据，如无设计指标时应按表1.3.1的规定执行。

基坑变形的监控值(cm) **表 1.3.1**

基坑类别	围护结构墙顶位移监控值	围护结构墙体最大位移监控值	地面最大沉降监控值
一级基坑	3	5	3
二级基坑	6	8	6
三级基坑	8	10	10

注：1. 符合下列情况之一，为一级基坑：

（1）重要工程或支护结构作为主体结构的一部分；

（2）开挖深度大于10m；

（3）与临近建筑物、重要设施的距离在开挖深度以内的基坑；

（4）基坑范围内有历史文物、近代优秀建筑、重要管线等需严加保护的基坑。

2. 三级基坑为开挖深度小于7m，且周围环境无特别要求时的基坑。

3. 除一级和三级外的基坑属二级基坑。

4. 当周围已有的设施有特殊要求时，尚应符合其要求。

1.3.2 排桩墙支护工程

排桩墙支护结构包括灌注桩、预制桩、板桩等类型桩构成的支护结构。下面只介绍钢板桩和混凝土板桩。

(1) 钢板桩

1) 材料

钢板桩均为成品。钢板桩进入施工现场前均需检查，新桩可按生产单位标准检验，重复使用的钢板桩应符合表 1.3.2 的规定。

重复使用的钢板桩检验标准　　表 1.3.2

序号	检查项目	允许偏差或允许值		检查方法
		单位	数值	
1	桩垂直度	%	<1	用钢尺量
2	桩身弯曲度		$<0.02\times l$	用钢尺量，l 为桩长
3	齿槽平直度及光滑度	无电焊渣或毛刺		用 1m 长的桩段做通过试验
4	桩长度	不小于设计长度		用钢尺量

2) 施工监控要点

① 钢板桩的运输及堆放：板桩整理检验合格后，在运输和堆放时要尽量不使其弯曲变形，避免碰撞，尤其不能将连续锁口碰坏。堆放场地应平整坚实，最下层板桩应垫木块。当在水上打板桩时．需用预制的金属构架导向。施工时先在船上或栈桥上打脚手桩，再用吊机将预制好的金属导向架搁置在桩上，以后板桩沿着该构架上的导向槽逐块打入。

② 板桩施工的导向装置：为确保施工后的板桩轴线，对一些要求闭合的围护结构，需要导向。为保持准确距离，可在导向梁间，每隔一定距离，嵌一临时垫木。导向装置用完后，可拆出备用。

③ 准备好桩帽及送桩。

④ 钢板桩的打入。

A. 陆上、水上打桩设置好脚手架，控制好精度。

B. 单根板桩施工：可在一根桩打入后，与前一根焊牢，既防止倾斜又避免被后打的桩带入土中。

C. 屏风法打桩：可防止板桩的倾斜与转动，对要求闭合的围护结构，常采用此法。其缺点是施工速度比单桩施工法慢且桩架较高。

⑤ 钢板桩的拔除

钢板桩运用较早，拔桩方法也较成熟。不论何种方法都是从克服板桩的阻力着眼，根据所用机械的不同，拔桩方法分为静力拔桩、振动拔桩和冲击拔桩三种。

A. 静力拔桩所用的设备较简单，主要为卷扬机或液压千斤顶，受设备及能力所限，这种方法往往效率较低，有时不能将桩顺利拔出，但成本较低。

B. 振动拔桩是利用机械的振动，激起钢板桩的振动，以克服板桩的阻力，将桩拔出。这种方法的效率较高，由于大功率振动拔桩机的出现，使多根板桩一起拔出有了可能。

C. 冲击拔桩是以蒸汽、高压空气为动力，利用打桩机，给予板桩向上的冲击力，同时利用卷扬机将板桩拔出。这类机械国内不多．工程中不常运用。

3）施工质量检查

打桩结束后应检查以下项目是否符合设计要求：

① 墙后土、坑底和钢板桩墙的沉降和位移。

② 相邻建筑物的沉降位移。

③ 地下水位和降水系统水量。

④ 来自附近打桩、爆破或交通等的振动所造成的影响。

(2) 钢筋混凝土板桩

1）钢筋混凝土板桩的材料

钢筋混凝土板桩的断面形状和尺寸。

① 矩形：一般厚度 $h=45\sim70$cm，宽度 $b=50\sim80$cm，取决于打桩设备的能力。

② T形：由翼板和肋两部分组成，翼板的厚度 $h=10\sim15$cm，宽度 $b=100\sim160$cm，翼板的作用是挡土和挡水。肋的作用主要是承受竖向弯矩，其厚度常采用 $d=20\sim30$cm，肋的高度 c 由最大弯矩决定。施工中常用的T形板每块的吊装重量 8～12t，黏土中用直接锤击法打入，而在砂性土中，常用振动配合射水法沉入。

③ 实心或空心管柱之间的接口用预制锁槽连接。

2）钢筋混凝土板桩的制作标准见表 1.3.3。

钢筋混凝土板桩制作标准 **表 1.3.3**

项	序号	检查项目	允许偏差或允许值		检查方法
			单位	数值	
主控项目	1	桩长度	mm	+10 0	用钢尺量
	2	桩身弯曲度		<0.001×l	用钢尺量，l 为桩长
一般项目	1	保护层厚度	mm	±5	用钢尺量
	2	模截面相对两面之差		5	
	3	桩尖对桩轴线的位移		10	
	4	桩厚度		+10，0	
	5	凹凸槽尺寸		±3	

1.3.3 水泥土桩支护工程

水泥土桩支护结构指水泥土搅拌桩（包括加筋水泥土搅拌桩）、高压喷射注浆桩所构成的围护结构。

（1）水泥土桩施工方法

水泥土桩墙挡土支护结构是由水泥土搅拌桩（包括加筋水泥土搅拌桩）、高压喷射注浆桩所组成。

1）深层搅拌法：深层搅拌法适用于处理淤泥、淤泥质土、粉土和含水量较高且地基承载力标准值不大于 120kPa 的黏性土等地基。当用于处理泥炭土或地下水具有侵蚀性时，宜通过试验确定其适用性。冬期施工时应注意负温对处理效果的影响。

深层搅拌法施工的场地应事先平整，清除桩位处地上、地下一切障碍物(包括大块石、树根和生活垃圾等)。场地低洼时应回填黏性土料，不得回填杂填土。基础底面以上宜预留500mm厚的土层，搅拌桩施工到地面，开挖基坑时，应将上部质量较差的桩段挖掉。

2）高压喷射注浆法：当土中含有较多的大粒径块石、坚硬黏性土、大量植物根茎或过多的有机质时，应根据现场试验结果确定其适用程度。高压喷射注浆法可用于既有建筑和新建建筑的地基处理、深基坑侧壁挡土或挡水、基坑底部加固、防止管涌与隆起、坝的加固与防水帷幕等工程。对地下水流速过大和已涌水的工程，应慎重使用。

(2) 水泥土桩施工监控要点

1）施工前注意事项

① 工程地质勘察时应查明填土层的厚度和组成；软土层的分布范围、含水量和有机质含量、地下水的侵蚀性质等。深层搅拌选择合适的固化剂及外掺剂。加固土强度标准值宜取90d龄期试块的无侧限抗压强度。

② 深层搅拌法处理软土的固化剂可用水泥，也可用其他有效的固化材料。固化剂的掺入量宜为被加固土重的7%～15%。外掺剂可根据工程需要选用具有早强、缓凝、减水、节省水泥等性能的材料，但应避免污染环境。

③ 固化剂和外掺剂必须通过加固土室内试验检验方能使用。

2）施工过程质量控制

① 预搅下沉时不允许施工人员冲水，只有遇较硬土层而下沉太慢时，方可适量冲水，但须考虑冲水对桩身强度的影响。

② 以水泥浆作固化剂时，应制定拌制后防止浆液离析的措施。

③ 喷浆(粉)口到达桩顶设计标高时，停止提升，搅拌数秒，以保证桩头均匀密实。

④ 控制桩与桩搭接时间不应大于 24h，如因特殊情况间歇时间过长，搭接质量无保证时，应采取局部补桩或注浆措施。

⑤ 桩体顶面如设计要求铺筑路面时，应尽早铺筑，并使路面筋与锚固筋连成一体。路面未完成前，严禁开挖基坑。

3）桩质量控制检查

① 施工停浆(粉)面必须高出桩顶设计标高 0.5m，在开挖基坑时，则将该高出部分先行挖除。

② 施工中因故停浆(粉)，应将搅拌机下沉至停浆(粉)点以下 0.5m，待恢复供浆(粉)时，再搅拌提升。

③ 成桩后，检查桩的垂直偏差不得超过1%，桩位偏差不得大于 50mm，桩径偏差不得大于 4%. 深度达到设计要求，做好每根桩的施工记录，深度记录误差不大于 10mm，时间记录误差不大于 5s。

④ 当设计要求桩体插筋时，必须在成桩后 2～4h 内插完。

(3) 水泥土桩的试验

1）施工过程中应随时检查施工记录，并对每根桩进行质量评定。对于不合格的桩应根据其位置和数量等具体情况，分别采取补桩或加强邻桩等措施。

2）搅拌桩应在成桩后 7d 内用轻便触探器钻取桩身加固土样，观察搅拌均匀程度，同时根据轻便触探击数用对比法判断桩身强度。检验桩的数量应不少于已完成桩数的 2%。

3）在下列情况下尚应进行取样、单桩载荷试验或开挖检验：

① 经触探检验对桩身强度有怀疑的桩应钻取桩身芯样，制成试块并测定桩身强度。

② 场地复杂或施工有问题的桩应进行单桩载荷试验，检验其承载力。

③ 对相邻桩搭接要求严格的工程，应在桩养护到一定龄期时选取数根桩体进行开挖，检查桩顶部分外观质量。

4）高压喷射注浆法应进行的测试试验

① 高压喷射注浆可采用开挖检查、钻孔取芯、标准贯入、

载荷试验或压水试验等方法进行检验。

② 检验点应布置在下列部位：

A. 建筑荷载大的部位；

B. 帷幕中心线上；

C. 施工中出现异常情况的部位；

D. 地质情况复杂，可能对高压喷射注浆质量产生影响的部位。

检验点的数量为施工注浆孔数的2%～5%，对不足20孔的工程至少应检验2个点。不合格者应进行补喷。

5）质量检验应在高压喷射注浆结束4周后进行。

（4）水泥土桩验收

加筋水泥土桩质量标准见表1.3.4。

加筋水泥土桩质量验收标准　　表1.3.4

序号	检查项目	允许偏差或允许值		检查方法
		单位	数值	
1	型钢长度	mm	±10	用钢尺量
2	型钢垂直度	%	<1	经纬仪
3	型钢插入标高	mm	±30	水准仪
4	型钢插入平面位置		10	用钢尺量

水泥土搅拌桩及高压喷射注浆桩的质量验收分别见表1.3.5和表1.3.6的规定。

水泥土搅拌桩质量验收标准　　表1.3.5

项目		检查项目	允许偏差或允许值		检查方法
			单位	数值	
主控项目	1	水泥及外掺剂质量	设计要求		查产品合格证书或抽样送检
	2	水泥用量	参数指标		查看流量计
	3	桩体强度	设计要求		按规定办法
	4	地基承载力	设计要求		按规定办法

续表

项目		检查项目	允许偏差或允许值		检查方法
			单位	数值	
一般项目	1	机头提升速度	m/min	≤0.5	量机头上升距离及时间
	2	桩底标高	mm	±200	测机头深度
	3	桩顶标高	mm	+100，−50	水准仪（最上部500mm不计入）
	4	桩位偏差	mm	<50	用钢尺量
	5	桩径		<0.04D	用钢尺量，D为桩径
	6	垂直度	%	≤1.5	经纬仪
	7	搭接	mm	>200	用钢尺量

高压喷射注浆桩质量验收标准　　表1.3.6

项目		检查项目	允许偏差或允许值		检查方法
			单位	数值	
主控项目	1	水泥及外掺剂质量	符合出厂要求		查产品合格证书或抽样送检
	2	水泥用量	设计要求		查看流量表及水泥浆水灰比
	3	桩体强度或完整性检验	设计要求		按规定办法
	4	地基承载力	设计要求		按规定办法
一般项目	1	钻孔位置	mm	≤50	用钢尺量
	2	钻孔垂直度	mm	≤1.5	经纬仪测钻杆或实测
	3	孔深	mm	±200	用钢尺量
	4	注浆压力	按设定参数指标		查看压力表
	5	桩体搭接	mm	>200	用钢尺量
	6	桩体直径	mm	≤50	开挖后用钢尺量
	7	桩身中心允许偏差		≤0.2D	开挖后桩顶下500mm处用钢尺量，D为桩径

(5) 常见质量缺陷及预控措施见表1.3.7和表1.3.8。

高压喷射注浆桩常见质量缺陷及预控措施　　表1.3.7

常见质量缺陷	预　控　措　施
喷嘴或管路被堵，压力骤然上升	(1) 在泵的吸水管进口和水泥浆储备箱中设过滤网，并经常疏通。 (2) 认真检查风、水、浆的通道，插管道包好风嘴、水嘴。 (3) 严格按程序启动空压机及各种泵并加强保养。 (4) 中途停泵前将水泥浆顶出喷头再停泵。 (5) 喷射结束，做好各系统清理
高压泵排量达不到要求或压力上不去	(1) 检查各种阀门、零部件，磨损大的及时更换。 (2) 检查管道、阀门是否漏气，保障畅通。 (3) 活塞每分钟往返次数是否达到要求。 (4) 传动系统是否打滑。 (5) 喷嘴规格是否符合要求，更换磨损大的喷嘴

水泥土搅拌桩常见质量缺陷及预控措施　　表1.3.8

常见质量缺陷	预　控　措　施
预搅下沉困难，电流值高，电机跳闸	(1)调高电压；(2)适量冲水或浆液下沉；(3)挖除障碍物
搅拌机下不到预定深度，但电流不高	增加搅拌机自重或开动加压装置
喷浆未到设计桩顶面(或底部桩端)标高，骨料斗浆液已排空	(1)重新标定投料量；(2)检修灰浆泵；(3)重新标定灰浆输浆量
喷浆到设计位置骨料斗中剩浆过多	(1) 重新标定拌浆用水量；(2)清洗输浆管路
输浆管堵塞爆裂	(1)拆洗输浆管；(2)使喷浆口球阀间隙适当
搅拌钻头和混合土同步旋转	(1)重新标定浆液水灰比；(2)调整叶片角度或更换钻头

1.3.4　锚杆及土钉墙支护工程

(1) 锚杆材料

1) 制作拉杆用材料

锚杆的受力拉杆与钢筋混凝土结构中的钢筋相似，具体质量要求和进场验收见2.3有关要求。

2）喷射混凝土和锚杆灌浆用水泥、水、粗(细)骨料、外加剂、质量要求、配合比等见2.5有关内容。

3）水泥浆中可加入控制泌水或延缓凝结等外加剂，但必须符合产品标准。水泥浆中氯化物的总含量不得超过水泥重量的0.1%。除二次劈裂灌浆和自由段的充填灌浆外，一般不宜采用膨胀剂。

4）钢拉杆的防锈蚀材料：国内目前对粗钢筋的防锈措施：设计时对地下水无腐蚀性时，采用2mm保护层，有腐蚀性时应有3mm以上的保护层。防腐材料应满足下列要求：

① 在锚杆服务年限内，应保持其耐久性。

② 在规定的工作温度内或张拉过程中不得开裂、变脆或成为流体。

③ 不得与相邻材料发生不良反应，应保持其化学稳定性和防水性。

④ 不得对锚杆自由段的变形产生任何限制。

5）其他附件。塑料套管材料质量要求：

① 具有足够的强度，保证其在加工和安装过程中不致损坏。

② 具有抗水性和化学稳定性。

③ 与水泥砂浆和防腐剂接触无不良反应。

6）隔离架应由钢、塑料或其他对杆体无害的材料组成，不得使用木质隔离架。

（2）土钉材料

1）土钉用钢筋材料质量要求见第三章第四节有关规定，直径在18～32mm的范围内。

2）喷射混凝土配合比应通过试验确定，粗骨料最大粒径不宜大于12mm，水灰比不宜大于0.45，并应通过外加剂来调节所需坍落度和早强时间。

3）注浆材料宜选用水泥浆或水泥砂浆；水泥浆的水灰比宜为0.5，水泥砂浆配合比宜为1∶1～1∶2(重量比)，水灰比宜为

0.38～0.45。水泥浆、水泥砂浆应拌合均匀，随拌随用，一次拌合的水泥浆、水泥砂浆应在初凝前用完。

(3) 施工监控要点

1）作业前控制

① 锚杆长度设计。

A. 锚杆自由段长度不宜小于 5m 并应超过潜在滑裂面 1.5m。

B. 土层锚杆锚固段长度不宜小于 4m。

C. 锚杆杆体下料长度应为锚杆自由段、锚固段及外露长度之和，外露长度须满足台座、腰梁尺寸及张拉作业要求。

② 须对锚杆布置进行控制

A. 锚杆上下排垂直间距不宜小于 2.0m，水平间距不宜小于 1.5m。

B. 锚杆锚固体上覆土层厚度不宜小于 4.0m。

C. 锚杆倾角宜为 15°～25°，且不应大于 45°。

③ 施工前，要认真检查原材料型号、品种、规格及锚杆各部件的质量，并检查原材料的主要技术性能是否符合设计要求。

④ 锚杆施工前，取两根锚杆进行钻孔、注浆、张拉与锁定的试验性作业，考核施工工艺和施工设备的适应性。

⑤ 土钉支护施工前必须了解施工质量要求以及施工中的测试监控内容与要求。如基坑支护尺寸的允许误差，支护坡顶的允许最大变形，对邻近建筑物、管线、道路等环境安全影响的允许程度等。

⑥ 土钉支护施工前建设(监理)、施工、测量、设计单位有关人员共同到场确定基坑开挖线、轴线定位点、水准基点、变形观测点等，并在设置后要求施工单位负责加以妥善保护。

⑦ 施工机具和施工工艺依据工程特点和实际需要进行选用。

2）锚杆及土钉施工质量监控要点

① 锚杆施工

A. 锚杆放置完毕后，检查锚杆是否到位，要求锚杆杆体插

入孔内深度不应小于锚杆长度的95%。禁止在杆体安放后随意敲击和悬挂重物。

B. 锚杆注浆施工

a. 孔口溢出浆液或排气管停止排气时，可停止注浆。

b. 浆体硬化后不能充满锚固体时，应进行补浆，直到充满锚固体为止。

C. 二次高压注浆形成的连续球体型锚杆注浆施工

a. 一次常压注浆作业应从孔底开始，直至孔口溢出浆液。

b. 止浆密封装置的注浆应待孔口溢出浆液后进行，注浆压力不低于2.5MPa。

c. 在一次注浆形成的水泥结石体强度达到50MPa后，才能对锚固体进行二次高压注浆，注浆压力和注浆时间需根据锚固体的体积确定，并分段依次由下至上进行。

D. 锚杆张拉时，应记录下锚杆张拉控制应力，其中永久锚杆张拉控制应力 σ_{con} 不应超过 $0.6f_{ptk}$，临时锚杆张拉控制应力 σ_{con} 不应超过 $0.5f_{ptk}$。

E. 锚杆张拉至 $1.1\sim1.2N_t$，土质为砂质土时保持10min，为黏性土时保持15min后，然后卸荷至锁定荷载进行锁定作业。锚杆张拉荷载分级及观测时间张拉荷载分级在 $0.75N_t$ 以内时，砂质土和黏性土均为5min；在 $1.0N_t$ 时，砂质土为5min，黏性土为10min；$1.1\sim1.2N_t$ 和锁定荷载时均为10min。

② 土钉施工

A. 喷射混凝土施工之前，检查喷射混凝土面层中的钢筋网铺设是否符合下列规定：

a. 钢筋网应在喷射一层混凝土后铺设，钢筋保护层厚度不宜小于20mm。

b. 采用双层钢筋网时，第二层钢筋网应在第一层钢筋网被混凝土覆盖后铺设。

c. 钢筋网与土钉应连接牢固。

B. 注浆作业

a. 注浆前施工人员已将孔内残留或松动的杂土消除干净，对于孔中出现的局部渗水塌孔或掉落松土应立即处理；注浆中途停止超过 30min 时，应用水或稀水泥浆润滑注浆泵及其管路。

b. 注浆时，注浆管应插至距孔底 250～500mm 处，孔口部位设置止浆塞及排气管。

c. 土钉钢筋设好定位支架。

d. 孔内注入浆体的充盈系数必须大于 1。

(4) 锚杆及土钉的试验

1) 锚杆试验

① 基本试验：任何一种新型锚杆或已有锚杆用于未曾应用过的土层时，必须进行基本试验。进行基本试验的锚杆不应少于 3 根。最大试验荷载(Q_{max})不应超过钢丝、钢铰线、钢筋的标准强度的 0.8 倍。

② 极限抗拔力试验(又称拉拔试验)

A. 为了验证设计所估算的锚固长度是否足够安全，得出引起锚杆周围地基破坏、周边土层抗摩擦力消失或使土锚拉出所需施加的荷载，则需测定锚体与地基之间的极限抗拔力，以检验所用的土质参数是否合理。

B. 极限抗拔力试验应于施工前在工地进行，一般做 2～3 根。如果施工地段很长，而且地层变化很大的地区还应根据具体情况增加试验的数量。如在临近已有类似条件的试验资料可利用，亦可省略不做。

③ 特殊试验

A. 锚杆群的拉张试验：由于情况不得已，锚杆间距必须小于 $10D$ 或 1m(D 为钻孔直径)时才需做此试验，以判明锚杆群的效果。

B. 多循环的张拉试验：承受风力、波浪或反复式等其他振动力的锚杆，需判断由于地基在重复荷载作用下的性状变化所引起的效果。

C. 蠕变试验：为了判明永久性锚杆拉紧力的下降，蠕变可能来自锚固体与地基之间的蠕变特性，也可能来自锚杆区间的压

密收缩，应在设计荷载下长期量测张拉力与变位量，以便于决定什么时候需要做再拉紧。

④ 施工现场的监测试验主要有张拉试验和确认试验。

2）土钉试验

① 土钉墙应按下列规定进行质量检测：

A. 土钉采用抗拉试验检测承载力，同一条件下，试验数量不宜少于土钉总数的1%，且不应少于3根。

B. 喷射混凝土厚度应采用钻孔检测，钻孔数宜每100m^2一组，每组不应少于3点。

② 支护施工必须进行土钉的现场拉拔试验，一般应在专门设置的非工作钉上进行拉拔试验直至破坏，用来确定极限荷载，并据此估计土钉的界面极限粘结强度。

③ 每一典型土层中至少应有3个专门用于测试的非工作钉。

④ 土钉的现场拉拔试验宜用穿孔液压千斤顶加载，土钉、千斤顶、测力杆三者应在同一轴线上，千斤顶的反力支架可置于喷射混凝土面层上。

⑤ 测试钉进行拉拔试验时的注浆体抗压强度一般不应低于6MPa。根据试验得出的极限荷载，可算出界面粘结强度的实测值。这一试验平均值应大于设计计算所用标准值的1.25倍，否则应进行反馈修改设计。

⑥ 极限荷载下的总位移必须大于测试钉非粘结长度段土钉弹性伸长理论计算值的80%，否则这一测试数据无效。

⑦ 上述试验也可不进行到破坏，但此时所加的最大试验荷载值应使土钉界面粘结应力的计算值（按粘结应力沿粘结长度均匀分布算出）超出设计计算所用标准值的1.25倍。

（5）锚杆及土钉墙支护工程施工质量验收见表1.3.9。

1.3.5 钢或混凝土支撑系统

（1）施工准备及一般规定

1）内支撑体系的选型和布置

锚杆支护工程质量验收标准 **表 1.3.9**

项目		检查项目	允许偏差或允许值		检查方法
			单位	数值	
主控项目	1	锚杆长度	mm	±30	用钢尺量
	2	锚杆锁定力	设计要求		现场实测
一般项目	1	锚杆位置	mm	±100	用钢尺量
	2	钻孔倾斜度	°	±1	测钻机倾角
	3	浆体强度	设计要求		试样送检
	4	注浆量	大于理论计算浆量		检查计量数据
	5	墙体强度	设计要求		试样送检

① 基坑平面的形状、尺寸和开挖深度。

② 基坑周围的环境保护要求和邻近地下工程的施工情况。

③ 场地的工程地质和水文地质条件。

④ 主体工程地下结构的布置，土方工程和地下结构工程的施工顺序和施工方法。

2）支撑体系：应优先采用平面支撑体系，采用竖向斜撑体系条件如下：

① 基坑开挖深度．一般不大于 8m，在地下水位较高的软土地区不大于 7m。

② 场地的工程地质条件能满足基坑内预留土堤的斜撑安装和受力前的边坡稳定。

③ 斜撑基础具有足够的水平方向和垂直方向的承载能力。

④ 基坑平面尺度较大，形状比较复杂。

3）支撑结构：优先采用钢结构支撑。对于形状比较复杂或环境保护要求较高的基坑，宜采用现浇混凝土结构支撑。

4）平面支撑体系布置

① 平面支撑体系应由腰梁、水平支撑和立柱三部分构件组成。

② 水平支撑可以用对撑、对撑桁架、斜角撑、斜撑桁架以

及边桁架和八字撑等形式组成的平面结构体系。

③ 支撑轴线的平面位置应避开主体工程地下结构的柱网轴线。

④ 相邻支撑之间的水平距离不宜小于 4m，当采用机械挖土时，不宜小于 8m。

⑤ 沿腰梁长度方向水平支撑点的间距：对于钢腰梁不宜大于 4m，对于混凝土腰梁不宜大于 9m。

⑥ 对于地下连续墙，如在每幅槽段的墙体上设有 2 个以上的对称支撑点时，可用设置在墙体内的暗梁代替腰梁。

⑦ 基坑平面形状有向内凸出的阳角时，应在阳角的两个方向上设置支撑点，在地下水位较高的软土地区，尚宜对阳角处的坑外地基进行处理。

⑧ 平面支撑体系的竖向布置应符合有关规定。

5）竖向斜撑体系的布置

① 竖向斜撑体系通常应由斜撑、腰梁和斜撑基础等构件组成。当斜撑长度大于 15m 时，宜在斜撑中部设置立柱。

② 斜撑宜采用型钢或组合型钢截面。

③ 竖向斜撑宜均匀对称布置，水平间距不宜大于 6m。

④ 确定好斜撑与基坑底面之间的夹角和斜撑基础与围护墙之间的水平距离。

⑤ 斜撑与腰梁、斜撑与基础以及腰梁与围护墙之间的连接应满足受力要求。

6）有条件时，可以采取“中心岛”施工方案。

（2）施工监控要点

1）支撑构件构造要求

① 支撑构件的长细比应不大于 75，联系构件的长细比应不大于 120，立柱的长细比应不大于 25。

② 各类支撑构件的构造尚应符合国家现行《钢结构设计规范》或《混凝土结构设计规范》的有关规定。

③ 钢结构支撑构件长度的拼接宜采用高强度螺栓连接或焊接，拼接点的强度不应低于构件的截面强度。

④ 混凝土结构支撑构件的混凝土强度等级不应低于C20。

⑤ 钢腰梁的截面宽度、拼装要求、与混凝土圈梁间的空隙和填嵌要求，以及与其他构件、节点构造，应符合规定。

⑥ 控制好钢支撑的截面形式、安装节点以及纵横支撑的交叉点稳定要求。

⑦ 钢支撑与钢腰梁的连接可采用焊接或螺栓连接。

⑧ 控制好现浇混凝土支撑和腰梁构造、浇筑要求、支撑截面高度、钢筋规格和间距等。

⑨ 控制好立柱的构造。

2）施工质量控制

① 支撑结构的安装和拆除顺序应与围护结构的设计工况相一致。

② 支撑结构安装过程中控制以下几点：

A. 在基坑竖向平面内严格遵守分层开挖、先支撑后开挖的原则。

B. 支撑安装应与土方开挖密切配合。

C. 支撑安装应采用开槽架设。

D. 钢结构支撑宜采用工具式接头，并配有计量千斤顶装置。

E. 钢结构支撑安装后应施加50%～75%设计轴向力的预压力。

③ 安装好替代支撑系统后，方能拆除支撑。

④ 利用主体结构换撑时，楼板或底板混凝土强度应达到设计强度的80%。

⑤ 注意检查在立柱穿过主体结构底板以及支撑穿越主体结构地下室外墙部位的止水措施是否可靠。

⑥ 注意保护支撑构件和工程桩。

（3）施工质量验收

1）支撑系统质量要求

① 钢筋混凝土支撑截面尺寸：＋8mm，－5mm。

② 支撑中心标高及同层支撑顶面的标高差：±30mm。

③ 支撑两端的标高差：不大于20mm及支撑长度的1/600。

④ 支撑挠曲度：不大于支撑长度的 1/1000。

⑤ 立柱垂直度：不大于基坑开挖深度的 1/300。

⑥ 支撑与立柱的轴线偏差：不大于 50mm。

⑦ 支撑水平轴线偏差：不大于 30mm。

2）钢或混凝土支撑系统工程施工质量验收见表 1.3.10。

钢或混凝土支撑系统工程质量验收标准　　表 1.3.10

项目	序号	检查项目	允许偏差或允许值		检查方法
			单位	数值	
主控项目	1	支撑位置：标高 平面	mm	30 100	水准仪 用钢尺量
	2	预加顶力	kN	±50	油泵读数或传感器
一般项目	1	围图标高	mm	30	水准仪
	2	立柱桩	参见本章第七节桩基施工质量验收相关内容		
	3	支撑位置：标高 平面	mm	30 50	水准仪 用钢尺量
	4	开挖超深（开槽放支撑不在此范围）	mm	<200	水准仪
	5	支撑安装时间	设计要求	用钟表估测	

1.3.6　地下连续墙

地下连续墙作为基坑支护结构，其施工方法是在所定位置利用专用的挖槽机械和泥浆护壁，开挖出一定长度的深槽后，插入钢筋笼，并在充满泥浆的深槽中用导管法浇筑混凝土（混凝土浇筑从槽底开始，逐渐上升，泥浆也就被它置换出来），最后把这些槽段用特制的接头相互连接起来形成一道连续的现浇地下墙，见图 1.3.1。既可作临时维护基坑也可兼作地下室的外墙。

（1）地下连续墙施工特点

1）地下连续墙可以不同形式的槽段来适应不同形状地下构筑物的需要，可做成圆形、方形、条形及各种异形的构筑物。

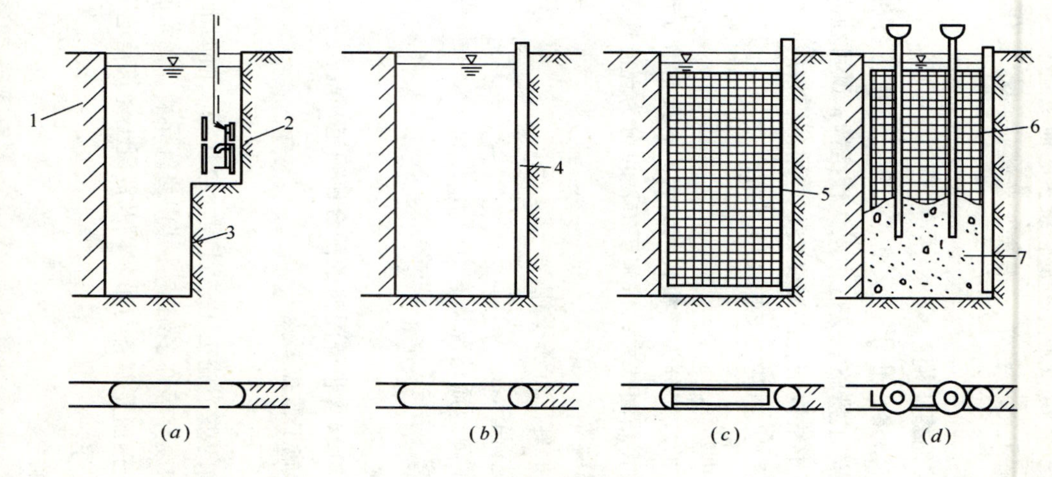

图 1.3.1 地下连续墙

(*a*)成槽；(*b*)放入接头管；(*c*)放入钢筋笼；(*d*) 浇筑混凝土

1—已完成墙段；2—成槽机械；3—护壁泥浆；4—接头管；5—钢筋笼；6—导管；7—混凝土

2）施工无噪声、无震动，对邻近地基和建筑物结构影响甚微，故适宜在城市建筑密集和人流多及管线多的地域施工。

3）地下连续墙施工由于是单一槽段工艺程序的重复作业，故易被操作人员掌握。

4）可快速施工，缩短工期。

地下连续墙具有防渗、止水、承重、挡土、抗滑等各种功能，既可用作临时性施工措施，又可作永久性结构；既可独立受力，也可与后浇混凝土结构结合共同受力，适用范围较广。可作为各种建筑物（构筑物）大型基坑支护及地下结构。

（2）地下连续墙的形式

地下连续墙按成槽方式分为壁板式和组合式；按挖槽方式大致分为抓斗式、冲击式和回转式；按施工方法可分为现浇式、预制板式及二者组合成墙等。

（3）地下连续墙的施工准备工作

1）施工现场情况调查。

2）水文地质和工程地质情况调查。

3）编制施工方案。

4）选择施工机械。

5）对使用材料检验（含护壁泥浆的配合比确定）等。

（4）地下连续墙施工监控要点

1）工艺流程

作为地下连续墙的整个施工工艺过程，包括施工前的准备、泥浆的制备、处理和废弃等许多细节。其中修筑导墙、泥浆制备与处理、深槽挖掘、钢筋笼制备与吊装以及混凝土浇筑是地下连续墙施工中的主要工序。

2）施工过程控制

① 修筑导墙

导墙作用：控制地下连续墙施工精度；挡土作用；重物支承台和维持稳定液面的作用。

A. 导墙一般采用现浇钢筋混凝土结构，但也有钢制的或预制钢筋混凝土的装配式结构。但根据工程实践经验，采用现场浇筑的混凝土导墙容易做到底部与土层贴合，防止泥浆流失，其他预制式导墙则较难做到这一点。图 1.3.2 所示为各种形式的现浇钢筋混凝土导墙。

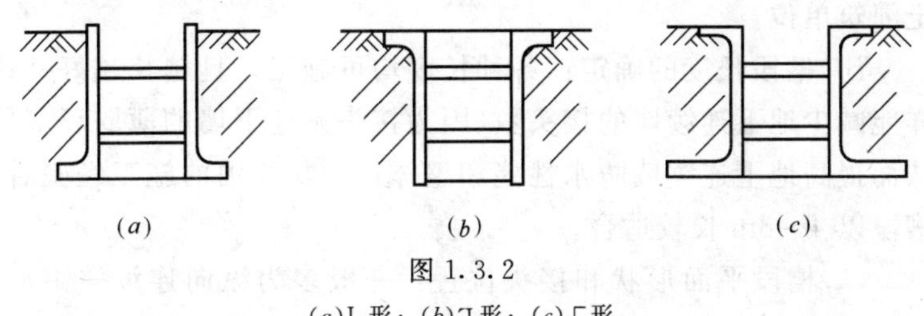

图 1.3.2

(a)L 形；(b)⅂形；(c)匚形

L 形多用于土质较差的土层；⅂形多用在土质较好的土层，开挖后略作修整可用土体作侧模板，再立另一侧模板浇混凝土；槽形多用于土质差的土层，先开挖导墙基坑，后两侧立模，待导墙混凝土达一定强度，拆去模板，再选用黏性土回填分层夯实。

B. 导墙一般采用 C20 混凝土，配筋较少，多为 ϕ12@200，水平钢筋应按规定搭接；导墙的几何尺寸，见表 1.3.11。

导墙的几何尺寸　　　　表 1.3.11

项　目	常用尺寸	项　目	常用尺寸	项　目	常用尺寸
埋设深度(mm)	1000～2000	导墙内深度(mm)	*B*+40	导墙厚度(mm)	150～300

注：*B* 为墙厚。

C. 地下墙两侧导墙内表面之间的净距，应比地下连续墙厚度略宽 40mm 左右。导墙顶面应高于地面 100mm 左右，以防雨水流入槽内稀释及污染泥浆。

D. 现浇钢筋混凝土导墙拆模以后，应沿其纵向每隔 1m 左右设上、下两道支撑，将两片导墙支撑起来，在导墙的混凝土达到设计强度之前，禁止任何重型机械和运输设备在旁边行驶，以防导墙受压变形。

② 泥浆护壁：泥浆的作用是护壁、携渣、冷却机具和切土

滑润。

③ 槽段开挖

A. 槽段划分：地下连续墙通常是分段施工的，每一段称为地下连续墙的一个槽段(又称为一个单元)，一个槽段是一次混凝土灌筑单位。

B. 槽段长度的确定：各种长度均可施工，且越长越好。这样能减少地下连续墙的接头数(因为接头是地下墙的薄弱环节)，从而提高地下连续墙防水性能和整体性。从我国的施工经验看，槽段以 4～8m 长较适合。

C. 槽段平面形状和接头位置：一般多为纵向连续一字形。但为了增加地下连续墙的抗挠曲刚度，也可采用工字形、L 形、T 形、Z 形及 U 形。

D. 墙厚：一般为 600～1000mm，最大为 1200mm。预制地下连续墙常用形式为一字形，受施工条件限制，厚度一般不大于 500mm。

E. 槽段接头：一般情况下应避免接头设在转角处及地下连续墙与内部结构的连接处。

④ 钢筋笼制作和吊放

A. 钢筋笼制作。钢筋笼按设计配筋图和单元槽段的划分来制作，一般每一单元槽段做成一个整体。如果地下连续墙很深或受起重设备起重能力的限制可分段制作，吊放时焊接成整体，且宜用帮条焊。纵向钢筋搭接长度应按设计要求。如无明确规定可取 30 倍钢筋直径。钢筋笼制作质量要求同混凝土灌注桩钢筋笼质量要求。

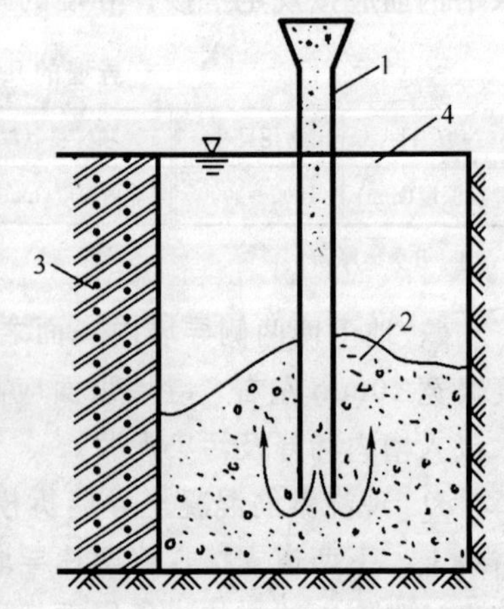

图 1.3.3　槽段内混凝土浇灌示意图

1—导管；2—正浇筑的混凝土；3—已浇筑混凝土；4—泥浆

B. 钢筋笼的吊放。插入钢筋笼时，最重要的是使钢筋笼对准单元槽段的中心、垂直而又准确的插入槽内。钢筋笼进入槽内时，吊点中心必须对准槽段中心，注意不要因起重臂摆动或其他影响而使钢筋笼产生横向摆动，造成槽壁坍塌。钢筋笼插入槽内后，检查其顶端高度是否符合设计要求，然后将其搁置在导墙上。

⑤ 水下混凝土浇筑

A. 清底。一般有沉淀法和置换法两种。沉淀法是在土渣基本都沉淀到槽底之后再进行清底；置换法是在挖槽结束之后，对槽底进行认真清理，然后在土渣还没有沉淀之前就用新泥浆把槽内的泥浆置换出来，我国多用置换法。清除沉渣常用的砂石吸力泵排泥法、压缩空气升液排泥法、带搅动翼的潜水泥浆泵排泥法和抓斗直接排泥法。

B. 混凝土要求。混凝土强度等级一般不应低于C20。混凝土应具有良好的和易性和流动性。比如流态混凝土的坍落度宜控制在15～20cm左右；混凝土配比中水泥用量一般大于400kg/m^3；水灰比不应大于0.6。

C. 混凝土浇筑

a. 地下连续墙混凝土是用导管在泥浆中灌筑的。由于导管内混凝土密度大于导管外的泥浆密度，利用两者的压力差使混凝土从导管内流出，在管口附近一定范围内上升替换掉原来泥浆的空间。图1.3.3为导管法混凝土浇筑示意图。

b. 在混凝土浇筑过程中，导管下口插入混凝土深度应控制在2～4m。

c. 在浇灌过程中，导管不能作横向运动，混凝土要连续灌筑，不能长时间中断，一般可允许中断5～10min，最长只允许中断20～30min。为保持混凝土的均匀性，混凝土搅拌好之后，应在1.5h内灌筑完毕。夏天在1h内尽快浇完，否则应掺入适当的缓凝剂。

d. 灌注混凝土速度的控制：在槽内混凝土面上升速度不应

大于 2m/h。

e. 在灌筑过程中，要经常量测混凝土灌注量和上升高度，使各导管处的混凝土表面高差不大于 300mm。

f. 在浇筑完成后的混凝土顶面需要比设计标高超浇 300～500mm。凿去该层浮浆层后，地下连续墙墙顶才能与主体结构或支撑相联成整体。

3）施工注意事项

① 地下墙施工前宜先试成槽，以检验泥浆配比、成槽机选型，并应复核地质资料。

② 地下墙槽段间连接接头形式，应根据地下墙使用要求选用。无论选用何种接头，在浇注混凝土前，接头处必须刷洗干净，不留任何泥砂或污物。

③ 地下墙与地下室结构顶板、楼板、底板及梁之间连接可预埋钢筋或接驳器(锥螺纹或直螺纹)，对接驳器也应按原材料检验要求抽样复验。数量每 500 套为一个检验批，每批应抽查 3 件，复验内容为外观、尺寸、抗拉试验等。

④ 施工前应检验进场的钢材、电焊条。已完工的导墙应检查其净空尺寸、墙面平整度与垂直度。检查泥浆用的仪器、泥浆循环系统应完好。地下连续墙应用商品混凝土。

⑤ 施工中应检查成槽的垂直度、槽底的淤积物厚度、泥浆比重、钢筋笼尺寸、浇注导管位置、混凝土上升速度、浇注面标高、地下墙连接面的清洗程度、商品混凝土的坍落度、锁口管或接头箱的拔出时间及速度等。

⑥ 成槽结束后应对成槽的宽度、深度及倾斜度进行检验，重要结构每段槽段都应检查，一般结构可抽查总槽段数的 20%，每槽段应抽查 1 个断面。

⑦ 永久性结构的地下墙，在钢筋笼沉淀后，应做二次清孔，沉渣厚度应符合要求。

⑧ 每 $50m^3$ 地下墙应做 1 组试件，每槽段不得少于 1 组，在强度满足设计要求后方可开挖土方。

⑨ 作为永久性结构的地下连续墙，土方开挖后应按《混凝土结构工程施工质量验收规范》(GB 50204)进行逐段检查。

⑩ 作为永久性结构的地下连续墙，其抗渗质量标准可按现行国家标准《地下防水工程施工质量验收规范》(GB 50208)执行。

(5) 施工质量验收

1) 导墙修筑的允许偏差，见表 1.3.12。

导墙修筑的允许偏差　　　　表 1.3.12

项　目	允许偏差(mm)	项　目	允许偏差(mm)
导墙轴线	±10	顶面标高	±10
导墙净距	±5	局部高差	±5

2) 槽段开挖的允许偏差，见表 1.3.13。

槽段开挖的允许偏差　　　　表 1.3.13

项　目	允许偏差	备　注
倾斜度	≤1/150	
槽段长度(沿轴线方向)(mm)	±50	
槽段厚度(mm)	±10	
相邻槽段中心线偏差	≯1/3 墙厚	任一均同深度
槽底(设计标高)上 200mm 处泥浆密度	≯1.2	
沉渣厚度(mm)	≯200	

3) 干作业地下连续墙质量标准见表 1.3.14。

干作业地下连续墙质量标准　　　　表 1.3.14

项　目	设计要求	允许偏差(mm)	项　目	允许偏差(mm)
混凝土保护层厚度	50mm	±10	平面偏差	±10
墙身垂直度	墙深 L	$0.002L$	墙截面偏差	加厚 20
垂直筋	间　距	±10	墙顶标高	±50
水平筋	间　距	±10	墙底标高	加深 50

4）钢筋笼制作与吊装的偏差控制要求见表 1.3.15。

钢筋笼制作与吊装偏差控制要求　　表 1.3.15

序　号	项　目　内　容	容许偏差(mm)
1	竖向主筋间距	±10
2	水平主筋间距	±20
3	预埋件位置	±15
4	预留连接筋位置	±15
5	钢筋笼吊入槽内中心线位置	±10
6	钢筋笼吊入槽内垂直度	0.002
7	钢筋笼吊入槽内标高	±10

5）地下连续墙的施工质量验收，见表 1.3.16。

地下连续墙质量检验标准　　表 1.3.16

项　目		检 查 项 目	允许偏差或允许值		检 查 方 法
			单　位	数　值	
主控项目	1	墙体强度	设计要求		查试件记录或取芯试压
	2	垂直度：永久结构 临时结构		1/300 1/150	测声波、测槽仪或成槽机上的监测系统
一般项目	1	导墙尺寸：宽度 墙面平整度 导墙平面位置	mm mm mm	W＋40 ＜5 ±10	尺量，W 为地下墙设计厚度 尺量 尺量
	2	沉渣厚度：永久结构 临时结构	mm mm	≤100 ≤200	重锤测或沉积物测定仪测
	3	槽深	mm	＋100	重锤测
	4	混凝土坍落度	mm	180～220	坍落度测定器
	5	钢筋笼尺寸	同混凝土灌注桩钢筋笼		
	6	地下墙表面平整度：永久结构 临时结构 插入式结构	mm mm mm	＜100 ＜150 ＜20	此为均匀黏土层，松散及易坍土层由设计决定
	7	永久结构时的预埋件位置：水平向 垂直向	mm mm	≤10 ≤20	尺量 水准仪

1.3.7 沉井与沉箱

(1) 施工基本程序

沉井施工的工作内容包括沉井制作和沉井下沉两个主要部分。根据不同的情况和条件，可采用分节制作一次下沉；可以一次制作一次下沉；也可制作与下沉交替进行。一般情况下单个沉井的施工程序分为：下沉前的准备工作→沉井下沉→接长井壁→沉井封底。

(2) 施工基本方法

沉井下沉施工方法：可采用排水下沉、不排水下沉或中心岛式下沉等方法。

1) 排水下沉法

当沉井所穿过的土层较为稳定，不会因排水而产生流砂，且不会发生井底土体大量隆起失稳，或井底土体不会被下面的承压水顶破时，可采用排水挖土下沉施工法。

2) 不排水下沉法

当沉井穿过的地层不稳定，地下水涌水量大，会发生流砂现象，下沉到一定深度时会发生井底土体隆起失稳或井底土体被承压水顶破，则要考虑采用不排水下沉。

3) 中心岛式下沉法

为进一步减少施工引起的周围地表沉降对建筑物和环境的影响，创造了一种中心岛式下沉法全新的沉井施工工艺。其特点是：井壁较薄，沉井壁的内外两侧处在泥浆护壁槽中，挖槽吸泥机沿井壁内侧一面挖槽，一面向槽内补浆，沉井随挖槽加深而随之下沉，槽中泥浆维持在适当高度，以保证槽壁土体的稳定，并使沉井刃脚徐徐挤土下沉。

(3) 施工监控要点

1) 施工准备

① 检查沉井、沉箱工程的地质勘察资料。资料内容应包括：

A. 面积在 200m^2 以下的沉井、沉箱，不得少于一个钻孔。

B. 面积在 200m^2 以上的沉井、沉箱，应在四角(圆形为相互垂直两直径与圆周的交点)附近各取一个钻孔。

C. 沉井、沉箱面积较大或地质条件复杂时，应根据具体情况增加钻孔数。

D. 每座沉井、沉箱至少应有一个钻孔提供土的各项物理力学指标，其余钻孔应能鉴别土层变化情况。

② 沉井、沉箱刃脚的形状和构造，应与下沉处的土质条件相适应。

③ 在沉井、沉箱周围土的破坏棱体范围内有永久性建筑物时，制定确保安全和质量的技术措施。

④ 应经常对沉井、沉箱附近的原有建筑物进行沉降观测。

⑤ 考虑地面的可能沉陷并采取措施后，再在沉井、沉箱周围布置起重机、管路和其他重型设备。

⑥ 制作沉井、沉箱的场地应预先清理整平。

⑦ 制作沉井、沉箱的施工场地和水中筑岛的地面标高，应考虑防止积水。

⑧ 制作和下沉沉井、沉箱的水中筑岛四周应设有护道，岛侧边坡应稳定，并符合抗冲刷要求。

⑨ 水中筑岛应采用透水性好和易于压实的砂或其他材料填筑，不得采用黏性土和冻土填筑。

⑩ 垫木之间用砂填实。

2）施工监控要点

① 沉井

A. 制作

a. 沉井制作应在场地和中轴线验收以后进行。接高的各节竖向中心线应重合或平行。

b. 应控制沉井分节制作的高度。

c. 在沉井的第一节混凝土达到设计强度的 70％后，方能浇筑沉井上一节混凝土。浇筑时要对称、均匀地浇筑。

d. 冬期制作沉井时，要求施工单位采取防冻措施。

B. 浮运(适用于装有临时防水底板的沉井)

a. 在浮运沉井所经水域探明有无水下障碍，水深是否满足浮运要求。

b. 在沉放前应核实沉放处的水下基床是否能满足承载力和稳定要求。

c. 保证浮运沉井临时底板的防水质量和易于拆除。

d. 以多方向缆绳、锚链或导向架控制沉井沉放位置。

e. 沉放至基(河)床后，应注意沉井上下游基(河)床冲刷情况，保证沉井正确位置。浮运的沉井沉放至水下基床后，其下沉和封底，应按陆上沉井的有关规定执行。

f. 根据结构、土质、水文等条件验算稳定性，确保稳定的入土深度。

C. 下沉

a. 井壁混凝土达到设计强度后，分区、依次、对称、同步地抽出承垫木并立即用砂或砾砂填实。

b. 挖土下沉应分层、均匀、对称地进行，能均匀竖直下沉，不得有过大的倾斜。

c. 由数个井孔组成的沉井，在挖土时各井孔土面高差不应超过 1m。

d. 采用泥浆润滑套减阻下沉的沉井，应设置套井。

e. 沉井下沉时，槽内应充满泥浆，其液面应接近自然地面，并储备一定数量泥浆，以供下沉时及时补浆。

f. 采用泥浆润滑套的沉井，下沉至设计标高后，泥浆套应按设计要求处理。

g. 严格检查施工单位采用的泥浆。

D. 封底

a. 沉井下沉至设计标高，应进行沉降观测，8h 内下沉量不大于 10mm 时，方可封底。

b. 无论是干封底、导管法水下混凝土封底都应严格按规定

程序操作。

② 沉箱

A. 气闸、升降筒、贮气罐等承压设备检验合格后，方可使用。

B. 严禁施工人员在升降筒和气闸上支撑沉箱上部箱壁的模板和支撑系统。

C. 沉放到水下基床的沉箱，应校核中心线，其平面位置和压载经核算符合要求后，才能排出作业室内的水。

D. 沉箱下沉过程中，作业室内上面距顶板的高度不得小于 1.8m。

E. 在沉箱内爆破时，确保不破坏沉箱结构。在刃脚下爆破时，宜分段进行。

F. 爆破后，应开放排气阀，同时增大进气量，迅速排出有害气体。

G. 沉箱下沉到设计标高后，按要求填筑作业室，并采取压浆方法填实顶板与填筑物。

(4) 施工质量验收

1) 检查沉井或沉箱的平面尺寸、模板、钢筋及预埋件等是否符合设计要求。对工程中的模板、钢筋、混凝土、砌砖、钢壳制作、钢丝网水泥壳体制作等分别进行验收。

2) 在沉井或沉箱下沉之前检验砂浆和混凝土抗压强度、混凝土抗渗等级、砖砌体的强度等。

3) 复核沉井或沉箱的定位放线和轴线、标高等是否符合设计要求和有关规范的规定。

4) 沉井(箱)的施工质量验收见表 1.3.17。

(5) 常见质量缺陷及预控措施见表 1.3.18。

1.3.8 水泥土搅拌桩

(1) 水泥土搅拌桩的检查

水泥土搅拌桩的施工见 1.3.3“水泥土桩支护工程”有关内

沉井(箱)的质量验收标准 **表 1.3.17**

项目	序号	检查项目	允许偏差或允许值 单位	数值	检查方法
主控项目	1	混凝土强度	满足设计要求(下沉前必须达到 70%设计强度)		检查试件记录或抽样送检
	2	封底前，沉井(箱)的下沉稳定	mm/8h	<10	用水准仪检查
	3	封底结束后的位置： ① 刃脚平均标高(与设计标高比)； ② 刃脚平面中心线位移； ③ 四角中任何两角的底面高差	mm	<100 <0.01×H <0.01×l	① 用水准仪检查； ② 用经纬仪检查，H 为下沉总深度，H<10m 时，控制在 100mm 之内； ③ 用水准仪检查，l 为两角的距离，但不超过 300mm，l < 10m 时，控制在 100mm 之内
一般项目	1	钢材、对接钢筋、水泥、骨料等原材料检查	符合设计要求		检查出厂质保书或抽样送检
	2	结构体外观	无裂缝，无蜂窝、空洞，不露筋		直观检查
	3	平面尺寸：长与宽 曲线部分半径 两对角线差 预埋件	% % % mm	±0.5 ±0.5 1.0 20	用钢尺量，最大控制在 100mm 之内 用钢尺量，最大控制在 50mm 之内 用钢尺量 用钢尺量
	4	下沉过程中的偏差：高差	%	1.5～2.0	用水准仪检查，但最大不超过 1m
		下沉过程中的偏差：平面轴线		<0.015×H	用经纬仪检查，H 为下沉深度，最大应控制在 300mm 之内，此数值不包括高差引起的中线位移
	5	封底混凝土坍落度	cm	18～22	用坍落度测定器检查

注：主控项目 3 的三项偏差可同时存在，下沉总深度，系指下沉前后刃脚之高差。

沉井(箱)常见质量缺陷及预控措施　　　表 1.3.18

常见质量缺陷	预控措施
沉井下沉过程中出现倾斜、扭转或位移	(1) 在靠近刃脚较高的一侧挖除。 (2) 矩形沉井长边可采取偏心压重进行纠偏。 (3) 沉井倾斜可在少沉一侧偏心压重
摩擦力过大	(1) 下沉很深的沉井，下沉系数小于 1.0 的，宜在沉井混凝土内预埋射水管。 (2) 沉井尚未完成时，可以接续浇筑；如已完成则可在沉井内或顶部加压重。 (3) 掏刃脚下的土层以减少正面阻力，但挖空高度宜小。 (4) 沉井刃脚下挖空仍不下沉时，可在井底用炸药起爆震动使之下沉。 (5) 在砂砾或卵石等土层中可采用井外挖土的办法来减阻。 (6) 不排水下沉的沉井，可用抽水的办法降低井内水位。 (7) 沉井外壁做成倾斜或台阶形或在沉井底的井壁与土壁间，随沉井下沉随时填入粒径 10～30mm 的小卵石，以减少摩阻力
沉井下沉因土层软弱摩阻力过小而不能稳定	(1) 如不排水下沉时，可向井内注水，增加对沉井的上浮力。 (2) 排水开挖时，可在沉井刃脚斜面设计标高处，提前放置块石或混凝土块。 (3) 根据具体情况，采取适当的阻沉法
下沉遇流砂，周围土体坍塌，沉井无法下沉	(1) 采取不排水开挖下沉，减小井内外的水头差，使沉井内的水位高出地下水。 (2) 开挖前降低沉井内外地下水，直到沉井封底浇筑的底板混凝土达到足够的强度
沉井突然下沉	(1) 刃脚附近的土不要挖得太深；沉井内合理分格，设置一定数量的下框架梁。 (2) 可适当加大下沉系数或采用泥浆套等减少摩阻力的措施
出现超出设计规范容许的裂缝	(1) 竖向裂缝防治：支承点应与实际相符。 (2) 水平裂缝防治：确保沉井质量，防止倾斜；避免沉井上部补卡；刃脚下不宜挖空过多；配筋应符合要求

容。搅拌桩施工中应控制的要点如下：

1) 在搅拌过程中，注入地层的浆液有一部分会流返地面，要沿横向做一沟槽，沟槽边设固定支架，以便固定插入的 H

形钢。

2）在搅拌成桩时，要在下行钻进时灌入所需容量70%～80%的水泥浆，其余的20%～30%在螺旋钻上行回程时灌入。

3）在搅拌桩的施工过程中，要特别注意水泥浆液的注入量和搅拌沉入情况、提升量及提升速度。钻进的速度应比上提时的速度慢一倍左右，以便尽可能保证水泥土的充分搅拌，又可获得较高的贯入速度。

(2) 加筋水泥土桩质量验收见表1.3.19。

加筋水泥土桩质量验收标准　　表1.3.19

序号	检查项目	允许偏差或允许值		检查方法
		单位	数值	
1	型钢长度	mm	±10	用钢尺量
2	型钢垂直度	%	<1	经纬仪
3	型钢插入标高	mm	±30	水准仪
4	型钢插入平面位置		10	用钢尺量

1.4　降水与排水

1.4.1　一般规定

(1) 采用降水排水措施时应考虑的因素：

1）土的种类及其渗透系数。

2）要求降低水位的标高。一般地下水位应降低到基坑以下0.5～1.0m。

3）采用的基坑壁支护形式，尤其是深基坑。

4）基坑的面积大小。

(2) 降水方法：一是表面排水；二是井点降水。

对不同的土质应用不同的降水形式，常用的降水形式见表1.4.1。

降水类型及适用条件 **表 1.4.1**

降水类型 \ 适用条件	渗透系数（cm/s）	可能降低的水位深度（m）	备注
轻型井点	$10^{-2}\sim10^{-6}$	3～6	一级降水深度 3～6m；二级 6～9m；多级至 12m
多级轻型井点		6～12	
喷射井点	$10^{-3}\sim10^{-6}$	8～20	降水深度至 12m 以上
电渗井点	$<10^{-6}$	宜配合其他形式降水使用	饱和黏性土、淤泥和淤泥质土
深井井管	$\geqslant10^{-5}$	>10	降水深度 3～15m
表面排水	碎石土、粗粒砂、渗水量不大的土		

（3）降水系统施工完后，应试运转，如发现井管失效，应采取措施使其恢复正常，如无可能恢复则应报废，另行设置新的井管。

（4）降水系统运转过程中应随时检查观测孔中的水位。

（5）基坑内明排水应设置排水沟及集水井，排水沟纵坡宜控制在 1‰～2‰。

（6）降水与排水施工质量检验标准见表 1.4.2。

降水与排水施工质量检验标准 **表 1.4.2**

序号	检查项目	允许偏差或允许值		检查方法
		单位	数值	
1	排水沟坡度	‰	1～2	目测：坑内不积水，沟内排水畅通
2	井管（点）垂直度	%	1	插管时目测
3	井（点）间距（与设计相比）	%	≤150	用钢尺量
4	井管（点）插入深度（与计算值相比）	mm	≤200	水准仪
5	过滤砂砾料填满（与计算值相比）	mm	≤5	检查回填料用量
6	井点真空度：轻型井点 喷射井点	kPa	>60 >93	真空度表
7	电渗井点阴阳极距离： 轻型井点 喷射井点	mm	80～100 120～150	用钢尺量

1.4.2　轻型井点

(1) 施工准备

1) 井点的平面布置：一般沿基坑外缘 0.5～1.0m 布置，井点间距 1.0～2.5m，呈封闭状。

2) 井点管采用钢管，长 6～9m，管下端配有长 1.5～2.0m 过滤器。管壁钻直径 10～18mm 的孔眼，呈梅花状分布，孔隙率为 25%左右。管壁外包两层过滤网，内层为细滤网(尼龙网或铜丝网)；外层为粗滤网(铁丝网或尼龙网)，或包 1～2 层棕皮，用铅丝分层扎紧。连接软管为螺纹胶管或塑料管；集水总管为钢管，每根长 4m 左右，用法兰连接，在管壁每隔 1～2m 设一个连接井点管的接头，并与抽水泵连接。

3) 井点管过滤器，成孔之前验收合格，方能使用。

(2) 施工监控要点

1) 在松软或松散易缩孔、塌孔的土层中钻探施工时，应采用清水水压钻进。

2) 应用清水水压钻进，送水泵压不得低于 2MPa，流量不小于 $20m^3/h$。

3) 钻孔完毕后，应立即测量深度，钻孔深度应比设计井点管埋设深度大 0.5～1.0m。

4) 在井点管周围投滤料时，采用边向孔内送水、边投滤料的方法，滤料投入量应不少于计算值的 95%。

5) 到设计预定孔深后，应加大泵量冲洗，将孔内土块及泥浆冲洗出孔口，使孔内水体的含泥量不大于 5%。

6) 井点施工结束，应立即组织洗井，洗井应自上而下进行，洗至水清、基本不出砂，且出水正常，井点底部不存砂为止。

7) 当每组井点施工结束，应立即在集水管的中部位置着手组装水泵。泵组应尽量降低高程，泵组吸水口与集水管、井点连接管的高程尽可能一致。

8) 随机检查降水系统各部件，要求连接严密，不漏气、漏水、漏电，同时还应注意检查水泵转向防止反转。

9）在试抽过程中，应定时观测抽水流量、工作压力、真空度以及观测孔的水位等，并做好记录，核检抽水量与设计值是否相符，试抽阶段的出水量应大于设计值。随时抽检，根据水位下降的趋势，分析降水效果。如发现与设计有较大出入，应及时调整降水方案。

10）降水之前观测一次自然水位，在抽水开始的5～10天内，每天早晚各观测一次水位、流量；以后改为每天观测一次，并做好记录。雨期或出现新的补给源时，应增加观测次数。

11）对于轻型井点降水，在观测水位、流量的同时，对水泵的工作压力，真空度、电压、电流进行观测与记录，分析运行是否正常，发现问题或异常应及时处理。

12）降水期间不得停泵。

13）应注意将抽出的水排至降水区以外，不应产生回渗，如有问题立即进行纠正。遇有大雨或暴雨，应及时排除地面和基坑积水，以减少下渗，保证降水。

（3）轻型井点施工质量检验标准见表1.4.2有关内容。

（4）施工过程中常见质量缺陷及预控措施

1）钻探成井常见质量缺陷及预控措施见表1.4.3。

钻探成井常见质量缺陷及预控措施　　表1.4.3

常见质量缺陷	预控措施
回转遇阻	立即上下活动钻具，保持冲洗液循环
提钻受阻	转动钻具，送入冲洗液，严禁猛拉硬提
钻具卡在套管底端	转动钻具，使钻具进入套管
回转受阻，提不起来	保持冲洗液循环，上下活动钻具，边回转边上升；振动上拔；千斤顶顶升，保护孔壁，用反丝工具将钻杆逐根拔出
井管内淤粉细砂	捞砂；继续洗井，减缓洗井强度
井管内淤塞含水层中较粗的颗粒砂	局部修补；重新成井
长时间出水混浊	延长洗井时间，洗井强度应由小逐渐增大，减少停开次数
井点出水量小	加大洗井强度，改变洗井方法，调整抽水机械的安装
井点出水量逐渐减少或不出水	重新洗井；调整抽水机械的安装

2）基坑降水常见质量缺陷及预控措施见表 1.4.4。

基坑降水常见质量缺陷及预控措施　　表 1.4.4

常见质量缺陷	预控措施
基坑内水位下降至一定深度后不再下降	增加降水井点；调整或更换抽水设备
基坑内水位下降缓慢	增加井点；延长抽水时间；增加坑内明排
基坑内水位持续下降，并超过设计降深	间断关停井点
基坑内水位下降不均匀	调整井点布设；调整或更换抽水设备
基坑内出现流砂	放慢开挖进度；增大降水能力
基坑外侧地表变形大	在降水井点外侧布设回灌水系统

1.4.3　管井井点

（1）成井方法

1）常用钻探成孔方法见表 1.4.5。

管井钻探成孔方法选择　　表 1.4.5

钻进方法	施工条件
硬质合金钻进	常规口径Ⅵ级以内岩层，大口径Ⅳ级以内岩石一次成井，黏性土、砂土、砾石层一次成井或多级扩孔
钢粒钻进	常规口径Ⅶ～Ⅸ级基岩，大口径Ⅴ～Ⅵ级基岩，大漂石、卵石一次成井
牙轮钻进	大口径Ⅵ级以内基岩、砾卵石、漂石一次成井
冲击钻进	多为浅井，砂土、砾石，用各种肋骨钻头，抽砂筒钻进，大卵石，漂石用冲击钻头钻进，配合抽砂筒抽渣
反循环钻进	土层、砂、砾、破碎基岩、一次成井

注：钻进时使用冲洗液护壁情况分为：跟管钻进、泥浆护壁钻进。

2）成井：包括下井管和回填砾料

① 下井管：包括配制井管、包扎滤网缠丝，探井深、下井管等。

② 填砾料与封孔口：填砾方法选用见表 1.4.6，填砾前应将合格砾料运至孔口。

填砾方法选择 表 1.4.6

方法	操作程序	特点	适用范围
整体下入	把砾料与滤水管安装在一起，同时下入孔中	重量大，制作复杂，但质量较好	采用贴砾、匡状、笼状过滤器时采用
静水填砾	填砾前彻底换浆稀释；停泵、孔口填入	简单，通过孔口返水判断填砾情况	井壁完整，地层稳定
动水填砾	边冲边填向井管内注水，使清水从管外上返，砾料从孔口填入	砾料清洁，均匀	井壁不稳，井深较大，砾料不易投入
边抽边填	用空压机从井管内抽水，砾料从井管外填入	增大出水量，滤层质量好，操作复杂，易塌孔	适于较完整的稳定含水量

③ 洗井与试抽：常用洗井方法见表 1.4.7。

洗井方法选择 表 1.4.7

洗井方法	适用条件	特点
活塞洗井	适用于井管强度高的金属井管及中砂含水层	迅速、有效、简便，与其他方法配合效果更好，成本低
空压机洗井	适宜于各种深度不同涌水量的钻孔，不受井管弯曲限制	洗井能力强，能清除孔底沉淀物，安装方便，但功率较低
封闭反压洗井	适宜于泥浆钻进，井管坚固，可进行分段止水	洗井时间短，效果好，设备简单，操作方便，成本低
水泵洗井	适宜于不同深度的基岩，松散层井孔，堵塞不严重	设备简单，成本低
冲孔器洗井	适宜于松散层，不填砾料小口径井管，非金属管	设备简单，操作方便，效果较好，成本低
抽水洗井	适宜于清水钻进成孔的基岩，松散层降深较小	设备简单，易操作，效果较好，成本低
泵压反洗井	适宜于不同深度管井，泥浆钻进成井	设备简单，方便，成本低
射流洗井	适宜于基岩及第四系井孔，不同深度，可进行分段洗井，采用泥浆钻进成井等	洗井时间短，分段洗井针对性强，洗井质量好，但操作要求严格
抽筒洗井	适宜于浅井，可清除孔底沉渣	简单，但洗井时间长，效果较差

续表

洗井方法	适用条件	特点
多磷酸盐洗井	适宜于泥浆钻进含水层井壁不稳固的管井，滤水管外有砾料结构的井孔	对泥浆具有分散作用，对井壁泥皮溶蚀，剥离能力强，但对含水层孔隙疏导能力差
液态二氧化碳洗井	适宜于井壁稳定的各种管井，不同深度的新井，旧井或废井处理修复	产生直接水击，洗井效能高，节省时间与能源，设备简单，投资少
干冰洗井	适宜于各种类型井壁稳固的井孔	节省时间，操作方便，成本低

(2) 施工监控要点

1) 管井井点钻孔直径不小于 500mm。

2) 管井成孔用干孔或清水水压钻进，若用泥浆管井，井管下沉后必须充分清洗。保持滤网畅通。

3) 其余监控要点见 1.4.2 “轻型井点降水之(2)” 的相关内容。

(3) 施工质量检验标准见表 1.4.2 有关内容。

1.4.4 喷射井点降水

(1) 井点位置按照降水井点布设方案布设。喷射井点的布设与轻型井点布设的要求基本相同，由于喷射井点的抽水能力大于轻型井点，井点间距通常比轻型井点间距大一倍左右。

(2) 施工准备和施工质量监控要点可参见 1.4.2 节“轻型井点降水”相关内容。

(3) 喷射井点施工质量检验标准见表 1.4.2 有关内容。

(4) 喷射井点常见质量缺陷及预控措施见表 1.4.8。

1.4.5 电渗井点

(1) 电渗井点施工过程

1) 阴极：即井点管的埋设，可用轻型井点成孔的方法。当阴极数量少于阳极时，也可采用较大口径的管井。

喷射井点常见质量缺陷及预控措施 **表 1.4.8**

常见质量缺陷	检查方法	预控措施
真空管内无真空	(1) 真空度表。 (2) 听：有上水声是好井点；无声则反之。 (3) 摸：冬天井点热是好井点，凉为坏井点，夏天则反之。 (4) 看：夏天湿、冬天干的井点为上水井点，同时观察管路漏水、水箱水位变化	(1) 反冲法：遇有喷嘴堵塞，芯管、过滤器淤积，可通过内管反冲水疏通，但水冲时间不宜过长。 (2) 提起内管，上下左右转动，观测真空度变化，真空度恢复时为正常。 (3) 反浆法：关住回水阀门，工作水通过滤管冲土，破坏原有滤层，停冲后，悬浮的滤砂层重新沉淀，如反复多次无效，应停止井点工作。 (4) 更换喷嘴：将内管拔出，重新组装
真空管内无真空，但井点抽水畅通		
真空管出现正压（即工作水流出）		
井管周围翻砂		

2）阳极：垂直埋设，一般用锤击法将钢筋或钢管埋设于预定深度。

(2) 施工监控要点

与轻型井点相同的可参见轻型井点相关内容。其余叙述如下：

1）电渗井点施工前的准备工作检查

① 作为阳极的钢筋选用直径 50～75mm 的钢管或直径 20～32mm 的钢筋。

② 阴极与阳极的间距：用轻型井点时为 0.8～1.2m，喷射井点时为 1.2～2.0m。

③ 直流电源采用直流电焊机或硅整流电机，工作电压不大于 60V，在土中通电的电流密度为 0.5～1.0A/m^2。

④ 通电前两极间地面应处理干燥，以避免电流从土面通过。

⑤ 作为阳极的钢筋或钢管在打入土中前，在不需要通电的部位（如与砂层及地下水位以下土层对应的部位）涂一层沥青，以减少耗电。

2）施工过程质量监控

① 检查阳极是否埋设在井点管排的内侧，是否与井点管保

持平行，不得相碰。

② 检查作为阳极的钢筋或钢管的入土深度，其深度应比井点管深0.5～1.0m，以保证水位能降到所要求的深度。

③ 通电过程中，由于类似电解作用，在阳极附近常有气体积聚，使电阻增大，耗电量大，因此通电24h后，应停电2～5h，间歇后再通电。

(3) 电渗井点施工的质量检验标准见表1.4.2。

(4) 电渗井点施工中的常见质量缺陷及预控措施见表1.4.9。

电渗井点常见质量缺陷及预控措施　　表1.4.9

常见质量缺陷	预控措施
无法实现降水	将阳极重新布置在井点管排内侧
	换用直流电源
降水不明显	在阳极设置观测点，定时观测水位变化，适当调整供电时间及供电电极数量

1.4.6 排水

(1) 排水施工工艺过程

在基坑轮廓线以外，开挖排水沟，并设集水井。集水井多设置于基坑拐角。除承担排水沟汇水外，还起到降低周围地下水位的作用。因此，其井壁在保持稳定的情况下，应具有透水滤砂作用，故井壁外侧填以砾料。集水管材料多为透水混凝土管、钢管和PVC塑料管等。

(2) 排水施工监控要点

1) 施工前准备

① 当土中水的渗出量较大、施工场地较宽时，在坑外距坑边3～6m外挖出大型排水沟。沟底要比基坑底面低0.5～1.0m。

② 当基坑深度较大时，可在基坑边坡上分层设置排水沟，以防止上层水流对边坡面的冲刷造成塌方。

2) 施工过程监控要点

① 控制排水沟的位置，应在基础轮廓线以外，不小于0.3m处(沟边缘离坡脚)的位置。

② 集水井深一般低于排水沟1m左右，根据排水沟的来水量和水泵的排水量共同决定其容量大小。应保证泵停抽后10～15min内基坑坑底不被地下水淹没。

③ 集水井底应铺上一层粗砂，厚度控制在10～15cm，或分为两层：上层为砾石层10cm厚，下层为粗砂层10cm厚。

④ 在集水井四面用木板桩围起，板桩深入挖掘底部0.5～0.75m。

⑤ 当发现集水井井壁容易坍塌时，应用挡土板或用砖干砌围护，井底铺30cm厚的碎石、卵石作反滤层。

(3) 排水施工的质量检验标准见表1.4.10。

排水施工质量检验标准　　表1.4.10

检查项目	允许偏差或允许值	检查方法
排水沟坡度	0.001～0.002	目测：坑内不积水，沟内排水畅通

(4) 排水施工中常见的问题

抽出的水产生回渗。预控措施为对抽出的水必须用橡皮管或水槽输送到远离基坑的地方，而且集水井必须在基坑施工完毕开始填土石方可停止。

1.5 单一地基

地基子分部工程共分为14种地基，其中前7种地基为单一地基，后7种为复合地基。单一地基包括：灰土地基、砂和砂石地基、土工合成材料地基、粉煤灰地基、强夯地基、注浆地基和预压地基。复合地基包括：振冲地基、高压喷射注浆地基、水泥土搅拌桩地基、土和灰土挤密桩复合地基、水泥粉煤灰碎石桩复合地基、夯实水泥土桩复合地基和砂桩地基。本章将单一地基和复合地基各作一节分别介绍。

1.5.1 灰土地基

当建筑物基础下的持力层为软弱土层，且不能满足上部结构对地基的强度和变形要求时，常采用换(填)土垫层来处理地基，即先挖去地基下处理范围内的软弱土层，然后分层换(填)强度较高的材料，当换(填)材料采用灰土(石灰与黏性土的拌合料)处理的地基，即为灰土地基。换填土处理属浅层处理，处理深度一般不应超过地表下5.0m。

(1) 材料要求

灰土地基的垫层是用石灰与黏性土拌合均匀而成。

1) 土料，可采用地基槽挖出的土。凡有机质含量不大的黏性土都可用作灰土的土料。不宜采用表面的耕土。土料应过筛，粒径不宜大于15mm。

2) 熟石灰应过筛，粒径不宜大于5mm，不得夹有未熟化的生石灰和含有过多水分。

3) 体积配合比宜为2∶8或3∶7。

(2) 施工工艺流程

挖软弱土层→分层换(填)灰土(石灰加黏性土)→压实→分层验收。

(3) 施工准备控制要点

1) 开挖基坑时，坑底标高以上预留30cm由人工清理。

2) 采取防雨、防冻及排水措施，并禁止在垫层邻近地方实施挖掘。

3) 垫层底部有古井、古墓、洞穴、旧基础、暗塘等软硬不均的部位时，应先予清理，并经检查合格后，方可用灰土逐层回填夯实。

(4) 施工过程质量监控

1) 灰土料的施工含水量应控制在最优含水量±2%范围内。

2) 要注意检查在垫层分段施工时，不得在桩基、墙角及承重窗间墙下接缝，上下两层的缝距不得小于0.5m，灰土压实后

3 天内不得受水浸泡，冬期应防冻。

3）检查分层的铺筑厚度、压实遍数等施工参数。具体要求见表 1.5.1。

垫层的每层铺设厚度及压实遍数 **表 1.5.1**

压实机具	每层虚铺厚度(mm)	每层压实遍数	施工时最优含水量(%)	土质环境
平碾(8～12t)	200～300	6～8	15～20	软弱土，素填土
羊足碾(5～16t)	200～350	8～16	15～20	软弱土
振动碾(8～15t)	600～1500	6～8	15～20	砂土、湿陷性黄土、碎石土等
振动压实机	1 200～1500	10	15～20	
插入式振动器	200～500		饱和	
平板式振动器	150～250			
重锤夯(1000kg，落距 3～4m)	1200～1500	7～12	8～12	非饱和黏性土，湿陷性黄土，砂土
蛙式夯(200kg)	250	3～4		狭窄场地
人工夯(50～60kg，落距 50cm)	180～220	4～5		

4）检查时应注意每一填层都应在同一标高上，表面平整度允许偏差为 15mm。深度不同或垫层有搭接处，应着重检查搭接部位的处理是否满足设计或密实度的要求。

5）检查基坑开挖的边界线。涉及到边坡或邻近建筑物的稳定时，是否采取了相应的围护措施。

6）注意灰土地基质量控制的关键点，即：分层铺设的厚度、分段施工时上下两层的搭接长度、夯实时加水量和夯实遍数。

(5) 灰土地基的试验

1）检验方法主要有环刀取样法和贯入测定法两种。

2）检测的布置原则：当采用贯人仪或钢筋检验垫层的质量时，检验点的间距应小于 4m。当取样检验垫层的质量时，大基坑每 50～100m^2 不应少于一个检验点；基槽每 10m～20m^2 不应少于一点；每个单独柱基不应少于一点。

3）验收可用静荷载试验法、标准贯入试验法、动力触探试验法或静力触探试验法，视情况不同用一种方法或几种结合的方法。

（6）灰土地基施工质量验收

1）应采用包括静载试验法、标准贯入试验法、动力触探试验法、静力触探试验法等在内的一种或几种方法检验灰土地基的承载力、垫层的密实度和均匀性。

2）灰土地基的质量验收包括实地验收、室内验收、签署灰土地基工程竣工验收证明。验收标准见表1.5.2。

灰土地基质量验收标准 **表1.5.2**

项目		检查项目	允许偏差或允许值		检查方法
			单位	数值	
主控项目	1	地基承载力	设计要求		载荷试验或按规定方法
	2	配合比	设计要求		按拌合时的体积比
	3	压实系数	设计要求		现场实测
一般项目	1	石灰粒径	mm	≤5	筛分法
	2	土料有机质含量	%	≤5	试验室焙烧法
	3	土颗粒粒径	mm	≤15	筛分法
	4	含水量（与要求的最优含水量比较）	%	±2	烘干法
	5	分层厚度偏差（与设计要求比较）	mm	±50	水准仪

注：实地验收为检查人员通过现场观察和尺量检查灰土垫层的外观尺寸，如平整度、顶面标高，其中平整度允许偏差为15mm；顶面标高允许偏差为±15mm。此外，竣工后的垫层如不能马上进行基础施工，应采取防雨淋、防水浸、防冻害等措施。

（7）灰土地基施工中的常见质量缺陷及预控措施见表1.5.3。

常见质量缺陷及预控措施 **表1.5.3**

常见质量缺陷	预控措施
1. 基坑基底不符合质量要求 2. 填料不合乎质量要求 3. 分层铺设密度不均匀 4. 已完成的垫层遭到破坏	（1）严禁超挖，机械开挖应留30cm由人工开挖，局部软弱土应处理。 （2）按设计要求进行配合比设计，拌合料搅拌均匀。 （3）按规程要求施工，及时进行质量检测。 （4）严禁垫层遭受水浸、雨淋、冻胀，严禁在垫层邻近地方挖掘

1.5.2 砂和砂石地基

当基础下的持力层为软弱土层，且不能满足上部结构对地基的承载力和变形要求时，常采用换(填)土垫层来处理地基，经采用砂和砂石换(填)土处理的地基，即为砂和砂石地基。处理深度一般不应超过地表下5.0m。

(1) 材料要求

1) 砂：宜用颗粒级配良好、质地坚硬的中砂或粗砂，当用细砂、粉砂时，应掺加25%～30%粒径为20～50mm的卵石(或碎石)，但要分布均匀。砂中有机质含量不超过5%，含泥量应小于5%，兼作排水垫层时，含泥量不得超过3%。

2) 砂石：用自然级配的砂砾石(或卵石、碎石)混合物，粒径应在50mm以下，其含量应在50%以内，不得含有植物残体、垃圾等杂物，含泥量小于5%。

(2) 构造要求

垫层的构造既要求有足够的厚度，以置换可能被剪切破坏的软弱土层，又要有足够的宽度，以防止垫层向两侧挤出。

1) 垫层的厚度：垫层的厚度一般为0.5～2.5m，不宜大于3.0m，否则费工费料，施工比较困难，也不经济，小于0.5m则效果不明显。

2) 垫层的宽度：垫层的宽度应由设计确定。一般情况下，垫层顶面每边宜超出基础底边不小于300mm，或从垫层底面两端向上按当地经验的要求放坡。大面积整片垫层的底面宽度，常按自然倾斜角控制适当加宽。

(3) 施工工艺流程、施工准备控制要点

砂和砂石地基施工工艺流程、施工准备与控制要点同灰土地基。

(4) 施工过程监控要点

1) 铺设垫层前应验槽，将基底表面浮土、淤泥、杂物清除干净，两侧应设一定坡度，防止振捣时塌方。

2）垫层底面标高不同时，土面应挖成阶梯或斜坡搭接，并按先深后浅的顺序施工，搭接处应夯压密实。分层铺设时，接头应做成斜坡或阶梯形搭接，每层错开 0.5～1.0m，并注意充分捣实。

3）人工级配的砂砾石，应先将砂、卵石拌合均匀，再铺夯压实。

4）垫层铺设时，严禁扰动垫层下卧层及侧壁的软弱土层，防止因践踏、受冻或受浸泡而降低其强度。如垫层下有厚度较小的淤泥或淤泥质土层，在碾压荷载下抛石能挤入该层底面时，可采取挤淤处理。先在软弱土面上堆填块石、片石等，然后将其压入以置换和挤出软弱土，再做垫层。

5）垫层应分层铺设，分层夯压密实，基坑内预先安好 5m×5m 网格标桩，控制每层砂垫层铺设厚度。振、夯、压要做到交叉重叠 1/3，防止漏振、漏压。夯、碾、压的遍数及振实时间应通过试验确定。用细砂作垫层材料时，不宜使用振捣法或水捣法，以免产生液化现象。

6）注意砂和砂石地基质量控制关键点。即：分层铺设的厚度、分段施工时上下两层的搭接长度、夯实时的加水量和夯实遍数。

（5）砂和砂石地基的试验

垫层的质量检验应随施工分层进行，检验方法主要有环刀取样法和贯入测定法两种。

（6）施工质量验收

1）当全部垫层施工完毕，应采用包括静载试验法、标准贯入试验法、动力触探试验法、静力触探试验法等（具体采用一种或几种方法）检验其承载力、垫层的密实度和均匀性。

2）砂和砂石地基的质量验收见表 1.5.4。

（7）常见质量缺陷及预控措施见表 1.5.3。

1.5.3 土工合成材料地基

在我国沿江、沿海及其他地区，很多房屋工程都面临对软土

砂和砂石地基质量验收标准 **表 1.5.4**

项目		检查项目	允许偏差或允许值		检查方法
			单位	数值	
主控项目	1	地基承载力	设计要求		载荷试验或按规定方法
	2	配合比	设计要求		检查拌合时的体积比或重量比
	3	压实系数	设计要求		现场实测
一般项目	1	砂石料有机质含量	%	≤5	焙烧法
	2	砂石料含泥量	%	≤5	水洗法
	3	石料粒径	mm	≤100	筛分法
	4	含水量(与最优含水量比较)	%	±2	烘干法
	5	分层厚度(与设计要求比较)	mm	±50	水准仪

地基的增强处理。把土工格栅直接铺设在软土上，再铺粒料基层则解决了这一难题，不但能保证粒料与基土不相混合，而且由于格栅和粒料咬合作用加强，改善了软土地基的承载能力。这种由土工格栅和土工织物材料合成后处理的地基，称为土工合成材料地基。

(1) 分类及一般要求

1）分类：土工合成材料包括土工格栅和土工织物。土工格栅可以在较小的应变下发挥作用；土工织物则透水性较好，目前土工布原料大多采用高分子聚合物，其中用得较多的是聚丙烯原料(包括纤维)。

2）作用：土工聚合物在土工中的作用有反滤、排水、隔离和加固补强四种。

利用土工纤维的高强度、韧性等力学性能，能分散荷载，增大土体的刚度模量，改善土体或作为筋材构成加筋土以及各种复合土工结构，从而提高土体的强度。

3）程序：土工合成材料地基是把土工合成材料直接铺设在软土上，再铺粒料基层，然后采用振动碾和振动压实机等进行压实。

(2) 施工作业准备

1) 开挖基坑时，在坑底标高以上预留 30cm 由人工清理。

2) 严把进料关。施工前对土工合成材料的物理性能(单位面积的质量、密度)、强度、延伸率以及土、砂石料等进行检验。土工合成材料以 $100m^2$ 为一批，每批应抽查 5%。所用土工合成材料的品种与性能和填料土类，应根据工程特性和地基条件，通过现场试验确定，垫层材料宜用黏性土、中砂、粗砂、砾砂、碎石等内摩阻力高的材料。如工程要求垫层排水，垫层材料应具有良好的透水性。

3) 采取防雨、防冻及排水措施，并禁止在垫层邻近地方实施挖掘。

4) 垫层底部有古井、古墓、洞穴、旧基础、暗塘等软硬不均的部位时，先予清理，并经检查合格后，方可施工。

(3) 施工监控要点

1) 检查分层铺筑厚度、压实遍数等施工参数。

2) 严格控制垫层搭接部位。

3) 根据施工方法不同控制砂石料的最佳含水量。平板式振动器为 15%～20%，平碾及蛙式夯为 8%～12%；插入式振动器，宜为饱和的碎石、卵石。

4) 表面平整度允许偏差为 20mm，如深度不同或垫层有搭接的地方，应着重检查搭接部位的处理是否满足设计或密实度的要求。

5) 土工合成材料的连接宜用搭接法、缝接法和胶接法。铺设时将端头固定或回折锚固，避免长时间曝晒或暴露。

6) 当基坑开挖涉及到边坡或邻近建筑物的稳定时，检查是否采取了相应的围护措施。

7) 质量控制关键点。即：清基、回填料铺设厚度、土工合成材料接缝的搭接长度和土工合成材料与结构的连接状况等。

8) 做好土工合成材料地基的见证试验。土工合成材料地基的质量检验应随施工分层进行，检验方法主要有环刀取样法和贯入测定法两种。

(4) 施工质量验收

1) 应采用包括静载试验法、标准贯入试验法、动力触探试验法、静力触探试验法等(具体采用一种或几种方法)检验土工合成材料地基的承载力、垫层的密实度和均匀性。

2) 土工合成材料地基的施工质量验收见表 1.5.5。

土工合成材料地基质量验收标准　　表 1.5.5

项目		检查项目	允许偏差或允许值		检查方法
			单位	数值	
主控项目	1	土工织物(土工合成材料)强度	%	≤5	置于夹具上作拉伸试验(结果与设计标准相比)
	2	土工织物(土工合成材料)延伸率	%	≤3	置于夹具上作拉伸试验(结果与设计标准相比)
	3	地基承载力	设计要求		按规定方法
一般项目	1	土工织物(土工合成材料)搭接长度	mm	≥300	用钢尺量
	2	土石料有机质含量	%	≤5	焙烧法
	3	层面平整度	mm	≤20	用 2m 靠尺
	4	每层铺设厚度	mm	±25	水准仪

1.5.4 粉煤灰地基

当建筑物基础下的持力层为软弱土层，且不能满足上部结构对地基的承载力和变形要求时，可挖去地基下处理范围内的软弱土层用粉煤灰换填。换填粉煤灰地基属浅层处理，处理深度一般不应超过地表下 5.0m。

(1) 材料要求

1) 粉煤灰的压实干密度和最优含水量应因地制宜地制定技术指标。分层摊铺粉煤灰，逐层振密或压实。铺填和压实厚度应根据机具功能大小和设计要求通过试验确定。

2) 定期对填料进行抽样检验，体积配合比宜为 2∶8 或 3∶7。

土料宜用黏性土及塑性指数大于4的粉土，不得含有松软杂质，并应过筛，其颗粒不得大于15mm。灰土宜用新鲜的消石灰，其颗粒不得大于5mm。

（2）施工监控要点

1）粉煤灰填筑前，先清除天然地基的植物根茎、杂草、淤泥和积水；对表层土进行碾压加密；对填筑区的洞、沟、塘、浜采取技术处理。

2）开挖基坑时，预留30cm由人工清理。

3）其余项目，如防雨(霜)措施，分层铺筑厚度，压实遍数、接头部位控制，平整度允许偏差以及开挖的边界线、涉及边坡和相邻建筑物的稳定性等内容的监控要求见本节“灰土地基”有关要求。

4）注意施工质量控制关键点。即：分层铺设的厚度、碾压遍数、搭接区碾压程度和压实系数。

5）粉煤灰地基见证试验：随施工分层进行见证取样送检，检验方法主要有环刀取样法和贯入测定法两种。

（3）施工质量验收

1）应采用包括静载试验法、标准贯入试验法、动力触探试验法、静力触探试验法等(具体一种或几种方法)检验粉煤灰地基的承载力、垫层的密实度和均匀性。

2）粉煤灰地基的施工质量验收见表1.5.6。

粉煤灰地基施工质量验收标准 **表1.5.6**

项目		检查项目	允许偏差或允许值		检查方法
			单位	数值	
主控项目	1	压实系数	设计要求		现场实测
	2	地基承载力	设计要求		按规定方法
一般项目	1	粉煤灰粒径	mm	0.001～2.0	过筛
	2	氧化铝及二氧化硅含量	%	≤5	试验室化学分析
	3	烧失量	%	≤12	试验室烧结法
	4	每层铺筑厚度	mm	±50	水准仪
	5	含水量(与最优含水量比较)	%	±2	取样后试验室确定

(4) 粉煤灰地基常见质量缺陷及预控措施同灰土地基，见表1.5.3。

1.5.5 强夯地基

强夯法适用于处理碎石土、砂土、低饱和度的粉土和黏性土、湿陷性黄土、杂填土和素填土等地基。

(1) 一般规定

1) 对高饱和度的粉土和黏性土等地基，当采用在夯坑内回填块石、碎石或其他粗颗粒材料进行强夯置换时，应通过现场试验确定其适用性。

2) 强夯施工前，应在施工现场有代表性的场地上选取一个或几个试验区，进行试夯或试验性施工。试验区数量应根据建筑场地复杂程度、建设规模及建筑类型确定。

(2) 强夯地基的施工过程

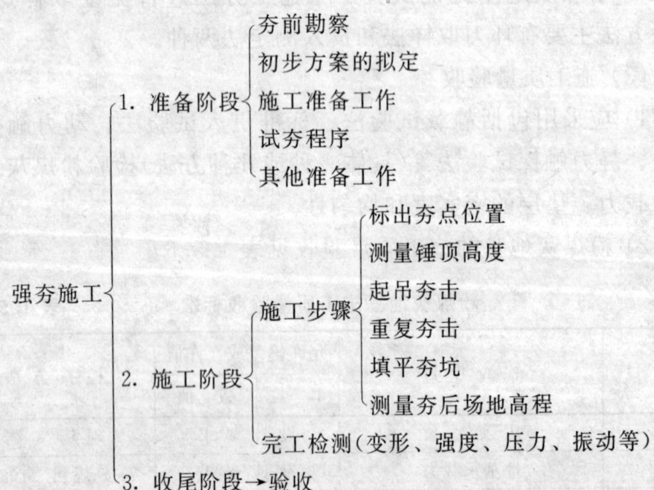

(3) 施工监控要点

1) 施工前应检查好测量仪器检定和使用情况，核对夯击点位置及标高，仔细审核测量及计算结果。

2) 在吊车就位时，要对正夯击点，安装稳固，避免错位、坑底倾斜或当锤自由落下时过大颤动。

3）夯锤升降平稳，夯坑错位或坑底倾斜过大要及时纠正。

4）注意防止地面特别是夯坑积水，避免黏性土增大含水量，排水要符合要求。

5）检查每个夯点的夯击次数和每击的夯沉量以及两遍之间的时间间隔等。

6）按规定做好质量检验与夯击效果检验，未达到要求或预期效果时应及时补救。

7）注意施工质量控制关键点。即：落距、夯击遍数、夯点位置和夯击范围。

（4）强夯地基的试验

1）质量检验的方法：一般工程应采用两种或两种以上的方法检验，对于重要工程应增加检验项目，也可做现场大压板载荷试验和室内土工试验。

2）质量检验的数量：对简单场地上的一般建筑物，每个建筑物地基的检验点不应少于3处；对于复杂场地或重要建筑物的地基应增加检验点数，检验深度应不小于设计处理的深度。

3）试夯完后，待孔隙水压力消散后，在试夯区前次原位测试或取土处进行取样试验或测试，以便对比分析。

4）用于强夯的监测与测试项目主要有：测量土体变形(如地面沉降、四周隆起和水平位移等)、孔隙水压力及挤压应力(总应力)观测、地面振动测量、载荷试验、十字板剪切试验、旁压仪试验、动力(包括标准贯入试验)和静力触探。

5）室内土工试验项目主要有：抗剪强度、压缩模量或压缩系数、重力密度、含水量、塑性指数、特殊土的性能指标(湿陷性等)以及动力固结试验指标等。

（5）施工质量验收

1）现场验收

① 对现场原有建(构)筑物的拆迁、地上地下障碍的清除以及周围环境影响(如振动)的解决等，进行验收。

② 对施工现场测量标桩、测量放线、夯点定位及高程水准点等进行验收。重点复测强夯场地拟建筑规划红线、强夯边线和夯点位置是否正确，放线和定位是否满足精度要求，检查施工测量控制点是否会受强夯振动的影响，抽检夯前高程测量成果是否正确并满足精度要求。

2）强夯地基施工质量验收见表1.5.7。

强夯地基质量验收标准 **表1.5.7**

项目		检查项目	允许偏差或允许值		检查方法
			单位	数值	
主控项目	1	地基强度	设计要求		按规定方法
	2	地基承载力	设计要求		按规定方法
一般项目	1	夯锤落距	mm	±300	钢索设标志
	2	锤重	kg	±100	称重
	3	夯击遍数及顺序	设计要求		计数法
	4	夯点间距	mm	±500	用钢尺量
	5	夯击范围(超出基础范围距离)	设计要求		用钢尺量
	6	前后两遍间歇时间	设计要求		

3）强夯地基施工的质量检验，施工结束后间隔一定时间方能对地基质量进行检验。对碎石土和砂土地基，其间隔时间可取1～2周，低饱和度的粉土和黏性土地基可取2～4周。

（6）常见质量缺陷及预控措施见表1.5.8。

常见质量缺陷及预控措施 **表1.5.8**

序号	常见质量缺陷	预控措施
1	(1)位置或高程有错误；(2)超出允许的精度；(3)建(构)筑物的相对关系搞错	(1)认真观测记录或计算；(2)按规定检定仪器；3.认真检查复核
2	(1)试夯区代表性差；(2)结论不当或效果不明显	(1)认真熟悉资料；(2)选择正确方案；(3)取得足够的对比数据；(4)及时调整工艺参数

续表

序　号	常见质量缺陷	预　控　措　施
3	(1)夯击顺序不当；(2)夯锤升降不稳、夯坑偏移大，坑底倾斜大；(3)击数、遍数有误、有漏夯；(4)最后满夯搭接不当，夯击能量偏大	(1)选择合理方案；(2)认真指挥或司机熟练操作；(3)记录及时、准确；(4)按标准规定整理地面
4	两遍之间的间歇时间短，孔隙水压力还未消散就夯下一遍	(1)充分认识孔隙水压力未消散的影响；(2)制定合理工期计划
5	(1)检测的方法不当或方法单一；(2)取得的数据有误；(3)数据少；(4)片面追求省钱、省时而牺牲质量；(5)操作不符合要求	(1)选用合适的检测方案；(2)仪器设备保证正常使用；(3)提高操作人员素质
6	(1)没达到处理目的(如消除液化，消除湿陷性，出现橡皮土造成施工效果不好、处理深度没达到要求等)；(2)地基承载力、变形模量未达到要求，处理后密实度不够，不均匀	(1)及时调整强夯施工方案；(2)确保施工质量；(3)夯击能量足；(4)根据变化情况调整参数；(5)正确进行地面排水或地基垂直排水

1.5.6　注浆地基

注浆地基是用气压、液压或电化学原理把某些能固化的浆液注入各种介质的裂缝或孔隙，以改善地基的物理力学性质。灌浆技术在岩土工程治理中应用领域十分广泛，主要用于截水、堵漏、加固地基、防止及纠正建筑物变形以及特殊条件下的灌浆。

(1) 施工过程主要分为成孔、洗孔和压水试验。

1) 成孔：包括合金钻进成孔(机具钻头为合金钻头)、金刚石钻进成孔(机具钻头为金刚石钻头)和打、压成孔。

2) 洗孔与压水试验：溜浆前须先将成孔时残存孔底和粘于孔壁的岩粉(包括充填于岩缝中的泥质充填物)冲出孔外，再进行压水试验。

(2) 施工监控要点

1) 材料检查

① 检查主要注浆材料的产品化验单、出厂日期，必要时进行现场测试及化验。

② 检查附加剂(如速凝剂、缓凝剂、流动剂、加气剂、防析水剂等)的质量化验单。

③ 检查骨料(砂石)的级配、含黏粒量是否符合要求。

④ 检查灌浆液的性质、参数是否符合设计要求，必要时对浆液的渗透性、黏度、凝胶时间、浆液凝固后加固体的物理力学性状进行测试。

⑤ 如采用特殊的新型浆液，应根据需要进行特殊的分析、试验。

⑥ 配制浆液用水，应为不含有各种溶解成分的水，不得用对水泥系列浆液有腐蚀作用的水。如用自来水作配制浆液用水，免做此项检验。

⑦ 根据现场条件，将设计的浆液配合比调整为适合现场的配合比。

⑧ 检查水泥系列浆液的水灰比，一般用比重计测定浆液相对密度(比重)，以此换算成水灰比。

2) 场地及设备：造孔前需检查整平场地及钻机情况。

3) 过程质量监控：重点监控内容有：孔径、孔深和注浆压力。

4) 灌浆效果确认

① 对注浆施工全过程进行分析，判断灌浆效果和质量。

② 检查注浆范围和灌浆效果，主要检查注浆体强度和承载力。

③ 检查数量：孔数总量的2%～5%，不合格率大于或等于20%时，应进行二次注浆。

④ 检验时间：砂土、黄土注浆后15d；黏性土60d。

(3) 施工质量验收

1) 注浆地基质量验收标准应符合表1.5.9的规定。

注浆地基质量验收标准　　　　表 1.5.9

项目	序号	检查项目		允许偏差或允许值 单位	数值	检查方法
主控项目	1	原材料检验	水泥	设计要求		查产品合格证或抽样送检
主控项目	1	原材料检验	注浆用砂：粒径	mm	<2.5	试验室试验
主控项目	1	原材料检验	细度模数		<2.0	试验室试验
主控项目	1	原材料检验	含泥量及有机物含量	%	<3	试验室试验
主控项目	1	原材料检验	注浆用粘土：			试验室试验
主控项目	1	原材料检验	塑性指数		>14	试验室试验
主控项目	1	原材料检验	黏粒含量	%	>25	试验室试验
主控项目	1	原材料检验	含砂量	%	<5	试验室试验
主控项目	1	原材料检验	有机物含量	%	<3	试验室试验
主控项目	1	原材料检验	粉煤灰：细度、烧失量	不粗于同时使用的水泥		试验室试验
主控项目	1	原材料检验		%	<3	试验室试验
主控项目	1	原材料检验	水玻璃：模数	2.5～3.3		抽样送检
主控项目	1	原材料检验	其他化学浆液	设计要求		查产品合格证或抽样送检
主控项目	2	注浆体强度		设计要求		取样检验
主控项目	3	地基承载力		设计要求		按规定方法
一般项目	1	各种注浆材料称量误差		%	<3	抽查
一般项目	2	注浆孔位		mm	±20	用钢尺量
一般项目	3	注浆孔深		mm	±100	量测注浆管长度
一般项目	4	注浆压力(与设计参数比)		%	±10	检查压力表读数

（4）注浆地基施工中的常见质量缺陷及预控措施见表 1.5.10。

常见质量缺陷及预控措施　　　　表 1.5.10

常见质量缺陷	预控措施
灌浆孔偏斜	(1)钻孔前平整场地，布置好钻机；(2)按规定对钻孔测量；(3)适当加长开孔管

续表

常见质量缺陷	预控措施
可灌性差	(1)通过试验，选择适用浆液和配比；(2)适当加大压力；(3)浆液中加缓凝剂、流动剂、加气剂等附加剂
冒浆	(1)调整灌浆压力；(2)限制进浆量；(3)间歇灌浆；(4)重新嵌套管或下止浆塞
串浆(浆液从其他钻孔流出	(1)加大孔间的距离；(2)适当延长相邻孔施工时间的间隔；(3)用止浆塞塞于被串浆部位上方2～3m处；(4)两相邻串浆孔同时灌浆
浆液过量流失到非灌浆部位	(1)采用低压或自流灌浆；(2)改用较浓浆液；(3)加速凝剂；(4)加粗骨料；(5)间歇灌浆；(6)控制灌浆施工程序，先封闭外围及底层；(7)用泵量较小的泵
注浆中断	(1)中断时间超过30min时应立即设法冲洗灌浆孔及泵、灌浆管；(2)恢复灌浆时，开始应采用初始浆液配比，如吸浆量与中断前相似，可采用中断前的配比
劈裂灌浆中出现裂缝	(1) 对纵向裂缝：①纵向主裂缝可用孔内下护壁管；②顺主裂缝开挖回填夯实；③纵向小裂缝：沿缝打浅孔灌浆。 (2) 对横向裂缝：①对均质坝，直接灌浆处理，稳定后开挖回填夯实；②对砂心坝，用100～150kPa压力向缝内灌浆
地面或附近建筑物变形	(1)事先布置变形观测点，随时监测；(2)立即停止灌浆，分析原因，调整压力及灌浆量

1.5.7 预压地基

预压排水固结法可大面积预压加固软基土，消除80%以上的地基变形预沉降。

预压地基主要有：袋装砂井、砂垫层、堆载预压、容器充分预压和真空预压滤水层等。

(1) 材料要求

1) 砂料以纯净的中粗砂为宜；袋装砂井及砂垫层用砂含泥量不大于3%；堆载预压材料以容易搬运及无污染环境的碎石料、杂土料、混合碎石为宜；容器充水预压以清水为宜或其他无腐蚀无污染的液体；真空预压滤水层的砂料不能含有尖石利器，以免刺破密封膜；冬期施工宜用干砂。

2）塑料编织袋、塑料排水带、塑料密封膜的质量应符合有关规定。膜的质量主要是抗拉强度，一般应大于 16～18MPa，伸长率在低温时应大于 20%～45%，厚度目前多用 0.12～0.17mm。还应具有耐高温、耐低温性、抗腐蚀、抗老化特性。

3）不同型号塑料排水带的厚度应符合表 1.5.11 的规定。

不同型号塑料排水带的厚度(mm) **表 1.5.11**

型　号	A	B	C	D
厚　度	>3.5	>4.0	>4.5	>6

4）塑料排水带的性能应符合表 1.5.12 的规定。

塑料排水带的性能 **表 1.5.12**

项　目		单位	A 型	B 型	C 型	条　件
纵向通水量		cm^3/s	≥15	≥25	≥40	侧压力
滤膜渗透系数		cm/s	$\geqslant 5\times10^{-4}$			试件在水中浸泡 24h
滤膜等效孔径		μm	<75			以 D_{98} 计，D 为孔径
复合体抗拉强度(干态)		N/10cm	≥1.0	≥1.3	≥1.5	延伸率 10%时
滤膜抗拉强度	干　态	N/cm	≥15	≥25	≥30	延伸率 10%时
	湿　态		≥10	≥20	≥25	延伸率 15%时，试件在水中浸泡 24h
滤膜重度		N/m^2	—	0.8	—	

注：1. A 型排水带适用于插入深度小于 15m。
2. B 型排水带适用于插入深度小于 25m。
3. C 型排水带适用于插入深度小于 35m。

（2）一般规定

1）要根据沉降量的预估值，检查排水坡度。

2）开挖时要注意验槽，看是否可切断透气层。

3）在预压设备安装时适当多接出一至两个出膜装置，以备发现真空度较长时间上升缓慢时再增射流泵。

4）供水系统的检查主要是指真空预压及充水预压施工供水系统，水源最好选择清洁水。冬期施工的管道、用水设备最好采取防冻措施，监理员应严格检查。

5）冬期施工要检查严防砂袋和塑带冻型或拉断的措施。

（3）施工监控要点

1）人工制作砂袋时，要检查施工中振捣情况。

2）对场地放线定位及整平工作，要检查各分块加固区边线定位，场地高程整平误差不超过 25cm。

3）砂垫层一般按厚度分两期铺设，待塑料排水带或袋砂井打设后再铺另一半，保证砂袋、塑带头预留长度全部理在砂垫层之中。铺设厚度误差不超过厚度的 1/10。大面积铺设砂垫层要 $100m^2$ 做一个厚度的检查点，面积小的要加密检查。

4）严格控制垂直压缩、水平膨胀变形的变形速率，防止超过规定，避免地基失稳而导致工程的失败。因此需要严格按程序进行。预压参数包括孔隙水压力、真空压力、地面沉降、深层沉降、水平位移等。真空预压重点监控压力、地面沉降。

5）要注意施加的荷载重力在任何时候都不得超过当时的地基极限承载力，否则会造成地基破坏。

6）各种形式的加载预压法施工，除设有袋装砂井或塑料排水带及水平排水砂垫层外，一般还在垫层下设有排水盲沟、四周设有排水沟及集水井，以利于畅通排水，加快工程进度。应抽查各种沟、井是否符合施工图纸要求，否则给予及时纠正。

7）加载的堆料在施工时必须严格按设计加载部位、顺序及规定时间内进行，不得过快或过慢，观测参数出现异常应立即要求停止加荷，查找原因及时处理；对于独立的容器或独立构筑物出现不允许的偏斜时，要及时按事先准备好的方案进行纠偏处理。

8）工程常用的终止预压标准是连续 5 天，每天平均沉降量小于 2mm 以及按观测资料计算平均固结度已达 80％。

9）预压终止后即可开始卸荷工作，一般卸荷要求分级进行以便进行地基变形回弹观测。终止回弹观测时间一般在最后一级卸荷完毕后延续观测 2～3 天。

10）预压地基施工质量控制的关键点

① 在预压排水固结过程中

A. 砂袋灌砂充满率大于 95%以上。

B. 井位误差应小于井径或塑料排水带宽。

C. 砂袋或塑带的地面上剩余长度应不小于砂垫层厚度。

② 在真空预压施工过程中

A. 膜上覆水一般应在抽气后，膜内真空度达 80kPa，确信密封系统无问题方可进行。

B. 保持射流箱内满水和低温；射流装置空载情况下均应超过 96kPa。

C. 应经常检查各项记录，发现异常现象，如膜内真空度值小于 80kPa 等，应尽快分析原因并采取措施补救。

D. 下料时应根据不同季节预留塑料膜伸缩量；热合时，每幅塑料膜的拉力应基本相同，防止密封膜形状不正规，不符合设计要求。

E. 在铺设滤水管时，滤水管之间要连接牢固，选用合适滤水层且包裹严实，避免抽气后杂物进入射流装置。

F. 铺膜前应用砂料把砂井孔填充密实；密封膜破裂后，可用砂料把井孔填充密实至砂垫层顶面，然后分层把密封膜粘牢，以防砂井孔处下沉密封膜破裂。

(4) 预压地基和塑料排水带质量检验标准应符合表 1.5.13 的规定。

预压地基和塑料排水带质量检验标准　　表 1.5.13

项目	序号	检查项目	允许偏差或允许值		检查方法
			单位	数值	
主控项目	1	预压载荷	%	≤2	水准仪
	2	固结度(与设计要求比)	%	≤2	根据设计要求采用不同的方法
	3	承载力或其他性能指标	设计要求		按规定方法

续表

项目	序号	检查项目	允许偏差或允许值		检查方法
			单位	数值	
一般项目	1	沉降速率(与控制值比)	%	±10	水准仪
	2	砂井或塑料排水带位置	mm	±100	用钢尺量
	3	砂井或塑料排水带插入深度	mm	±200	插入时用经纬仪检查
	4	插入塑料排水带时的回带长度	mm	≤500	用钢尺量
	5	塑料排水带或砂井高出砂垫层距离	mm	≥200	用钢尺量
	6	插入塑料排水带的回带根数	%	<5	目测

注：如真空预压，主控项目中预压载荷的检查为真空度降低值<2%。

(5) 常见质量缺陷及预控措施见表1.5.14。

常见质量缺陷及预控措施　　表1.5.14

常见质量缺陷		预控措施
袋装砂袋施工后，上部砂袋不实		人工制作砂袋时灌砂应灌足，达到密实度要求
砂井砂袋达不到预定深度		桩头挂泥阻力适当，套管内应清除毛刺
塑料排水带带底达不到位		锚靴的泥土阻力应适当
堆载预压	水平排水(砂垫层排水沟)、竖向排水(砂井)预压排水不畅	排水坡度应符合规定
真空预压	密封沟真空度上升缓慢或达不到要求	开挖密封沟时，应准确地切断透气层与加载区内外联系；密封膜应严密
	冬期铺设管道局部真空度上升缓慢或达不到要求	在水平过滤管及出膜装置等处防止存水结冰，造成堵塞
	射流泵整个场地真空度上升缓慢	每台射流真空泵控制面积应适当

1.6 复合地基

1.6.1 振冲地基

振动水冲法，简称振冲法。它是以压力水和振冲器振动的联合作用，在土层中边冲、边振扩造孔，并同时使造孔周围土层变密，在孔内填入碎石等粗粒料，振密形成一根根柱状的桩体后，桩体和加固的地基土共同构成复合地基。

影响振冲法施工因素较复杂，其加固机理目前仍处于半经验半理论状态，复合地基加固质量主要取决于施工质量。因此，施工过程的监控是振冲施工质量好坏的关键。

(1) 填料质量

填料是振冲施工的主要材料。填料可以是碎石、卵石、角砾或圆砾，对填料的质量要求，合同文件中的图纸、图纸说明内都有具体明确的要求和规定。材质一定是新鲜坚硬的岩石。

碎石粒径为20～50mm，最大不宜超过80mm。

(2) 施工工艺过程

振冲地基施工过程包括：就位→造孔→清孔→填料→加固(加密)→结束。

(3) 施工准备

1) 施工机具监控：包括振冲器、起吊机械、装运料机具、供水泵、排浆泵、电控系统、料斗、水箱、配套电缆、胶管、经纬仪、修理机具等。

2) 填料监控：检查填料是否充足，能否满足计划进度施工的需要。

3) 场地及施工环境

① 平整场地、拆除施工障碍，修好通行道路，将水源接到场地附近。

② 依据场区岩土工程勘察报告或其他所需技术数据资料，提供施工放线所必须的城市建筑坐标点、水准点及有关数据资料作好施工准备。

(4) 施工监控要点

1) 振冲地基施工各工序主要技术质量要求指标见表1.6.1。

2) 预压地基施工质量控制“四要素”。

振动水冲施工，重点监控“振密制桩”工序中的填料量、密

振冲地基施工主要技术质量指标 **表 1.6.1**

工　序	主要质量指标
放线布桩	轴线两端标志桩误差≤1cm；桩位偏差≤3cm
振冲器对准桩位	振冲器与桩位中心误差<10cm
造　孔	振冲器应保持悬垂状态；水压 400～600kPa；水量 200～400L/min 振冲器应徐徐沉入土中，下沉速度 1.2m/min
清　孔	造孔后振冲器应徐徐上提至孔口，再下沉至孔底，往复 1～2 遍
填　料	填料量应大于理论值，充盈系数≥1.05
振密制桩	密实电流 45～60A（ZCQ-30）；留振时间 10～20s；上提振密间隔为每段 30～50cm

实电流、留振时间及上提振密间距四个管理点。这“四要素”应在施工的全过程中全部达到规定要求。

3）随时分析振冲施工的情况及质量，发现问题及时采取措施加以解决。

（5）施工质量验收

1）施工质量检验主要内容：检验桩体质量是否符合规定，例如桩位、桩径、桩长、桩体均匀度和密实度等。

2）处理效果检验：验证复合地基力学性能，重点是承载力、沉降量等是否满足设计要求。

3）振冲地基质量检验标准应符合表 1.6.2 的规定。

振冲地基质量检验标准 **表 1.6.2**

项目		检查项目	允许偏差或允许值		检查方法
			单　位	数　值	
主控项目	1	填料粒径	设计要求		抽样检查
	2	密实电流（黏性土）	A	50～55	电流表读数
		密实电流（砂性土或粉土） （以上为功率 30kV 振冲器）	A	45～50	电流表读数
		密实电流（其他类型振冲器）	A_0	$(1.5\sim2.0)A_0$	A_0 为空振电流
	3	地基承载力	设计要求		按规定方法

续表

项目		检查项目	允许偏差或允许值		检查方法
			单位	数值	
一般项目	1	填料含泥量	%	<5	抽样检查
	2	振冲器喷水中心与孔径中心偏差	mm	≤50	用钢尺量
	3	成孔中心与设计孔位中心偏差	mm	≤100	用钢尺量
	4	桩体直径	mm	<50	用钢尺量
	5	孔深	mm	±200	量钻杆或重锤测

(6) 振冲地基施工中的常见质量缺陷及预控措施见表1.6.3。

常见质量缺陷及预控措施　　表1.6.3

工序	常见质量缺陷	预控措施
放线布桩	漏桩、偏位： (1) 地基土加固不均匀。 (2) 复合地基承载力达不到设计要求	(1) 标志木桩埋深垂直。 (2) 每排桩两端远离施工场地埋设对比检查桩。 (3) 一定对准桩位后施工
造孔	随着施工，地表逐渐增高造成桩头标高控制不准，废弃桩头加长，浪费填料 振冲器贯入不下去或贯入速度太慢，振冲电流超限：加固深度达不到设计要求，易烧毁电机	合理规划全场排污系统，及时将孔口返回的泥浆排出现场，使孔口处无积淤 (1) 视情况布置勘察对比孔，及时调整施工工艺。 (2) 加大水压及泵量，或换大功率振冲器和水泵
清孔填料	(1) 下料不畅或卡料。 (2) 出现断桩或桩体不均匀	(1) 严格清孔操作程序，保证清孔质量。 (2) 采用“少吃多餐”的加料方法。 (3) 严格控制填料级配
	(1) 孔口返水过小或不返水。 (2) 桩径达不到设计要求	(1) 加大水压及泵量。 (2) 人工拉土造浆护壁堵漏。 (3) 穿过强透水层后及时调水调压

续表

工　序	常见质量缺陷	预控措施
振密制桩	(1) 振冲器电流不稳，密实电流不易控制。 (2) 桩体密实度及强度不均，单桩承载力达不到要求	应分段设计，控制填料量，不同土层应有不同的充盈系数要求；应以密实电流确定加料量，适当延长留振时间
	(1) 土层均匀，加料量及密实电流均能达到，而桩体强度不均匀。 (2) 桩体密实程度不均匀或出现断桩	严格控制上提密实间距和留振时间

1.6.2 高压喷射注浆地基

高压喷射注浆地基适用于处理淤泥、淤泥质土、黏性土、粉土、黄土、砂土、人工填土和碎石土等地基。当土中含有较多的大粒径块石、坚硬黏性土、大量植物根茎或过多的有机质时，应根据现场试验结果确定其适用程度。

(1) 分类

1) 注浆形式：分旋喷注浆、定喷注浆和摆喷注浆等 3 种类别。

2) 注浆方法：根据工程需要和机具设备条件，可分别采用单管法、二重管法和三重管法。

3) 加固形状：加固形状可分为柱状、壁状和块状。

(2) 施工工艺流程

钻机就位→钻孔→插管→喷射作业→拔管→清洗器具→移开机具→回填注浆。

(3) 基本规定

1) 钻机布置的原则是材料搬运距离短，水电接头方便，机具设备配套要相互紧密联系，便于集中指挥，尽量缩短高压软管的长度，一般以不超过 30m 为宜。

2) 切实把握地质分层资料，对密实程度大的土层制定详细的注浆工艺措施。

3）固结体形状

① 圆柱形桩——边旋转边提升。

② 圆盘状——只旋转不提升或少提升。

③ 糖葫芦状——变换不同深度的旋转提升速度和压力。

④ 大底状——在底部喷射时，加大压力做重复旋喷或减低旋转提升速度。

⑤ 大帽状——旋转到顶端时加大压力或做重复旋喷，或减低旋转提升速度。

(4) 施工监控要点

1）钻机或旋喷机就位时机座要平稳，立轴或转盘要与孔位对正。倾角与设计误差一般不得大于0.5。

2）喷射注浆前要检查高压设备和管路系统，管路系统的密封圈必须良好，各通道和喷嘴内不得有杂物。

3）注意冒浆情况，并做好记录。

4）所用水泥浆，水灰比要按设计规定不得随意更改。

5）在喷射注浆过程中，观察冒浆的情况，及时了解土层情况、喷射注浆的大致效果和喷射参数是否合理。

6）施工过程中着重注意施工参数(压力、水泥浆量、提升速度、旋转速度等)及施工顺序。

7）高压喷射注浆地基的试验

① 钻孔检查：包括钻孔取样观察，并做成试件进行物理力学性能试验、渗透试验(包括钻孔压力注水渗透试验和钻孔抽水渗透试验)；标准贯入试验，一般距注浆孔中心0.15～0.20m，每隔一定深度做一个。

② 载荷试验：包括平板载荷试验和孔内载荷试验。

8）应检查桩体强度、平均直径、桩身中心位置、桩体质量及承载力等。

(5) 施工质量验收

1）注浆质量检验，可采用开挖检查、钻孔取芯、标准贯入、载荷试验或压水试验等方法进行。

2）高压喷射注浆地基施工质量检验标准见表1.6.4。

高压喷射注浆地基质量检验标准　　表1.6.4

项目		检查项目	允许偏差或允许值		检查方法
			单位	数值	
主控项目	1	水泥及外掺剂质量	符合出厂要求		查产品合格证书或抽样送检
	2	水泥用量	设计要求		查看流量表及水泥浆水灰比
	3	桩体强度及完整性检验	设计要求		按规定方法
	4	地基承载力	设计要求		按规定方法
一般项目	1	钻孔位置	mm	≤50	用钢尺量
	2	钻孔垂直度	%	≤1.5	经纬仪测钻杆或实测
	3	孔深	mm	±20D	用钢尺量
	4	注浆压力	按设定参数指标		查看压力表
	5	桩体搭接	mm	>200	用钢尺量
	6	桩体直径	mm	≤50	开挖后用钢尺量
	7	桩身中心允许偏差		≤0.2D	开挖后桩顶下500mm处用尺量，D为设计桩径

（6）施工常见质量缺陷及预控措施见表1.6.5。

施工常见质量缺陷及预控措施　　表1.6.5

序号	常见质量缺陷	预控措施
1	断桩	注浆管分段提升时，保证接头处搭接长度
2	缩颈或桩径偏小	确保土层密实度合适，喷射压力正常，提升速度适当，保证正常喷射
3	注浆中管道与喷嘴堵塞	保证注浆管内无碎渣等硬物；橡胶密封件破碎后不能进入管内
4	注浆压力骤降或上升	保证注浆工作正常，吸浆管进浆正常，施工人员操作熟练，注浆管畅通
5	孔口大量冒浆	保证注浆管密封，接头处无损坏，土层密实程度符合要求，浆液切割土体范围正常，喷嘴尺寸符合要求

续表

序号	常见质量缺陷	预 控 措 施
6	成桩桩顶凹穴	严禁浆液折水后收缩或过早停止注浆
7	旋喷封闭结构渗水漏水	孔位偏差符合要求，钻孔倾斜度合适，桩体直径均匀，桩的间隙符合要求
8	桩体截面抗压强度偏低	浆液水灰比、喷浆流量、提升速度正常
9	桩体形状上粗下细	入土深度合适，土层密实度一致，喷射工艺合理

1.6.3 水泥土搅拌桩地基

水泥土搅拌法是用于加固软弱地基的一种方法，它是用水泥、石灰等材料作为固化剂的主剂，通过深层搅拌机械，在地基深处就地将软土和固化剂(浆液或粉体)强制搅拌，利用固化剂和软土之间所产生的一系列物理化学反应，使软土硬结成具有整体性、水稳性和一定强度的优质地基、临时支挡结构或防水帷幕。

(1) 一般规定

1) 形状：可根据工程需要做成圆柱状、格栅状、壁状、块状等任意形状。

2) 施工方法：一般分浆喷(或湿喷)深层搅拌法和粉喷(成干喷)深层搅拌法两种。深层搅拌法时间短，工序多，连续性强，成桩速度快。

3) 施工工艺过程：包括浆液配制和深层搅拌桩施工两部分

① 浆液配制：水泥采用强度等级 32.5 普通硅酸盐水泥；在制作水泥浆液时，可掺入适量的外加剂。制备好的水泥浆不得停置时间过长，超过 2h 应降低强度使用。送浆前浆液在灰浆搅拌机中要不断搅拌。

水灰比：一般为 0.45～0.5，使用砂浆搅拌机制浆时，每次搅拌不宜少于 3min。

② 深层搅拌桩施工流程：桩机就位→钻进喷浆到底→提升搅拌→重复喷射搅拌→重复提升复搅→成桩完毕。

(2) 施工监控要点

1) 在水泥搅拌桩施工前要对工程材料进行质量检(试)验。

2) 水泥搅拌桩工序质量控制点

① 复审，检查施工准备工作

A. 监控内容：施工图、桩数，施工顺序，场地布置，桩位放样，测量标志，轴线的复核。试桩及正式确定的搅拌工艺流程。搅拌机械设备，测(丈)量器具，加固剂材料。

B. 质量要求：以设计、合同为准，高程标志、桩位标志明确，轴线标桩埋设不超差。场地布置符合施工作业要求，施工障碍清除。试桩后确定的施工工艺流程能确保搅拌桩设计质量要求。机械设备运转正常，性能良好，测(丈)量器具已经校核，精度符合标准要求。加固剂材料质量符合标准。

② 搅拌桩机就位

A. 监控内容：起吊设备的平整度、导向架搅拌轴的垂直度、桩位。

B. 质量要求：现场监督、检查、抽检、复测。有轨道或链轮的搅拌机，左右两轨相距 4～5m，高差不大于 20cm。导向架搅拌轴对地面的垂直度不得超过 1.5%桩长，必须使用定位卡，桩位对中偏差不大于 2cm。

③ 制备水泥浆液

A. 监控内容：水泥掺入量，水灰比，浆液浓度，外加剂品种，配比，制浆时间，搅拌均匀性，制浆罐数。

B. 质量要求：以试桩后设计正式确定的配合比为准，一般实际水泥掺量应为理论值的 1.1～1.2 倍。严格控制水灰比为 0.45～0.50，每次搅拌不得少于 3min。浆液搅拌要均匀，不能离析、沉淀，停置 2h 的浆液应降低等级使用。外加剂的配比一般是：石膏粉为水泥质量的 2%～3%为妥，水泥浆液稠度为 1～14cm。

④ 泵送水泥浆液

A. 监控内容：泵送时间，泵送压力，送浆量，严防浆液离析、沉淀。防止电压过低或管路堵塞等原因而造成断浆。断浆后应及时处理。

B. 质量要求：及时开启灰浆泵送浆到搅拌头喷浆口喷浆，搅拌下沉至设计深度，原地喷浆搅拌 0.5min 后停止送泵。泵送压力和喷浆量根据试桩试验确定。浆液不能离析、结块，倒入料斗时应用细筛过筛，泵送前应先用稀浆液(或水)湿润管路。泵送的距离宜小于 100m，否则应用流动泵送。因故障停浆 3h 以上，必须排清泵内全部浆液，并清洗管路。

⑤ 喷浆搅拌下沉

A. 监控内容：搅拌下沉时间，搅拌下沉速度，搅拌下沉深度。工作电流变化。

B. 质量要求：严格执行搅拌施工操作规程。若遇硬土，工作电流过大，可用钢绳加压器均匀给压。单位时间供浆量要稳定，喷浆搅拌要匀速切土下沉，控制下沉速度为 1m/min，误差不得大于 ±10cm。切土搅拌下沉至设计深度在原地喷浆搅拌 30s，关闭灰浆泵。测量深度误差不得大于 5cm ，时间误差不得大于 5s。

⑥ 搅拌提升

A. 监控内容：提升时间，提升速度。

B. 质量要求：搅拌机切土喷浆下沉到设计深度，原地喷浆搅拌 30s 后，搅拌机反向旋转，并以 1m/min(误差 ±10cm)匀速搅拌提升至地面，并及时清除糊在搅拌头上的软土。

⑦ 复搅下沉和提升

A. 监控内容：复搅深度、次数、桩顶质量。

B. 质量要求：复搅深度和次数以设计和施工工艺为准。是否需要二次喷浆，应按设计要求。若一次喷浆量满足不了注浆量要求时，则在复搅下沉时进行二次喷浆。为确保桩头质量和强度，复搅下沉时，桩身上部 4～5m 范围内，可进行二次喷浆搅拌。

⑧ 清洗

A. 监控内容：泵送系统及搅拌头。

B. 质量要求：完成搅拌成桩后，向排空的骨料斗注入适量清水，并开启灰浆泵，清洗管路。及时清除搅拌头上的软土。

⑨ 移位

A. 监控内容：施工记录质量检查并签认。

B. 质量要求：检查的重点是：每根桩的水泥用量、水泥浆拌制罐数、注浆过程有无断浆和喷浆、搅拌下沉、提升时间、复搅拌次数和深度。要求搭接的壁状搅拌群桩应连续施工，相邻桩施工间隔不超过 24h，搭接宽度应大于 10cm。

（3）施工验收

1）水泥搅拌桩地基质量验收标准见表 1.6.6 的规定。

2）水泥搅拌桩施工质量检验方法、目的要求和应用范围见表 1.6.7。

水泥搅拌桩地基质量检验标准　　表 1.6.6

项目		检查项目	允许偏差或允许值		检查方法
			单位	数值	
主控项目	1	水泥及外掺剂质量	设计要求		查产品合格证书或抽样送检
	2	水泥用量	参数指标		查看流量计
	3	桩体强度	设计要求		按规定办法
	4	地基承载力	设计要求		按规定办法
一般项目	1	机头提升速度	m/min	≤0.5	量机头上升距离及时间
	2	桩底标高	mm	±200	测机头深度
	3	桩顶标高	mm	+100、−50	水准仪（最上部 500mm 不计入）
	4	桩位偏差	mm	<50	用钢尺量
	5	桩径		0.04*D*	用钢尺量，*D* 为桩径
	6	垂直度	%	≤1.5	经纬仪
	7	搭接	mm	>200	用钢尺量

水泥搅拌桩施工质量检验方法、目的要求和应用范围　表 1.6.7

方法名称	目的要求	应用范围
检查施工记录法	质量检查的重点是水泥用量、水泥浆拌制的罐数、压浆过程中有无断裂现象和喷浆搅拌提升时间及复搅拌次数。对于不合格的桩应根据其位置和数量等具体情况，分别采取补桩或加强邻桩等措施	施工过程中应随时检查。工程竣工后，施工记录应存档备查
轻型动力触探(N_{10})法	检验搅拌均匀性。成桩 7d 内，用轻型动力触探器附带的勺钻，在搅拌桩体钻孔，取出水泥土桩芯，观察其颜色是否一致，或未被搅匀的土团。检验桩的数量应不少于已完成桩数的 2%	成桩后超过 7d，此法不宜使用
	动力触探试验。当 1d 龄期的桩身 N_{10} 的击数大于 15 击或 7d 龄期的桩身 N_{10} 的击数大于原天然地基的 N_{10} 击数一倍以上时，桩身强度已达设计要求。检验桩的数量同上	其深度一般不超过 4m
桩身取样强度检验法	用钻孔直径不小于 108mm 的钻机，钻取桩芯样，制成不小于 50mm×50mm×50mm 的试块，进行桩身实际强度的无侧限抗压强度试验	一般在轻型动力触探后，对桩身强度有怀疑的区段进行
动测检验法	桩身龄期达 28d 者，抽桩进行动测检验，以查定桩长和有无断桩、夹泥及扩颈、缩颈等桩身质量问题。预估单桩承载力	常用
载荷试验法	最大加载量为设计荷载的两倍，检验单桩承载力或复合地基承载力。每一场地不少于 2 点	场地复杂或施工有问题的桩
开挖检验法	桩位、桩数、桩顶质量检验：开挖后测放建筑物轴线或基础轮廓线，记录实际桩数、桩位、质量，并根据偏位桩的数量、部位、程度进行安全分析，确定补救措施。桩顶强度检验：用 ϕ16mm，长 2m 的平头钢筋，垂直放在桩顶，如用人力能压入 100mm(龄期 28d)者，表明施工质量有问题。一般可将桩顶挖去 0.5m，再填入 C10 混凝土或砂浆即可	最后一根成桩 7d 后，人工开挖。常用，一般挖开桩顶深度约 0.5m
	挖开桩顶 3～4m 深度，检查其外观搭接状态，也可沿壁状加固体轴线、斜向钻孔，使钻杆通过三四根桩身，可检查深部相邻桩的搭接情况	用作止水挡土的壁状深层搅拌桩体
沉降观察法	对积累资料，完善设计理论有重要价值。对沉降要求严格的建(构)筑物，应在建筑物施工期或使用期进行	成片住宅小区、有行车的厂房和油罐等建(构)筑物

1.6.4 土和灰土挤密桩复合地基

灰土挤密土桩复合地基是桩体与桩周挤密土共同组成的人工复合地基。控制要点有：确定成孔机械和方法、填夯设备、选用的桩体材料类型(土、灰土、水泥土)、设计的桩径、桩长、桩距、排距、地基土的处理范围等。

(1) 材料要求

1) 土料，可就地取用不含有机杂质，粒径不大于15mm的粉土或粉质黏土，使用塑性指数大于17的黏土时，应慎重选用。

2) 生石灰：粉末含量应不小于总重量的30%。

3) 灰土用量及配合比，可按理论计算选择，通过试桩结果确定。

(2) 施工方法

土桩与灰土挤密桩施工包括成孔和夯填两部分。成孔方法分冲击成孔法、振动沉管法、锤击沉管成孔法3种。

(3) 施工监控要点

1) 一般要求

① 成孔施工时需注意：地基土宜接近最优含水量，当含水量低于12%时，须加水至最优含水量。

② 填料前处理好孔底残土。

③ 地基土质与勘察资料不符，并影响成孔或回填夯实时，应立即停止施工。

2) 过程质量控制

① 制桩材料的选用、运输、进入现场后的复检，合格材料夯填前的配制及保护等程序；设备进场后的运行状态、成孔、以及桩孔夯填也应进行检查并作好记录。

② 成孔深度、桩径应符合设计要求，夯实质量应严格控制，并及时进行检测。锤击数不够时，可适当增加锤击数；锤底静压力、能量比、夯击能不够时，应更换夯锤或夯实机。

③ 回填料应拌和均匀，且适当控制其含水量到接近最优含

水量，一般用“手握成团、落地开花”的现场经验判定，或用现场含水量和干密度快速测定法测定。

④ 每个桩孔回填料应与桩孔计算量相符，并适当考虑1.1～1.2的充盈系数。

⑤ 施工过程中，应加强对操作质量的检查。对易造成工程质量缺陷的操作以及危及操作者自身和其他施工人员人身安全的操作要及时纠正。

⑥ 雨期和冬期施工，应采取防雨、防冻措施，防止土料、灰土或水泥土料受雨淋湿和冻结。

⑦ 施工过程中：重点检查成孔深度、桩孔直径和填料含水量。

3）土和灰土挤密桩复合地基的试验

桩孔允许偏差见表1.6.8。

桩孔允许偏差 **表1.6.8**

成孔方式	允许偏差			
	孔位(mm)	垂直度(%)	桩径(mm)	深度(mm)
沉管法	50	1.5	−20	≤100
冲击法	50	1.5	+100，−50	≤300

4）桩身填夯质量检验

① 环刀取样检验。测定其干重度和压实系数λ_c，实测值大于设计值时为合格。

② 轻便触探检验。以实际击数不少于“检定锤击数”为合格，此项检验宜在桩孔夯实后当天完成。

③ 开剖取样检验。当实测的平均干重度和计算的压实系数大于设计或施工要求的干重度和压实系数时，则加固质量合格。

5）桩间土挤密质量检验

① 探井取样检验，测其干密度和挤密系数。

② 静力触探检验：在3桩之间的形心部位．布置2～3个静力触探点，确定桩间土挤密效果及其承载力。

③ 标准贯入试验检验：在 3 桩之间形心处打孔，按 1.0～1.5m 间距，进行标准贯入试验，确定桩间土挤密效果及其承载力。

6）载荷试验

重要和大型工程除上述检测内容外，尚应作现场载荷试验和浸水载荷试验。确定单桩、桩间土、复合地基承载力标准值和变形模量；检验地基处理后消除湿陷性的效果和浸水条件下的沉降量；埋设土压力盒、应力测试元件、分层沉降观测标，进行基础或压板下不同深度、不同位置处桩体和土体的土压力、土应变的测试和沉降观测。

载荷试验分单桩、天然土和桩间土、复合地基载荷试验及相应的浸水载荷试验等几种。

① 承压板的布置和土压力盒、测试元件、沉降观测标的埋设方法，按方法不同而异。

② 压力盒、量测元件、沉降观测标的布置、埋设后，将被挖桩身埋填夯实。

③ 浸水载荷试验是在地基承载力标准值或建筑物基底荷载下浸水至饱和状态，然后逐级加荷，观测在浸水条件下的沉降量。

(4) 施工质量验收

1）检验方法

① 对桩身夯填的质量检验，可采用环刀取样检验，轻便触探试验，开剖取样检验等方法。

② 对桩间土的检验，应选择在 3 根桩的中心，采用探井取样检验、静力触探试验、标准贯入试验等。

③ 必要时采用载荷试验检验。

④ 土桩与灰土桩挤密地基也可采用旁压试验，动力触探试验、夯击能量检验等方法。

2）土和灰土挤密桩地基质量验收标准见表 1.6.9。

3）检验数量：孔内填料的夯实质量应及时抽样检查，其数量不得少于总孔数的 2%，每台班不应少于 1 孔。在全部孔深内

土和灰土挤密桩复合地基质量检验标准　　　表 1.6.9

项目		检查项目	允许偏差或允许值		检查方法
			单位	数值	
主控项目	1	桩体及桩间土干密度	设计要求		现场取样检查
	2	桩长	mm	+500	测桩管长度或垂球测孔深
	3	地基承载力	设计要求		按规定的方法
	4	桩径	mm	−20	用钢尺量
一般项目	1	土料有机质含量	%	≤5	试验室焙烧法
	2	石灰粒径	mm	≤5	筛分法
	3	桩位偏差		满堂布桩≤0.40*D* 条基布桩≤0.25*D*	用钢尺量，*D* 为桩径
	4	垂直度	%	≤1.5	用经纬仪测桩管
	5	桩径	mm	−20	用钢尺量

注：桩径允许偏差负值是指个别断面。

宜每米取土样测定其干密度，检测点的位置应在距孔心 2/3 孔半径处；孔内填料的夯实质量，也可通过现场试验确定检测点数。

(5) 土与灰土挤密桩复合地基施工中的常见质量缺陷及预控措施见表 1.6.10。

常见质量缺陷及预控措施　　　表 1.6.10

施工过程	常见质量缺陷	预控措施
沉管	1. 桩锤突然回跳过高，桩管进入很慢；2. 桩孔斜移，桩靴、桩头、活门损坏；3. 桩管贯入度过大，桩锤不回弹或沉入速度过快	1. 查明其埋深，分布范围，并予以清除或在周围增加桩数；2. 使桩机牢固平稳，或从结构上采取适当弥补措施，增加桩数；3. 填入无黏性土料反复沉管挤压，增大桩管直径
桩孔	1. 孔内积水；2. 桩管起拔困难；3. 缩径或堵塞，孔壁坍塌，孔底有虚土；4. 挤密困难	1. 将水排出地表或将水下部位改为混凝土桩、碎石桩、预制桩；2. 用水浸润桩管周围土层或将桩管旋转后再拔出；3. 向孔内填干砂、生石灰块、干水泥、碎砖渣、粉煤灰，稍后重新成孔；4. 成孔挤密由外向里间隔进行(硬土由里往外打)

续表

施工过程	常见质量缺陷	预控措施
夯　填	1. 回填不均匀；2. 夯击不密实；3. 桩身疏松，夹有生土或断裂，出现孔洞和孔隙；4. 孔壁塌方；5. 桩身强度不够	1. 增加锤击数；2. 更换夯锤或夯实机；3. 填料拌合均匀，控制含水量接近最优含水量；4. 清除塌方土，用C10混凝土灌注，回填夯实；5. 掺入水泥、石膏、粉煤灰等增强材料

1.6.5 水泥粉煤灰碎石桩复合地基

水泥粉煤灰碎石桩复合地基是通过在碎石桩体中添加以水泥为主的胶结材料使桩体获得胶结并从散体材料桩转化为柔性桩。水泥粉煤灰碎石桩适用于松散的、非饱和黏性土、素填土、以炉灰、炉渣、建筑垃圾为主的杂填土、黄土和砂土。

(1) 材料要求

1) 碎石料订货前，应提出样品及有关订货厂家情况，石料质量、价格、供货能力、货源情况，产场情况。

2) 合理组织材料供应、确保施工正常进行。按质、按量、按期满足施工需要。

3) 合理组织材料使用，减少材料损失。按定额计量使用，加强运输，健全现场材料管理制度。

4) 加强材料检查验收，严把材料质量关。材料进场必须具备正式出厂合格证、材质化验单。

5) 材料质量控制内容见表1.6.11。

材料质量控制　　表1.6.11

检查方法	检查内容	质量要求
书面检查	质量保证资料、出厂合格证、材质化验单	符合设计要求
外观检查	品种、规格标志、含泥量、新鲜程度	符合设计要求
理化检验	物理力学性能、级配、有害矿物成分	符合《地基与基础工程施工及验收规范》规定

6）材料质量标准

① 出厂合格证、材质化验单。每份材质化验单代表批量最大是600t(机械化生产)，60t(手工生产)。

② 无腐蚀性、性能稳定的硬粒料，最大粒径不宜大于50mm，填料含泥量小于10%，不得含黏土块。

③ 影响材料质量因素与控制措施见表1.6.12。

材料质量控制措施 **表1.6.12**

质量问题	影响材质因素	措施
含泥量大	采场管理混乱	加强管理
侵蚀性矿物	风化石过多	选好采场
粒径不符合	未按规定筛选	更换筛选项目
污染	堆放场地不清	集中堆放、堆场做好混凝土地坪

(2) 施工监控要点

1）场地平整：需注意平整程度、承载力、场容布置、地上地下高空障碍物、不良地质现象；场地平整：每100m范围内地面高差±5cm，承载力60kPa。

2）测量定桩位：应注意桩平面位置、桩编号、保护桩、场地标高。要求桩位偏差0.2mm，编号准确，水准仪测标高，一级测量，一级复测。

3）机架安装要求平稳，安全高度，起重高度大于设计桩长，倾斜度小于1%。

4）对施工机具就位，应复核桩位钢套管中心与桩位中心，要求桩位准确，偏差小于4～50mm，轴心与桩位中心重合，机架倾斜小于1%。

5）成孔：监控成孔速度，电流，成孔深度，孔径。成孔速度1～2m/min，孔深、孔径须符合设计要求。

6）填料：一次性填料0.15～0.3m，填料由下而上，成桩后桩身段0.5～1.0m。

7）注意提升密实：监控密实电流，留振时间，提升速度。

密实电流超过空振电流(15～3A)，留振时间30～60s，提升速度1～2m/min。

8) 施工记录：要求记录内容齐全。应包括桩号、桩长、桩径、填料量、密实电流、留振时间、制桩日期、制桩时间等。根据施工记录、报表逐项详细记录并复核。

(3) 施工质量验收

水泥粉煤灰碎石桩地基质量验收标准见表1.6.13。

水泥粉煤灰碎石桩地基质量检验标准　　　表1.6.13

项目		检查项目	允许偏差或允许值		检查方法
			单位	数值	
主控项目	1	原材料	设计要求		查产品合格证书或抽样送检
	2	桩径	mm	-20	用钢尺量或计算填料量
	3	桩身强度	设计要求		查28d试块强度
	4	地基承载力	设计要求		按规定的方法
一般项目	1	桩身完整性	按桩基检测技术规范		按桩基检测技术规范
	2	桩位偏差		满堂布桩≤0.40D 条基布桩≤0.25D	用钢尺量，D为桩径
	3	桩垂直度	%	≤1.5	用经纬仪测桩管
	4	桩长	mm	+100	测桩管长度或垂球测孔深
	5	褥垫层夯填度	≤0.9		用钢尺量

注：1. 夯填度指夯实后的褥垫层厚度与虚体厚度的比值。
　　2. 桩径允许偏差负值是指个别断面。

(4) 施工常见质量缺陷及预控措施见表1.6.14。

施工常见质量缺陷及预控措施　　　表1.6.14

常见质量缺陷	预控措施
桩长未达到设计图所规定设计深度	人力或机械挖除障碍物，加大激振压力，选用合适的施工机械设备
卡料	对填料选用适宜级配，最大粒径与振冲器外径匹配
孔壁坍落及缩孔	下护洞套管，先护壁，后制桩

续表

常见质量缺陷	预 控 措 施
上部桩体 0.5～1.0m 密实度差	挖除另作垫层；振冲施工前，先预留 1m 左右土层；浅层夯实或振动碾压
桩底加料不足	增加填料量，增加密实电流，延长留振时间
桩体强度不足	降低地下水位，遇软土时先护壁，后制桩。调高电压，增加填料量，增加密实电流，延长留振时间，控制提升高度与速度
周围建（构）筑物影响	放慢施工速度，改进施工流程，设置防振沟，及排水设施，选用合适功率的振冲器
漏桩，漏振	加强施工管理，提高施工人员质量意识。补桩，复打

1.6.6 夯实水泥土桩复合地基

夯实水泥土桩复合地基是桩体与桩周挤密土共同组成的人工复合地基。施工方法是在地基土体中采用沉管、冲击或爆扩等方法挤密成孔，然后向孔内填入按一定比例均匀拌合的水泥土，并逐段夯实形成桩体。适用于松散的非饱和黏性土、素填土、以炉灰、炉渣、建筑垃圾为主的杂填土、黄土和砂土。

(1) 施工监控要点

1）场地平整：要注意平整程度、承载力、场容布置、地上地下高空障碍物、不良地质现象；场地平整：每 100m 范围内地面高差±5cm，承载力 60kPa。

2）测量定桩位：要注意桩平面位置、桩编号、保护桩、场地标高。要求桩位偏差 0.2D(D 为桩径)、编号准确、水准仪测标高、一级测量、一级复测。

3）施工操作：施工过程中，应加强对操作质量的检查。对违规操作，易造成工程质量缺陷的操作，危及操作者自身和其他施工人员人身安全的操作要及时纠正。

4）工序交接：制桩材料的选用、运输、进入现场后的复检、合格材料夯填前的配制及保护等程序，应层层把关，设备进场后的运行状态、成孔，以及桩孔夯填也应进行检查并作好记录。

5）质量保护：雨期和冬期施工，应采取防雨、防冻措施，防止土料、水泥土料受雨淋湿和冻结。

（2）见证试验

1）桩身夯填检验可采用环刀取样检验、轻便触探试验、开剖取样检验等方法。

2）对桩间土的检验，应选择在3根桩的中心，采用探井取样检验、静力触探试验、标准贯入试验等。

3）必要时采用载荷试验检验。

4）土桩与灰土挤密桩地基也可采用旁压试验、动力触探试验、夯击能量检验等方法。

（3）施工质量验收

1）夯实水泥土桩复合地基质量检验标准见表1.6.15。

夯实水泥土桩复合地基质量检验标准　　表1.6.15

项目		检查项目	允许偏差或允许值		检查方法
			单位	数值	
主控项目	1	桩径	mm	−20	用钢尺量
	2	桩长	mm	+500	测桩孔深度
	3	桩体干密度	设计要求		现场取样检查
	4	地基承载力	设计要求		按规定的方法
一般项目	1	土料有机质含量	%	≤5	焙烧法
	2	含水量（与最优含水量比）	%	±2	烘干法
	3	土料粒径	mm	≤20	筛分法
	4	水泥质量	设计要求		查产品质量合格证或抽样送检
	5	桩位偏差		满堂布桩≤0.40D 条基布桩≤0.20D	用钢尺量，D为桩径
	6	桩孔垂直度	%	≤1.5	用经纬仪测桩管
	7	褥垫层夯填度	≤0.9		用钢尺量

注：1. 夯填度指夯实后的褥垫层厚度与虚体厚度的比值。
　　2. 桩径允许偏差负值是指个别断面。

2）检验数量：孔内填料的夯实质量，应及时抽样检查，其数量不得少于总孔数的2%，每台班不应少于1孔。在全部孔深内宜每米取土样测定其干密度，检测点的位置应在距孔心2/3孔半径处。孔内填料的夯实质量，也可通过现场试验确定检测点数。

（4）常见质量缺陷及预控措施见表1.6.16。

夯实水泥土桩复合地基常见质量缺陷及预控措施 表1.6.16

项目	常见质量缺陷	预控措施
沉管	(1)桩锤突然回跳过高，桩管进入很慢；(2)桩孔斜移，桩靴、桩头、活门损坏；(3)桩管贯入度过大，桩锤不回弹或沉入速度过快	(1)查明其埋深，分布范围，并予以清除或在周围增加桩数；(2)使桩机牢固平稳，或从结构上采取适当弥补措施，增加桩数；(3)填入无黏性土料反复沉管挤压，增大桩管直径
桩孔	(1)孔内积水；(2)桩管起拔困难；(3)缩径或堵塞，孔壁坍塌，孔底有虚土；(4)挤密困难	(1)将水排出地表或水下部位改为混凝土桩、碎石桩、预制桩；(2)用水浸润桩管周围土层或将桩管旋转后再拔出；(3)向孔内填干砂，生石灰块，干水泥，碎砖渣，粉煤灰，稍后重新成孔；(4)成孔挤密由外向里间隔进行(硬土由里往外打)
夯填	(1)回填不均匀；(2)夯击不密实；(3)桩身疏松，夹有生土或断裂，出现孔洞和孔隙；(4)孔壁塌方；(5)桩身强度不够	(1)增加锤击数；(2)更换夯锤或夯实机；(3)填料拌合均匀，控制含水量接近最优含水量；(4)清除塌方土，用C10混凝土灌注，回填夯实；(5)掺入水泥，石膏，粉煤灰等增强材料

1.6.7 砂桩地基

砂桩地基是在软弱的地基土上采用挤密砂桩或振冲砂桩方法。

（1）材料要求：主要材料为砂，砂可用天然级配的中、粗砂或其他有良好渗水性的代用材料，粒径以0.3～3mm为宜，含泥量不大于5%。

（2）适用范围：砂桩适用地层范围很广，如较深厚的松砂土、填土、粉土、黏性土等，都可以采用砂桩方法。砂桩增加了地基土的密实度及抗剪强度，使地基土密实均匀，并减少了地基沉降。

(3) 砂桩地基施工方法

1) 振动沉管法：是在振动锤的振动作用下，把桩管打入土中至设计深度，然后投入砂料，振动密实而成为砂桩。

成桩工艺目前有3种：一次拔管成桩法、逐步拔管成桩法和重复压管成桩法。

2) 冲击成桩法：是利用蒸汽或柴油打桩机把桩管打入地基土中，向桩管内灌砂，然后拔出桩管，形成砂桩。

(4) 施工监控要点

1) 振动沉管法施工监控

① 桩管拔起时速度不能过快，可根据试验确定。通常的拔管速度为2m/min。

② 控制每段砂桩的灌砂量。其实际灌砂量(不包括水重)不得少于计算值的95%。

③ 逐步沉管法中，每段拔起高度和留振时间可由现场试验确定。

④ 在软黏土中施工，桩管未入土前先向桩管内灌1.0～1.5m^3的砂，打到预定深度后，复打2～3次，这样可以保证桩底成孔更好。

⑤ 向桩管内灌砂的同时，应向桩管内通水或压缩空气，利于砂排出桩管。

⑥ 桩管排砂不畅时可适当加大风压。桩管快拔出地面时应减小风压，防止砂料外飘。

⑦ 注意贯入曲线和电流曲线。如土质较硬，或者排砂量正常，贯入曲线平缓，而电流曲线变化幅度大。

2) 质量要求

① 砂桩必须是上下连续，确保设计长度。

② 满足单位深度的灌砂量。

③ 桩体的强度和桩周土加固的效果，均可用标准贯入或轻便触探检验，亦可用锤击法检查其密实度和均匀性。

④ 砂桩平面位置和垂直度的偏差均满足允许值。砂桩质量验收标准见表 1.6.17。

砂桩质量检验表 **表 1.6.17**

检查项目	质量标准和允许偏差		检验方法
桩身垂直度	≤1.5*l*/100(*l* 为桩长)		现场外观检查、观测桩架和桩管的垂直度
桩位	≤*D*/2(*D* 为桩径)		查测 *x*、*y* 轴两个方向最大值
灌砂量	连续灌砂到规定深度满足每米深度的灌砂量		检查施工记录曲线或钻孔检查
标准贯入试验	*N*≥10		钻孔检查
桩深	沉管法	≤100mm	检查施工记录曲线或钻孔检查
	冲击法	≤300mm	
桩径	沉管法	−20mm	尺量检查
	冲击法	+100mm，−50mm	

⑤ 如果实际灌砂量未达到设计要求值，应在原桩位复打一次，并灌砂。或在其旁边补加一根砂桩。

3）冲击成桩法施工监控

施工时要注意：拔管速度以 1.5～3.0m/min 为宜；控制单位桩长灌砂量；双管法施工时，可按贯入度控制成桩。

(5) 施工质量验收

砂桩地基质量检验标准见表 1.6.18。

砂桩地基质量检验标准 **表 1.6.18**

项目		检查项目	允许偏差或允许值		检查方法
			单位	数值	
主控项目	1	灌砂量	%	≥95	实际用砂量与计算体积比
	2	地基强度	设计要求		按规定方法
	3	地基承载力	设计要求		按规定方法

续表

项目		检查项目	允许偏差或允许值		检查方法
			单位	数值	
一般项目	1	砂料的含泥量	%	≤3	试验室测定
	2	砂料的有机质含量	%	≤5	焙烧法
	3	桩位	mm	≤50	用钢尺量
	4	砂桩标高	mm	±150	水准仪
	5	垂直度	%	≤1.5	经纬仪检查桩管垂直度

（6）砂桩地基施工中常见质量缺陷及预控措施见表1.6.19。

常见质量缺陷及预控措施　　表1.6.19

常见质量缺陷	预控措施
缩径；桩孔小于设计口径	严格按操作规程施工，上拔速率＜2m/min，调整施工电流
坍孔	根据地层规律；找出合适的施工用电流
个别点位试验未达设计承载力	严格施工工序的监控；控制桩的上拔速率；施工前详尽分析岩土工程勘察资料；进行补勘

1.7 桩基工程

当采用天然地基上的浅基础不能满足地基基础设计的承载力和变形要求时，可以采用地基加固，也可以采用桩基础将荷载传至深部较坚实土层。因此，桩是将建筑物的荷载(竖向的和水平的)全部或部分传递给地基土(或岩层)的一种传力杆件。

1.7.1 一般规定

（1）术语

1）单桩：采用钢筋混凝土、钢管、H型钢等材料作为受力的支承杆件打入土中。

2）群桩：许多单桩打入地基中，并达到需要的设计深度。

3）承台：在群桩顶部用钢筋混凝土连成整体。

4）桩基础：由基桩和连接于桩顶的承台共同组成，作为上部结构的桩基础。

5）单桩基础：采用一根桩（通常为大直径桩）以承受和传递上部结构（通常为柱）荷载的独立基础。

6）群桩基础：由二根以上基桩组成的桩基础。

（2）桩的分类：

1）按承载型式分类

① 摩擦型桩：指桩顶荷载全部或主要由桩侧阻力承担的桩；根据桩侧阻力承担荷载的份额，摩擦桩又分为纯摩擦桩和端承摩擦桩。

② 端承型桩：指桩顶荷载全部或主要由桩端阻力承担的桩；根据桩端阻力承担荷载的份额，端承桩又分为纯端承桩和摩擦端承桩。

③ 复合荷载桩：承受竖向、水平荷载均较大的桩。

2）按成桩方法与工艺分类

① 非挤土桩：如土作业法桩、泥浆护壁法桩、套管护壁法桩、人工挖孔桩。

② 部分挤土桩：如部分挤土灌注桩、预钻孔打入式预制桩、打入式开口钢管桩、H 型钢桩、螺旋成孔桩等。

③ 挤土桩：如挤土灌注桩、挤土预制混凝土桩（打入式桩、振入式桩、压入式桩）。

（3）桩基础的适用范围

桩基础通常用于上部结构荷载较大的建筑物的基础。

1）地基的上层土质太差而下层的土质较好。

2）除了有较大的垂直荷载外，还有水平荷载及大偏心荷载。

3）用于上部结构型式对基础的不均匀沉降相当敏感的建筑物。

4）用于有动力荷载及周期性荷载的基础。

5）地下水位很高，采用其他深基础型式施工时排水有困难的场合。

6）位于水中的构筑物基础。

7）有大面积地面堆载的建筑物。

8）需要长期保存，具有历史意义的建筑物。

9）因地基沉降对邻近建筑物产生相互影响时。

10）地震区，在可液化地基中，采用桩基穿越可液化土层并伸入下部密实稳定土层，可消除或减轻液化对建筑物的危害。

（4）一般规定

1）桩基施工前，应为施工提供下列文件资料

① 建筑物场地工程地质勘察资料和必要的水文地质资料。

② 桩基工程施工图及施工图会审记录。

③ 建筑场地和邻近区域内的地下构筑物、各种地下管网，以及危房等的调查资料。

④ 主要施工机械及配套设备的技术性能资料。

⑤ 施工组织设计(施工方案)

A. 施工平面图：标明桩位、编号、施工顺序、水电线路、(预制)桩的堆放位置以及临时设施位置。

B. 确定成孔(桩)机械，配套设备及其合理施工工艺的有关技术文件。

C. 施工作业计划和劳动力组织计划。

D. 机械设备、备(配)件、工具、材料供应计划。

E. 桩基施工时，对安全、劳动保护、防(水、风)火、爆破作业、文物和环境保护等方面应按有关规定执行。

F. 冬(雨)期施工技术措施。

2）成孔(打)桩机械必须经鉴定合格后，方可进行施工作业。

3）施工前，应由施工技术负责人组织图纸会审和施工技术交底，并形成文字资料作为施工依据，归入工程技术档案中。

4）施工现场必须达到“三通一平”，保证满足施工技术要求和安全技术措施的规定，确保施工正常作业。

5）桩基轴线的控制点和水准基点应引设在永久性不受施工

影响的地方。开工前，经复核后应妥善保护，施工中应经常复测。

6）桩基施工及质量验收应符合国家现行有关技术规程、强制性标准和施工质量验收规范的规定。

7）质量检验规定

① 桩位的放样允许偏差：群桩 20mm；单排桩 10mm。

② 桩基工程的桩位验收，除设计有规定外，应按下述要求进行：

A. 当桩顶设计标高与施工场地标高相同时，或桩基施工结束后，有可能对桩位进行检查时，桩基工程的验收应在施工结束后进行。

B. 当桩顶设计标高低于施工场地标高，送桩后无法对桩进行检查时，对打入桩可在每根桩桩顶沉至场地标高时，进行中间验收，待全部桩施工结束，承台或底板开挖到设计标高后，再做最终验收。对灌注桩可对护筒位置做中间验收。

③ 打(压)入桩(预制混凝土方桩、先张法预应力管桩、钢桩)的桩位偏差，必须符合表 1.7.1 的规定。斜桩倾斜度的偏差不得大于倾斜角正切值的 15%(倾斜角系桩的纵向中心线与铅垂线间夹角)。

预制桩(钢桩)桩位的允许偏差(mm)　　表 1.7.1

序号	项目	允许偏差
1	盖有基础梁的桩： (1) 垂直基础梁的中心线 (2) 沿基础梁的中心线	 100+0.01*H* 150+0.01*H*
2	桩数为 1～3 根桩基中的桩	100
3	桩数为 4～16 根桩基中的桩	1/2 桩径或边长
4	桩数大于 16 根桩基中的桩： (1) 最外边的桩 (2) 中间桩	 1/3 桩径或边长 1/2 桩径或边长

注：*H* 为施工现场地面标高与桩顶设计标高的距离。

④ 灌注桩的桩位偏差必须符合表 1.7.2 的规定，桩顶标高至少要比设计标高高出 0.5m，桩底清孔质量按不同的成桩工艺有不同的要求，应按本章的有关内容执行。每浇筑 $50m^3$ 必须有 1 组试件，小于 $50m^3$ 的桩，每根桩必须有 1 组试件。

灌注桩的平面位置和垂直度的允许偏差　　表 1.7.2

<table>
<tr><th rowspan="2">序号</th><th rowspan="2" colspan="2">成孔方法</th><th rowspan="2">桩径允许偏差(mm)</th><th rowspan="2">垂直度允许偏差(%)</th><th colspan="2">桩位允许偏差(mm)</th></tr>
<tr><th>1～3 根、单排桩基垂直于中心线方向和群桩基础的边桩</th><th>条形桩基沿中心线方向和群桩基础的中间桩</th></tr>
<tr><td rowspan="2">1</td><td rowspan="2">泥浆护壁钻孔桩</td><td>$D \leqslant 1000mm$</td><td>±50</td><td rowspan="2"><1</td><td>$D/6$，且不大于 100</td><td>$D/4$，且不大于 150</td></tr>
<tr><td>$D > 1000mm$</td><td>±50</td><td>$100+0.01H$</td><td>$150+0.01H$</td></tr>
<tr><td rowspan="2">2</td><td rowspan="2">套管成孔灌注桩</td><td>$D \leqslant 500mm$</td><td rowspan="2">−20</td><td rowspan="2"><1</td><td>70</td><td>150</td></tr>
<tr><td>$D > 500mm$</td><td>100</td><td>150</td></tr>
<tr><td>3</td><td colspan="2">干成孔灌注桩</td><td>−20</td><td><1</td><td>70</td><td>150</td></tr>
<tr><td rowspan="2">4</td><td rowspan="2">人工挖孔桩</td><td>混凝土护壁</td><td>+50</td><td><0.5</td><td>50</td><td>150</td></tr>
<tr><td>钢套管护壁</td><td>+50</td><td><1</td><td>100</td><td>200</td></tr>
</table>

注：1. 桩径允许偏差的负值是指个别断面。
2. 采用复打、反插法施工的桩，其桩径允许偏差不受上表限制。
3. H 为施工现场地面标高与桩顶设计标高的距离，D 为设计桩径。

⑤ 工程桩应进行承载力检验。对于地基基础设计等级为甲级或地质条件复杂，成桩质量可靠性低的灌注桩，应采用静载荷试验的方法进行检验，检验桩数不应少于总数的 1%，且不应少于 3 根，当总桩数少于 50 根时，不应少于 2 根。

⑥ 桩身质量应进行检验。对设计等级为甲级或地质条件复杂，抽检质量可靠性低的灌注桩，抽检数量不应少于总数的 30%，且不应少于 20 根；其他桩基工程的抽检数量不应少于总数的 20%，且不应少于 10 根；对混凝土预制桩及地下水位以上且终孔后经过核验的灌注桩，检验数量不应少于总桩数的 10%，且不得少于 10 根。每个柱子承台下不得少于 1 根。

⑦ 对砂、石子、钢材、水泥等原材料的质量、检验项目、批量和检验方法，应符合国家现行标准的规定。

⑧ 施工质量验收时，除上述⑤、⑥规定的主控项目外，其他主控项目应全部检查，对一般项目，除已明确规定外，其他可按20%抽查，但混凝土灌注桩应全部检查。

1.7.2 静力压桩

静力压桩法，是近年开发的一项地基加固新技术，在旧有建筑物改造、已有建筑物基础托换加固以及新建工程中得到较为广泛的应用，取得了良好的技术经济效益。

静压桩包括锚杆静压桩及其他各种非冲击力沉桩。

(1) 特点及适用范围

1) 静力压桩的特点：对于加固已沉裂、倾斜的建筑物，可以迅速得到稳定，可在不停产、不搬迁的情况下进行基础托换加固；对于新建工程可与上部建筑同步施工，不占绝对工期；加固过程中无振动、无噪声、无环境污染，侧向挤压小；在压桩过程中可直接测得压桩力和桩的入土深度，可保证桩基质量；施工机具设备结构简单、轻便、移动灵活，操作技术易于掌握，可自作制造，可在狭小空间场地应用；锚杆静压法沉桩受力明确、简便，单桩承载力高(约250～300kN)，加固效果显著；不用大型机具，施工快速(新建工程每台班可压桩60～80延长米)，节省加固费用，做到现场文明施工。

2) 静力压桩适用于加固黏性土、淤泥质土、人工填土、黄土等地基，特别适用于建筑加层；已沉降、倾斜建筑物的纠偏加固：老房屋技术改造柱基及设备基础的托换加固；新建工程先建房后压桩的工程。

(2) 施工监控要点

1) 质量控制

① 施工前应对成品桩(锚杆静压成品桩一般均由工厂制造，运至现场堆放)做外观及强度检验，接桩用焊条或半成品硫磺胶

泥应有产品合格证书，或送有关部门检验，压桩用压力表、锚杆规格及质量也应进行检查。硫磺胶泥半成品应每 100kg 做一组试件(3 件)。

② 压桩过程中应检查压力、桩垂直度、接桩间歇时间、桩的连接质量及压入深度。重要工程应对电焊接桩的接头做 10% 的探伤检查。对承受反力的结构应加强观测。

③ 施工结束后，应做桩的承载力及桩体质量检验。

2）施工要点

① 静压法沉桩程序

清理基础顶面覆土→凿压桩孔和锚杆孔→埋设锚杆螺栓→安装反力架→吊桩段就位→压桩施工→接桩→检查设计深度和要求压桩力→封桩→将桩与基础连接→拆除压桩设备。

② 开凿压桩孔可采用风镐或钻机成孔，压桩孔凿成上小下大截头锥形体，以利于基础承受冲剪；凿锚杆孔可采用风钻或钻机成孔，孔径为 ϕ42mm，深度为 10～12 倍锚杆直径，并清理干净，使之干燥。

③ 埋设锚杆应与基础配筋扎在一起，可采用环氧胶泥(砂浆)粘结，环氧胶泥(砂浆)可加热(40℃左右)或冷作业，硫磺砂浆要求热作业，填灌密实，使混凝土与混凝土粘结在一起，采取自然养护 16h 以上。

④ 反力架安装应牢固，不能松动，并保持垂直；桩吊入压桩孔后，亦要保持垂直。压桩时，要使千斤顶与桩段轴线保持垂直，并在一条直线上，不得偏压。

⑤ 每沉完一节桩，吊装上一段桩，桩间用硫磺胶泥连接。接桩前应检查插筋长度和插筋孔深度，接桩时应围好套箍，填塞缝隙，倒入硫磺胶泥，再将上节桩慢慢放下，接缝处要求浆液饱满，等硫磺胶泥冷却结硬后才可开始压桩。

⑥ 压桩施工应对称进行，防止基础受力不平衡而导致倾斜；几台压桩机同时作业时，总压桩力不得大于该节基础上的建筑物自重，防止基础被抬起。

⑦ 压桩应连续进行，不得中途停顿，以防因间歇时间过长使压桩力骤增，造成桩压不下去或把桩头压碎等质量事故。

⑧ 封桩必须认真进行，应凿去外露桩头，清除桩孔内的泥水杂物，清洗孔壁，焊好交叉钢筋，湿润混凝土连接面，浇筑C30微膨胀早强混凝土并加以捣实，使桩与桩基承台结合成整体，湿养护7d以上。

(3) 静力压桩质量检验标准见表1.7.3。

静力压桩质量检验标准 **表1.7.3**

<table>
<tr><th rowspan="2">项目</th><th rowspan="2" colspan="3">检查项目</th><th colspan="2">允许偏差或允许值</th><th rowspan="2">检查方法</th></tr>
<tr><th>单位</th><th>数值</th></tr>
<tr><td rowspan="3">主控项目</td><td>1</td><td colspan="2">桩体质量检验</td><td colspan="2">按基桩检验技术规范</td><td>按基桩检测技术规范</td></tr>
<tr><td>2</td><td colspan="2">桩位偏差</td><td colspan="2">按表1.7.1</td><td>用钢尺量</td></tr>
<tr><td>3</td><td colspan="2">承载力</td><td colspan="2">按基桩检测技术规范</td><td>按基桩检测技术规范</td></tr>
<tr><td rowspan="9">一般项目</td><td>1</td><td colspan="2">成品桩质量：外观，
外形尺寸，
强度</td><td colspan="2">表面平整，颜色均匀，掉角深度＜10mm，蜂窝面积小于总面积0.5%，
按表1.7.8。
满足设计要求</td><td>直观
查产品合格证书或钻芯试压</td></tr>
<tr><td>2</td><td colspan="2">硫磺胶泥质量(半成品)</td><td colspan="2">设计要求</td><td>查产品合格证书或抽样送检</td></tr>
<tr><td rowspan="3">3</td><td rowspan="3">接桩</td><td rowspan="2">电焊接桩：焊缝质量，
电焊结束后停歇时间</td><td colspan="2">按表1.7.11</td><td>按表1.7.11</td></tr>
<tr><td>min</td><td>＞1.0</td><td>秒表测定</td></tr>
<tr><td>硫磺胶泥接桩：胶泥浇筑时间，
浇筑后停歇时间</td><td>min
min</td><td>＜2
＞7</td><td>秒表测定
秒表测定</td></tr>
<tr><td>4</td><td colspan="2">电焊条质量</td><td colspan="2">设计要求</td><td>查产品合格证书</td></tr>
<tr><td>5</td><td colspan="2">压桩压力(设计有要求时)</td><td>%</td><td>±5</td><td>查压力表读数</td></tr>
<tr><td>6</td><td colspan="2">接桩时上下节平面偏差，接桩时节点弯曲矢高</td><td>mm</td><td>＜10
＜l/1000</td><td>用钢尺量
用钢尺量，l为两节桩长</td></tr>
<tr><td>7</td><td colspan="2">桩顶标高</td><td>mm</td><td>±50</td><td>水准仪</td></tr>
</table>

（4）静力压桩常见质量缺陷及预控措施见表 1.7.4。

常见质量缺陷及预控措施　　表 1.7.4

常见质量缺陷	部　位	预　控　措　施
桩头压坏	桩顶部	加强制桩监督管理，桩的振捣方向要从桩顶向桩尖逐渐进行；网片筋尺寸与焊接要作为一个重要环节检查；不合格的桩在压桩前进行调换
桩身损坏	桩身，大部分发生在中上部	加强制桩监控；对原材料监控及搅拌混凝土质量监控；打、压桩开始后，不得调整桩及导杆，打、压桩前，仔细分析现场地质资料，对可能发生的问题提出预测
桩位偏移超过施工验收规范标准	桩顶标高处	打桩前调整导杆垂直度；桩机就位，垫平桩机；桩就位，调整好桩垂直度；随时分析地层变化规律，调整打、压油门或压力值；施工前要进行钎探，探测地下有无异物，并清除地下障碍物；对接桩严把质量关，接桩时在两个不同角度进行观测，调整桩垂直度，对上、下桩平面不水平情况要充填好衬垫，加强制桩监控
和试桩相比，工程桩最终贯入度过大，压桩贯入速率过大	桩尖持力层	详细分析地质资料，增加补勘工作；增补试桩试验组数；对地质出现的不利因素及时提出预测，并向设计单位提出修改意见

1.7.3 先张法预应力管桩

先张法预应力管桩，系采用先张法预应力工艺和离心成型法制成的一种空心圆体细长混凝土预制构件。主要由圆筒型桩身、端头板和钢套箍等组成如图 1.7.1 所示。

（1）一般规定

1）强度等级：管桩按桩身混凝土强度等级分为预应力混凝土管桩(代号 PC 桩)和预应力高强混凝土管桩(代号 PHC 桩)，前者强度等级不低于 C60；后者不低于 C80。PC 桩一般采用常压蒸汽养护，脱模后移入水池再泡水养护，经过 28d 才能使用。PHC 桩，一般在成型脱模后，经 10 个大气压、180℃左右高温

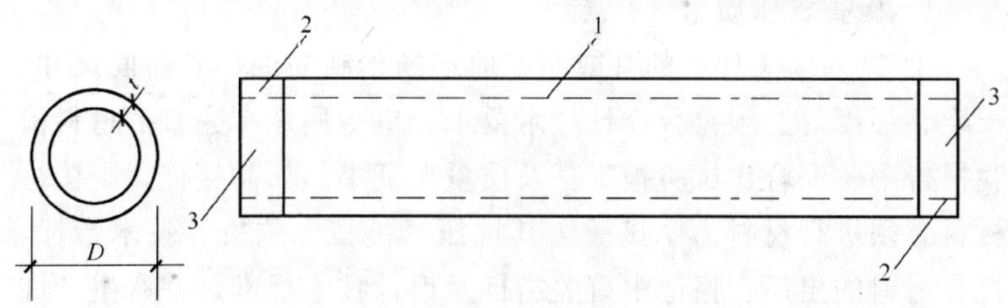

图 1.7.1　预应力管桩示意图

1—桩身；2—钢套箍；3—端头板；D—外径；t—壁厚

高压蒸汽养护，从成型到使用的最短时间为 3～4d。

2）规格：管桩规格按外径分为 300mm、400mm、500mm、550mm、600mm、800mm 和 1000mm 等，壁厚由 60～130mm。每节长一般不超过 15m，常用节长 8～12m，有时也生产长达 25～30m 的管桩。

3）特点：预应力管桩具有单桩承载力高，桩端承载力可比原状土提高 80%～100%；设计选用范围广，单桩承载力可从 600kN 到 4500kN，既适用于多层建筑，也可用于 50 层以下的高层建筑；桩的运输吊装方便，接桩快速；桩长度不受施工机械的限制，可任意接长；桩身耐打，穿透力强，抗裂性好，可穿透 5～6m 厚的密实砂夹层；造价低廉，其单位承载力价格仅为钢桩的 1/3～2/3，并节省钢材。但也存在施工机械设备投资大，打桩时振动、噪声和挤土量大等问题。适用于工程地质条件为黏性土、粉土、砂土、碎石类土层以及持力层为强风化岩层、密实的砂层(或卵石层)等土层中应用，不适用于石灰岩、含孤石和障碍物多、有坚硬夹层的岩土层中应用。

（2）施工监控要点

预应力管桩沉桩方法较多，目前国内主要采用锤击法，多采用爆发力强、锤击能量大、工效高的筒式柴油锤沉桩。但这种桩锤工作时振动和噪声大；有的地区如广东还采用大吨位静压预应力管桩施工工艺。

1）检查桩体质量

① 进入施工现场的桩或在工地现场预制的桩，其断面尺寸、长度、强度等必须符合设计技术要求，桩身质量有完整的材料检验报告书、配合比试验报告书及质量保证书。如需接桩，则接桩材料必须进行材料力学试验，其抗压、抗拉、抗折等技术指标，符合材料的出厂合格证中有关指标及设计技术标准，并有生产许可证书和质量保证书。

② 接桩用焊条质量符合规定。

③ 桩的允许偏差见表1.7.5。

预应力混凝土管桩允许偏差　　表1.7.5

序号	项　目	允许偏差(mm)
1	直径	±5
2	管壁厚度	-5
3	抽空圆孔平面位置对称中心	5
4	桩尖中心线	10
5	上、下节的法兰对中心线的倾斜	2
6	中节桩两个法兰对桩中心倾斜之和	3

④ 制作质量应做外观检查，存在缺陷不宜超过：

A. 表面蜂窝深度不得超过15mm，蜂窝面积不超过桩表面积的0.5%。

B. 桩的棱角损坏深度不大于10mm，总长不超过500mm。

C. 桩顶和桩尖不得有蜂窝和损坏，桩顶和桩身不得有钢筋露出；

D. 桩身混凝土表面收缩裂纹不得大于0.2mm宽度，截面裂纹长度不得超过边长1/2，管桩不得超过1/2周长，纵向裂纹不得超过边长或直径的2倍。

⑤ 接桩帽不密实有空壳现象，可用小锤轻击检查严重程度和范围

2）检查施工设备：检查进场的施工设备是否符合现场的施工技术要求和环境要求，如：打桩锤重、桩机型号、设备噪声、

立杆高度、垂直度，压桩设备的规格，压力系统允许最大压力及加压龙门架的高度。

3）做好桩的搬运：无论工厂预制或现场预制，均有一个搬运过程，混凝土强度须达到70%才能起吊和运输。在现场预制的桩较长时，可采用一定高度的吊桩架和小平车运到打桩架近旁。平车上设置转盘，转盘上搁置刚性长托板(用长方木或特制工字钢梁制作)，托板上搁置的小垫木应水平，支点通过计算，不得使桩身产生太大的弯曲。

4）吊桩：打桩吊桩，吊点的位置和吊点数视桩长度通过计算确定。有一吊点、二吊点、三吊点、四吊点等。使用两个以上的吊点吊桩时，应注意使桩平稳提升，吊点受力均衡，防止碰撞破坏。

5）控制沉桩质量

遇下列情况应暂停压桩，并及时与有关单位研究处理：

① 初压时，桩身发生较大幅度位移倾斜；压桩过程中桩身突然下沉或倾斜。

② 桩身破损或沉桩阻力剧变；遇渗井、古墓或地下障碍物。

③ 连续出现压至设计标高时，沉桩阻力比预计偏小(偏低值大于20%)，或沉桩过程中发现地基条件与勘察报告不相符。

6）监控打桩过程：施工过程中检查桩的贯入情况、桩顶完整状况、电焊接桩质量、桩体垂直度、电焊后的停歇时间。重要工程应对电焊接头做10%的焊缝探伤检查。

(3) 施工质量检验

施工结束后，应做承载力检验及桩体质量检验。先张法预应力管桩的质量检验应符合表1.7.6的规定。

先张法预应力管桩质量检验标准　　表1.7.6

<table>
<tr><th rowspan="2" colspan="2">项目</th><th rowspan="2">检查项目</th><th colspan="2">允许偏差或允许值</th><th rowspan="2">检查方法</th></tr>
<tr><th>单位</th><th>数值</th></tr>
<tr><td rowspan="3">主控项目</td><td>1</td><td>桩体质量检验</td><td colspan="2">按基桩检测技术规范</td><td>按基桩检测技术规范</td></tr>
<tr><td>2</td><td>桩位偏差</td><td colspan="2">见表1.7.1</td><td>用钢尺量</td></tr>
<tr><td>3</td><td>承载力</td><td colspan="2">按基桩检测技术规范</td><td>按基桩检测技术规范</td></tr>
</table>

续表

项目		检查项目	允许偏差或允许值		检查方法
			单位	数值	
一般项目	1	成品桩质量：外观	无蜂窝、露筋、裂缝、色感均匀、桩顶处无孔隙		直观
		桩径，	mm	±5	用钢尺量
		管壁厚度，	mm	±5	用钢尺量
		桩尖中心线，	mm	＜2	用钢尺量
		顶面平整度，	mm	10	用水平尺量
		桩体弯曲		＜l/1000l	用钢尺量，l为桩长
	2	接桩：焊缝质量	见表1.7.11		见表1.7.11
		电焊结束后停歇时间，	min	＞1.0	秒表测定
		上下节平面偏差，	mm	＜10	用钢尺量
		节点弯曲矢高		＜l/1000l	用钢尺量，l为两节桩长
	3	停锤标准	按设计要求		现场实测或查沉桩记录
	4	桩顶标高	mm	±50	水准仪

(4) 先张法预应力管桩常见质量缺陷及预控措施与静力压桩相同，见表1.7.4。

1.7.4 混凝土预制桩

(1) 施工准备

1) 整平场地，清除桩基范围内的高空、地面、地下障碍物；架空高压线距打桩架不得小于10m，修整桩机进出行走道路，做好排水措施。

2) 按图纸布置进行测量放线，定出桩基轴线，先定出中心，再引出两侧，并将桩的准确位置测设到地面，每一个桩位打一个小木桩；并测出每个桩位的实际标高，场地外设2～3个水准点，以便随时检查用。

3）检查桩体质量，将需用的桩按平面布置图堆放在打桩机附近，不合格的桩不能运至打桩现场。

4）检查打桩机设备及起重工具；铺设水电管网，进行设备架立组装和试打桩。在桩架上设置标尺或在桩的侧面画上标尺，以便能观测桩身入土深度。

5）打桩场地建筑物有防震要求时，应采取必要的防护措施。

6）学习、熟悉桩基施工图纸，并进行图纸会审，做好技术交底。特别要重视地质情况、设计要求、操作规程和安全措施的交底。

7）准备好桩基工程沉桩记录和隐蔽工程验收记录表，安排好记录和检查人员等。

（2）施工监控要点

1）打(沉)桩程序

① 根据地基土质情况，桩基平面布置，桩的尺寸、密集程度、深度，桩移动方向以及施工现场实际情况等因素确定，图1.7.2(*a*)、(*b*)、(*c*)、(*d*)为几种打桩顺序对土体的挤密情况。当基坑不大时，打桩应逐排进行或从中间开始分头向周边或两边进行。

② 对于密集群桩，自中间向两个方向或向四周对称施打，当一侧毗邻建筑物时，由毗邻建筑物处向另一方向施打。当基坑较大时，应将基坑分为数段，然后在各段范围内分别进行，如图1.7.2(*e*)、(*f*)、(*g*)。但打桩应避免自外向内，或从周边向中间进行，以避免中间土体被挤密，桩难以打入，或虽勉强打入，而导致邻桩侧移或上冒。

③ 对基础标高不一的桩，宜先深后浅；对不同规格的桩，宜先大后小，先长后短，使土层挤密均匀，以防止位移或偏斜；在粉质黏土及黏土地区，应避免按着一个方向进行，使土体一边挤压，造成入土深度不一，土体挤密程度不均，导致不均匀沉降。若桩距大于或等于4倍桩直径，则与打桩顺序无关。

2）吊桩定位：打桩前，按设计要求进行桩定位放线，确定

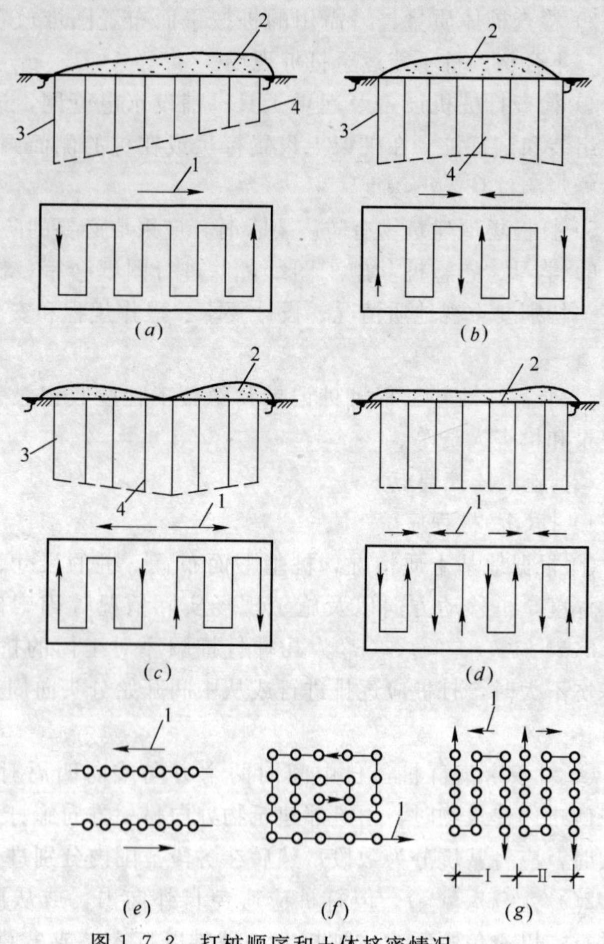

图 1.7.2 打桩顺序和土体挤密情况

(*a*)逐排单向打桩；(*b*)两侧向中心打桩；(*c*)中部向两侧打桩；(*d*)分段相对打桩；(*e*)逐排打桩；(*f*)自中部向边沿打桩；(*g*)分段打桩

1—打桩方向；2—土的挤密情况；3—沉降量大；4—沉降量小

桩位，在每根桩的中心钉一小桩，并设置油漆标志；桩的吊立定位，一般利用桩架附设的起重钩借桩机上卷扬机吊桩就位，或配一台履带式起重机送桩就位，并用桩架上夹具或落下桩锤借桩帽固定位置。

3）打(沉)桩控制点

① 打桩方法有锤击法、振动法及静力压桩法等，以锤击法应用最普遍。打桩时，应用导板夹具，或桩箍将桩嵌固在桩架两导柱中，桩的位置及垂直度经校正后，始可将桩锤连同桩帽压在桩顶，开始沉桩。桩锤、桩帽与桩身中心线要一致，桩顶不平，应用厚纸板垫平或用环氧树脂砂浆补抹平整。

② 开始沉桩时应起锤轻压并轻击数锤，经观察确认桩身、桩架、桩锤等垂直一致，始可转入正常。桩插入时的垂直度偏差不得超过0.5%。

③ 打桩应用适合桩头尺寸的桩帽和弹性垫层，以缓和打桩的冲击。桩帽用钢板制成，并用硬木或绳垫承托。落锤或打桩机垫木亦可用“尼龙6”浇铸件（规格 ϕ260mm × 170mm，重10kg)，既经济又耐用，一个尼龙桩垫可打600根桩而不损坏。

④ 当桩顶标高较低，须送桩入土时，应用钢制送桩放于桩头上，锤击送桩将桩送入土中。

4）接桩形式和方法

混凝土预制长桩，受运输条件和打(沉)桩架高度限制，一般分成数节制作，分节打入，在现场接桩。常用接头方式有焊接、法兰接及硫磺胶泥锚接等几种，见图1.7.3。锚接时注意以下几点：

A. 锚筋应清理并调直。

B. 锚筋孔内应有完好螺纹，无积水、杂物和油污。

C. 接桩时接点的平面和锚筋孔内应灌满胶泥。灌筑时间不得超过2min。

D. 灌筑后停歇时间应满足规范规定的要求。

E. 胶泥试块每台班不得少于一组。

5）拔桩

当已打入的桩由于某种原因需拔出时，长桩可用拔桩机拔出。一般桩可用人字桅杆借卷扬机拔起，或用钢丝绳捆紧桩头部，借横梁用液压千斤顶抬起；采用汽锤打桩可直接用蒸汽锤拔

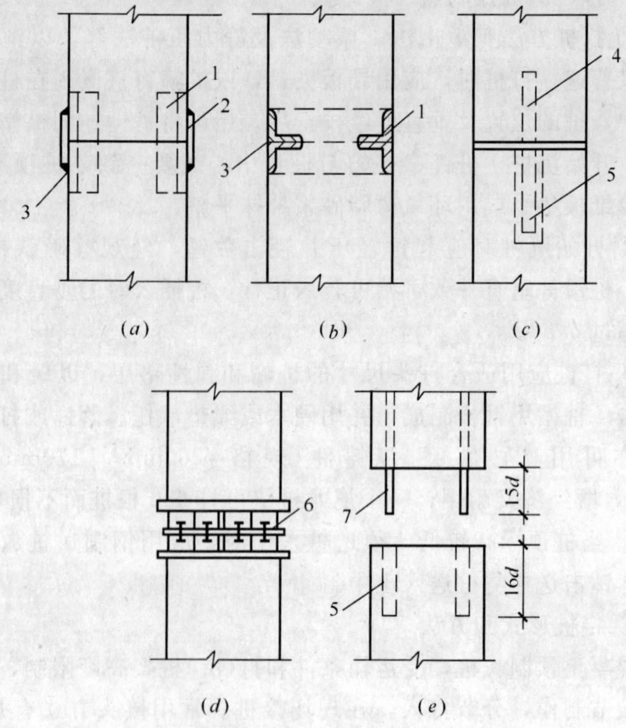

图 1.7.3 桩的接头型式

(a)、(b)焊连接；(c)管式连接；(d)管桩螺栓连接；(e)硫磺砂浆锚筋连接

1—角钢与主筋焊接；2—钢板；3—焊缝；4—预埋钢管；

5—浆锚孔；6—预埋法兰；7—预埋锚筋

桩，将汽锤连在桩上，当锤的启动向上，即可将桩拔出。

6）质量控制

① 桩端(指桩的全截面)位于一般土层时，以控制桩端设计标高为主，贯入度可作参考。

② 桩端达到坚硬、硬塑的黏性土、中密以上粉土、砂土、碎石类土、风化岩时，以贯入度控制为主，也可以桩端标高作参考。

③ 当贯入度已达到要求，而桩端未达到设计标高时，应继

续锤击 3 阵，按每阵 10 击的贯入度不大于设计规定的数值加以确认。

④ 振动法沉桩是以振动箱代替桩锤，其质量控制是以最后 3 次振动(加压)，每次 10 分钟或 5 分钟，测出每分钟的平均贯入度，以不大于设计规定的数值为合格，而摩擦桩则以沉到设计要求的深度为合格。

(3) 验收要求

1) 打(沉)入桩的桩位偏差按表 1.7.7 控制，桩顶标高的允许偏差为－50mm，＋100mm。斜桩倾斜度的偏差不得大于倾斜角正切值的 15%(倾斜角系桩的纵向中心线与铅垂线间的夹角)。

预制桩(PHC 桩、钢桩)桩位的允许偏差　　表 1.7.7

序号	项目	允许偏差(mm)
1	盖有基础梁的桩： 1. 垂直基础梁的中心线 2. 沿基础梁的中心线	 100＋0.01H 150＋0.01H
2	桩数为 1～3 根桩基中的桩	100
3	桩数为 4～16 根桩基中的桩	1/2 桩径或边长
4	桩数大于 16 根桩基中的桩： 1. 最外边的桩 2. 中间桩	 1/3 桩径或边长 1/2 桩径或边长

注：H 为施工现场地面标高与桩顶设计标高的距离。

2) 施工结束后应对承载力进行检测。桩的静载荷试验根数应不少于总桩数的 1%，且不少于 3 根；当总桩数少于 50 根时，应不少于 2 根；当施工区域地质条件单一，又有足够的实际经验时，可根据实际情况由设计人员酌情确定。

3) 桩身质量应进行检验，对多节打入桩不应少于桩总数的 15%，且每个柱子承台不得少于 1 根，

4) 由工厂生产的预制桩应逐根检查，工厂生产的钢筋笼应抽查总量的 10%，但不少于 5 根。

5）现场预制成品桩时，应对原材料、钢筋骨架、混凝土强度进行检查；采用工厂生产的成品桩时，进场后应作外观及尺寸检查，并应附相应的合格证、复验报告。

6）施工中应对桩体垂直度、沉桩情况、桩顶完整状况、桩顶质量等进行检查，对电焊接桩、重要工程应作10%的焊缝探伤检查。

7）对长桩或总锤击数超过500击的锤击桩，必须满足桩体强度及28d龄期的两项条件才能锤击。

8）施工结束后，应对承载力及桩体质量进行检验。

（4）钢筋混凝土预制桩的质量检验标准见表1.7.8和表1.7.9。

预制桩钢筋骨架质量检验标准　　表1.7.8

项目		检查项目	允许偏差或允许值		检查方法
			单位	数值	
主控项目	1	主筋距桩顶距离	mm	±5	用钢尺量
	2	多节桩锚固钢筋位置	mm	5	
	3	多节桩预埋铁件	mm	±3	
	4	主筋保护层厚度	mm	±5	
一般项目	1	主筋间距	mm	±5	用钢尺量
	2	桩尖中心线	mm	10	
	3	箍筋间距	mm	±20	
	4	桩顶钢筋网片	mm	±10	
	5	多节桩锚固钢筋长度	mm	±10	

钢筋混凝土预制桩的质量检验标准　　表1.7.9

项目		检查项目	允许偏差或允许值		检查方法
			单位	数值	
主控项目	1	桩体质量检验	按基桩检测技术规范		按基桩检测技术规范
	2	桩位偏差	见表1.7.1		用钢尺量
	3	承载力	按基桩检测技术规范		按基桩检测技术规范
一般项目	1	砂、石、水泥、钢材等原材料(现场预制时)	符合设计要求		查出厂质保文件或抽样送检
	2	混凝土配合比及强度(现场预制时)	符合设计要求		检查称量及查试块记录

续表

项目		检查项目	允许偏差或允许值		检查方法
			单位	数值	
一般项目	3	成品桩外形	表面平整，颜色均匀，掉角深度 < 10mm，蜂窝面积小于总面积0.5%		直观
	4	成品桩裂缝（收缩裂缝或起吊、装运、堆放引起的裂缝）	深度 < 20mm，宽度 < 0.25mm，横向裂缝不超过边长的一半		裂缝测定仪，该项在地下水有侵蚀地区及锤击数超过500击的长桩不适用
	5	成品桩尺寸：横截面边长， 桩顶对角线差， 桩尖中心线， 桩身弯曲矢高， 桩顶平整度	mm mm mm mm	±5 <10 <10 <l/1000l <2	用钢尺量 用钢尺量 用钢尺量 用钢尺量，l为桩长 用水平尺量
	6	电焊接桩（焊缝质量）： 电焊结束后停歇时间， 上下节平面偏差， 节点弯曲矢高	 min mm	 >1.0 <10 <l/1000	秒表测定 用钢尺量 用钢尺量，l为两节桩长
	7	硫磺胶泥接桩：胶泥浇注时间， 浇注后停歇时间	min	<2 >7	秒表测定
	8	桩顶标高	mm	±50	水准仪
	9	停锤标准	设计要求		现场实测或查沉桩记录

（5）混凝土预制桩施工中的常见质量缺陷及预控措施见表1.7.10。

常见质量缺陷及预控措施　　　　表1.7.10

常见质量缺陷	部位	预控措施
桩头打坏或压坏	桩顶部	加强制桩监督管理，桩的振捣方向要从桩顶向桩尖逐渐进行；网片筋尺寸与焊接要作为一个重要环节检查；不合格的桩在打、压桩前进行调换
桩身损坏或打断桩	桩身，大部分发生在中上部	加强制桩监控；对原材料监控及搅拌混凝土质量监控；打、压桩开始后，不得调整桩及导杆，打、压桩前，仔细分析现场地质资料，对可能发生的问题提出预测

续表

常见质量缺陷	部位	预控措施
桩位偏移超过施工验收规范标准	桩顶标高处	打桩前调整导杆垂直度；桩机就位，垫平桩机；桩就位，调整好桩垂直度；随时分析地层变化规律，调整打、压油门或压力值；施工前要进行钎探，探测地下有无异物，并清除地下障碍物；对接桩严把质量关，接桩时在两个不同角度进行观测，调整桩垂直度，对上、下桩平面不水平情况要充填好衬垫，加强制桩监控
和试桩相比，工程桩最终贯入度过大，压桩贯入速率过大	桩尖持力层	详细分析地质资料，增加补勘工作；增补试桩试验组数；对地质出现的不利因素及时提出预测，并向设计单位提出修改意见

1.7.5 钢桩

在我国沿海及内陆冲积平原地区，土质常为很厚(深达50～60m)的软土层，当上部结构荷载较大时，这类地基常不能直接作为持力层，而低压缩性持力层又很深，采用一般桩基，沉桩时须采用冲击力很大的桩锤，用常规钢筋混凝土和预应力混凝土桩，将难以适应，为此多选用钢桩加固地基。因此，钢桩在国内外都得到了较广泛的应用。

(1) 一般规定

1) 钢桩的特点

① 重量轻、刚性好，装卸、运输、堆放方便，不易损坏。

② 承载力高。由于钢材强度高，能够有效地打入坚硬土层，桩身不易损坏，并能获得极大的单桩承载力。

③ 桩长易于调节。可根据需要采用接长或切割的办法调节桩长。

④ 排土量小。对邻近建筑物影响小。桩下端为开口，随着桩打入，泥土挤入桩管内与实桩相比挤土量大为减少，对周围地基的扰动也较小，可避免土体隆起；对先打桩的垂直变位、桩顶

水平变位的影响，也可大大减少。

⑤ 接头连接简单。采用电焊焊接，操作简便，强度高，使用安全。

⑥ 工程质量可靠，施工速度快。

但钢管桩也存在钢材用量大，工程造价较高；打桩机具设备较复杂，振动和噪声较大；桩材保护不善、易腐蚀等问题，在选用时应有充分的技术经济分析比较。

2）钢桩构造

① 钢桩的下口有开口和闭口之分。其构造、形式分别见图 1.7.4。

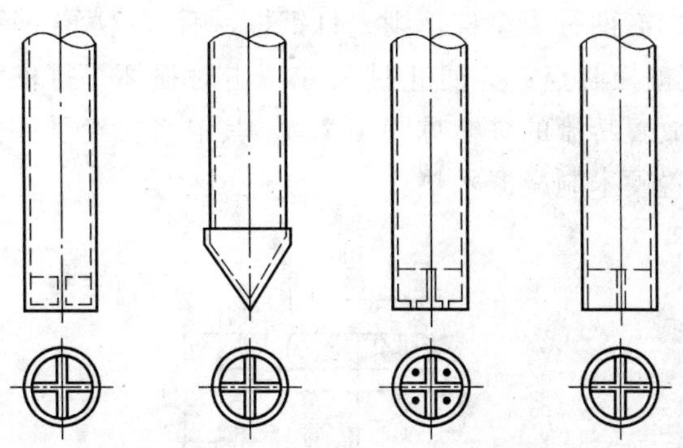

图 1.7.4　闭口钢桩构造型式

② 钢桩的直径自 ϕ406.4～ϕ2032.0mm，壁厚自 6～25mm 不等，钢管桩应根据工程地质、荷载、基础平面、上部荷载以及施工条件综合考虑后加以选择。国内常用的有 ϕ406.4mm、ϕ609.6mm 和 ϕ914.4mm 等几种，壁厚用 10mm、11mm、12.7mm、13mm 等几种。一般上、中、下节桩常采用同一壁厚。

③ 钢桩附件：主要有用于承受上部荷载而焊在桩顶上的桩盖，和焊于钢桩顶部用的扁钢带及用于保护桩底的保护圈，以及用于桩节焊接的铜夹箍。

(2) 施工监控要点

1）施工准备：包括平整和清理场地；测量定位放线；标出

桩心位置，并用石灰撒圈标出桩径大小和位置；标出打桩顺序和桩机开行路线，并在桩机开行部位上铺垫碎石。

2）打桩顺序

① 钢桩施工，有先挖土后打桩和先打桩后挖土两种方法。在软土地区，一般采取先打桩后挖土的施工法。施工顺序：

桩面安装→桩机移动就位→吊桩→插桩→锤击下沉→接桩→锤击到设计深度→内切钢桩→精割→戴帽。

② 为防止打桩过程中对邻桩和相邻建筑物造成较大位移和变位，并使施工方便，一般采取先打中间后打外围或先打中间后打两侧；先打长桩后打短桩；先打大直径桩，后打小直径桩的程序进行。如有两种类型桩，则先打钢桩，后打混凝土桩。

3）打桩控制点：为防止桩头在锤击时损坏，打桩前，要在桩头顶部放置特制的桩帽见图 1.7.5。其上直接经受锤击应力的部位，放置硬木制减振木垫。

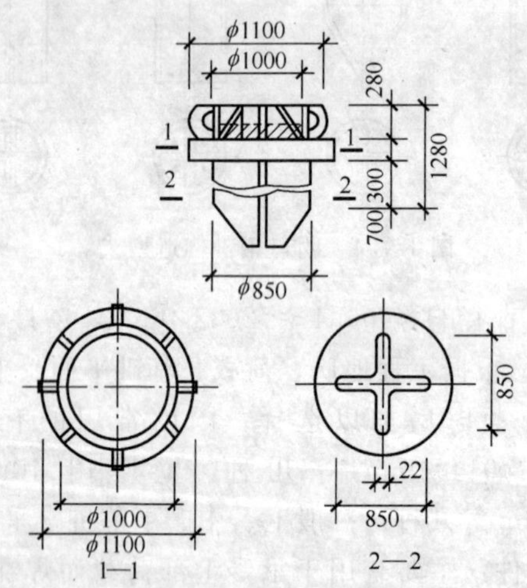

图 1.7.5　桩帽构造(用于 φ914.4mm 钢桩)

4）接桩控制点

钢桩每节长 15m，沉桩时需边打入边焊接接长，一般可采用日本 YM-505N 型半自动无气体保护焊机焊接。

焊接前，应将下节桩管顶部变形损坏部分修整，上节桩管端部泥砂、水或油污清除；铁锈用角向磨光机磨光，并打焊接剖口。将内衬箍放置在下节桩内侧的挡块上，见图 1.7.6，紧贴桩管内壁并分段点焊，然后吊接上节桩，其坡口搁在焊道上，使上下节桩对口的间隙为 2～4mm，再用经纬仪校正垂直度，在下节桩顶端外周安装好铜夹箍，再行电焊。

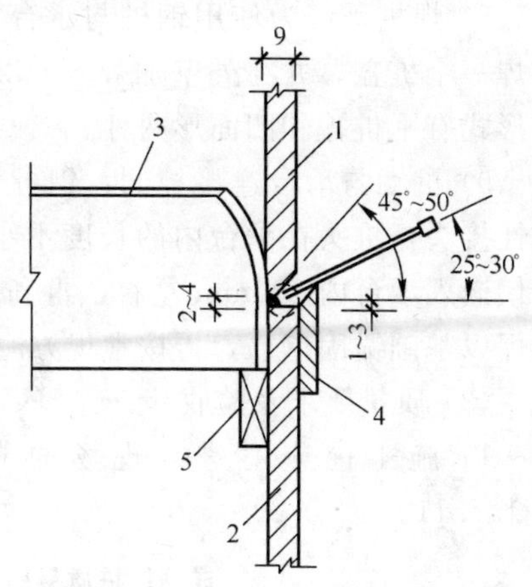

图 1.7.6　钢管桩接头焊接

1—钢桩上节；2—钢桩下节；3—内衬箍；4—铜夹箍；5—挡块(30mm×30mm×12mm)

5）送桩控制要点

当桩顶标高离地面有一定差距，而不采用接桩时，可用送桩筒将桩打到设计标高。送桩筒应满足以下要求：打入阻力不太大；打击能量能有效传给所打的桩；上拔容易，能连续持久使用。

6）贯入度控制：以打桩时的贯入量、最后 1m 锤击数和每根桩的总锤击数等综合判定。打桩时要作好原始记录，记录桩号、打桩日期、桩锤型号、桩规格、打入深度、焊接质量情况、锤击次数、落锤高度、最后贯入度、回弹量、平面位移，以及打桩过程中出现的问题及处理措施等等。

7）钢桩切割控制：钢桩打入地下，为便于基坑机械化挖土，基底以上的钢桩要切割。由于周围被地下水和土层包围，只能在钢桩的管内地下切割。工作时可吊挂送入钢桩内的任意深度，靠风动顶针装置固定在钢桩内壁，割嘴按预先调整好的间隙进行回转切割。

8）焊桩盖：为使用钢桩与承台共同工作，可在每个钢桩上加焊一个桩盖，并在外壁加焊 8～12 根 ϕ20mm 的锚固钢筋。桩盖形式有平桩盖和凹面形两种。

9）桩端与承台连接控制：钢桩顶端与承台的连接一般采用刚性接头，桩头在承台内的长度不小于 1d(d—钢桩外径)长度，或仅嵌入承台内 100mm 左右，再利用钢筋予以补强或在钢桩顶端焊以基础锚固钢筋，再按常规方法施工上部钢筋混凝土基础。

(3) 质量要求及验收

1）施工前应对进入现场的成品钢桩进行质量检验见表 1.7.11。

成品钢桩质量检验标准　　　　表 1.7.11

项目		检验项目	允许偏差或允许值		检验方法
			单位	数值	
主控项目	1	钢桩外径：桩端 桩身		±0.5%D ±1D	用钢尺量，D 为外径
主控项目	2	矢高		$<l/1000l$	用钢尺量，l 为桩长
一般项目	1	长度	mm	+10	尺量
一般项目	2	端部平整度	mm	≤2	水平尺量
一般项目	3	端部平面与桩中心线的倾斜值	mm	≤2	水平尺量
一般项目	4	H 钢桩的方正度 $h>300$ $h<300$ 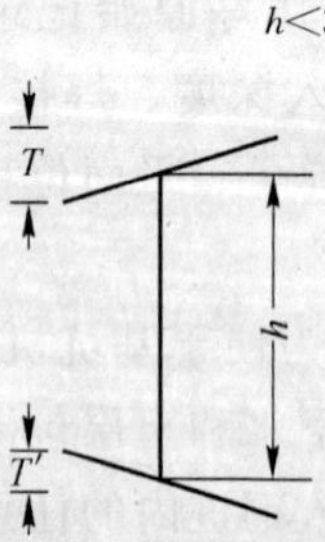	mm	$T+T'\leqslant 8$ $T+T'\leqslant 6$	用钢尺量，h、T、T'见图示

2）施工中应检查钢桩的垂直度、沉入过程情况、电焊连接

质量、电焊后的停歇时间，桩顶锤击后的完整状况。电焊质量除常规检查外，应作10%的焊缝探伤检查。

3）施工结束后应作承载力检验。低应变整体性检验按需要确定。

4）钢桩施工质量检验标准见表1.7.12。

钢桩施工质量检验标准 **表1.7.12**

项目		检查项目	允许偏差或允许值		检查方法
			单位	数值	
主控项目	1	桩位偏差	见表1.7.1		用钢尺量
	2	承载力	按基桩检测技术规范		按基桩检测技术规范
一般项目	1	电焊接桩焊缝：			
		(1) 上下节端部错口(外径≥700mm)	mm	≤3	用钢尺量
		(外径<700mm)	mm	≤2	用钢尺量
		(2) 焊缝咬边深度	mm	≤0.5	焊缝检查仪
		(3) 焊缝加强层高度	mm	2	焊缝检查仪
		(4) 焊缝加强层宽度	mm	2	焊缝检查仪
		(5) 焊缝电焊质量外观	无气孔、无焊瘤、无裂缝		直观
		(6) 焊缝探伤检验	满足设计要求		按设计要求
	2	电焊结束后停歇时间	min	>1.0	秒表测定
	3	节点弯曲矢高		$<l/1000$	用钢尺量(l为两节桩长)
	4	桩顶标高	mm	±50	水准仪
	5	停锤标准	设计要求		用钢尺量或沉桩记录

(4) 钢桩施工常见质量缺陷及预控措施见表1.7.13。

1.7.6 混凝土灌注桩

混凝土灌注桩是用一般地质钻机在泥浆护壁条件下，慢速钻进，通过泥浆排渣成孔，灌注混凝土成桩。其特点是：护壁效果

常见质量缺陷及预控措施　　表 1.7.13

常见质量缺陷	部　位	预控措施
桩位偏移超过施工验收规范标准	桩顶标高处	加强制桩监控；调整好导杆垂直度；垫平桩机；调整好桩垂直度；随时分析地层变化规律，调整打、压油门或压力值；施工前要进行钎探，清除地下障碍物；严把接桩质量关，在两个不同角度进行观测，调整桩垂直度，对上、下桩平面不水平情况充填好衬垫
和试桩相比，工程桩最终贯入度过大，压桩贯入速率过大	桩尖持力层	详细分析地质资料，增加补勘工作；增补试桩试验组数；预测不利因素，提出修改意见

好，成孔质量可靠；施工无噪声、无振动、无挤压；机具设备简单，操作简单，费用较低。但成孔速度慢，效率低，用水量大，泥浆排放量大，污染环境，扩孔率较难控制。适用于高层建筑中，地下水位较高的软、硬土层，如淤泥、黏性土、砂土等土层。

(1) 施工监控要点

1）钻机就位前，先平整场地，铺好枕木并用水平尺校正，保证钻机平稳、牢固。在桩位埋设 6～8mm 厚钢板护筒，内径比孔口大 100～200mm，埋深 1～1.5m，同时挖好水源坑、排泥槽、泥浆池等。

2）成孔一般多用正循环工艺，但对于孔深大于 30m 端承桩宜用反循环工艺成孔。钻进时如土质情况良好，可采取清水钻进，自然造浆护壁，或加入红黏土或膨润土泥浆护壁，泥浆密度为 1.3t/m^3。

3）钻进程序，根据场地、桩距和进度情况，可采用单机跳打法(隔一打一或隔二打一)、单机双打(一台机在二个机座上轮流对打)、双机双打(两台钻机在两个机座上轮流按对角线对打)等。钻进时应根据土层情况加压，开始应轻压力、慢转速，逐步转入正常。

4）桩孔钻完，应用空气压缩机清孔，亦可用泥浆置换方法进行清孔。可将直径30mm左右石块排出，直至孔内沉渣厚度小于100mm。

5）清孔后测量孔径，然后应用吊车吊放钢筋笼，进行隐蔽工程验收，合格后浇筑水下混凝土。水下混凝土的砂率宜为40%～45%；用中粗砂，粗骨料最大料径＜40mm；水泥用量不少于360kg/m^3，坍落度宜为180～220mm；配合比通过试验确定。

6）开始浇筑水下混凝土时，管底至孔底距离宜为300～500mm，并使导管一次埋入混凝土面以下0.8m以上，在以后的浇筑中，导管埋深宜为2～6m。

7）桩顶浇筑高度不能偏低，应使在凿除泛浆层后，桩顶混凝土要达到强度设计值。

（2）质量控制要点

1）施工前应对水泥、砂、石子（如现场搅拌时）、钢材等原材料进行复验，对施工组织设计中制定的施工顺序、监测手段（包括仪器、方法）也应对照核查。

2）施工中应对成孔、清渣、放置钢筋、灌注混凝土等进行全过程检查。

3）施工结束后，应检查混凝土强度，并应做桩体质量及承载力的检验。

（3）混凝土灌注桩施工质量验收标准见表1.7.14和表1.7.15。

混凝土灌注桩钢筋笼质量检验标准　　　表1.7.14

项目		检查项目	允许偏差(mm)或允许值	检查方法
主控项目	1	主筋间距	±10	用钢尺量
	2	长　度	±100	用钢尺量
一般项目	1	钢筋材质检验	设计要求	抽样送检
	2	箍筋间距	±20	用钢尺量
	3	直　径	±10	用钢尺量

混凝土灌注桩质量检验标准　　　表 1.7.15

项目	序	检查项目	允许偏差或允许值 单位	允许偏差或允许值 数值	检查方法
主控项目	1	桩位	见表 1.7.2		基坑开挖前量护筒，开挖后量桩中心
主控项目	2	孔深	mm	+300	只深不浅，用重锤测，或测钻杆、套管长度，嵌岩桩应确保进入设计要求的嵌岩深度
主控项目	3	桩体质量检验	按基桩检测技术规范，如钻芯取样，大直径嵌岩桩应钻至桩尖下 50cm		按基桩检测技术规范
主控项目	4	混凝土强度	设计要求		试件报告或钻芯取样送检
主控项目	5	承载力	按基桩检测技术规范		按基桩检测技术规范
一般项目	1	垂直度	见表 1.7.2		测套管或钻杆，或用超声波测控，干施工时吊垂球
一般项目	2	桩径	见表 1.7.2		井径仪或超声波检测，干施工时用钢尺量，人工挖孔桩不包括内衬厚度
一般项目	3	泥浆相对密度(黏土或砂性土中)	1.15～1.20		用比重计测，清孔后在距孔底 50cm 处取样
一般项目	4	泥浆面标高(高于地下水位)	m	0.5～1.0	目测
一般项目	5	沉渣厚度：端承桩 摩擦桩	mm mm	≤50 ≤150	用沉渣仪或重锤测量
一般项目	6	混凝土坍落度：水下灌注 干施工	mm mm	160～220 70～100	坍落度仪
一般项目	7	钢筋笼安装深度	mm	±100	用钢尺量
一般项目	8	混凝土充盈系数	>1		检查每根桩的实际灌注量
一般项目	9	桩顶标高	mm	+30 −50	水准仪，需要扣除桩顶浮浆层及劣质桩体

（4）混凝土灌注桩施工中常见质量缺陷及预控措施见表1.7.16。

混凝土灌注桩施工常见质量缺陷及预控措施　　表1.7.16

常见质量缺陷	预 控 措 施
坍　孔	护筒埋入原状土大于0.2m，筒外围分层捣实。冲击钻进密度和黏度可适当放大，钢丝绳适当吊紧，控制钻具不碰孔壁
扩　径	遇流砂层加大泥浆密度和黏度，尽量减小钻具晃动
缩　径	在缩径地段认真扫孔
孔底沉淤偏大	彻底清孔，含砂量＜4%，合理调整泥浆密度和黏度
钢筋笼上拱	孔底沉淤≤10cm，混凝土面至笼底时放慢灌注速度，导管居笼中心，顺时针转动导管，吊筋使笼固定，初凝时间需大于灌注时间二倍等
桩上部夹泥	彻底清孔，沉淤≤10cm，导管埋深3～10m
混凝土离析	控制混凝土质量，导管不应渗漏水，施工时间间隔＞36h
导管被堵	导管圆直光滑不变形，保证混凝土搅拌质量，不允许有偏大石块、杂物等，避免导管插入孔壁或孔底
导管被埋	导管埋深3～10m，水泥成分符合要求，安定性要合格，不同品种、不同强度等级的水泥不许混用，预防导管和笼卡住等
桩　断	导管埋深3～10m严禁拔出，一旦拔出需再次彻底清孔

1.7.7　人工挖孔桩

人工挖孔桩系用人工挖土成孔，浇筑混凝土成桩；挖孔扩底灌注桩，系在挖孔灌注桩的基础上扩大桩底尺寸而成。这类桩由于其受力性能可靠，不需大型机具设备，施工操作工艺简单，应用较为普遍，已成为大直径灌筑桩施工的一种主要工艺方式。

（1）人工挖孔桩检查控制要点

1）护壁监控要求

① 护壁混凝土强度等级不低于C15，当孔深大于10m时，混凝土强度等级应大于C20。

② 护壁与护壁之间应挂筋，上、下两模混凝土搭接量为

50mm，每模挂筋数量一般为 6～8 根。

③ 开挖进行到第三模以后应严格控制混凝土从井口直接落下，应采取提斗法将混凝土送入孔内，当送入一定量混凝土后施工人员应下入孔内进行捣固。

2）控制桩位及垂直度：桩位测定后，检查人员应按桩孔四个固定控制点（对角线方向）经常检查桩孔中心位置及桩径。

3）遇地下水施工控制要点

① 采用小模板（0.5m×1.0m）分段护壁及孔内降水相结合方法进行施工。

② 相邻桩孔交替降水施工。

③ 当地下水量较大时，采用机械钻探成孔，按水下混凝土灌注方法施工。

4）灌注前孔内质量监测

① 安装钢筋笼前对孔内虚土、沉渣进行检查。

② 控制超挖部分垫土（砂）。如有扰动或超挖应清理干净，用低强度等级混凝土垫平。

5）灌注桩导管控制要点

① 禁止混凝土从井口直接落下。

② 施工中应采用帆布导管或串筒进行灌注，直径不宜大于 300mm，导管下端距混凝土面宜为 2m。

③ 经常检查混凝土面的上升高度，每上升 1m 至少振捣一次，振捣延续时间应使混凝土面不再沉落为止。

（2）人工挖孔桩的试验

持力层强度检验方法包括：现场取样筛分法、钎探、触探或标贯法。

（3）施工质量要求

1）沉桩后的桩位偏差应符合表 1.7.2 规定，桩顶标高至少要比设计标高高出 0.5m。

2）灌注桩的沉渣厚度：当以摩擦桩为主时，不得大于 150mm；当以端承桩为主时，不得大于 50mm；套管成孔的灌注桩不得有沉渣。

3）灌注桩每灌注 50m³ 应有一组试块，小于 50m³ 的桩应每根有一组试块。

4）桩的静载荷试验根数应不少于总桩数的 1%，且不少于 3 根，当总桩数少于 50 根时，应不少于 2 根。

5）桩身检验数量不应少于总数的 20%，且每个柱子承台下不得少于 1 根。

6）对砂子、石子、钢材、水泥等原材料的质量，检验项目、批量和检验方法，应符合国家现行有关标准的规定。

7）施工中应对成孔、清渣、放置钢筋笼、灌筑混凝土等全过程检查；人工挖孔桩尚应复验孔底持力层土(岩)性，嵌岩桩必须有桩端持力层的岩性报告。

8）施工结束后，应检查混凝土强度，并应做桩体质量及承载力检验。

(4) 人工挖孔桩质量检验标准见表 1.7.14 和表 1.7.15。

(5) 人工挖孔桩施工中常见质量缺陷及预控措施见表 1.7.17。

常见质量缺陷及预控措施　　表 1.7.17

项　目	常见质量缺陷	预控措施
人工挖孔桩	(1)孔径、孔深、桩端扩大尺寸不够；(2)桩身混凝土强度达不到要求；(3)桩顶标高及桩位与设计图纸不符；(4)持力层与设计图纸要求不一致；(5)孔底沉渣超厚、塌孔等	(1)施工单位资质符合要求；(2)桩位测定后，挖孔过程中应按桩孔四个固定控制点(对角线方向)经常检查桩孔中心位置及桩径尺寸；(3)随时抽查混凝土原材料质量和混凝土配合比；(4)对每孔桩顶及钢筋笼标高应进行检查；(5)混凝土灌注前，对孔内虚土，沉渣认真检查；(6)认真检查持力层土样，必要时进行测试；(7)发生塌孔现象时，应及时采取有效措施进行处理；(8)尽量使用速凝剂
钢筋加工	(1)焊件搭接长度不够，接头偏心弯折；(2)焊缝长、宽、厚度不符合要求；(3)凹陷、焊瘤、裂纹、烧伤、咬边、气孔、夹渣等缺陷；(4)焊条型号不符合要求；(5)钢筋间距误差偏大	(1)检查焊工有无合格证，禁止无证上岗；(2)工程中采用的各种钢筋必须具有出厂合格证及材料报告单；(3)正式施焊前，必须对钢筋焊件进行力学试验，合格后方可正式施焊；(4)安装钢筋笼，起吊时在笼内应绑扎具有一定强度的木条，以增加钢筋笼的抗弯能力

1.8 特 殊 基 础

1.8.1 顶管

(1) 顶管管材及配套材料

1) 顶管所用的管材分类见表1.8.1。

顶管所用管子的分类 **表1.8.1**

按材料分类	按使用压力分类(MPa)			
	重力流管	低压管	中压管	高压管
金属管，非金属管，复合管	0	0.1；0.25；0.6；1.0；1.6	2.5；4.0；6.0	>10.0

① 金属管：金属管包括铸铁管、无缝钢管、焊接钢管和有色金属管。其中焊接管在地下管道工程中用得较多。

② 非金属管：非金属管主要有以混凝土为基本材料制成的各种管材和塑料管，这些管材多用于低压流体输送管道和重力流管道中。非金属管的类别及特性见表1.8.2。

非 金 属 管 **表1.8.2**

管子类别	主要材料	管子特性
钢筋混凝土管	水泥、骨料、钢筋	耐低压、耐腐蚀、价格低
预应力钢筋混凝土管	水泥、骨料、高强钢筋	有预加应力，强度高，耐压600～1200kPa
自应力钢筋混凝土管	膨胀水泥、骨料、钢筋	水泥有膨胀性，产生自应力，耐压500～600kPa
石棉水泥管	水泥、石棉	表面光洁、绝缘、耐腐、质轻，水力特性好，工作压力750kPa，质脆
塑料管	聚氯乙烯树脂稳定剂，增塑剂、润滑剂	表面光洁、质轻、耐腐，接口方便；易老化，耐压600kPa

2）顶管管材选用：应根据管道直径、顶进距离、输送介质种类和环境条件等选用。见表1.8.3。

顶管管材选用 **表1.8.3**

<table>
<tr><th rowspan="2">管名</th><th colspan="2">接口形式</th><th rowspan="2">连接配件方式</th><th rowspan="2">特点</th></tr>
<tr><th>形式</th><th>性质</th></tr>
<tr><td rowspan="3">预应力钢筋混凝土管</td><td>企口</td><td>刚性</td><td rowspan="3">1. 采用特制转接口标准化，
2. 对接</td><td rowspan="3">1. 耐腐蚀，
2. 强度大，
3. 施工方便，
4. 节省钢材，
5. 用于低压管道</td></tr>
<tr><td>平口</td><td>刚性</td></tr>
<tr><td>承插</td><td>柔性</td></tr>
<tr><td rowspan="3">自应力钢筋混凝土管</td><td>企口</td><td>刚性</td><td rowspan="3">连接配件方式同预应力钢筋混凝土管</td><td rowspan="3">特点同预应力钢筋混凝土管</td></tr>
<tr><td>平口</td><td>刚性</td></tr>
<tr><td>承插</td><td>柔性</td></tr>
<tr><td rowspan="4">钢管</td><td>承插</td><td rowspan="4">刚性</td><td rowspan="4">标准</td><td rowspan="4">1. 强度高，耐高压，
2. 抗震、不耐腐，
3. 施工方便，
4. 价高</td></tr>
<tr><td>法兰</td></tr>
<tr><td>螺纹</td></tr>
<tr><td>焊接</td></tr>
<tr><td rowspan="3">铸铁管</td><td>承插</td><td>半柔性</td><td rowspan="3">配接标准件</td><td rowspan="3">1. 耐腐，
2. 质脆、强度差、不耐震，
3. 施工强度大</td></tr>
<tr><td>法兰</td><td>刚性</td></tr>
<tr><td>螺纹</td><td>刚性</td></tr>
<tr><td rowspan="3">球墨铸铁管</td><td>承插</td><td>半柔性</td><td rowspan="3">标准件</td><td rowspan="3">1. 强度高，耐震
2. 耐腐，用途广
3. 价高</td></tr>
<tr><td>法兰</td><td>刚性</td></tr>
<tr><td>螺纹</td><td>刚性</td></tr>
<tr><td rowspan="2">石棉水泥管</td><td>平口</td><td>刚性</td><td rowspan="2">用铸铁管配件</td><td rowspan="2">1. 防腐，强度低；
2. 用于低压管道；
3. 价低</td></tr>
<tr><td>套接</td><td>半柔性</td></tr>
<tr><td rowspan="4">塑料管</td><td>螺纹</td><td>刚性</td><td rowspan="4">1. 标准螺纹，
2. 热焊容易，
3. 粘结牢固</td><td rowspan="4">1. 耐腐，易安装；
2. 质轻
3. 水头损失小；
4. 强度低，易老化；
5. 热胀冷缩大；
6. 价廉</td></tr>
<tr><td>法兰</td><td>刚性</td></tr>
<tr><td>热焊</td><td>柔性</td></tr>
<tr><td>粘接</td><td>柔性</td></tr>
</table>

3）管子内衬（内壁衬涂）衬涂材料有树脂、油漆、沥青、橡胶、无毒环氧漆和水泥砂浆。大口径管多用水泥砂浆或聚合物水泥砂浆衬涂，涂层厚度一般为3～5mm。衬涂砂浆配比水泥：细石英砂：水＝1：1：0.4（重量比）。可掺入5%～20%的DZM-19多功能建筑胶粉。中、大口径管一般在顶管之后进行衬涂，小口径管宜在顶管之前衬涂。

4）塑料防腐层：将金属管外表涂抹一层塑料防腐层，俗称“黄绿夹克”，可以防腐蚀，而且涂抹容易，不污染环境，造价低。涂抹材料有：红丹漆、过氯乙烯漆、氯化橡胶漆、环氧树脂、石油沥青等。

（2）施工监控要点

1）人工破土时，应随时注意前进方向的土层稳固情况和地下水变化情况，注意观察土洞有无裂隙发生和坍垮征兆。

2）如需使用穿墙管时，要检查穿墙管的高度、方向、坡度是否与顶进管道一致。且穿墙管内径应比工具管大2%左右。

3）如需使用工具管时，其外径一般比所顶管子直径大2%～5%。

4）当遇有土洞断面有软硬夹层土时，应在软土一侧少挖，硬土一侧超挖0～20mm；土洞直径较大时，先定好中心点，从中部挖进，然后向四周圆形扩展；施工中随时监控管道偏斜情况。

5）严格按照规定的裸露开挖长度进行破土。

6）挤压顶进时，应做到从下方向开始，向上方顶进。

7）在大中口径管道长距离顶进时，做好防渗漏和对后墙加固。后墙面要光滑平整并与顶进方向垂直。

8）管子必须有足够的刚度和稳定性，顶进中如遇刚性障碍物时，应换筒形钻头穿越；防止管子变形、破碎和方向偏差。

（3）施工质量验收

1）导轨：导轨高度一般为1.1～1.25m，两侧导轨高度偏差为－2～－3mm，并预留压缩高度；导轨前端与前墙间要预留间隙，间隙长度不小于1.0m，顶进钢管时，钢管下底面与工作井底板间距不小于0.8m。

2）千斤顶：千斤顶尖沿顶管圆周对称布置，每台千斤顶应有独立的控制系统，但顶力必须相等。

3）顶进工具管：在导轨上，应测量其前后端的中心偏差和相对高差。

4）顶铁：顶进时，U形铁、环形铁配合使用；顶铁与导轨接触必须平整，且应加可塑性的软材料衬垫。

1.8.2 盾构法

（1）盾构的构造

盾构的基本构造由钢制外壳、推进千斤顶、正面支撑机构、拼装管片用举重臂、液压系统、操作系统及盾尾密封等构成。

（2）盾构施工质量监控要点

1）作业条件及准备

① 压浆材料要求

A. 和易性好，易压送，运输中不离析、不沉淀、不堵塞压浆管路，能达到可完全填补盾尾空隙的流动性。

B. 凝结时间：要求压出的浆液在一段长时间内具有塑性，初凝时间要快。

C. 压浆后的浆体在凝固前能维持一定的浆体压力，在浆液凝固后其强度需略高于原状土强度。

D. 浆体凝固时产生的体积收缩率要小，以减少地表变形。

E. 在受到地下水稀释后不应产生材料分离现象。

② 盾构施工测量：盾构工程测量包括地面控制测量、竖井联系测量、地下控制测量、盾构推进测量、隧道成洞测量、地表变形测量及贯通测量等。控制要点：

A. 地面进行控制测量前，应根据国家一级水准点，建立平面控制网和高程控制测量系统。

B. 竖井联系测量可采用铅锤测量法或光学垂线法。

C. 地下控制测量应沿隧道一侧设置支承水准路线，其基准点不宜紧靠工作面。测点间隔一般在曲线段为20～30m，直线段为50m左右。

D. 盾构推进测量可根据地下导线点按极坐标法标定测站点，测站点每隔一定距离设置一个，以观测盾构和管片位置。

2）施工质量控制

① 在采用普通压浆施工时控制点为：

A. 压浆压力控制：当覆土厚度为6～10m时，压浆压力一般不超过0.5MPa。

B. 一般压浆量为理论建筑空隙的150%～250%。

② 管片拼装施工监控

A. 拼装时，逐块缩回拼装块位置的千斤顶，同时应保持盾构不后退、不变坡、不转向。

B. 管片拼装程序通常为先纵后环、自下而上、左右交叉，最后封顶成环。

C. 第一块管片就位时，应根据施工纠偏要求正确定位，其他各块管片均根据纠偏要求与已成环管片相应位置定位。就位后，环向和纵向螺栓均按要求穿进，并初步拧紧。

D. 拼装中应保护防水材料不受损坏，尤其是纵向插入式封顶成环时更应注意，一般适当放宽封口尺寸，待封顶就位后再收拢，确保封口环防水材料完好。

E. 成环后，将全部环向和纵向螺栓再次拧紧，使环缝和纵缝的防水材料压密量达到设计要求，并满足盾构顶进时的受力要求。

F. 拼装时注意扶正千斤顶顶块，防止顶块碰坏和钢筋混凝土管片压裂。

③ 测管的埋设监控

分层沉降管和磁环的埋设要求；钻孔后将塑料测管插入；沿测管外缘逐个把磁环送到设计标高，使磁环架的弹簧片弹出；测孔的空隙用黏土球填实，使磁环与土层紧密结合。

④ 测斜管埋设要求

A. 钻孔后将塑料或铝合金测管插入。

B. 测管底部采用注入水泥砂浆固定。

C. 测管外空隙黏土球或砂浆填密实。

(3) 盾构法施工验收

盾构法施工管道的允许偏差见表 1.8.4。

盾构法施工管道的允许偏差 **表 1.8.4**

项目		允许偏差
高程	排水管道	+15mm -15mm
	套管或管廊	±100mm
轴线位置		150mm
圆环变形		8%
初期衬砌相邻环高差		≤20mm

2 混凝土工程

数千年前，我国劳动人民及埃及人民就用石灰与砂混合配制成的砂浆砌筑房屋，后来罗马人又使用石灰、砂及石子配制成混凝土，并在石灰中掺入火山灰配制成用于海岸工程的混凝土。这类混凝土强度不高，使用范围有限。

1824 年英国发明了波特兰水泥，使混凝土的强度及其他性能都有了很大的提高，因而得以飞速发展。以后又出现早强水泥、快硬水泥等特种水泥，使混凝土成为一种主要建筑材料。

1850 年法国浪波特发现用钢筋可加强混凝土强度，从而出现了钢筋混凝土，并首次制成了钢筋混凝土船。

1928 年法国发明了预应力钢筋混凝土施工工艺，弥补了混凝土抗拉强度低的弱点，为钢筋混凝土结构在大跨度结构建筑物或桥梁中的应用开辟了新的途径。

1960 年前后涌现出各种混凝土外加剂，不仅改善了混凝土的各种性能，而且为混凝土施工工艺的发展创造了条件。

由于混凝土原料来源丰富，钢材用量较低，结构承载力和刚度大，防火性能好，造价较便宜，已广泛用于建造各种建(构)筑物，同时还在铁路、公路、桥梁及各种水工、海洋工程中占有主要地位。并沿着轻质、高强、多功能的方向发展。

我国很早就已引入钢筋混凝土，上海市外滩“东风饭店”(当时为“英国上海总会”)系 1903 年建造，是我国第一座钢筋混凝土建筑。自此，混凝土在我国得到广泛的应用，特别是改革开放以来，混凝土已成为我国发展高层建筑的主要建筑材料。近十年来，随着超高层建筑的发展和建筑科技的进步，钢与混凝土组合结构得到很大的发展。其构造主要是型钢外部浇筑混凝土和钢管内填混凝土，使混凝土与型钢(管)形成受力整体，形成抗震性能较高的“劲钢(管)混凝土”结构。

注：由于我国标准正处于一个更新时期，有关混凝土技术内容和标准不断更新，应用时请多注意，最新标准的公布和更改。

2.1 术语及基本规定

2.1.1 术语

(1) 结构术语

1) 混凝土结构：以混凝土为主制成的结构，包括素混凝土结构、钢筋混凝土结构和预应力混凝土结构等。

2) 素混凝土结构：由无筋或不配置受力钢筋的混凝土制成的结构。

3) 钢筋混凝土结构：由配置受力的普通钢筋、钢筋网或钢筋骨架的混凝土制成的结构。

4) 预应力混凝土结构：由配置预应力钢筋通过张拉或其他方法建立预加应力的混凝土制成的结构。

① 先张法预应力混凝土结构：浇筑前先在台座上对设计受力钢筋(钢绞线)张拉使之产生预应力然后浇筑混凝土，通过粘结力的传递而建立预加应力的混凝土结构。

② 后张法预应力混凝土结构：在混凝土达到设计张拉强度后，通过张拉预应力筋并锚固而建立预加应力的混凝土结构。

③ 有粘结预应力混凝土结构：预应力筋与混凝土相互粘结的预应力混凝土结构；为先张法预应力混凝土结构和在管道内灌浆实现粘结的后张法预应力混凝土结构的总称。

④ 无粘结预应力混凝土结构：配置带有涂料层和外包层的预应力筋而与混凝土相互不粘结的后张法预应力混凝土结构。

5) 劲钢(管)混凝土结构：由配置受力的型钢(槽钢、角钢、H 型、工字钢)、钢管以及纵向钢筋、箍筋的混凝土制成的结构。

6）现浇混凝土结构：在现场支模并整体浇筑而成的混凝土结构。

7）现浇板柱结构：由现场浇筑的钢筋混凝土楼板或预应力混凝土楼板和柱所组成的结构，可设置或不设置柱帽。

8）装配式混凝土结构：由预制混凝土构件或部件通过焊接、螺栓等连接方式装配而成的结构。

9）混凝土大板结构：由一个房间单元大型的预制钢筋混凝土或预应力混凝土楼板和墙板装配而成的结构。

10）装配整体式混凝土结构：由预制混凝土构件或部件通过钢筋或施加预应力的连接并现场浇筑混凝土连接而形成整体的结构。

11）升板结构：由安装在预制柱上的升板机，将在地坪上已叠层浇筑成的屋面板和楼板依次提升到位，并以钢销支托，并在节点浇筑混凝土而成的板柱结构。

12）整体预应力板柱结构：由预制的楼盖板和预制带孔道的柱进行装配，通过张拉楼盖、屋盖中各方向板缝的预应力筋实现板柱之间的摩擦连接而形成整体的结构。

13）大模板混凝土结构：以一个房间为单元的大型的模板，在现场浇筑钢筋混凝土承重墙体，并与预制、现浇楼板及预制混凝土墙板或砌体等围护构件所组成的结构，分内浇外挂、全现浇和内浇外砌等类型。

14）混凝土折板结构：由多块钢筋混凝土或预应力混凝土条形平板组成的折线形薄壁空间结构，分多边形、槽形、V形板等型式。

15）钢纤维混凝土结构：由掺入钢纤维的混凝土制成的结构，分无筋钢纤维、加筋钢纤维和预应力钢纤维混凝土结构。

16）框架结构：由梁和柱相连接而构成承重体系的结构。

17）剪力墙结构：由剪力墙组成的承受竖向和水平作用的结构。

18）框架-剪力墙结构：由剪力墙和框架共同承受竖向和水平作用的结构。

（2）构件、部件术语

1）预制混凝土构件：在工厂或现场预先制成的混凝土构件。

2）叠合式混凝土受弯构件：在预制混凝土构件上浇筑上部混凝土而形成整体的受弯构件，分叠合式混凝土板和叠合式混凝土梁等。

3）混凝土浅梁：跨高比大，在正截面计算中可采用平截面假定，其箍筋在抗剪中起主要作用的混凝土梁，一般称混凝土浅梁。

4）混凝土深梁：跨高比小，在正截面计算中不采用平截面假定，其纵向受拉钢筋和水平分布钢筋在抗剪中起主要作用的混凝土梁。

5）混凝土柱：承受轴向力为主的直线竖向混凝土构件。

6）双肢柱：具有两个肢杆并以腹杆相连的混凝土柱，分平腹杆双肢柱和斜腹杆双肢柱。

7）混凝土墙：承受轴向力和侧向力的平面或曲面形的竖向混凝土构件。

8）混凝土单向板：在一个方向配置主要受力钢筋或预应力筋的钢筋混凝土板或预应力混凝土板。

9）混凝土双向板：在两个方向均配置主要受力钢筋或预应力筋的钢筋混凝土板或预应力混凝土板。

10）混凝土柱帽：为支承楼盖而在混凝土柱的顶部扩大截面尺寸的部位。

11）混凝土基础：将上部结构所承受有各种作用和自重传递到地基上的混凝土部件，分扩展基础、筏形基础、壳体基础、箱形基础和桩基础等。

12）深受弯构件：跨高比小于 5 的受弯构件。

13）深梁：跨高比不大于 2 的单跨梁和跨高比不大于 2.5 的多跨连续梁。

(3) 材料术语

1) 水泥

① 水泥：磨细的具有水硬性的胶凝材料。其技术指标有强度等级、安定性、水化反应、水化热、初始期、休止期、凝结期、硬化期等。

② 强度等级：表示水泥强度分类的技术指标。

表示方法：XX. X 或 XX. XR。原标号与强度等级关系为：(标号－100)÷10→强度等级。例如：(425[#]－100)÷10→32.5。如：32.5、32.5R、42.5、42.5R 等。R 表示早强。

③ 安定性：指水泥在硬化过程中体积变化是否均匀的性质，是用以评定水泥质量的定性技术指标。

④ 水化反应：指水泥加水后，水泥所含矿物成分与水发生化学作用的反应。

⑤ 水化热：水泥发生水化作用时放出的热量。

⑥ 初始期：指水泥与水混合后立即发生化学反应的阶段，在这一阶段内水化反应开始的 5min 内放热速度急增至最大值，然后迅速降低到 1cal/Gh 以下。

⑦ 休止期：水泥的初始反应后，在相当长的一段时间内，约为 30min 至 2h，放热速度小，水化反应缓慢，水泥浆的塑性基本保持不变，这一阶段即为休止期。

⑧ 凝结期：指水泥休止期终了后，由于渗透压的作用，水泥粒子表面的薄膜包裹层破裂，使水泥粒子得到继续水化，放热速度又开始增加，这大约是在水泥和水混合后的 6～8h 内，放热速度又增至最大值，然后再缓慢下降。这一段时间就是凝结期。在这段时间内由于水化硅酸钙凝胶在水泥粒子间相互联锁着，因而产生水泥的凝结现象，在凝结期终了时约有 15%的水泥水化。

⑨ 硬化期：指在凝结期以后，由于水泥水化反应继续进行，生成由各种水化物组成的水泥凝胶，不断地填充于原来水泥浆絮凝结构的毛细管通道中，使其胶体进一步紧密，强度不断增长。如能保持适当的湿度和温度，水泥在几十年内仍能继续水化而提

高强度。

⑩ 凝结：指水泥和水拌合成净浆后，逐渐失去流动性，由半流体状态转变为固体状态而产生强度，此过程称为水泥的凝结。

⑪ 凝结时间：从水泥加水时起到水泥净浆开始失去塑性时为初凝，到水泥净浆完全失去塑性即为终凝，并开始产生强度，从初凝到终凝整个过程为凝结时间。初凝时间不宜太快，否则无法施工，终凝也不宜太迟。国家技术标准规定：硅酸盐水泥初凝不得早于45min，终凝不得迟于390min。

⑫ 细度：以细度表示水泥磨细的程度或水泥分散度的指标。

2）骨料

① 骨料：是指在混凝土(砂浆)中起骨架和填充作用的粒状松散材料。

② 粗(细)骨料：指按骨料颗粒粒径大小划分的骨料，一般把颗粒粒径在0.15～5mm之间的砂称为细骨料。颗粒粒径大于5mm的碎(卵)石为粗骨料。

③ 含泥量：骨料颗粒小于0.08mm的颗粒含量。

④ 泥块含量：骨料中粒径小于5mm，经水洗、手捏后变成小于2.5mm的颗粒含量。细骨料颗粒大于1.25mm，经水洗、手捏后变成小于0.63mm的颗粒含量。

⑤ 天然砂：由自然条件作用而形成的、粒径在5mm以下的颗粒，如河砂、海砂和山砂等。

⑥ 碎石：由天然岩石或卵石经破碎，筛分而得的粒径大于5mm的岩石颗粒。

⑦ 卵石：由天然岩石经天然条件(汽化、河水冲刷等)作用而形成的，粒径大于5mm的颗粒。

3）外加剂

① 外加剂：是一种改变混凝土流变、硬化和耐久性能所掺入的化学制剂的总称。有早强剂、缓凝剂、引气剂、减水剂、早强减水剂、缓凝减水剂、引气减水剂、高效减水剂、速凝剂、抗

水剂、发气剂、膨胀剂等。

② 早强剂：能提高混凝土早期强度，并对后期强度无显著影响的外加剂。

③ 缓凝剂：能延缓混凝土凝结时间，并对后期强度无显著影响的外加剂。

④ 引气剂：能使混凝土产生细小均匀分布的微气泡，并在硬化后仍能保留其气泡功能的外加剂。

⑤ 减水剂：在不影响混凝土工作性能的条件下，能使用水量减少，或在不改变用水量的条件下，可改变混凝土的工作性能，或者同时具有以上两种效果，但又不显著改变混凝土含气量的外加剂。

⑥ 早强减水剂：除具有减水性能外，并兼有早强作用的外加剂。

⑦ 缓凝减水剂：除具有减水性能外，并兼有缓凝作用的减水剂。

⑧ 引气减水剂：除具有减水性能外，并兼有引气作用的减水剂。

⑨ 高效减水剂：在不改变混凝土工作性的条件下能大幅度地减少用水量，并显著提高混凝土的强度，或者在不改变用水量的条件下，可显著改善混凝土工作性的减水剂。

⑩ 速凝剂：一种能增加水泥和水之间反应速度，从而促进混凝土迅速凝结硬化的外加剂。

⑪ 防水剂：由化学制剂配制而成的一种能起到速凝和提高水泥砂浆或混凝土抗渗性能的外加剂。

⑫ 抗冻剂：指防止混凝土冻结的外加剂。

⑬ 发气剂、泡沫剂：指具有在混凝土中产生气泡效果的外加剂。

⑭ 膨胀剂：一种使混凝土在凝结硬化过程中，通过化学作用使混凝土膨胀以增强其密度的外加剂。

⑮ 混合材料：是一种磨细的矿物质掺合料，分活性混合材

料和惰性混合材料(微活性混合材料)。前者如粉煤灰、硅灰，用以增加含灰量，提高塑性，调节混凝土强度。后者如石英砂、石灰岩，在常温下不起反应，只作为水泥的填充料。可见，混合材料与一般外加剂有所区别。

4）钢筋类

① 钢筋：混凝土结构用的棒状或盘条状钢材，主要有热轧光圆钢筋、热轧带肋钢筋、冷轧带肋钢筋、冷拉钢筋和余热处理钢筋等。

A. 热轧钢筋：指采用热轧方式轧制并自然冷却的成品钢筋。

B. 热处理钢筋：将普通热轧钢筋经热处理工艺加工，改变其钢材的组织性能而制成的钢筋。

C. 冷加工钢筋：指热轧钢筋经过冷拉、冷拔或冷轧、冷扭等加工而制得的钢筋。

D. 光面钢筋：指表面光圆的钢筋。

E. 带肋钢筋：钢筋表面带有两条纵肋和沿长度方向均匀分布的横肋的钢筋。纵肋为平行于钢筋轴线、均匀的连续肋；横肋为与纵肋不平行的其他肋。

F. 月牙肋钢筋：横肋的纵截面呈月牙形，且与纵肋不相交的钢筋。

G. 等高肋钢筋：横肋的纵截面高度相等且与纵肋相交的钢筋。

② 钢丝：混凝土结构用的盘条细线状钢材，主要有光圆钢丝、刻痕钢丝、冷拔钢丝等。

③ 钢绞线：由若干根光圆钢丝绞捻并经消除内应力后而成的盘卷状钢丝束。

④ 普通钢筋：用于混凝土结构构件中的各种非预应力钢筋的总称。

⑤ 预应力筋：用于混凝土结构构件中施加预应力的钢筋、钢丝和钢绞线等的总称。

⑥ 受力钢筋：指受拉、受压、抗剪钢筋及抗扭、抗弯钢筋等。

⑦ 构造钢筋：指架立钢筋、分布钢筋等。

⑧ 钢筋机械连接：通过连接件的机械咬合作用或钢筋端面的承压作用，将一根钢筋中的力传递至另一根钢筋的连接方法。

⑨ 钢筋锥(直)螺纹接头：把钢筋的连接端面加工成锥(直)形螺纹(简称丝头)，通过锥(直)螺纹连接套把两根带丝头的钢筋，按规定的力矩值连接成一体的钢筋接头。

⑩ 带肋钢筋套筒挤压连接：使相互匹配的压模、标准套筒与钢筋，通过挤压机的挤压使套筒与钢筋两个相对应端头连接成一个整体的连接。

(4) 混凝土类术语

1) 混凝土：将水硬性粉状胶凝材料，与粗细骨料、水、外加剂等按一定比例，共同拌合，在一定的温度与湿度下硬化成具有一定强度的水泥石。

① 普通混凝土：以天然砂、碎石或卵石作骨料，用水泥、水和外加剂(或不掺外加剂)按配合比要求配制而成的混凝土。

② 轻骨料混凝土：以天然多孔轻骨料或人造陶粒作粗骨料，天然砂或轻砂作细骨料，用硅酸盐水泥、水和外加剂(或不掺外加剂)按配合比要求配制而成的混凝土。

③ 纤维混凝土：掺有短纤维、钢纤维、耐碱玻璃纤维或聚丙烯纤维等短纤维的混凝土。

④ 高强混凝土：强度等级 C60 及其以上的混凝土。

⑤ 粉煤灰混凝土：掺加一定量粉煤灰的水泥混凝土。

⑥ 抗渗混凝土：又称防水混凝土，抗渗等级≥P6 级的混凝土。

⑦ 大体积混凝土：混凝土结构实体最小尺寸≥1m，或预计会因水泥水化热引起混凝土内外温差过大而导致裂缝的混凝土。

⑧ 特种混凝土：具有膨胀、耐酸、耐碱、耐油、耐热、耐磨、耐火、防辐射等特殊性能的混凝土。

2）配合比：经施工试验部门按设计要求及施工条件，通过试验确定的经济、合理的混凝土组成材料的用量及重量之比。

3）水灰比：指混凝土混合料中拌合用水与水泥的重量比值。

4）和易性：指混凝土拌合物在制作过程中的工艺性能，也就是工作性。施工制作中要求拌合物在拌制、输送、浇筑的全过程中能保持均匀性、不产生离析、不泌水、有塑性而又能密实成型的性能。

5）坍落度：指将混凝土拌合物按规定方法装入标准圆锥形筒(坍落度试筒)内，垂直提起试筒，使拌合物因自重而向下坍落的量，其坍落的量以 mm 为单位计量，即称为所测试混凝土的坍落度。

6）砂率：指砂的用量占砂石总用量的百分数。

7）强度：材料或构件受外力作用时，单位面积上抵抗外力的能力。

8）刚度：结构或构件抵抗变形的能力。

9）稳定性：构件受力时维持原有平衡形式的能力。

10）安全性：是结构或构件承受荷载的安全程度。结构安全度是结构在规定的时间内、规定条件下完成预定功能的概率，以“结构可靠度”表示。

11）拉伸：指杆件处于轴向拉力作用下沿作用力方向产生伸长变形的状态。

12）压缩：杆件处于轴向压力作用下沿作用力方向产生缩短变形的状态。

13）挤压：指连接件相互接触面上承受较大的压力作用，使其接触面的局部区域发生塑性变形的现象。

（5）连接、构造术语

1）同一连接区段：钢筋连接时，凡接头中点位于该连接区段长度内的接头均属于同一连接区段。

2）钢筋接头：两根钢筋之间直接传力的连接部位。分搭接接头、焊接接头、机械连接接头等。

3）绑扎骨架：将纵向钢筋与横向钢筋通过绑扎而构成的平面或空间的钢筋骨架。

4）焊接骨架：将纵向钢筋与横向钢筋通过焊接而构成的平面或空间的钢筋骨架。

5）构造配筋：在混凝土结构构件中不经计算而按规定要求设置的纵向钢筋或箍筋等。

6）纵向钢筋：平行于混凝土构件纵轴方向所配置的钢筋。配置于截面受压区的钢筋称为纵向受压钢筋；配置于截面受拉区的钢筋称为纵向受拉钢筋。

7）弯起钢筋：混凝土结构构件的下部（或上部）纵向受拉钢筋，按规定的部位和角度弯至构件上部（或下部）后，并满足锚固要求的钢筋。

8）钢筋锚固长度：受力钢筋通过混凝土与钢筋的粘结将所受的力传给混凝土所需的长度。

9）钢筋搭接长度：两根钢筋通过搭接接头传力所需的长度。

10）预应力传递长度：先张法构件的预应力筋放松后，预应力筋与混凝土间无相对滑移点到构件端部截面的距离。

11）箍筋：沿混凝土结构构件纵轴方向按一定间距配置并箍住纵向钢筋的横向钢筋。分单肢箍筋、开口矩形箍筋、封闭矩形箍筋、菱形箍筋、多边形箍筋、井字形箍筋和圆形箍筋等。

12）拉结钢筋：混凝土结构构件中拉住截面两对边纵向钢筋的单肢横向钢筋，又称拉筋或单肢箍筋。

13）架立钢筋：为构成钢筋骨架绑扎用附加设置的纵向钢筋。

14）横向分布钢筋：在混凝土板或梁的翼缘中，在纵向钢筋上按一定间距设置的连接用横向钢筋。

15）吊筋：将作用于混凝土梁式构件底部的集中力传递至顶部的受力钢筋上。

16）弯钩：为保证钢筋的锚固，在钢筋端部按规定半径和角度弯成的钩状端头。

17）锚具：在后张法预应力混凝土结构构件中，为保持预应力筋的拉力并将其传递到混凝土上所用的永久性锚固装置。

18）夹具：在制作先张法或后张法预应力混凝土结构构件时，为保持预应力筋拉力的临时性锚固装置。

19）连接器：预应力筋的对应装置。

20）吊环：在预制混凝土结构构件或部件中，为起吊和安装所设置的锚固于混凝土内且将吊口外露的环状钢筋。

21）预埋件：预先埋置在混凝土结构构件中，用于结构构件之间相互连接和传力的钢连接件。

（6）质量检验术语

1）开盘鉴定：验证首次使用的混凝土配合比的混凝土实际质量与设计要求的一致性。

2）缺陷：建筑工程施工质量中不符合规定要求的检验项或检验点，按其程度可分为严重缺陷和一般缺陷。

3）严重缺陷：对结构构件的受力性能或安装使用性能有决定性影响的缺陷。

4）一般缺陷：对结构构件的受力性能或安装使用性能无决定性影响的缺陷。

5）施工缝：在混凝土浇筑过程中，因设计要求或施工需要分段浇筑而在先、后浇筑的混凝土之间所形成的接缝。

6）结构性能检验：针对结构构件的承载力、挠度、裂缝控制性能等各项指标所进行的检验。

7）外观质量缺陷

① 蜂窝：混凝土表面缺浆而形成石子外露酥松等缺陷。

② 孔洞：混凝土中深度超过钢筋保护层厚度的孔穴。

③ 露筋：构件内的钢筋未被混凝土包裹而外露的缺陷。

④ 龟(jūn)裂：构件的混凝土表面呈现的网状(乌龟壳纹状)裂缝。

⑤ 裂缝：缝隙从混凝土表面延伸至混凝土内部。

⑥ 疏松：混凝土中局部不密实。

⑦ 夹渣：混凝土中夹有杂物且深度超过保护层厚度。

⑧ 连接部位缺陷：构件连接处混凝土缺陷及连接钢筋、连接件松动。

⑨ 外形缺陷：缺棱掉角、棱角不直、翘曲不平、飞边凸肋等。

⑩ 外表缺陷：构件表面麻面、掉皮、起砂、沾污等。

8）尺寸偏差：结构构件实际的几何尺寸与设计的几何尺寸之间的偏差。

① 构件平整度：构件的混凝土表面凹凸的程度，一般采用规定长度的直尺和楔形塞尺检查。

② 结构构件垂直度：在层高或全高范围内混凝土结构构件表面偏离竖直方向的程度。一般用线锤或经纬仪进行检查。

③ 侧向弯曲：线性构件沿纵轴侧面方向产生的弯曲，以构件纵轴两端点连接线与最大弯曲点之间的垂直距离度量。

④ 翘曲：构件因支承边上翘或下弯与原定支承边组成平面的偏差，以原定支承边组成平面与翘起最大点的垂直距离度量。

9）构件性能检验：按规定的抽样方式和标准试验方法，对混凝土结构构件的承载能力、刚度、抗裂度或裂缝宽度等力学性能所进行的检验。

① 破损检验：将试件或结构构件加载至破坏，以检测试件或结构构件在加载过程中的各阶段反应和各项力学性能等进行的试验。

② 非破损检验：在不损坏整个结构构件的完整性要求下，而检测结构构件的力学性能和对各种缺陷等所进行的检验。

（7）预应力混凝土术语

1）预应力钢筋混凝土：在钢筋混凝土结构或构件承受荷载前，使混凝土块体预先承受施加的压力，使其受拉区产生预压应力的一种结构。

2）预应力芯棒：由高强度钢丝用先张法制成的预应力钢筋混凝土棒。截面多为方形或矩形。用以代替钢筋混凝土结构中的受拉钢筋，兼对混凝土起预应力的作用，其效果与预应力钢筋混凝土相同。

3）应力：材料或构件在外力作用下其内部产生与外力大小相等、方向相反的内力与之平稳，这时候任一截面中单位面积上所产生的内力即称为应力。

4）高强混凝土：抗压强度等级为 C60 以上的混凝土。高强混凝土可以从选用原材料、配合比、配制工艺等方面采取综合性的技术措施配制而成。

5）高强钢丝：是以优质的高碳钢经冷拔或热处理而制成的钢丝，如专门用作预应力钢筋混凝土的钢丝、钢绞线等。

6）锚具：在预应力钢筋混凝土结构中，为了保证钢筋在混凝土内充分发挥其抗拉强度不至从混凝土中拔出，而在预应力钢筋端部与混凝土构件进行锚固以构成整体的工具。预应力钢筋锚具有：螺丝端杆锚具、帮条锚具、钢质锥形锚具、锥形螺杆锚具、钢丝束墩头锚具等。

7）先张法：是在混凝土浇筑前先把预应力筋张拉好，并用夹具固定在台座(或钢模)上，然后浇筑混凝土，待混凝土达到规定的强度后，即与钢筋粘结成一体，具有可靠的粘结力，再把张拉的钢筋放松，使钢筋回缩而给混凝土块体结构预加压应力。

8）后张法：是在浇筑混凝土以后再张拉钢筋的预加应力方法。这种方法是在构件中配筋部位预先留出孔道，待混凝土达到规定强度后，穿入预应力筋进行张拉以施加应力，并用锚具将预应力筋固定在构件两端，然后在预留孔道内灌入水泥浆(或水泥砂浆)，最后放松钢筋，让钢筋的回缩给混凝土施加预压力。

9）电热张拉：是利用热胀冷缩原理，在预应力筋上通电使其热胀伸长，待钢筋达到要求伸长值时，迅速将其锚固，随后切断电源，使钢筋冷却收缩，给混凝土以预压应力。

10）自应力：利用特制膨胀水泥配制的混凝土，使其在水化、硬化过程中产生体积膨胀，迫使钢筋扩张伸长从而使钢筋对混凝土产生反作用力而建立预应力。这种由混凝土自身膨胀进行张拉钢筋的方法也叫化学张拉法。

2.1.2 基本规定

(1) 混凝土及其分类

1) 混凝土：是指由无机胶结材料(水泥、石灰、石膏、硫磺、菱苦土、水玻璃等)或有机胶结材料(沥青、树脂等)、水、骨料(粗骨料、细骨料和轻骨料等)和外加剂、掺合料，按一定比例配制，经搅拌、捣实成型，并在一定条件下硬化而成的一种人造石材。

2) 普通混凝土：指水泥混凝土，也就是由胶结材料水泥和水、粗骨料、细骨料按一定的比例配制而成，经养护使混凝土具有一定的强度，其质量干密度为 2000～2800kg/m^3 的混凝土，简称混凝土。

3) 混凝土分类

目前混凝土的品种日益增多，其性能和应用也各不相同。一般可按胶结材料、骨料品种、混凝土用途、施工工艺和流动性等进行分类。

① 按胶结材料分类

A. 无机胶结材料：水泥混凝土、石灰混凝土、石膏混凝土、硫磺混凝土、水玻璃混凝土、碱矿渣混凝土等。

B. 有机胶结材料：沥青混凝土、聚合物水泥混凝土、树脂混凝土、聚合物浸渍混凝土等。

② 按质量密度分类：特重混凝土、普通混凝土(重混凝土)、轻混凝土、特轻混凝土。

③ 按用途分类：水工混凝土、海工混凝土、防水混凝土、道路混凝土、耐热混凝土、耐酸混凝土、防辐射混凝土等。

④ 按施工工艺分类

A. 现浇类：普通现浇混凝土、喷射混凝土、泵送混凝土、灌浆混凝土、真空吸水混凝土等。

B. 预制类：振压混凝土、挤压混凝土、离心混凝土等。

⑤ 按配钢材方式分类

A. 无筋或少筋类：素混凝土。

B. 配筋类：钢筋混凝土、钢丝网混凝土、纤维混凝土、预应力混凝土等。

C. 型钢(管)类：劲钢混凝土、钢管混凝土等。

⑥ 按流动性(稠度)分类：干硬性混凝土、塑性混凝土、流动性混凝土、大流动性混凝土等。

(2) 混凝土结构及其分类

以混凝土为主制成的结构称为混凝土结构。包括素混凝土结构、钢筋混凝土结构和预应力混凝土结构。

1) 按结构体系分类和按楼盖结构分类见术语之(1)结构术语。

2) 按施工工艺可分为：框架结构、剪力墙结构和筒体结构施工工艺。

① 框架结构施工工艺：包括框架-剪力墙结构、板柱结构的施工工艺，其竖向构件主要采用组合式模板散支散拆或预拼装整支整拆的方法浇筑：水平构件既可采用组合式模板亦可采用台(飞)模、模壳(用于密肋楼盖)等工具式模板浇筑。

② 剪力墙结构施工工艺：墙体模板既可采用组合式模板组拼，又可采用大模板、滑动模板、爬升模板等工具式模板；亦可采用墙体与楼盖混凝土同时浇筑的隧道模工艺。楼盖一般采用组合式模板浇筑，亦可采用预制混凝土薄板作永久性模板，并在上部浇筑混凝土叠合层的做法。

③ 筒体结构施工工艺：筒体结构的竖向结构成型工艺，既可采用组合式模板，亦可采用大模板、滑动模板和爬升模板等工具式模板浇筑，由于内、外筒(柱)之间的楼盖跨度可达8～12m，一般可用组合式模板，亦可采用压型钢板和预制混凝土薄板作永久性模板。现浇混凝土结构由于结构体系的不同，混凝土结构的成型工艺也不相同，其关键是模板工艺不同。因此，必须按照技术上可行、经济上合理的原则，择优选用施工工艺(含模板工艺)，以控制混凝土结构施工质量。

(3) 现浇结构、装配式结构和叠合结构

1) 现浇结构：现浇混凝土结构的简称，是在现场支模整体浇筑而成的混凝土结构。

现浇结构质量主要取决于模板支撑，钢筋原材料、加工、连接与安装，混凝土原材料质量及计量偏差，现场浇筑间歇时间及振捣，混凝土施工缝、后浇带和混凝土的养护。因此一定要加强过程控制，严格按设计要求、混凝土规范规定和施工技术方案施工。

2) 装配式结构：系装配式混凝土结构的简称，是以预制构件为主要受力构件经装配、连接而成的混凝土结构。

装配式结构的结构性能主要取决于预制构件性能和连接质量。因此，应对预制构件进行结构性能检验，合格后方能使用。

3) 叠合结构是介于预制和现浇之间的结构形式；由于叠合结构的底部为预制构件，故应按预制构件的通用要求检验其质量。此外，预制的底部构件与后浇混凝土层的连接质量对叠合结构的受力性能有重大影响，故叠合面应进行处理。验收时，应按设计要求检查混凝土叠合面的凹凸差或穿越叠合面的构造钢筋等。

(4)《混凝土结构工程施工质量验收规范》(GB 50204—2002)(下称"混凝土验收规范")适用范围

1)"混凝土验收规范"适用于建筑工程和一般构筑物的混凝土结构工程施工质量的验收。包括现浇结构和装配式结构。规范所指混凝土结构包括素混凝土结构、钢筋混凝土结构和预应力混凝土结构，与《混凝土结构设计规范》(GB 50010—2001)的范围是一致的。

2)"混凝土验收规范"不适用于特种混凝土结构工程施工质量验收。特种混凝土系指具有膨胀、耐酸、耐碱、耐油、耐热、耐磨、防辐射等特殊性能的混凝土。

(5) 混凝土结构工程施工质量验收划分

1) 混凝土结构分部工程可根据结构的施工方法分为现浇混凝土结构子分部工程和装配式结构子分部工程；根据结构的分类，还可以分为钢筋混凝土结构子分部工程和预应力混凝土结构子分部工程等。

2）在施工质量验收体系中，混凝土结构子分部工程划分为6个分项工程，即模板、钢筋、预应力、混凝土、现浇结构和装配式结构。

3）检验批应按下列原则划分

各分项工程可根据与施工方式相一致且便于控制施工质量的原则，按工作班、楼层、结构缝或施工段划分为若干检验批。

① 检验批内质量均匀一致，抽样检验的结果具有代表性。

② 贯彻过程控制的原则，按施工次序和控制关键工序质量的需要划分检验批。

③ 根据便于质量检查验收的原则确定检验批。

(6) 混凝土结构实体检验

1）对涉及混凝土结构安全的重要部位应进行结构实体检验。结构实体检验应在监理工程师(建设单位项目专业技术负责人)见证下，由施工项目技术负责人组织实施。承担结构实体检验的试验室应具有相应的资质。

2）结构实体检验的内容应包括混凝土强度、钢筋保护层厚度以及工程合同约定的项目；必要时可检验其他项目。

3）对混凝土强度的检验，应以同条件养护的试件强度为依据。混凝土强度检验用同条件养护试件留置、养护见2.5.3之(8)有关内容。

对混凝土强度的检验，也可根据合同的约定，采用非破损或局部破损的检测方法，按国家现行有关标准的规定进行。

4）当未能取得同条件养护试件强度、同条件养护试件强度被判为不合格或钢筋保护层厚度不满足要求时，应委托具有相应资质等级的检测机构按国家有关标准的规定进行检测。

5）钢筋保护层厚度的检验

① 钢筋保护层厚度检验的结构部位和构件数量

A. 钢筋保护层厚度检验的结构部位，应由监理(建设)、施工等各方根据结构构件的重要性共同选定。

B. 对梁类、板类构件，应各抽取构件数量的2%且不少于5个构件进行检验；当有悬挑构件时，抽取的构件中悬挑梁类、板类构件所占比例均不宜小于50%。

② 对选定的梁类构件，应对全部纵向受力钢筋的保护层厚度进行检验；对选定的板类构件，应抽取不少于6根纵向受力钢筋的保护层厚度进行检验。对每根钢筋，应在有代表性的部位测量1点。

③ 钢筋保护层厚度的检验，可采用非破损或局部破损的方法，也可采用非破损方法并用局部破损方法进行校准。当采用非破损方法检验时，所使用的检测仪器应经过计量检验，检测操作应符合相应规程的规定。

钢筋保护层厚度检验的检测误差不应大于1mm。

④ 钢筋保护层厚度检验时，纵向受力钢筋保护层厚度的允许偏差，对梁类构件为＋10mm，－7mm；对板类构件为＋8mm，－5mm。

⑤ 对梁类、板类构件纵向受力钢筋的保护层厚度应分别进行验收。结构实体钢筋保护层厚度验收合格应符合下列规定：

A. 当全部钢筋保护层厚度检验的合格点率为90%及以上时，钢筋保护层厚度的检验结果应判为合格。

B. 当全部钢筋保护层厚度检验的合格点率小于90%但不小于80%，可再抽取相同数量的构件进行检验；当按两次抽样总和计算的合格点率为90%及以上时，钢筋保护层厚度的检验结果仍应判为合格。

C. 每次抽样检验结果中不合格点的最大偏差均不应大于上述④之规定允许偏差的1.5倍。

(7) 混凝土结构工程施工质量验收内容和合格质量确认

1) 检验批验收内容有实物检查和资料核查

① 实物检查，按下列方式进行：

A. 对原材料、构配件和器具等产品的进场复验，应按进场的批次和产品的抽样检验方案执行。

B. 对混凝土强度、预制构件结构性能等，应按国家现行有关标准规定的抽样检验方案执行。

C. 对混凝土验收规范中采用计数检验的项目，应按抽查点数的合格点率进行检查。

② 资料检查，包括原材料、构配件和器具等的产品合格证(中文质量合格证明文件、规格、型号及性能检测报告等)及进场复验报告、施工过程中重要工序的自检和交接检记录、抽样检验报告、见证检测报告、隐蔽工程验收记录等。

③ 检验批合格质量应符合下列规定：

A. 主控项目的质量经抽样检验合格。

B. 一般项目的质量经抽样检验合格；当采用计数检验时，除有专门要求外，一般项目的合格点率应达到 80%及以上，且不得有严重缺陷；板中梁板类构件受力钢筋保护层厚度和预应力筋束形控制点的竖向位置偏差的合格点率应达到 90%及以上，且不得有超过 1.5 倍允许偏差值的尺寸偏差。

C. 具有完整的施工操作依据和质量验收记录。

D. 对验收合格的检验批，宜作出合格标志。

2）分项工程的质量验收应在所含检验批验收合格的基础上，尚应有完整的质量验收记录。

3）子分部工程验收内容和合格确认

① 验收内容：对混凝土结构子分部工程的质量验收，应在钢筋、预应力、混凝土、现浇结构或装配式结构等相关分项工程验收合格的基础上，进行质量控制资料检查及观感质量验收，并应对涉及结构安全的材料、试件、施工工艺和结构的重要部位进行见证检测或结构实体检验。

② 混凝土分部(子分部)工程质量验收合格应符合下列规定：

A. 分部(子分部)工程所含分项工程质量均应验收合格。

B. 质量控制资料应完整。

C. 有关安全及功能的检验和抽样检测结果应符合有关规定。

D. 观感质量验收应符合要求。

(8) 混凝土结构的环境类别

1) 混凝土结构的环境类别见表 2.1.1。

混凝土结构的环境类别　　表 2.1.1

环境类别		条　件
一		室内正常环境
二	a	室内潮湿环境；非严寒和寒冷地区的露天环境、与无侵蚀性的水或土壤直接接触的环境
	b	严寒和寒冷地区的露天环境、与无侵蚀性的水或土壤直接接触的环境
三		使用除冰盐的环境；严寒和寒冷地区冬季水位变动的环境；滨海室外环境
四		海水环境
五		受人为或自然的侵蚀性物质影响的环境

注：严寒和寒冷地区的划分应符合国家现行标准《民用建筑热工设计规程》JGJ 24的规定。

2) 结构混凝土耐久性

一类、二类和三类环境中，设计使用年限为 50 年的结构混凝土耐久性的基本要求见表 2.1.2。

结构混凝土耐久性的基本要求　　表 2.1.2

环境类别		最大水灰比	最小水泥用量 (kg/m^3)	最低混凝土强度等级	最大氯离子含量(%)	最大碱含量 (kg/m^3)
一		0.65	225	C10	1.0	不限制
二	a	0.60	250	C25	0.3	3.0
	b	0.55	275	C30	0.2	3.0
三		0.50	300	C30	0.1	3.0

注：1. 氯离子含量系指其占水泥用量的百分率；

2. 预应力构件混凝土中的最大氯离子含量为 0.06%，最小水泥用量为 $300kg/m^3$；最低混凝土强度等级应按表中规定提高两个等级；

3. 素混凝土构件的最小水泥用量不应少于表中数值减 $25kg/m^3$；

4. 当混凝土中加入活性掺合料或能提高耐久性的外加剂时，可适当降低最小水泥用量；

5. 当有可靠工程经验时，处于一类和二类环境中的最低混凝土强度等级可降低一个等级；

6. 当使用非碱活性骨料时，对混凝土中的碱含量可不作限制。

3）一类环境中结构混凝土

一类环境中，设计使用年限为100年的结构混凝土。

① 钢筋混凝土结构的最低混凝土强度等级为C30：预应力混凝土结构的最低混凝土强度等级为C40。

② 混凝土中的最大氯离子含量为0.06%。

③ 宜使用非碱活性骨料；当使用碱活性骨料时，混凝土中的最大碱含量为3.0kg/m^3。

④ 混凝土保护层厚度应按2.3中表2.3.22的规定增加40%；当采取有效的表面防护措施时，混凝土保护层厚度可适当减少。

⑤ 在使用过程中，应定期维护。

4）除一类环境外的环境中结构混凝土

① 二类和三类环境中，设计使用年限为100年的混凝土结构，应采取专门有效措施。

② 三类环境中的结构构件，其受力钢筋宜采用环氧树脂涂层带肋钢筋：对预应力钢筋、锚具及连接器，应采取专门防护措施。

③ 四类和五类环境中的混凝土结构，其耐久性要求应符合有关标准的规定。

④ 对临时性混凝土结构，可不考虑混凝土的耐久性要求。

⑤ 严寒及寒冷地区的潮湿环境中，结构混凝土应满足抗冻要求，混凝土抗冻等级应符合有关标准的要求。

⑥ 有抗掺要求的混凝土结构，混凝土的抗渗等级应符合有关标准的要求。

(9) 见证取样送检

1）混凝土工程中见证取样送检的范围

① 用于承重结构的混凝土试件。

② 用于承重结构的钢筋及连接接头试件。

③ 用于拌制混凝土的水泥。

④ 用于承重结构的混凝土中使用的掺加剂。

⑤ 国家规定必须实行见证取样和送检的其他试块、试件和

材料。

2）见证取样数量：见证取样和送样的比例不得低于有关技术标准中规定应取数量的 30%。

2.2 模板工程

模板工程是混凝土浇筑成型用的模板及支架的设计、安装、拆除等一系列工作和完成实体的总称，其本身是混凝土结构施工过程中的工具设备。工程竣工后，模板早已拆除，模板本身虽然不是结构的一部分，但是对混凝土结构有着极为重要的影响，在混凝土结构上留下的"痕迹"处处可见，可以说模板工程具有"质量、安全"双重重要性。现浇混凝土结构所用模板技术已迅速向多样化、体系化方向发展，除木模外，已形成组合式、工具式、永久式三大系列工业模板体系。不论采用哪一种模板，模板及其支架必须符合下列规定：

一，是模板及支架必须具有足够的强度、刚度和稳定性，可靠地承受钢材和混凝土的自重、侧压力以及施工荷载。

二，是确保混凝土工程结构和构件形体几何尺寸及相互位置的正确性，做到不胀模(不变形)、不跑模(不位移)，更不允许坍塌。

三，是模板组合要紧密，严禁漏浆。

四，是易于维修，还应装拆简单，便于施工，并应尽量采用定型模板。

正常情况下，模板工程的费用，约占现浇混凝土结构费用的1/3左右，支模与拆除用工量约占 1/2 左右，因此，模板的正确选用、安装和拆除，对于提高工程质量、加快施工进度、降低工程造价都具有重要的影响。

2.2.1 基本规定

(1) 重点掌握内容

1）了解模板分项工程的一般内容。

2）了解模板设计的重要性，掌握模板设计的考虑因素，掌握模板及其支架的承载能力、刚度和稳定性要求。

3）了解模板安装和浇筑混凝土时，应进行观察和维护。

4）掌握安装现浇结构的上层模板及支架时的要求。

5）掌握模板本身应满足的基本要求。

6）掌握现浇结构和预制构件模板安装的偏差要求。

7）掌握模板及支架拆除的要求。

8）掌握模板拆除时对混凝土强度的要求。

9）掌握预应力构件拆模的要求。

10）掌握混凝土后浇带模板和拆除及支顶要求。

（2）模板结构分类

模板结构可按混凝土结构类别、构造部位、所用材料、装拆方法、模板型式和用途等进行分类。

1）模板按结构类别可分为：现浇混凝土结构模板和预制混凝土结构模板。

2）模板按构造部位分有：基础模板（如：独立基础和条形基础）、柱模板、梁模板（含圈梁）、板模板、悬臂模板、墙体模板、楼梯模板等。

3）模板按使用材料分有：木模板、钢模板、钢木模板、铝合金模板、塑料模板、玻璃钢模板、竹模板等。

4）模板按装拆方法分有：固定式模板、移动式模板、永久式模板等。

① 固定式　一般常用的模板及支架安装完后，直至拆除其位置固定不变。

② 移动式　模板及支架安装完成后，可以随混凝土结构移动施工，直至混凝土结构全部浇筑完成后一次拆除，如滑升模板、水平移动式模板等。

③ 永久式　模板在混凝土浇筑以后与构件连成整体而不可拆除，如叠合板。

5）模板按型式分有：定型模板、非定型模板、工具式模板、滑动模板、翻转模板、胎模等。

6）专业模板

① 混凝土墙体专用模板有：大模板、滑动模板和爬升模板等。

② 楼板专用模板，有：台板和永久性模板。

③ 混凝土壁和顶板整体浇筑用模板。

（3）模板工程应满足施工基本要求

1）保证混凝土结构和构件的尺寸及构件间的相互位置正确，保证混凝土的表面质量。要求模板平面位置、标高、形状以及截面尺寸符合设计要求。混凝土浇筑完毕后，上述位置、标高、形状和截面尺寸不超出允许偏差范围。

2）具有足够的承载能力、刚度和稳定性，能可靠地承受混凝土的重量和侧压力，以及在施工过程中所产生的荷载。亦即要求模板工程能承受在正常施工时可能出现的各种作用力，不致出现倾覆、失稳等。

3）构造简单，装拆方便，便于钢筋的连接与安装和混凝土的浇筑及养护等要求。因为构造简单，则受力明确，容易加工，适合集中制造，节约原材料；装拆方便，减轻劳动强度，提高工效，加快施工进度。

4）模板接缝严密不漏浆。对于接缝不符合要求处应及时采取可靠的处理方法，以保证不漏浆。

（4）模板设计要点

模板及支架应根据工程结构形式、荷载大小、地基土类别、施工设备和材料供应等条件进行设计。应保证模板及支架具有足够的承载能力、刚度和稳定性，能可靠地承受浇筑混凝土的重量、侧压力以及施工荷载。

1）模板的受力情况分析

首先应了解和掌握模板及支架在施工过程中各部位的受力状况。一般底模承受竖向荷载，侧模承受水平荷载。各种模板及构件受力情况大致如下：

① 板模板、梁模板、挡板、搁栅等都是受弯构件。

② 支撑、立柱为承受压力构件。

③ 支撑桁架的下弦受拉、上弦受压和受弯，腹杆有的受拉有的受压，桁架支座处受剪。

2）模板设计技术要点

① 模板设计时，正常情况下应考虑下列各项荷载：

A. 模板及支架自重、钢筋重量和混凝土重量。

B. 施工荷载。包括浇筑混凝土时倾倒混凝土产生的荷载，振捣混凝土时产生的荷载，以及施工人员、机械等运动产生的荷载等。

C. 钢模板及支架，其截面塑性发展系数取 1.0；其荷载设计值可乘系数 0.85。

D. 木模板及支架的设计，当木材含水率小于 25%时，其荷载设计值可乘系数 0.90。

② 模板及支架的刚度计算，其最大变形值不得超过下列允许值。

A. 结构表面外露的模板，为构件计算跨度的 1/400。

B. 结构表面隐蔽的模板，为构件计算跨度的 1/250。

C. 模板支架的压缩变形值或弹性挠度，应不大于相应结构自由跨度的 1/1000。

③ 模板及支架的稳定性

A. 支架的立柱或桁架应保持稳定，并应用撑拉杆件固定。

B. 为防止模板及支架在风荷载作用下倾覆，应从构造上采取有效的防倾覆措施。当验算模板及支架在自重和风荷载作用下的抗倾覆稳定性时，风荷载按有关规定取值，抗倾覆稳定安全系数不宜小于 1.15。

(5) 模板设计时各项荷载参考值

1）模板及支架自重：按模板设计图纸计算确定。对肋形楼板及无梁楼板，其模板及支架自重可参考表 2.2.1 选用。

2）浇筑混凝土自重：普通混凝土的湿重力密度按 2.4kN/m^3 采用，其他混凝土根据实际的湿重力密度确定。

楼板模板及其支架自重标准值　　　　表 2.2.1

序　　号	模板构件名称	木模板 (kN/m²)	定型组合钢模板 (kN/m²)
1	平模板及小楞自重	0.30	0.50
2	肋形楼板(包括肋梁)模板自重	0.50	0.75
3	楼板模板及支架自重(层高≤4m)	0.75	1.10

3）钢筋自重：一般梁板结构可按下列数值采用：

楼板（每立方米混凝土）1.1kN；梁（每立方米混凝土）1.5kN。

4）施工人员及施工设备自重

① 模板及直接支承模板的小楞：均布荷载为 2.5kN/m²，集中荷载 2.5kN 作用在最不利位置进行计算，比较两者所算得的弯矩值，按其中较大者采用。

② 直接支承小楞结构构件：其均布活荷载标准值按 1.5kN/m² 采用。

③ 支架立柱及其支承结构构件：均布活荷载按 1.0kN/m² 采用。

注：对大型浇筑设备和混凝土堆积料高度大于 100mm 时应按实际情况计算。

5）振捣混凝土时产生的荷载

① 水平模板：按 2.0kN/m² 考虑。

② 垂直模板(侧模)：按 4.0kN/m² 考虑。

6）倾倒混凝土时对模板垂直面产生的水平荷载可按表 2.2.2 采用。

倾倒混凝土时对模板垂直面产生的水平荷载　　　表 2.2.2

项　　次	向模板内供料方法	水平荷载(kN/m²)
1	溜槽、串筒或导管	2.0
2	容量小于 0.2m³ 的运输工具	2.0
3	容量为 0.2 至 0.8m³ 的运输工具	4.0
4	容量大于 0.8m³ 的运输工具	6.0

注：该水平荷载作用在有效压头高度范围以内。

7）荷载计算时分项系数

以上各项荷载乘以相应的荷载分项系数，可得各项荷载设计值。荷载分项系数可以参照表 2.2.3 采用。

荷载分项系数　　　　　　　　　表 2.2.3

<table>
<tr><th>向模板内供料方法</th><th>荷载分项系数</th></tr>
<tr><td>模板及支架自重</td><td rowspan="3">1.2</td></tr>
<tr><td>新浇筑混凝土自重</td></tr>
<tr><td>钢筋自重</td></tr>
<tr><td>施工人员及施工设备荷载</td><td rowspan="2">1.4</td></tr>
<tr><td>振捣混凝土时产生的荷载</td></tr>
<tr><td>新浇混凝土对模板侧面的压力</td><td>1.2</td></tr>
<tr><td>倾倒混凝土时产生的荷载</td><td>1.4</td></tr>
</table>

2.2.2 模板材料质量要求

模板材料宜选用钢材、木材、胶合板、塑料、竹胶板等，模板支架宜选用钢材，其材料的材质应符合设计要求。

（1）木模板材料要求

1）模板如采用木材时，常用红松、白松、落叶松、马尾松及杉木等，材质不宜低于Ⅲ等材，含水率应＜25％。木材上如有节疤、缺口等疵病，在拼制模板时，一般应截去疵病部分，对不贯通截面的疵病部分，可放在模板的反面。废烂木方不可用作龙骨。

2）木模板在拼接时，板边应找平刨直，当混凝土表面不粉刷时板面应刨光。

3）板材和方材要求四角方正、尺寸一致。

4）顶撑、横楞、牵杠、围箍等应用坚硬、挺直的木料，其配置尺寸除必须满足模板设计要求外，还应注意通用性。

5）木模板及支撑用材规格可参考一些模板手册选出，必要时按《木结构设计规范》进行设计。

(2) 钢模板材料

模板如采用 Q235 钢钢板时，厚度一般为 2.3mm、2.5mm 和 2.8mm，宽度模数为 50mm，长度模数为 150mm，钢模板应能纵向、横向进行拼装。

(3) 预制构件模板(包括模板、模具、台座等)材料要求

1) 新制作的模板和大修后的模板应逐件检验，检验合格的模板应标明验收合格的标志。使用中发现模板变形，尺寸偏差不符合要求，应及时整修。

2) 长线台座的台面应平整，不得有下沉、开裂、起鼓、起砂或起皮等缺陷。其平整度在 2m 内不得超过 3mm。台座的基层和面层之间应有可靠的隔离措施。

(4) 大模板材料要求

大模板主要由面板、加劲肋、竖楞、支撑桁架、稳定机构、操作平台和穿墙螺栓等组成。面板常用 3～5mm 厚钢板或 7～9 层木、竹胶合板面板，要求板面平整，拼缝严密，且具有足够刚度。加劲肋一般采用型钢，肋的间距一般 300～500mm。竖楞一般用角钢或槽钢制作，间距一般为 1.0～1.2m。

(5) 滑升模板材料要求

滑升模板一般采用钢模板冷压成型，板厚 1.5～2.5mm，有时也可在钢板上焊角钢∠30×4 或∠40×4 的加强肋条。围圈一般可用角钢∠75×6 或槽钢[8、[10 制作。提升架立柱一般可采用槽钢[12～[16 或角钢∠60×5、∠45×5 焊接而成。

横梁一般可用槽钢[12 或者角钢∠60×5 制作。

(6) 爬升模板由大模板、爬升支架、爬升设备、脚手架等组成。

1) 大模板见 2.2.2 之(4)。

2) 爬升支架由支承架、附墙架吊横扁担等组成。

3) 爬升设备有倒链、千斤顶等。爬杆采用 Q235 钢，直径 ϕ25mm。

4) 脚手架一般可采用悬挂脚手架。

(7) 泵送混凝土对模板的要求与常规作业不同，必须通过混凝土侧压力计算，采取增强模板支撑，将对拉螺栓加密并加大截面，减少围檩间距或增大围檩截面等措施，防止模板变形。

(8) 清水混凝土和装饰装修混凝土模板要求

为适应混凝土结构施工技术发展的要求，满足装饰装修的需要，对清水混凝土工程和装饰装修混凝土工程，应使用能够达到相应设计效果的模板。

(9) 组合式钢模板要求

推广应用钢模板，特别是组合钢模板，不仅是节约木材，实现“以钢代木”的一项重要措施，也是混凝土施工工艺的重大改革。实践证明，组合钢模板组合简便、可操作性强，有利于提高施工质量。

1) 基本要求

① 由于对钢模板采用模数制设计，横竖都可拼装，通用性强，可以一模多用，不仅可用作建筑工程模板，也可以用作水工工程、场道工程、地下工程，以及高大构筑物的滑动模板等，从而可以扩大模板使用范围，增加模板周转次数，提高使用效果。

② 钢模板采用 Q235 钢板制作，钢模板应能纵向、横向连接。钢模板在使用中不应随意开孔；如需开孔，用后应及时修补。钢模板板面应保持平整不翘曲，尤其是边框应保持平直不弯折，使用中有变形的应及时整修。

③ 配件连接件有 U 形卡、L 形插销、紧固螺栓、钩头螺栓、对拉螺栓、扣件等。除 U 形卡用 30 号圆钢外，其他均用 Q235 圆钢和钢板。规格除对拉螺栓和扣件按设计要求选用外，其他均采用 $\phi12$。

④ 配件支架有木支架和钢支架。支架必须有足够强度、刚度和稳定性。支架应能承受浇筑混凝土的重量、模板重量、侧压力，以及施工荷载。

⑤ 组合钢模板规格见表 2.2.4。

组合钢模板规格(mm)　　　　**表 2.2.4**

项目＼规格　名称	平面模板	阴角模板	阳角模板	连接角模
宽　度	300、250、 200、150、100	150×150 100×150	100×100 50×50	50×50
长　度	1500、1200、900、750、600、450			
肋　高	55			

2）组合钢模板优点

① 组装灵活，通用性强，可以拼成梁、板、柱、墙、基础等各种结构构件和构筑物的模板。

② 装拆方便，节省用工，安装工效比木模板高 2 倍以上。

③ 浇筑成型的混凝土构件尺寸准确、表面光滑、棱角整齐。

④ 周转次数多。

⑤ 可节省大量木材。据统计使用 1t 钢模板可以代替 $10m^3$ 的木材。

3）组合钢模板缺点

① 一次投资大。一套组合钢模反复周转使用 50 次以上才能收回成本。因而使用组合模板必须加强维护保养，加速周转以增加使用次数。

② 钢模板浇筑成型的混凝土表面过于光滑，粘着性差，不利于表面装修，有时需要进行凿毛处理(清水混凝土和装饰装修混凝土除外)。

(10) 新型材料组合式模板

1）塑料模板

定型组合式增强塑料模板，是以玻璃纤维增强的聚丙烯为主要原料注塑成型。模板结构和模数按设计要求，规格尺寸与钢模板基本相同。

① 优点：重量轻，导热系数小，耐腐蚀性好；表面光滑，易脱模；回收率高，施工工艺和操作方法简单等。

② 缺点：模板的承载力和刚度较低，耐热性和耐久性较差。

2）玻璃钢圆柱模板

采用玻璃纤维布为原材料以不饱和聚酯树脂为粘结剂制作。

① 优点：重量轻、施工方便，易脱模，表面光滑；易成型，加工制作简单；强度高，可多次使用。

② 缺点：通用性差，一种规格模板只能用于一种直径柱子。玻璃钢材料主要适用于小曲率圆柱模板和玻璃钢衬模板等。

3）中密度纤维板模板

这种模板是在模板表面涂布一层纤维布。

① 优点：可以提高模板的承载力，改善模板的脱模能力；易于脱模，混凝土表面质量好；模板面积大，重量轻，使用较方便。

② 缺点：中密度纤维板强度和刚度较低，防水性能较差，模板使用寿命较短。

4）复面麻屑板模板：是利用生产亚麻纤维的废料——麻屑模压成的板材制作。

优点：利废为宝，模板价格较低：麻屑板的承载力、刚度、表面硬度、防水性能等均能满足建筑模板要求，是一种有发展前途的新型模板材料。

5）胶合板模板

优点：制作质量好，表面光滑，脱模容易；模板的承载力、刚度较好，能多次重复使用；模板的耐磨性强，防水性较好；材质轻，适宜加工大面积模板。

6）竹胶合板模板是以竹篾纵横交错编织热压而成，纵横向的力学性能差异很小，其强度、刚度和硬度都比木材高。

优点：不仅富有弹性，而且耐磨耐冲击，使用寿命长，能多次周转使用。竹胶合板的收缩率、膨胀率、吸水率都比木材低，因而耐水性好；受潮后不会变形；重量较轻，加工方便，适用性强，是用作建筑模板的理想材料。

选用竹胶合板时应注意无变质、厚度均匀、含水率小等，并优先采用防水胶质型。竹胶合板根据表面处理的不同分为素面板、复合板、涂膜板及复膜板；表面处理应按《竹胶合板模板》(JG/T 3026)的要求进行。竹胶合板通常也配合钢框一起使用。

(11) 模板支承工具

模板支承工具由桁架、三角架、托具、钢管支柱和模板成型卡具组成。

1) 桁架：用于支承梁、板类结构模板的支架。可调节长度，以适应不同跨度使用。一般以两榀为一组，荷载较大时，可多榀组成排放，并在下弦加设水平支撑，使其相互连接固定，增加侧向刚度。

2) 用于如雨罩、阳台、挑檐等。悬挑结构模板的支承，应采用角钢铆轴连接构成，悬臂长以不大于 1200mm 为宜，跨度应为600mm左右，每榀三角支架的控制荷载应不大于4.5kN。

3) 支柱：有钢管支柱和组合支柱两种。钢管支柱采用两根直径各为 60mm 及 50mm 的钢管(管壁厚度不小于 3.5mm)承插组成，沿钢管孔眼以一对销子插入固定。上下两钢管的承插搭接长度不小于 300mm。柱帽为角钢或钢板，下部焊有底板。组合支柱用钢筋或小规格角钢、钢板焊成。支柱高度可在 2.6～3.8m 范围内调节，支柱之间设水平拉杆，每根支柱的受压控制荷载为 20kN。

4) 斜撑：用于支撑墙或预制梁模板，构造与钢管支柱基本相同，两端分别设有卡座，以便与墙或梁的横档等连接固定。

5) 托具：用来靠墙支承楞木、斜撑、桁架等。用钢筋锻打焊接成型，上面焊一块钢托板，托具两齿间距为三皮砖厚。在砌体强度达到支模强度时将托具垂直打入灰缝内。在梁端荷载集中部位安设托具数量不少于3个，承受均布荷载部位，间距不大于1m，且在全长不得少于3个。每个托具控制使用荷载不得小于4kN。

6）模板成型卡具：用于支承柱、梁、墙等结构构件的模板。常用的有钢管卡具和柱箍。

① 钢管卡具适用于矩形梁、圈梁等模板，用以固定侧模于底板上，也可以用作侧模上口的卡具定位。如用角钢代替钢管，则成为角钢卡具。

② 柱箍由角钢、压型角铁(∟)或扁铁做成的夹板、插销和限位器组成，间距为400～800mm，适用于柱宽小于700mm的柱子。

7）模板配件连接件：连接件有U形卡、圆形卡、钢板卡、L形插销、紧固螺栓、对拉螺栓、扣件等。制作材料规格除对拉螺栓和扣件按设计要求选用外，其他均采用ϕ12圆钢。

(12) 嵌缝材料

常用嵌缝材料有橡皮条、胶带、泡沫塑料、厚纸板、油灰腻子等，使用时可根据具体情况采用，应满足工程质量要求。

(13) 对拉螺栓

对拉螺栓用于连接和紧固墙、梁、柱两侧模板，对拉装置的种类和规格尺寸可按模板设计要求和供应条件选用，其布置尺寸和数量应保证安全承受混凝土的侧压力和其他荷载。

对拉螺栓可分回收式和不回式两种，为保持模板与模板之间的设计尺寸，一般对拉螺栓应设撑头垫片(筋)或采用混凝土、钢管、塑料管、竹管等配套撑头。

采用大模板和爬模等特殊模板施工时，其对拉穿墙螺栓应进行专门设计制作。

(14) 隔离剂

涂刷隔离剂时不得污染钢筋，更不得影响装饰工程施工。脱模剂材料宜拌成黏稠状，涂刷均匀，不得流淌。隔离剂涂刷后应在短期内及时浇筑混凝土，以防隔离剂层受破坏。常用隔离剂见表2.2.5。

模板工程的隔离剂参考表 **表2.2.5**

序号	隔离剂种类与配合比	配制要点	使用方法	备注
1	石灰膏∶滑石粉∶黏土∶皂粉＝1∶0.5∶3∶0.075	加水调至糊状	均匀涂1～2次	用于胎用模、台座
2	黏土∶皂脚∶水＝3∶4∶3	加水调至薄糊状	均匀涂1～2次	用于胎用模、台座
3	皂脚∶水＝1∶(5～7)	皂脚加热熔化后加热水拌至粘状，冷却12～24h后用	涂2度，间隔0.5～1h	木模
4	皂脚∶滑石粉∶水＝1∶5∶适量	皂脚加水溶化后加入滑石粉调至糊状	稀涂2度	木模、钢模、胎模、台座
5	海藻酸钠∶滑石粉∶洗衣粉∶水＝1.5∶(20～60)∶1.5∶80	两日前将海藻酸钠用水浸泡，化开后加滑石、洗衣粉及水搅拌（稠度用滑石粉调节）	喷涂1～2度	钢模、大模板
6	甲基硅树脂∶乙醇胺∶酒精＝1000∶(2～3)∶适量	在瓷杯内把乙醇胺用少量酒精稀释，经搅拌后倒入甲基硅树脂中，继续搅拌均匀	涂刷	钢模，可重复使用3～5次

2.2.3 模板安装

（1）施工准备作业条件

1）模板按墙进行编号，并涂刷好隔离剂，分规格堆放。

2）外挂架已吊装到位。

3）弹好楼层轴线、墙身线、门窗洞口及施工洞口位置线，弹出楼层轴线偏500mm的支撑模辅助线，并清扫干净墙身部位杂物。所有线已经预检。

4）墙暗柱、墙体、连梁钢筋绑扎完毕；水电预埋箱、盒、预埋件已进行隐蔽验收；钢筋保护层卡具、钢筋骨架拉结筋间距、数量应满足设计要求；水平、竖向梯子筋安装到位，钢筋有可靠的定位措施。

5）预留洞口模板已安装到位，位置正确，并与墙体钢筋可靠连接。

6）墙体根部 100mm 范围内应抹平压光，并在根部贴 20mm 厚泡沫海绵条(密度应稍大一点)，以防模板下口跑浆，注意海绵条不得伸入墙内。

7）模板安装前，墙体与顶板间施工缝应处理完毕；墙体与墙体间竖向施工缝已处理完毕，并已经进行隐蔽验收。

8）电梯井道安装筒模前预先在楼面下的井壁上预留 4 个 250mm×200mm 的预留孔，用以支撑工作平台的 4 个钢支腿。

9）施工时，顶板混凝土强度应不小于 1.2N/mm^2。

10）已作技术交底。

11）大模板应有上人操作台(根据工程情况设置一到两层)、护身栏、上人爬梯等。

12）大模板应有计算书，且穿墙对拉螺栓孔的设置应满足要求。

(2) 模板安装监控要点

1）对于多层现浇结构，上层模板及支架必然支撑在下层楼板上。此时应控制 3 点：一是下层楼板应具有足够的承载能力，必要时应加设支架；二是上下层支架的立柱应基本对准；三是支架的立柱下应铺设垫板。

2）在基土上安装竖向模板和支架时，基土应坚实并有排水措施，并应加设垫板；对湿陷性黄土，必须有防水措施；对冻胀性土，必须有防冻融措施。

3）模板接缝不应漏浆：无论采用何种材料制作模板，其接缝都应严密，不漏浆。采用木模板时，接缝不宜过于严密，安装完成后应浇水湿润，使木模板接缝闭合。浇水时湿润即可，模板内不应有积水。

4）模板内部应清理干净。模板内遗留杂物，会造成混凝土夹碴等缺陷。为了便于清除模板内的杂物，可预留清扫口。

5）模板应涂刷隔离剂。涂刷时，应选取适宜的隔离剂品种。注意不要使用影响结构或妨碍装饰装修工程施工的油性隔离剂。同时，由于隔离剂沾污钢筋和混凝土接槎处，可能对混凝土结构受力性能造成明显的不利影响，故应避免涂刷时污染钢筋。

6）对清水混凝土工程及装饰混凝土工程，应使用能达到设计效果的模板。

7）对跨度不小于4m的现浇梁、板，其模板应起拱。起拱应按设计要求；当设计无具体要求时，起拱高度可以取跨度的1/1000～3/1000左右。

8）支模时，对预埋件、预留洞的要求，应同时固定好模板上的预埋件、预留孔和预留洞。一是不应遗留；二是位置、尺寸应符合要求；三是安装应牢固；四是偏差应符合验收规范规定。

9）控制模板安装偏差

① 木工翻样应考虑建筑装饰装修工程的厚度尺寸，留出装饰厚度。

② 模板轴线放线后，应进行技术复核，无误后方可支模。

③ 模板安装的根部及顶部应设标高标记，并设限位措施，确保标高尺寸准确。

④ 支模时应拉水平通线，设竖向垂直度控制线，确保横平竖直，位置正确。

⑤ 基础的杯口模板应刨光直拼，并钻有排气孔，杯口模板中心线应准确，且钉牢。

⑥ 应根据使用材料，确定模板安装接缝。

⑦ 柱子支模前必须先校正钢筋位置。

⑧ 成排柱支模时应先立两端柱模，在底部弹出通线，定出位置并规方找中、校正与复核位置无误后，顶部拉通线，再立中间柱模。柱箍间距按柱截面大小及高度确定，一般控制在500～

1000cm，柱间剪力撑、水平撑及四面斜撑应撑牢。

⑨ 梁模板上口应设临时撑头，侧模下口应贴紧底模或墙面，斜撑与上口钉牢，保持上口垂直；深梁应根据梁的高度及核算的荷载及侧压力适当加设横档。

⑩ 梁板节点连接处一般下料尺寸略缩短，采用边模包底模，拼缝应严密，支撑牢靠，发生错位应及时纠正。

⑪ 模板厚度应一致，搁栅面应平整，搁栅木料要有足够强度和刚度。

⑫ 墙模板的穿墙螺栓直径、间距和垫块规格应符合设计要求。

10）模板变形控制

① 严格控制木材含水率，拼缝要严密；木模板安装周期不宜过长，浇筑混凝土前模板应提前浇水湿润。

② 脚手板不得搁置在模板上，以防模板变形。

③ 钢管卡具滑扣的应立即调换。

④ 超过 3m 高度的大型模板的侧模应留门子板；模板应留清扫口。

⑤ 混凝土浇筑高度应控制在允许范围内，浇筑时应均匀、对称下料，避免局部侧压力过大造成胀模。

⑥ 控制模板起拱高度，对跨度不小于 4m 的混凝土梁、板，应按设计要求起拱；当设计无具体要求时，起拱高度宜为跨度的 1/1000～3/1000。钢模板可取偏小值，木模板可取偏大值。

11）支架稳定控制

① 用作模板的地坪、胎模等应平整光洁，不得导致构件下沉、裂缝、起砂或起鼓。

② 上、下层立柱应对齐，且应有垫块。

③ 支架的立柱底部应铺设垫板，并应有足够有效的支承面积，使上部荷载通过立柱均匀传递到支承面上。支承在疏松土质上时，基土必须经过夯实，必要时采取排水措施。

④ 立柱与立柱之间的带锥销横杆应钉紧，防止立柱失稳，支撑完毕应进行检查。

⑤ 安装现浇结构的上层模板及支架时，下层楼板应具有承受上层荷载的承载能力或加设支架支撑，确保有足够的刚度和稳定性。

12）搞好模板预埋件、预留孔及模板清理

① 固定在模板上的预埋件、预留孔和预留洞，应按图纸逐个核对其质量、数量、位置，不得遗漏，并应安装牢固。

② 模板与混凝土的接触面应清理干净并除刷隔离剂，严禁隔离剂沾污钢筋和混凝土接槎处。浇筑混凝土前，模板内的杂物应清理干净。

2.2.4 模板施工方法新发展

在组合钢模板大量推广应用的同时，其他各模板施工技术也得到了很大发展，建设部在重新颁发的10项新技术中，要求因地制宜地发展多种支模方法，如台模、滑模、爬模、筒模、大模板、隧道模板等各种施工方法和专用工具。

（1）台模

1）台模种类

台模亦称飞模，是由面板和支架两部分组成，可以整体安装、脱模和转运，利用起重设备在施工中层层向上转运使用。台模施工方法适用于各种结构体系的现浇混凝土楼板和梁的模板工程。

台模有立柱式台模、格架式台模、悬架式台模、门架式台模、构架式台模等。图2.2.1为德国活动钢支柱台模。图2.2.2为加拿大铝合金型材台模。

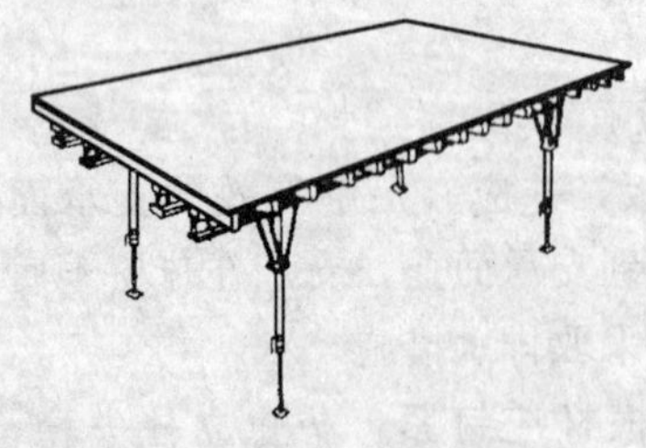

图2.2.1 活动钢支柱台模

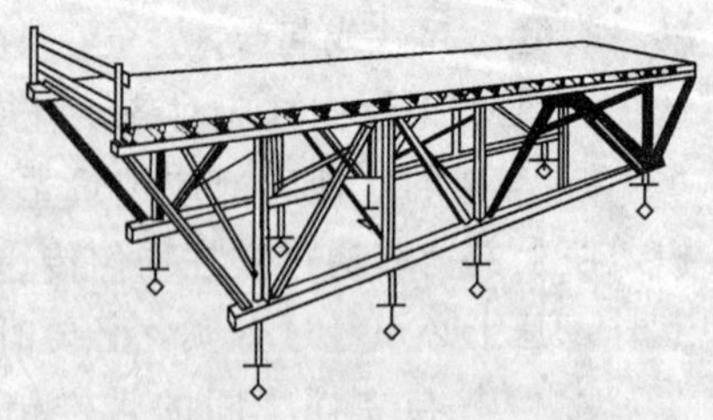

图2.2.2 铝合金型材台模

2）立柱式台模特点

立柱式台模是由传统的满堂支模形式演变而来，其特点是结构简单，加工容易。面板主要采用组合钢模板，支架的主次梁和立柱采用钢管。所以，一般施工单位利用自备的钢模板和钢管就可以制作。这种台模应用范围较广，可适用于各种结构体系的楼板施工。见图 2.2.3。

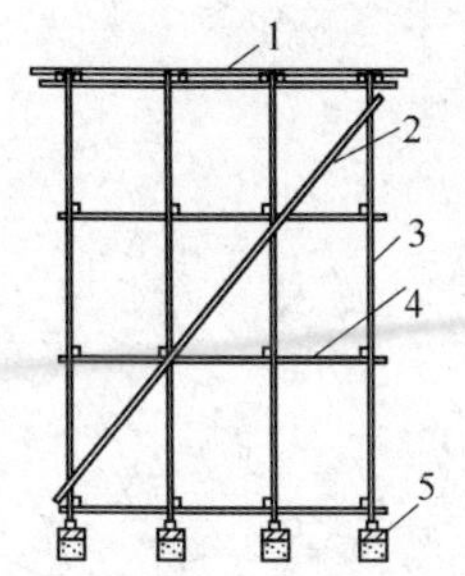

图 2.2.3 立柱式台模
1—模板；2—斜撑；3—立柱；4—水平撑；5—垫板

3）桁架式台模特点

桁架式台模面板可选用组合钢模板或胶合板，支架由桁架、檩条和可调底座组成。桁架可采用型钢或铝合金型材组装。其特点是可以整体脱模和转运，承载力强、装拆速度快、台模面积大，尤其适用于大开间、大进深、无柱帽的现浇无梁楼盖结构。

4）悬架式台模特点

悬架式台模没有立柱，其特点是台模自重和上部荷载不是传递到下层楼面，而是将台模支承在混凝土柱或墙体的托架上，从而可加速台模周转，缩短施工周期。台模的面板可采用组合钢模板或胶合板，支架由桁架、榴条、翻转翼板和剪刀撑等组成。这种台模尤其适用于框架结构和剪力墙结构体系。

5）门架式台模特点

门架式台模的支架是由门架、交叉斜撑、水平架和可调底座等组成。其特点是可以利用施工单位已有的门式脚手架进行组装，拼装简便，拆除后仍可用作脚手架，节省施工费用。这种台模也可适用于各种结构体系的楼板施工。见图 2.2.4。

6）构架式台模特点

构架式台模的支架是由碗扣式脚手架等各种承插式脚手架、主梁、檩条(搁栅)等组成，其特点和适用范围与门架式台模相同。见图 2.2.5。

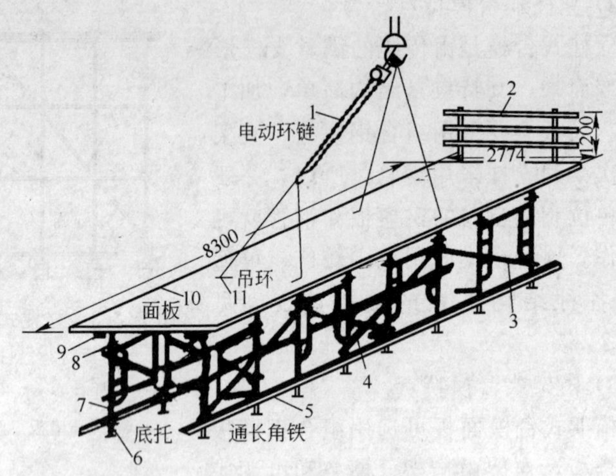

图 2.2.4　门架式台模

1—电动环链；2—护身栏；3—水平拉杆；4—人字支撑；5—通长角铁；6—底托；7—门式架；8—顶托；9—龙骨；10—面板；11—吊环

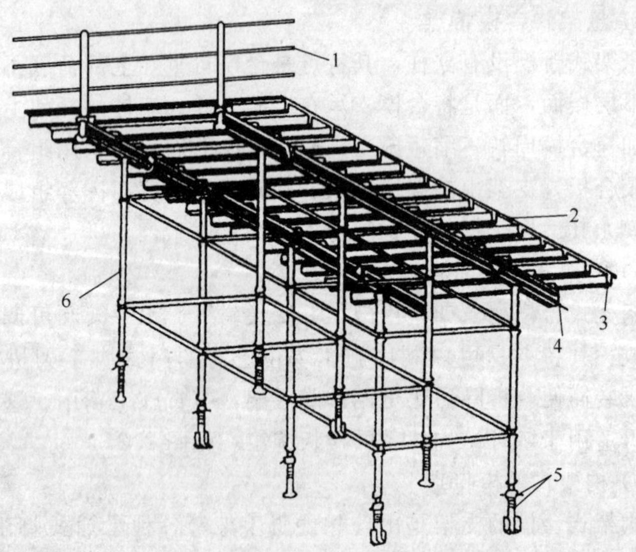

图 2.2.5　构架式台模

1—护身栏；2—面板；3—搁栅；4—主梁；5—可调螺杆；6—构架

(2) 滑升模板

1) 滑升模板(简称滑模)是由模板结构系统和提升系统两部分组成，在液压控制装置的控制下，千斤顶带着模板和操作平台沿爬杆连续或间断自动向上爬升。主要用于筒塔、烟囱和高层建筑，也可以水平横向滑动，用于隧道、地沟等工程。见图 2.2.6。

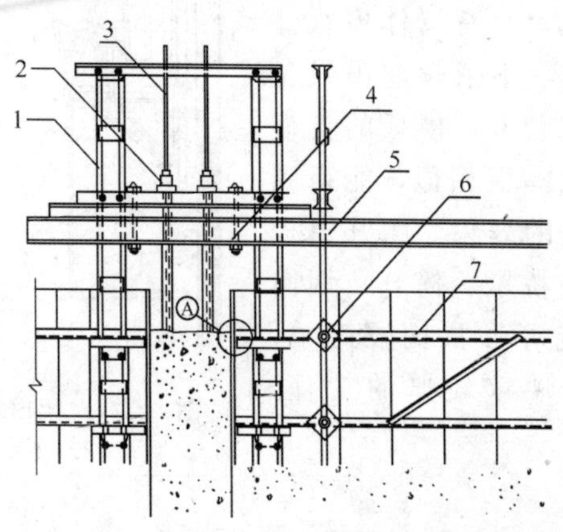

图 2.2.6　滑模示意图

1—提升架；2—千斤顶；3—爬杆；4—螺杆；
5—操作平台；6—收分千斤顶；7—围圈

2) 滑模所用的爬杆(支承杆)是工具式的承重支柱，杆外有一段套管起到加固保护作用，使爬杆在使用过程中不会弯曲，并可拔出重复使用。为了利用结构钢筋兼作爬杆，取消了套管，这样的爬杆容易弯曲倾斜，需要随时用钢筋或角钢焊接加固，多花费了工料。有时用结构钢筋兼作支承杆，使钢筋预先受到压缩和倾斜变位，对工程质量不利。

滑模工艺的特点是模板要贴紧混凝土面进行滑升，对正在初凝的混凝土容易产生扰动，混凝土表面提前脱模，也不利于混凝土的养护。虽然规范规定用滑模施工的工程，混凝土强度等级应提高一级，但这并不能补偿特殊工艺所造成的强度损失。

(3) 爬升模板

爬升模板是由大模板、爬升系统和爬升设备3部分组成。以钢筋混凝土墙体为支承点，利用爬升设备自下而上地逐层爬升施工，不需要落地脚手架。这种模板吸收了滑模和大模板两者的优点，所有墙体模板能象滑模一样，不依赖起吊设备而自行向上爬升，模板的支模形式又与大模板相似，能得到大面积支模的效果。爬升模板主要适用于桥墩、筒仓、烟囱和高层建筑等形状比较简单，高度较大，墙壁较厚的工程。见图2.2.7。

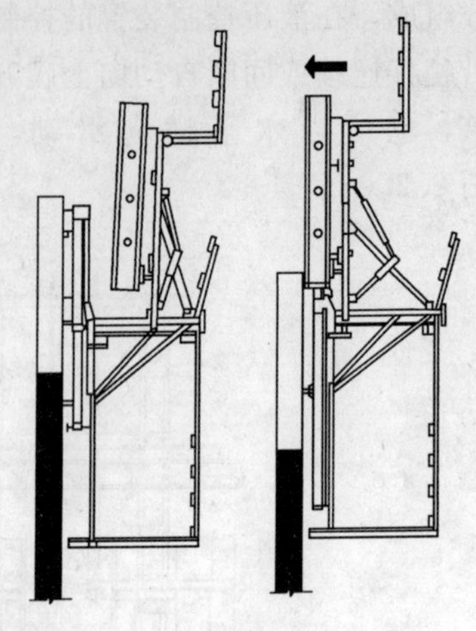

图2.2.7 爬模示意图(一)

1) 优点

① 滑升模板必须在混凝土初期强度时滑升，需要连续滑升施工，要有熟练的操作人员，否则易产生质量和安全事故。爬升模板混凝土灌注与大模板施工相似。

② 爬升模板施工是在混凝土达到一定强度后脱模，混凝土结构尺寸和表面质量都较好，施工也较安全可靠。

2) 发展趋势

① 在爬升设备方面，从采用倒链葫芦的手动爬升发展到采用液压千斤顶或电动设备的自动爬升。

② 在模板材料方面，从采用组合钢模板拼装成大模板，发展到采用设计要求加工的大钢模板或钢框胶合板模板等。

③ 在爬升方法方面，从“架子爬架子”，即以混凝土墙体为支承点，通过提升设备，使大爬架与小爬架交替爬升，不断循环，使固定在大爬架上的模板同步爬升，发展到“架子爬模板，模板爬架子”，即爬架上升时，以模板为支点，通过提升设备，

使爬架同步上升，到达位置后，固定在墙壁上，模板爬升时，以爬架为支点，通过提升设备，使模板同步上升，以及发展到“模板爬模板”。见图 2.2.8。

④ 在爬升施工范围方面，从外墙爬升施工发展到内、外墙同时爬升施工和无爬架升模施工方法。

（4）大模板

大模板混凝土侧压力由较强的支撑系统来承担，而且，模板上可带有脚手架，模板组装、拆除和搬运都较方便，工人操作简便。图 2.2.9 为内外墙组合大模板及外墙挂架示意图。大模板主要适用于浇筑钢筋混凝土墙体，大模板按其结构型式的不同可分为以下几种：

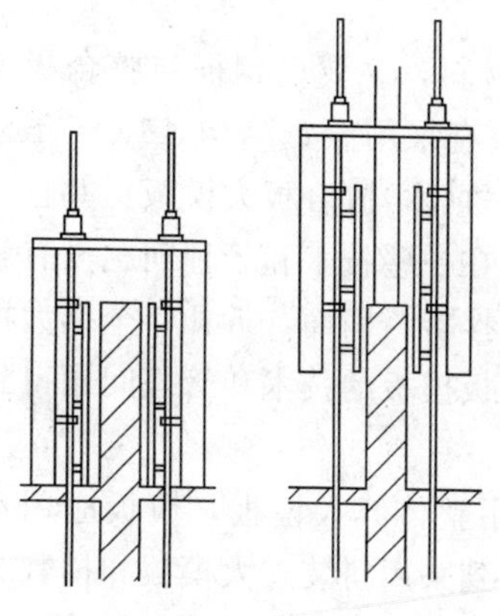

图 2.2.8　爬模示意图(二)

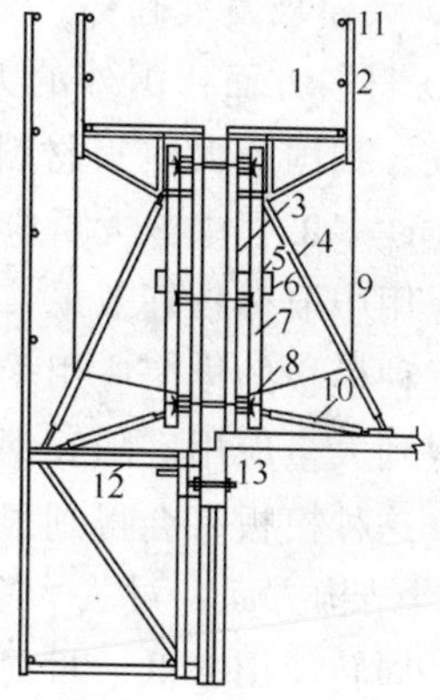

图 2.2.9　大模板示意图

1—吊环；2—操作平台；

3—平面模板块；4—斜支撑斜杆；

5—工具箱；6—穿墙对拉螺栓；

7—(50×100)方钢管纵龙骨；

8—(50×100)方钢管横龙骨；

9—钢筋爬梯；10—斜支撑横杆；

11—护身栏立杆；12—外墙挂架；

13—高强穿墙对拉螺栓

1）整体式大模板：模板高度等于建筑物的层高，长度等于房间的进深，一块大模板为房间一面墙大小。其特点是拆模后墙面平整光滑，没有接缝。但墙面尺寸不同时，就不能重复利用，模板利用率低。

2）拼装式大模板：用组合钢模板根据所需模板尺寸和形状，在现场拼装成大模板。其特点是大模板可以重新组装，适应不同板面尺寸的要求，提高模板的利用率。

3）模数式大模板：模板根据一定模数进行设计，用骨架和面板组成各种不同尺寸的模板，在现场可按墙面尺寸大小进行组合。其特点是能适应不同建筑结构的要求，提高模板的利用率。

4）大模板发展趋势

① 材料方面：国外的大模板材料，主要由钢框与胶合板面板组成。我国的大模板材料过去一直采用全钢结构，1994 年以来，在许多工程中曾大量应用钢框竹(木)胶合板大模板，并且在工程应用中取得较好效果，由于存在一些技术和管理问题没有解决，这种模板的推广应用受到一定挫折，因而，近几年全钢大模板又得到大量应用。随着钢框胶合板模板的技术和管理问题得到解决，这种模板将会得到很快发展。

② 结构方面：过去大多数采用整体式大模板，模板应用不灵活，周转使用率低。目前已发展到采用拼装式大模板和模数式大模板，模数制的钢框胶合板大模板将是今后的发展方向。

③ 根据结构体系决定的施工方法方面：过去主要采用“外挂内浇”施工方法，即外墙采用预制混凝土挂板，内墙采用大模板浇筑混凝土。后来，又采用“外砌内浇”施工方法，即外墙采用砌砖，内墙采用大模板浇筑混凝土。近年来，又发展为采用“内、外墙全现浇”大模板施工方法，这种方法也将是今后的发展方向。

（5）筒模

筒模是由模板、角模和紧伸器等组成。主要适用于电梯井内模的支设，同时也可用于方形或矩形狭小建筑单间、构筑物及筒仓等结构。筒模具有结构简单、装拆方便、施工速度快、劳动工效高、整体性能好、使用安全可靠等特点。

1）筒模的模板为 4 面模板，采用大型钢模板或钢框胶合板模板拼装而成。一个工程完成后，模板可以整体拆散，再按工程需要的尺寸重新组装，满足不同尺寸电梯井的施工要求。

筒模的角模有固定角模和活动角模两种。固定角模即为一般的阴角钢模板。活动角模已开发出单铰链角模和三铰链角模等多种不同构造型式。单铰链角模只在转角处设铰链，三铰链角模则在中间也设铰链。

紧伸器有集中式和分散操作式等多种形式。集中操作式紧伸器，是通过转动中央调节螺杆，带动四面拉杆伸缩，使支撑在拉杆上的四面模板内外移位。分散操作式紧伸器是各面模板的内外移位，均通过各自的调节螺杆来完成，其形式较多，连接相对模板的紧伸器，在脱模时，通过旋转调节螺杆，牵动两对面模板向内移动，使角模收缩，达到脱模的目的。支模时，反转调节螺杆，使两对面模板向外推移和角模伸张，达到支模的目的，见图 2.2.10、2.2.11、2.2.12 和 2.2.13。图 2.2.14 为目前常用的电梯井筒模透视图。

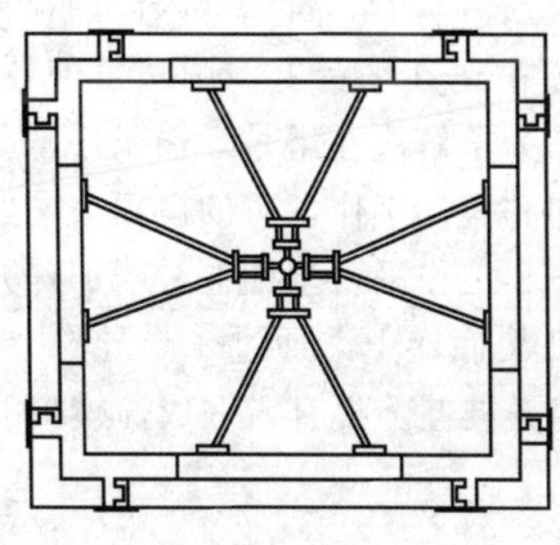

图 2.2.10　筒模示意图(一)

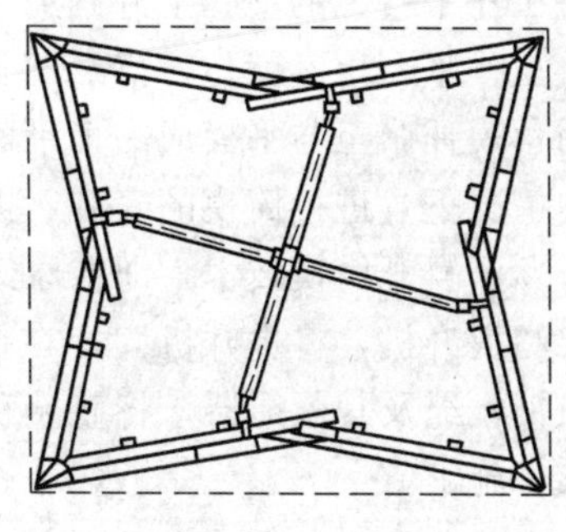

图 2.2.11　筒模示意图(二)

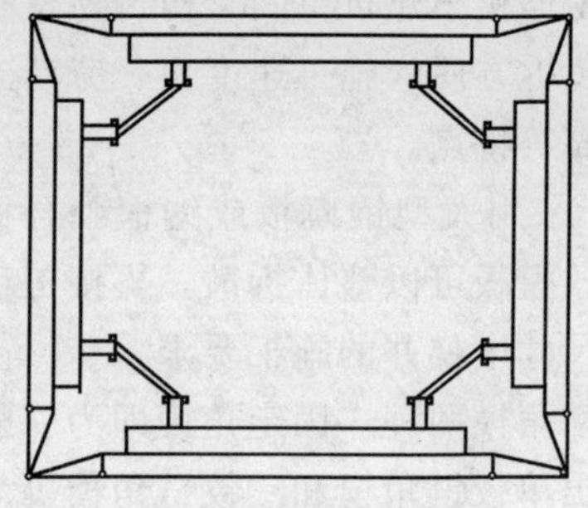

图 2.2.12　筒模示意图(三)

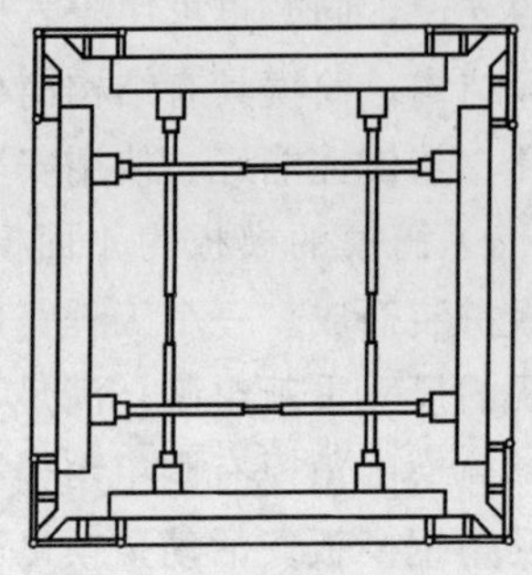

图 2.2.13　筒模示意图(四)

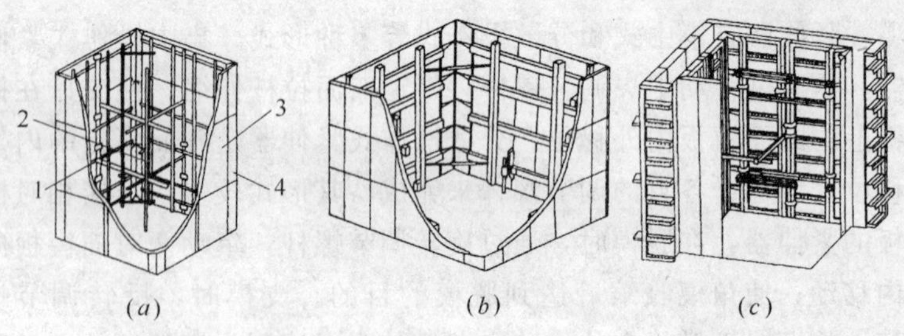

图 2.2.14　筒模透视图

1—中心绞链；2—调节组件；3—模板；4—活动角模

2）提升筒模一般采用塔吊，先将筒模工作平台吊装上升，待工作平台上的支腿上升到上一层预留洞时，自动弹入洞内，再将工作平台落实就位。然后将筒模吊运在平台上，调整紧伸器，使角模伸张至与平模成一个平面。为了解决在塔吊运输条件缺乏的情况下，进行筒模的安装、拆卸和搬动工作，有的模板公司已开发了自升筒模技术，即在原筒模和工作平台基础上，增加提升架和提升机，将提升机固定在提升架底座上，通过 4 个导轮、4 根钢丝绳及其紧绳器，将筒模和提升架互为提升，完成筒模提升操作施工。

(6) 永久性模板

当使用的模板体系本身又是承重结构的一部分时，这类模板为永久性模板。常见有混凝土薄板和原型钢板两种。采用永久性模板时，应由结构设计人员确定方案，施工中按设计要求操作。施工中的支撑方法按常规平台支撑方式操作，但需对施工荷载进行验算，并固定好模板体系。

所使用的永久性模板，其混凝土薄板的制作应符合有关预制构件的要求，压型钢板的背面须做防腐处理，并应严格控制堆放荷载。

（7）早拆模板体系

早拆模板体系实际是一种将支撑体系由长跨改变成短跨，以便在短期内达到允许拆模的施工方法。早拆模板体系分为成套早拆模板和简易早拆模板。

2.2.5 模板拆除

混凝土成型后。经过一段时间养护，混凝土强度达到一定要求时，即可拆除模板。模板的拆除在一些人看来是件简单的事，实际上，拆除时间、拆除顺序、拆除方法都很重要，如果拆除不当，不仅会影响工程质量，甚至会发生安全事故。因此，必须十分重视模板拆除这一过程的控制环节。

（1）模板拆除必须注意的事项

1）必须掌握适宜的拆除时间，其中以底模和模板支架的拆除时间更为重要。

2）切忌野蛮拆除。模板及支架拆除必须注意：

① 模板拆除时，不能硬砸猛撬，模板坠落应采取缓冲措施，不应对楼层形成冲击荷载。

② 拆除下来的模板和支架不宜过于集中存放，宜分散堆放，并应及时清运走，以免在楼层上积压，形成过大荷载。

3）注意保护定型模板和组合钢模板不变形。

4）将拆下的模板清理干净，板面应涂刷隔离剂。

5）拆下的模板应分类堆放整齐，做出标志，以利再用。

6）多层楼板支柱的拆除：上层楼板正在浇筑混凝土时，下一层楼板的模板支柱不得拆除，再下一层楼板模板的支柱，仅可拆除一部分；跨度为 4m 或 4m 以上的梁下均应保留支柱，支柱间距不得大于 3m。

(2) 模板拆除时混凝土强度和拆模时间

模板及其支架拆除应按施工技术方案执行，模板拆除时混凝土强度以同条件养护混凝土试件的抗压强度为判定依据。模板及其支架拆除时，混凝土的抗压强度应符合设计要求，当设计无具体要求时，应符合下列规定：

1) 侧模拆除：应在混凝土强度能保证其表面及棱角不因拆模而受损坏，方可拆除。

2) 底模拆除：当设计无具体要求时，不同构件类型、不同构件跨度，其底模拆除对混凝土强度的要求应符合表 2.2.6 的规定。

3) 后张法预应力混凝土结构构件模板：侧模宜在预应力张拉前拆除。底模支架的拆除应按施工技术方案执行，当无具体要求时，不应在结构构件建立预应力前拆除。

底模拆模时对混凝土强度要求 **表 2.2.6**

构件类型	构件跨度(m)	达到设计的混凝土立方体抗压强度标准值的百分率(%)
板	≤2	≥50
	>2、≤8	≥75
	>8	≥100
梁、拱、壳	≤8	≥75
	>8	≥100
悬臂构件	—	≥100

4) 预制构件模板拆除

① 侧模拆除时的混凝土强度应能保证构件不变形、棱角完整不受损伤。

② 芯模和预留孔洞内模拆除时的混凝土强度，应保证构件和孔洞表面不发生坍陷和裂缝。

③ 底模拆除时的混凝土强度：

当构件跨度≤4m 时，混凝土强度达到设计强度标准值的50％以上。

当构件跨度＞4m 时，混凝土强度达到设计强度标准值的75％以上。

5）后浇带两侧的梁和板应按施工技术方案的规定拆模；后浇带的梁、板底模拆除时，必须待后浇带内的混凝土强度达到设计强度标准值的 100％。

（3）模板拆除顺序和方法

1）拆模顺序：一般情况下是先装后拆，后装先拆。先拆除承重较小部位的模板及其支架，然后拆除其他部位的模板及支架。

2）普通模板：一般先拆非承重模板，后拆承重模板；先拆侧模，后拆底模。

3）大型结构模板：必须按预先制订的施工技术方案进行。

4）框架模板：一般是先拆柱模，再拆楼板模，然后拆梁侧模，最后拆梁底板模。

5）楼梯模板的拆模顺序是梯级板→梯级侧板→梯板侧板→梯板底板。

6）发现问题处理：在拆除模板过程中，如发现混凝土出现异常现象，可能影响混凝土结构安全和质量等问题时，应立即停止拆模，并经处理认证后方可继续拆模。

7）冬期施工：模板与保温层应在混凝土冷却到 5℃后方可拆模。当混凝土与外界温差大于 20℃时，拆模后应对混凝土表面采取保温措施。

2.2.6　模板工程安全施工基本要求

（1）一般要求

1）模板工程作业高度在 2m 及 2m 以上时，要根据高空作业安全技术规范的要求进行操作和防护，要有可靠安全的操作架子，4m 以上或二层以上周围应架设安全网和防护栏杆。

2）操作人员严禁攀登模板或在脚手架上下通行，严禁在墙顶、独立梁及其他狭窄又无防护栏的模板面上行走。

3）高处作业架和平台一般不宜堆放模板料，必须短时间堆放时，一定要码放平稳，不能堆得过高，必须控制在架子或平台的允许荷载范围内。

4）高处支模所用工具不用时要放在工具袋内，不能随意将工具、模板零件放在脚手架上，以免坠落伤人。

5）模板支撑不能固定在脚手架上或门窗上，避免发生倒塌或模板移位。

6）液压滑动模板及其他特殊模板应按相应的安全技术规程进行施工准备和作业。

7）注意防火。易燃材料应远离火源堆放，且应备有消防器材。

（2）天气要求

1）雨期施工，高空作业应有避雷设施，其接地电阻≤4Ω。

2）夜间施工，必须有足够的照明，照明电源电压不得超过36V，在潮湿地点或易触及带电体场所，照明电源电压不得超过24V。各种电源线应为绝缘线，且不允许直接固定在钢模板上。

3）冬期施工中，操作地点和人行通道的冰雪应事先清除掉，避免人员滑倒摔伤。

4）5 级以上大风天气，不宜进行大块模板拼装和吊装作业。

（3）电源要求

1）采用电热养护的模板要有可靠的绝缘漏电和接地保护装置。

2）在架空输电线路下进行模板安装时，最好能停电作业，否则应采取防护措施，其安全操作距离为：

① 输电线路电压＜1kV，最小安全距离 4m。

② 输电线路电压 1～20kV，最小安全距离 6m。

③ 输电线路电压 35～110kV，最小安全距离 8m。

④ 输电线路电压150kV，最小安全距离10m。

⑤ 输电线路电压200kV，最小安全距离15m。

3）吊运模板起重机的任何部位和被吊物件边缘与10kV以下架空线路边缘最小水平距离不得小于2m。如果达不到这一要求，必须采取防护措施，增设屏障、遮栏、围护或保护网，并悬挂醒目的警告标志牌。

2.2.7 模板验收

（1）模板设计验收内容

1）模板设计验收内容主要包括选型、选材、荷载计算、结构设计、绘制模板施工图以及拟定制作、安装、拆除方案等。

2）检查安全性。各项设计内容深度是否满足结构设计要求，保证施工中不变形、不倒塌。

3）检查各项设计是否与施工条件相符。

4）检查模板设计的实用性。例如：

① 接缝严密性。

② 构件的形状尺寸和相互位置的正确性。

③ 模板的构造简单，支拆方便等。

5）检查经济性。是否根据工程具体情况，因地制宜，就地取材，在确保工期、质量前提下，尽量减少一次性投入，增加模板的周转，减少支模的用工量等。

（2）模板安装验收内容见表2.2.7。

模板安装验收内容 **表2.2.7**

检验项目		标准	检验方法
主控项目	1. 安装现浇结构的上层模板及其支架	下层楼板应具有承受上层荷载的承载能力，或加设支架；上、下层支架的立柱应对准，并铺设垫板	对照模板设计文件和施工技术方案观察
	2. 涂刷模板隔离剂	不得沾污钢筋和混凝土接槎处	观察

续表

检验项目		标准	检验方法
一般项目	1. 模板安装	1）模板的接缝不应漏浆；浇筑混凝土前，木模板应浇水湿润，但模板内不应有积水。 2）模板与混凝土的接触面应清理干净并涂刷隔离剂，但不得采用影响结构性能或妨碍装饰工程施工的隔离剂。 3）浇筑混凝土前，应将模板内的杂物清理干净。 4）对清水混凝土工程及装饰混凝土工程，应使用能达到设计效果的模板	观察
	2. 用作模板的地坪、胎模	应平整光洁，不得产生影响构件质量的下沉、裂缝、起砂或起鼓	观察
	3. 跨度不小于 4m 的现浇钢筋混凝土梁、板	模板应按设计要求起拱；当设计无具体要求时，起拱高度宜为跨度的 1/1000～3/1000	水准仪或拉线、钢尺检查
	4. 固定在模板上的预埋件、预留孔和预留洞	不得遗漏，且应安装牢固，其允许偏差见表 2.2.8	钢尺检查
	5. 现浇结构模板安装的允许偏差及检验方法	见表 2.2.9	见表 2.2.9
	6. 预制构件模板安装的偏差、检查数量和验收方法	见表 2.2.10	见表 2.2.10

检查数量

主控项目：全数检查。

一般项目：项目 1 和 2 全数检查。

项目 3，在同一检验批内，对梁，应抽查构件数量的 10%，且不少于 3 件；对板，应按有代表性的自然间抽查 10%，且不少于 3 间；对大空间结构，板可按纵、横轴线划分检查面，抽查

10%，且不少于3面。

项目4，在同一检验批内，对梁、柱和独立基础，应抽查构件数量的10%，且不少于3件；对墙和板，应按有代表性的自然间抽查10%，且不少于3间；对大空间结构，墙可按相邻轴线间高度5m左右划分检查面，板可按纵横轴线划分检查面，抽查10%，且均不少于3面。

项目5，在同一检验批内，对梁、柱和独立基础，应抽查构件数量的10%，且不少于3件；对墙和板，应按有代表性的自然间抽查10%，且不少于3间；对大空间结构，墙可按相邻轴线间高度5m左右划分检查面，板可按纵横轴线划分检查面，抽查10%，且均不少于3面。

项目6，首次使用和大修后的模板应全数检查；使用中的模板应定期检查和不定期抽查。

预埋件和预留孔洞的允许偏差　　表2.2.8

项目		允许偏差(mm)
预埋钢板中心线位置		3
预埋管、预留孔中心线位置		3
插筋	中心线位置	5
	外露长度	+10，0
预埋螺栓	中心张位置	2
	外露长度	+10，0
预留洞	中心张位置	10
	尺寸	+10，0

注：检查中心线位置时，应沿纵、横个两个方向量测，并取其中的较大值。

现浇结构模板安装的允许偏差及检验方法　　表2.2.9

项目		允许偏差(mm)	检验方法
轴线位置		5	钢尺检查
底模上表面标高		±5	水准仪或拉线、钢尺检查
截面内部尺寸	基础	±10	钢尺检查
	柱、墙、梁	+4，-5	钢尺检查

续表

项目		允许偏差(mm)	检验方法
层高垂直度	不大于5m	6	经纬仪或吊线、钢尺检查
	大于5m	8	经纬仪或吊线、钢尺检查
相邻两板表面高底差		2	钢尺检查
表面平整度		5	2m靠尺和塞尺检查

注：检查轴线位置时，应沿纵、横两个方向量测，并取其中的较大值。

预制构件模板安装的允许偏差及检验方法　　表 2.2.10

项目		允许偏差(mm)	检验方法
长度	板、梁	±5	钢尺量两角边，取其中较大值
	薄腹梁、桁架	±10	
	柱	0，−10	
	墙板	0，−5	
宽度	板、墙板	0，−5	钢尺量一端及中部，取其中较大值
	梁、薄腹梁、桁架、柱	+2，−5	
高(厚)度	板	+2，−3	钢尺量一端及中部，取其中较大值
	墙板	0，−5	
	梁、薄腹梁、桁架、柱	+2，−5	
侧向弯曲	梁、板、柱	L/1000且≤15	拉线、钢尺量最大弯曲处
	墙板、薄腹梁、桁架	L/1500且≤15	
板的表面平整度		3	2m靠尺和塞尺检查
相邻两板表面高低差		1	钢尺检查
对角线差	板	7	钢尺量两个对角线
	墙板	5	
翘曲	板、墙板	L/1500	调平尺在两端量测
设计起拱	薄腹梁、桁架、梁	±3	拉线、钢尺量跨中

注：L为构件长度(mm)。

(3) 模板拆除验收见表2.2.11。

模板拆除验收 **表2.2.11**

检验项目		标准	检验方法
主控项目	1. 底板及其支架拆除时的强度	应符合设计要求，当设计无具体要求时，混凝土强度应符合表2.2.6的规定	检查同条件养护试件强度试验报告
	2. 后张法预应力混凝土结构构件	侧模宜在预应力张拉前拆除；底模支架的拆除应按施工技术方案执行，当无具体要求时，不应在结构构件建立预应力前拆除	观察
	3. 后浇带模板的拆除和支顶	应按施工技术方案执行	观察
一般项目	1. 侧模拆除时的混凝土强度	应能保证其表面及棱角不受损伤	观察
	2. 模板拆除	不应对楼层形成冲击荷载。拆除的模板和支架宜分散堆放并及时清运	观察

检查数量：主控项目和一般项目均全数检查。

2.2.8 模板工程常见质量缺陷及预控措施

模板工程常见质量缺陷及预控措施见表2.2.12。

模板工程常见质量缺陷及预控措施 **表2.2.12**

序号	项目	质量通病	预控措施
1	柱、墙板轴线偏位	拆除模板后，发现混凝土柱、墙板实际轴线位置与建筑物轴线位置不符	(1) 放线必须准确。 (2) 柱、墙模板顶部及根部有限位措施，发现偏位及时纠正，以免出现累计误差。 (3) 应有纵向垂直度控制措施。 (4) 保证模板刚度、螺栓及支撑应坚固，防止松动

续表

序号	项　目	质量通病	预 控 措 施
2	爆模	浇筑混凝土时或拆模后，发现模板变形，出现向外凸或翘曲	(1) 支架支撑在夯实的基土上，严禁基土积水下沉。 (2) 保证模板厚度，支撑间距符合要求，保证刚度。 (3) 墙模板穿墙螺栓直径、间距符合要求。振捣混凝土时防止螺栓变形或螺帽脱落。 (4) 墙模板中的洞口内模对撑应牢固，以防振捣混凝土时受挤偏位。 (5) 梁、柱模板卡具间距符合要求，能承受振捣混凝土时产生的侧向压力。 (6) 混凝土一次浇筑高度不宜过高，下料快慢适宜且不宜集中，使振捣时间适宜
3	标高偏差	混凝土结构层标高与图纸设计标高不符	(1) 翻样应考虑装饰装修层厚度。 (2) 竖向模板根部应找平。 (3) 模板顶部应有标高标记，并按标记施工。 (4) 结构层应设标高控制点。 (5) 楼梯踏步板应考虑装饰层厚度
4	模板拼缝不严密	模板间接缝有空隙，混凝土浇筑时漏浆	(1) 木模板含水率应符合要求，安装时间不宜过长，以防木模板干缩裂缝。 (2) 浇筑混凝土时，木模板应提前浇水湿润，保证接缝胀紧。 (3) 模板制作应精细，拼缝应严密，梁柱接头部位模板尺寸不应错位或不吻合。 (4) 用过的钢模板，应进行修整，以防边框弯折，接缝不当
5	拆除模板时损坏混凝土	拆除模板时将混凝土的边角损坏或碰撞混凝土，造成裂缝	(1) 混凝土强度应符合设计要求，拆除模板时间不宜过早。 (2) 拆除后的模板应清理干净，并在模板上涂刷隔离剂。 (3) 拆除模板时不许用大锤硬砸或用撬棍硬撬，以防损坏模板及混凝土

续表

序号	项　目	质量通病	预 控 措 施
6	模板内清理不净	模板内残留杂物等垃圾污物	(1) 墙、柱根部的拐角、梁柱接头最低处应留清扫孔，且所留位置应能清扫。 (2) 封模前进行清扫 (3) 钢筋绑扎完毕，模内用压缩空气或压力水清扫
7	隔离剂使用不当	混凝土污染，或混凝土残浆不清除即刷脱模剂，造成混凝土表面出现麻面等缺陷	(1) 拆模后应清理残浆后再刷隔离剂。 (2) 隔离剂应涂刷均匀，不许漏涂，涂层薄厚适宜。 (3) 不许使用废机油作隔离剂，以免污染钢筋、混凝土，影响混凝土表面质量

2.3 钢筋工程

钢筋加工、连接和安装是影响结构质量的一个重要环节，如：受力钢筋弯钩、弯折的形状和尺寸、钢筋连接的方式、接头位置、搭接长度、接头试件的力学性能检验、钢筋安装的位置、特别是受力钢筋的位置等，对于保证钢筋与混凝土协同受力非常重要。因此，确保钢筋加工质量、连接质量和安装质量，是保证钢筋混凝土结构安全的重要因素。

2.3.1 概述

(1) 钢筋工程应重点掌握的内容

1) 钢筋分项工程包括钢筋进场检验、钢筋加工、钢筋连接、钢筋安装等一系列技术工作和完成的实体。

2) 重点应掌握以下要求

① 了解钢筋分项工程的一般内容。

② 掌握钢筋进场时质量检验的基本要求、检验方法和抽样

方案。

③ 掌握对有抗震设防要求的框架结构纵向受力钢筋的要求。

④ 掌握当钢筋脆断、焊接性能不良或力学性能显著不正常时的处理方法。

⑤ 掌握对钢筋外观、形状的基本要求及检验方法。

⑥ 掌握受力钢筋的弯钩、弯折和箍筋的有关规定。

⑦ 了解对钢筋调直方法的要求，掌握冷拉调直时对冷拉率的要求。

⑧ 掌握对钢筋加工的形状、尺寸及偏差的要求。

⑨ 掌握对纵向受力钢筋的连接方式要求。熟悉施工现场机械连接接头、焊接接头的外观质量要求，以及力学性能检验方法和质量标准。

⑩ 了解钢筋的接头位置要求，掌握各种连接方式的接头面积百分率要求。

⑪ 掌握梁、柱类构件纵向受力钢筋搭接长度范围内配置箍筋的要求。

⑫ 掌握钢筋安装时，对受力钢筋的品种、级别、规格和数量的基本要求和对钢筋安装位置偏差的要求。

(2) 检验批划分原则

钢筋分项工程所含的检验批数量，应根据施工现场的材料种类、施工工序和验收需要加以确定。“混凝土验收规范”分别从“一般规定”、“原材料”、“钢筋加工”、“钢筋连接”、“钢筋安装”5个方面作出了规定。在实际施工中，施工单位、监理单位和建设单位可在施工前根据与施工方式相一致且便于控制施工质量的原则，按工作班、楼层、结构缝或施工段划分为若干检验批。

2.3.2 钢筋原材料与加工

(1) 钢筋原材料

1) 热轧钢筋：热轧钢筋分为热轧光圆钢筋与热轧带肋钢筋

两类。带肋钢筋肋形有：月牙肋和等高肋两种。月牙肋钢筋用于HRB335级、HRB400级带肋钢筋，等高肋钢筋用于HRB500级带肋钢筋。

2）余热处理钢筋：余热处理钢筋应符合《钢筋混凝土用余热处理钢筋》(GB 13014)的规定。其表面形状同热轧月牙肋钢筋，强度级别为RRB400级。

3）冷轧带肋钢筋：冷轧带肋钢筋的外形肋呈月牙型，三面肋沿钢筋横截面周围上均匀分布，其中有一面必须与另两面反向。

4）冷轧扭钢筋：冷轧扭钢筋是由普通低碳钢热轧圆盘条经冷轧扭工艺制成，其表面呈连续的螺旋形，其质量要求应符合行业标准《冷轧扭钢筋》(JG 3046—1998)中的要求。冷轧扭钢筋表面不应有影响钢筋力学性能的裂纹、折叠、结疤、压痕、机械损伤或其他影响使用的缺陷。

(2) 钢筋取样试验

钢筋每捆(盘)上都挂有两个标牌(注明生产厂、生产日期、钢号、炉罐号、钢筋级别、直径等标记)，并附有质量证明书。钢筋进场时应进行复验和见证取样试验。

1）热轧和余热处理钢筋

钢筋进场时，应按批进行检查和验收。每批由同牌号、同炉罐号、同规格、同交货状态的钢筋组成，重量不大于60t。

① 外观检查

从每批钢筋中抽取5%进行外观检查。钢筋表面不得有裂纹、结疤和折叠。钢筋表面允许有凸块，但不得超过横肋的高度，钢筋表面上其他缺陷的深度和高度不得大于所在部位尺寸的允许偏差。钢筋每1m弯曲度不应大于4mm。

钢筋可按实际重量或公称重量交货。当钢筋按实际重量交货时，应随机抽取10根(6m长)钢筋称重，如重量偏差大于允许偏差，则应与供货单位交涉。

② 力学性能试验

A. 取样：从每批钢筋中任选两根钢筋，每根取两个试样分别进行拉伸试验（包括屈服点、抗拉强度和伸长率）和冷弯试验。

B. 判定

a. 如有一项试验结果不符合要求，则从同一批中另取双倍数量的试样重作各项试验。如仍有一个试样为不合格品，则该批钢筋为不合格。

b. 对钢筋的质量有疑问或类别不明时，在使用前应作拉伸和冷弯试验。根据试验结果确定钢筋的类别后，才允许使用。抽样数量应根据实际情况确定。这种钢筋不宜用于主要承重结构的重要部位。

c. 钢筋在加工过程中发现脆断、焊接性能不良或机械性能显著不正常等现象时，应进行化学成分分析或其他专项检验。

2）冷轧带肋钢筋

冷轧带肋钢筋进场时，应按每批进行检查和验收。每批由同一牌号、同一外形、同一规格、同一生产工艺和同一交货状态的钢筋组成，重量不大于60t。具体见证取样试验的要求，应符合表2.3.1的规定。

钢筋的试验项目、取样方法及试验方法　　　表2.3.1

序号	试验项目	试验数量	取样方法	试验方法
1	拉伸试验	每盘1个	在每(任)盘中随机切取	《金属拉伸试验方法》GB/T 228—1987 《金属拉伸试验试样》GB/T 6397—1986
2	弯曲试验	每批2个		《金属材料弯曲试验方法》GB/T 232—1999
3	反复弯曲试验	每批2个		《金属线材反复弯曲试验方法》GB/T 238—1984
4	应力松弛试验	定期1个		GB/T 10120和冷轧带肋钢筋GB 13788—2000

续表

序号	试验项目	试验数量	取样方法	试验方法
5	尺　　寸	逐　　盘		GB 13788
6	表　　面	逐　　盘		目　视
7	重量偏差	每盘1个		GB 13788

注：1. 供货单位在保证 $\sigma_{P0.2}$ 合格的条件下，可不逐盘进行 $\sigma_{P0.2}$ 的试验。

2. 表中试验数量栏中"盘"指生产钢筋"原料盘"。

3）冷轧扭钢筋见证取样试验

① 验收批与抽样规则

冷轧扭钢筋验收批应由同一牌号、同一规格尺寸、同一台轧机、同一台班的钢筋组成，且每批不大于10t，不足10t按一批计。

冷轧扭钢筋的试样由验收批钢筋中随机抽取。取样部位应距钢筋端部不小于500mm。试样长度宜取偶数倍节距，且不应小于4倍节距，同时不小于500mm。

② 复试试验项目

A. 拉伸试验，每批两个试件。拉伸试验中伸长率测定的原始标距为$10d$（d为冷轧扭钢筋标称直径）。

B. 冷弯试验，每批一个试件。其他项目如轧扁厚度、节距、重量、外观质量等视情况决定。

③ 判定规则

A. 当全部检验项目均符合《冷轧扭钢筋》（JG 3046—1998）标准规定时，则该批钢筋判定为合格。

B. 当检验项目中有一项检验结果不符合《冷轧扭钢筋》（JG 3046—1998）有关条文要求，则应从同一批钢筋中重新加倍随机取样，对不合格项目进行复检。若试样复检后合格，该批钢筋可判定为合格。否则根据不同项目按下列规则判定。

a. 当抗拉强度、拉伸、冷弯试验不合格，或重量负偏差大于5%时，该批钢筋判定为不合格。

b. 当仅轧扁厚度小于或节距大于《冷轧扭钢筋》

(JG 3046—1998)的规定，仍可判定为合格，但应降低直径规格使用。

(3) 钢筋加工

1) 钢筋除锈：钢筋在使用前必须清除钢筋表面油渍、漆污、铁锈等，以确保钢筋与混凝土之间的握裹力。钢筋除锈一般可采用在钢筋冷拉或钢丝调直过程中除锈或采用电动除锈机等机械进行除锈。此外还可采用手工除锈(钢丝刷、砂盘、打磨纸)、喷砂、酸洗锈等方法进行。

对于在除锈过程中发现的钢筋表面的氧化铁皮鳞现象严重并且已经损伤到钢筋截面，或是在除锈后发现钢筋仍有严重的麻坑、斑点、伤蚀截面时，应剔除不用或降级使用。

2) 钢筋调直：调直后的钢筋应保证平直，无局部曲折，冷拔低碳钢丝在调直机上调直后，其表面不得有明显的擦伤，抗拉强度不得低于设计要求。冷拔低碳钢丝经调直机调直后，其抗拉强度一般要降低 10%～15%。使用前应检验，按照调直后的抗拉强度使用。如果抗拉强度降低过大，则可适当降低调直筒的转速和调直块的压紧程度。

3) 钢筋切断：切断钢筋时要长短搭配，统筹排料；一般按照先断长料，后断短料的原则，以减少损耗，节约钢筋。如发现钢筋有劈裂、偏头或严重弯头现象，必须切除。如发现钢筋的硬度与该类型有很大出入，应查明原因后再作处理。

钢筋切断后要对钢筋的断口进行检查，其断口不得有马蹄形或起弯等现象。钢筋长度必须严格控制，允许偏差控制在±10mm。

4) 钢筋弯曲成形

① 钢筋弯曲要保证形状准确，平面上没有翘曲不平现象。

② 钢筋弯曲点处不得有裂缝；对于 HRB335 级、HRB400 级和 RRB400 级钢筋不得弯曲过大再弯回来。

③ 钢筋成形后的允许偏差见表 2.3.2。

钢筋加工允许偏差　　表 2.3.2

项　目	允许偏差(mm)
受力钢筋长度方向全长的净尺寸	±10
弯起钢筋的弯折位置	±20
箍筋内净尺寸	±5

(4) 钢筋原材料与加工验收

1) 钢筋原材料验收见表 2.3.3。

钢筋原材料检验　　表 2.3.3

检验项目		标　准	检验方法
主控项目	1. 钢筋进场	应按现行国家标准《钢筋混凝土用热轧带肋钢筋》(GB 1499)等的规定抽取试件作力学性能检验，其质量必须符合有关标准的规定	检查产品合格证、出厂检验报告和进场复验报告
主控项目	2. 有抗震设防要求的框架结构	其纵向受力钢筋的强度应满足设计要求；当设计无具体要求时，对一、二级抗震等级，检验所得的强度实测值应符合下列规定： (1) 钢筋的抗拉强度实测值与屈服强度实测值的比值不应小于 1.25。 (2) 钢筋的屈服强度实测值与强度标准值的比值不应大于 1.3。 (3) 当发现钢筋脆断、焊接性能不良或力学性能显著不正常等现象时，应对该批钢筋进行化学成分检验或其他专项检验	检查进场复验报告
一般项目	钢筋	应平直、无损伤，表面不得有裂纹、油污、颗粒状或片状老锈	观察

检查数量

主控项目：按进场的批次和产品的抽样检验方案确定。

一般项目：进场时和使用前全数检查。

2）钢筋加工检验见表2.3.4。

钢筋加工检验 **表2.3.4**

检验项目		标准	检验方法
主控项目	1. 受力钢筋的弯钩和弯折	应符合下列规定： (1) HPB235级钢筋末端应作180°弯钩，其弯弧内直径不应小于钢筋直径的2.5倍，弯钩的弯后平直部分长度不应小于钢筋直径的3倍。 (2) 当设计要求钢筋末端需作135°弯钩时，HRB335级、HRB400级钢筋的弯弧内直径不应小于钢筋直径的4倍，弯钩的弯后平直部分长度应符合设计要求。 (3) 钢筋作不大于90°的弯折时，弯折处的弯弧内直径不应小于钢筋直径的5倍	钢尺检查
	2. 箍筋的末端	除焊接封闭环式箍筋外，箍筋的末端应作弯钩，弯钩形式应符合设计要求；当设计无具体要求时，应符合下列规定： (1) 箍筋弯钩的弯弧内直径除应满足上一条的规定外，尚应不小于受力钢筋直径。 (2) 箍筋弯钩的弯折角度：对一般结构，不应小于90°；对有抗震等要求的结构，应为135°。 (3) 箍筋弯后平直部分长度：对一般结构，不宜小于箍筋直径的5倍；对有抗震等要求的结构，不应小于箍筋直径的10倍	钢尺检查
一般项目	1. 钢筋调直	宜采用机械方法，也可采用冷拉方法。当采用冷拉方法调直钢筋时，HPB235级钢筋的冷拉率不宜大于4%，HRB335级、HRB400级和RRB400级钢筋的冷拉率不宜大于1%	观察，钢尺检查
	2. 钢筋加工的形状、尺寸	应符合设计要求，其偏差应符合表2.3.2的规定	钢尺检查

检查数量

主控项目和一般项目均为按每工作班同一类型钢筋、同一加工设备抽查不应少于3件。

2.3.3 钢筋连接

(1) 基本规定

钢筋连接一是现场连接；二是在场外先将钢筋加工成骨架和网片，运至现场后安装。

1) 钢筋连接可分为：绑扎连接、机械连接和焊接连接。连接方法见图2.3.1。具体采用何种方式连接应按设计要求确定。

2) 钢筋连接接头型式有3种：对接接头、交叉接头和T型接头。

3) 钢筋连接主要技术要求见表2.3.5。

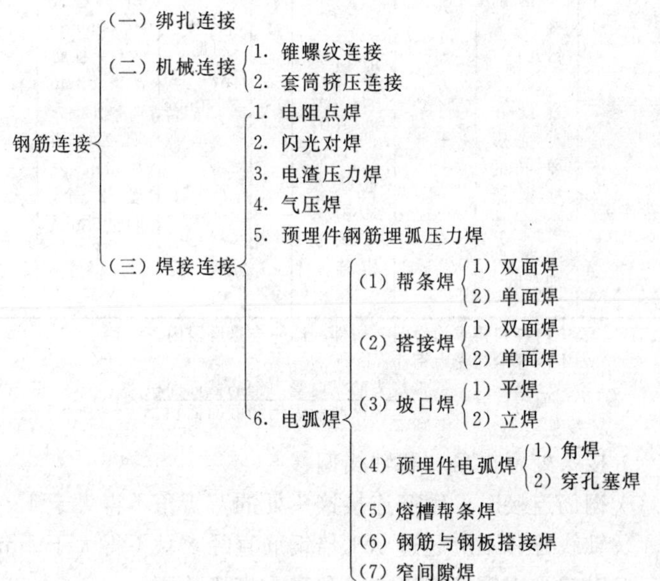

图2.3.1 钢筋连接方法

钢筋连接主要技术要求　　　　表 2.3.5

内容 要求 连接方式	接头位置	接头末端至弯起点距离	接头面积（%）	搭接长度	同一连接区段长度	箍筋	钢筋横向净距
绑扎连接	（1）宜设在受力较小处；（2）同一纵向受力钢筋不宜设2个或2个以上接头；（3）相邻钢筋接头错开；（4）不宜设在有抗震要求的框架梁端、柱端箍筋加密区	≥10*d*	（1）梁、板、墙≤25；（2）柱≤50；（3）确需增大时，梁≤50，其他适当	见表2.3.6及表注	1.3倍搭接长度	（1）直径：为0.25*d*（粗筋）；（2）间距：受拉区为5*d*（细筋），且≤100mm，受压区为10*d*（细筋），且≤200mm；（3）柱筋*d*＞25mm时，接头端面外100mm内设2个，间距50mm	≥*d*，且≥25mm
机械连接			（1）受拉区≤50；（2）框架梁端、柱端≤50；（3）直接承受动力荷载机构连接≤50		35*d*（粗筋直径），且≥500mm		
焊接连接							

注：1. 表中内容和要求均为同一构件、同一连接区段内。

2. 表中内容均为受力钢筋。

3. 接头面积百分率$=\dfrac{\text{带接头的纵向受力钢筋截面面积}}{\text{全部纵向受力钢筋截面面积}}\times 100\%$

4）接头处弯折角度和轴线偏移

① 钢筋连接时，钢筋连接接头处的弯折角不得大于4°。

② 轴线位移不应超过0.1倍钢筋直径，且不得大于2mm。

5）纵向受力钢筋连接方式和最小搭接长度

① 连接方式：必须按设计要求采用。目前，钢筋连接方式

已有多种，而纵向受力钢筋连接方式的选用，是保证受力钢筋应力传递及结构构件的受力性能所必需，因此，纵向受力钢筋的连接方式必须按设计要求采用。

② 纵向受力钢筋的最小搭接长度按下述要求进行控制

A. 当纵向受拉钢筋的绑扎搭接接头面积百分率不大于25%时，其最小搭接长度应符合表2.3.6的规定，且不应小于300mm。

纵向受拉钢筋的最小搭接长度　　表2.3.6

钢筋类型		混凝土强度等级			
		C15	C20～C25	C30～C35	≥C40
光圆钢筋	HPB235级	45*d*	35*d*	30*d*	25*d*
带肋钢筋	HRB335级	55*d*	45*d*	35*d*	30*d*
	HRB400级、RRB400级	—	55*d*	40*d*	35*d*

注：两根直径不同钢筋的搭接长度，以较细钢筋的直径计算。

B. 当纵向受拉钢筋搭接接头面积百分率大于25%，但不大于50%时，其最小搭接长度应按表2.3.6中的数值乘以系数1.2取用；当接头面积百分率大于50%时，应按表2.3.6中的数值乘以系数1.35取用。

C. 当符合下列条件时，纵向受拉钢筋的最小搭接长度应在上述B款确定后，按下列规定进行修正：

a. 带肋钢筋直径大于25mm时，最小搭接长度应按相应数值乘以系数1.1取用。

b. 对环氧树脂涂层的带肋钢筋，最小搭接长度应按相应数值乘以系数1.25取用。

c. 当在混凝土凝固过程中受力钢筋易受扰动时（如滑模施工），其最小搭接长度应按相应数值乘以系数1.1取用。

d. 对末端采用机械锚固措施的带肋钢筋，其最小搭接长度可按相应数值乘以系数0.7取用。

e. 当带肋钢筋的混凝土保护层厚度大于搭接钢筋直径的3

倍且配有箍筋时，其最小搭接长度可按相应数值乘以系数 0.8 取用。

f. 对有抗震设防要求的结构构件，其受力钢筋的最小搭接长度对一、二级抗震等级应按相应数值乘以系数 1.15 采用；对三级抗震等级应按相应数值乘以系数 1.05 采用。

D. 纵向受压钢筋搭接时，其最小搭接长度应按上述 3 款规定确定相应数值后，乘以系数 0.7 取用。在任何情况下，受压钢筋的搭接长度不应小于 200mm。

(2) 钢筋绑扎连接

1) 施工作业条件

① 已核对成品钢筋的级别、直径、形状、尺寸和数量，与料单、料牌一致，错漏之处已纠正。

② 绑扎用铁丝、绑扎工具(如钢筋钩、带板口的小撬棍等)、绑扎架等已准备好。

2) 钢筋绑扎连接基本规定

① 钢筋的交叉点应采用铁丝绑扎牢固。

② 板和墙的钢筋网，除靠近外围两排钢筋相交点全部绑牢外，中间部分交叉点可间隔交错绑牢，但必须保证受力钢筋不产生位置偏移；双向受力钢筋，必须全部绑牢。

③ 梁和柱的箍筋，除设计有特殊要求外，应与受力钢筋垂直设置，箍筋弯钩叠合处，应沿受力钢筋方向错开设置。

④ 在柱中竖向钢筋搭接时，角部钢筋的弯钩平面与模板面的夹角，对矩形柱应为 45°角，对多边形柱应为模板内角的平分角；对圆形柱钢筋的弯钩平面应与模板的切平面垂直；中间钢筋的弯钩平面应与模板面垂直；当采用插入式振捣器浇筑小型截面柱时，弯钩平面与模板面的夹角不得小于 15°。

(3) 焊接连接

1) 施工准备及作业条件

① 作业现场要有安全防护、防火、通风措施、防止发生触电、火灾、中毒及烧伤等事故。

② 准备好主要工器具：电焊机、电缆、电焊钳、面罩、焊接电源、控制箱、焊机接头等。

③ 焊工必须持证上岗，且应在资格允许范围内进行焊接。

④ 焊接前，必须根据施工条件试焊 3 个模拟试件，合格后方可施工。

⑤ 集中加工的钢筋，加工单位应提供焊接试验报告。

⑥ 冷拔低碳钢丝的力学性能应符合“混凝土验收规范”的规定。

⑦ 预埋件接头、熔槽帮条焊接头和坡口焊接头中的钢板和型钢，宜采用低碳钢或低合金钢，其性能应符合现行国家标准《碳素结构钢》GB/T 700 或《低合金结构钢》GB/T 1591 的规定。

⑧ 电弧焊所采用的焊条，其性能应符合现行国家标准《碳钢焊条》GB 5177 或《低合金钢焊条》GB 5118 的规定，其型号应根据设计确定；若设计无规定时，可按表 2.3.7 选用。

钢筋电弧焊焊条型号 **表 2.3.7**

钢 筋 级 别	电弧焊接头型式			
	帮条焊 搭接焊	坡口焊 熔槽帮条焊 预埋件穿孔塞焊	窄间隙焊	钢筋与钢板 搭接焊预埋件 T 形角焊
HPB235 级	E4303	E4303	E4316 E4315	E4303
HRB335 级	E4303	E5003	E5016 E5015	E4303
HRB400 级、RRB400 级	E5003	E5503	E6016 E6015	—

注：窄间隙焊不适用于余热处理 RRB400 级钢筋。

⑨ 当采用低氢型碱性焊条时，应按使用说明书的要求烘焙，且宜放入保温筒内保温使用；酸性焊条若在运输或存放中受潮，使用前亦应烘焙后方能使用。

⑩ 在电渣压力焊和埋弧压力焊中所用的焊剂，可采用 HJ431 焊剂。

⑪ 焊剂应存放在干燥的库房内，当受潮时，在使用前经250～300℃烘焙 2h。

使用中回收的焊剂应清除熔渣和杂物，并应与新焊剂混合均匀后使用。

⑫ 焊条、焊剂应有产品合格证，焊条质量应符合以下要求：

A. 药皮无裂缝、气孔、凹凸不平等缺陷，并不得有肉眼看得出偏心度。

B. 焊接过程中，电弧应燃烧稳定，药皮熔化均匀，无成块脱落现象。

C. 焊条必须根据要求烘干后再用。

⑬ 冷拔低碳钢丝的接头，不得焊接。

⑭ 冷拉钢筋的闪光对焊或电弧焊，应在冷拉前进行。

2）钢筋焊接方法、接头型式、适用范围见表 2.3.8。

钢筋焊接方法的适用范围　　表 2.3.8

焊接方法			接头型式	适用范围	
				钢筋级别	钢筋直径(mm)
电阻点焊				HPB235 HRB335 HRB400 CRB550	8～16 6～16 6～16 4～12
闪光对焊			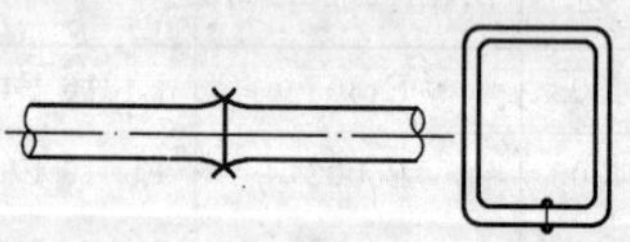	HPB235 HRB335 HRB400 HRB500 RRB400 Q235	8～20 6～40 6～40 10～40 10～32 6～14
电弧焊	帮条焊	双面焊	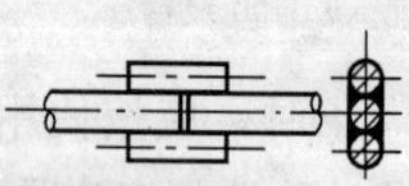	HPB235 HRB335 HRB400 RRB400	10～20 10～40 10～40 10～25
		单面焊	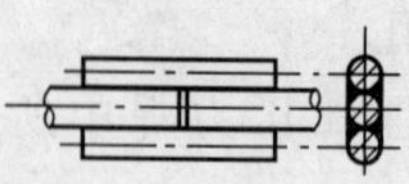	HPB235 HRB335 HRB400 RRB400	10～20 10～40 10～40 10～25

续表

焊接方法			接头型式	适用范围	
				钢筋级别	钢筋直径(mm)
电弧焊	搭接焊	双面焊		HPB235	10～20
				HRB335	10～40
				HRB400	10～40
				RRB400	10～25
		单面焊		HPB235	10～20
				HRB335	10～40
				HRB400	10～40
				RRB400	10～25
	熔槽帮条焊			HPB235	20
				HRB335	20～40
				HRB400	20～40
				RRB400	25
	坡口焊	平　焊		HPB235	18～20
				HRB335	18～40
				HRB400	18～40
				RRB400	18～25
		立　焊		HPB235	18～20
				HRB335	18～40
				HRB400	18～40
				RRB400	18～25
	钢筋与钢板搭接焊			HPB235	8～20
				HRB335	8～40
				HRB400	8～25
	窄间隙焊			HPB235	16～20
				HRB335	16～40
				HRB400	16～40
	预埋件电弧焊	角　焊		HPB235	8～20
				HRB335	6～25
				HRB400	6～25
		穿孔塞焊		HPB235	20
				HRB335	20～25
				HRB400	20～25

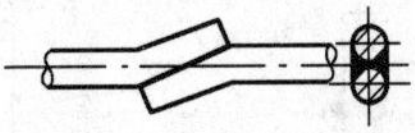

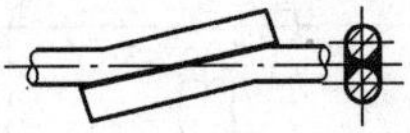

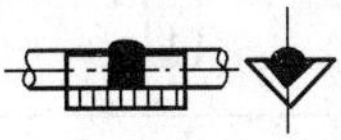

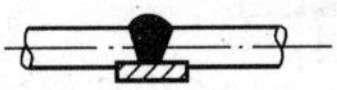

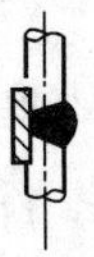

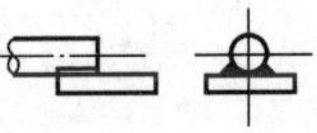

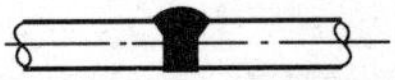

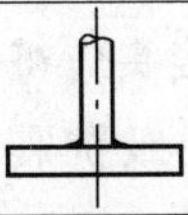

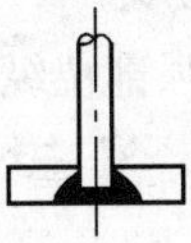

续表

焊接方法	接头型式	适用范围	
		钢筋级别	钢筋直径(mm)
电渣压力焊		HPB235 HRB335 HRB400	14～20 14～32 14～32
气压焊		HPB235 HRB335 HRB400	14～20 14～40 14～40
预埋件钢筋埋弧压力焊		HRB235 HPB335 HRB400	8～20 6～25 6～25

注：1. 电阻点焊时，适用范围的钢筋直径系指 2 根不同直径钢筋交叉叠接中较小钢筋的直径。

2. 当设计图纸规定对冷拔低碳钢丝焊接网进行电阻点焊，或对原 RL540 钢筋(Ⅳ级)进行闪光对焊时，可按《钢筋焊接及验收规程》(JGJ 18—2003、J 253—2003)相关条款规定进行。

3. 钢筋闪光对焊含封闭环式箍筋闪光对焊。

3）钢筋焊接基本规定

① 钢筋焊接的偏差：当直径＞20mm 为 2mm；直径≤20mm 为 $d/10$。

② 对有抗震要求的受力钢筋的接头，宜优先采用焊接或机械连接。当采用焊接连接时，接头应符合下列规定：

A. 纵向钢筋的接头，对一级抗震等级，应采用焊接接头；对二级抗震等级，宜采用焊接接头。

B. 框架底层柱、剪力墙加强部位纵向钢筋的接头，对一、二级抗震等级、应采用焊接接头；对三级抗震等级，宜采用焊接接头。

C. 钢筋接头不宜设置在梁端、柱端的箍筋加密区范围内。

③ 同一构件内，当受力钢筋采用焊接接头时，设置在同一构件内的焊接接头应相互错开。在任一焊接接头中心至长度为35倍钢筋直径且不小于500mm的区段 l 内，同一根钢筋不得有两个接头；在该区段内有接头的受力钢筋截面面积占受力钢筋总截面面积的百分率，应符合下列规定：

A. 非预应力筋：受拉区不宜超过50%；受压区和装配式构件连接处不限制。

B. 预应力筋：受拉区不宜超过25%，当有可靠保证措施时，可放宽至50%；受压区和后张法的螺丝端杆不限制。

注：1. 接头宜设置在受力较小部位，且在同一根钢筋全长上宜少设接头；

2. 承受均布荷载作用的屋面板、楼板、檩条等简支受弯构件，当在受拉区内配置的受力钢筋少于3根时，可在跨度两端各四分之一跨度范围内设置一个焊接接头。

④ 焊接接头距钢筋弯折处位置：焊接接头距钢筋弯折处，不应小于10倍钢筋直径，且不宜位于构件最大弯矩处。

4）电阻点焊：电阻点焊包括预压、通电、锻压3个阶段。

① 试件检测与外观质量

A. 抽样数量：取样从成品中切取，热轧钢筋焊点作抗剪试验，试件为3件；冷拔低碳钢丝焊点除作抗剪试验外，还应对较小钢丝作拉伸试验，试件各为3件；30t或200件为一批；外观检查每批抽查5%，梁、柱、桁架等抽查10%，均不得少于3件。

B. 试验结果

a. 抗剪试验结果应符合表2.3.9的要求。

焊点抗剪力指标(kN) **表 2.3.9**

钢筋种类	较小钢筋直径(mm)								
	3	4	5	6	6.5	8	10	12	14
HPB235级钢筋				6.7	7.8	11.9	18.4	26.6	36.2
HRB335级钢筋						16.8	26.2	37.8	51.3
冷拔低碳钢丝	2.5	4.4	6.9						

b. 拉伸试验结果：乙级冷拔低碳钢丝抗拉强度不低于 540N/mm^2；伸长率不低于 2%。

以上试验结果如有 1 个试件达不到上述要求时，应加倍取样复试，复试结果仍有 1 个试件不符合上述要求，则该批制品不合格。

C. 外观质量

a. 焊点处熔化金属均匀。

b. 焊点无脱落、漏焊、裂纹、多孔性缺陷及明显的烧伤现象。

c. 量测制品总尺寸，并抽查纵横方向 3～5 个网格偏差，应符合表 2.3.10 的规定。

钢筋点焊制品外形尺寸允许偏差　　　表 2.3.10

<table>
<tr><th>项次</th><th colspan="2">量测项目</th><th>允许偏差(mm)</th><th>项次</th><th colspan="2">量测项目</th><th>允许偏差(mm)</th></tr>
<tr><td rowspan="2">1</td><td rowspan="2">焊接网片</td><td rowspan="2">长
宽
网格尺寸</td><td rowspan="2">±10</td><td>3</td><td colspan="2">骨架箍筋间距</td><td>±10</td></tr>
<tr><td>4</td><td colspan="2">网片两对角线之差</td><td>10</td></tr>
<tr><td>2</td><td>焊接骨架</td><td>长
宽
高</td><td>±10
±5
±5</td><td>5</td><td>受力主筋</td><td>间距
排距</td><td>±10
±5</td></tr>
</table>

当外观检查结果不符合上述要求时，则逐件检查，剔除不合格品。对不合格品经检修后，可提交二次验收。

② 点焊制品缺陷及预控措施见表 2.3.11。

点焊制品焊接缺陷及预控措施　　　表 2.3.11

缺　陷	预　控　措　施
焊点过烧	(1) 降低变压级数。 (2) 缩短通电时间。 (3) 切断电源，校正电极。 (4) 清理触点，调节间隙

续表

缺　陷	预 控 措 施
焊点脱落	(1) 提高变压器级数。 (2) 加大弹簧压力或调大气压。 (3) 调整两级间距离符合压入深度要求。 (4) 延长通电时间
钢筋表面烧伤	(1) 清刷电极与钢筋表面的铁锈和油污。 (2) 保证预压过程和适当的预压力。 (3) 降低变压器级数。 (4) 修理或更换电极

5）闪光对焊

① 试件检测与外观质量

A. 试件机械性能试验

a. 取样：每 300 个同类型接头为一批，从每批成品中取 6 个试件，进行 3 个拉伸试验和 3 个弯曲试验。

b. 拉伸试验：3 个试件的抗拉强度均不得低于规定抗拉强度值；至少有 2 个试件断于焊缝之外，并呈塑性断裂。当有 1 个试件的抗拉强度低于规定指标，或有 2 个试件在焊缝或热影响区发生脆性断裂时，应取双倍试件进行复验。复验结果仍有 1 个试件的抗拉强度低于规定指标，或有 3 个试件呈脆性断裂，则该批接头即为不合格品。

c. 弯曲试验

试验时焊缝应处于弯曲中心，弯心直径见表 2.3.12。弯曲到 90°时，接头外侧不得出现宽度大于 0.15mm 的横向裂缝。

弯曲试验所用弯心直径　　表 2.3.12

钢筋级别	HPB235 级		HRB335 级		HRB400 级、RRB400 级	
钢筋直径(mm)	≤25	>25	≤25	>25	≤25	>25
弯心直径	2*d*	3*d*	4*d*	5*d*	5*d*	6*d*

注：*d* 为钢筋直径。

如弯曲试验结果有 2 个试件未达到上述要求，应取双倍数量的试件进行复试，复试结果仍有 3 个试件不符合要求，则该批接头判为不合格品。

B. 外观质量

a. 接头处不得有横向裂纹。

b. 与电极接触处的钢筋表面，对于 HPB235 级、HRB335 级、HRB400 级和 RRB400 级钢筋不得有明显的烧伤。低温焊接时不得有烧伤。

c. 接头处的弯折不得大于 4°。

d. 接头处的钢筋轴线偏移不得大于 0.1d；且不得大于 2mm。

当有一个接头不符合要求时，应对全部接头进行检查，剔除不合格品。不合格接头经切除重焊后，可提交二次验收。

② 闪光对焊焊接时发生的缺陷以及预控措施见表 2.3.13。

闪光对焊焊接缺陷及预控措施 **表 2.3.13**

焊接缺陷	预控措施
烧化过分剧烈并产生强烈的爆炸声	(1) 降低变压器级数。 (2) 减慢烧化速度
闪光不稳定	(1) 清除电极底部和表面的氧化物。 (2) 提高变压器级数。 (3) 加快烧化速度
接头中有氧化膜、未焊透或夹渣	(1) 增加预热程度。 (2) 加快临近顶锻时的烧化程度。 (3) 确保带电顶锻过程。 (4) 加快顶锻速度。 (5) 增大顶锻压力
接头中有缩孔	(1) 降低变压器级数。 (2) 避免烧化过程过分强烈。 (3) 适当增大顶锻留量及顶锻压力
焊缝金属过烧	(1) 减小预热程度。 (2) 加快烧化速度，缩短焊接时间。 (3) 避免过多带电顶锻

续表

焊 接 缺 陷	预 控 措 施
接头区域裂纹	（1）检验钢筋的碳、硫、磷含量；若不符合规定时应更换钢筋。 （2）采取低频预热方法，增加预热程度
钢筋表面微熔及烧伤	（1）消除钢筋被夹紧部位的铁锈和油污。 （2）消除电极内表面的氧化物。 （3）改进电极槽口形状，增大接触面积。 （4）夹紧钢筋
接头弯折或轴线偏移	（1）正确调整电极位置。 （2）修整电极钳口或更换已变形的电极。 （3）切除或矫直钢筋的弯头

6）电渣压力焊

① 试件检测与外观质量

A. 强度检验

a. 取样：300 个同类型接头为一批，从每批成品中切除 3 个试件进行拉伸试验。

b. 对试验结果的要求。3 个试件均不得低于该级别钢筋规定的抗拉强度值。若有 1 个试件的抗拉强度低于规定数值，应取双倍数量的试件进行复验；复验结果仍有 1 个试件的强度达不到要求，该批接头即为不合格品。

B. 外观质量应逐个进行检查。

a. 接头焊包均匀，不得有裂纹，钢筋表面无明显烧伤等缺陷。

b. 接头处的钢筋轴线偏移不得超过 0.1d，同时不得大于 2mm。

c. 接头处弯曲不得大于 4°。

外观检查不合格的接头应切除重焊，或采取补强措施。

② 电渣压力焊接头的焊接缺陷与预控措施见表 2.3.14。

电渣压力焊接头焊接缺陷及预控措施　　表 2.3.14

焊接缺陷	预控措施
轴线偏移	(1) 矫直钢筋端部。 (2) 正确安装夹具和钢筋。 (3) 避免过大的顶压力。 (4) 及时修理或更换夹具
弯　　折	(1) 矫直钢筋端部。 (2) 注意安装和扶持上钢筋。 (3) 避免焊后过快卸夹具。 (4) 修理或更换夹具
咬　　边	(1) 减小焊接电流。 (2) 缩短焊接时间。 (3) 注意上钳口的起点和止点，确保上钢筋顶压到位
未焊合	(1) 增大焊接电流。 (2) 避免焊接时间过短。 (3) 检修夹具，确保上钢筋下送自如
焊包不匀	(1) 钢筋端面力求平整。 (2) 填装焊剂应均匀。 (3) 延长焊接时间，适当增加熔化量
气　　孔	(1) 按规定要求烘焙焊剂。 (2) 清除钢筋焊接部位的铁锈。 (3) 确保接缝在焊剂中合适埋入深度
烧　　伤	(1) 钢筋导电部位除净铁锈。 (2) 尽量夹紧钢筋
焊包下淌	(1) 彻底封堵焊剂筒的漏孔。 (2) 避免焊后过快回收焊剂

7）埋弧压力焊

埋弧压力焊具有焊接质量好、速度快等特点，主要适用于各种预埋件“T”型接头钢筋与钢板的连接。

① 试件检测与外观质量

A. 强度检验

a. 取样：300 个同类型试件为一批，从每批成品中切除 3 个试件进行拉伸试验。

b. 试验结果：HPB235 级和 HRB335 级钢筋接头的强度分别不低于 350N/mm² 和 490N/mm²。如有 1 个试件达不到上述要求，应取双倍数量的试件进行复验，复验结果仍有 1 个试件低于上述规定数值，则该批预埋件为不合格品。

B. 外观质量

a. 焊包应均匀。

b. 钢筋咬边深度不得超过 0.5mm。

c. 钢板无焊穿、根部无凹陷的现象。

d. 钢筋相对钢板的直角偏差不大于 4°。

e. 钢筋间距偏差不大于±10mm。

f. 与钳口接触处钢筋表面应无明显烧伤。

② 预埋件钢筋埋弧压力焊接头缺陷及预控措施见表 2.3.15。

预埋件钢筋埋弧压力焊接头焊接缺陷及预控措施　　表 2.3.15

焊接缺陷	预控措施
钢筋咬边	(1) 减小焊接电流或缩短焊接时间。 (2) 增大压入量
气孔	(1) 烘焙焊剂。 (2) 清除钢板和钢筋上的铁锈、油污
夹渣	(1) 清除焊剂中熔渣等杂物。 (2) 避免过早切断焊接电流。 (3) 加快顶压速度
未焊合	(1) 增大焊接电流，增加焊接通电时间。 (2) 适当加大顶压力
焊包不均匀	(1) 保证焊接地线的接触良好。 (2) 使焊接处对称导电
钢板焊穿	(1) 减小焊接电流或减少焊接通电时间。 (2) 避免钢板局部悬空
钢筋淬硬脆断	(1) 减小焊接电流，延长焊接时间。 (2) 检查钢筋化学成分
钢板凹陷	(1) 减小焊接电流，延长焊接时间。 (2) 减小顶压力，减小压入量

8）气压焊

气压焊可在钢筋水平位置、竖直位置和倾斜位置进行焊接。气压焊可分为等压法、二次加压法和三次加压法等焊接工艺。

① 试件检测与外观质量

A. 机械性能

a. 取样：300 个同类型接头为一批，从每批成品中切除 3 个试件进行拉伸试验。

b. 拉伸试验：3 个试件的抗拉强度均不得低于该级别钢筋规定的抗拉强度值；3 个试件均断于压焊面外。当 1 个试件的抗拉强度低于规定指标，或有 1 个试件在压焊面或热影响区发生脆性断裂时，应取双倍数量的试件进行复验，复验结果仍有 1 个试件达不到要求，则该批接头为不合格品。

c. 弯曲试验结果：弯至 90°，试件不得在压焊面发生破断。若有 1 个试件不符合要求，应取双倍数量试件进行复试，若仍有 1 个试件达不到要求，则该批接头判定为不合格品。

B. 外观质量

a. 压焊区两钢筋轴线的相对偏心量不得$\geqslant 0.15d$，同时不得大于 4mm。

b. 镦粗区最大直径不得$<1.4d$。

c. 镦粗区长度 L 不得$<1.2d$，且凸起部分平缓圆滑。

d. 接头处两钢筋轴线弯折不得$>4°$。

② 焊接缺陷及预控措施

气压焊接头焊接缺陷及预控措施见表 2.3.16。

气压焊接头焊接缺陷及预控措施 **表 2.3.16**

焊接缺陷	预控措施
轴线偏移（偏心）	（1）检查夹具，及时修理或更换。 （2）重新安装夹条。 （3）切平钢筋端面。 （4）夹紧钢筋再焊
弯　　折	（1）检查夹具，及时修理或更换。 （2）熄火后半分钟再拆夹具

续表

焊接缺陷	预控措施
镦粗直径不够	(1) 检查夹具和顶压油缸，及时更换。 (2) 采用适宜的加热温度及压力
镦粗长度不够	(1) 增大加热热幅度。 (2) 加压时应平稳
压焊面偏移	(1) 同径钢筋焊接时两侧加热温度和加热长度基本一致。 (2) 异径钢筋焊接时对较大直径钢筋加热时间稍长
钢筋表面严重烧伤	调整加热火焰，正确掌握操作方法
未焊合	合理选择焊接参数，正确掌握操作方法

9）电弧焊

电弧焊适用于钢筋与钢筋、钢筋与钢板和钢筋与型钢的焊接。电弧焊接头型式有7种：帮条焊、搭接焊、坡口焊、预埋件电弧焊、熔槽帮条焊、钢筋与钢板搭接焊及预埋件电弧焊。

① 试件检验与外观质量

A. 试件检验：拉伸试验

a. 取样：300个同类型接头为一批，从成品中每批切取3个接头进行拉伸试验。

b. 试验结果：3个试件的抗拉强度均不得低于该级别钢筋的规定抗拉强度值；至少有2个试件呈塑性断裂。当检验结果有1个试件的抗拉强度低于规定指标，或有2个试件发生脆性断裂时，应取双倍试件进行复验。复验结果仍有1个试件的抗拉强度低于规定指标，或有3个试件呈脆性断裂时，则该批接头即为不合格品。

B. 外观质量

a. 焊缝表面平整，不得有较大的凹陷、焊瘤。

b. 接头处不得有裂缝。

c. 帮条焊的帮条沿接头中心线纵向偏移不得超过0.5d；各种接头弯折不应超过4°，接头处钢筋轴线的偏移不得超过0.1d或3mm。

d. 坡口焊及熔槽帮条焊接头的焊缝加强高度为2～3mm。

e. 坡口焊时，预制柱的钢筋外露长度，当钢筋根数少于14根时，取250mm；当钢筋根数大于14根时，取350mm。

② 焊接缺陷及预控措施见表2.3.17。

电弧焊接头焊接缺陷及预控措施　　表2.3.17

焊接缺陷	预控措施
尺寸不准	施焊者要精心操作，钢筋下料和组对要一丝不苟，经检查确认尺寸准确时方可施焊
焊缝宽窄不一、高低不平	施焊者精心操作，采用合理的焊接参数
产生焊瘤	(1) 施焊者采用正确的施焊程序和操作手势。如焊搭接、帮条立焊时，电流应比平焊时适当减少，焊条摆动中间部位要快，两边要慢。 (2) 坡口立焊宜采用3.2mm的焊条，同时要适当减小电流
咬肉	控制电流，防止电流过大，同时要掌握好焊条的角度和运行方法，操作时电弧不可拉得过长
钢筋表面烧伤	(1) 施焊者要精心操作，细心观察，动作准确，不准带电金属触及钢筋，防止产生电弧，烧伤钢筋表面。 (2) 严格遵守操作规程，禁止在非焊接区内引燃电弧。 (3) 接地线与钢筋联结要牢固
产生过大弧坑	施焊者在收弧时要稍微多停留片刻，待弧坑填满后再收弧，也可采用断续灭弧补焊，以便填满弧坑
脆断	(1) 施焊者严格遵守操作规程，对焊接质量负责，不得在非焊接区段任意打火引弧，接地线要联结牢固，防止松动引起电弧，烧伤钢筋。灭弧时要将弧坑填满并将灭点拉向焊缝端部。在坡口立焊加强焊缝时，宜采用小电流，短弧焊接。 (2) 因接头连续施焊会使接头过热，导致产生脆硬组织。所以HRB335级、HRB400级和RRB400级钢筋坡口焊接时，可采用几个接头轮换施焊的方法，以免接头过热。 (3) 负温条件下进行帮条和搭接接头平焊时，首层焊肉应从中间向两端运弧，这样可以使接头处达到预热的目的。HRB335级、HRB400级和RRB400级钢筋多层施焊时，最后一层焊道应比前两层焊道两端各缩短4～6mm，这样可以消除或减少前层焊道及其临近区域的淬硬组织，改善接头性能，防止脆断

续表

焊接缺陷	预控措施
产生裂缝	(1) 对钢筋和焊条进行检查和实验，确认合格后才可使用，同时要优选焊接参数，采用合理的施焊程序。 (2) 负温焊接的环境温度不应低于－20℃，为了使温度不致再下降，可以采取防护措施，设置挡风、防雪围墙，为防止温差过大，宜采用焊前预热，焊后逐步冷却等办法，焊完尚未冷却的接头禁止接触雨雪
焊不透	(1) 严格掌握焊接电流，防止电流过小，焊接速度不可过快，以利接头熔合，以防焊不透。 (2) 焊条规格应根据钢筋直径合理选用。 (3) 施焊前对要焊接的钢筋接头进行清理，将铁锈等杂物清除干净，组对时要掌握好尺寸，确认合格后方可施焊
产生夹渣	(1) 合理选择焊接电流，采用焊接性能良好的优质焊条。 (2) 将焊接区段内的灰渣、油渍、杂物等清除干净，多层施焊时，每层的焊渣要认真清除

10）负温焊接

闪光对焊、电弧焊、电渣压力焊及气压焊等均可在温度不低于－20℃的条件下进行。雪天不宜施焊，必须施焊时，应当采取遮蔽措施。焊后未冷却的接头不得碰到冰雪。当温度低于－15℃，应对接头采取预热和保温缓冷措施。

在负温条件下进行闪光对焊、电弧焊、电渣压力焊时，应对焊接设备采取防寒措施，特别是对焊机，要预防冷却水管的冻裂。

(4) 钢筋机械连接

钢筋机械连接设备简单，连接可靠，技术易于掌握，节省钢筋，施工速度快，适用于钢筋在任何位置与方向的连接，不受气候条件影响，尤其在易燃、易爆、高空等施工条件下安全可靠。虽然机械连接接头成本较高，但其综合经济效益与技术效果显著。特别适用于高层建筑、大跨度结构、水工工程及塔架工程等。

1）钢筋机械连接常用方法

钢筋镦粗直螺纹连接、钢筋锥螺纹连接、钢筋套筒挤压连接、钢筋熔融金属充填套筒连接、钢筋水泥灌浆充填套筒连接、受压钢筋端面平接头，施工中常用的是钢筋锥螺纹连接和套筒挤压连接。

2）钢筋机械连接特点

① 设备功率小，一般小于 3kW，可以多台设备同时作业。

② 设备采用三相电源，作业时对电网干扰少。

③ 不同级别、不同直径钢筋的连接方便快捷。

④ 不受气候影响，可以全天候作业。

⑤ 作业无明火，无火灾隐患。

⑥ 部分作业可预加工，少占用施工时间，有利于缩短工期。

⑦ 接头质量好，质量稳定。

⑧ 作业效率高，人为影响因素少。

3）钢筋机械连接其他形式

近年来，不少单位还在开发研制各种新的钢筋机械连接形式，例如：

① 等强钢筋锥螺纹连接技术：为克服钢筋螺纹接头强度低的缺点，有将钢筋端头先行冷压加工，再在冷强段上制作锥螺纹的。这种接头要增加冷压加工工序，当钢筋带弯段不便旋转时，锥螺纹也不便连接。

② 整形滚压直螺纹接头：先将钢筋表面纵肋和横肋通过挤压机经 2～3 次挤压后成圆形截面（整形）再利用滚丝机在圆钢筋表面加工出直螺纹。这种经整形后形成的滚压直螺纹接头可以达到与钢筋母材等强的目的。

③ 直接滚压直螺纹接头：将 HRB335 级或 HRB400 级带肋钢筋不经任何处理直接送进滚丝机进行滚丝，形成所需的螺纹规格，再用连接套筒连接。这种方式加工钢筋丝头的最大优点是工序简单、成本较低。但其根本性缺点在于滚丝机按不同规格标准丝头调整好以后，很难适应国产钢筋横截面尺寸公差过大的问题。

④ 削肋滚压直螺纹接头：在滚压螺纹前先将纵横肋部分切平，以减少纵肋横肋对滚丝的不良影响，增加滚丝轮寿命，削肋和滚压可在同一台设备上完成，操作简便、质量较为稳定，有较大发展前景。

⑤ 直接挤压螺纹接头：利用油压千斤顶将分成数瓣的带内螺纹的模具合拢，将钢筋挤压出螺纹外形，为消除缝隙处螺纹的不连续性，要将钢筋转动一个角度后再压一次或二次。

4）接头性能分级

① 性能分级：钢筋机械连接接头根据静力单向拉伸性能及大应力和大变形条件下反复拉、压性能的差异，分Ⅰ级、Ⅱ级和Ⅲ级3个性能等级。

② 各级性能

A. Ⅰ级接头抗拉强度达到或超过母材抗拉强度标准值，并具有高延性及反复拉压性能。

B. Ⅱ级接头抗拉强度达到或超过母材屈服强度标准值的1.35倍，具有一定的延性及反复拉压性能。

C. Ⅲ级接头仅能承受压力。

注：随着钢筋机械连接技术的发展和生产应用的需要，国家拟在钢筋性能等级中补充一个等强级(SA级)，将个别变形性能指标作适当调整，又将应用范围和接头百分率按性能等级作适当调整，并将型式检验中测量标距作些调整。

5）接头应用规定

① 接头性能等级的选定

A. 混凝土结构中要求充分发挥钢筋强度或对接头延性要求较高的部位，应采用Ⅰ级接头。

B. 混凝土结构中钢筋受力小或对接头延性要求不高的部位，可采用Ⅱ级接头。

C. 非抗震设防和不承受动力荷载的混凝土结构中钢筋只承受压力的部位，可采用Ⅲ级接头。

② 混凝土保护层厚度：钢筋连接件的混凝土保护层厚度不得小于15mm。连接件之间的横向净距不宜小于25mm。

③ 接头位置：受力钢筋机械连接接头的位置应相互错开。

④ 有接头受力筋截面积占受力筋总截面积百分率。

在任一接头中心至长度为钢筋直径35倍的区段范围内，有接头的受力钢筋截面面积占受力钢筋总截面面积的百分率，应符合下列规定。

A. 受拉区的受力钢筋接头百分率不宜超过50%。

B. 在受拉区的钢筋受力小的部位，Ⅰ级接头百分率可不受限制。

C. 接头宜避开有抗震设防要求的框架的梁端和柱端的箍筋加密区；当无法避开时，接头应采用Ⅰ级，且接头百分率不应超过50%。

D. 受压区和装配式构件中钢筋受力较小部位，Ⅰ级和Ⅱ级接头百分率可不受限制。

⑤ 对具有钢筋接头的构件进行试验并取得可靠数据时，接头的应用范围可根据工程实际情况进行适当调整。

6）接头型式检验：

有下列情况之一时应进行型式检验。

① 确定接头性能等级时。

② 材料、工艺、规格需要改动时。

③ 监理(建设)单位或质量监督机构提出专门要求时。

7）钢筋锥螺纹连接

钢筋锥螺纹连接适用于钢筋直径为16～40mm的HRB335级、HRB400级和RRB400级的钢筋连接。钢筋锥螺纹连接划分为两个性能等级，即Ⅰ级和Ⅱ级。

① 钢筋锥螺纹接头性能等级的选用

A. 混凝土结构中要求充分发挥钢筋强度或对接头延性要求较高的部位应采用Ⅰ级接头。

B. 混凝土结构中钢筋受力较小对接头延性要求不高的部位可采用Ⅱ级接头。

② 设置在同一构件内同一截面受力钢筋的接头位置应相互

错开。在任一接头中心至长度为钢筋直径的35倍区段范围内，有接头的受力钢筋截面积占受力钢筋总截面面积的百分率应符合下列规定：

A. 受拉区的受力钢筋接头百分率不宜超过50％。

B. 在受拉区的钢筋受力小部位，Ⅰ级接头百分率不受限制。

C. 接头宜避开有抗震设防要求的框架梁端和柱端的箍筋加密区；当无法避开时，接头应采用A级接头，且接头百分率不应超过50％。

D. 受压区和装配式构件中钢筋受力较小部位，Ⅰ级和Ⅱ级接头百分率可不受限制。

③ 接头端头距钢筋弯曲点不得小于钢筋直径的10倍。

④ 不同直径钢筋连接时，一次连接钢筋直径规格不宜超过2级。

⑤ 外观质量

钢丝头外观质量可进行牙形、丝头锥度与小端直径和连接套检验。

A. 丝头牙形质量要求：牙形饱满，无断牙、秃牙缺陷，与牙形规的牙形吻合，牙齿表面光洁为合格。

B. 丝头锥度与小端直径的质量要求：丝头锥度与卡规或环规吻合，小端直径在卡规或环规的允许误差之内为合格。

C. 连接套质量要求：锥螺纹塞规拧入连接套后，连接套的大端边缘在锥螺纹塞规大端的缺口范围内为合格。

D. 填写钢筋锥螺纹加工检验记录。

⑥ 连接用力矩扳手与质量检查用力矩扳手

钢筋锥螺纹连接使用的力矩扳手精度要求高，其精度为±5％，否则不能保证连接质量。因此，连接使用的力矩扳手应由具有生产计量器具许可证的工厂加工制造，产品出厂时应有产品出厂合格证。使用时，一般情况下，要求每半年用扭力仪检定一次，亦可根据需要将使用频繁的力矩扳手提前检定。力矩扳手应轻拿轻放，不准用力矩扳手当锤子或撬棍使用，不用时将力矩扳手调到刻度0处，以保持力矩扳手的精度。

用于质量检查的力矩扳手与钢筋锥螺纹连接使用的力矩扳手不得混用。

8）钢筋套筒挤压连接

① 适用范围

适用于混凝土结构钢筋直径为16～40mm的HRB335级、HRB400级、RRB400级带肋钢筋的径向挤压连接。见图2.3.2。

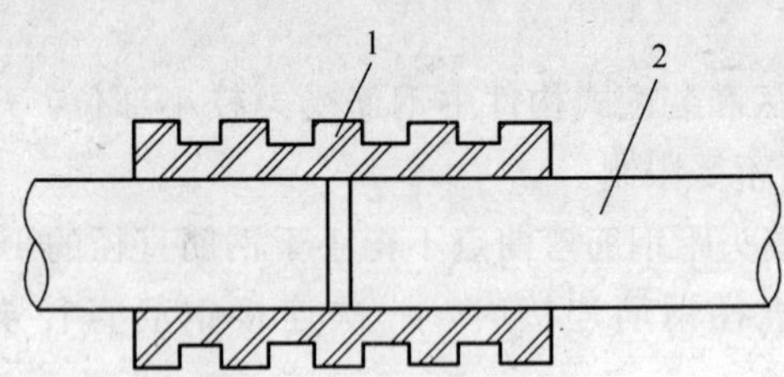

图2.3.2 带肋钢筋套筒挤压连接

1—套筒；2—钢筋

② 性能等级：挤压接头划分为A级、B级2个性能等级。

③ 连接接头选用

A. 混凝土结构中要求充分发挥钢筋强度或对接头延性要求较高的部位，应采用A级接头。

B. 混凝土结构中钢筋受力小或对接头延性要求不高的部位，可采用B级接头。

C. 非抗震设防和不承受动力荷载的混凝土结构中钢筋只承受压力的部位，可采用Ⅲ级接头。

D. 接头位置：设置在同一结构构件内的挤压接头宜相互错开。

E. 控制有接头受力筋截面积占受力筋总截面积百分率。

F. 不同直径的带肋钢筋可采用挤压接头连接。当套筒两端外径和壁厚相同时，被连接钢筋的直径相差不应大于5mm。

G. 对直接承受动力荷载的结构，其接头应满足设计要求的抗疲劳性能。

H. 当混凝土结构中挤压接头部位的温度低于－20℃时，宜进行专门的试验。

④ 接头套筒检验

A. 对 HRB335 级、HRB400 级和 RRB400 级带肋钢筋挤压接头所用套筒材料应选用适于压延加工的钢材。

B. 套筒应有出厂合格证。套筒在运输和储存中，应按不同规格分别堆放整齐，不得露天堆放，防止锈蚀和沾污。

⑤ 现场验收

A. 钢筋挤压接头应进行型式检验。

a. 工程中应用带肋钢筋套筒挤压接头时，应由该技术提供单位提交有效的型式检验报告。

b. 施工开始前及施工过程中，应对每批进场钢筋进行挤压连接工艺检验。

c. 验收批组成

挤压接头的现场检验按验收批进行。同一施工条件下采用同一批材料的同等级、同型式、同规格接头，以 500 个为一个验收批进行检验与验收，不足 500 个也作为一个验收批。

在现场连续检验 10 个验收批，全部单向拉伸试验一次抽样均合格时，验收批接头数量可扩大一倍。

d. 检验项目

第一，单向拉伸试验：对每一验收批，均应按设计要求的接头性能等级，在工程中随机抽 3 个试件做单向拉伸试验。当 3 个试件检验结果均符合强度要求时，该验收批为合格。

如有一个试件的抗拉强度不符合要求，应再取 6 个试件进行复验。复验中如仍有一个试件检验结果不符合要求，则该验收批单向拉伸试验为不合格。

注：对挤压接头有特殊要求的结构，应在设计图纸中另行注明相应的检验项目。

第二，外观质量检验

1. 外形尺寸：挤压后套筒长度应为原套筒长度的 1.10～1.15 倍，或压痕处套筒的外径波动范围为原套筒外径的 0.8～

0.90 倍。

2. 挤压接头的压痕道数应符合型式检验确定的道数。

3. 接头处弯折不得大于 4°。

4. 挤压后的套筒不得有肉眼可见裂缝。

5. 检查数量：每一验收批中应随机抽取 10%的挤压接头作外观质量检验，如外观质量不合格数少于抽检数的 10%，则该批挤压接头外观质量评为合格。当不合格数超过抽检数的 10%时，应对该批挤压接头逐个进行复检，对外观不合格的挤压接头采取补救措施；不能补救的挤压接头应作标记，在外观不合格的接头中抽取 6 个试件作抗拉强度试验，若有一个试件的抗拉强度低于规定值，则该批外观不合格的挤压接头，应会同设计单位商定处理，并记录存档。

9）钢筋连接试验项目

钢筋连接试验项目、组批原则及取样规定见表 2.3.18。

钢筋连接试验项目表　　表 2.3.18

序号	材料名称及相关标准、规范代号		试验项目	组批原则及取样规定
1	机械连接	（1）锥螺纹连接 （2）套筒挤压接头 （3）镦粗直螺纹钢筋接头 混凝土结构工程施工质量验收规范（GB 50204—2002） 钢筋机械连接通用技术规程(JGJ 107—96) 带肋钢筋套筒挤压连接技术规程(JGJ 108—96) 钢筋锥螺纹接头技术规程(JGJ 109—96) (JGJ/T 3057—1999)	必试项目：抗拉强度	（1）工艺检验：在正式施工前，按同批钢筋、同种机械连接形式的接头试件不少于 3 根，同时对应截取接头试件的母材，进行抗拉强度试验。 （2）现场检验：接头的现场检验按验收批进行。同一施工条件下采用同一批材料的同等级、同形式、同规格的接头每 500 个为一验收批。不足 500 个接头也按一批计。每一验收批必须在工程结构中随机截取 3 个试件做单向拉伸试验。在现场连续检验 10 个验收批，其全部单向拉伸试件一次抽样均合格时，验收批接头数量可扩大一倍

续表

序号	材料名称及相关标准、规范代号		试验项目	组批原则及取样规定
2	钢筋焊接	焊接： 混凝土结构工程施工质量验收规范(GB 50204—2002) (JGJ/T 27—2001) 钢筋焊接及验收规程(JGJ 18—2003) (1) 钢筋电阻点焊	必试项目： 抗拉强度 抗剪强度 弯曲试验	班前焊(可焊性能试验)在工程开工或每批钢筋正式焊接前，应进行现场条件下的焊接性能试验。试验合格后方可正式生产。试件数量及要求如下。 (1) 电阻点焊制品 1) 钢筋焊接骨架 ① 凡钢筋级别、直径及尺寸相同的焊接骨料应视为同一类制品，且每 200 件为一验收批，一周内不足 200 件的也按一批计。 ② 试件应从成品中切取，当所切取试件的尺寸小于规定的试件尺寸，或受力钢筋大于 8mm 时，可在生产过程中焊接试验网片，从中切取试件。 ③ 由几种钢筋直径组合的焊接骨架，应对每种组合做力学性能检验；热轧钢筋焊点，应作抗剪试验，试件数量 3 件；冷拔低碳钢丝焊点，应作抗剪试验及对较小的钢筋作拉伸试验，试件数量 3 件。 2) 钢筋焊接网 ① 凡钢筋级别、直径及尺寸相同的焊接骨架应视为同一类制品，每批不应大于 30t，或每 200 件为一验收批，一周内不足 30t 或 200 件的也按一批计。 ② 试件应从成品中切取。 ③ 冷轧带肋钢筋或冷拔低碳钢丝焊点应作拉伸试验，试件数量 1 件，横向试件数量 1 件；冷轧带肋钢筋焊点应作弯曲试验，纵向试件数量 1 件，横向试件数量 1 件；热轧钢筋、冷轧带肋钢筋或冷拔低碳钢丝的焊点应作抗剪试验，试件数量 3 件

续表

序号	材料名称及相关标准、规范代号		试验项目	组批原则及取样规定
2	钢筋焊接	(2) 钢筋闪光对焊接头	必试项目： 抗拉强度 弯曲试验	(1) 同一台班内由同一焊工完成的300个同级别、同直径钢筋焊接接头应作为一批。当同一台班内，可在一周内累计计算；累计仍不足300个接头，也按一批计。 (2) 力学性能试验时，试件应从成品中随机切取6个试件，其中3个做拉伸试验，3个做弯曲试验。 (3) 焊接等长预应力钢筋(包括螺丝杆与钢筋)，可按生产条件作模拟试件。 (4) 螺丝端杆接头可只做拉伸试验。 (5) 若当出现试验结果不符合要求时，可随机再取双倍数量试件进行复试。 (6) 当模拟试件试验结果不符合要求时，复试应从成品中切取，其数量和要求与初试时相同
		(3) 钢筋电弧焊接头	必试项目： 抗拉强度	(1) 工厂焊接条件下，同钢筋级别300个接头为一验收批。 (2) 在现场安装条件下，每一至二层楼同接头形式、同钢筋级别的接头300个为一验收批。不足300个接头也按一批计。 (3) 试件应从成品中随机切取3个接头进行拉伸试验。 (4) 装配式结构节点的焊接接头可按生产条件制造模拟试件。 (5) 当初试结果不符合要求时应再取6个试件进行复试

续表

序号	材料名称及相关标准、规范代号		试验项目	组批原则及取样规定
2	钢筋焊接	（4）钢筋电渣压力焊接头	必试项目：抗拉强度	（1）一般构筑物中以300个同级别钢筋接头作为一验收批。 （2）在现浇钢筋混凝土多层结构中，应以每一楼层或施工区段中300个同级别钢筋接头作为一验收批，不足300个接头也按一批计。 （3）试件应从成品中随机切取3个接头进行拉伸试验。 （4）当初试结果不符合要求时应再取6个试件进行复试
		（5）钢筋气压焊接头	必试项目：抗拉强度 弯曲试验（梁、板的水平筋连接）	（1）一般构筑物中以300个接头作为一验收批。 （2）在现浇钢筋混凝土房屋结构中，同一楼层中应以300个接头作为一验收批，不足300个接头也按一批计。 （3）试件应从成品中随机切取3个接头进行拉伸试验；在梁、板的水平钢筋连接中，应另切取3个试件做弯曲试验。 （4）当初试结果不符合要求时应再取6个试件进行复试
		（6）预埋件钢筋T形接头	必试项目：抗拉强度	（1）预埋件钢筋埋弧压力焊，同类型预埋件一周内累计每300件时为一验收批，不足300个接头也按一批计。每批随机切取3个试件做拉伸试验。 （2）当初试结果不符合规定时再取6个试件进行复试

（5）钢筋连接验收

钢筋连接检验批质量验收见表2.3.19。

钢筋连接检验批质量验收　　表 2.3.19

检验项目		标　准	检验方法
主控项目	1. 纵向受力钢筋的连接方式	应符合设计要求	观察
	2. 现场取样试验	应按国家现行标准《钢筋机械连接通用技术规程》JGJ 107—96、《钢筋焊接及验收规程》JGJ 18—2003 的规定抽取钢筋机械连接接头、焊接接头试件作力学性能检验，其质量应符合有关规程的规定	检查产品合格证、接头力学性能试验报告
一般项目	1. 钢筋的接头位置	宜设置在受力较小处。同一纵向受力钢筋不宜设置两个或两个以上接头。接头末端至钢筋弯起点的距离不应小于钢筋直径的 10 倍	观察，钢尺检查
	2. 钢筋的接头外观	在施工现场，应按国家现行标准《钢筋机械连接通用技术规程》JGJ 107—96、《钢筋焊接及验收规程》JGJ 18—2003 的规定对钢筋机械连接接头、焊接接头的外观进行检查，其质量应符合有关规程的规定	观察
	3. 受力钢筋采用机械连接接头或焊接接头	设置在同一构件内的接头宜相互错开。纵向受力钢筋机械连接接头及焊接接头连接区段的长度为 35d（d 为纵向受力钢筋的较大直径）且不小于 500mm，凡接头中点位于该连接区段长度内的接头均属于同一连接区段。同一连接区段内，纵向受力钢筋机械连接及焊接的接头面积百分率为该区段内有接头的纵向受力钢筋截面面积与全部纵向受力钢筋截面面积的比值。 同一连接区段内，纵向受力钢筋的接头面积百分率应符合设计要求；当设计无具体要求时，应符合下列规定： 1）在受拉区不宜大于 50%。 2）接头不宜设置在有抗震设防要求的框架梁端、柱端的箍筋加密区；当无法避开时，对等强度高质量机械连接接头，不应大于 50%。 3）直接承受动力荷载的结构构件中，不宜采用焊接接头。 当采用机械连接接头时，不应大于 50%	观察，钢尺检查

续表

检验项目		标准	检验方法
一般项目	4. 同一构件中相邻纵向受力钢筋的绑扎搭接接头	绑扎搭接接头宜相互错开，其中钢筋的横向净距不应小于钢筋直径，且不应小于 25mm。 钢筋绑扎搭接接头连接区段的长度为 $1.3l_1$（l_1 为搭接长度）。凡搭接接头中点位于该连接区段长度内的搭接接头均属于同一连接区段。 同一连接区段内，纵向钢筋搭接接头面积百分率为该区段内有搭接接头的纵向受力钢筋截面面积与全部纵向受力钢筋截面面积的比值（见图 2.3.3）。 同一连接区段内，纵向受拉钢筋搭接接头面积百分率应符合设计要求；当设计无具体要求时，应符合下列规定： 1）对梁类、板类及墙类构件，不宜大于 25%。 2）对柱类构件，不宜大于 50%。 3）当工程中确有必要增大接头面积百分率时，对梁类构件，不应大于 50%；对其他构件，可根据实际情况放宽。 纵向受力钢筋绑扎搭接接头的最小搭接长度应符合 2.3.3 之(1)的规定	观察，钢尺检查
	5. 在梁、柱类构件的纵向受力钢筋搭接长度范围内	应按设计要求配置箍筋。当设计无具体要求时，应符合下列规定： 1）箍筋直径不应小于搭接钢筋较大直径的 0.25 倍。 2）受拉搭接区段的箍筋间距不应大于搭接钢筋较小直径的 5 倍，且不应大于 100mm。 3）受压搭接区段的箍筋间距不应大于搭接钢筋较小直径的 10 倍，且不应大于 200mm。 4）当柱中纵向受力钢筋直径大于 25mm 时，应在搭接接头两个端面外 100mm 范围内各设置两个箍筋，其间距宜为 50mm	钢尺检查

检查数量：

主控项目：项目 1，全数检查。

项目 2，按有关规程确定。

一般项目：1 和 2 全数检查。

项目 3，在同一检验批内，对梁、柱和独立基础，应抽查构件数量的 10%，且不少于 3 件；对墙和板，应按有代表性的自然间抽查 10%，且不少于 3 间；对大空间结构，墙可按相邻轴线间高度 5m 左右划分检查面，板可按纵、横轴线划分检查面，抽查 10%，且均不少于 3 面。

项目 4，在同一检验批内，对梁、柱和独立基础，应抽查构件数量的 10%，且不少于 3 件；对墙和板，应按有代表性的自然间抽查 10%，且不少于 3 间；对大空间结构，墙可按相邻轴线间高度 5m 左右划分检查面，板可按纵、横轴线划分检查面，抽查 10%，且均不少于 3 面。

项目 5，在同一检验批内，对梁、柱和独立基础，应抽查构件数量的 10%，且不少于 3 件；对墙和板，应按有代表性的自然间抽查 10%，且不少于 3 间；对大空间结构，墙可按相邻轴线间高度 5m 左右划分检查面，板可按纵、横轴线划分检查面，抽查 10%，且均不少于 3 面。

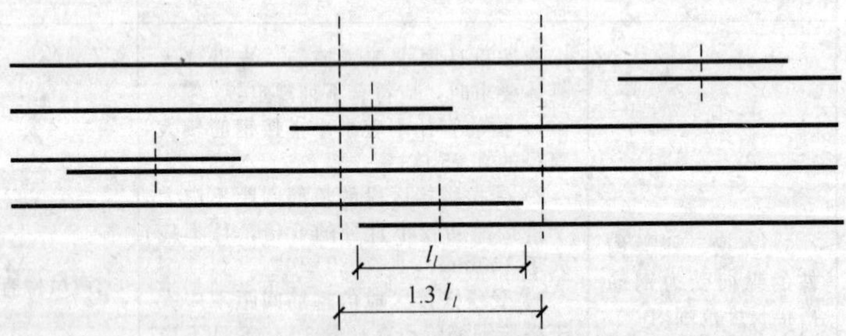

图 2.3.3 钢筋绑扎搭接接头连接区段及接头面积百分率

注：图中所示搭接接头同一连接区段内的搭接钢筋为 2 根，当各钢筋直径相同时，接头面积百分率为 50%。

(6) 钢筋机械连接质量缺陷与预控措施

1) 锥螺纹连接质量缺陷与预控措施见表 2.3.20。

锥螺纹连接质量缺陷与预控措施 **表 2.3.20**

缺　陷	预 控 措 施
1. 原材料 (1) 钢筋端部混有焊接接头。 (2) 端头气割切断。 (3) 钢筋下料时，端头出现挠曲或马蹄形。 (4) 钢筋纵肋超差	(1) 对(1)、(2)、(3)情况，采用无齿锯切掉，若端头微有翘曲，应进行调直处理。 (2) 对(4)情况，用锤子将端头边肋砸扁。 (3) 钢材材质应符合国家有关标准的规定。 (4) 钢筋切断机械应经常保养、维修
2. 钢筋套丝 钢筋的牙形与牙形规不吻合，套丝丝扣有损坏	(1) 套丝必须用水溶性切削冷却润滑液，不得用机油润滑或不加润滑油套丝。 (2) 锥螺纹丝扣完整，牙数不得小于下表规定。钢筋牙形必须与牙形规相吻合。 (3) 应用砂轮片切割下料。 (4) 钢筋套丝质量必须逐个用牙形规与卡规检查，合格者一端拧上塑料保护帽，另一端用扳手拧紧连接套。 (5) 对丝扣有损坏的应将其切除，重新套丝
3. 套筒 (1) 有裂纹。 (2) 长度及内外径尺寸不符合设计要求。 (3) 锥螺纹塞规拧入连接套后，连接端边缘不在螺纹塞规端的缺口范围内	(1) 套筒应有产品合格证；两端锥孔应有密封盖；套筒表面应有规格标记。 (2) 套筒允许误差必须符合有关规程规定。 (3) 套筒应妥善保管，防止雨淋、碰撞、油污及泥浆沾污等
4. 接头露丝 接头拧紧后外露丝扣超过1个完整扣	(1) 同径或异径接头连接时，应采用二次拧紧连接方法。 (2) 单向可调，双向可调接头连接时，应采用3次拧紧方法。连接水平钢筋时，必须先将钢筋托平对正，用手拧紧，再按规定的力矩值用力矩扳手拧紧接头。 (3) 接头连接后必须作标记，防止漏拧。 (4) 对外露丝扣超过1个完整扣的接头，应重新拧紧接头或补焊。补焊的焊缝高度≥5mm

续表

缺　陷	预控措施
5. 接头质量不合格 (1) 连接套规格与钢筋不一致或套丝误差大。 (2) 接头强度达不到要求。 (3) 漏拧	(1) 套筒表面中部标记与连接钢筋同规格，并用扭力扳手按规定的力矩值把钢筋头拧紧，并做出标记以防接头漏拧。 (2) 力矩扳手出厂时应有产品合格证，并定期检定。 (3) 连接钢筋时，应先将钢筋对正轴线后拧入锥螺纹连接套筒，再用力矩扳手拧到规定的力矩值。不许在钢筋锥螺纹未拧入连接套筒，即用力矩扳手连接钢筋。 (4) 防止钢筋堆放、吊装、搬运过程中弄脏或碰坏钢筋丝头，要求检验合格的丝头必须一端套上保护帽，另一端拧紧连接套。

2）钢筋套筒挤压连接质量缺陷与预控措施见表2.3.21。

钢筋套筒挤压连接质量缺陷与预控措施　　表2.3.21

缺　陷	预控措施
1. 压空、压痕分布不均 (1) 钢筋插入钢套筒的长度不够。 (2) 压痕明显不均	(1) 先在钢筋上标好定位标志，定位标志距钢筋端部的距离为套筒长度的1/2左右。 (2) 严格按套筒上的压痕分格线挤压，挤压时，压钳的压接应对准套筒压痕标志，并垂直于被压钢筋轴线，挤压应从套筒中央逐道向端部压接
2. 偏心、弯折 被连接的钢筋的轴线与套筒的轴线不在同一轴线上，接头处弯折大于4°	(1) 被连接钢筋处于同一轴线上，调整压钳，使压模对准套筒表面的压痕标志，并使压模压接方向与钢套筒轴线垂直，钢筋压接过程中，两端钢筋轴线应保持一致。 (2) 切除或调直钢筋接头
3. 钢筋不能进入套筒	(1) 钢筋有扭曲、弯折应切除或矫直，端部纵肋尺寸过大时应用砂轮修磨。 (2) 严禁用电气焊切割。 (3) 钢筋下料切面与钢筋轴线应垂直。 (4) 钢筋规格应符合要求。 (5) 选用钢套筒的规格和尺寸应符合规定。 (6) 套筒应有出厂合格证。 (7) 套筒在运输和储存中，不同规格应分别堆放，并应防止锈蚀和沾污

续表

缺　陷	预 控 措 施
4. 套筒外径变形过大、裂纹	(1) 根据不同型号的挤压设备，选择合适的压接参数。 (2) 钢筋挤压接头采用轴间挤压工艺，钢套筒的材质、力学性能必须满足下列要求。 1) 外观：表面光滑，无裂缝、折叠、锈迹等缺陷，表面经防锈处理。 2) 力学性能应符合要求 (3) 更换压模。 (4) 治理方法： 钢套筒接头压痕深度不够时应补压，经过两次仍达不到要求的压模，不得再继续使用，超压者应切除重新挤压
5. 被连接钢筋两纵肋不在同一平面	按照套筒压痕位置标记，对正压模位置，并使压模的运动方向与钢筋纵肋所在平面相垂直，即保证最大接触面在钢筋的横肋上

2.3.4 钢筋安装

钢筋安装要特别注意受力钢筋的品种、级别、规格和数量必须按设计要求采用，并且应全数检查。这是因为受力钢筋的品种、级别、规格和数量对结构构件的受力性能有重大影响，直接涉及结构安全。这条规定被列为强制性条文，必须严格执行。

在许多情况下，钢筋位置不仅影响构件的耐久性，还可能影响结构性能。尤其是梁、板类构件的上部纵向受力钢筋位置，对梁、板的承载能力和抗裂性能等有重要影响。工程中因上部纵向受力钢筋严重移位而引发的事故时有发生，应加以避免。钢筋安装时要通过对保护层厚度偏差的要求，对上部纵向受力钢筋的位置加以控制。特别注意的是，梁、板类构件上部纵向受力钢筋保护层厚度偏差的合格点率要求为90%及以上；其他部位保护层厚度的允许偏差的合格点率可放宽到80%及以上。

(1) 钢筋混凝土保护层最小厚度

钢筋安装时，受力钢筋的混凝土保护层厚度，应符合设计要求。当设计无具体要求时，应符合下列规定。

1）纵向受力的普通钢筋及预应力钢筋，其混凝土保护层厚度（钢筋外边缘至混凝土表面的距离）不应小于钢筋的公称直径，且应符合表 2.3.22 的规定。

纵向受力钢筋的混凝土保护层最小厚度（mm）　**表 2.3.22**

环境类别		板、墙、壳			梁			柱		
		≤C20	C25～C45	≥C50	≤C20	C25～C45	≥C50	≤C20	C25～C45	≥C50
一		20	15	15	30	25	25	30	30	30
二	*a*	—	20	20	—	30	30	—	30	30
	b	—	25	20	—	35	30	—	35	30
三		—	30	25	—	40	35	—	40	35

注：1. 基础中纵向受力钢筋的混凝土保护层厚度不应小于 40mm；当无垫层时不应小于 70mm。

2. 环境类别见表 2.1.1。

2）处于一类环境且由工厂生产的预制构件，当混凝土强度等级不低于 C20 时，其保护层厚度可按表 2.3.22 中规定减少 5mm，但预应力钢筋的保护层厚度不应小于 15mm；处于二类环境且由工厂生产的预制构件，当表面采取有效保护措施时，保护层厚度可按表 2.3.22 中一类环境数值取用。

预制钢筋混凝土受弯构件钢筋端头的保护层厚度不应小于 10mm；预制肋形板主肋钢筋的保护层厚度应按梁的数值取用。

3）板、墙、壳中分布钢筋的保护层厚度不应小于表 2.3.22 中相应数值减 10mm，且不应小于 10mm；梁、柱中箍筋和构造钢筋的保护层厚度不应小于 15mm。

4）当梁、柱中纵向受力钢筋的混凝土保护层厚度大于 40mm 时，应对保护层采取有效的防裂构造措施。

5）对有防火要求的和处于四、五类环境中的建筑物，其混凝土保护层厚度尚应符合国家现行有关标准的要求。

（2）钢筋安装质量控制

1）钢筋安装最重要的一点是对照施工图纸检查受力钢筋的品种、级别、规格和数量是否符合设计要求。这是“混凝土验收规范”的强制性条文。必须全数检查。

2）施工人员必须熟悉施工图纸，合理安排钢筋安装进度和施工程序。

3）钢筋应绑扎牢固，防止钢筋移位。具体要求见 2.3.3 之(2)有关要求。

4）控制钢筋保护层厚度

根据钢筋的直径和间距，均匀、适量、可靠地垫好混凝土保护层砂浆垫块或塑料卡，竖向钢筋可采用带铁丝的垫块，绑在钢筋骨架外侧；当梁中配有两排钢筋时，可采用短钢筋作为垫筋垫在下排钢筋上。见图 2.3.4。

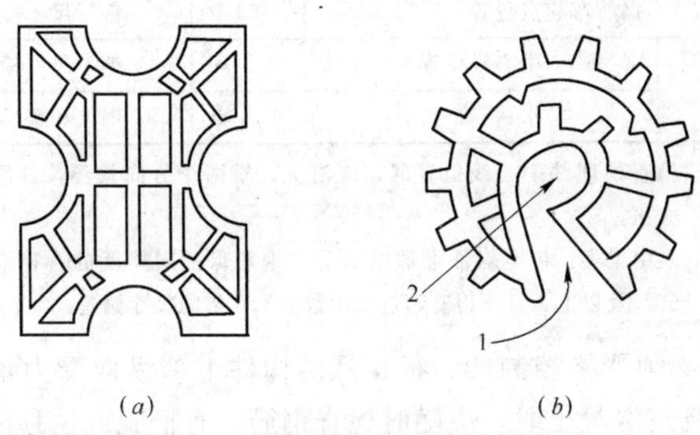

图 2.3.4 控制混凝土保护层用的塑料卡

(a)塑料垫块；(b)塑料环圈

5）钢筋骨架吊装入模时，应力求平稳，吊点应根据骨架外形预先确定，骨架钢筋各交叉点应绑扎牢固，必要时焊接牢固；绑扎和焊接的钢筋网和钢筋骨架，不得有变形、松脱和开焊。

6）安装钢筋时，钢筋位置的允许偏差应符合表 2.3.23 的要求。

钢筋安装位置的允许偏差和检验方法　　表 2.3.23

<table>
<tr><th colspan="3">项　目</th><th>允许偏差
(mm)</th><th>检 验 方 法</th></tr>
<tr><td rowspan="2">绑　扎
钢筋网</td><td colspan="2">长、宽</td><td>±10</td><td>钢 尺 检 查</td></tr>
<tr><td colspan="2">网眼尺寸</td><td>±20</td><td>钢尺量连续三档，取最大值</td></tr>
<tr><td rowspan="2">绑扎钢
筋骨架</td><td colspan="2">长</td><td>±10</td><td>钢 尺 检 查</td></tr>
<tr><td colspan="2">宽、高</td><td>±5</td><td>钢 尺 检 查</td></tr>
<tr><td rowspan="5">受　力
钢　筋</td><td colspan="2">间　距</td><td>±10</td><td rowspan="2">钢尺量两端、中间
各一点，取最大值</td></tr>
<tr><td colspan="2">排　距</td><td>±5</td></tr>
<tr><td rowspan="3">保护层
厚　度</td><td>基　础</td><td>±10</td><td>钢 尺 检 查</td></tr>
<tr><td>柱、梁</td><td>±5</td><td>钢 尺 检 查</td></tr>
<tr><td>板、墙、壳</td><td>±3</td><td>钢 尺 检 查</td></tr>
<tr><td colspan="3">绑扎箍筋、横向钢筋间距</td><td>±20</td><td>钢尺量连续三档，取最大值</td></tr>
<tr><td colspan="3">钢筋弯起点位置</td><td>20</td><td>钢 尺 检 查</td></tr>
<tr><td rowspan="2">预 埋 件</td><td colspan="2">中心线位置</td><td>5</td><td>钢 尺 检 查</td></tr>
<tr><td colspan="2">水 平 高 差</td><td>+3，0</td><td>钢尺和塞尺检查</td></tr>
</table>

注：1. 检查预埋件中心线位置时，应沿纵、横两个方向量测，并取其中的较大值。

2. 表中梁类、板类构件上部纵向受力钢筋保护层厚度的合格点率应达到90%及以上，且不得有超过表中数值 1.5 倍的尺寸偏差。

7）必须严格控制梁、板、悬挑构件上部纵向受力钢筋位置正确。浇筑混凝土时，应随时检查钢筋，有松脱或位移的及时纠正，以免影响构件承载能力和抗裂性能。

(3) 钢筋安装检验批验收见表 2.3.24。

钢筋安装检验批验收　　表 2.3.24

<table>
<tr><th colspan="2">检　验　项　目</th><th>标　准</th><th>检　验　方　法</th></tr>
<tr><td>主控项目</td><td>钢筋安装</td><td>受力钢筋的品种、级别、规格和数量必须符合设计要求</td><td>观察，钢尺检查</td></tr>
<tr><td>一般项目</td><td>钢筋安装位置的允许偏差</td><td>应符合表 2.3.23 的规定</td><td>应符合表 2.3.23 的规定</td></tr>
</table>

检查数量

主控项目：全数检查。

一般项目：在同一检验批内，对梁、柱和独立基础，应抽查构件数量的10%，且不少于3件；对墙和板，应按有代表性的自然间抽查10%，且不少于3间；对大空间结构，墙可按相邻轴线间高度5m左右划分检查面，板可按纵、横轴线划分检查面，抽查10%，且均不少于3面。

2.3.5 钢筋分项工程技术资料和隐蔽验收

(1) 应具备的技术资料

1）钢筋产品合格证、出厂检验报告。

2）钢筋进场复验报告。

3）钢筋冷拉记录。

4）钢筋焊接接头力学性能试验报告。

5）钢筋机械连接接头力学性能试验报告。

6）焊条(剂)试验报告。

7）钢筋隐蔽工程验收记录。

8）钢筋锥螺纹加工检验记录及连接套产品合格证。

9）钢筋锥螺纹接头质量检查记录。

10）施工现场挤压接头质量检查记录。

11）设计变更和钢材代用证明。

12）见证检测报告。

13）检验批质量验收记录。

14）钢筋分项工程质量验收记录。

(2) 隐蔽验收内容

1）纵向受力钢筋品种、规格、数量、形状、尺寸、位置、间距、锚固长度等。

2）钢筋连接方式、接头位置、接头数量、接头面积百分率等。

3）箍筋、横向钢筋的品种、规格、数量、间距等。

4）预埋件规格、数量、位置等。

5）钢筋混凝土保护层厚度。

2.3.6 钢筋工程质量缺陷与预控措施

钢筋工程质量缺陷与预控措施见表 2.3.25。

钢筋工程质量缺陷与预控措施 表 2.3.25

缺 陷	预 控 措 施
1. 骨架外形尺寸不准，模外加工的骨架放不进模，或划刮模板	（1）钢筋加工外形应准确，偏差在允许范围内。 （2）安装时将多根钢筋端部对齐。 （3）钢筋绑扎应正确，严禁偏斜或骨架扭曲。 一旦出现上述情况，应将骨架个别钢筋松绑，重新整理安装绑扎。切忌用锤子敲击，以免骨架其他部位变形或松扣
2. 网片歪斜、扭曲	堆放地面要平整；搬运过程要轻抬轻放；按绑扎规定进行绑扎，并适当增加有绑扣的钢筋交点；对面积较大的网片，可适当地用一些直钢筋作斜向拉结固定
3. 板钢筋混凝土保护层不符合要求，板底出现裂缝	（1）检查混凝土保护层垫块厚度是否准确，并按规定垫够。 （2）钢筋网片有可能随混凝土浇捣而沉落时，应采取措施防止下沉，例如用铁丝将网片绑吊在模板楞上；采用翻转模板时，也可用钢筋承托网片等。 （3）如构件已成型，则应根据平板受力状态和结构重要程度，结合保护层厚度实际偏差情况，对其采取加固措施
4. 构件的垂直偏差超过允许值	（1）确保骨架本身刚度，刚度较差的骨架应加固。 （2）起吊操作力求平稳，防止悠荡或碰撞。 （3）骨架各钢筋交点都要绑扎牢固，必要时可适当点焊几点加固。 （4）变形骨架应修复平整，严重的应重新矫直组装
5. 构件平移或安装时桩身产生裂缝	（1）外伸插筋用箍筋套好，并利用端部模板进行固定。端部模板一般做成上、下两片，在钢筋位置上留卡口，深度约等于外伸插筋半径，每根钢筋都由上、下卡口卡住，再加以固定。 （2）浇筑混凝土时避免碰撞。 （3）浇筑过程中应随时注意检查，如固定处松脱应及时补救。 （4）梁与柱插筋如不能对顶施加坡口焊，可以通过设计部门同意，采取垫筋焊接联系

续表

缺陷	预控措施
6. 柱子外伸钢筋错位，下柱外伸钢筋从柱顶甩出，与上柱钢筋搭接不上	(1) 在外伸部分加一道临时箍筋，按图纸位置安设好，并固定。 (2) 浇筑混凝土前如发现移位，则应矫正。 (3) 注意浇筑操作，不要碰撞钢筋，若碰歪撞斜应立即校正。 (4) 对错位严重的外伸钢筋，应视实际情况由有关技术部门确定，采取专门措施处理，例如加大柱截面，设置附加箍筋以联系上、下柱钢筋等
7. 同一连接区段接头过多(在绑孔或安装钢筋骨架时发现同一连接区段内受力钢筋接头过多，其截面面积占受力钢筋总截面面积的百分率超出规范规定数值)	(1) 轴心受拉和小偏心受拉杆件中的受力钢筋接头，均应焊接。不得绑扎。 (2) 配料时，注明搭配编号，对于同一组搭配而安装方法不同的(同一组搭配而各分号是一顺一倒安装的)，要加文字说明。 (3) 充分理解验收规范中规定的同一连接区段含义。 (4) 如分不清受拉或受压区时，接头设置均应按受拉区的规定办理
8. 露筋	(1) 垫块或卡按规定数量垫牢，保证保护层厚度符合要求。 (2) 混凝土应振岛密实，防止出现孔洞等缺陷。 (3) 范围不大的轻微露筋可用灰浆堵抹；混凝土出现麻点的，应沿周围敲开或凿掉，用砂浆抹平。 (4) 重要受力部位的露筋，应经技术鉴定后，根据露筋严重程序，采取措施补救
9. 箍筋间距不一致	(1) 根据构件配筋情况，预先算好箍筋实际分布间距，作为绑扎钢筋骨架时依据。 (2) 如箍筋已绑扎成钢筋骨架，则根据具体情况，适当增加一个或两个箍筋
10. 柱箍筋接头位置重复交搭于一根或两根纵筋上	(1) 安装时，将接头位置错开绑扎。 (2) 适当解开几个箍筋，转个方向，重新绑扎，力求上、下接头互相错开

续表

缺　陷	预 控 措 施
10. 柱箍筋接头位置重复交搭于一根或两根纵筋上	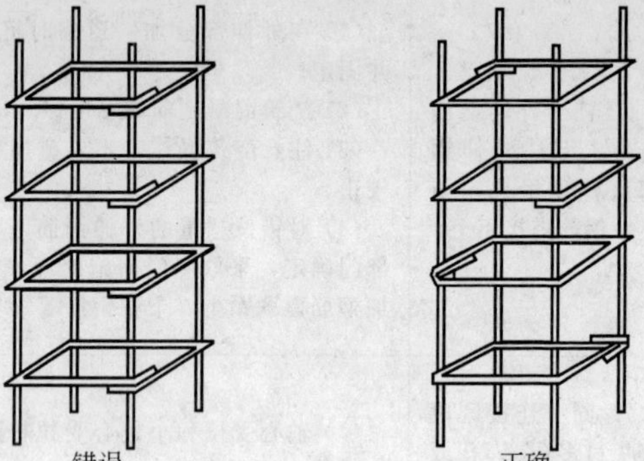 错误　　正确 图 2.3.5
11. 绑扎搭接接头松脱	(1) 钢筋搭接处应扎紧。绑扎部位在搭接部分的中心和两端。 (2) 搬运时轻抬轻放。 (3) 将松脱的接头再用铁丝绑紧。如条件允许，可用电弧焊焊上 1～2 点
12. 在悬臂梁中弯起钢筋的弯起方向放反	(1) 对操作人员专门交底。 (2) 在钢筋骨架上挂牌，提醒安装人员注意 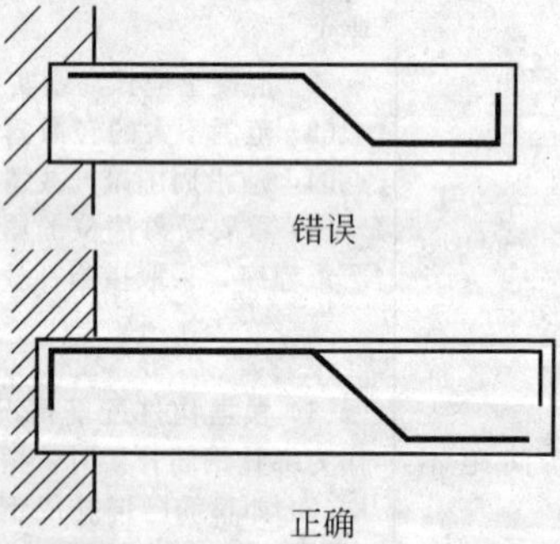 错误 正确 图 2.3.6
13. 检查核对连接好的钢筋骨架时，发现有遗漏钢筋现象	(1) 绑扎钢筋骨架之前要熟悉图纸，按材料表核对、检查钢筋数量是否与图纸相符。 (2) 仔细研究钢筋绑扎安装顺序和步骤。 (3) 钢筋骨架连接完后，检查有无钢筋遗漏。 (4) 漏掉钢筋要全部补上

续表

缺陷	预控措施
14. 钢筋网主、副筋位置放反	(1) 要向有关人员和直接操作者做专门交底。 (2) 钢筋网主、副位置放反，如已浇筑混凝土，必须通过设计单位复核后，再确定是否采取加固措施或减轻外加荷载 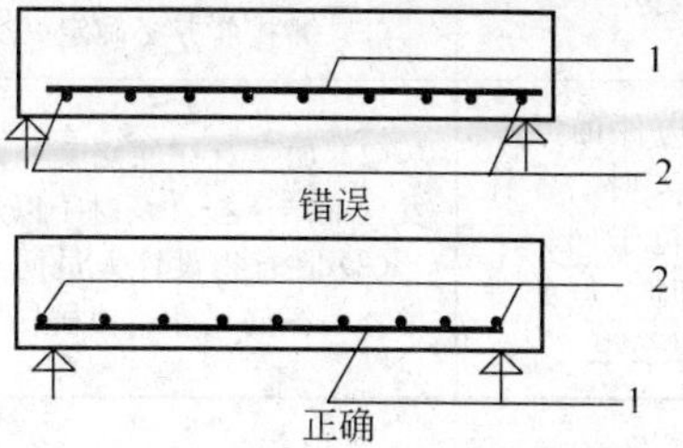 错误 正确 图 2.3.7 1—主筋；2—副筋
15. 绑扎接点松扣	(1) 一般采用 20～22 号铁丝作为绑线。绑扎直径 12mm 以下钢筋宜用 22 号铁丝；绑扎直径 12～16mm 钢筋宜用 20 号铁丝；绑扎梁、柱等直径较大的钢筋可用双根 22 号铁丝。 (2) 绑扎时，要尽量选用不易松脱的绑扣形式，例如绑平板钢筋网时，除了用一面顺扣外，还应加一些十字花扣；钢筋转角处要采用兜扣并加缠；对竖立的钢筋网，除了十字花扣外，也要适当加缠。 (3) 将接点松扣重新绑牢
16. 柱钢筋骨架绑成后，安装时发现弯钩方向不对，超出模板范围	(1) 绑扎时使柱的纵向钢筋弯钩朝向柱心。 (2) 将弯钩方向不对的钢筋拆掉，调准方向再绑。严禁不拆掉钢筋而硬将其拧转，硬拧不担会拧松绑扣，还可能导致骨架变形
17. 浇筑混凝土后发现薄板表面有钢筋弯钩露出	(1) 检查弯钩立起高度是否超过板厚，如超过，则将弯钩放斜，甚至放倒。 (2) 绑扎完立即发现钢筋弯钩会露出板面时，应松开钢筋的绑扎，并把弯钩转个方向后再扎紧。 (3) 如果已浇筑混凝土，则抠去弯钩处的混凝土，用扳手或钳子将弯钩扭至板的厚度之内，再填补混凝土抹压平整
18. 绑扎基础底面钢筋网时，钢筋弯钩平放	(1) 绑扎时切记要使弯钩朝上，以增强锚固能力。 (2) 将弯钩已平放的钢筋松扣，扶起后重绑

续表

缺陷	预控措施
19. 牛腿处配筋密集，交叉重叠频繁，难以安装或安装错位	(1) 加强牛腿部分配筋状况的图纸审查，在钢筋施工准备阶段就要事先对图纸的可行性进行全面了解、分析和改进。 (2) 绑扎前务必确定好交叉重叠的钢筋的定位
20. 构件的某些杆件交叉时，各杆件主筋位于同一平面内，因交点处碰撞，无法安装	(1) 加强对杆件交叉处配筋情况的图纸审查，绑扎之前发现症结所在，及时予以纠正。 (2) 在征得设计人员同意的情况下，可调整横杆主筋的位置及箍筋尺寸，使横杆主筋的混凝土保护层加大

2.4 预应力工程

预应力工程是：预应力筋、锚具、夹具、连接器等材料的进场检验，后张法预留管道设置或预应力筋布置，以及预应力筋张拉、放张、灌浆和锚固等一系列技术工作和完成实体的总称。

随着经济的发展和技术的进步，采用高强钢丝、钢绞线的高效预应力技术在混凝土结构工程中的应用越来越广泛。由于预应力技术在许多大型建筑和特种结构中，可起到减轻自重、节约钢材、实现大跨度等作用，其优越性越来越被人们所认可。

2.4.1 基本规定

(1) 预应力工程优点

1) 预应力混凝土可分为：全预应力混凝土和部分预应力混凝土。全预应力混凝土是在全部使用荷载下受拉边缘不允许出现拉应力的预应力混凝土，适用于要求混凝土不开裂的结构。部分预应力混凝土是在全部使用荷载下受拉边缘允许出现一定的拉应力或裂缝的混凝土，其综合性能较好，费用较低，适用范围广。

2) 预应力混凝土与钢筋混凝土比较，具有构件截面小、自重轻、抗裂度高、耐久性好、材料省等优点，但预应力混凝土施工需要专门的材料与设备、特殊的工艺、单价较高。但在大开间、大跨度与重荷载的结构中，采用预应力混凝土结构，可减少材料用量，扩大使用功能，综合经济效益好，在现代结构中具有广阔的发展前景。

(2) 对施工单位要求

由于预应力施工工艺复杂，专业性强，技术含量高、操作要求严、质量要求较高，因此，预应力工程施工应由获得有关部门批准的预应力专项施工资质的施工单位承担。施工前，要求专业施工单位应根据设计图纸，编制预应力施工方案。当设计图纸深度不具备施工条件时，预应力施工单位应预以完善，并经设计单位审核后实施。

(3) 重点掌握内容

由于预应力施工工艺复杂，质量要求较高，故预应力分项工程所含检验项目较多，且规定较为具体。根据具体情况，预应力分项工程可与混凝土结构一同验收，也可以单独验收。“混凝土验收规范”对预应力分项工程规定了“一般规定”、“原材料”、“制作与安装”、“张拉和放张”、“灌浆及封锚”5方面内容。重点掌握内容：

1) 了解预应力分项工程的一般内容。

2) 理解后张法预应力工程施工单位资质等级要求的必要性。

3) 了解预应力筋张拉机具设备及仪表定期维护和校验的重要性，掌握张拉设备标定和使用的要求。

4) 了解原材料的重要性，熟悉原材料检验的相关标准，掌握原材料的检验要求和抽样方案。

5) 掌握预应力筋安装的基本要求，理解避免隔离剂沾污预应力筋和避免电火花损伤预应力筋的重要性。

6) 掌握预应力筋下料和各种端部锚具的质量要求。

7) 掌握预留孔道的质量要求、预应力筋束形控制点的偏差要求及无粘结预应力筋的敷设要求。

8）掌握预应力筋张拉及放张时对混凝土强度的要求以及对预应力筋的张拉顺序和张拉力的要求。

9）掌握对预应力筋实际建立的预应力值的要求及对张拉过程中预应力筋断裂或滑脱的限制规定。

10）掌握及时进行孔道灌浆的要求，以及对孔道内水泥浆的水灰比、泌水率和抗压强度等性能的要求。

11）掌握锚固后预应力筋外露部分的切割方法、外露长度要求及封闭要求。

（4）张拉设备及仪表

1）混凝土验收规范规定：预应力筋张拉机具及仪表，应定期维护和校验。张拉设备应配套标定，并配套使用。张拉设备的标定期限不应超过半年。当在使用过程中出现反常现象时或在千斤顶检修后，应重新标定。

注：1. 张拉设备标定时，千斤顶活塞的运行方向应与实际张拉工作状态一致。

2. 压力表的精度不应低于1.5级，标定张拉设备用的试验机或测力计精度不应低于±2%。

2）张拉设备（千斤顶、油泵及压力表等）应配套标定，以确定压力表读数与千斤顶输出力之间的关系曲线。这种关系曲线对应于特定的一套张拉设备，故配套标定后应配套使用。由于千斤顶主动工作和被动工作时，压力表读数与千斤顶输出力之间的关系是不一致的，故要求标定时千斤顶活塞的运行方向应与实际张拉工作状态一致。

（5）预应力混凝土适用范围

预应力冷拔低碳钢丝混凝土、预应力钢筋混凝土、预应力钢绞线（钢丝束）混凝土等的适用范围见表2.4.1。

预应力钢筋混凝土技术的分类与适用范围　　表2.4.1

类别	名称		适用范围
先张法	预应力钢丝混凝土	甲级冷拔低碳钢丝	中小型建筑构件，离心成型制品
		碳素钢丝	中小型建筑构件、轨枕、离心成型制品

续表

类别	名　称		适用范围
先张法	预应力钢筋(钢丝束、钢绞线)混凝土		大中型建筑构件、桥梁构件、管桩
	LL650级或LL800级冷轧带肋钢筋		中小型建筑构件
后张法	预留孔法	抽管成孔法	大、中型建筑构件，桥梁、水工构件；现浇预应力混凝土结构
		预埋管法	
	无粘结法		
	电热法		
连续配筋法			先张法：用于短线钢模生产的中、小型构件；因装备较复杂，极少采用。 后张法：用于各种圆形贮罐或管形构件的壁外缠丝
自张法(自应力混凝土)			管道混凝土制品

(6) 预应力混凝土先张法和后张法区别

预应力按预加应力的时间不同可分为先张法混凝土和后张法混凝土。预应力混凝土先张法和后张法区别见表2.4.2。

预应力混凝土先张法与后张法区别　　表2.4.2

项目	先张法	后张法
施工程序	(1) 在台座或模板先张拉预应力钢筋，后浇筑混凝土。 (2) 待混凝土达到设计强度标准值的75%以上时，才能放张切断预应力筋	(1) 安装模板、钢筋时，留置钢筋孔道或无粘结钢筋，先浇筑混凝土。 (2) 待混凝土达到设计强度标准值的75%以上时，才能张拉预应力筋。 (3) 张拉预应力筋后进行孔道灌浆，填充孔道
锚固方法	(1) 用台座墩、横梁、钢模端板等支承预应力筋张拉力。 (2) 放张后，利用混凝土对预应力筋的握裹力传递预压应力。 (3) 所用夹具可以卸下，重复使用	(1) 利用浇筑后达到强度要求的混凝土结构支承张拉力。 (2) 预压应力由锚具或自锚头锚固，由混凝土两端传递给混凝土。 (3) 所用锚具即为构件组成的一部分，不能卸下，还应设法封闭保护

续表

项目	先张法	后张法
施工设施	(1) 与混凝土模板基本相同。 (2) 需有支承张拉力的承力支架(墩)、横梁、支承端板、台座地坪等	(1) 与混凝土模板基本相同，只增加预留孔道的设备。 (2) 利用已浇筑好的混凝土结构作张拉力的承力支架，不需其他承力设施
适用范围	(1) 只能用于预制构件。 (2) 适宜于在工厂用工业化方式生产中小型构件	(1) 适宜于在现场预制大型构件，运输条件许可的可在工厂预制。 (2) 适宜于现浇整体结构
优点	生产周期较短	(1) 设施费用较少。 (2) 预应力损失较小
缺点	(1) 设施费用较多。 (2) 预应力损失较大	在完成张拉后仍等候灌浆强度，生产周期较长

2.4.2 预应力材料

(1) 预应力钢筋进场检验

预应力钢材进场后，应分批组织验收。现场检查厂家质量合格证书、包装情况、标识内容、材料规格、外观质量及材料性能自检报告。

1) 预应力钢筋的进场检验

预应力钢材出厂时，在每捆(盘)上都挂有标牌，并附有出厂质量证明书。预应力钢材进场时，按下列规定验收。

① 碳素钢丝检验

A. 组批规则：钢丝应成批验收，每批应由同一牌号、同一规格、同一生产工艺的钢丝组成，每批重量不大于60t。

B. 检验项目

a. 外观质量：钢丝外观应逐盘检查。钢丝表面不得有裂缝、小刺、劈裂、机械损伤、氧化铁皮和油迹，但表面上允许有浮锈和回火色。钢丝直径检查按10%盘选取，但不得少于6盘。

b. 力学性能试验：钢丝外观检查合格后，从每批中任意选取10%盘(不少于6盘)的钢丝，从每盘钢丝的两段各截取一个试样，

一个做拉伸试验(抗拉强度与伸长率)，一个做反复弯曲试验。

C. 结果判定：如有某一项试验结果不符合《预应力混凝土用钢丝》(GB/T 5223—95)标准要求，则该盘钢丝为不合格品；可从同一批未经试验的钢丝盘中截取双倍数量的试样进行复验(包括该项实验要求的任意指标)。如复验仍有一个指标不合格，则该批钢丝为不合格品或逐盘检验取用合格品。

钢丝屈服强度检验，按2%盘选取，但不得少于3盘。

② 钢绞线检验

A. 组批规则：钢丝应成批验收，每批应由同一牌号、同一规格、同一生产工艺的钢丝组成，每批重量不大于60t。

B. 检验项目：从每批钢绞线中任意取3盘，进行表面质量、直径偏差、捻距和力学性能试验。屈服强度和松弛试验每季度由生产厂抽检一次，每次不少于一根。

C. 检验结果判定：从每盘所选的钢绞线端部正常部位取一根试样进行试验。试验结果，如有一项不合格时则该盘判为不合格。可再从未试验过的钢绞线中取双倍数量的试样进行该不合格项的复验。如仍有一项不合格，则该批判为不合格品。

③ 热处理钢筋检验

A. 组批规则：热处理钢筋应成批验收，每批应由同一外形截面尺寸、同一热处理制度和同一炉罐号的钢筋组成，每批重量不大于60t。公称容量不大于30t炼钢炉冶炼的钢轧成的钢材，允许交同钢号组成的混合批，但每批中不得多于10个炉号。各炉号间钢的含碳量差不大于0.02%，含锰量差不大于0.15%，含硅量差不得大于0.20%。

B. 外观检查：从每批钢筋中选取10%盘数(不少于25盘)进行表面质量与尺寸偏差检查。钢筋表面不得有裂纹、结疤和折叠，钢筋表面允许有局部凸块，但不得超过螺纹肋的高度。如检查不合格，则应将该批钢筋进行逐盘检查。

C. 拉伸试验：从每批钢筋中选取10%盘数(不少于25盘)进行拉伸试验。如有一项不合格，则该盘判为不合格盘报废。再

从未试验过的钢筋中取双倍数量的试样进行复验，如仍有一项不合格，则该批判为不合格品。但供方可以重新分类，作为新的一批提交验收。

2）注意事项

① 无粘结预应力筋的涂包质量对保证预应力筋防腐及准确地建立预应力非常重要。涂包质量的检验内容主要有涂包层油脂用量、护套厚度及外观。当有工程经验，并经观察确认质量有保证时，可仅作外观检查。

② 预应力筋进场后可能由于保管不当引起锈蚀、污染等，故使用前应进行外观质量检查。对有粘结预应力筋，可按各相关标准进行检查。对无粘结预应力筋，若出现护套破损，不仅影响密封性，而且增加预应力摩擦损失，故应根据不同情况进行处理。

③ 预应力钢材进场检验合格后，应存放在通风良好的仓库中。若露天堆放时，应搁置在方木支垫上，离地高度不小于200mm。钢绞线堆放时支点数不少于4个，方木宽度不少于100mm，堆放高度不大于3盘。无粘结筋堆放时支点数不少于6个，垫木宽度不少于300mm，码放层数不多于两盘。预应力筋存放应按供货批号分组、每盘标牌整齐，上面覆盖防雨布。预应力筋吊放应采用专用支架，3点起吊。

(2) 预应力筋锚具

1）锚具与夹具适用范围见表2.4.3。

锚具与夹具适用范围　　表2.4.3

序号	型式	类别	名　称	适　用　范　围
1	螺杆式	锚具	螺丝端杆锚具	适用于先张法、后张法或电张法。用YL60、YC60、YC20型千斤顶或简易张拉机具，锚固直径36mm以下的冷拉HRB335、HRB400级钢筋
			锥形螺杆锚具	适用于后张法。用YL60、YC60、YC20型千斤顶或简易张拉机具，内锚固28根以下的$\phi^{s}5$碳素钢丝束
			精轧螺纹钢筋锚具	适用于后张法。用YL60、YC60、YC20千斤顶，锚固精轧螺纹钢筋

续表

序号	型式	类别	名　称	适　用　范　围
1	螺杆式	夹具	单根镦头钢筋螺杆夹具	适用于先张法。用 YL60、YC60、YC20 千斤顶或简易张拉机具，夹持单根冷拉 HRB335、HRB400、RRB400 级钢筋
2	镦头式	锚具	钢丝束镦头锚具	适用于后张法。用 YL60、YC60、YC20 型千斤顶，锚固 ϕ^{s} 5 碳素钢丝
		夹具	单根镦头夹具	适用于大型屋面板等构件的张拉工艺或台座先张法。用 YL60、YC60、YC20 千斤顶，夹持单根冷拉 HRB335、HRB400、RRB400 级钢筋
			JM12 型锚具	适用于后张法。用 YC60 与 120 型千斤顶，锚固 3～6 根直径 12mm RB400 级光圆或螺纹钢筋束(精铸 JM12 锚固 ϕ^{l} 12RB400 级螺纹钢筋束)以及 5～6 根 ϕ^{s} 12(7ϕ4)钢绞线束
3	夹片式	锚具	JM5 型锚具	适用于后张法(也可作先张法夹具)，用 YC60 型千斤顶分别锚固 6 根和 7 根 ϕ^{s}5 碳素钢丝
			JM 型锚具	适用于后张法，用 YC60 与 120 千斤顶，锚固 ϕ^{j}12 和 ϕ^{j}15 钢绞线，也可作先张法夹具
			XM 型锚具	适用于后张法。用 YCD100 与 200 型千斤顶，锚固 1～12ϕ^{j}15 钢绞线，也可用于锚固钢丝束
		夹具	圆套筒三片式夹具	适用于先张法。用 YC20D、YC18 型千斤顶夹持 ϕ(12～16)mm 的单根冷拉 HRB335、HRB400、RRB400 级钢筋
4	锥锚式	锚具	KT-Z 型锚具	适用于后张法。用于锚固 ϕ12mm 的螺纹钢筋束与钢绞线束，用 YC60 型千斤顶
			钢质锥形锚具(弗氏锚具)	适用于后张法。用 YZ38、60 和 85 型千斤顶，锚固 18ϕ^{s} 5 碳素钢丝束或 ϕ^{s} 4 碳素钢丝
		夹具	圆锥齿板式夹具	适用于先张法。用手动或电动螺杆张拉机，夹持 ϕ^{b}3～5 碳素低碳钢丝或 ϕ^{k}5 碳素(刻痕)钢丝
			单根钢绞线夹具	适用先张法。用于夹持 ϕ^{j}12 和 ϕ^{j}15 钢绞线，用 YC20D、YC18 型千斤顶，也可作为千斤顶的工具锚使用
5	帮条式	锚具	帮条锚具	适用于先张法。后张法及电张法。锚固 ϕ(12～40)mm的冷拉 HRB335、HRB400 级钢筋

2）锚具、夹具和连接器验收

① 锚具、夹具和连接器使用前应进行外观质量检查，其表面应无污物、锈蚀、机械损伤和裂纹，否则应根据不同情况进行处理，确保使用性能。

② 验收批划分：预应力筋锚具、夹具和连接器验收批的划分，在同种材料和同一生产条件下，锚具、夹具应以不超过1000套组为一个验收批；连接器应以不超过500套组为一个验收批。

③ 锚具验收

A. 检查出厂证明文件，核对性能、类别、品种、规格及数量，应全部符合要求。

B. 外观质量：应从每批中抽取10%但不小于10套的锚具，检查其外观和尺寸。当有一套表面有裂纹或超过产品标准及设计图纸规定尺寸的允许偏差时，应另取双倍数量的锚具重做检查，如仍有一套不符合要求，则不得使用或逐套检查，合格者方可使用。

C. 硬度检查：应从每批中抽取5%但不少于5件的锚具，对其中有硬度要求的零件做硬度试验，对多孔夹片式锚具的夹片，每套至少抽5片。每个零件测试3点，其硬度应在设计要求范围内，当有一个零件不合格时，应另取双倍数量的零件重做试验，如仍有一个零件不合格，则不得使用或逐个检查，合格者方可使用。

D. 静载锚固性能试验：经上述两项试验合格后，应从同批中抽取6套锚具(夹具或连接器)组成3个预应力筋锚具组装件，进行静载锚固性能试验，当有一个试件不符合要求时，应另取双倍数量的锚具重做试验，如仍有一套不合格，则该批锚具为不合格品。

E. 对一般工程的锚具进场验收，其静载锚固性能，也可由锚具生产厂提供试验报告。

④ 夹具验收

A. 预应力夹具的进场验收，只做静载锚固性能试验。试验方法与预应力筋锚具相同。

B. 由于夹具的锚固性能不影响结构的使用性能，只要能满足工艺过程中的使用要求即可。为简化验收手续，可不作外观检查和硬度检验。

⑤ 连接器验收：后张法预应力连接器的进场验收，应与预应力筋锚具相同；先张法预应力筋连接器进场验收，应与预应力筋夹具相同；但静载锚固性能试验时，可从同批中抽取 3 套连接器，组装成 3 个预应力筋连接器组装件进行试验。

3）锚具、夹具和连接器使用时注意事项

① 应有专人保管，在贮存、运输及使用期间均应妥善维护，避免锈蚀、沾污、遭受机械损伤和混淆。临时性维护措施，应不影响使用性能和永久性防锈措施的实施。

② 安装前必须清洗干净。凡设计规定需要在锚固零件上涂抹不影响锚固性能物质的锚具、夹具和连接器，应在安装前临时涂抹。

③ 为保证预应力筋锚具和连接器安装时与孔道对中，锚垫板上应设置对中止口或对中标志。

④ 负责张拉的技术人员和操作人员，应严格执行有关技术规定和安全措施，以确保张拉质量和人身及设备安全。

⑤ 利用螺纹锚固的支承式锚具，安装前应逐个检查螺纹的配合情况。对于大直径螺纹的表面应涂润滑油脂，以确保质量和锚固过程中顺利旋合。

⑥ 夹片式、锥塞式等具有自锚性能的锚具，在预应力筋张拉和锚固过程中以及锚固以后，均不得大力敲击或振动，防止因锚固失效预应力筋飞出伤人。

⑦ 预应力筋锚固后，如因故必须放松时，对于支承式锚具可用张拉设备松开锚具，将预应力逐渐缓慢地卸除；对于夹片式、锥塞式等具有自锚性能的锚具，宜用专门的放松设备将锚具松开，不宜直接将锚具切去。

⑧ 预应力筋张拉锚固完成后，应尽快灌浆，切割外露于锚具的预应力筋。切割后的外露长度一般不得小于30mm。

⑨ 预应力筋张拉锚固完毕后，对暴露于结构外部的锚具或连接器，必须尽快实施永久性防护措施，防止水份和其他有害介质侵入。防护措施还应具有一定的防火、隔热功能。

(3) 孔道成型及灌浆材料

孔道灌浆一般采用素水泥浆。由于普通硅酸盐水泥浆的泌水率较小，故规定应采用普通硅通硅酸盐水泥配制水泥浆。水泥浆中掺入外加剂可改善其稠度和密实性等，但预应力筋对应力腐蚀较为敏感，故水泥和外加剂中均不能含有对预应力筋有害的化学成分。

孔道灌浆所采用水泥和外加剂数量较少的一般工程，如果由使用单位提供近期采用的相同品牌和型号的水泥及外加剂的检验报告，也可不作水泥和外加剂性能的进场复验。

1) 后张预应力混凝土孔道成型材料应具有刚度和密闭性，在铺设及浇筑混凝土过程中不应变形，其咬口及连接处不应漏浆。成型后的管道应能有效地传递灰浆和周围混凝土的粘结力。

2) 预应力混凝土用金属螺旋管进场时应具备产品合格证、出厂检验报告，使用前作进场复验，其尺寸、径向刚度和抗渗性能等应符合现行国家标准《预应力混凝土用金属螺旋管》JG/T 3013的规定。对金属螺旋管用量较少的一般工程，如有可靠依据时，可不作径向刚度、抗渗漏性能的进场复试。

3) 预应力混凝土用金属螺旋管在使用前应进行外观质量检查。其内外表面应清洁，无锈蚀、无油污，不应有变形、孔洞和不规则的褶皱，咬口不应有开裂和脱扣。

4) 孔道灌浆用水泥应采用普通硅酸盐水泥，水泥及水泥浆中掺入的外加剂应符合本书中对水泥及混凝土外加剂的相关要求。预应力混凝土结构中严禁使用含氯化物的外加剂。

5) 孔道灌浆用水泥及外加剂进场，应具备产品合格证，使用前作进场复验。对孔道灌浆用水泥和外加剂用量较少的一般工程，如果由使用单位提供了近期采用的相同品牌和型号的水泥及外加剂的检验报告，可不作材料性能的进场复试。

6）金属螺旋管

① 后张预应力工程中多采用金属螺旋管预留孔道。金属螺旋管径运输、存放可能出现裂伤、变形、锈蚀、污染等质量缺陷。

② 使用前应进行尺寸和外观质量检查。金属螺旋管的刚度和抗渗性能是很重要的质量指标，但试验较为复杂。当使用单位能提供近期采用的相同品牌和型号金属螺旋管的检验报告或有可靠工程经验时，也可不作这两项检验。

（4）预应力原材料质量检验见表2.4.4。

预应力原材料质量检验 **表2.4.4**

检验项目		标准	检验方法
主控项目	1.预应力筋的性能	预应力筋进场时，应按现行国家标准《预应力混凝土用钢绞线》GB/T 5224等的规定抽取试件作力学性能检验，质量必须符合有关标准规定	检查产品合格证、出厂检验报告和进场复验报告
	2.无粘结预应力筋的涂包质量	应符合无粘结预应力钢绞线标准的规定	观察，检查产品合格证、出厂检验报告和进场复验报告 注：当有工程经验，并经观察认为质量有保证时，可不作油脂用量和护套厚度的进场复验
	3.预应力筋用锚具、夹具和连接器	应按设计要求采用，其性能应符合现行国家标准《预应力筋用锚具、夹具和连接器》GB/T 14370等的规定	检查产品合格证、出厂检验报告和进场复验报告 注：对锚具用量较小的一般工程，如供货方提供有效的试验报告，可不作静载锚固性能试验

续表

检验项目		标准	检验方法
主控项目	4. 孔道灌浆用水泥	应采用普通硅酸盐水泥，其质量应符合表 2.5.7 主控项目 1 的规定。孔道灌浆用外加剂的质量应符合表 2.5.7 主控项目 2 的规定	检查产品合格证、出厂检验报告和进场复验报告 注：对孔道灌浆用水泥和外加剂用量较小的一般工程，当有可靠依据时，可不作材料性能的进场复验
一般项目	1. 预应力筋使用前外观质量	(1) 有粘结预应力筋展开后应平顺，不得有弯折，表面不应有裂纹、小刺、机械损伤、氧化铁皮和油污等。 (2) 无粘结预应力筋护套应光滑、无裂缝，无明显褶皱。 注：无粘结预应力筋护套轻微破损者应外包防水塑料胶带修补，严重破损者不得使用。	观察
	2. 预应力筋用锚具、夹具和连接器使用前	应进行外观检查，其表面应无污物、锈蚀、机械损伤和裂纹	观察
	3. 预应力混凝土用金属螺旋管的尺寸和性能	应符合国家现行标准《预应力混凝土用金属螺旋管》JG/T 3013 的规定	检查产品合格证、出厂检验报告和进场复验报告 注：对金属螺旋管用量较少的一般工程，当有可靠依据时，可不作径向刚度、抗渗漏性能的进场复验
	4. 预应力混凝土用金属螺旋管在使用前外观质量	其内外表面应清洁，无锈蚀，不应有油污、孔洞和不规则的褶皱，咬口不应有开裂或脱扣	观察

检查数量

主控项目：项目1，按进场的批次和产品的抽样检验方案确定。

项目2，每60t为一批，每批抽取一组试件。

项目3按进场批次和产品的抽样检验方案确定。

项目4按进场批次和产品的抽样检验方案确定。

一般项目：项目1、2和4全数检查。

项目3按进场批次和产品的抽样检验方案确定。

2.4.3 制作与安装

(1) 预应力筋下料

1) 计算预应力筋下料长度时应考虑的影响因素有：结构的孔道长度、锚夹具厚度、千斤顶长度、焊接接头或镦头的预留量、冷拉伸长值、弹性回缩值、张拉伸长值、台座长度、构件长度、构件间隔距离和张拉设备及施工方法等。

2) 预应力筋下料要求

① 钢筋束的钢筋直径一般为12mm左右，下料前应经开盘、冷拉、调直，镦粗(仅用于镦粗锚具)，下料时长度误差不超过5mm。

② ϕ5mm大盘径钢丝用调直机调直；小盘径钢丝应采用冷拉设备，取下料应力为300N/mm^2，一次完成开盘、调直和在同一应力状态下量出需要下料长度，然后放松切断。当用锥形锚具时，只需调直，下料应考虑温度变化的影响。

③ 两端采用镦头锚具时，同一束中各根钢丝下料长度相对差值，应不大于钢丝束长度的1/5000，且不得大于5mm。当成组张拉长度不大于10m的钢丝时，同组钢丝长度的极差不得大于2mm。

④ 对长度不大于6m的先张法预应力构件，当钢丝成组张拉时，同组钢丝下料长度的相对差值，不得大于2mm。

⑤ 出厂前未经低温回火处理，钢绞线下料前应进行预拉，预拉应力值取钢绞线抗拉强度的80%～85%，保持5～10min再

放松。下料时，在切口的两侧各 50mm 处用 20 号铁丝扎紧后切割，切口应立即焊牢。

⑥ 预应力筋应采用砂轮锯或切断机切断。不得采用电弧切割。

3）预应力筋端头镦粗：预应力筋（丝）采用镦头夹具时，端头应进行镦粗。镦粗分热镦和冷镦两种。

4）预应力筋编束

① 穿束前应逐根理顺，捆扎成束，不得紊乱。成束预应力筋宜采用穿束网套穿束。

② 钢筋编束系按规定根数排列理顺，一端对齐，每隔 1m 左右用 18～22 号铁丝编织成片，然后同等间距放置一个与钢筋束内径相同的弹簧衬圈，将钢筋片围捆在衬圈上扎紧。对镦粗头钢筋，在编束时，先将镦粗头相互错开 50～100mm，穿入孔道后用锤敲齐。

③ 钢丝束编束应在平地上进行，逐根排列理顺，一端在挡板上对齐，离端头 200mm 和每隔 1.5m 间距安放梳子板，理顺钢丝，然后用 20 号铁丝在梳子板处按次序编织成片，再每隔 1.5m 放一个弹簧衬圈，将钢丝片合拢捆扎成束。

④ 钢绞线编束方法同钢筋束，但须将钢绞线理直，并尽量使各根钢绞线松紧一致。

⑤ 钢筋束、钢绞线束的制作

钢筋束所用的钢筋一般是成盘供应的，不需对焊接长，制作工序包括：冷拉、下料、编束等。

5）预应力筋储存、运输：预应力筋在储存、运输和安装过程中，应采取防止锈蚀及损坏措施。

（2）安装控制要点

预应力筋安装重点应控制：预应力筋孔道成型、预留孔道、束形控制点、隔离剂涂刷及预应力筋铺设等。

1）预应力筋孔道种类及成型方法

① 预应力筋的孔道有直线、曲线和折线 3 种。

② 孔道直径：孔道直径、长度和形状应由设计确定，如设

计无规定时，对粗钢筋，孔道直径应比预应力筋外径、钢筋对接头外径大 10～25mm；对于钢丝或钢绞线，孔道的直径应比预应力束外径或锚具外径大 5～10mm，且孔道面积应大于预应力筋截面积的 2 倍。

③ 成型方法：预应力筋的孔道常采用钢管抽芯法、胶管抽芯法等方法成型。孔道的尺寸与位置应正确，孔道应平顺，端部预埋钢板应垂直孔道中心线。

2）预留孔道

① 后张法有粘结预应力筋预留孔道的规格、数量、位置和形状除应符合设计要求外，尚应符合下列规定：

A. 预留孔道的定位应牢固，浇筑混凝土时不应出现移位和变形。

B. 孔道应平顺、畅通，端部的预埋锚垫板应垂直于孔道中心线。

C. 成孔用管道应密封良好，接头应严密且不得漏浆。

D. 灌浆孔间距：预埋金属螺旋管不宜大于 30m；抽芯成形孔道不宜大于 12m。

E. 在曲线孔道的曲线波峰部位应设置排气兼泌水管，必要时可在最低点设置排水孔；灌浆孔及泌水管的孔径应能保证浆液畅通。

F. 固定成孔管道的钢筋马凳间距：对钢管不宜大于 1.5m；对金属螺旋管及波纹管不宜大于 1.0m；对胶管不宜大于 0.5m；对曲线孔道宜适当加密。

② 钢管抽芯：钢管抽芯法适宜用于留设直线孔道，为了转管和抽管的需要，钢管两端应伸出构件约 500mm。钢管必须平直光滑、预埋前应除锈、刷油。钢管在构件中应用钢筋井字架固定，井字架间距不大于 1.0m。每根钢管长度不超过 15m，较长的构件可采用两根钢管组合，中间用铁皮套管连接。

3）束形控制点：预应力筋束形控制点的竖向位置偏差应符合表 2.4.5 的规定。

束形控制点的竖向位置允许偏差　　表 2.4.5

截面高(厚)度(mm)	$h \leqslant 300$	$300 < h \leqslant 1500$	$h > 1500$
允许偏差(mm)	±5	±10	±15

4）涂刷隔离剂：为了便于脱模，在预应力筋铺设前，对台面及模板应先刷非油质类隔离剂，并应避免沾污预应力筋。为避免铺设预应力筋时因其自重下垂破坏隔离剂，沾污预应力筋，影响预应力筋与混凝土的粘结，应在预应力筋设计位置下面先放置好垫块或定位钢筋后铺设。如果预应力筋被污染应立即清洗干净。在生产过程中应防止雨水等冲刷掉台面上的隔离剂。

5）预应力筋铺设

① 预应力钢丝宜用牵引车铺设，如遇钢丝需要接长，可使用图 2.4.1 所示的钢丝拼接器，用 20～22 号铁丝将钢丝连接段密排绑扎。对冷拔低碳钢丝绑扎长度不得小于 $40d$，对高强刻痕钢丝不得小于 $80d$（d 为钢筋直径）。

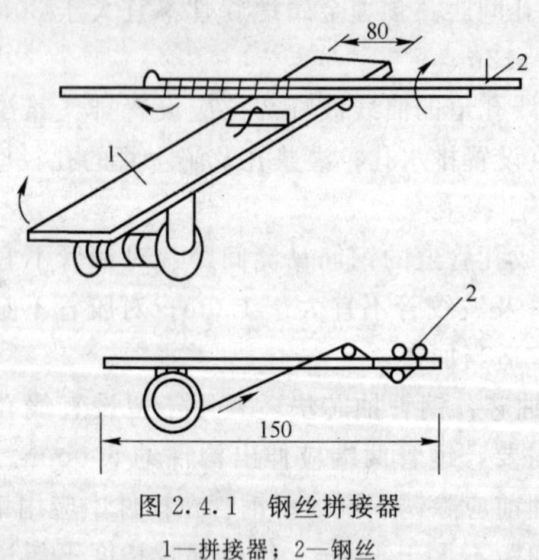

图 2.4.1　钢丝拼接器

1—拼接器；2—钢丝

预应力钢筋铺设时，钢筋接长或钢筋与螺杆的连接，可采用图 2.4.2 所示对拼式套筒连接器。连接器必须符合夹具的锚固性能要求。

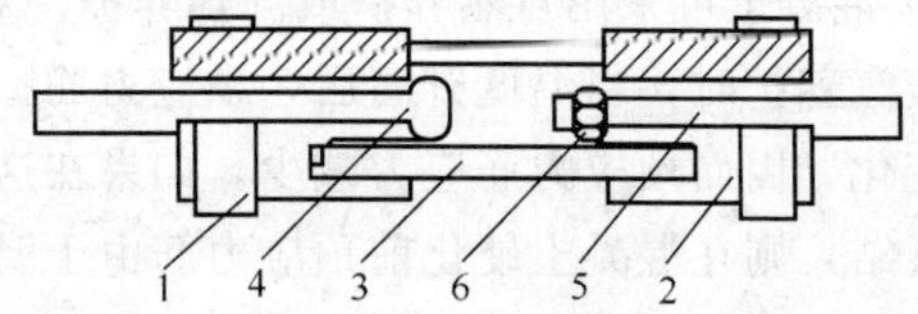

图 2.4.2　对拼式套筒连接器

1—钢圈；2—半圆形套筒；3—连接钢筋；
4—预应力筋；5—螺丝端杆；6—螺母

钢筋采用焊接时，应合理布置接头位置，尽可能避免将焊接接头拉入构件内。

② 无粘结预应力筋的铺设

A. 无粘结预应力筋的定位应牢固，浇筑混凝土时不应出现移位和变形。

B. 端部的预埋锚垫板应垂直于预应力筋。

C. 内埋式固定端垫板不应重叠，锚具与垫板应贴紧。

D. 无粘结预应力筋成束布置时应能保证混凝土密实并能裹住预应力筋。

E. 无粘结预应力筋的护套应完整，局部破损处应采用防水胶带缠绕紧密。

注：1. 施工过程中应防止电火花损伤预应力筋，对有损伤的预应力筋应予以更换。

2. 浇筑混凝土前穿入孔道的后张法有粘结预应力筋，宜采取防止锈蚀的措施。

（3）混凝土浇筑与养护监控要点

1）预应力筋张拉完毕后，即应绑扎骨架、立模、浇筑混凝土。构件应避开台面的伸缩缝及裂缝，当不能避开时，在伸缩缝及裂缝处可先铺薄钢板或填细砂等，然后浇筑混凝土，振捣时，应避免碰击预应力筋。混凝土必须振捣密实，混凝土未达到一定强度前，不允许碰撞或踩动钢筋。当叠层施工时，应待下层构件的混凝土强度达 8～10N/mm^2 后，方可浇筑上层构件的混凝土。一般当平均温度高于 20℃时，每 2d 可叠浇一层；气温较低时，可采用早强措施，以缩短养护时间，加速台座周转。

2）混凝土可采用自然养护或湿热养护。对台座法生产构件，如用蒸汽养护时，当温度升高后，预应力筋膨胀，而台座的长度并无变化，因而预应力筋应力减少。如果在这种情况下，混凝土逐渐凝结，则在混凝土硬化前预应力筋由于温度升高而引起的应力减小，将永远不能恢复（采用机组流水法用钢模生产，在蒸汽养护时，由于钢模与预应力筋同时胀缩，故无温差引起应力损失）。为减少温差所引起的预应力损失则应采取二次升温制。初次升温，应控制温差不超过20℃；当构件混凝土强度达到7.5～10N/mm^{2}时，再按一般规定养护。

（4）预应力制作与安装质量检验见表2.4.6。

预应力制作与安装质量检验　　表2.4.6

检验项目		标准	检验方法
主控项目	1. 预应力筋安装时，其品种、级别、数量	必须符合设计要求	观察，钢尺检查
	2. 先张法预应力施工	应选用非油质类模板隔离剂，并应避免沾污预应力筋	观察
	3. 预应力筋的成品保护	施工过程中应避免电火花损伤预应力筋；受损伤的预应力筋应予以更换	观察
一般项目	1. 预应力筋下料	（1）预应力筋应采用砂轮锯或切断机切断，不得采用电弧切割。 （2）当钢丝束两端采用镦头锚具时，同一束中各根钢丝长度的极差不应大于钢丝长度的1/5000，且不应大于5mm。当成组张拉长度不大于10m的钢丝时，同组钢丝长度的极差不得大于2mm	观察，钢尺检查
	2. 预应力筋端部锚具的制作质量	（1）挤压锚具制作时压力表油压应符合操作说明书的规定，挤压后预应力筋外端应露出挤压套筒1～5mm。 （2）钢绞线压花锚成形时，表面应清洁、无油污，梨形头尺寸和直线段长度应符合设计要求。 （3）钢丝镦头的强度不得低于钢丝强度标准值的98%	观察，钢尺检查，检查镦头强度试验报告

续表

检验项目		标准	检验方法
一般项目	3. 后张法有粘结预应力筋预留孔道的规格、数量、位置和形状	除应符合设计要求外，尚应符合下列规定： （1）预留孔道的定位应牢固，浇筑混凝土时不应出现移位和变形。 （2）孔道应平顺，端部的预埋锚垫板应垂直于孔道中心线。 （3）成孔用管道应密封良好，接头应严密且不得漏浆。 （4）灌浆孔的间距：对预埋金属螺旋管不宜大于 30m；对抽芯成形孔道不宜大于 12m。 （5）在曲线孔道的曲线波峰部位应设置排气兼泌水管，必要时在最低点设排水孔。 （6）灌浆孔及泌水管的孔径应能保证浆液畅通	观察，钢尺检查
	4. 预应力筋束形控制点的竖向位置允许偏差	应符合表 2.4.5 规定	钢尺检查 观察 注：束形控制点的竖向位置偏差合格点率应达到 90%及以上，且不得有超过表中数值 1.5 倍的尺寸偏差
	5. 无粘结预应力筋的铺设	除应符合表 2.4.5 的规定外，尚应符合下列要求： （1）无粘结预应力筋的定位应牢固，浇筑混凝土时不应出现移位和变形。 （2）端部的预埋锚垫板应垂直于预应力筋。 3）内埋式固定端垫板不应重叠，锚具与垫板应贴紧。 （4）无粘结预应力筋成束布置时应能保证混凝土密实并能裹住预应力筋。 （5）无粘结预应力筋的护套应完善，局部破损处应采用防水胶带缠绕紧密	观察
	6. 浇筑混凝土前穿入孔道的后张法有粘结预应力筋	宜采取防止锈蚀的措施	观察

检查数量

主控项目均全数检查。

一般项目：项目 1，每工作班抽查预应力筋总数的 3%，且不少于 3 束。

项目 2，对挤压锚，每工作班抽查 5%，且不应少于 5 件；对压花锚，每工作班抽查 3 件；对钢丝镦头强度，每批钢丝检查 6 个镦头试件。

项目 4，在同一检验批内，抽查各类型构件中预应力筋总数的 5%，且对各类型构件均不少于 5 束，每束不应少于 5 处。

项目 3、5 和 6 全数检查。

2.4.4 张拉和放张

(1) 一般规定

1）张拉和放张时对混凝土强度要求：预应力筋张拉或放张时，混凝土强度应符合设计要求；当设计无具体要求时，不应低于设计的混凝土立方体抗压强度标准值的 75%。

2）张拉控制应力值：预应力钢筋的张拉控制应力值 σ_{con} 不宜超过表 2.4.7 规定的张拉控制应力限值，且不应小于 $0.4f_{ptk}$。

张拉控制应力限值 **表 2.4.7**

钢筋种类	张拉方法	
	先张法	后张法
消除应力钢丝、钢绞线	$0.75f_{ptk}$	$0.75f_{ptk}$
热处理钢筋	$0.70f_{ptk}$	$0.65f_{ptk}$

3）对机具和仪表的要求

① 机具设备及仪表校验

张拉设备应配套校验，压力表的精度不宜低于 1.5 级，校验张拉设备用的试验机或测力计精度不得低于±2%。校验时千斤顶活塞的运行方向，应与实际张拉工作状态一致。

张拉设备的校验期限，不宜超过半年。如在使用过程中，张拉设备出现反常现象或在千斤顶检修以后，应重新校验。

② 安装张拉设备时，直线预应力筋，应使张拉力的作用线与孔道中心线重合；曲线预应力筋，应使张拉力的作用线与孔道中心线末端的切线重合。

(2) 施工准备及作业条件

1) 已建立质量、安全自检体系，重要工序岗位责任制等有关规章制度。

2) 场地布置

① 先张法施工横梁、台座设计及验算、模板设计。

② 后张法施工预制台座设计及验算。

3) 确定张拉方法和张拉程序，超张拉值、张拉控制应力值，持荷时间确定等。

4) 后张法张拉应分批成对进行，确定是否需要实测锚圈孔孔道摩阻损失值。

5) 张拉机具(油泵、压力表)性能校核及标定，定期检查办法及实施。

6) 后张法大跨径预制梁合理设置反向拱，支架浇筑预应力梁应考虑支架和梁的变形设置预拱度。

(3) 施工控制要点

1) 一般要求

① 按审定工艺施加预应力，执行张拉程序，控制张拉应力值、持荷时间等。

② 应力法控制张拉时，应以伸长值校核；当实测值与计算值相差过大时，应停止张拉，找出原因。

③ 按合同和规范要求，检查控制断丝、滑丝情况和预应力钢筋应力不均匀情况；简单的测定是用敲击法。

④ 后张法张拉时，千斤顶轴线与预应力钢材轴线应一致；锚固应在张拉应力稳定后进行。

⑤ 先张法放张和后张法张拉以混凝土强度进行控制。

⑥ 先张法放张、后张法张拉时严格控制应力变化程度，注

意观察梁的反向拱起以及梁体混凝土开裂情况。

2）预应力筋张拉原则

① 预应力筋的张拉应遵循同步、对称张拉的原则。

② 尽量减少张拉设备的移动次数。

3）分级张拉一次锚固

① 安装锚具与张拉设备

A. 根据预应力张拉锚固体系不同，分别对粗钢筋螺杆锚固体系、钢丝束锥形锚固体系、钢丝束镦头锚固体系和钢绞线夹片锚固体系进行安装。

B. 安装张拉设备时，对直线预应力筋，应使张拉力的作用线与孔道中心线重合。

② 油泵供油给千斤顶张拉油缸，按五级加载过程依次上升油压，分级方式为20%、40%、60%、80%和100%。

③ 张拉到规定油压后，持荷复验伸长值，合格后，实施锚固。

④ 千斤顶回油，拆卸工具锚，换束并重新安装锚具和设备。

4）分级张拉、分级锚固应根据计算伸长值，将张拉过程分为若干次，每次均实施一轮张拉锚固工艺，每一轮的初始油压即为上一轮的最终油压，每一轮的拉力差应取相同值，以便控制，一直到最终油压值锚固。

5）一端张拉

① 一端张拉就是将张拉设备放置在预应力筋一端的张拉形式，主要用于埋入式固定端、分段施工采用固定式连接器连接的预应力筋和其他可以满足一端张拉要求的预应力筋。

② 一端张拉工艺过程可以是分级张拉、一次锚固，也可以是分级张拉、分级锚固。

6）两端张拉：两端张拉就是将张拉设备同时布置在预应力筋两端同步张拉，适用于较长的预应力筋束。原则上讲，两端张拉应同时同步进行，但当张拉设备数量不足或由于张拉顺序安排关系，也可在一端张拉完成后，再移至另一端补足张拉力后锚固。

7）先张法预应力构件放张

① 先张法预应力钢筋放张时，应控制好混凝土的强度。

② 对先张法板类构件，高强预应力钢丝的放张，可直接用氧乙炔焰切割。放张时，对每块板，应从外向内对称放张。

③ 单根钢绞线的放张可采用两种方法：一是从台座中部开始，用两台手提切割机对称切割；二是在张拉端用千斤顶分级逐步放张，然后用氧乙炔焰切割所有板端之间的钢绞线。

④ 对有横肋的构件(如大型屋面板)，其端横肋的内侧面与板面交接处应作出一定的坡度或做成大圆弧，以便钢筋放张时能沿着坡面滑动。

⑤ 检查构件放张时钢丝与混凝土之间的粘结是否可靠。简易测试方法是在板端贴玻璃片和在靠近板端的钢丝上贴有色胶带纸用游标卡尺读数，量测精度可达 0.1mm。高强钢丝的回缩值不应大于 1.5mm，如果最多只有 20％的测试数据超过上述规定值的 20％，则检查结果是令人满意的。如果回缩值大于上述数值，则应加强构件端部区域的分布钢筋，提高放张时混凝土的强度。

8）浇筑混凝土

① 施工准备除按常规模板、钢筋、混凝土浇筑工艺要求外尚应注意：

A. 先张法：预加应力值及均匀性(断丝情况)、空心板梁胶囊气压及定位情况、设计文件中非预应力钢材范围外的塑料套管包裹情况。

B. 后张法：预应力值孔管道位置和固定情况；管缝、制孔管材料刚度检查等。

② 浇筑混凝土除按正常浇筑外尚应注意：

A. 除结构上应注意的部位外，尚应注意预应力管集中处和锚固端的振捣。

B. 胶囊气压及定位情况。

C. 应注意浇筑中制孔管道位移、变形以及灌缝漏浆情况。

D. 浇筑后，制孔钢管道及时转动，抽拔时间审定，抽芯后(及时)通孔检查。

(4) 无粘结预应力施工控制要点

无粘结预应力系预应力筋体系中的一个分支，它包括体内无粘结筋和体外无粘结筋(束、索)两种。

1) 无粘结束是工厂定型制品，先对钢绞线或钢丝束涂敷润滑防锈油脂，然后用挤塑机挤出高密聚乙烯护套作为外包层。外包层应符合以下要求：

① 在－20℃～＋70℃温度范围内，低温不脆化，高温化学稳定性好。

② 应具有足够的韧性，抗破损性强。

③ 对周围材料无侵蚀作用。

④ 防水性好。

⑤ 外包层应松紧适度。

2) 无粘结筋的锚具性能，必须符合设计要求，以及Ⅰ类锚具的规定。

3) 无粘结筋使用前，应逐根进行全面检查，外包层必须完好无破损。对有破损者应及时补包塑料带封好后待用。

4) 无粘结筋应按设计规定的曲率铺设。无粘结筋的曲率，可垫铁马凳控制。

5) 双向配筋的无粘结筋铺设，先铺标高低的，再铺设标高较高的。

6) 无粘结筋张拉过程中，当有个别钢丝发生滑脱或断裂时，可相应降低张拉力，但滑脱或断裂的数量，不应超过结构同一截面无粘结预应力筋总量的2%。

7) 锚固区，必须有严格的密封防护措施，严防水气进入锈蚀预应力筋。

8) 无粘结束配套的锚具有夹片式的QM型、XM型、BGS型和镦头锚等。其中XM型主要用于7ϕ5无粘结束。

(5) 预应力结构高强混凝土施工控制要点

1) 预应力结构的高强混凝土除要求高强、快硬、早强之外，在配合比设计时还应充分考虑和时间有关的混凝土性能，如收缩与徐变等，以防止因为混凝土的收缩与徐变而影响预应力筋应力的长期损失以及结构的长期反拱和挠度。

2) 高强混凝土的配制材料，应采用高等级水泥，高质量的骨料。选用的外加剂品种应符合配合比规定的技术标准值。高强混凝土本身应密实、吸水率低。弹性模量高的集料将有利于减少混凝土的徐变。

3) 高强混凝土配合比应严格控制水灰比，一般应采用低水灰比。在混凝土拌合物掺入减水剂和高效塑化剂可以显著降低水灰比、增大混凝土的坍落度和提高混凝土强度。在配合比设计中对掺加有外加剂的拌合物，应严格控制水泥用量和拌合水用量。这是一项提高混凝土性能的重要技术措施。

4) 高强混凝土拌合物，应严格按试验配合比中的各项技术指标执行计量(重量)投料、充分拌合均匀，以制得匀质性好的混凝土拌合物，且其坍落度测定值必须符合设计要求。

拌制混凝土拌合物时，应严格控制用水量，如用水量超过水泥水化的需要，其多余水分的蒸发将导致混凝土体积产生收缩。如混凝土的变形受到约束，收缩应变则往往酿成混凝土开裂。

(6) 施工操作安全

预应力钢筋混凝土构件采用高强钢绞线与钢丝进行张拉时，无论先张还是后张，在施工全过程中应特别注意施工的操作安全，并特别注意对放张及锚固区的保护等问题。

1) 预应力筋是在高应力状态下进行张拉的，施加预应力时带有危险性，因为在施加应力进行张拉过程中拉断钢筋，或者锚具松脱失效，致使其预应力筋或锚具向后飞出的可能性是存在的。

2) 预应力筋张拉锚固后，在灌浆硬化之前，仍存在有延迟断裂和锚具滑脱的可能性。

3) 钢丝束镦头脱落飞出的可能性也是存在的，整束钢丝和锚具飞出的破坏力很大，可导致产生操作者伤亡的事故。

预应力结构构件生产前，必须制定操作规程和安全技术措施及安全制度。充分向操作者进行技术交底。在高应力状态下的预应力筋的施加应力时，操作人员必须严格执行操作规程和遵守安全制度。作业时必须设置安全防护保障设施，在结构构件两端设置砂袋或木制挡板等防护措施，确保操作人员及现场的安全。

(7) 预应力值的损失原因及预防

1) 预应力值损失原因

① 先张法在张拉预应力筋过程中有预应力筋与模板的摩擦，特别是在弯折点处摩擦的预应力损失。

② 锚固与放张损失。因锚具变形、预应力筋回缩的锚具损失和放张时混凝土受压缩而引起的弹性压缩损失。

③ 蒸汽养护由温差引起的损失。

④ 后张法因预应力筋与孔道壁的摩擦损失、锚固损失、后张拉束对先张拉束由于混凝土压缩变形而引起的损失。

⑤ 因混凝土收缩、混凝土的徐变变形以及由于钢筋松弛引起的损失。

2) 减少预应力损失值的技术措施

① 为减少因收缩与徐变引起的预应力损失，必须尽量降低配制混凝土拌合物中的水泥用量和减小水灰比，选用弹性模量高、质地坚硬密实和吸水率低的粗骨料，如石灰岩、花岗岩等石材料。

② 加强早期养护，是减少混凝土收缩行之有效的措施。

③ 采用高强混凝土和推迟对混凝土施加预应力的时间，对减少徐变也是有效的。

④ 采用低松弛钢材，可有效地减少钢材构弛损失。

⑤ 防止锚具变形及内缩值、曲线与直线的摩擦等损失，应确保预应力束的铺设质量，安装位置的正确性，锚具安装定位准确牢固，千斤顶的正确对中垂直等。在施工过程中必须严格检查，对施工损失值应及时测定和校正，来提高操作水平和降低损

失值。

(8) 质量检验见表 2.4.8。

预应力张拉和放张质量检验 **表 2.4.8**

检验项目		标准	检验方法
主控项目	1. 预应力筋张拉或放张时，混凝土强度	应符合设计要求；当设计无具体要求时，不应低于设计的混凝土立方体抗压强度标准值的 75%	检查同条件养护试件试验报告
	2. 预应力筋的张拉力、张拉或放张顺序及张拉工艺	应符合设计及施工技术方案的要求，并应符合下列规定： 1) 当施工需要超张拉时，最大张拉应力不应大于表 2.4.7 的规定。 2) 张拉工艺应能保证同一束中各根预应力筋的应力均匀一致。 3) 后张法施工中，当预应力筋是逐根或逐束张拉时，应保证各阶段不出现对结构不利的应力状态；同时宜考虑后批张拉预应力筋所产生的结构构件的弹性压缩对先批张拉预应力筋的影响，确定张拉力。 4) 先张法预应力筋放张时，宜缓慢放松锚固装置，使各根预应力筋同时缓慢放松。 5) 当采用应力控制方法张拉时，应校核预应力筋的伸长值。实际伸长值与设计计算理论伸长值的相对允许偏差为±6%	检查张拉记录
	3. 预应力筋张拉锚固后实际建立的预应力值与工程设计规定检验值的相对允许偏差	为±5%	对先张法施工，检查预应力筋应力检测记录；对后张法施工，检查见证张拉记录
	4. 预应力筋断裂或滑脱	张拉过程中应避免预应力筋断裂或滑脱；当发生断裂或滑脱时应处理。 1) 对后张法预应力结构构件，断裂或滑脱的数量严禁超过同一截面预应力筋总根数的 3%，且每束钢丝不得超过一根；对多跨双向连续板，其同一截面应按每跨计算。 2) 对先张法预应力构件，对发生断裂或滑脱的预应力筋必须予以更换	观察，检查张拉记录

续表

检验项目		标准	检验方法
一般项目	1. 锚固阶段张拉端预应力筋的内缩量	应符合设计要求；当设计无具体要求时，应符合表 2.4.9 的规定	钢尺检查
	2. 先张法预应力筋张拉后与设计位置允许偏差	不得大于 5mm，且不得大于构件截面短边边长的 4%	钢尺检查

检查数量

主控项目：项目 1、2 和 4 全数检查。

项目 3，对先张法施工，每工作班抽查预应力筋总数的 1%，且不少于 3 根；对后张法施工，在同一检验批内，抽查预应力筋总数的 3%，且不少于 5 束。

一般项目：每工作班抽查预应力筋总数的 3%，且不少于 3 束。

张拉端预应力筋的内缩量限值　　表 2.4.9

锚具类别		内缩量限值(mm)
支承式锚具(镦头锚具等)	螺帽缝隙	1
	每块后加垫板缝隙	1
锥塞式锚具		5
夹片式锚具	有顶压	5
	无顶压	6~8

2.4.5 灌浆与封锚

预应力钢筋张拉后应及时灌浆，在高应力作用下如不及时灌浆，容易生锈，采用电热法时，孔道灌浆应在预应力钢筋冷却后进行。同样，梁端锚固区的保护也是至关重要，直接关系到预应力混凝土结构的安全性和耐久性。

(1) 材料要求

孔道灌浆用的水泥，宜用不低于 32.5 级普通硅酸盐水泥；

也可用强度等级不低于 32.5 级矿渣硅酸盐水泥，因其早期强度较低，故在寒冷地区和低温季节时，不宜采用。

水泥浆水灰比为 0.4～0.45。搅拌后 3h 泌水率宜控制在 2%，最大不得超过 3%。

(2) 灌浆及封锚

1) 灌浆用水泥浆

① 灌浆用水泥浆的配合比应在灌浆前试配确定，也可根据以往的配合比复验确定。

② 搅拌时间应保证水泥浆混合均匀，一般需要 2～3min。灌浆过程中，水泥浆的搅拌应不间断，当灌浆过程短暂停顿时，应让水泥浆在搅拌机和灌浆机内循环流动。

2) 灌浆

① 孔道准备：对抽拔管成孔，灌浆前应用压力水冲洗孔道，一方面湿润管道壁，保证水泥浆流动正常，另一方面检查灌浆孔、排气孔是否正常。

对金属波纹管或钢管成孔，孔道可不用冲洗，但应先用空气泵检查通气情况。

② 孔道灌浆：将灌浆机出口与孔道相连，保证密封，开动灌浆泵注入压力水泥浆，从近至远逐个检查出浆口，待出浓浆后逐一封闭，待最后一个出浆孔出浆后，封闭出浆孔，继续加压至 $0.5 \sim 0.6 N/mm^2$，封闭进浆孔阀门，待水泥浆凝固后，再摘除连接接头，及时清理。

③ 低温灌浆：首先用气泵检查孔道是否被结冰堵孔。水泥应选用早强型普通硅酸盐水泥，掺入一定量防冻剂。水泥浆也可用温水拌和，灌浆后将梁体保温，梁体应选用木模做底模、侧模，待水泥浆强度上升后，再拆除模板。

3) 封锚

① 清洁梁端部位，绑扎梁端非预应力钢筋。

② 在预应力钢筋张拉完成并锚固后，按照梁体的设计尺寸进行支模，用不低于梁体混凝土强度等级的混凝土完成梁体的最

后浇筑工艺，把锚具封闭保护。

4）检查要点

① 督促施工单位尽早进行孔道灌浆，以保护处于高应力状态的预应力筋。

② 灌浆质量检验应着重于观察检查，必要时采用无损检查或凿孔检查。

③ 封闭保护应遵照设计要求执行，并要求施工单位在施工技术方案中作出具体规定，施工中应采取防止锚具锈蚀和遭受机械损伤的有效措施。

④ 锚具外多余预应力筋及时切断。

⑤ 现场检查并控制灌浆泌水率，以获得饱满、密实的灌浆效果。

⑥ 检查标准尺寸水泥浆试件的抗压强度不应小于 $30N/mm^2$，以确保水泥浆密实。

5）取样试验

① 灌浆用水泥浆的流动度及泌水率试验。

② 水泥浆试件的抗压强度试验。

③ 封锚混凝土的立方体强度试验。

(3) 质量检验见表 2.4.10。

预应力灌浆与封锚质量检验 **表 2.4.10**

检验项目		标准	检验方法
主控项目	1. 后张法有粘结预应力筋张拉后	应尽早进行孔道灌浆，孔道内水泥浆应饱满、密实	观察，检查灌浆记录
	2. 锚具的封闭保护	应符合设计要求；当设计无具体要求时，应符合下列规定： 1）应采取防止锚具的保护层遭受机械损伤的有效措施。 2）凸出式锚固端锚具的保护层厚度不应小于 50mm。 3）外露预应力筋的保护层厚度：处于正常环境时，不应小于 20mm；处于易受腐蚀的环境时，不应小于 50mm	观察，钢尺检查

续表

检验项目		标准	检验方法
一般项目	1. 后张法预应力筋锚固后的外露部分	宜采用机械方法切割，其外露长度不宜小于预应力筋直径的1.5倍，且不宜小于30mm	观察，钢尺检查
	2. 灌浆用水泥浆的水灰比	不应大于0.45，搅拌后3h泌水率不宜大于2%，且不应大于3%。泌水应能在24h内全部重新被水泥浆吸收	检查水泥浆性能试验报告
	3. 灌浆用水泥浆的抗压强度	不应小于30N/mm²	检查水泥浆试件强度试验报告

注：对于一般项目3，(1) 一组试件由6个试件组成，试件应标准养护28d。

(2) 抗压强度为一组试件的平均值，当一组试件中抗压强度最大值或最小值与平均值相差超过20%时，应取中间4个试件强度的平均值。

检查数量

主控项目：项目1，全数检查。

项目2，在同一检验批内，抽查预应力筋总数的5%，且不少于5处。

一般项目：项目1，在同一检验批内，抽查预应力筋总数的3%，且不少于5束。

项目2，同一配合比检查一次。

项目3，每工作班留置一组边长为70.7mm的立方体试件。

2.4.6 施工质量验收

重点检查验收内容为：

1）预应力分项工程施工质量验收共有5方面内容，即：一般规定、预应力制作与安装、原材料、预应力张拉和放张、灌浆及封锚。预应力分项工程施工质量验收时应根据混凝土验收规范重点检查验收以下内容：

① 后张法预应力工程施工单位资质等级要求。

② 预应力筋张拉机具设备及仪表定期维护和校验，张拉设备标定和使用。

③ 原材料检验的相关标准，原材料的检验要求和抽样方案，原材料质量。

④ 预应力筋安装，避免隔离剂沾污预应力筋和避免电火花损伤预应力筋。

⑤ 预应力筋下料和各种端部锚具的质量。

⑥ 预留孔道的质量、预应力筋束形控制点的偏差要求及无粘结预应力筋的敷设。

⑦ 预应力筋张拉及放张时混凝土强度及预应力筋张拉顺序、张拉力。

⑧ 预应力筋实际建立的预应力值及张拉过程中预应力筋断裂或滑脱的限制。

⑨ 孔道灌浆及孔道内水泥浆的水灰比、泌水率及抗压强度等性能。

⑩ 锚固后预应力筋外露部分的切割、外露长度及封闭等。

2）应有技术资料及隐蔽验收

① 应具备的技术资料

A. 预应力筋产品合格证、出厂检验报告、进场复验报告。

B. 预应力筋用锚具、夹具和连接器产品合格证、出厂检验报告、进场复验报告。

C. 孔道灌浆用水泥、外加剂产品合格证、出厂检验报告、进场复验报告。

D. 预应力混凝土用金属螺旋管产品合格证、出厂检验报告、进场复验报告。

E. 镦头强度试验报告。

F. 同条件养护混凝土试件试验报告。

G. 预应力张拉记录。

H. 预应力筋应力检测记录；见证张拉记录。

I. 孔道灌浆记录。

J. 孔道灌浆用水泥浆性能试验报告。

K. 孔道灌浆用水泥浆试件强度试验报告。

L. 预应力隐蔽工程验收记录。

M. 张拉机具设备及仪表的配套标定报告单。

N. 检验批质量验收记录。

O. 预应力分项工程质量验收记录。

② 在浇筑混凝土之前，应进行预应力隐蔽工程验收，验收内容：

A. 预应力筋的品种、规格、数量、位置等。

B. 预应力筋锚具和连接器的品种、规格、数量、位置等。

C. 预留孔道的规格、数量、位置、形状及灌浆孔、排气兼泌水管等。

D. 锚固区局部加强构造等。

2.4.7 常见质量缺陷及预控措施

预应力工程常见质量缺陷及预控措施见表 2.4.11。

预应力工程常见质量缺陷及预控措施　　　表 2.4.11

缺　　陷	预　控　措　施
螺丝端杆断裂 1. 螺丝端杆在高应力下突然断裂，断口平整，呈脆性破坏	(1) 确定合理的热处理工艺参数，选择适当的回火温度。 (2) 加强原材料和成品检验。 (3) 制作螺丝端杆时，应先将 45 号钢粗加工至接近设计尺寸，再调质热处理，然后精加工至设计尺寸。 (4) 加工螺纹时，刀具不宜太尖。 (5) 螺丝端杆加工后，进行对焊、冷拉和运输过程中，均应采取保护措施，避免损伤。 (6) 螺丝端杆断裂后，可切除重焊新螺杆。焊好后需用应力控制法进行冷拉考验，重复冷拉不得超过 2 次。 (7) 如在张拉灌浆后螺丝端杆断裂而未影响预应力筋，可重焊螺丝端杆，随后补浇端部混凝土并养护到规定强度后，再张拉螺丝端杆并用螺母固定
2. 螺丝端杆与预应力粗钢筋对焊后，在冷拉或张拉时端杆螺丝发生塑性变形	(1) 加强原材料检验，防止将 Q235 钢当作 45 号钢使用。 (2) 选用适当的热处理工艺参数，保证螺丝端杆的质量达到设计要求。 (3) 在不影响焊接质量的情况下，适当加大端杆直径，以降低螺丝端杆的使用应力。 (4) 螺丝端杆加工后，必须做硬度试验，合格后，方可与预应力筋对焊。 (5) 螺丝端杆与预应力筋对焊后进行冷拉时，螺母的位置应在螺丝端杆的端部，经冷拉后螺丝端杆不得发生塑性变形。 (6) 端杆螺纹发生塑性变形后，可切除重焊新螺杆

续表

缺　陷	预 控 措 施
3. 钢丝镦头开裂、滑脱式拉断	(1) 钢丝束镦头锚具使用前，首先应确认该批预应力钢丝的可镦性，即其物理力学性能应满足钢丝镦头的全部要求。 (2) 钢丝下料时，应采用冷镦器的切筋装置或砂轮切割机，以保证断口平整。采用砂轮机成束切割钢丝时，必须采用冷却措施。 (3) 锚板应经过调质热处理。 (4) 镦头设备应采用液压冷镦器，其镦头模与夹片同心度偏差应不大于 0.1mm。 (5) 钢丝镦头尺寸应不小于规定值。头型应圆整端正，颈部母材应不受损伤。通过试镦，合格后方可正式镦头。 (6) 钢丝束两端采用镦头锚具时，同一束中各根钢丝下料长度的相对差值应不大于钢丝束长度的 1/5000，且不得大于 5mm。 对长度不大于 10m 的先张法构件，当钢丝成组张拉时，同组钢丝下料长度的相对差值不得大于 2mm。 (7) 钢丝镦头的强度不得低于钢丝抗拉强度标准值的 98%；否则应改进镦头工艺后重新镦头。 (8) 张拉过程中，钢丝滑脱或断丝的数量，不得超过结构同一截面预应力钢丝总根数的 3%，且一束钢丝只允许 1 根。否则应更换钢丝重新镦头后再张拉
4. 螺纹预应力筋向内回缩值超过设计控制值	(1) 采用光面夹片，适当降低夹片硬度。 (2) 将螺纹预应力筋的肋对准夹片缝隙，两端分步锚固
5. 锚具夹片碎裂	(1) 严格控制锚具制作质量，选用合适锚具。 (2) 选用合理的热处理工艺参数
6. 钢丝束预应力筋内缩量超过设计控制值	(1) 选用合适锥形锚具(外软里硬)。 (2) 钢丝束中钢丝直径绝对偏差不超过 0.15mm，并理顺编扎，避免穿束时钢丝错位。 (3) 浇筑混凝土前，应使管道孔和垫板孔对中，并将锚环点焊在垫板上
7. 碳素钢丝镦头强度低于钢丝标准强度的 98%	(1) 严格控制钢丝下料和镦头制作，镦头预留长度应控制在 10±0.2mm 以内，镦头模与夹片同心度偏差应在 0.1mm 以内，镦头压力控制在使镦头直径为 7.0～7.5mm 为宜。 (2) 锚孔尺寸应控制在 ϕ5.20～ϕ5.25mm 以内。 (3) 锚杯硬度以 HB251～HB283 为宜

续表

缺陷	预控措施
8. 放张时，钢丝与混凝土粘接力受破坏，钢丝向构件内回缩	(1) 保持钢丝表面清洁，无油污。 (2) 隔离剂宜用皂角类。 (3) 混凝土必须振捣密实，严禁随意扰动外露钢丝。 (4) 应在混凝土强度达到设计程度的70%以上时进行放张，先对称试剪1～2根预应力筋，如无滑动现象，再对称继续进行
9. 预应力筋放张后，构件发生严重翘曲影响质量和使用	(1) 保持构件制作台面平整坚固。 (2) 预应力筋位置必须准确，混凝土质量必须符合要求
10. 张拉和扶直尾架时，尾架上弦节点附近出现裂缝	(1) 控制张拉应力($0\rightarrow105\sigma_k(2\text{min})\rightarrow\sigma_k$)。 (2) 先张拉至$0.8\sim0.9\sigma_k$，扶直后再予以补足。 (3) 按设计要求的位置和数量设置吊点。 (4) 缓慢扶直尾架
11. 放张预应力筋时，构件的端横肋处出现斜向裂缝	在构件端部设置活动端模，放张时，先将活动端模拆除，以使构件可自由回缩；采用活动脂模；纵肋和端模肋处设置加强筋

2.5 混凝土工程

混凝土工程是从水泥、砂、石、水、外加剂、矿物掺合料、构配件等进场检验，混凝土配合比设计及称量、拌制、运输、浇筑、养护、试件制作，直至混凝土达到预定强度等一系列技术工作和完成实体的总称。

2.5.1 基本规定

(1) 混凝土工程应重点掌握的内容

混凝土分项工程主要包括一般规定、原材料、配合比设计和混凝土施工4部分内容。一般规定中对“混凝土的强度评定、混凝土试件的试验方法、同条件养护试件、异常情况下的验收和混凝土的冬期施工”等做出了规定；原材料主要对“水泥、外加剂、氯化物与碱的总含量、掺合料、骨料和拌合用水”等作出了规定；配合比设计主要对“配合比设计、开盘鉴定、骨料含水率”等做出了规定；混凝土施工对“混凝土试件的取样与留置、抗渗试件、混凝土原材料计量偏差、连续浇筑的混凝土间歇时间、混凝土施工缝、混凝土后浇带和混凝土养护”等做出了规定。重点应掌握以下内容：

1）了解混凝土分项工程的一般内容。

2）熟悉《混凝土强度检验评定标准》GBJ 107 等相关标准中有关混凝土强度验收的规定。

3）掌握检验评定混凝土强度用的混凝土试件的有关规定。

4）了解同条件养护试件的作用及有关规定。

5）了解当混凝土试件强度评定不合格时的常用检测方法。

6）了解混凝土冬期施工的有关规定。

7）掌握水泥进场时的检查内容和复验规定。了解水泥在使用中有怀疑或出厂超过 3 个月(快硬硅酸盐水泥超过一个月)时的处理方法。

8）掌握钢筋混凝土结构、预应力混凝土结构中，对氯化物含量的要求和严禁使用含氯化物水泥的规定。

9）掌握混凝土中掺用外加剂的质量及应用技术要求。

10）掌握混凝土中掺用矿物掺合料时对其质量、掺量的要求。

11）掌握普通混凝土对粗、细骨料和拌制用水的要求。

12）了解对混凝土配合比及开盘鉴定的有关规定。

13）了解混凝土拌制前，应测定砂、石含水率并根据测试结果调整材料用量的规定。

14）掌握混凝土强度试件的制作地点、取样方法、取样数量的规定。

15）掌握混凝土原材料每盘称量允许偏差的规定。

16）掌握混凝土施工中时间控制和混凝土养护的规定。

17）掌握施工缝、后浇带留置和处理的规定。

18）了解现浇结构分项工程的一般内容。

19）理解现浇结构外观质量缺陷的确定原则。

20）理解现浇结构拆模后及时检查及修整的必要性，掌握现浇结构外观质量和尺寸偏差验收的基本要求。

21）掌握现浇结构外观质量缺陷的处理方法。

22）掌握现浇结构过大尺寸偏差的处理方法。

23）掌握现浇结构和混凝土设备基础拆模后的尺寸偏差要求。

(2) 混凝土强度

1）混凝土强度检验评定

① 混凝土强度评定

A. 混凝土结构构件的混凝土强度应按国家现行标准《混凝土强度检验评定标准》GBJ 107—87 的规定分批检验评定。

B. 对采用蒸汽法养护的混凝土结构构件，其混凝土试件应先随同结构构件同条件蒸汽养护，再转入标准条件养护共 28d。

C. 当混凝土中掺用矿物掺合料时，确定混凝土强度时的龄期可按国家现行标准《粉煤灰混凝土应用技术规范》GBJ 146 等的规定取值。

② 混凝土强度应分批进行检验评定

一个验收批的混凝土应由强度等级相同、龄期相同以及生产工艺条件和配合比基本相同的混凝土组成。对施工现场的现浇混凝土，应按单位工程的验收项目划分验收批，验收项目应按照国家现行标准《建筑工程施工质量验收统一标准》GB 50300—2001 和“混凝土验收规范”确定。

具体试件的制作数量、强度评定见本节混凝土现浇结构验收有关条目。

2）拆模及临时负荷混凝土强度

由于同条件试件具有与结构混凝土相同的原材料、配合比和养护条件，能比较准确地代表结构混凝土的质量，“混凝土验收规范”规定，结构构件拆模、出池、出厂、吊装、张拉、放张及施工期间临时负荷时的混凝土强度，应根据同条件养护的标准尺寸试件的混凝土强度确定。

3）结构实体检验用同条件养护试件

① 试件留置方式

A. 同条件养护试件所对应的结构构件或结构部位，应由监理(建设)、施工等各方共同选定。

B. 对混凝土结构工程中的各混凝土强度等级，均应留置同条件养护试件。

C. 同一强度等级的同条件养护试件，其留置的数量应根据混凝土工程量和重要性确定，不宜少于10组，且不应少于3组。

D. 同条件养护试件拆模后，应放置在靠近相应结构构件或结构部位的适当位置，并应采取相同的养护方法。

② 强度试验条件：同条件养护试件应在达到等效养护龄期时进行强度试验。等效养护龄期应根据同条件养护试件强度与在标准养护条件下28d龄期试件强度相等的原则确定。

③ 同条件养护试件养护条件和强度代表值

同条件自然养护试件的等效养护龄期及相应的试件强度代表值，宜根据当地的气温和养护条件，按下列规定确定：

A. 等效养护龄期可取按日平均温度逐日累计达到600℃・d时所对应的龄期，0℃及以下的龄期不计入；等效养护龄期不应小于14d，也不宜大于60d。

600℃・d的累计为：每天以当地气象台公布的日平均气温为准，将每天的平均气温相加，直至达到600℃为止。

B. 同条件养护试件的强度代表值应根据强度试验结果按现行国家标准《混凝土强度检验评定标准》GBJ 107的规定确定后，乘折算系数取用；折算系数宜取为1.10，也可根据当地的试验统计结果作适当调整。

C. 冬期养护条件

冬期施工、人工加热养护的结构构件，其同条件养护试件的等效养护龄期可按结构构件的实际养护条件，由监理(建设)、施工等各方根据本条③之*A*的规定共同确定。

4）混凝土试件强度评定不合格的处理

① 当混凝土试件强度评定不合格时，可采用非破损或局部破损的检测方法，按国家现行有关标准的规定对结构构件中的混凝土强度进行推定，并作为处理的依据。

② 当混凝土出现试件强度评定不符合有关标准的要求时，可根据国家现行标准《回弹法检测混凝土抗压强度技术规程》JGJ/T 23、《超声回弹综合法检测混凝土强度技术规程》CECS 02、《钻芯法检测混凝土强度技术规程》CECS 03、《后装拔出法检测混凝土强度技术规程》CECS 69 等采用各种检测方法推定结构的混凝土强度。通过检测得到的推定强度可作为结构是否需要处理的依据。

2.5.2 混凝土配合比

（1）配合比设计基本要求

1）所有混凝土均必须进行配合比设计，不得采用经验配合比。

2）满足强度和耐久性需要

① 施工试配强度应参照施工单位的历史统计资料，比设计强度提高一个等级。

② 严寒地区水位升降范围内的混凝土、钢筋混凝土薄壁构件等，则应在配合比设计中选择恰当的水灰比，以符合混凝土耐久性的要求。

③ 在受到化学侵蚀作用的情况下，必须选用合适的水泥品种。

3）良好的施工和易性和适宜的坍落度

在配合比设计时，决定和易性好坏和坍落度大小的主要因素是：

① 建筑物构件的截面大小和钢筋分布的稠密程度。

② 混凝土施工所采用的浇筑、振捣方法。

在骨料级配良好的条件下，当骨料最大粒径为一定时，混凝土拌合料的坍落度取决于单位体积的用水量，而与水泥用量没有多大的关系。

4）有较适宜的技术经济性

① 在混凝土的基本组成成分中，以水泥的价格对混凝土的技术经济指标影响最大。因此，在满足对混凝土质量要求的前提下，水泥用量必须力求经济节约。同时，在大体积混凝土中，除选择适当的水泥品种外，水泥用量应尽可能减少，以减少因水化热过大而引起裂缝。

② 骨料应就地取材。

③ 拌合料用水量的多少，很大程度上同骨料的品种、最大粒径和级配有关，在保持水灰比不变的情况下，用水量越大，水泥用量也就相应增大。

（2）普通混凝土配合比计算

1）普通混凝土配合比计算步骤

① 计算出要求的试配强度，并求出相应的水灰比值。

② 选取每立方米混凝土的用水量，并由此计算出混凝土的单位水泥用量。

③ 选取合理的砂率值；计算出粗、细骨料的用量，并提出供试配用的配合比。

混凝土配合比的计算应按《普通混凝土配合比设计规程》JGJ 55—2000 提供的方法与数据进行。

2）试配强度

$$f_{cu,o} \geqslant f_{cu,k} + 1.645\sigma$$

式中 $f_{cu,k}$——混凝土立方体抗压强度标准值；

σ——混凝土的强度标准差。

（3）混凝土拌合物试配和调整

按照工程中实际使用的材料和搅拌方法，根据理论计算出的配合比进行试拌，以检查拌合物的性能。当试拌出的拌合物坍落度不能满足要求或粘聚性和保水性不好时，应在保证水灰比不变的情况下相应调整用水量或砂率，直到符合要求为止。然后提出供混凝土强度试验用的基准配合比。

(4) 混凝十施工配合比的确定

1) 在混凝土施工中，每一工作班不少于一次进行坍落度的检测。当雨天或含水率有明显变化时，应增加测定次数。

2) 根据设计配合比和含水率检测结果，及时调整用水量和骨料及粉煤灰用量。外加剂水溶液中的水也应在总用水量中扣除。

3) 根据调整后的配合比和搅拌机出料容量，换算出一盘混凝土的实际材料用量，并挂牌公布数据。

4) 当骨料颗粒级配发生显著变化时，混凝土配合比调整应由试验室专业人员进行。当原材料发生显著变化时，应重新进行配合比设计。施工过程中严禁随意改变配合比。

(5) 混凝土最大水灰比和最小水泥用量

为了确保混凝土强度等级、耐久性和工作性，混凝土的最大水灰比和最小水泥用量，可按表 2.5.1 进行选用。同时混凝土的最大水泥用量也不宜大于 550kg/m^3。

混凝土最大水灰比和最小水泥用量　　表 2.5.1

<table>
<tr><th colspan="2" rowspan="2">环境类别</th><th rowspan="2">结构物类别</th><th colspan="3">最大水灰比</th><th colspan="3">最少水泥用量(kg/m^3)</th></tr>
<tr><th>素混凝土</th><th>钢筋混凝土</th><th>预应力混凝土</th><th>素混凝土</th><th>钢筋混凝土</th><th>预应力混凝土</th></tr>
<tr><td colspan="2">一类干燥环境</td><td>正常的居住或办公用房屋内部件</td><td>不作规定</td><td>0.65</td><td>0.60</td><td>200</td><td>260</td><td>300</td></tr>
<tr><td rowspan="2">二类潮湿环境</td><td>无冻害</td><td>1. 高湿度的室内部件
2. 室外部件
3. 在非侵蚀性土和（或）水中部件</td><td>0.70</td><td colspan="2">0.60</td><td>225</td><td>280</td><td>300</td></tr>
<tr><td>有冻害</td><td>1. 经受冻害的室外部件
2. 在非侵蚀性土和（或）水中且经受冻害的部件
3. 高湿度且经受冻害的室内部件</td><td colspan="3">0.55</td><td>250</td><td></td><td></td></tr>
</table>

续表

环境类别	结构物类别	最大水灰比			最小水泥用量(kg/m^3)		
		素混凝土	钢筋混凝土	预应力混凝土	素混凝土	钢筋混凝土	预应力混凝土
三类有冻害和除冰剂的潮湿环境	经受冻害和除冰剂作用的室内和室外部件	0.50			300		

注：1. 当用活性掺合料取代部分水泥时，表中的最大水灰比及最小水泥用量即为替代前的水灰比和水泥用量。

2. 配制 C15 级及其以下等级的混凝土，可不受本表限制。

3. 冬季施工应优先选用硅酸盐水泥和普通硅酸盐水泥。最少水泥用量不应少于 $300kg/m^3$，水灰比不应大于 0.60。

4. 泵送混凝土的原材料选用及配合比，应通过试验确定。泵送混凝土的最小水泥用量为 $300kg/m^3$；混凝土的坍落度宜为 80～180mm；混凝土内宜掺加适量的外加剂。

(6) 混凝土拌合物砂率

1) 坍落度为 10～60mm 的混凝土砂率，可根据粗骨料品种、粒径及水灰比按表 2.5.2 选取。

混凝土砂率(%) **表 2.5.2**

水灰比(W/C)	卵石最大粒径(mm)			碎石最大粒径(mm)		
	10	20	40	16	20	40
0.40	26～32	25～31	24～30	30～35	29～34	27～32
0.50	30～35	29～34	28～33	33～38	32～37	30～35
0.60	33～38	32～37	31～36	36～41	35～40	33～38
0.70	36～41	35～40	34～39	39～44	38～43	36～41

注：1. 本表数值系中砂的选用砂率，对细砂或粗砂，可相应地减少或增大砂率；

2. 只用一个单粒级粗骨料配制混凝土时，砂率应适当增大；

3. 对薄壁构件，砂率取偏大值；

4. 表中的砂率系指砂与骨料总量的重量比。

2) 坍落度大于 60mm 的混凝土砂率，可经试验确定，也可在表 2.5.2 的基础上，按坍落度每增大 20mm，砂率增大 1%的幅度予以调整。

3) 坍落度小于 10mm 的混凝土，其砂率应经试验确定。

(7) 混凝土浇筑时坍落度

1) 混凝土浇筑时坍落度见表2.5.3。

混凝土浇筑时的坍落度 **表2.5.3**

结构种类	坍落度(mm)
基础或地面等的垫层、无配筋的大体积结构(挡土墙、基础等)或配筋稀疏的结构	10～30
板、梁和大型及中型截面的柱子等	30～50
配筋密列的结构(薄壁、斗仓、筒仓、细柱等)	50～70
配筋特密的结构	70～90

注：1. 本表系采用机械振捣混凝土时的坍落度，当采用人工捣实混凝土时其值可适当增大。
2. 当需要配制大坍落度混凝土时，应掺用外加剂。
3. 曲面或斜面结构混凝土的坍落度应根据实际需要另行选定。
4. 轻骨料混凝土的坍落度，宜比表中数值减少10～20mm。
5. 泵送混凝土的坍落度宜为80～180mm；混凝土内宜掺加适量的外加剂。

2) 混凝土坍落度允许偏差应符合表2.5.4的规定。

坍落度允许偏差 **表2.5.4**

坍落度(mm)	允许偏差(mm)
＞40	±10
50～90	±20
＞100	±30

(8) 混凝土配合比开盘鉴定

首次使用的混凝土配合比应进行开盘鉴定，其工作性应满足设计配合比的要求。开始生产时应至少留置一组标准养护试件，作为验证配合比的依据。主要是对试件在标准养护条件下，养护28d，进行试验，以验证混凝土的强度等级(实际质量)及工作性是否满足设计要求。验证配制混凝土拌合物的水泥用量，粗、细骨料用量和用水量以及水灰比值是否符合配合比设计的基准值。

(9) 抗冻混凝土

1) 抗冻混凝土所用原材料应符合下列规定：

① 应选用硅酸盐水泥或普通硅酸盐水泥，不宜使用火山灰质硅酸盐水泥。

② 宜选用连续级配的粗骨料，含泥量不得大于1.0%，泥块含量不得大于0.5%。

③ 细骨料含泥量不得大于3.0%，泥块含量不得大于1.0%。

④ 抗冻等级F100及以上的混凝土所用的粗骨料和细骨料均应进行坚固性试验，并应符合现行行业标准《普通混凝土用碎石或卵石质量标准及检验方法》JGJ 53及《普通混凝土用砂质量标准及检验方法》JGJ 52的规定。

⑤ 抗冻混凝土宜采用减水剂，对抗冻等级F100及以上的混凝土应掺引气剂，掺用后混凝土的含气量应符合规程的规定。

2）抗冻混凝土配合比的计算方法和试配步骤，除应遵守普通混凝土的规定外，供试配用的最大水灰比尚应符合表2.5.5的规定。

抗冻混凝土最大水灰比 **表2.5.5**

抗冻等级	无引气剂	有引气剂
F50	0.55	0.60
F100	—	0.55
F150及以上	—	0.50

3）进行抗冻混凝土配合比设计时，尚应增加抗冻融性能的试验。

(10) 高强混凝土

1）配制高强混凝土所用原材料应符合下列规定：

① 应选用质量稳定、强度等级不低于42.5级的硅酸盐水泥或普通硅酸盐水泥。

② 对强度等级为C60级的混凝土，其粗骨料的最大粒径不应大于31.5mm；对强度等级高于C60级的混凝土，其粗骨料的最大粒径不应大于25mm，针片状颗粒含量不宜大于5.0%，含

泥量不应大于0.5%，泥块含量不宜大于0.2%；其他质量指标应符合现行行业标准《普通混凝土用碎石或卵石质量标准及检验方法》JGJ 53的规定。

③ 细骨料的细度模数宜大于2.6，含泥量不应大于2.0%，泥块含量不应大于0.5%。其他质量指标应符合现行行业标准《普通混凝土用砂质量标准及检验方法》JGJ 52的规定。

④ 配制高强混凝土时应掺用高效减水剂或缓凝高效减水剂。

⑤ 配制高强混凝土时应掺用活性较好的矿物掺合料，且宜使用复合矿物掺合料。

2）高强混凝土配合比的计算方法和步骤，除应按前述普通混凝土的规定进行外，尚应符合下列规定：

① 基准配合比中的水灰比，可根据现有试验资料选取。

② 所用砂率及所采用的外加剂和矿物掺合料的品种、掺量，应通过试验确定。

③ 计算高强混凝土配合比时，其用水量可按规程中有关的规定确定。

④ 水泥用量不应大于550kg/m^3，水泥和矿物掺合料的总量不应大于600kg/m^3。

3）高强混凝土配合比的试配与确定的步骤应按前述普通混凝土的规定进行。当采用三个不同的配合比进行混凝土强度试验时，其中一个应为基准配合比，另外两个配合比的水灰比，宜较基准配合比分别增加和减少0.02～0.03。

4）高强混凝土设计配合比确定后，尚应用该配合比进行不少于6次的重复试验进行验证，其平均值不应低于配制强度。

（11）泵送混凝土

1）泵送混凝土所采用的原材料应符合下列规定：

① 泵送混凝土应选用硅酸盐水泥、普通硅酸盐水泥、矿渣硅酸盐水泥和粉煤灰硅酸盐水泥，不宜采用火山灰质硅酸盐水泥。

② 粗骨料宜采用连续级配，其针片状颗粒含量不宜大于

10%，粗骨料的最大粒径与输送管径之比宜符合表 2.5.6 的规定。

粗骨料的最大粒径与输送管径之比　　表 2.5.6

粗骨料品种	泵送高度(m)	粗骨料的最大粒径与输送管径之比
碎　石	<50	≤1∶3.0
	50～100	≤1∶4.0
	>100	≤1∶5.0
卵　石	<50	≤1∶2.5
	50～100	≤1∶3.0
	>100	≤1∶4.0

③ 泵送混凝土宜采用中砂，其通过 0.315mm 筛孔的颗粒含量不应少于 15%。

④ 泵送混凝土应掺用泵送剂或减水剂，并宜掺用粉煤灰或其他活性矿物掺合料。其质量应符合国家现行有关标准的规定。

2）泵送混凝土试配时要求的坍落度值应按下式计算：

试配时要求的坍落度值＝入泵时要求的坍落度值＋试验测得在预计时间内的坍落度经时损失值，即 $T_t = T_p + \Delta T$。

3）泵送混凝土配合比的计算和试配步骤除应按普通混凝土的规定进行外，尚应符合下列规定：

① 泵送混凝土的用水量与水泥和矿物掺合料的总量之比不宜大于 0.60。

② 泵送混凝土的水泥和矿物掺合料的总量不宜小于 $300kg/m^3$。

③ 泵送混凝土的砂率宜为 35%～45%。

④ 掺用引气型外加剂时，其混凝土含气量不宜大于 4%。

（12）大体积混凝土

1）大体积混凝土所用的原材料应符合下列规定：

① 水泥应选用水化热低和凝结时间长的水泥，如低热矿渣硅酸盐水泥、中热硅酸盐水泥、矿渣硅酸盐水泥、粉煤灰硅酸盐

水泥、火山灰质硅酸盐水泥等；当采用硅酸盐水泥或普通硅酸盐水泥时，应采取相应措施延缓水化热的释放。

② 粗骨料宜采用连续级配，细骨料宜采用中砂。

③ 大体积混凝土应掺用缓凝剂、减水剂和减少水泥水化热的掺合料。

2）大体积混凝土在保证混凝土强度及坍落度要求的前提下，应提高掺合料及骨料的含量，以降低每立方米混凝土的水泥用量。

3）大体积混凝土配合比的计算和试配步骤应按普通混凝土的规定进行，并宜在配合比确定后进行水化热的验算或测定。

（13）混凝土原材料质量检验见表 2.5.7

混凝土原材料质量检验　　表 2.5.7

检验项目		标准	检验方法
主控项目	1. 水泥	水泥进场时应对其品种、级别、包装或散装仓号、出厂日期等进行检查，并应对其强度、安定性及其他必要的性能指标进行复验，其质量必须符合现行国家标准《硅酸盐水泥、普通硅酸盐水泥》GB 175 等的规定。 当在使用中对水泥质量有怀疑或水泥出厂超过三个月（快硬硅酸盐水泥超过一个月）时，应进行复验，并按复验结果使用。 钢筋混凝土结构、预应力混凝土结构中，严禁使用含氯化物的水泥	检查产品合格证、出厂检验报告和进场复验报告
	2. 混凝土中掺用外加剂的质量及应用技术	应符合现行国家标准《混凝土外加剂》GB 8076、《混凝土外加剂应用技术规范》GB 50119 等和有关环境保护的规定。 预应力混凝土结构中，严禁使用含氯化物的外加剂。钢筋混凝土结构中，当使用含氯化物的外加剂时，混凝土中氯化物的总含量应符合现行国家标准《混凝土质量控制标准》GB 50164 的规定	检查产品合格证、出厂检验报告和进场复验报告
	3. 混凝土中氯化物和碱的总含量	应符合现行国家标准《混凝土结构设计规范》GB 50010 和设计的要求（混凝土中最大氯离子含量为 0.06%；最大碱含量为 3.0kg/m^3）	检查原材料试验报告和氯化物、碱的总含量计算书

续表

检验项目		标准	检验方法
一般项目	1. 混凝土中掺用矿物掺合料的质量	应符合现行国家标准《用于水泥和混凝土中的粉煤灰》GB 1596等的规定。矿物掺合料的掺量应通过试验确定	检查出厂合格证和进场复验报告
	2. 普通混凝土所用的粗、细骨料的质量	应符合现行国家标准《普通混凝土用碎石或卵石质量标准及检验方法》JGJ 53、《普通混凝土用砂质量标准及检验方法》JGJ 52的规定	检查进场复验报告 注：1. 混凝土用的粗骨料，其最大颗粒粒径不得超过构件截面最小尺寸的1/4，且不得超过钢筋最小净间距的3/4。 2. 对混凝土实心板，骨料的最大粒径不宜超过板厚的1/3，且不得超过40mm
	3. 拌制混凝土	宜采用饮水用；当采用其他水源时，水质应符合现行国家标准《混凝土拌合用水标准》JGJ 63的规定	检查水质试验报告

检查数量

主控项目：1. 按同一生产厂家、同一等级、同一品种、同一批号且连续进场的水泥，袋装不超过200t为一批，散装不超过500t为一批，每批抽样不少于一次。

2. 3按进场的批次和产品的抽样检验方案确定。

一般项目：1和2按进场的批次和产品的抽样检验方案确定。

3. 同一水源检查不应少于一次。

(14) 混凝土配合比验收

1) 混凝土配合比审查要点

① 过程审查：混凝土配合比必须由专业试验室经配合比设计后签发。混凝土配合比设计时，应首先根据现场实际所用原材料的性能及对混凝土技术要求进行计算，再经试验室试配及调整，定出既满足设计和施工要求，又比较经济合理的混凝土配合比。

② 结果验证：根据要求的混凝土强度等级及混凝土拌合物的坍落度，并结合以往的参考配合比和本工程的实际情况进行混凝土配合比审查，一般还应对配合比进行试验验证。当混凝土有其他技术性能要求，必须进行相应项目的试验验证。

2) 配合比设计检验见表 2.5.8。

混凝土配合比设计检验 **表 2.5.8**

检验项目		标准	检验方法
主控项目	1. 混凝土配合比设计	按《普通混凝土配合比设计规程》JGJ 55的有关规定，根据混凝土强度等级、耐久性和工作性等要求进行配合比设计	检查配合比设计资料
	2. 有特殊要求的混凝土配合比设计	除应符合1项的规定外尚应符合有关标准的专门规定	检查配合比设计资料
一般项目	1. 首次使用的混凝土配合比	应进行开盘鉴定，其工作性应满足设计配合比的要求。开始生产时应至少留置一组标准养护试件，作为验收配合比的依据	检查开盘鉴定资料和试件强度试验报告
	2. 混凝土拌制前	应测定砂、石含水率并根据测试结果调整材料用量，提出施工配合比	检查含水率测试结果和施工配合比通知单

检查数量

一般项目：项目 2，每工作班检查一次。其他项目如数检查。

2.5.3 普通混凝土施工

(1) 混凝土拌制控制要点

混凝土拌制有集中拌制、机械拌制和人工拌制3种方式。

1) 混凝土原材料计量控制

① 混凝土原材料计量控制

A. 在混凝土每一工作班正式称量前，应先检查原材料质量，必须使用合格材料；各种衡器应定期校核，每次使用前进行零点校核，保持计量准确。

B. 施工中应测定骨料的含水率，当雨天施工含水率有显著变化时，应增加测定次数，依据测试结果及时调整配合比中的用水量和骨料用量。

C. 水泥、砂、石子、掺合料等干料的配合比，应采用重量法计量，严禁采用容积法；水的计量是在搅拌机上配置的水箱或定量水表上按体积计量；外加剂中的粉剂可按比例稀释为溶液，按用水量加入，也可将粉剂按比例与水泥拌匀，按水泥计量。

② 混凝土原材料的每盘称量的允许偏差见表2.5.9。

原材料每盘称量的允许偏差　　表2.5.9

材料名称	允许偏差(%)	材料名称	允许偏差(%)
水泥、混合材料	±2	水、外加剂	±2
粗、细骨料	±3		

注：1. 各种衡器应定期校验，每次使用前应进行零点校核，保持计量准确。
2. 骨料含水率应经常测定，雨天施工或含水率有显著变化时应增加测定次数，并及时调整水和骨料的用量。

2) 混凝土拌合料含碱量和氯化物含量控制

① 检查混凝土原材料试验报告和氯化物、碱的含量计算书。

② 对重要工程的混凝土所使用的碎石或卵石应进行碱活性检验。

③ 经检验，骨料判定为有潜在危害时，属碱-碳酸盐反应

的，如必须使用，应以专门的混凝土试验结果作出最后评定。

3）投料顺序

① 自落式。按粗骨料、水泥、细骨料顺序投入，水在搅拌过程中陆续加入。

② 强制式。搅拌机可将粗骨料、水泥、细骨料和水同时加入。

③ 粉煤灰、外加剂等按有关规定加入。

4）混凝土搅拌的最短时间应符合表 2.5.10 的规定。

混凝土搅拌的最短时间(s) **表 2.5.10**

混凝土坍落度(mm)	搅拌机机型	搅拌机出料量(L)		
		＜250	250～500	＞500
≤30	强制式	60	90	120
	自落式	90	120	150
＞30	强制式	60	60	90
	自落式	90	90	120

注：1. 混凝土搅拌的最短时间系指自全部材料装入搅拌筒中起到开始卸料为止的时间。

2. 当掺有外加剂时，搅拌时间应适当延长。

3. 采用强制式搅拌机搅拌轻骨料混凝土的加料顺序：当轻骨料在搅拌前预湿时，先加粗、细骨料和水泥搅拌 30s，再加水继续搅拌；当轻骨料在搅拌前未预湿时，先加 1/2 的总用水量和粗、细骨料搅拌 60s，再加水泥和剩余用水量继续拌合。

4. 当采用其他形式的搅拌设备时，搅拌的最短时间应按设备说明书的规定或经试验确定。

5）混凝土搅拌质量要求

① 混凝土拌合物的均匀性应符合国家现行标准的规定。检查混凝土拌合物均匀性时，在搅拌机卸料过程中，应从卸料时的 1/4～3/4 之间采样进行试验，检测结果：

A. 混凝土中砂浆密度两次测值的相对误差不应大于 0.8%。

B. 单位体积混凝土中粗骨料含量两次测值的相对误差不应

大于5%。

② 混凝土搅拌后，应按下列要求检测混凝土拌合物的性能：

A. 稠度应在搅拌地点和浇筑地点分别取样检测。每一工作班不应少于一次。评定时应以浇筑地点的测值为准。

在预制构件厂，如混凝土拌合物从搅拌机出料起至浇筑入模的时间不超过15min时，其稠度可仅在搅拌地点取样检测。

B. 在检测坍落度时，还应观察混凝土拌合物的黏聚性和保水性。

C. 必要时尚应检测混凝土拌合物的含气量、水灰比和水泥含量等其他质量指标，检测结果应符合相应的有关规定。

（2）混凝土试件

1）试件留置：用于检查结构构件混凝土强度的试件，应在混凝土的浇筑地点随机抽取。取样与试件留置应符合下列规定：

① 每拌制100盘且不超过$100m^3$的同配合比的混凝土，取样不得少于一次。

② 每工作班拌制的同一配合比的混凝土不足100盘时，取样不得少于一次。

③ 一次连续浇筑超过$1000m^3$时，同一配合比混凝土每$200m^3$取样不得少于一次。

④ 每一楼层、同一配合比的混凝土，取样不得少于一次。

⑤ 每次取样应至少留置一组标准养护试件，同条件养护试件的留置组数应根据实际需要确定。

2）抗渗混凝土结构试件：对有抗渗要求的混凝土结构，其混凝土试件应在浇筑地点随机取样，同一工程、同一配合比的混凝土，取样不应少于一次，留置组数可根据实际需要确定。

3）混凝土试件养护

① 标准养护：拆模后试件应立即送入标准养护室养护，试件之间应保持10～20mm的距离，并避免直接用水冲淋试件。养护龄期为28d。无标准养护室时，试件可在水温为20±3℃不流动的水中养护。

② 同条件养护：同条件养护的试件成型后应放置在靠近相应结构构件或结构部位的适当位置，将表面加以覆盖，并与结构实体同时、同条件进行养护。试件拆模时间可与构件的实际拆模时间相同；拆模后，试件仍须保持同条件养护。

(3) 混凝土运输

混凝土运输工序及其技术措施，是保证混凝土施工质量重要环节。在运输全过程中，应保持混凝土的匀质性，确保混凝土浇筑时规定的坍落度(或者维勃稠度)。

运输中装料的容器严禁有漏浆及吸水现象，使用前必须用水湿润，作业过程中应经常清除壁内附着的结硬的混凝土残渣，装料要适当，避免过满溢出。

1) 运输时间

运输时间是运输工序中必须严格控制的技术指标。混凝土拌合物从搅拌机卸出后运至浇筑部位的延续时间越短越好，一般不宜超过表 2.5.11 的规定。

混凝土拌合料从搅拌机卸出到浇筑完毕的延续时间(min)

表 2.5.11

	采用搅拌车		采用其他运输设备	
	≤C30	>C30	≤C30	>30
≤25℃	120	90	90	75
>25℃	90	60	60	45

注：掺有外加剂或采用快硬水泥时，其延续时间应通过试验确定。

2) 拌合物质量：混凝土在运输中，应保证不离析、不分层，确保组成成分不发生变化和施工所必需的稠度。

3) 运输道路：施工场地的运输道路应尽量平坦，以减少运输时的振荡，避免酿成混凝土分层离析。

4) 运输设备：运送混凝土的容器和管道，应不吸水、不漏浆，保证卸料及输送通畅。冬期施工对容器和管道应有保温措施；夏季最高气温超过 40℃时应有隔热措施，以防进水或水分蒸发。

5）稠度检测：应于混凝土运至指定卸料地点时进行取样检测。其检测的稠度值必须符合设计和施工的要求。

6）离析处理：运送的混凝土拌合物出现离析或分层现象时，应对其进行二次搅拌，方可入模。

(4) 混凝土浇筑

混凝土浇筑质量与其拌合物的和易性、工作性、可塑性有关。混凝土浇筑工艺，应根据结构成型设备、成型的工艺方法、结构配筋特点，以及制品或结构构件的外形来确定。

1）浇筑前准备

① 模具强度和刚度必须符合设计要求，其几何尺寸、中心线、标高、位置及梁模的拱度应符合设计要求。

② 混凝土浇筑前应对模板、支架、钢筋和预埋件的质量、数量、位置等逐一检查，并作好记录，符合要求后方能浇筑混凝土。

③ 对模板内的杂物和钢筋上的油污等清理干净，将模板的缝隙、孔洞堵严，并浇水湿润。在地基或基土上浇筑混凝土时，应清除淤泥和杂物，并应有排水和防水措施；干燥的非黏性土，应用水湿润；对未风化的岩石，应用水清洗，但表面不得留有积水。

2）商品混凝土

① 使用前查清商品混凝土运输能否按时保证供应。

② 应向混凝土供应商提出混凝土强度等级、总量、外加剂、掺合料、水泥品种、初凝时间、终凝时间、早强要求、抗渗要求、有害物质含量等。

③ 检查验收混凝土供应商提供的技术文件资料。

A. 混凝土配合比。

B. 混凝土开盘鉴定。

C. 混凝土碱含量计算书。

D. 水泥准用证。

E. 水泥 3d、28d 出厂质量证明书。

F. 水泥碱含量检测报告。

G. 水泥 3d、28d 复试报告。

H. 细骨料的试验报告，碱含量检测报告。

I. 粗骨料试验报告，碱含量检测报告。

J. 混凝土掺合料合格证。

K. 混凝土掺合料出厂检测报告，碱含量检测报告，试验报告。

L. 混凝土外加剂准用证。

M. 混凝土外加剂出厂合格证、试验报告和复试报告。

N. 混凝土外加剂含量检测报告。

O. 混凝土试件 28d 抗压试验报告及合格证。

④ 检查坍落度：在混凝土交货地点检查混凝土坍落度，可根据车数、时间来确定检查次数，一般情况下每天上、下午至少各做 2 次。其允许偏差见表 2.5.12。

混凝土坍落度与要求坍落度之间的允许偏差(mm)　　表 2.5.12

要求坍落度	允许偏差	要求坍落度	允许偏差
＜50	±10	＞90	±30
50～90	±20		

3）混凝土浇筑时坍落度

① 混凝土浇筑时的坍落度见表 2.5.13。

混凝土浇筑时的坍落度(mm)　　表 2.5.13

结　构　种　类	坍落度
基础或地面等垫层，无筋的大体积结构(挡土墙、基础)或配筋稀疏的结构	10～30
板、梁和大型及中型截面柱等	30～50
配筋密列的结构	50～70
配筋特密的结构	70～90

注：1. 表中规定适用机械振捣混凝土的坍落度，当采用人工振捣时其值可适当增大。
2. 当需要配制大坍落度混凝土时，应掺用外加剂。
3. 曲面或斜面结构混凝土的坍落度应根据实际需要另行选定。
4. 轻骨料混凝土的坍落度，宜比表中数值减少 10～20mm。

② 坍落度检查：检查拌制混凝土所用原材料的品种、规格和用量，每一工作班至少两次；检查混凝土在浇筑地点的坍落度，每一工作班不少于两次。

4）泵送混凝土

泵送混凝土优点很多，如准备工作时间短、机动灵活、施工方便、速度快、效率高、节省人力和搅拌设备等。

① 泵送混凝土技术要求见表 2.5.14。

泵送混凝土技术要求 **表 2.5.14**

泵送混凝土组成成分及有关项目		技术数据及要求
骨料最大粒径与输送管内径之比	碎石不宜大于	1∶3
	卵石不宜大于	1∶2.5
砂	通过 0.315mm 筛孔的砂不应少于	15%
	砂　率	40%～50%
水泥最小用量		300kg/m^3
混凝土拌合物坍落度		80～180mm
外加剂及掺合料的掺入量		应试验配合比确定

注：泵送轻骨料混凝土的原材料选用及配合比，应通过试验配合比确定。

② 使用泵送混凝土时注意事项

A. 混凝土泵车必须与混凝土运输车配合使用，保证泵车连续作业。混凝土从搅拌站出机后，运输时间一般不超过 1h，泵送时间一般不超过 45min。

B. 泵送管道应尽量减少弯曲，转弯处尽量缓一些，要少用锥形管。

C. 泵送管向下倾斜时要阻止中断而产生的空气阻塞。

D. 泵送管使用前应用水泥浆或水泥砂浆润滑管的内壁。

E. 泵送中断或泵送完毕应立即用高压水清洗管道中残留的混凝土。

F. 传送混凝土时，防止骨料离析。

5）混凝土运输、浇筑及间歇的全部时间

为了确保结构整体性，浇筑混凝土应连续进行。当必须间歇时，其间歇时间宜缩短，并应在前一层混凝土初凝之前，将上一层混凝土浇筑完毕。

混凝土运输、浇筑及间歇的全部时间不得超过表 2.5.15 中的规定，当超过规定时间应留置施工缝。

混凝土运输、浇筑和间歇的允许时间(min)　　**表 2.5.15**

混凝土强度等级＼时间	气温	
	≤25℃	＞25℃
＞C30	180	150
≤C30	210	180

注：当混凝土中掺有促凝或缓凝外加剂时，其允许间歇时间应根据试验结果确定。

6）混凝土浇筑

混凝土应分层浇筑，分层厚度应符合表 2.5.16 的规定。分层浇筑混凝土厚度与振动棒有效工作长度有关，应以振动棒实际有效长度的 1.25 倍为最大分层厚度。分层浇筑的混凝土量，应控制在混凝土初凝前能完成浇筑的数量为准。为此混凝土浇筑作业应科学组织，精心计划，均匀供应混凝土拌合料，严防间歇待续时间过长，保证拌合料均匀有效，不用设置施工缝。

混凝土浇筑分层厚度(mm)　　**表 2.5.16**

捣实混凝土的方法		混凝土浇筑分层厚度
插入式振捣		振捣器作用部分长度的 1.25 倍
表面振动		200
人工捣固	基础、无筋混凝土，或配筋稀疏的结构	250
	梁、墙板、柱结构中	200
	配筋密列的结构构件	150
轻骨料混凝土	插入式振捣	300
	表面振动(振动时需加荷)	200

7）混凝土密实成型方法

振捣作业是混凝土和钢筋混凝土结构施工中的一种成型与使其密实的方法；其适用范围、优缺点和采用设备见表2.5.17。

混凝土密实成型方法 **表2.5.17**

成型方法	适用范围	优缺点	采用设备
振动密实成型	广泛用于施工现场及预制构件厂的构件密实成型	密实效果好，但噪声大	振动台、插入式振动器、附着式振动器、振动抽机等
压制密实成型	适用于定型产品的成型	噪声小，密实效果好，但技术性能复杂	模压、挤压和压扎设备等
离心脱水密实成型	适用于管类制品及电杆生产	噪声较小，密实效果好，对钢模要求较高	车床式及托轮摩擦式离心机等
真空脱水密实成型	适用于楼板、地坪等混凝土密实成型	噪声小，混凝土抗渗及耐磨性好，但成型时一般要辅以振动	由真空泵、软管和吸垫等组成
复合密实成型	适用于定型制品	密实效果好但设计复杂	将以上两种以上设备复合使用，如振动加压，振动模压、振动真空、离心振动等

8）混凝土振捣

① 振捣器具有插入式捣器、表面振动器、附着式振动器、振动台等。

② 振捣时间：采用振捣器捣实混凝土时，每一振点的振捣时间，应使混凝土表面呈现浮浆和不再下沉为止。

③ 注意事项

A. 避免碰撞钢筋、模板、芯管、吊环、预埋件或空心胶囊等。

B. 进行振捣作业时，在施振全过程中应经常观察模板、支架、钢筋、预埋件及预留孔洞等有无变形、位移的现象。发现问

题时应及时采取措施进行处理，确保浇捣质量。

C. 严格控制振动作业的最佳时间，防止超过最佳振动时间后，使混凝土的均匀性遭到破坏，导致受振混凝土产生离析、泌水、泛浆等弊病。

9）施工缝留置

施工缝的留置应位于结构受剪力较小且便于施工部位。柱应留置水平缝，梁、板、墙应留置垂直缝。

① 柱，宜留置在基础的顶面、梁或吊车梁牛腿的下面、吊车梁的上面、无梁楼板柱帽的下面。

② 与板连成整体的大截面梁，留置在板底面以下 20～30mm 处，当板下有梁托时，应留置在梁托下部。

③ 单向板，应留置在平行于板短边的任何位置。

④ 有主次梁的楼板，宜顺次梁方向浇筑，施工缝应留在次梁跨度中间 1/3 范围内。

⑤ 墙，宜留置在门洞口过梁跨中 1/3 范围内，也可留在纵横墙的交接处。

⑥ 双向受力楼板、大体积混凝土结构、拱、穹拱、薄壳、蓄水池、斗仓、多层刚架及其他结构复杂的工程，其施工缝的位置应按设计要求留置。

⑦ 斗仓施工缝可留置在漏斗的根部及上部，或在漏斗斜板与漏斗主壁交接处。

⑧ 地坑及水池施工缝，可留置在坑壁上，并应距坑（池）底板混凝土上面 300～500mm 的范围内。

⑨ 承受动力作用的设备基础应连续浇筑，不宜留置施工缝，以确保整体性。当必须留置时，应征得设计单位同意。

10）施工缝处理

① 在施工缝处继续浇筑混凝土时，已经浇筑完毕的混凝土抗压强度应大于或等于 1.2N/mm^2 方可进行。

② 在施工缝处的混凝土已硬化表面上继续浇筑混凝土前，应认真清除垃圾、水泥浆膜、松动的砂石及软弱混凝土附着层，

同时应将其光滑的表面加以凿毛，用水冲洗干净并加以充分湿润，湿润的时间常规不宜少于24h，并应将残留的积水清理掉。

③ 施工缝位置附近有弯筋时，必须使钢筋周围的混凝土浇筑密实，严禁产生松动及损坏。钢筋表面必须洁净，不得有油污、浮锈及水泥砂浆等杂物。

④ 在浇筑新混凝土之前，水平施工缝宜先铺上10～15mm厚的水泥砂浆一层，其配合比应与母体混凝土内水泥砂浆相同。

(5) 大体积混凝土浇筑

大体积混凝土的整体性要求高，为确保其整体性浇筑时应合理分段、分层浇捣，使混凝土浇筑成型沿高度均匀上升，常规要求混凝土连续浇筑。施工操作工艺应做到分层浇筑、分层捣实，但应保证上下层混凝土在初凝前结合好，以防止形成施工缝，影响大体积混凝土的整体性。

1) 大体积混凝土浇筑方式

大体积混凝土浇筑方式，应根据设计要求的整体性，结构的形式及大小，配筋的疏密，混凝土的级配、供应等具体情况，可采用以下3种方式：

① 全面分层法：在整个浇筑体上将混凝土分层循环连续浇筑，各层之间的搭接必须在混凝土初凝前浇捣完毕，直至浇筑结束为止。这种施工方案适用于结构的平面尺寸不很大的工程。浇捣作业可从短边开始，沿长边推进。如作业面较大时也可分为两段同时作业，从中间向两端展开或从两端向中央推进，见图2.5.1。

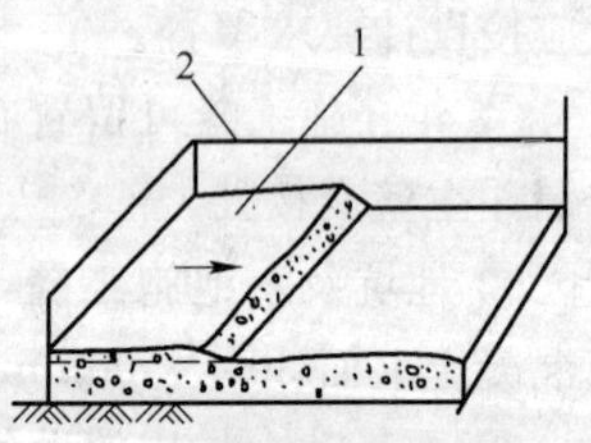

图2.5.1 全面分层
1—浇筑混凝土；2—模板

② 分段分层法：适用于板式结构大体积混凝土浇筑。其厚度不宜过大，但面积或长度属于较大的混凝土结构。混凝土的浇筑从底层开始，进行一定距离后再回来浇筑第二层，依次向前浇

筑以上各分层。各分层浇筑工序必须在上下层混凝土初凝前完成，见图 2.5.2。

③ 斜面分层法：斜面分层浇筑混凝土方法适用于结构的长度超过厚度 3 倍的情况。振捣作业应从浇筑层的下端开始，逐层上移，以确保混凝土浇筑质量，见图 2.5.3。

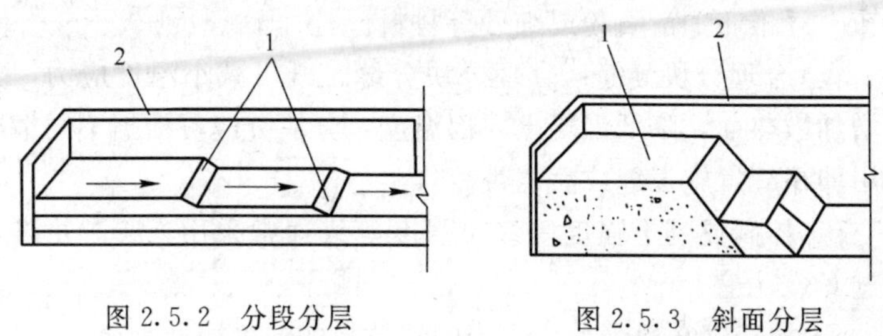

图 2.5.2 分段分层
1—混凝土；2—模板

图 2.5.3 斜面分层
1—混凝土；2—模板

综上所述，浇筑混凝土的分层厚度决定于振动器的振动棒长度和振动力的大小，也应考虑混凝土作业量大小和可能浇筑的工作量多少，常规投料厚度以 200～300mm 为宜。

2）大体积混凝土浇筑控制要点

① 浇筑大体积混凝土时，防止混凝土在浇筑过程中产生离析现象。

② 混凝土自高处自由倾落高度超过 2m 时，应沿落距（流程）设置串筒、溜槽、溜管等进行下料，以保证混凝土不致产生离析现象。

③ 投料串筒布置应根据浇筑面积、施工工序、浇筑速度和摊平能力而定，但其间距不得大于 3m，布置方式为交错式或行列式，以确保作业面的展开。

④ 控制大体积混凝土裂缝的出现与扩展。

3）大体积混凝土防裂措施

大体积混凝土浇筑时，由于混凝土凝结过程中水泥的水化反应会散发出大量的水化热，形成混凝土内外温差较大，极易使混凝土体产生裂缝。水化热是水泥遇水产生的特有的化学反应，它使混凝土在硬化过程中升温而影响混凝土的各项技术性能。

为了减少大体积混凝土裂缝的发生，应从原材料、设计和施工等方面采取措施。

① 控制原材料和配合比。

② 设计控制措施应增设滑动层，隔离层可采用毡砂层、塑料布、纤维布加滑石粉或细砂等材料。

A. 合理分块分缝：合理分块分缝，既可减小温度应力，又可增加散热面，降低混凝土内部温度。分块分缝可根据不同情况采用伸缩缝、施工缝或后浇带。

B. 控制混凝土强度等级：强度等级通常采用 C20，并以不超过 C30 为宜。

C. 构造钢筋适当：应适当配置抗拉的温度构造钢筋。

③ 施工控制措施

A. 根据气候条件严格控制混凝土的入模温度，夏季应采用低温水拌合混凝土，混凝土拌合物的浇筑温度不宜超过 28℃。混凝土浇筑温度系指混凝土振捣后，在混凝土 50～100mm 深处的温度。

B. 有特殊要求的大体积混凝土结构工程，必要时采用人工导热法，在混凝土体内设置冷却水管，利用循环水来降低混凝土温度，以防止混凝土体内温度上升，形成内外温差较大，导致混凝土产生裂缝。

C. 防止拌合物出现泌水现象，在混凝土浇筑完毕后，存在的泌水应及时排除，并进行二次振捣。

4）在大体积混凝土基础中掺填适量的大块骨料。

（6）后浇带

根据后浇带浇筑的补偿收缩混凝土的膨胀性能及效应，后浇带的作业长度大于 50m 时，其混凝土浇筑的时间可在(5～7)d 以内。后浇带浇筑的混凝土要求振捣密实，防止漏振，避免过振。应在混凝土浇筑后和硬化前(1～2)h 抹压，以防因沉降产生裂缝。

1）后浇带设置原则及构造形式

① 后浇带应设在受力和变形较小的部位，后浇带自基础开始在各层相同位置到裙房顶板(包括内外墙体)全部设后浇带。间距宜为 30～60m，宽度宜为 700～1000mm。应考虑施工方便，避免应力集中，后浇带构造可分为平接式、企口式和台阶式等。见图 2.5.4 所示。

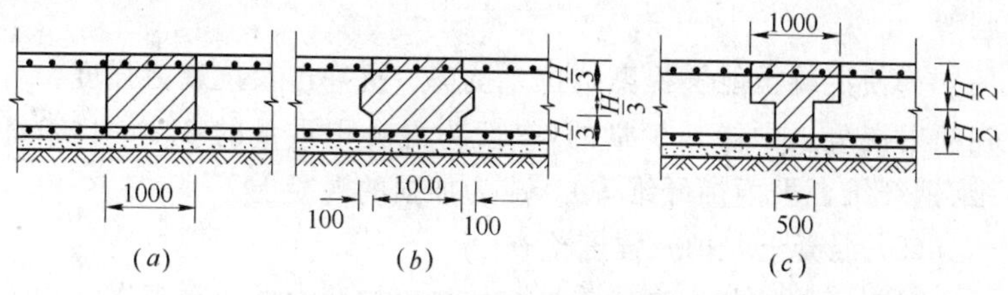

图 2.5.4　后浇带构造图

(a)平接式；(b)企口式；(c)台阶式

② 后浇带可做成平直缝，结构主筋不宜在缝中断开，如必须断开，则主筋搭接长度应大于 45 倍主筋直径，并应按设计要求加设附加钢筋。

2）有防水要求后浇带防水构造、设计要求、钢筋处理、保留时间、保护措施和浇筑封闭见第 7 章防水防渗漏工程第十节地下工程混凝土结构细部构造防水之四后浇带防水施工监控要点。

3）后浇带施工控制要点

① 后浇带两侧梁板必须支撑好，直到后浇带封闭至混凝土达到设计强度后拆除。

② 后浇带应在其两侧混凝土龄期达到设计要求后再施工，但高层建筑的后浇带应在结构顶板浇筑混凝土 14d 后进行。

③ 控制好后浇带的接缝处理，止水带位置应准确，固定牢靠。

④ 后浇带混凝土施工前，后浇带部位和外贴式止水带应予以保护，严防落入杂物和损伤外贴式止水带。

⑤ 后浇带应采用微膨胀混凝土，其强度等级采用比原构件提高一级。

⑥ 后浇带混凝土的养护时间不得少于 28d。

(7) 喷射混凝土

喷射混凝土的特点，是采用压缩空气进行喷射作业，是将混凝土运输和浇筑结合在同一道工序内完成的。喷射浇筑混凝土可分为“干法”喷射和“湿法”喷射两种施工方法。一般用于大跨度空间结构屋面、地下工程的衬砌、坡面的护坡及构筑物的补强等。

为使混凝土能够提高抗拉、抗剪、抗冲击及抗疲劳强度。可在喷射混凝土中掺入少量的(一般为混凝土重量的 3%～4%)纤维(钢纤维、聚丙烯纤维等)，成为加强的混凝土。

(8) 混凝土养护及强度检查

混凝土养护分为自然养护与加热养护两大类，在现浇结构中主要采用自然养护。

1) 混凝土养护基本要求

① 养护期间的温度控制：常温养护的温度范围是 5～35℃，包括施工环境温度、水泥水化反应时水化热的温度。当温度低于5℃时，不得浇水养护，应采取加热保温养护，或延长养护时间。

② 养护用水：养护用水，应与混凝土拌制用水相同。

③ 大体积混凝土的养护：应根据气候条件及混凝土本身的温度采取控温措施，两者温差不宜超过 25℃。

④ 覆盖养护：用塑料布覆盖养护，是将混凝土构件敞露的全部表面用塑料布覆盖严密，并应保持塑料布内的凝结水不会向外挥发。

⑤ 混凝土强度达到 1.2N/mm^2 前，不得在其上踩踏或安装模板及支架。

⑥ 混凝土表面不便浇水或使用塑料布时，宜涂刷养护剂。

2) 养护方法

① 标准养护：气温保持 20±2℃，相对湿度保持 95%以上，时间 28d。

② 自然养护

A. 浇水养护：利用平均气温高于 5℃的自然条件，用适当的材料对混凝土表面加以覆盖并浇水。覆盖浇水养护应在混凝土浇筑完毕后的 12h 以内进行，炎热季节可缩短至(2～3)h 开始。

B. 大面积结构，如地坪、楼板、屋面等可采用蓄水养护。储水池工程可于拆除内模且混凝土达到一定强度后注水养护。

C. 混凝土自然养护时间按表 2.5.18 进行控制。

混凝土自然养护时间　　表 2.5.18

分　类		养护时间应大于(d)
水泥品种	硅酸盐水泥、普通水泥、矿渣水泥	7
	火山灰水泥、粉煤灰水泥	14
	矾土水泥	3
抗渗混凝土		14
混凝土中掺加缓凝型外加剂或粉煤灰		14
微膨胀混凝土(蓄水)		14

D. 外界气温低于 5℃，按冬期施工处理。

③ 太阳能养护：太阳能养护通常用于混凝土构件预制厂，其养护时间与同条件的自然养护相比，只需 30%～50%的时间。太阳能养护要注意选好吸热保温材料，安装好反射板、玻璃板和活动式集热箱，搞好清扫工作。

④ 铺膜养护：铺膜养护是综合自然养护、喷膜养护、太阳能养护而成的一种简易有效的养护方法，适用于各种现浇或预制混凝土工程。这种养护方法装置简单，不需专用的喷洒设备或集热箱等，不需另行配料，又是无毒作业，不需经常浇水，薄膜可代替麻袋等覆盖物，能重复使用，能提高早期强度，比自然养护可缩短一半时间。

除了上述养护方法外还有蒸汽养护、红外线养护、循环湿热空气养护等。

3）混凝土强度检查

检验混凝土强度用的混凝土试件的尺寸及强度的尺寸换算系

数应按表 2.5.19 取用。

混凝土试件尺寸及强度的尺寸换算系数　　表 2.5.19

骨料最大粒径(mm)	试件尺寸(mm)	强度的尺寸换算系数
≤31.5	100×100×100	0.95
≤40	150×150×150	1.00
≤63	200×200×200	1.05

注：对强度等级为 C60 及以上的混凝土试件，其强度的尺寸换算系数可通过试验确定。

① 混凝土强度代表值

每组 3 个试件应在同盘混凝土中取样制作，其强度代表值应符合下列规定：

A. 取 3 个试件强度的平均值。

B. 当 3 个试件强度中最大值或最小值与中间值之差超过中间值的 15%时，取中间值。

C. 当 3 个试件强度中的最大值和最小值与中间值之差均超过中间值的 15%时，该组试件不应作为强度评定依据。

② 试件混凝土强度：评定结构构件的混凝土强度应采用标准试件的混凝土强度和 2.5.1 之(2)中 3)规定进行评定。

2.5.4 混凝土工程质量检验

(1) 混凝土施工检验批质量检验见表 2.5.20。

混凝土施工检验批质量检验　　表 2.5.20

检验项目		标　准	检验方法
主控项目	1. 结构混凝土的强度等级	必须符合设计要求。用于检查结构构件混凝土强度和抗渗混凝土结构的试件，应在混凝土的浇筑地点随机抽取。取样与试件留置见 2.5.3 之(2)	检查施工记录及试件强度试验报告和试件抗渗试验报告
	2. 混凝土原材料每盘称量的允许偏差	应符合表 2.5.21 的规定	复称

续表

检验项目		标准	检验方法
主控项目	3. 混凝土运输、浇筑及间歇的全部时间	不应超过混凝土的初凝时间。同一施工段的混凝土应连续浇筑，并应在底层混凝土初凝之前将上一层混凝土浇筑完毕。 当底层混凝土初凝后浇筑上一层混凝土时，应按施工技术方案中对施工缝的要求进行处理	观察，检查施工记录
一般项目	1. 施工缝的位置	应在混凝土浇筑前按设计要求和施工技术方案确定。施工缝的处理应按施工技术方案执行	观察，检查施工记录
	2. 后浇带的留置位置	应按设计要求和施工技术方案确定。后浇带混凝土浇筑应按施工技术方案进行	观察，检查施工记录
	3. 混凝土浇筑完毕后	应按施工技术方案及时采取有效的养护措施，并应符合下列规定 (1) 应在浇筑完毕后的12h以内对混凝土加以覆盖并保湿养护。 (2) 混凝土浇水养护的时间：对采用硅酸盐水泥、普通硅酸盐水泥或矿渣硅酸盐水泥拌制的混凝土，不得少于7d；对掺用缓凝型外加剂或有抗渗要求的混凝土，不得少于14d。 (3) 浇水次数应能保持混凝土处于湿润状态；混凝土养护用水应与拌制用水相同。 (4) 采用塑料布覆盖养护的混凝土，应将其敞露的全部表面覆盖严密，并应保持塑料布内有凝结水。 (5) 混凝土强度达到1.2N/mm^{2}前，不得在其上踩踏或安装模板及支架	观察，检查施工记录

注：对于一般项目3：

1. 当日平均气温低于5℃时，不得浇水。
2. 当采用其他品种水泥时，混凝土的养护时间应根据所采用水泥的技术性能确定。
3. 混凝土表面不便浇水或使用塑料布时，宜涂刷养护剂。
4. 对大体积混凝土的养护，应根据气候条件按施工技术方案采取控温措施。

检查数量

主控项目：项目2每工作班抽查不应少于一次。

主控项目3和一般项目全数检查。（主控项目1如数检查）。

原材料每盘称量的允许偏差　　表 2.5.21

材料名称	允许偏差	材料名称	允许偏差
水泥、掺合料	±2%	水、外加剂	±2%
粗、细骨料	±3%		

注：1. 各种衡器应定期校验，每次使用前应进行零点校核，保持计量准确。
2. 当遇雨天或含水率有显著变化时，应增加含水率检测次数，并及时调整水和骨料的用量。

(2) 混凝土现浇结构验收

1) 混凝土现浇结构外观质量

① 现浇结构的外观质量缺陷，应由监理(建设)单位、施工单位等各方根据其对结构性能、使用功能和使用功能影响严重程度按表 2.5.22 进行确定。

现浇结构外观质量缺陷　　表 2.5.22

名称	现象	严重缺陷	一般缺陷
露筋	构件内钢筋未被混凝土包裹而外露	纵向受力钢筋有露筋	其他钢筋有少量露筋
蜂窝	混凝土表面缺少水泥砂浆而形成石子外露	构件主要受力部位有蜂窝	其他部位有少量蜂窝
孔洞	混凝土中孔穴深度和长度均超过保护层厚度	构件主要受力部位有孔洞	其他部位有少量孔洞
夹渣	混凝土中夹有杂物且深度超过保护层厚度	构件主要受力部位有夹渣	其他部位有少量夹渣
疏松	混凝土中局部不密实	构件主要受力部位有疏松	其他部位有少量疏松
裂缝	缝隙从混凝土表面延伸至混凝土内部	构件主要受力部位有影响结构性能或使用功能的裂缝	其他部位有少量不影响结构性能或使用功能的裂缝

续表

名　称	现　象	严重缺陷	一般缺陷
连接部位缺　陷	构件连接处混凝土缺陷及连接钢筋、连接件松动	连接部位有影响结构传力性能的缺陷	连接部位有基本不影响结构传力性能的缺陷
外形缺陷	缺棱掉角、棱角不直、翘曲不平、飞边凸肋等	清水混凝土构件有影响使用功能或装饰效果的外形缺陷	其他混凝土构件有不影响使用功能的外形缺陷
外表缺陷	构件表面麻面、掉皮、起砂、沾污等	具有重要装饰效果的清水混凝土构件有外表缺陷	其他混凝土构件有不影响使用功能的外表缺陷

② 现浇结构拆模后，应由监理(建设)单位、施工单位对外观质量和尺寸偏差进行检查，作出记录，并应及时按施工技术方案对缺陷进行处理。

2）现浇结构施工质量检验

① 外观质量检验见表2.5.23。

现浇结构外观质量检验　　表2.5.23

检验项目		标　准	检验方法
主控项目	1. 现浇结构外观质量	不应有严重缺陷	
	2. 对已经出现的严重缺陷	应由施工单位提出技术处理方案，并经监理(建设)单位认可后进行处理。对经处理的部位，应重新检查验收	观察，检查技术处理方案
一般项目	1. 现浇结构的外观质量	不宜有一般缺陷	观察
	2. 对已经出现的一般缺陷	应由施工单位按技术处理方案进行处理，并重新检查验收	观察，检查技术处理方案

检查数量

均全数检查。

② 尺寸偏差见表2.5.24。

现浇结构尺寸偏差检验　　表 2.5.24

<table>
<tr><th colspan="2">检验项目</th><th>标准</th><th>检验方法</th></tr>
<tr><td rowspan="2">主控项目</td><td>现浇结构</td><td>不应有影响结构性能和使用功能的尺寸偏差。混凝土设备基础不应有影响结构性能和设备安装的尺寸偏差</td><td>量测，检查技术处理方案</td></tr>
<tr><td colspan="3">注：对超过尺寸允许偏差且影响结构性能和安装、使用功能的部位，应由施工单位提出技术处理方案，并经监理（建设）单位认可后进行处理。对经处理的部位，应重新检查验收。</td></tr>
<tr><td>一般项目</td><td>现浇结构和混凝土设备基础拆模后的尺寸偏差</td><td>应符合表 2.5.25、表 2.5.26 的规定</td><td>应符合表 2.5.25、表 2.5.26 的规定</td></tr>
</table>

检查数量

主控项目：全数检查。

一般项目：按楼层、结构缝或施工段划分检验批。在同一检验批内，对梁、柱和独立基础，应抽查构件数量的 10%，且不少于 3 件；对墙和板，应按有代表性的自然间抽查 10%，且不少于 3 间；对大空间结构，墙可按相邻轴线间高度 5m 左右划分检查面，板可按纵、横轴线划分检查面，抽查 10%，且均不少于 3 面；对电梯井，应全数检查。对设备基础，应全数检查。

现浇结构尺寸允许偏差和检验方法　　表 2.5.25

<table>
<tr><th colspan="3">项目</th><th>允许偏差(mm)</th><th>检验方法</th></tr>
<tr><td rowspan="4">轴线位置</td><td colspan="2">基础</td><td>15</td><td rowspan="4">钢尺检查</td></tr>
<tr><td colspan="2">独立基础</td><td>10</td></tr>
<tr><td colspan="2">墙、柱、梁</td><td>8</td></tr>
<tr><td colspan="2">剪力墙</td><td>5</td></tr>
<tr><td rowspan="3">垂直度</td><td rowspan="2">层高</td><td>≤5m</td><td>8</td><td>经纬仪或吊线、钢尺检查</td></tr>
<tr><td>>5m</td><td>10</td><td>经纬仪或吊线、钢尺检查</td></tr>
<tr><td colspan="2">全高（H）</td><td>H/1000 且≤30</td><td>经纬仪、钢尺检查</td></tr>
<tr><td rowspan="2">标高</td><td colspan="2">层高</td><td>±10</td><td rowspan="2">水准仪或拉线、钢尺检查</td></tr>
<tr><td colspan="2">全高</td><td>±30</td></tr>
</table>

续表

<table>
<tr><th colspan="3">项　目</th><th>允许偏差(mm)</th><th>检　验　方　法</th></tr>
<tr><td colspan="3">截　面　尺　寸</td><td>+8，−5</td><td>钢　尺　检　查</td></tr>
<tr><td rowspan="2">电梯井</td><td colspan="2">井筒长、宽定位中心线</td><td>+25，0</td><td>钢　尺　检　查</td></tr>
<tr><td>井筒全高 H</td><td>垂直度</td><td>H/1000 且≤30</td><td>经纬仪、钢尺检查</td></tr>
<tr><td colspan="3">表 面 平 整 度</td><td>8</td><td>2m 靠尺和塞尺检查</td></tr>
<tr><td rowspan="3">预埋设施
中心线位置</td><td colspan="2">预　埋　件</td><td>10</td><td rowspan="3">钢　尺　检　查</td></tr>
<tr><td colspan="2">预 埋 螺 栓</td><td>5</td></tr>
<tr><td colspan="2">预　埋　管</td><td>5</td></tr>
<tr><td colspan="3">预留孔洞中心线位置</td><td>15</td><td>钢　尺　检　查</td></tr>
</table>

注：检查轴线、中心线位置时，应沿纵、横两个方向量测，并取其中的较大值。

混凝土设备基础尺寸允许偏差和检验方法　　表 2.5.26

<table>
<tr><th colspan="2">项　目</th><th>允许偏差(mm)</th><th>检验方法</th></tr>
<tr><td colspan="2">坐标位置</td><td>20</td><td>钢　尺　检　查</td></tr>
<tr><td colspan="2">不同平面的标高</td><td>0，−20</td><td>水准仪或拉线、钢尺检查</td></tr>
<tr><td colspan="2">平面外形尺寸</td><td>±20</td><td>钢　尺　检　查</td></tr>
<tr><td colspan="2">凸台上平面外形尺寸</td><td>0，−20</td><td>钢　尺　检　查</td></tr>
<tr><td colspan="2">凹　穴　尺　寸</td><td>+20，0</td><td>钢　尺　检　查</td></tr>
<tr><td rowspan="2">平面水平度</td><td>每　　米</td><td>5</td><td>水平尺、塞尺检查</td></tr>
<tr><td>全　　长</td><td>10</td><td>水准仪或拉线、钢尺检查</td></tr>
<tr><td rowspan="2">垂　直　度</td><td>每　　米</td><td>5</td><td rowspan="2">经纬仪或吊线、钢尺检查</td></tr>
<tr><td>全　　高</td><td>10</td></tr>
<tr><td rowspan="2">预埋地脚螺栓</td><td>标高(顶部)</td><td>+20，0</td><td>水准仪或拉线、钢尺检查</td></tr>
<tr><td>中 心 距</td><td>±2</td><td>钢　尺　检　查</td></tr>
<tr><td rowspan="3">预埋地脚螺栓孔</td><td>中心线位置</td><td>10</td><td>钢　尺　检　查</td></tr>
<tr><td>深　　度</td><td>+20，0</td><td>钢　尺　检　查</td></tr>
<tr><td>孔垂直度</td><td>10</td><td>吊线，钢尺检查</td></tr>
<tr><td rowspan="4">预 埋 活 动
地脚螺栓锚板</td><td>标　　高</td><td>+20，0</td><td>水准仪或拉线、钢尺检查</td></tr>
<tr><td>中心线位置</td><td>5</td><td>钢　尺　检　查</td></tr>
<tr><td>带槽锚板平整度</td><td>5</td><td>钢尺、塞尺检查</td></tr>
<tr><td>带螺纹孔锚板平整度</td><td>2</td><td>钢尺、塞尺检查</td></tr>
</table>

注：检查坐标、中心线位置时，应沿纵、横两个方向量测，并取其中的较大值。

2.5.5 混凝土冬期施工

混凝土结构工程进入冬期施工的依据是本地区气温资料，当室外常温平均气温连续5天稳定在低于5℃时，即确定为混凝土施工进入冬期。其施工作业应采取冬期施工技术措施，并应及时采取防冻措施，以防温度突然下降，造成混凝土冻害。混凝土早期遭受冻害不但使强度降低，还将使其耐久性和质量受到影响。

(1) 一般规定

1) 混凝土冬期施工受冻临界强度

① 硅酸盐水泥或普通硅酸盐水泥配制的混凝土，其强度为设计的混凝土强度标准值的30%。矿渣硅酸盐水泥配制的混凝土，为设计强度标准值的40%，但不大于C10的混凝土不得小于5.0N/mm²。当施工需要提高混凝土强度等级时，应按提高后的强度等级确定。

② 掺用防冻剂的混凝土，当室外最低气温不低于－15℃时不得小于4.0N/mm²，当室外最低气温不低于－30℃时不得小于5.0N/mm²。

2) 混凝土工程冬期施工方法

最常用的有蓄热法、蒸汽养护法、电加热法、暖棚法、负温养护法和硫铝酸盐水泥混凝土法等。这些方法各有利弊，并有一定的适用范围，应根据当地气温情况、结构特点、原材料品种、能源及设备条件、工期和热工计算结果进行合理的选择。

(2) 蓄热法施工监控要点

混凝土的蓄热法施工，是将混凝土组成的材料加热后搅拌，浇入模内，以充分利用预加热量和水泥在硬化过程中放出的水化热，使混凝土在正常温度条件下达到预定的设计强度。因此，在混凝土构件四周应覆盖保温材料，防止热量的过快损失，减缓混凝土的冷却速度。

1) 蓄热法是目前冬期施工中最简易的方法，适用于室外平均温度在－15℃以上的环境，对结构易受冻的部位，应采取加强保温措施。

2）蓄热法使用的保温材料，以选用导热系数小、价格低廉的地方材料为宜。保温材料必须干燥，以免降低保温性能。软质塑料薄膜是广泛应用的养护保温材料，其透风系数小，适于覆盖任何形状的构件。

3）应在构件的适宜位置设置测温孔，每天测温不少于4次，以掌握混凝土的发展强度，防止混凝土早期受冻。

4）蓄热法常与防冻外加剂和具有减水、引气作用的外加剂配合使用，以扩大蓄热法的适用范围。

（3）蒸汽加热法施工监控要点

1）混凝土蒸汽加热法的适用范围应符合表2.5.27的规定。

混凝土蒸汽加热法的适用范围　　表2.5.27

方法	简述	特点	适用范围
棚罩法	用帆布或其他罩子扣罩，内部通蒸汽养护混凝土	设施灵活，施工简便，费用较小，但耗汽量大，温度不易均匀	预制梁、板、地下基础、沟道等
蒸汽套法	制作密封保温外套，分段送汽养护混凝土	温度能适当控制，加热效果取决于保温构造，设施复杂	现浇梁、板、框架结构，墙柱等
热模法	模板外侧配置蒸汽管，加热模板养护	加热均匀、温度易控制，养护时间短，设备费用大	墙、柱及框架结构
内部通汽法	结构内部留孔道，通蒸汽加热养护	节省蒸汽，费用较低，入汽端易过热，需处理冷凝水	预制梁、柱、桁架，现浇梁、柱、框架单梁

2）蒸汽加热法应使用低压饱和蒸汽，当工地有高压蒸汽时，应通过减压阀或过水装置后方可使用。

3）蒸汽加热的混凝土，采用普通硅酸盐水泥时最高温度不超过 80℃，采用矿渣硅酸盐水泥时可提高到 85℃。当采用内部通汽法时，最高加热温度不应超过 60℃。

4）整体浇筑的结构，采用蒸汽加热时，升温和降温速度不得超过表 2.5.28 的规定。

蒸汽加热混凝土升温和降温速度　　表 2.5.28

结构表面系数(m^{-1})	升温速度(℃/h)	降温速度(℃/h)
≥6	15	10
<6	10	5

注：厚大体积的混凝土，应根据实际情况确定。

5）蒸汽加热应包括升温→恒温→降温 3 个阶段，各阶段加热延续时间可根据养护终了要求的强度确定。

6）整体结构采用蒸汽加热时，水泥用量不宜超过 350kg/m^3，水灰比宜为 0.4～0.6，坍落度不宜大于 50mm。

7）采用蒸汽加热的混凝土，可掺入早强剂或无引气型减水剂，但不宜掺用引气剂或引气减水剂，亦不应使用矾土水泥。

8）蒸汽加热混凝土时，应排除冷凝水，并防止渗入地基土中。当有蒸汽喷出口时，喷嘴与混凝土外露面的距离不得小于 300mm。

(4) 电加热法混凝土施工监控要点

1）电加热混凝土施工的温度，应符合表 2.5.29 的规定。

电加热法混凝土施工温度(℃)　　表 2.5.29

水泥强度等级	结构表面系数(m^{-1})		
	<10	10～15	>15
32.5	40	40	35

注：采用红外线辐射加热时，其辐射表面温度可采用 70～90℃。

2）混凝土电极加热法施工的适用范围宜符合表 2.5.30 的规定。

电极加热法的适用范围　　　　　　表 2.5.30

分类		常用电极规格	设置方法	适用范围
内部电极	棒形电极	ϕ(6～12)的钢筋短棒	混凝土浇筑后，将电极穿过模板或在混凝土表面插入混凝土体内	梁、柱、厚度大于150mm的板、墙及设备基础
	弦形电极	ϕ(6～16)的钢筋长2～2.5m	在浇筑混凝土前，将电极装入模板内与结构纵向平行地方，将电极两端弯成直角，由模板孔引出	含筋较少的墙、柱、梁，大型柱基础以及厚度大于200mm单侧配筋的板
表面电极		ϕ6钢筋或厚1～2mm、宽30～60mm的扁钢	电极固定在模板内侧，或装在混凝土的外表面	条形基础、墙及保护层大于50mm的大体积结构和地面等

(5) 暖棚法施工监控要点

1) 暖棚法施工适用于地下结构工程和混凝土量比较集中的结构工程。

2) 当采用暖棚法施工时，棚内各测点温度不得低于5℃，并应设专人检测混凝土及棚内温度。暖棚内测温点应选择具有代表性位置进行布置，在离地面500mm高度处必须设点，每昼夜测温不应少于4次。

3) 养护期间应测量棚内湿度，混凝土不得有失水现象。当有失水现象时，应及时采取增湿措施或在混凝土表面洒水养护。

4) 暖棚的出入口应设专人管理，并应采取防止棚内温度下降或引起风口处混凝土受冻的措施。

5) 混凝土养护期间应将烟或燃烧气体排至棚外，并采取防止烟气中毒和防火措施。

(6) 硫铝酸盐水泥混凝土施工监控要点

1) 硫铝酸盐水泥混凝土可在(0～－25)℃的环境下进行施工，适用于下列工程：

① 钢筋混凝土梁、柱、板、墙的现浇结构。

② 多层装配式结构的接头以及小截面和薄壁结构混凝土工程。

2）下列情况不宜采用

① 结构表面系数小于 $6m^{-1}$ 的大体积混凝土结构工程。

② 使用条件经常处于温度高于100℃的部位或有较高耐火要求的结构工程。

3）硫铝酸盐水泥应符合国家现行标准《快硬硫铝酸盐水泥》的要求，水泥强度等级不宜低于C32.5。

4）硫铝酸盐水泥混凝土冬期施工应选用 $NaNO_2$ 作防冻剂，其掺量宜按表2.5.31选用。

$NaNO_2$ 掺量 **表2.5.31**

预计当天最低气温(℃)	≥−5	−5～−15	−15～−25
$NaNO_2$ 掺量(%)	0.5～1.0	1～3	3～4

注：掺量按水泥重量计。

5）采用机械搅拌时，混凝土出罐应注意将搅拌筒内混凝土排空，并根据气温与混凝土温度情况，每隔0.5～1h应刷罐一次。

6）拌制好的混凝土，应在30min内浇筑完毕。混凝土入模温度不得低于2℃。当混凝土因凝结或冻结而降低流动性后，不得二次加水拌合使用。

7）硫铝酸盐水泥混凝土浇筑后，应随即在混凝土表面覆盖一层塑料薄膜防止失水，并根据气温情况随时覆盖保温材料。

8）硫铝酸盐水泥混凝土施工时，不得采用电热法或蒸汽法养护，可采用暖棚法养护，但养护温度不得高于30℃。

9）当硫铝酸盐水泥混凝土在养护期间，混凝土升温较高时，应撤去保温层并确定拆模时间。模板和保温层的拆除应在混凝土达到要求强度并冷却到5℃后方可拆除。拆模时混凝土温度与环境温度差大于20℃时，拆模后的混凝土表面应及时覆盖，使其缓慢冷却。

(7) 混凝土冬期施工对材料要求

1) 水泥品种的选用

混凝土冬期施工应优先选用硅酸盐水泥和普通硅酸盐水泥，强度等级不应低于32.5级。最小水泥用量不应少于300kg/mm^3，水灰比不应大于0.6。

使用矿渣硅酸盐水泥时，宜优先采用蒸汽养护。

注：1. 大体积混凝土的最少水泥用量，应根据实际情况决定。

2. 强度等级不大于C10的混凝土，其最大水灰比和最少水泥用量可不受以上限制。

3. 水灰比，普通混凝土系指水与水泥(包括外掺混合料)重量之比，轻骨料混凝土系指水泥的净水灰比(水不包括轻骨料1h吸水量，水泥不包括掺加的混合料)。

2) 其他材料要求

① 拌制混凝土所采用的骨料应清洁，不得含有冰、雪、冻块及其他易冻裂物质。在掺用含有钾、钠离子的防冻剂混凝土中，不得采用活性骨料或骨料中混有这类物质的材料。

② 模板外和混凝土表面覆盖的保温层，不应采用潮湿状态的材料，也不应将保温材料直接铺盖在潮湿的混凝土表面，新浇混凝土表面应铺一层塑料薄膜。

③ 采用非加热养护法施工所选用的外加剂，宜优先选用含引气成分的外加剂，含气量宜控制在2%～4%。

④ 在钢筋混凝土中掺用氯盐类防冻剂时，氯盐掺量不得大于水泥重量的1%(按无水状态计算)。掺用氯盐的混凝土应振捣密实，且不宜采用蒸汽养护。

(8) 冬期施工混凝土拌制

1) 冬期拌制混凝土时，应优先采用加热水的方法，当加热水仍不能满足要求时，再对骨料进行加热。水及骨料的加热温度应根据热工计算确定，当水、骨料达到规定温度仍不能满足热工计算要求时，可提高水温到100℃，但一般应符合表2.5.32中的规定。

拌合水及骨料最高温度(℃)　　表 2.5.32

项　　目	拌合水	骨料
强度等级小于 42.5 的普通硅酸盐水泥、矿渣硅酸盐水泥	80	60
强度等级等于及大于 42.5 的硅酸盐水泥、普通硅酸盐水泥	60	40

注：若不加热骨料，可将水加热到 100℃，但水泥不应与 80℃以上的水直接接触，投料顺序为先投入骨料和已加热的水，然后再投入水泥。

水泥不得直接加热，且不得与 80℃以上的水直接接触，使用前运入暖棚内存放。

2）水加热宜采用蒸汽加热、电加热或汽水热交换罐等方法。加热水使用的水箱或水池应予保温，其容积应能使水达到规定的使用温度要求。

3）砂加热应在开盘前进行，并应掌握各处加热均匀。当采用保温加热料斗时，宜配备两个，交替加热使用。每个料斗的容量不宜小于 3.5m^3。

4）拌制掺用防冻剂的混凝土，当防冻剂为粉剂时，可按要求掺量直接撒在水泥上面和水泥同时投入；当防冻剂为液体时，应先配制成规定浓度溶液，然后再根据使用要求，用规定浓度溶液再配制成施工溶液。各溶液应分别置于明显标志的容器内，不得混淆，每班使用的外加剂溶液应一次配成。

5）配制与加入防冻剂，应设专人负责并做好记录，应严格按剂量要求掺入。使用液体外加剂时应随时测定溶液温度，并根据温度变化用比重计测定溶液的浓度。当发现浓度有变化时，应加强搅拌直至浓度保持均匀为止。

6）拌制混凝土的最短时间应按表 2.5.33 采用。

拌制混凝土的最短时间(s)　　表 2.5.33

混凝土坍落度(cm)	搅拌机机型	搅拌机容积(L)		
		<250	250～650	>650
≤3	自落式	135	180	225
	强制式	90	135	180
>3	自落式	135	135	180
	强制式	90	90	135

注：表中搅拌机容积为出料容积。

7）骨料必须清洁，不得含冰、雪等冻结物及易冻裂的矿物质。在掺用含有钾、钠离子防冻剂的混凝土中不得混有活性骨料。

8）拌制掺有防冻剂的混凝土

① 防冻剂溶液的配制及防冻剂的掺量应符合国家现行标准的有关规定。

② 严格控制混凝土的水灰比，由骨料带入的水分及防冻剂溶液中的水分均应从拌合水中扣除。

③ 拌合前，应用热水或蒸汽冲洗搅拌机，搅拌时间应取常温搅拌时间的1.5倍。

④ 混凝土拌合物出机温度不宜低于10℃，入模温度不得低于5℃。

(9) 冬期施工混凝土运输与浇筑

1）混凝土在浇筑前，应清除模板和钢筋上的冰雪和污垢。

2）混凝土在运输、浇筑过程中应采取措施，保证需要的温度。

当采用加热养护时，混凝土养护前的温度不得低于2℃。

3）冬期不得在强冻胀性地基上浇筑混凝土；当在弱冻胀性地基上浇筑混凝土时，基土不得遭冻。

4）对加热养护的现浇混凝土结构，混凝土的浇筑程序和施工缝的位置，应能防止在加热养护时产生较大的温度应力，当加热温度在40℃以上时，应征得设计单位同意。

5）当分层浇筑大体积结构时，已浇筑层的混凝土温度，在被上一层混凝土覆盖前，不得低于按热工计算的温度，且不得低于2℃。

6）浇筑装配式结构承受内力接头的混凝土或砂浆，宜先将结合处的表面加热到正温；浇筑后的接头混凝土或砂浆在温度不超过45℃的条件下，应养护至设计要求强度；当设计无专门要求时，其强度不得低于设计的混凝土强度标准值的75%。浇筑接头的混凝土或砂浆，可掺用不致引起钢筋锈蚀的外加剂。

7）预应力混凝土的孔道灌浆，应在正温下进行，并应养护到强度不小于15.0N/mm²。

(10) 冬期施工的混凝土检查

1) 冬期施工的混凝土质量检查内容和要求

① 检查外加剂的掺量。

② 测量水、外加剂溶液以及骨料的加热温度和搅拌时的温度。

③ 测量混凝土自搅拌机中卸出时和浇筑时的温度。

④ 冬期施工测温的项目与次数按表2.5.34的规定进行。

混凝土冬期施工测温项目和次数　　表2.5.34

测温项目	测温次数
室外气温及环境温度	每昼夜不少于4次，此外还需测最高、最低气温
搅拌机棚温度	每一工作班不少于4次
水、水泥、砂、石及外加剂溶液温度	
混凝土卸出、浇筑、入模温度	

注：室外最高最低气温测量起、止日期为本地区冬期施工起始至终了时止。

2) 混凝土养护温度的测量次数

① 当采用蓄热法养护时，在养护期间至少每6h一次。

② 对掺用防冻剂的混凝土，在强度未达到3.5N/mm²以前每2h测定一次，以后每6h测定一次。

③ 当采用蒸汽法或电流加热法时，在升温、降温期间每1h一次，在恒温期间每2h一次。

室外气温及周围环境温度在每昼夜内至少应定时定点测量四次。

3) 混凝土养护温度的测量方法

① 全部测温孔均应编号，并绘制测温孔布置图。

② 测量混凝土温度时，测温表面应采取措施与外界气温隔离；测温表留置在测温孔内的时间不少于3min。

③ 测温孔的设置，当采用蓄热法养护时，应在易于散热的

部位设置，当采用加热养护时，应在离热源不同的位置分别设置；大体积结构应在表面及内部分别设置。

④ 采用成熟度法检验混凝土强度时，应检查测温记录与计算公式要求是否相等，有无差错。

⑤ 采用电加热养护时，应检查供电变压器二次电压和二次电流强度，每一工作班不应少于两次。

4）混凝土试件的留置除应按普通混凝土试件的制作与养护的规定外，尚应增设不少于两组与结构同条件养护的试件，分别用于检验受冻前的混凝土强度和转入常温养护 20d 的混凝土强度。

5）与结构构件同条件养护的受冻混凝土试件，解冻后方可试压。

6）所有各项测量及检验结果，均应填写“混凝土工程施工记录”和“混凝土冬期施工日志”。

2.5.6 轻骨料混凝土

（1）轻骨料混凝土分类

1）轻骨料混凝土：用轻粗骨料、轻砂(或普通砂)、水泥和水配制而成的干表观密度不大于 $1950kg/m^3$ 的混凝土。

2）全轻混凝土：由轻砂做细骨料配制而成的轻骨料混凝土。

3）砂轻混凝土：由普通砂或部分轻砂做细骨料配制而成的轻骨料混凝土。

4）大孔轻骨料混凝土：用轻粗骨料，水泥和水配制而成的无砂或少砂混凝土。

5）次轻混凝土：在轻粗骨料中掺入适量普通粗骨料，干表观密度大于 $1950kg/m^3$、小于或等于 $2300kg/m^3$ 的混凝土。

6）圆球型轻骨料：原材料经造粒、煅烧或非煅烧而成的，呈圆球状的轻骨料。

7）普通型轻骨料：原材料经破碎烧制而成的，呈非圆球状的轻骨料。

8）碎石型轻骨料：由天然轻骨料、自燃煤矸石或多孔烧结块经破碎加工而成的；或由页岩块烧胀后破碎而成的，呈碎石状的轻骨料。

注：轻骨料混凝土所用轻骨料应符合现行国家标准《轻骨料及其试验方法第1部分：轻集料》GB/T 17431.1和《膨胀珍珠岩》JC 209的要求；膨胀珍珠岩的堆积密度应大于80kg/m³。

(2) 轻骨料混凝土强度等级划分

1) 轻骨料混凝土的强度等级应按立方体抗压强度标准值确定。

2) 轻骨料混凝土的强度等级应划分为：LC5.0；LC7.5；LC10；LC20；LC25；LC30；LC35；LC40；LC45；LC50；LC55；LC60。

3) 轻骨料混凝土按其干表观密度可分为14个等级。600、700、800、900、1000、1100、1200、1300、1400、1500、1600、1700、1800、1900。

4) 轻骨料混凝土根据其用途可按表2.5.35分为3大类。

轻骨料混凝土按用途分类　　表2.5.35

类别名称	混凝土强度等级的合理范围	混凝土密度等级的合理范围	用　途
保温轻骨料的混凝土	LC5.0	≤800	主要用于保温的围护结构或热工构筑物
结构保温轻骨料混凝土	LC5.0	800～1400	主要用于既承重又保温的围护结构
	LC7.5		
	LC10		
	LC15		
结构轻骨料混凝土	LC15	1400～1900	主要用于承重构件或构筑物
	LC20		
	LC25		
	LC30		
	LC35		
	LC40		
	LC45		
	LC50		
	LC55		
	LC60		

(3) 主要材料要求

1) 轻骨料：轻骨料混凝土配合比中轻粗骨料宜采用同一品种的轻骨料，结构保温轻骨料混凝土及其制品掺入煤(炉)渣轻粗骨料时，其掺量不应大于轻粗骨料总量的30%，煤(炉)渣含碳量不应大于10%。为改善某些性能而掺入另一品种粗骨料时，其合理掺量应通过试验确定。

2) 外加剂：在轻骨料混凝土配合比中加入化学外加剂或矿物掺和料时，其品种、掺量和对水泥的适应性，必须通过试验确定。

(4) 轻骨料混凝土配合比中的水灰比和水泥用量

轻骨料混凝土配合比中的水灰比应以净水灰比表示。配制全轻混凝土时，可采用总水灰比表示，但应加以说明。轻骨料混凝土最大水灰比和最小水泥用量的限值应符合表2.5.36的规定。

轻骨料混凝土的最大水灰比和最小水泥用量　　表2.5.36

混凝土所处的环境条件	最大水灰比	最小水泥用量(kg/m^3)	
		配筋混凝土	素混凝土
不受风雪影响混凝土	不作规定	270	250
受风雪影响的露天混凝土；位于水中及水位升降范围内的混凝土和潮湿环境中的混凝土	0.50	325	300
寒冷地区位于水位升降范围内的混凝土和受水压或除冰盐作用的混凝土	0.45	375	350
严寒和寒冷地区位于水位升降范围内和受硫酸盐、除冰盐作用的混凝土	0.40	400	375

注：1. 严寒地区指最寒冷月份的月平均温度低于－15℃者，寒冷地区指最寒冷月份的月平均温度处于(－5～－15)℃者。
2. 水泥用量不包括掺和料。
3. 寒冷和严寒地区轻骨料混凝土应掺入引气剂，其含气量宜为5%～8%。北京地区一般为6%。

(5) 轻骨料混凝土的净用水量一般应根据稠度(坍落度或维勃稠度)和施工要求，按表2.5.37选用。

轻骨料混凝土的净用水量 **表 2.5.37**

轻骨料混凝土用途	稠度		净用水量 (kg/m³)
	维勃稠度(s)	坍落度(mm)	
预制构件及制品			
(1) 振动加压成型	10～20	—	45～140
(2) 振动台成型	5～10	0～10	140～180
(3) 振捣棒或平板振动器振实	—	30～80	165～215
现浇混凝土			
(1) 机械振捣	—	50～100	180～225
(2) 人工振捣或钢筋密集	—	≥80	200～230

注：1. 表中值适用于圆球型和普通型轻粗骨料，对碎石型轻粗骨料，宜增加10kg左右的用水量。

2. 掺加外加剂时，宜按其减水率适当减少用水量，并按施工稠度要求进行调整。

3. 表中值适用于砂轻混凝土；若采用轻砂时，宜取轻砂1h吸水率为附加水量；若无轻砂吸水率数据时，可适当增加用水量，并按施工稠度要求进行调整。

(6) 当采用松散体积法设计配合比时，粗细骨料松散状态总体积按表2.5.38选用。

粗细骨料松散状态总体积 **表 2.5.38**

轻粗骨料粒型	细骨料品种	总体积(m³)
圆球型	轻砂	1.25～1.50
	普通砂	1.10～1.40
普通型	轻砂	1.30～1.60
	普通砂	1.10～1.50
碎石型	轻砂	1.35～1.65
	普通砂	1.10～1.60

(7) 轻骨料混凝土砂率：轻骨料混凝土的砂率可按表2.5.39选用，当采用松散体积法设计配合比时，表中数值为松散体积砂率；当采用绝对体积法设计配合比时，表中数值为绝对体积砂率。

轻骨料混凝土的砂率　　表 2.5.39

轻骨料混凝土用途	细骨料品种	砂率(%)
预 制 构 件	轻 砂	30～50
	普通砂	30～40
现浇混凝土	轻 砂	—
	普通砂	35～45

注：1. 当混合使用普通砂和轻砂作细骨料时，砂率宜取中间值，宜按普通砂和轻砂的混合比例进行插入计算。

2. 当采用圆球型轻粗骨料时，砂率宜取表中值下限：采用碎石型时，则宜取上限。

(8) 轻骨料堆放、运输及拌合

1) 堆放和运输

① 轻骨料应按不同品种分批运输和堆放，不得混杂。

② 轻粗骨料运输和堆放应保持颗粒混合均匀，减少离析。采用自然级配时，堆放高度不宜超过 2m，并应防止树叶、泥土和其他有害物质混入。

③ 轻砂在堆放和运输时，宜采取防雨措施，并防止风刮飞扬。

2) 轻骨料预湿

① 气温高于或等于5℃的季节施工时，根据工程需要，预湿时间可按外界气温和来料的自然含水状态确定，应提前 0.5d 或 1d 对轻粗骨料进行淋水或泡水预湿，然后滤干水分进行投料。

② 气温低于5℃时，不宜进行预湿。

3) 拌合机械：轻骨料混凝土拌合物必须采用强制式搅拌机搅拌。

4) 拌和物拌制

① 应对轻粗骨料的含水率及其堆积密度进行测定。

② 砂轻混凝土拌合物中的各组分材料应以质量计量；全轻混凝土拌合物中轻骨料组分可采用体积计量，但宜按质量进行校核。

③ 轻粗、细骨料和掺和料的质量计量允许偏差为±3%；水、水泥和外加剂的质量计量允许偏差为±2%。

5）搅拌时间：轻骨料混凝土全部加料完毕后的搅拌时间，在不采用搅拌运输车运送混凝土拌合物时，砂轻混凝土不宜少于3min。全轻或干硬性砂轻混凝土宜为3～4min。对强度低而易破碎的轻骨料，应严格控制混凝土的搅拌时间。

6）拌合物运输

① 拌合物在运输中应采取措施减少坍落度损失和防止离析。当产生拌合物稠度损失或离析较重时，浇筑前应采用二次拌和，但不得二次加水。

② 拌合物从搅拌机卸料起到浇入模内止的延续时间不宜超过45min。

③ 当用搅拌运输车运送轻骨料混凝土拌合物，因运距远或交通问题造成坍落度损失较大时，可采取在卸料前掺入适量减水剂进行搅拌措施，满足施工所需和易性要求。

(9) 轻骨料混凝土拌合物浇筑

1）轻骨料混凝土拌合物浇筑倾落的自由高度不应超过1.5m。当倾落高度大于1.5m时，应加串筒、斜槽或溜管等辅助工具。

2）轻骨料混凝土拌合物应采用机械振捣成型。对流动性大，能满足强度要求的塑性拌合物，以及结构保温类和保温类轻骨料混凝土拌合物，可采用插捣成型。

3）干硬性轻骨料混凝土拌合物浇筑构件，应采用振动台或表面加压成型。

4）现场浇筑的大模板或滑模施工的墙体等竖向结构物，应分层浇筑。每层浇筑厚度宜控制在300～350mm。

5）浇筑上表面积较大的构件，当厚度小于或等于200mm时，宜采用表面振动成型；当厚度大于200mm时，宜先用插入式振捣器振捣密实后，再表面振捣。

6）用插入式振捣器振捣时，插入间距不应大于振捣棒的振动作用半径的一倍。连续多层浇筑时，插入式振捣器应插入下层拌合物约 50mm。

7）振捣延续时间应以拌合物捣实和避免轻骨料上浮为原则。振捣时间应根据拌合物稠度和振捣部位确定，宜为 10～30s。

8）浇筑成型后，宜采用拍板、刮板、辊子或振动抹子等工具，及时将浮在表层的轻粗骨料颗粒压入混凝土内。若颗粒上浮面积较大，可采用表面振动器复振，使砂浆返上，再作抹面。

（10）泵送轻骨料混凝土

1）材料要求

① 泵送轻骨料混凝土宜采用砂轻混凝土。

② 泵送轻骨料混凝土采用的轻粗骨料在使用前，宜浸水或洒水进行预湿处理，预湿后的吸水率不应少于 24h 吸水率。

③ 泵送轻骨料混凝土采用的水泥应符合《硅酸盐水泥、普通硅酸盐水泥》GB 175、《矿渣硅酸盐水泥、火山灰硅酸盐水泥和粉煤灰硅酸盐水泥》GB 1344 的要求。

④ 泵送轻骨料混凝土采用的轻粗骨料的密度等级不宜低于 600 级；当掺入轻细骨料时，轻细骨料的密度等级不宜低于 800 级。

⑤ 泵送轻骨料混凝土中的轻粗骨料应采用连续级配，公称最大粒径不宜大于 16mm，粒型系数不宜大于 2.0。

⑥ 泵送砂轻混凝土的细骨料宜采用中砂，细度模数宜在 2.2～2.7之间。

⑦ 泵送轻骨料混凝土宜掺用泵送剂、减水剂和引气剂等外加剂，且可掺加Ⅰ、Ⅱ级粉煤灰、矿物微粉或其他矿物掺和料。外加剂和掺和料应符合有关标准的要求。

2）配合比设计

① 泵送轻骨料混凝土配合比的设计除应满足轻骨料混凝土设计强度、耐久性和密度的要求外，其拌和物还应满足混凝土可泵性、黏聚性和保水性的要求。

② 泵送轻骨料混凝土拌和物入泵时的坍落度值应根据泵送

的高度选用，宜为150～200mm；含气量宜为5%。

③ 泵送轻骨料混凝土试配时要求的坍落度值应按下式计算：

$$T_t = T_p + \Delta T$$

式中 T_t——试配时要求的坍落度值(mm)；

T_p——入泵时要求的坍落度值(mm)；

ΔT——试验时测得在预计时间内的坍落度经时损失值(mm)。

④ 泵送轻骨料混凝土的水泥用量不宜少于350kg/m^3。

⑤ 泵送轻骨料混凝土的体积砂率宜为40%～50%。当掺用粉煤灰并采用超量法取代水泥时，砂率可适当降低。

⑥ 泵送轻骨料混凝土配合比的设计时，轻粗骨料吸水率应采用24h吸水率。泵送轻骨料混凝土配合比应根据具体施工条件进行试配和调整，并应进行试泵。

3）施工控制

① 拌制轻骨料混凝土之前，浸水预湿的轻骨料宜采取表面覆盖、充分沥水等措施以控制轻骨料呈饱和面干状态，也可采用测出预湿后轻骨料含水率的方法，以控制搅拌时的用水量。

② 泵送轻骨料混凝土的投料顺序

在轻骨料混凝土搅拌时，使用预湿处理的轻粗骨料，宜采用图2.5.5的投料顺序；使用未预湿处理的轻粗骨料，宜采用图

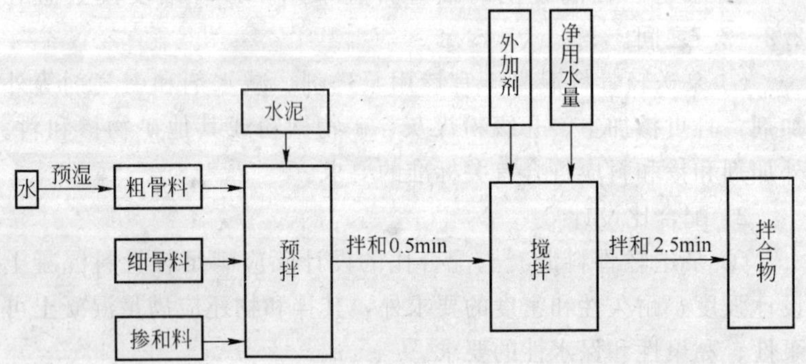

图2.5.5 使用预湿处理的轻粗骨料时的投料顺序

2.5.6 的投料顺序。

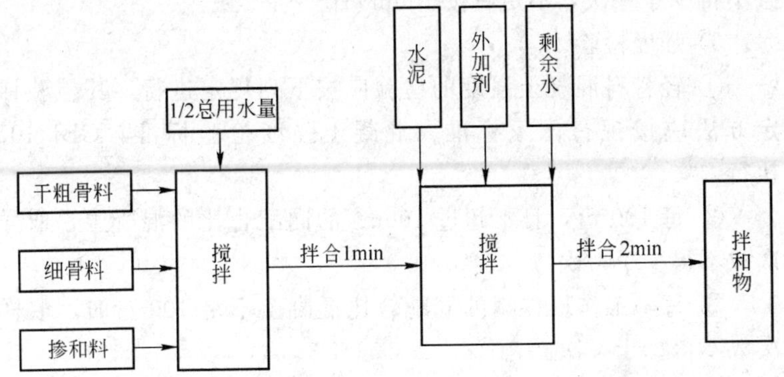

图 2.5.6 使用未预湿处理的轻粗骨料时的投料顺序

③ 泵送轻骨料混凝土的搅拌时间

轻骨料混凝土全部加料完毕后的搅拌时间，在不采用搅拌运输车运送混凝土拌合物时，砂轻混凝土不宜少于是 3min；全轻或干硬性砂混凝土宜为 3～4min。对强度低而易破碎的轻骨料，应严格控制混凝土的搅拌时间。

④ 泵送轻骨料混凝土泵送施工时，应采取降低泵送阻力的措施。输送管的管径不宜小于 125mm。所有管道内应清洁，泵送开始前应先采用砂浆润滑管壁。

(11) 轻骨料混凝土检验

1) 拌合物检验

① 拌合物各组成材料的称量是否与配合比相符。同一配合比每台班不得少于一次。

② 拌合物的坍落度或维勃稠度以及表观密度，每台班每一配合比不得少于一次。

2) 表观密度检验

① 混凝土干表观密度的检验应按下列规定进行，其检验结果的平均值不应超过配合比设计值的±3%。

② 连续生产的预制厂及预拌混凝土搅拌站，对同配合比的

混凝土，每月不得少于四次；单位工程，每 $100m^3$ 混凝土的抽查不得少于一次，不足者按 $100m^3$ 计。

3）强度检验

① 轻骨料混凝土强度的检验应按下列规定进行，其检验评定方法应按现行国家标准《混凝土强度检验标准》GBJ 107 执行。

② 每 100 盘，且不超过 $100m^3$ 的同配合比的混凝土，取样次数不得少于一次。

③ 每一工作班拌制的同配合比混凝土不足 100 盘时，取样次数不得少于一次。

(12) 轻骨料混凝土的养护

1）轻骨料混凝土浇筑成型后应及时覆盖和喷水养护。

2）采用自然养护时，用普通硅酸盐水泥、硅酸盐水泥、矿渣水泥拌制的轻骨料混凝土，湿养护时间不应少于 7d；用粉煤灰水泥、火山灰水泥拌制的轻骨料混凝土及在施工中掺缓凝型外加剂的混凝土，湿养护时间不应少于 14d。轻骨料混凝土构件用塑料薄膜覆盖养护时，全部表面应覆盖严密，保持膜内有凝结水。

3）轻骨料混凝土构件采用蒸汽养护时，成型且静停时间不宜少于 2h，并应控制升温和降温速度。

4）保温和结构保温类轻骨料混凝土构件及构筑物的表面缺陷，宜采用原配合比的砂浆修补。结构轻骨料混凝土构件及构筑物的表面缺陷可采用水泥砂浆修补。

(13) 轻骨料混凝土工程验收和各项性能指标检测

1）轻骨料混凝土工程验收应按“混凝土验收规范”的有关规定执行。

2）轻骨料混凝土拌合物性能、力学性能、收缩和徐变等长期性能，以及碳化、钢锈和抗冻等耐久性能指标的测定，应符合现行国家标准《普通混凝土拌合物性能试验方法》GB 50080、《普通混凝土力学性能试验方法》GB 50081 和《普通混凝土长期性能和耐久性能试验方法》GB 50082 的有关规定。

2.5.7 特种混凝土

特种混凝土系指具有膨胀、耐酸、耐碱、耐油、耐热、耐磨、耐火、防辐射等特殊性能的混凝土。按功能可分为：抗冻、抗渗（防水、抗油掺）、抗辐射、耐火、耐化学腐蚀等混凝土。

(1) 防水混凝土

防水混凝土是以调整混凝土配合比、掺外加剂和使用特种水泥等方法提高混凝土本身的匀质性、密实性、憎水性和抗渗性，使其抗渗能力不应小于 0.6N/mm^2。

1) 防水混凝土分类

① 普通防水混凝土：普通防水混凝土是以调整混凝土配合比的方法提高本身密实性和抗渗性的混凝土。

② 外加剂防水混凝土：外加剂防水混凝土是依靠掺入减水剂、引气剂等外加剂，改善混凝土的和易性，提高混凝土的密实性和抗渗性的混凝土。

③ 膨胀水泥防水混凝土：膨胀水泥防水混凝土是以膨胀剂或膨胀水泥为胶凝材料配制而成。它是通过水泥产生的微膨胀，填充和堵塞混凝土毛细管孔隙，从而提高混凝土的抗渗能力。

2) 防水混凝土性能指标

① 防水混凝土的抗渗等级，应根据防水混凝土的设计壁厚及地下水的最大水头的比值，按表 2.5.40 规定选用。

防水混凝土抗渗等级　　表 2.5.40

最大水头(H)与防水混凝土壁厚(h)的比值(H/h)	设计抗渗等级(N/mm^2)
<10	0.6
10～15	0.8
>15～25	1.2
>25～35	1.6
>35	2.0

② 防水混凝土的环境温度，不得高于100℃，处于侵蚀性介质中防水混凝土的耐侵蚀系数，不应小于0.8。

③ 防水混凝土结构的混凝土垫层，其抗压强度等级不应小于10N/mm^2，厚度不应小于100mm。

3）防水混凝土组成材料

① 水泥

A. 在不受侵蚀性介质和冻融作用时，宜采用普通硅酸盐水泥、火山灰质硅酸盐水泥或粉煤灰硅酸盐水泥。如采用矿渣硅酸盐水泥则必须掺用外加剂以降低泌水率。

B. 在受冻融作用时应优先选用普通硅酸盐水泥，不宜采用火山灰质硅酸盐水泥和粉煤灰硅酸盐水泥。

C. 不得使用过期或受潮结块的水泥，不得将不同品种或不同强度等级水泥混合使用。

D. 水泥强度等级不宜低于32.5。

② 细骨料：宜采用中砂，含泥量不大于3%，泥块含量不大于1.0%。

③ 粗骨料：最大粒径不宜大于40mm，含泥量不大于1%，泥块含量不大于1.0%，吸水率不大于1.5%。

④ 拌制防水混凝土所用的水，应采用不含有害物质的洁净水。

⑤ 外加剂：防水混凝土可根据工程需要掺入引气剂、膨胀剂、减水剂和防水剂等外加剂，其掺量和品种应经试验确定。

⑥ 掺合料：防水混凝土中可掺入一定数量的磨细粉煤灰、磨细砂或磨细石粉等，其中磨细粉煤灰掺量应不大于20%，磨细砂、磨细石粉的掺量不宜大于5%，粉细料应全部通过0.15mm筛孔。

4）防水混凝土配合比设计

防水混凝土配合比设计除应遵照普通混凝土配合比设计规定外，还需符合下列规定：

① 每立方米混凝土中的水泥用量（含掺合料）不宜小

于320kg。

② 砂率宜为35%～45%，灰砂比宜为1∶2～1∶2.5。

③ 供试配用的最大水灰比应符合表2.5.41的规定。

防水混凝土最大水灰比 **表2.5.41**

抗渗等级	最大水灰比	
	C20～C30	>C30
S6	0.60	0.55
S8～S12	0.55	0.50
S12以上	0.50	0.45

注：表中抗渗等级符号"S"系按《地下工程防水技术规范》GB 50108—2001采用；《普通混凝土配合比设计规程》JGJ 55—2000中抗渗等级符号为"P"。

④ 掺用引气剂的防水混凝土，其含气量宜控制在3%～5%。

⑤ 防水混凝土配合比设计时，应增加抗渗性能试验。

⑥ 掺引气剂的混凝土应进行含气量试验。

5）防水混凝土施工控制要点

① 防水混凝土按重量配合比进行配料，计量允许偏差：

A. 水泥、水、外加剂、掺合料为±1%。

B. 砂、石为2%。

② 必须用机械搅拌，搅拌时间不应少于2min。掺外加剂时，可延长1～1.5min。

③ 模板要求拼缝严密，支撑牢固。固定模板用的螺栓、套管及埋于结构中的管道等均应加焊止水环见图2.5.7、图2.5.8，并需满焊。

④ 防水混凝土运输后，如出现离析，应进行二次搅拌。浇筑高度超过1.5m，应设串筒、溜槽或开门子下料。

⑤ 混凝土应分段、分层、均匀、连续浇筑，振捣密实，振捣时间宜为10～30s，一般以开始泛浆和不冒气泡为准，并应避免漏振、欠振和超振。

⑥ 混凝土浇筑过程中，宜少留或不留施工缝；必须留设时，水平施工缝可按图2.5.9所示形式，其位置应在底板上表面

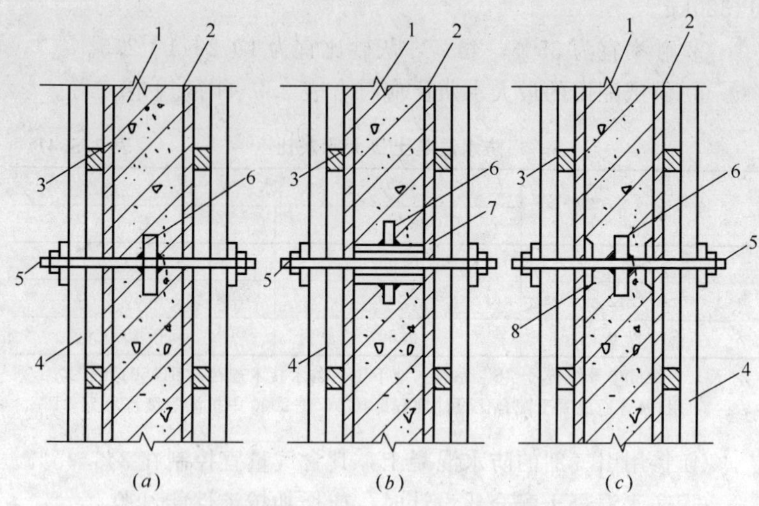

图 2.5.7 预埋螺栓、套管方法

(*a*)螺栓加焊止水环；(*b*)预埋套管；(*c*)螺栓加堵头

1—防水结构；2—模板；3—横撑木；4—立楞木；5—螺栓；6—止水环；
7—套管(拆模后，螺栓拔出，内用膨胀水泥砂浆封堵)；
8—堵头(拆模后，将螺栓沿坑底割去，用膨胀水泥砂浆封堵)

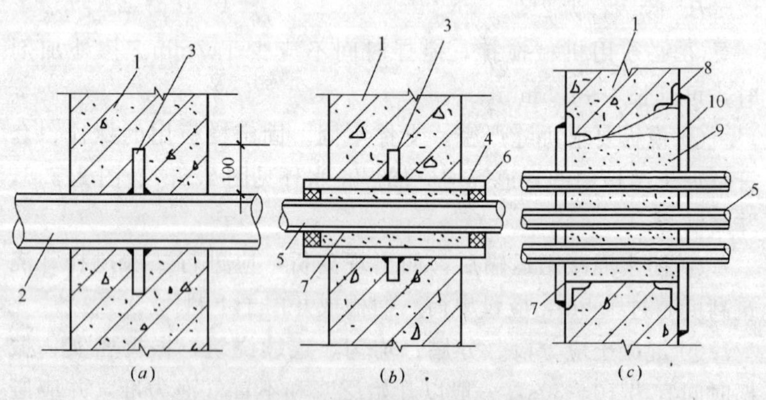

图 2.5.8 预埋管道、套管方法

(*a*)固定式穿墙管；(*b*)套管式穿墙管；(*c*)群管穿墙管

1—地下结构；2—预埋管道；3—止水环；4—预埋套管；5—安装管道；
6—防水油膏；7—封口钢管；8—固定角钢；9—柔性材料；10—浇筑孔

200mm 以上。垂直施工缝应避开地下水和裂隙水较多的地段，并宜与变形缝相结合。继续浇筑时，施工缝处应凿毛扫净、湿润，再铺上一层 20～25mm 厚的 1∶1 水泥砂浆。

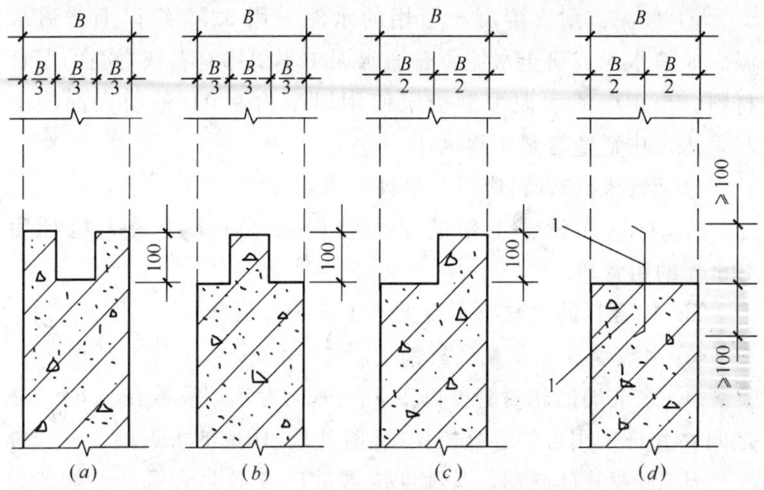

图 2.5.9　水平施工缝构造

(a)凹缝；(b)凸缝；(c)阶梯缝；(d)平直缝

1—金属止水片或塑料止水带

⑦ 防水混凝土终凝后应立即进行养护，时间不少于 14d，并保持表面湿润。

⑧ 大体积防水混凝土的施工，应采取降低水化热温度，加快散热等措施，避免产生温度裂缝和收缩裂缝。

(2) 耐火混凝土

耐火混凝土是由耐火骨料与适量的胶结料和水按一定比例配制而成，是一种能长期承受高温作用(200℃以上)，并保持所需的物理力学性能(如耐火度、热稳定性、荷重软化点以及在高温下较小的收缩等)的混凝土。

1) 耐火混凝土分类

① 按胶结料分：耐火混凝土按其胶结料的不同，分为水泥耐火混凝土和水玻璃耐火混凝土等。

② 按骨料分：耐火混凝土按骨料的不同，分为黏土熟料耐火混凝土，高炉矿渣耐火混凝土和红砖耐火混凝土等。

2）耐火混凝土组成材料

① 水泥：耐火混凝土所用的水泥采用 32.5 级以上普通水泥、矿渣水泥或矾土水泥。普通水泥中不得掺有石灰岩类的混合材料。当用矿渣水泥配制极限使用温度为 900℃ 的耐火混凝土时，水泥中矿渣含量不得大于 50%。

② 掺合料和骨料应符合设计要求

A. 对钢筋设置不密的厚大结构，允许采用最大粒径为 40mm 的粗骨料。

B. 掺合料的含水率不得大于 1.5%。

③ 水玻璃和工业氟硅酸钠

A. 水玻璃的相对密度以 1.38～1.4 为宜，模数在 2.6～2.8 之间，允许采用可溶性硅酸钠(硅酸盐块)作成的水玻璃。

B. 工业氟硅酸钠，其纯度按重量计应不少于 95%，氟硅酸钠含水率不得大于 1%，其颗粒通过 0.125mm 筛孔的筛余量应不大于 10%。

3）耐火混凝土配合比

耐火混凝土配合比，应根据混凝土的强度、极限使用温度和使用条件、材料来源及经济效益等加以综合考虑。

① 用镁质材料配制的耐火混凝土宜制成预制砌块，在 40～60℃温度下烘干使用。

② 耐火混凝土的强度等级以 100mm×100mm×100mm 试件烘干的抗压强度乘以系数 0.9 而得。

③ 用水玻璃配制的耐火混凝土，及用普通和矿渣水泥配制的耐火混凝土必须加入掺合料；矾土水泥配制的耐火混凝土也宜加掺合料。

④ 极限使用温度大于等于 350℃ 的普通水泥和矿渣水泥耐火混凝土可不加掺合料。

⑤ 极限使用温度为 700℃ 的矿渣水泥耐火混凝土，如水泥中

矿渣含量大于50%，可不加掺合料。

⑥ 按上述各项要求，由试验室确定施工配合比。

4）耐火混凝土施工监控要点

① 耐火混凝土拌制

A. 拌制耐火混凝土时，水泥和掺合料必须拌合均匀。拌制水玻璃耐火混凝土时，氟硅酸钠和掺合料必须预先混合均匀。

B. 水玻璃耐火混凝土拌制要求与水玻璃耐酸混凝土相同：

a. 粉状骨料应先与氟硅酸钠拌合，再用筛孔为2.5mm的筛子过筛两次。

b. 干燥材料应在混凝土搅拌机中预先搅拌2min，然后再加入水玻璃。

c. 搅拌时间，自全部材料装入搅拌机后算起，应不少于2min。

d. 每次拌制量，应在混凝土初凝前用完，但不超过30min。

C. 耐火混凝土的用水量(或水玻璃用量)在满足施工要求条件下应尽量少用，其坍落度应比普通混凝土相应地减少1～2cm。

D. 耐火混凝土的搅拌时间应比普通混凝土延长1～2min，使混凝土的混合料颜色达到均匀为止。

② 耐火混凝土浇筑应分层进行，每层厚度为250～300mm。

③ 耐火混凝土的养护

A. 水泥耐火混凝土浇筑后，宜在15～25℃的潮湿环境中养护，其中普通水泥耐火混凝土养护不少于7d，矿渣水泥耐火混凝土不少于14d，矾土水泥耐火混凝土一定要加强初期养护管理，养护时间不少于3d。

B. 水玻璃耐火混凝土宜在15～30℃的干燥环境中养护3d，烘干加热，并需防止直接暴晒而脱水快，产生龟裂。

C. 水泥耐火混凝土在气温低于+7℃和水玻璃耐火混凝土在气温低于+10℃的条件下施工时，均应按冬期施工执行，并应遵守下列规定：

a. 水泥耐火混凝土可采用蓄热法或加热法(电流加热、蒸汽

加热等)，加热时普通水泥耐火混凝土和矿渣水泥耐火混凝土的温度不得超过 60℃，矾土水泥耐火混凝土不得超过 30℃。

b. 水玻璃耐火混凝土的加热只许用干热方法，不得采用蒸养，加热时混凝土的温度不得超过 60℃。

c. 耐火混凝土中不应掺用化学促凝剂。

D. 用耐火混凝土浇筑的热工设备，必须在混凝土强度达到设计强度的 70%时(自然养护时，并在不少于上述③之 *A* 及③之 *B* 的规定养护龄期后，方准进行烘烤)。

5) 耐火混凝土的检验项目和技术要求见表 2.5.42。

耐火混凝土的检验项目和技术要求　　表 2.5.42

极限使用温度	检验项目	技术要求
≤700℃	混凝土强度等级	≥设计强度等级
	加热至极限使用温度并经冷却后的强度	≥45%烘干抗压强度
900℃	混凝土强度等级	≥设计强度等级
	残余抗压强度	
	(1) 水泥胶结耐火混凝土	≥30%烘干抗压强度，不得出现裂缝
	(2) 水玻璃耐火混凝土	≥70%烘干抗压强度，不得出现裂缝
1200℃ 1300℃	混凝土强度等级	≥设计强度等级
	残余抗压强度	
	(1) 水泥胶结耐火混凝土	≥30%烘干抗压强度，不得出现裂缝
	(2) 水玻璃耐火混凝土	≥50%烘干抗压强度，不得出现裂缝
	(3) 加热至极限使用温度后的线收缩	
	甲、极限使用温度为 1200℃时	≤0.7%
	乙、极限使用温度为 1300℃时	≤0.9%
	(4) 荷重软化温度(变形 4%)	≥极限使用温度

注：如设计对检验项目及技术要求另有规定时，应按设计规定进行。

(3) 防辐射混凝土

防辐射混凝土用于防护来自试验室内各种同位素、加速器或反应堆等原子能装置的原子核辐射，如 x、α、β、γ 以及中子射线等。一般防辐射混凝土属重混凝土，质量密度要求在 2700～4500kg/m^3。

1) 防辐射混凝土的组成材料

① 水泥：强度等级不低于 32.5 的硅酸盐水泥和普通硅酸盐水泥，最好采用矾土水泥和钡水泥等。

② 粗细骨料：选用质量密度大、含铁量高、级配良好的赤铁矿、磁铁矿、褐铁矿或重晶石等制成的矿石和矿砂。

A. 骨料质量密度应在试验振动台振动 30s 后的干燥状态下确定。振动台的振幅为 0.35mm，频率为 3000 次/min。

B. 细骨料粒径为 0.15～5mm，粗骨料为 5～8mm。

C. 重晶石按粒径分为：

a. 重晶石粉：400 孔/cm^2 筛筛过的微粒，质量密度约为 3g/cm^3；

b. 重晶石砂：粒径小于 5mm，质量密度约为 2.4g/cm^3；

c. 重晶碎石：粒径 5～10mm，质量密度约为 2.6～2.7g/cm^3。

D. 按重量含 0.25%蛋白石和 5%玉髓以上的重晶石，只能与低碱性水泥配合使用，因这些杂质易与高碱性水泥发生反应使混凝土裂缝。

③ 骨料质量密度：配制不同质量密度的防辐射混凝土对骨料块状质量密度的要求亦不同。当矿石密度较小，不能配出所要求的单位质量密度的混凝土时，可掺入一定数量的金属铁块，块体规格为 20mm×25mm×35mm，圆柱体(如钢筋头)80mm 以内。

2) 水为一般洁净水，pH 值不小于 4。

3) 防辐射混凝土配合比见表 2.5.43。

配制防辐射混凝土应掌握配合比。坍落度一般控制在 20～40mm，如要求坍落度较大时，应考虑掺加减水剂，以免由于几种骨料密度相差较大而引起骨料不均匀。

防辐射混凝土配合比　　表 2.5.43

项次	名　称	质量密度 (t/m³)	重量配合比	用途
1	普通混凝土	2.1～2.4	硅酸盐水泥：砂：石子：水=1：3.7：2.8：0.8	抗 x、α、β、γ 及中子辐射
2	褐铁矿混凝土	2.6～2.8	1. 水泥：褐铁矿碎石：褐铁矿砂子：水=1：3.7：2.8：0.8 2. 水泥：褐铁矿碎石：褐铁矿砂子：水=1：2.4：2：0.5(另加增塑剂含量) 3. 水泥：褐铁矿粗细骨料：水=1：3.3：0.5	
3	褐铁矿石加废钢的混凝土	2.9～3.0	水泥：废钢粗骨料：褐铁矿石细骨料：水=1：4.3：2：0.4	
4	赤铁矿混凝土	3.2～3.5	1. 水泥：普通砂：赤铁矿砂：赤铁矿碎石：水= (1) 1：1.43：2.14：6.67：0.67 (2) 1：1.22：2：7.32：0.68 2. 水泥：普通砂：赤铁矿碎石：水=1：2：8：0.66	
5	磁铁矿混凝土	3.3～3.8	1. 水泥：磁铁矿碎石：磁铁矿砂子：水= (1) 1：4.4：4：0.17 (2) 1：2.64：1.36：0.56 (3) 1：3.3：1.7：0.55 2. 水泥：磁铁矿粗细骨料：水= (1) 1：7.6：0.5 (2) 1：5：0.73	
6	重晶石混凝土	3.2～3.8	1. 水泥：重晶碎石：重晶石砂：水= (1) 1：4.54：3.4：0.5 (2) 1：5.44：4.46：0.6 (3) 1：5：3.8：0.2 2. 水泥：重晶石粉：重晶石砂：重晶石碎石：水=1：0.26：2.6：3.4：0.48	
7	重晶石砂浆	2.5～3.2	1. 水泥：重晶石砂=1：5.96 2. 石灰：水泥：重晶石粉=1：9：35 3. 水泥：重晶石粉：重晶石砂：普通砂=1：0.25：2.5：1	

续表

项次	名　　称	质量密度（t/m³）	重　量　配　合　比	用　途
8	加硼混凝土	2.6～4.0	1. 水泥：砂：碎石：碳化硼：水＝1：2.54：4：0.15：0.73 2. 水泥：硬硼酸钙石细骨料：重晶石：水＝1：0.5：4.9：0.38	抗中子辐射
9	加硼水泥砂浆	1.8～2.0	石灰：水泥：重晶石粉：硬硼酸钙粉＝1：9：31：4	
10	铅渣混凝土	2.4～3.5	矾土水泥：废铅渣：水＝1：3.7：0.6	

4）防辐射混凝土施工监控要点

① 振捣混凝土要密实。浇筑层厚度以 200～250mm 为宜，插捣时间一般为 15s 左右，以表面出浆为准，振捣时间过长也会引起骨料的不均匀下沉。混凝土从搅拌至浇筑完的时间不得超过 2h。

② 浇筑混凝土应连续进行。一般不准留设水平施工缝，必须留施工缝时，应留凹凸形的施工缝，见图 2.5.10。在防辐射

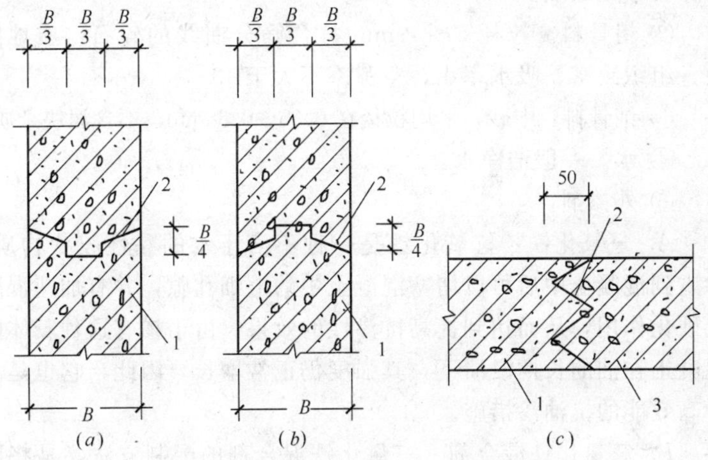

图 2.5.10　防辐射混凝土施工缝的设置

(*a*)、(*b*)凹凸形水平施工缝；(*c*)垂直施工缝(平面)

1—防辐射混凝土；2—施工缝；3—普通混凝土

混凝土与普通混凝土连接时，垂直施工缝必须使防辐射混凝土与普通混凝土成齿槽形连接，齿槽的深度为50mm。

③ 防辐射混凝土采用预填灌浆施工法，可大大改善混凝土骨料的均匀性。

④ 采用重晶石砂粉刷时，墙面必须清除干净，并浇水湿润，粉刷层厚度一般为20～25mm，应分8～10次粉成，收水后用铁板压浆抹平，以防龟裂。

⑤ 混凝土的养护方法与普通混凝土相同。冬期可用蓄热兼加热法养护，并经常保持混凝土有一定的湿度。

（4）抗油渗混凝土

抗油渗混凝土是在普通混凝土中加入外掺剂，经过充分搅拌而提高其密实性。其抗油渗等级均在S8级以上，一般为S10～S12级(抗渗中间体为工业汽油或工业煤油)。可用于贮存轻油类的油罐或地面工程。

1）抗油渗混凝土的组成材料

① 水泥。强度等级为32.5及以上的普通硅酸盐及硅酸盐水泥，要求无结块。

② 粗骨料。粒径5～40mm符合筛分曲线的碎石，质地坚硬、组织致密、吸水率小，空隙率不大于43%。

③ 细骨料。中砂，平均粒径在0.35～0.38mm，不含泥块杂质。

④ 水。一般洁净水。

⑤ 外掺剂。

A. 氢氧化铁：氢氧化铁是一种不溶于水的黏性胶状物质，掺入到混凝土中后可以堵塞混凝土中的毛细孔隙，并有加速混凝土硬化作用，从而达到提高抗渗性的效果。由于掺有这种胶体的混凝土在油的长期浸渍下，其强度仍正常增长，因此，它也是一种高效能的抗油渗措施。

B. 三氯化铁混合剂：三氯化铁混合剂的配制方法，是将固体三氯化铁溶解于水(三氯化铁∶水＝1∶2)，再将重量三氯化铁为10%的明矾敲碎后先溶解于水，其比例为明矾∶水＝1∶5，

徐徐倒入三氯化铁水溶液中，以木棒搅拌均匀。施工时，按水泥用量1.5%的三氯化铁(以固体含量折算)和水泥用量0.15%木醣浆(以固体含量计算)分别掺入混凝土拌合水中进行搅拌混凝土。但三氯化铁具有酸性，如超量使用，对钢筋将略有锈蚀作用。必要时对钢筋须作防锈处理。

C. 三乙醇胺复合剂：在混凝土中掺入按水泥重量计算为0.05%的三乙醇胺和0.5%的氯化钠，不仅具有增强作用，而且抗渗效果也很好。

2）抗油渗混凝土配合比

抗油渗混凝土的施工参考配合比见表2.5.44。

抗油渗混凝土(砂浆)参考配合比　　　　表2.5.44

名　称	混凝土强度等级	配　合　比　(kg/m³)										
		水	水泥	砂	石子(白石子)	三氯化铁(%)	明矾(%)	三乙醇胺(%)	氢氧化铁(%)	氯化钠(%)	木醣浆(%)	掺渗等级
混凝土	C30	195	355	613	1143							P8
	C30	189	350	608	1233	1.58	0.1				0.43	P8
	C30	203	370	644	1190	1.58	0.1				0.15	P12
	C30	153	390	626	1020	1.5		0.05		0.5		P24
	C30	200	370	640	1190				2			P12
水磨石子浆		326	814		(1521)	1.58					0.43	P20
砂　浆		275	550	1100		1.5					0.15	P12
		275	550	1100					2			P6

注：1. 外掺剂的掺量均以水泥重量的百分比(%)计。
2. 水磨石子浆用于水磨石地坪。
3. 抗油渗砂浆用于油罐抹面层。

3）抗油渗混凝土施工监控要点

① 粗细骨料要正确计量，严格掌握水灰比。其含水量应按实际扣除。外加剂应测定其固体含量和纯度。

② 混凝土的充分搅拌是提高混凝土抗渗强度等级的一个主要因素，因此必须使混凝土的组成材料搅拌均匀。如用400L自

落式搅拌机，搅拌时间一般不少于 2～3min。

③ 混凝土运输、卸料要采用适当措施，防止混凝土分层。

④ 浇捣时应分层进行，做到均匀卸料，不得使粗骨料过分集中，振动器插入混凝土的位置要分布均匀，严防漏振，务使混凝土达到充分密实，随后将混凝土表面抹平、压光。

⑤ 抗油渗混凝土必须加强养护。冬期施工时，在混凝土浇捣完成后，要及时做好保温措施；夏季施工时在混凝土浇捣整平 12h 后再进行浇水或洒水养护，养护期间混凝土表面不得脱水。养护期不少于 14d。

(5) 补偿收缩混凝土

补偿收缩混凝土是膨胀混凝土的一种，绝大多数是用膨胀水泥制成的，是一种适度膨胀的混凝土。这种混凝土经 7～14d 的湿润养护，将其膨胀率控制在 0.05%～0.08%之间，可获得 0.5～1.2N/mm^2 的自应力，使混凝土处于受压状态，以达到补偿混凝土的全部或大部分收缩，达到防止开裂的目的。此外，补偿收缩混凝土还具有良好的抗渗性和较高的强度，是一种比较理想的结构抗渗材料。

补偿收缩混凝土既可采用普通骨料，也可采用轻质骨料；既可用于现浇混凝土结构，也可用于预制构件和装配整体式结构；因而广泛用于地下建筑、液气贮罐、屋面、地面、路面、机场、接缝和接头中等。

1) 补偿收缩混凝土的拌制

当配制补偿收缩混凝土时，除应遵守普通混凝土关于原材料、配合比和拌合等方面的规定之外，尚应针对补偿收缩混凝土的特点，注意以下几点：

① 组成材料主要有明矾石膨胀水泥、硅酸盐自应力水泥、MF 减水剂。

② 水泥用量对膨胀率的影响很大，所以水泥称量必须准确，误差不得超过 1%。如果是直接掺加膨胀剂，则称量的误差应更小，以保证设计规定的膨胀率。水泥风化程度对膨胀率有显著影

响，贮存期超过3个月者，应试验后再用。

③ 补偿收缩混凝土的需水量较大，所以拌合水应比相同坍落度的普通混凝土多10%～15%。但是增加水量会增大水灰比，所以应在操作条件允许的前提下尽量少加水，或掺加减水剂以减少加水量。目前多掺加高效减水剂。

④ 选择骨料应使其不对膨胀率和干缩率带来不利影响。如砂岩骨料就会降低膨胀率，海砂则会加大干缩率。一般情况下骨料采用间断级配有利于提高膨胀性能。

⑤ 外加剂的选用应慎重，一般需通过试验后才能使用。

A. 加气剂的掺量和效果，都与普通混凝土相似。

B. 氯化钙一般不宜掺用，如掺量超过1%，将会显著的减少膨胀率和增加干缩率。

C. 缓凝剂也能减少膨胀率和增加干缩率。通过试验如证明其无其他不良影响时，方可使用。

D. 减水剂能加快钙矾石的生成，将会减少膨胀率。但在明矾石膨胀水泥混凝土中，掺加水泥重量0.5%的MF减水剂，可以降低水灰比10%，而且可以改善和易性，增加早期强度和稍增加限制膨胀率，所以是可以掺用的。

⑥ 进行补偿收缩混凝土的配合比设计时，可以采用试配法。进行试配时，要核对坍落度，并制作强度试件、自由膨胀率试件和限制膨胀率试件。当强度和膨胀率均符合设计要求时，再经过现场试拌进行调整，便可确定工程采用的配合比。

2）补偿收缩混凝土构造措施

① 宜采用变形钢筋或焊接钢筋网（钢丝网）。如配筋集中于构件的一侧，在不配筋的一侧应加配少量补偿收缩钢筋。

② 开孔和角隅附近最容易开裂，可在对角线的垂直方向上配置钢筋，也可加密开孔四周的结构钢筋。

③ 除按照设计规范设置隔断缝以外，在板、柱或板、墙连接处，为了预防膨胀也应设置隔断缝，使其互相不粘结（留有膨胀的余地），隔断缝的作法可用沥青厚纸板或纤维板嵌入。在柱、

墙的连接部位，亦可酌加钢筋以抵抗可能发生的挤压力。

④ 补偿收缩混凝土板的施工缝应与普通混凝土板同样处理，但缝距可以增大。在温度变化较小时，可以连续浇筑 1500m^3；温度变比较大时、亦可连续浇筑 650～1100m^3。板的长宽比不得超过 3∶1，有时亦可改变配筋来放宽长宽比的限值。

⑤ 补偿收缩混凝土无需留设伸缩缝。在露天温度和湿度变化较大的地方，伸缩缝最大间距可为 30m；在室内则可达 60m。

3）补偿收缩混凝土施工监控要点

在施工浇筑方面，除应遵照普通混凝土的施工规程以外，还应特别注意：

① 将原混凝土表面普遍凿毛。一般要求凿到出现新槎，露出石子。

② 在浇筑补偿收缩混凝土之前，应将所有与混凝土接触的物件充分加以湿润。与老混凝土的接触面，最好先行保持湿润 12～24h。

③ 模板必须防止漏浆，并有良好的保水作用。对于有防水要求的人防工程和地下室的后浇带，不得留置贯通的预埋件。

④ 补偿收缩混凝土宜采用强制式搅拌机搅拌，搅拌时间不得大于 2min。搅拌后应尽快运至浇筑地点进行浇筑。如运输和停放时间较长，坍落度损失，此时不允许再添加拌合水。

⑤ 采用人工浇筑，现场混凝土坍落度为 7～8cm；采用泵送混凝土浇筑，现场混凝土的坍落度应为 12～14cm。混凝土浇筑时间间隙不得超过 2h。否则要事先考虑设置施工缝。施工缝的处理方法与普通混凝土相同，混凝土要求振捣密实。补偿收缩混凝土的凝结时间较短，混凝土浇筑振捣后，抹面和修整的时间可以提早，硬化后 1～2h 内予以抹压，以防止裂缝的出现。

⑥ 由于不泌水，容易产生早期塑性收缩裂缝，因此补偿收缩混凝土浇筑后的保湿养护十分重要。浇筑后立即开始养护，养护时间不少于 7～14d，以充分供应膨胀过程中需要的水分。养护方法最好是蓄水，亦可洒水和用塑料薄膜覆盖。

2.5.8 结构检验

(1) 混凝土结构检验试验项目见表2.5.45。

混凝土结构检验试验项目　　表2.5.45

序号	名称及相关标准、规范代号	试验项目	组批原则及取样规定
1	普通混凝土 混凝土结构工程施工质量验收规范(GB 50204—2002) 建筑地面工程施工质量验收规范(GB 50209—2002) 混凝土结构设计规范(GB 50010—2002) 普通混凝土拌合物性能试验方法(GB/T 50080—2000) 普通混凝土力学性能试验方法(GB/T 50081—2002) 普通混凝土配合比设计规程(JGJ 55—2000) 混凝土强度检验评定标准(GBJ 107—87)	必试项目： 稠度 抗压强度 其他项目： 轴心抗压 静力受压弹性模量 劈裂抗拉强度 抗折强度 长期性能和耐久性能试验 碱含量 氯化物总量	(1) 试块的留置： 1) 每拌制100盘且不超过100m³的同配合比的混凝土，取样不得少于一次。 2) 每工作班拌制的同一配合比的混凝土不足100盘时，取样不得少于一次。 3) 当一次连续浇筑超过1000m³时，同一配合比混凝土每200m³混凝土取样不得少于一次。 4) 每一楼层、同一配合比的混凝土，取样不得少于一次。 5) 冬期施工还应留置负温转常温试块和临界强度块。 6) 对预拌混凝土，当一个分项工程连续供应相同配合比的混凝土量大于1000m³时，其交货检验的试样，每200m³混凝土取样不得少于一次。 7) 建筑地面的混凝土，以同一配合比，同一强度等级，每一层或每1000m²为一检验批，不足1000m²也按一批计。每批应至少留置一组试块。 (2) 取样方法及数量： 用于检查结构构件混凝土质量的试件，应在混凝土浇筑地点随机取样制作，每组试件所用的拌合物应从同一盘搅拌混凝土或同一车运送的混凝土中取出，对于预拌混凝土还应在卸料过程中卸料量的1/4～3/4之间取样，每个试样量应满足混凝土质量检验项目所需用量的1.5倍，但不少于0.2m³。 (3) 每次取样应至少留置一组标准养护试件，同条件养护试件的留置组数应根据实际需要确定

续表

序号	名称及相关标准、规范代号	试验项目	组批原则及取样规定
2	抗渗混凝土 混凝土结构工程施工质量验收规范(GB 50204—2002) 普通混凝土配合比设计规程(JGJ 55—2000) 普通混凝土拌合物性能试验方法(GB/T 50080—2000) 普通混凝土长期性能和耐久性能试验方法(GBJ 82—85) 混凝土强度检验评定标准(GBJ 107—87)	必试项目： 稠度 抗压强度 抗渗等级	(1) 同一强度等级、抗渗等级和同一配合比的混凝土，其生产工艺基本相同，每单位工程不得少于两组抗渗试块(每组6个试块)。 (2) 试块应在浇筑地点制作，其中至少一组应在标准条件下养护，其余试块应与构件相同条件下养护。 (3) 留置抗渗试件的同时需留置抗压强度试件并应取自同一盘混凝土拌合物中。取样方法同普通混凝土中第(2)项
3	高强混凝土 混凝土结构工程施工质量验收规范(GB 50204—2002) 高强混凝土结构技术规范(CECS 104:99) 混凝土强度检验评定标准(GBJ 107—87) 普通混凝土拌合物性能试验方法(GB/T 50080—2002) 普通混凝土长期性能和耐久性能试验方法(GBJ 82—85)	必试项目： 工作性(坍落度、扩展度、拌合物流速) 抗压强度 其他项目： 同普通混凝土	同普通混凝土
4	轻骨料混凝土	必试项目： 干表观密度 抗压强度、稠度 其他项目： 长期性能 耐久性能 静力受压弹性模量 导热系数	(1) 同普通混凝土。 (2) 混凝土干表观密度试验，连续生产的预制厂及预拌混凝土同配合比的混凝土每月不少于4次；单项工程每100m³混凝土至少一次，不足100m³也按100m³计

(2) 现浇混凝土结构工程质量缺陷和消除措施见表2.5.46。

现浇混凝土结构工程质量缺陷和消除措施　　表2.5.46

质量缺陷	预控措施
1. 配合比不当，和易性差导致混凝土拌合物松散，保水性差，易泌水和离析，难振捣密实，浇筑后达不到设计强度	(1) 配合比应经设计和试配，符合设计强度和施工时和易性的要求，严格控制混凝土配合比，保证计量准确，不得随意套用经验配合比。 (2) 确保混凝土原材料质量，并防止杂草、木屑、石灰、黏土等杂物混入。 (3) 使用外加剂应先试验，严格控制掺用量，并按规程使用。 (4) 按规定时间进行搅拌均匀。 (5) 混凝土拌制应根据砂、石实际含水量情况调整加水量，使水灰比和坍落度符合要求。 (6) 混凝土运输应采用不易使混凝土离析、漏浆或水分散失的运输工具，防止离析。 (7) 对出现离析的混凝土拌合物应适当增加水泥浆量和砂率，进行二次搅拌，符合要求后再用
2. 外加剂使用不当导致混凝土拌合物坍落度不符合要求，不易浇捣，或混凝土长时间不凝结硬化，或已浇筑的混凝土表面起臌	(1)正确选用外加剂品种，并经试验符合施工要求才可使用，其掺量应通过试验确定。 (2) 不同品种、用途的外加剂应分别存放，妥善保管，防止混淆或变质。 (3) 粉状外加剂要保持干燥状态，防止受潮结块。已结块的粉状外加剂，应烘干碾细，过0.6mm筛孔后使用。 (4) 掺有外加剂的混凝土必须搅拌均匀，搅拌时间应适当延长。 (5) 尽量缩短掺外加剂混凝土的运输和停放时间，减小坍落度损失。 (6) 混凝土表面一旦臌泡，应剔除臌泡部分，用1∶2或1∶2.5砂浆修补
3. 外观质量缺陷	
(1) 露筋 钢筋混凝土结构内部的钢筋没被混凝土包裹而裸露	(1) 应确保钢筋位置和保护层厚度正确，并加强检查，发现偏差，及时纠正。 (2) 钢筋密集时，应选用适当粒径的粗骨料，最大颗粒尺寸不得超过结构截面最小尺寸的1/4，同时不得大于钢筋净距的3/4。钢筋较密部位，宜用细石混凝土。 (3) 应保证混凝土配合比准确和良好的和易性。 (4) 模板应充分湿润并认真堵好缝隙。 (5) 混凝土振捣严禁撞击钢筋，保护层处混凝土要仔细振捣密实，避免踩踏钢筋，以防变形。 (6) 表面露筋，刷洗干净后，用1∶2或1∶2.5水泥砂浆将露筋部位抹压平整。若露筋较深，应将薄弱混凝土和突出的颗粒凿去，洗刷干净后，用比原来高一强度等级的细石混凝土浇筑、捣实，并认真养护

续表

质量缺陷	预控措施
(2) 蜂窝 混凝土表面缺少水泥砂浆而形成石子外露	(1) 认真设计并严格控制混凝土配合比，配制混凝土拌合料时应保证材料计量准确。 (2) 混凝土应拌合均匀，控制搅拌延续时间。 (3) 坍落度应适宜。 (4) 混凝土下料高度如超过 2m，应设串筒或溜槽。 (5) 浇筑时应分层浇筑，浇筑层的厚度应符合本章表 2.5.16 的规定。 (6) 混凝土振捣密实，防止漏振。每点的振捣时间，根据混凝土的坍落度和振捣有效作用半径，可参见本章 2.5.3 节(4)8)小节采用。 (7) 模板缝应堵塞严密。浇筑混凝土过程中，要经常检查模板、支架、拼缝等情况，发现模板变形、走动或漏浆，应及时修复。 (8) 治理方法 1) 对小蜂窝，用水洗刷干净后，用 1∶2 或 1∶2.5 水泥砂浆压实抹平。 2) 对较大蜂窝，先凿去蜂窝处薄弱松散的混凝土和突出的颗粒，刷洗干净后支模，用高一强度等级的细石混凝土填塞捣实，并养护。 3) 较深蜂窝如清除困难，可埋压浆管和排气管，表面抹砂浆或支模灌混凝土封闭后，进行水泥压浆处理
(3) 孔洞 混凝土中孔穴深度和长度均超过保护层厚度	(1) 在钢筋密集处及复杂部位，采用细石混凝土并振捣密实。 (2) 预留孔洞、预埋铁件处应在两侧同时下料。 (3) 采用正确的振捣方法，防止漏振。 (4) 混凝土自由倾落高度大于 2m 时应采用串筒或溜槽。 (5) 应及时清除模板中杂物。 (6) 孔洞处理：将孔洞周围的松散混凝土和软弱浆膜凿除，用压力水冲洗，支设带托盒的模板，洒水充分湿润后，用比结构高一强度等级的半干硬性细石混凝土分层浇筑、捣实，并养护
(4) 夹渣 混凝土中夹有杂物，且深度超过保护层厚度	(1) 认真按施工验收规范要求处理施工缝及后浇缝表面；接缝处的锯屑、木块、泥土、砖块等杂物必须彻底清除干净，并将接缝表面洗净。 (2) 在已硬化的混凝土表面，继续浇筑混凝土前，应清除水泥薄膜和松动石子以及软弱混凝土层，并加以充分湿润和冲洗干净，不得积水。 (3) 接缝处浇筑混凝土前，应铺一层水泥浆或 10～15cm 厚细石混凝土，并加强接缝处混凝土振捣使之密实。 (4) 出现夹渣可将松散混凝土凿去，洗刷干净后，充分湿润后，捻塞或灌注较原结构高一级的细石混凝土，填嵌密实并养护

续表

质量缺陷	预控措施
(5) 疏松 混凝土中局部不密实	(1) 木模板浇水湿透，以防混凝土表层水泥水化的水分被吸去，造成混凝土脱水疏松。 (2) 炎热或刮风天浇筑混凝土时，脱模后应适当护盖浇水养护。 (3) 冬期低温浇筑混凝土，应采取保温措施，防止混凝土表面受冻。 (4) 混凝土中出现疏松，可将疏松部分凿去，洗刷干净充分湿润后，在边缘刷界面剂，用比结构高一强度等级的细石混凝土浇筑，捣实，并养护，亦可用1∶2或1∶2.5水泥砂浆抹平压实
(6) 裂缝 缝隙从混凝土表面延伸至混凝土内部 1) 收缩裂缝	(1) 严格控制配合比和水泥用量，水灰比和砂率不能过大，提高粗骨料含量，以降低干缩量。 (2) 严格控制骨料中含泥量和泥块含量。 (3) 控制混凝土拌合物坍落度。 (4) 混凝土既要振捣密实，又不能过度振捣。 (5) 截面相差较大的混凝土构筑物，可先浇较深部位，待沉降稳定后，再与上部同时浇筑。 (6) 分段浇筑混凝土宜浇筑完一段，养护一段。 (7) 混凝土浇筑后，及时用潮湿材料覆盖，加强早期养护，并适当延长养护时间；露天混凝土应及早封闭，防止强风吹袭和烈日暴晒
2) 温度裂缝	(1) 合理选择原材料和配合比，采用级配良好的粗骨料；骨料中含泥量和泥块含量控制在规定范围内。 (2) 在混凝土中掺加减水剂，降低水灰比；分层浇筑振捣密实。 (3) 细长结构构件，采取分段间隔浇筑，或适当设置施工缝或后浇缝。 (4) 在结构薄弱部位及孔洞四角、多孔板板面，适当配置必要的细直径温度筋。 (5) 蒸汽养护结构构件时，控制升温速度不大于15℃/h；降温速度不大于10℃/h，避免急热急冷。 (6) 加强混凝土的养护和保温。夏季应适当延长养护时间，以提高抗裂能力。冬季应适当延长保温和脱模时间，使缓慢降温。基础部分及早回填，保湿保温。 (7) 大体积混凝土，还应在混凝土中掺加缓凝剂，控制浇筑层厚度，避开炎热天气浇筑或采取降温措施，加强早期养护和控制好拆模时间(混凝土中温度与表面温差不大于20℃)等
3) 撞击裂缝	(1) 控制拆模时间。 (2) 现浇结构成型和拆模，应防止受到各种施工荷载的撞击和振动。 (3) 拆模应按规定的程序进行，后支的先拆，先支的后拆，先拆除非承重部分，后拆除承重部分，使结构不受损伤。 (4) 在梁板混凝土未达到设计强度前，避免进行作业和堆放大量材料

续表

质量缺陷	预控措施
4）沉陷裂缝	(1) 避免支撑在不均匀的地基上，对软硬地基、松软土、填土地基应进行必要的夯(压)实和加固。 (2) 模板应支撑牢固，保证整个支撑系统有足够的承载力和刚度，并使地基受力均匀。 (3) 拆模时间不能过早，应按规定执行。一般不能支承在冻胀性土层上，如确实不可避免，则应加垫板，做好排水，覆盖好保温材料。 (4) 结构各部分荷载悬殊的结构，适当增设构造钢筋，以避免不均匀下沉。 (5) 施工场地周围应做好排水措施，并注意防止水管漏水或养护水浸泡地基
5）化学反应裂缝 ① 梁、柱表面板底面出现缝隙中夹有斑黄色锈迹 ② 混凝土表面呈现块状崩裂，裂缝无规律性 ③ 混凝土出现不规则的大网格状裂缝，中心突起，向四周扩散 ④ 混凝土表面出现大小不等的圆形或类似圆形崩裂、剥落，内有白黄色颗粒	(1) 混凝土内掺有氯化物外加剂，或以海砂作骨料，或用海水拌制混凝土时，应符合规定，并控制在允许范围内。采用海砂时，氯化物含量应控制在0.1%以内。 (2) 采用低碱性水泥，或掺加火山灰掺料，以减轻硫酸盐等对水泥的作用。 (3) 控制拌合用水质量，并避免采用含硫酸盐或镁盐的水拌制混凝土。 (4) 掺加适量阻锈剂，例如亚硝酸钠等。 (5) 适当增厚保护层或对钢筋涂防腐涂料。 (6) 加强振捣
6）冻胀裂缝	(1) 冬期施工时，配制混凝土应采用普通水泥，低水灰比，并掺加适量早强抗冻剂，以提高早期强度。 (2) 冬期施工时，对混凝土进行保温或加热养护(一般应控制混凝土强度能达到40%的设计强度)

注：裂缝修补方法：
(1) 表面修补法
表面抹砂浆，表面抹环氧树酯胶泥，表面凿槽嵌固等。
(2) 内部修补法
注射环氧树酯胶泥剂，灌注环氧树酯浆液，灌注水泥浆等。
(3) 结构加固法
结构外部包钢筋混凝土围套，或钢箍，增设预应力拉杆或支点，亦可采用粘贴钢板加固或喷射水泥浆加固

续表

质量缺陷	预控措施
(7) 连接部位缺陷 构件连接处混凝土缺陷及连接钢筋、连接件松动	(1) 梁板交接处 1) 控制好底模标高，模板安装应严密，杂物应清净且涂刷隔离剂。 2) 板下层钢筋进入梁内长度和板端负弯矩钢筋高度应符合要求。 (2) 墙板交接处 1) 模板安装同(1)。 2) 剪力墙水平施工缝标高应符合要求，并剔除其顶面松动混凝土，并应清净浮浆和杂物。 3) 板下钢筋进入墙内长度和板端负筋高度及进入墙内长度应符合要求。 4) 应防止墙立筋位移，并不宜过早拆除侧模。 (3) 梁柱交接处 1) 模板安装同(1)。 2) 梁柱交接处箍筋应按规定加密，不宜过少，亦不宜过密，以免混凝土拌合物不宜浇捣密实。 3) 控制好柱顶混凝土标高，且应清净松散混凝土及杂物。 4) 注意交接处的混凝土浇筑，防止低强度等级混凝土与高强度等级混凝土混用。 5) 冬期施工注意保温。 (4) 连接钢筋连接件连接牢固。 (5) 技术处理 1) 对混凝土接茬不顺，可适当剔凿平整，用1∶2水泥砂浆抹平。 2) 对连接钢筋、预埋件等松动，进行补焊、加固，应根据现场具体情况进行处理
(8) 外形缺陷 缺棱掉角、棱角不直、翘曲不平、飞边凸肋等	(1) 模板应用足够的承载力、刚度和稳定性，支柱和支撑必须支承在坚实的土层上，应有足够的支承面积，并防止浸水，以保证结构不发生过量下沉。 (2) 木模板在浇筑混凝土前充分湿润，混凝土浇筑后应浇水养护。 (3) 模板应涂刷隔离剂，并应涂刷均匀。 (4) 严格按施工技术规程操作，浇筑混凝土后，应根据水平控制标志或弹线用抹子找平、压光，终凝后浇水养护。 (5) 在浇筑混凝土过程中，应经常检查模板和支撑情况，如有松动变形，应立即停止浇筑，并在混凝土凝结前修整加固好，再继续浇筑。 (6) 混凝土强度达到1.2N/mm^{2}以上，方可在上面继续施工。 (7) 注意保护棱角，必要时把通道的阳角用材料保护好，以免碰撞。

续表

质量缺陷	预控措施
(8) 外形缺陷 缺棱掉角、棱角不直、翘曲不平、飞边凸肋等	(8) 技术处理 1) 对轻微的缺棱掉角等，用钢丝刷将缺陷部位刷干净，清水冲洗，充分湿润，刷界面剂，用1∶2水泥砂浆抹补整齐并认真养护。 2) 对较大的缺棱掉角，清刷干净后，应支模板，用高一级的细石混凝土灌注并养护好
(9) 外表缺陷 混凝土表面麻面、掉皮、起砂、沾污等	(1) 模板表面应清理干净，不得粘有干硬水泥砂浆，其他杂物亦应清扫干净。 (2) 浇筑混凝土前，模板应浇水充分湿润。 (3) 模板拼缝应严密，如有缝隙，应堵严。 (4) 模板隔离剂应选用长效的，涂刷要均匀，并防止漏刷。 (5) 混凝土应分层均匀振捣密实，严防漏振，每层混凝土均应振捣至表面出现浮浆为止。 (6) 控制好拆模时间，不要因抢进度而过早拆模。 (7) 表面不再作装饰的，应在麻面部分浇水充分湿润后，用原混凝土配合比砂浆(不掺粗骨料)，将麻面抹平整光，并保温养护。 (8) 技术处理 1) 对表面麻面，起砂、掉角等，用钢丝刷刷净疏松处，清水冲洗疏松处，充分湿润，用1∶2水泥砂浆或水泥素浆抹平，压实，并养护好。 2) 对油污或其他污垢，应清洗刷净

2.6 装配式结构工程

装配式结构工程是从预制构件质量检验、结构性能试验、预制构件安装与验收等一系列技术工作和完成结构实体的总称。

2.6.1 一般规定

(1) 装配式结构的性能主要取决于预制构件的结构性能和连接质量。因此，应对预制构件进行结构性能检验，合格后方能使用。

(2) 叠合结构是介于预制和现浇之间的结构形式。叠合结构的底部为预制构件，与后浇混凝土层的连接质量对叠合结构的受力性能有重大影响，因此，叠合面应按设计要求进行处理，并应检查混凝土叠合面的凹凸差或穿越叠合面的构造钢筋等。

(3) 装配式结构重点应掌握内容

1) 了解装配式结构分项工程的一般内容。

2) 了解预制构件作为“产品”，在工厂和现场条件下进行生产和检查验收的特点。

3) 掌握装配式结构的施工特点及对码放、运输、吊装、定位等的要求。

4) 掌握对装配式结构的外观质量、尺寸偏差的验收及缺陷处理的基本规定。

5) 掌握预制构件应进行结构性能检验。

6) 了解对叠合结构中预制构件叠合面的基本规定。

7) 掌握对预制构件的标志、外观质量缺陷和尺寸允许偏差的规定。

8) 了解预制构件进行结构性能检验的检验内容、检验批的划分、抽检数量、检验方法和所检结构性能检验项目的条件。检验不合格的构件不得用于工程。

9) 掌握结构性能检验的合格要求及复试抽样检验方案。

10) 掌握对进场预制构件的检验要求。

11) 了解装配式结构对预制构件连接质量的要求，熟悉相关标准。

12) 掌握对接头和拼缝的浇筑和混凝土强度要求。

2.6.2 预制构件

(1) 预制构件进场验收基本要求

1) 构件混凝土强度：构件安装时的混凝土强度，不应低于设计强度的70%。预应力混凝土构件孔道灌浆的强度，不应低于C20。

2) 构件型号和预埋件：预制构件应在明显部位标明生产单

位、构件型号、生产日期和质量验收标志。构件上的预埋件、插筋、预留孔洞的规格、位置和数量应符合标准图或设计的要求。

3）构件外观质量：装配式结构构件外观质量和对缺陷的处理按本章2.6.5节的内容进行处理。预制构件外观质量不应有严重缺陷，不宜有一般缺陷，对已经出现的严重缺陷和一般缺陷，应按技术处理方案进行处理，并重新检查验收。

4）构件不应有影响结构性能和安装、使用功能的尺寸偏差。对超过尺寸允许偏差且影响结构性能和安装、使用功能的部位，应进行处理，并重新检查验收。

5）构件中心线：构件安装之前，构件上应标注中心线，支承构件除标注中心线外，还须标出标高和轴线位置。

（2）预制构件运输

1）运输时的混凝土强度，当设计无要求时，不应低于设计强度标准值的75％。

2）支承位置和方法，应根据受力情况确定，不得引起混凝土超应力或损伤构件。

3）装运时应绑扎牢固，防止移动或倾倒；对构件边部或与链索接触处的混凝土，应采用衬垫加以保护。

4）在运输细长预制构件时，行车应平稳，并可根据需要对构件设置临时水平支撑。

（3）预制构件存放

1）场地应平整坚实，有排水措施；堆放时，构件与地面之间留有一定空隙。

2）根据构件的刚度及受力情况，确定构件平放或立放，并应保持其稳定。大型桩类构件应采用平放；薄腹梁、屋架、桁架等应采用立放；构件的断面高宽比大于2.5时，堆放时下部应加支撑或有坚固的堆放架，上部应拉牢固定，以免倾倒。

3）重叠堆放的构件，吊环应向上，标志应向外；堆垛高度应根据构件与垫木的承载力及堆垛的稳定性确定；各层垫木的位置应在同一垂直线上。

4）构件的最多堆放层数应按照构件强度、地面耐压力、构件形状和重量等因素确定。一般可按表2.6.1的规定执行。

预制构件最多堆放层数　　表2.6.1

序　号	构　件　类　别	最多堆放层数
1	预应力大型屋面板(高240mm)	10
2	预应力槽型板、卡口板(高300mm)	10
3	槽型板(高400mm)	6
4	空心板(高240mm、180mm、120～130mm)	10、12、14
5	大型梁、T型梁、大型桩	3
6	普通桩	8
7	天沟板	6～8
8	天窗侧板	8
9	预应力大楼板	9
10	设备实心楼板、隔墙实心板	12
11	楼梯段、阳台板	10
12	桁架(立放)、带坡屋面梁(立放)	1

5）墙板类构件宜靠放和架立放，采用靠放、架立放的构件，必须对称靠放和吊运；靠放的倾斜角度应＞80°，构件上部宜用木垫隔开。

6）构件应配套堆放，按吊装先后排列，并在场内按吊装顺序堆放，配合流水作业，以防二次搬运，并顺序吊装就位，从而达到缩短工期、保证工程质量之目的。

(4) 预制构件质量验收见表2.6.2。

预制构件质量验收　　表2.6.2

检验项目		标　　准	检验方法
主控项目	1. 预制构件	应在明显部位标明生产单位、构件型号、生产日期和质量验收标志。构件上的预埋件、插筋和预留孔洞的规格、位置和数量应符合标准图或设计的要求	观察

续表

<table>
<tr><th colspan="2">检验项目</th><th>标准</th><th>检验方法</th></tr>
<tr><td rowspan="2">主控项目</td><td>2. 预制构件的外观质量</td><td>不应有严重缺陷。对已经出现的严重缺陷，应按技术处理方案进行处理，并重新检查验收</td><td>观察，检查技术处理方案</td></tr>
<tr><td>3. 预制构件的尺寸偏差</td><td>不应有影响结构性能和安装、使用功能的尺寸偏差，对超过尺寸偏差且影响结构性能和安装、使用功能的部位应按技术处理方案进行处理，并重新检查验收</td><td>量测，检查技术处理方案</td></tr>
<tr><td rowspan="2">一般项目</td><td>1. 预制构件的外观质量</td><td>不宜有一般缺陷。对已经出现的一般缺陷，应按技术处理方案进行处理，并重新检查验收</td><td>观察，检查技术处理方案</td></tr>
<tr><td>2. 预制构件的尺寸允许偏差</td><td>应符合表 2.6.3 规定</td><td>应符合表 2.6.3 规定</td></tr>
</table>

注：主控项目 2 按 2.5.4 之(2)混凝土现浇结构验收规定检查验收。一般项目中亦同此注。

检查数量：

主控项目和一般项目 1 全数检查。

一般项目：2. 同一工作班生产的同类型构件，抽查 5%且不少于 3 件。

预制构件尺寸允许偏差 **表 2.6.3**

<table>
<tr><th colspan="2">项目</th><th>允许偏差(mm)</th><th>检验方法</th></tr>
<tr><td rowspan="4">长度</td><td>板、梁</td><td>+10，−5</td><td rowspan="4">钢尺检查</td></tr>
<tr><td>柱</td><td>+5，−10</td></tr>
<tr><td>墙板</td><td>±5</td></tr>
<tr><td>薄腹梁、桁架</td><td>+15，−10</td></tr>
<tr><td>宽度、高(厚)度</td><td>板、梁、柱、墙板、薄腹梁、桁架</td><td>±5</td><td>钢尺量一端及中部，取其中较大值</td></tr>
<tr><td rowspan="2">侧向弯曲</td><td>梁、柱、板</td><td>$L/750$ 且≤20</td><td rowspan="2">拉线、钢尺量最大侧向弯曲处</td></tr>
<tr><td>墙板、薄腹梁、桁架</td><td>$L/1000$ 且≤20</td></tr>
<tr><td>预埋件</td><td>中心线位置</td><td>10</td><td>钢尺检查</td></tr>
</table>

续表

项　目		允许偏差(mm)	检验方法
预埋件	螺栓位置	5	钢尺检查
	螺栓外露长度	+10，−5	
预留孔	中心线位置	5	钢尺检查
预留洞	中心线位置	15	钢尺检查
主筋保护层厚度	板	+5，−3	钢尺或保护层厚度测定仪量测
	梁、柱、墙板、薄腹梁、桁架	+10，−5	
对角线差	板、墙板	10	钢尺量两个对角线
表面平整度	板、墙板、柱、梁	5	2m靠尺和塞尺检查
预应力构件预留孔道位置	梁、墙板、薄腹梁、桁架	3	钢尺检查
翘　曲	板	$L/750$	调平尺在两端量测
	墙板	$L/1000$	

注：1. L为构件长度(mm)。

2. 检查中心线、螺栓和孔道位置时，应沿纵、横两个方向量测，并取其中的较大值。

3. 对形状复杂或有特殊要求的构件，其尺寸偏差应符合标准图或设计的要求。

(5) 预制构件结构性能检验

预制构件应按标准图或设计要求的试验参数及检验指标进行结构性能试验。

1）检验内容

① 钢筋混凝土构件和允许出现裂缝的预应力混凝土构件进行承载力、挠度和裂缝宽度检验。

② 不允许出现裂缝的预应力混凝土构件进行承载力、挠度和抗裂检验。

③ 预应力混凝土构件中的非预应力杆件按钢筋混凝土构件的要求进行检验。

④ 对设计成熟、生产数量较少的大型构件，当采取加强材料和制作质量检验的措施时，可仅作挠度、抗裂或裂缝宽度检验。

⑤ 当采取上述措施并有可靠的实践经验时，可不作结构性能检验。

注："加强材料和制作质量检验的措施"包括下列内容：

1. 钢筋进场检验合格后，在使用前再对用作构件受力主筋的同批钢筋按不超过5t抽取一组试件，并经检验合格；对经逐盘检验的预应力钢丝，可不再抽样检查。

2. 受力主筋焊接接头的力学性能，应按现行国家标准《钢筋焊接及验收规程》JGJ 18—2003检验合格后，再抽取一组试件，并经检验合格。

3. 混凝土按5m^{3}且不超过半个工作班生产的相同配合比的混凝土，留置一组试件，并经检验合格。

4. 受力主筋焊接接头的外观质量、入模后的主筋保护层厚度、张拉预应力总值和构件的截面尺寸等，应逐件检验合格。

2）检验数量

对成批生产的构件，应按同一工艺正常生产的不超过1000件且不超过3个月的同类型产品为一批。当连续检验10批且每批的结构性能检验结果均符合要求时，对同一工艺正常生产的构件，可改为不超过2000件且不超过3个月的同类型产品为一批。在每批中应随机抽取一个构件作为试件进行检验。

注："同类型产品"是指同一钢种、同一混凝土强度等级、同一生产工艺和同一结构形式的构件。对同类型产品进行抽样检验时，试件宜从设计荷载最大、受力最不利或生产数量最多的构件中抽取。对同类型的其他产品，也应定期进行抽样检验。

3）预制构件结构性能试验条件、试验方法和试验结果等按《混凝土结构工程施工质量验收规范》GB 50204—2002中9.装配式结构分项工程和附录C预制构件结构性能检验方法有关规定进行。

2.6.3 装配式结构施工

（1）施工作业条件

1）技术复核

① 按施工图纸和按已审批的施工组织设计及施工方案，进

行技术交底。按设计要求和质量标准，复核基础或支座的定位轴线、标高等。

A. 定位轴线：行-列中心定位轴线、基础杯口中心轴线、构件上应标注中心线和控制轴线和柱网定位轴线已确认无误。

B. 标高：基础标高、标底标高、牛腿上表面标高、柱顶标高、梁上表面标高以及支承结构和预埋件的标高、位置已核准符合设计要求。

② 预制构件混凝土强度：基础的同条件养护混凝土试件强度等级，应大于设计强度标准值的75%。构件安装时混凝土强度等级，应大于设计强度标准值的75%。预应力混凝土构件孔道灌浆的强度不应小于15.0N/mm^2。

③ 确定起吊点并做出标志。

2）构件安装所需材料，包括水泥、粗细骨料、外加剂和焊条、焊剂等均验收合格。

3）在起吊大型构件或薄壁构件前，已采取避免构件变形或损伤的临时加固措施。

（2）装配式结构组合形式

1）杯形基础与柱组合：柱子与基底间留50mm作为找平高度。基底底部做钢筋网片，以满足受力要求。基础下应设置垫层，垫层一般为C10混凝土，厚100mm。杯口顶面标高一般距室内地坪不小于500mm。杯形基础（杯口基础）可做成锥形或阶梯形。

2）杯形基础与基础梁组合：基础梁起承载墙体的作用。钢筋混凝土排架结构的墙体通常只起围护或分隔作用，为非承重墙体，其重量一般均由基础梁承担。基础梁两端搁置在杯形基础杯口壁上，其位置可搁置在柱间，或在柱外，其截面形式一般为梯形。墙体的重量通过基础梁传递到基础上。用基础梁代替一般条形基础，即经济又施工方便，还易于铺设地下管线。

3）屋架与柱组合：屋架与柱的连接多采用两种形式，一种为焊接，即将柱顶和屋架端部的预埋件焊在一起；另一种为螺栓连接，即把柱顶的预埋螺栓作为屋架就位的临时固定措施，经校正后，再将垫板与柱顶预埋钢板焊牢，同时也将螺母焊牢以防松动。

4）吊车梁与柱的组合：吊车梁与柱的连接，多采用焊接方法。吊车梁对头空隙和吊车梁与柱之间的空隙均须用C20混凝土填实。

5）轨道及车挡组合：吊车轨道与吊车梁连接方法有多种形式。为了防止吊车在行驶过程中来不及刹车而冲撞到山墙上，在吊车梁的端头应设车挡。

6）连系梁、圈梁与柱组合：单层生产用房如墙体高度超过15m时，须在适当位置设连系梁。连系梁与柱连接，具有承受和传递墙体重量、增强生产用房稳定性的作用。连系梁支撑在钢牛腿（或钢筋混凝土牛腿）上，其连接形式有螺栓连接和焊接固定。

为了保证墙体稳定性，除设置连系梁外，尚需设置圈梁，一般6m左右设置一道。每道圈梁必须形成封闭式。圈梁的位置通常设在柱顶、吊车梁、窗过梁等处，连系梁、圈梁与柱结合。

7）抗风柱与屋架组合：抗风柱能承受山墙受到的风荷载，形式和排架柱基本一样，上柱截面比下柱截面小，一般与房屋端部的屋架上弦连接，在屋架设有下弦横向水平支撑时，可将抗风柱与屋架下弦连接。

8）连接预埋件：为了便于柱与屋架、柱与吊车梁、柱与连系梁（或圈梁）、柱与砖墙（或大型墙板）及柱与柱间支撑等处相互连接，均须在柱上预埋铁件（如钢板、螺栓及锚拉钢筋等）。在施工（制造）中，必须将铁件准确无误地设置在柱子上，不得遗漏。

（3）装配式结构节点构造

1）天窗立柱与侧板连接节点：突出屋面的钢筋混凝土天窗架，其两侧墙板与天窗立柱宜用螺栓连接。天窗下档与天窗架的连接，将下档安置在角钢支托上，用一根螺栓由下档接缝中通过，将下档与立柱固定，并将垫板与下档预埋铁件焊牢。

注：砖隔墙与柱的柔性连接做法：砖墙与柱面接触处隔以双层油毡，并沿墙高每隔 1m 抽去一块砖，形成 120mm×63mm 的留洞，与柱上的 ϕ50 留洞对齐，穿以 ϕ12 螺栓与柱拉结。墙上的圈梁则预留孔洞 100mm×50mm，并用 ϕ16 螺栓与柱拉结。

2）屋面板端部锚固筋：屋盖结构构件的连接，屋面板端部位应设置抵抗地震作用产生水平拉力的钢筋，并作为屋面板端部预埋件锚固筋。

3）屋面板锚固节点

① 设防烈度为 6 度、7 度时，应将每一伸缩缝区段两端开间屋面板的吊环打弯，并设置加固钢筋绑条，使其相互焊接成一整体。

② 设防烈度为 9 度时，应在每块屋面板的板面四角设置预埋件，并用锚固钢筋将相邻板焊接在一起，构成整体结构。

4）屋架与柱连接节点：屋架与柱顶之间，当设防烈度为 7 度或 8 度时，可采用焊接或螺栓连接；设防烈度为 9 度时，宜采用螺栓连接。屋架(梁)端头的支座垫板厚度不宜小于 16mm。

5）墙梁与柱连接节点：设防烈度为 8 度时，宜在墙梁端头正面预埋钢板，将墙梁与柱连接，并与连接螺栓的垫板焊连成整体。

6）墙板与柱、屋架的连接节点

① 钢筋焊接及插销连接法(两点式连接)：这种连接方式的节点具有很大柔性，能够满足温度、地基不均匀沉降、地震等引起的变形要求；构造简单，用钢量和焊接工作量均很小；施工迅速，而且连接件隐蔽，能通用于各类工程。

② 钢筋焊接及橡胶垫连接法：墙板上节点仍采用 U 形连接钢筋将墙板与柱拉结，墙板下节点则采用橡胶垫块固定方式的作法。

以上两种连接方法，均需沿柱高每隔 4.5～6m 设置一个丁字形钢牛腿支托。

(4) 装配式结构构件吊装控制要点

1）吊装一般要求

① 当设计无具体要求时，起吊点应根据计算确定

② 起吊大型空间构件或薄壁构件前，应采取避免构件变形或损伤的临时加固措施。

③ 构件在起吊时，绳索与构件水平面所成夹角不宜小于45°；必须小于45°时，应经过验算或采用吊架起吊。

2）吊装质量控制

① 严格控制吊点的位置，防止受力不均产生裂纹。

A. 一般钢筋混凝土梁板吊点位置，设在距端头 $L/6$～$L/5$ 处。

B. 单悬臂等截面柱子的吊点设在距柱顶 0.3m 柱长处，并应验算钢筋面积。

② 构件的混凝土强度等级＞$f_{cu,k}$的 75％方可起吊。

③ 起吊时钢丝绳必须垂直于地面。

3）吊装方法主要有：

① 斜吊绑扎法。

② 吊具—柱销法。

③ 直吊绑扎法。

④ 两点绑扎法。

⑤ 三面牛腿绑扎法：这种方法只用于柱子有三面牛腿的情况。

⑥ 旋转法。

⑦ 滑行法：需在柱脚下设置托木、滚筒，并铺设滑行道。

⑧ 绑扎法。

⑨ 屋架起吊绑扎点：跨度小于 15m 的屋架，绑扎两点；跨度在 15m 以上的屋架，可采用四点绑扎。

⑩ 扁担吊装法：屋架跨度超过 30m 时，可采用铁扁担吊装。

（5）构件吊装就位与校正控制要点

构件安装就位后，应及时校正，进入支座的支承要求长度、标高、板缝的宽度和坐浆等必须达到设计和标准要求，确保构件

的稳定性。

1）临时固定，以保证构件的稳定性

① 柱子就位是指将柱子插入杯口，用楔块从柱子四边插入杯口，并调整柱子的安装中心线对准杯口的安装中心线，使柱子基本垂直，将柱脚放到杯底，并复查校正准确。

② 屋架是平面受力构件，扶直时，在自重作用下屋架承受出平面外力，部分地改变了构件的受力性质，特别是上弦极易挠曲开裂。要核算吊装应力，如截面强度不够，要进行加固。就位对位可用缆风绳或轻质支撑临时固定。

③ 屋面板安装，应自两边檐口左右对称地逐块铺向屋脊，避免屋架承受半边荷载。板对位后，应立即进行电焊固定(每块压面板可焊 3 点)。

2）校正

① 吊车梁主要应对垂直度、平面位置和标高进行一次调整。

② 屋架经对位后，主要校正垂直度。

③ 屋面板对位后，主要校正平整度。

校正后必须及时进行焊接或浇灌混凝土将构件固定牢固，防止构件变形和位移。

(6) 装配式结构构件安装测量校正检查点及检验方法，见表 2.6.4。

构件安装测量点数及检验方法　　表 2.6.4

检测项目			检查点数	检验方法
1	杯形基础	中心线对轴线位移	2	用尺量检查
		杯底安装标高	1	用水准仪检查
2	柱	中心线对定位轴线位移	2	用尺量检查
		上下柱接口中心线位移	2	用尺量检查
		垂直度	2	用经纬仪或吊线和钢尺检查
		牛腿上表面和柱顶标高	1	用水准仪或尺量检查

续表

检测项目				检查点数	检验方法
3	梁和吊车梁	中心线对定位轴线位移		1	用尺量检查
		梁上表面标高		1	用水准仪或尺量检查
4	屋架	下弦中心线对定位轴线位移		1	用尺量检查
		垂直度	桁架、拱形屋架	1	用经纬仪或吊线和钢尺检查
			薄腹梁	1	用经纬仪或吊线和钢尺检查
5	天窗架	构件中心线对定位轴线位移		1	用尺量检查
		垂直		1	用吊线和钢板尺检查
6	托架梁	底座中心线对定位轴线位移		1	用尺量检查
		垂直		1	用经纬仪或吊线和钢尺检查
7	板	相邻板下表面平整	抹灰	1	用2m靠尺和楔形塞尺检查
			不抹灰	1	
8	楼梯阳台	水平位置		1	用尺量检查
		标高		1	
9	厂房墙板	墙板两端高低差		1	用直尺或吊线和钢板尺检查
		标高		1	用尺量检查

2.6.4 装配式结构施工质量验收

装配式结构施工质量验收见表2.6.5。

装配式结构施工质量验收　　表2.6.5

检验项目		标准	检验方法
主控项目	1. 外观质量、尺寸偏差及结构性能	应符合标准图或设计的要求	检查构件合格证
	2. 预制构件与结构之间的连接	应符合设计要求 连接处钢筋或埋件采用焊接或机械连接时，接头质量应符合现行国家标准《钢筋焊接及验收规程》JGJ 18、《钢筋机械连接通用技术规程》JGJ 107的要求	观察，检查施工记录

续表

检验项目		标准	检验方法
主控项目	3. 承受内力的接头和拼缝	当其混凝土强度未达到设计要求时，不得吊装上一层结构构件；当设计无具体要求时，应在混凝土强度不小于10N/mm^{2}或具有足够的支承时方可吊装上一层结构构件。 已安装完的装配式结构，应在混凝土强度达到设计要求后，方可承受全部设计荷载	检查施工记录及试件强度试验报告
一般项目	1. 构件码放和运输时的支承位置和方法	应符合标准图或设计的要求	观察检查
	2. 预制构件吊装前	应按设计要求在构件和相应的支承结构上标志中心线、标高等控制尺寸，按标准图或设计文件校核预埋件及连接钢筋等，并作出标志	观察，钢尺检查
	3. 按标准图或设计要求吊装起吊时绳索与构件水平面的夹角	不宜小于45°，否则应采用吊架或经验算确定	观察检查
	4. 预制构件安装就位后	应采取保证构件稳定的临时固定措施，并应根据水准点和轴线校正位置	观察，钢尺检查
	5. 装配式结构中的接头和拼缝	应符合设计要求，当设计无具体要求时，应符合下列规定： (1) 对承受内力的接头和拼缝应采用混凝土浇筑，其强度等级应比构件混凝土强度等级提高一级。 (2) 对不承受内力的接头和拼缝应采用混凝土或砂浆浇筑，其强度等级不应低于C15或M15。 (3) 用于接头和拼缝的混凝土或砂浆，宜采取微膨胀措施和快硬措施，在浇筑过程中应振捣密实，并应采取必要的养护措施	检查施工记录及试件强度试验报告

检查数量：主控项目1按批检查。其余主控项目和一般项目均全数检查。

(3) 装配式结构分项工程质量控制资料

1) 预制构件合格证。

2) 原材料出厂合格证和焊条(剂)合格证。

3) 砂浆、混凝土试验配合比报告。

4) 试件(砂浆、混凝土、焊接件)测试报告。

5) 测量记录。

6) 吊装记录。

7) 隐蔽工程验收记录。

8) 设计变更通知单。

9) 结构验收记录。

10) 预制构件外观质量、尺寸偏差和结构性能验收合格记录。

11) 装配式结构的外观质量和尺寸偏差验收合格记录。

12) 接头和拼缝的混凝土或砂浆试件强度试验报告。

13) 检验批质量验收记录。

2.6.5 装配式结构常见质量缺陷及预控措施

装配式结构常见质量缺陷及预控措施见表2.6.6。

装配式结构常见质量缺陷及预控措施　　　表2.6.6

质量缺陷	预控措施
1. 构件运输、堆放时断裂	(1) 控制好构件运输时混凝土强度(一般应≥75%设计强度，特殊构件应达到100%)。 (2) 构件堆放场地必须具有足够承载力，并根据承载力大小确定堆放层数。 (3) 运输和堆放时控制好梁、板垫点位置 1) 垫点应在同一垂直线上。 2) 垫点位置一般距构件端部1/5左右或按设计要求。 (4) 墙、各类架等稳定性较差的构件，应立放并进行稳固，或加临时支撑等。 (5) 运输和堆放避免发生碰撞，剧烈振动等

续表

质量缺陷	预控措施
2. 安装的构件实际轴线与标准轴线偏差超过允许值(轴线位移)	(1) 应控制好预制构件的实际尺寸偏差在允许范围内，禁止采用偏差过大的构件。 (2) 标准桩点应设保护桩，防止碰撞。 (3) 构件安装时做好临时固定并应核对标准轴线然后固定牢固。 (4) 多层放线吊装，必须从标准桩点上引，误差均在本层中消除。 (5) 已偏位的构件应校正，不应连接钢筋或在预埋件上焊接构件接头
3. 混凝土预制板整体性差(安装时板间没按要求留置接缝或缝隙过小，无法浇筑混凝土或砂浆)	(1) 选用符合规范要求、经验收合格的板件。 (2) 吊装安装时应设计排板尺寸，按规定留出足够的安装尺寸。 (3) 安装时认真校正板的位置，使板安装偏差在允许范围内。 (4) 板安装完后按规定对板缝浇筑混凝土或砂浆。 (5) 及时检查板缝是否灌缝，质量是否符合要求
4. 缺少构件接缝处试件(混凝土或砂浆)	应按规定制作构件接头或接缝混凝土试件或砂浆试块
5. 构件的垂直偏差超过允许值	(1) 选用合格构件，尺寸及形状应准确。 (2) 构件安装时临时固定应校对准确并固定牢固。 (3) 接头连接采用焊接接头的，要防止受力后构件偏移
6. 构件平移或安装时桩身产生裂缝	(1) 吊装时，构件混凝土强度必须达到设计强度75%以上(特殊构件按设计要求)。 (2) 吊点必须准确。 (3) 设置吊装时所需要的构造钢筋。 (4) 吊装前应校核构件的刚度。 (5) 防止碰撞
7. 屋架扶直或吊装中产生裂缝	(1) 屋架扶直一般采用4点起吊为宜，且受力情况应验算复核。 (2) 对多层重叠预制屋架，当粘结力和吸附力较大时，可采用振动办法使屋架脱离开。 (3) 重叠预制屋架扶直前，必须将两端垫木垫实。 (4) 预应力构件就位安装时，孔道灌浆强度不得低于 $15N/mm^2$ (5) 屋架安装偏差应控制在下列范围内： 项目　允许偏差(mm) 下弦中心线对定位轴线的位移　5 垂直度　对于桁架、拱形屋架、三角形屋架、下承式五角形屋架　1/250屋架高

续表

质量缺陷	预控措施
8. 板类构件吊装时吊环断裂	(1) 吊环长短应符合吊装钩挂方便与堆放不被压倒的要求，不宜留置过长。 (2) 一般吊环钢筋采用 HPB235 级，严禁用 HRB335 级及以上的钢筋做吊环。 (3) 为避免吊环断裂，对有吊环的构件，吊装时均应加保险绳。 (4) 预埋钢筋吊环必须有足够的承载能力，位置必须正确

2.7 劲钢(管)混凝土

劲钢(管)混凝土组合结构，是由混凝土、型钢(角钢、槽钢、H 型钢、工字钢、钢板)、钢管、纵向钢筋和箍筋组成。

《建筑工程施工质量验收统一标准》GB 50300—2001 附录 B：建筑工程分部(子分部)工程、分项工程划分中规定，地基与基础分部工程和主体结构分部工程中包括“劲钢(管)混凝土”子分部工程。劲钢(管)混凝土结构中使用的钢材为“型钢、钢管”等，故本章中对“结构类”名词称为“劲钢……”，对钢材仍称为“型钢、钢管、钢筋”等，本节只介绍型钢混凝土有关内容。

因“质量验收系列规范”中没有“劲钢(管)混凝土施工质量验收规范”，施工和验收时可按照“混凝土验收规范”、《钢结构工程施工质量验收规范》GB 50205—2001 和相关标准规范的有关规定以及设计图纸等进行。

2.7.1 劲钢混凝土结构使用材料要求

(1) 型钢

1) 型钢可采用焊接型钢和轧制型钢。型钢钢材应根据设计结构特点选择其牌号和材质，并应保证抗拉强度、伸长率、屈服点、冷弯试验、冲击韧性合格和硫、磷、碳含量符合设计和使用要求。考虑地震作用的结构用钢，其强屈比不应小于1.2。

2）型钢材料的强度指标，应按表2.7.1的规定采用。

型钢材料的强度设计值、强度标准值、强度极限值（N/mm²）

表 2.7.1

钢材牌号	钢材厚度（mm）	强度设计值		强度标准值	强度极限值
		抗拉、抗压、抗弯 f	抗剪 f_v	抗拉、抗压、抗弯 f_k	f_u
Q235	≤16	215	125	235	375
	＞16～40	205	120	225	375
	＞40～60	200	115	215	375
	＞60～100	190	110	205	375
Q345	≤16	310	180	345	470
	＞16～35	295	170	325	470
	＞35～50	265	155	295	470
	＞50～100	250	145	275	470

3）型钢材料的物理性能指标，应按表2.7.2的规定采用。

型钢材料的物理性能指标 **表 2.7.2**

弹性模量 E（N/mm²）	剪变模量 G（N/mm²）	线膨胀系数 α（/℃）	质量密度 ρ（kg/m³）
206×10^{-3}	79×10^{3}	12×10^{-6}	7850

（2）栓钉、螺栓

1）构件中设置的栓钉应符合国家现行标准《圆柱头焊钉》GB 10433的规定。栓钉的力学性能应符合表2.7.3的规定。

栓钉力学性能（N/mm²） **表 2.7.3**

钢材牌号	屈服强度 f_y^{st}	抗拉强度 f_t^{st}
Q235	≥240	≥400

2）型钢使用的螺栓、锚栓材料

① 普通螺栓应符合国家现行标准《六角螺栓—A 和 B 级》GB 5782 和《六角头螺栓—C 级》GB 5780 的规定。

② 锚栓可采用国家现行标准《碳素结构钢》GB/T 700 规定的 Q235 钢或《低合金高强度结构钢》GB/T 1591 规定的 Q345 钢。

③ 高强度螺栓应符合国家现行标准《钢结构高强度大六角头螺栓、大六角螺母，垫圈与技术条件》GB/T 1228～GB/T 1231 或《钢结构用扭剪型高强度螺栓连接副》GB 3632～GB 3633 的规定。

④ 螺栓连接的强度设计值、高强度螺栓的设计预拉力值，以及高强度螺栓连接的钢材摩擦面抗滑移系数值，应按《钢结构设计规范》GB 50017—2003 的规定采用。

(3) 钢筋

纵向钢筋宜采用 HRB335 级、HRB400 级热轧钢筋；箍筋宜采用 HPB235 级、HRB335 级热轧钢筋。

(4) 混凝土

1) 劲钢混凝土组合结构的混凝土强度等级不宜小于 C30；混凝土的强度指标应按表 2.7.4、表 2.7.5 的规定采用。

混凝土强度标准值(N/mm²) **表 2.7.4**

强度种类	混凝土强度等级													
	C15	C20	C25	C30	C35	C40	C45	C50	C55	C60	C65	C70	C75	C80
轴心抗压 f_{ck}	10.0	13.4	16.7	20.1	23.4	26.8	29.6	32.4	35.5	38.5	41.5	44.5	47.4	50.2
轴心抗拉 f_{tk}	1.27	1.54	1.78	2.01	2.20	2.39	2.51	2.64	2.74	2.85	2.93	2.99	3.05	3.11

混凝土强度设计值(N/mm²) **表 2.7.5**

强度种类	混凝土强度等级													
	C15	C20	C25	C30	C35	C40	C45	C50	C55	C60	C65	C70	C75	C80
轴心抗压 f_c	7.2	9.6	11.9	14.3	16.7	19.1	21.1	23.1	25.3	27.5	29.7	31.8	33.8	35.9
轴心抗拉 f_t	0.91	1.10	1.27	1.43	1.57	1.71	1.80	1.89	1.96	2.04	2.09	2.14	2.18	2.22

2）混凝土弹性模量 E_s 应按表 2.7.6 的规定采用。

混凝土弹性模量（N/mm^2） **表 2.7.6**

强度等级	C15	C20	C25	C30	C35	C40	C45	C50	C55	C60	C65	C70	C75	C80
弹性模量 E_c	2.2×10^4	2.55×10^4	2.80×10^4	3.0×10^4	3.15×10^4	3.25×10^4	3.35×10^4	3.45×10^4	3.55×10^4	3.60×10^4	3.65×10^4	3.70×10^4	3.75×10^4	3.80×10^4

（5）骨料：劲钢混凝土组合结构的混凝土最大骨料粒径宜小于型钢外侧混凝土保护层厚度的 1/3，且不宜大于 25mm。

2.7.2 劲钢混凝土结构划分

为提高劲钢混凝土结构的承载力和刚度，劲钢混凝土框架梁和框架柱的型钢配置，宜采用充满型宽翼缘实腹型钢。充满型实腹型钢，是指型钢上翼缘处于截面受压区下翼缘处于截面受拉区。

（1）结构划分

劲钢混凝土组合结构分为全部结构构件采用劲钢混凝土的结构和部分结构构件采用劲钢混凝土的结构。此两类结构宜用于框架结构、框架-剪力墙结构、底部大空间剪力墙结构、框架-核心筒结构、筒中筒结构等结构体系。但对各类结构体系的框架柱，当房屋的设防烈度为 9 度，且抗震等级为一级时，框架柱的全部结构构件应采用劲钢混凝土结构。

（2）框架柱

劲钢混凝土框架柱的型钢，宜采用实腹式宽翼缘的 H 形轧制型钢和各种截面型式的焊接型钢；非地震区或设防烈度为 6 度地区的多、高层建筑，可采用带斜腹杆的格构式焊接型钢，见图 2.7.1。

（3）框架梁

劲钢混凝土框架梁中的型钢，宜采用充满型实腹型钢。充满型实腹型钢的一侧翼缘宜位于受压区，另一侧翼缘位于受拉区，见图 2.7.2；当梁截面高度较高时，可采用桁架式劲钢混凝土梁。

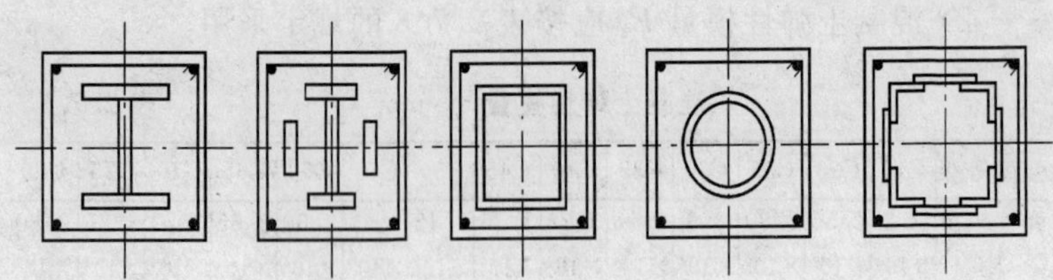

图 2.7.1 劲钢混凝土柱的型钢截面配筋形式

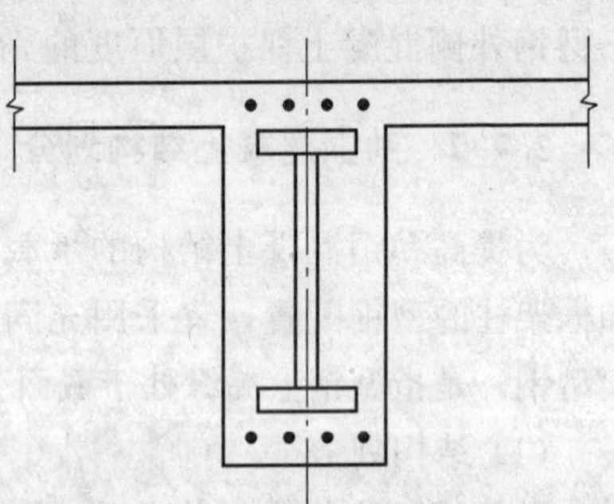

图 2.7.2 劲钢混凝土梁的型钢截面配筋形式

1）为保证梁底部混凝土浇筑密实，梁中纵向受力钢筋宜不超过二排，如超过二排，施工上应采取措施，如分层浇筑等，以保证梁底混凝土密实；纵向受拉钢筋配筋率、直径、净距，以及纵筋与型钢净距的规定，是保证混凝土与钢筋及型钢有良好的粘结力，同时，也有利于框架梁在正常使用极限状态下的裂缝分布均匀和减小裂缝宽度。

2）梁两侧沿高度配置一定量的腰筋，其目的是使箍筋和纵筋形成整体骨架对混凝土的约束作用，同时也有助于防止混凝土收缩而产生收缩裂缝。

（4）剪力墙

为提高剪力墙承载力和延性，宜在剪力墙边缘构件中配置实腹型钢；见图 2.7.3 和图 2.7.4。当受力需要增强剪力墙的抗侧

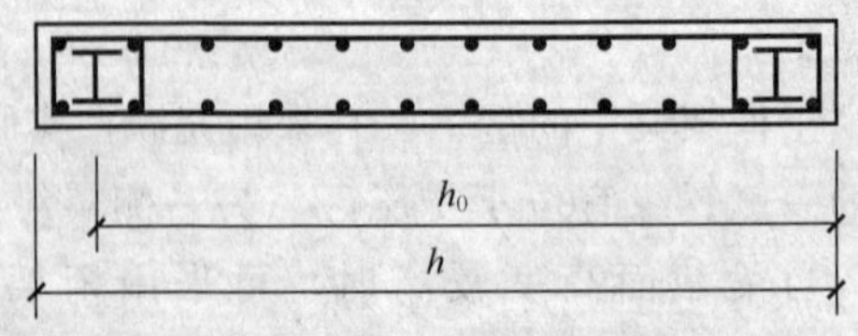

图 2.7.3 两端配有型钢的钢筋混凝土剪力墙

力时，也可在剪力墙腹板内加设斜向钢支撑。

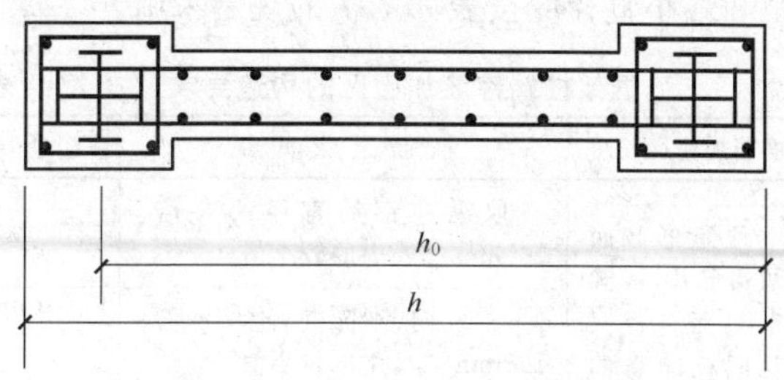

图 2.7.4　周边有型钢柱的剪力墙

1）端部配有型钢的钢筋混凝土剪力墙的厚度、水平和竖向分布钢筋的最小配筋率和箍筋配置，宜符合设计要求。

2）钢筋混凝土剪力墙端部配置的型钢，其混凝土保护层厚度宜大于 50mm；水平分布钢筋应绕过或穿过墙端型钢，且应满足钢筋锚固长度要求。

3）周边有劲钢混凝土柱和梁的现浇钢筋混凝土剪力墙，剪力墙的水平分布钢筋应绕过或穿过周边柱型钢，且应满足钢筋锚固长度要求；当采用间隔穿过时，宜另加补强钢筋。周边柱的型钢、纵向钢筋、箍筋配置应符合劲钢混凝土柱的设计要求，周边梁中采用劲钢混凝土梁或钢筋混凝土梁；当不设周边梁时，应设置钢筋混凝土暗梁，暗梁的高度可取 2 倍墙厚。

2.7.3　劲钢混凝土构造

(1) 纵向受力钢筋：劲钢混凝土组合结构构件中，纵向受力钢筋直径不宜小于 16mm，纵筋与型钢的净间距不宜小于 30mm，其纵向受力钢筋的最小锚固长度、搭接长度参见 2.3 钢筋工程有关规定。

(2) 封闭式箍筋

组合的劲钢混凝土组合结构构件，宜采用封闭箍筋，其末端应有 135°弯钩，弯钩端头平直段长度不应小于 10 倍箍筋直径。

1）劲钢混凝土框架柱中箍筋的配置应符合设计的规定，考虑地震作用组合的劲钢混凝土框架柱，柱端箍筋加密区长度、箍筋最大间距和最小直径应按表 2.7.7 的规定采用。

框架柱端箍筋加密区的构造要求　　表 2.7.7

<table>
<tr><th>抗震等级</th><th>箍筋加密区长度</th><th>箍筋最大间距</th><th>箍筋最小直径(mm)</th></tr>
<tr><td>一　级</td><td rowspan="4">取矩形截面长边尺寸(或圆形截面直径)、层间柱净高的 1/6 和 500mm 三者中的最大值</td><td>取纵向钢筋直径的 6 倍、100mm 二者中的较小值</td><td>10</td></tr>
<tr><td>二　级</td><td>取纵向钢筋直径的 8 倍、100mm 二者中的较小值</td><td>8</td></tr>
<tr><td>三　级</td><td rowspan="2">取纵向钢筋直径的 8 倍、150mm(柱根 100)二者中的较小值</td><td>8</td></tr>
<tr><td>四　级</td><td>6(柱根 8)</td></tr>
</table>

注：1. 对二级抗震等级的框架柱，当箍筋最小直径不小于 $\phi10$ 时，其箍筋最大间距可取 150mm。

2. 剪跨比不大于 2 的框架柱、框支柱和一级抗震等级角柱应沿全长加密箍筋，箍筋间距均不应大于 100mm。

2）柱箍筋加密区的箍筋最小体积配筋百分率应符合表 2.7.8 的要求。

柱箍筋加密区的箍筋最小体积配筋百分率(%)　　表 2.7.8

抗震等级	箍筋形式	轴压比		
		<0.4	0.4～0.5	>0.5
一　级	复合箍筋	0.8	1.0	1.2
二　级	复合箍筋	0.6～0.8	0.8～1.0	1.0～1.2
三　级	复合箍筋	0.4～0.6	0.6～0.8	0.8～1.0

注：1. 混凝土强度等级高于 C50 或需要提高柱变形能力或Ⅳ类场地上较高的高层建筑，柱中箍筋的最小体积配筋百分率应取表中相应项的较大值。

2. 当配置螺旋箍筋时，体积配筋率可减少 0.2%，但不应小于 0.4%。

3. 对一、二级抗震等级且剪跨比不大于 2 的框架柱，其箍筋体积配筋率不应小于 0.8%。

4. 当采用 HRB335 级钢筋作箍筋，表中数值可乘以折减系数 0.85，但不应小于 0.4%。

3）在箍筋加密区长度以外，箍筋的体积配筋率不宜小于加密区配筋率的一半，且对一、二级抗震等级，箍筋间距不应大于 10d；对三级抗震等级不宜大于 15d（d 为纵向钢筋直径）。

(3) 混凝土保护层：劲钢混凝土组合结构构件中纵向受力钢筋保护层最小厚度，对梁不宜小于 100mm，且梁内型钢翼缘离两侧距离之和(b_1+b_2)，不宜小于截面宽度的 1/3；对柱不宜小于 120mm。

(4) 钢板厚度：劲钢混凝土组合结构构件中的型钢钢板厚度不宜小于 6mm，其钢板宽厚比应符合表 2.7.9 的规定。当满足宽厚比限值时，可不进行局部稳定验算。

型钢钢板宽厚比限值 **表 2.7.9**

钢　　号	梁		柱	
	b_{af}/t_f	h_w/t_w	$b_{at}t_f$	h_w/t_w
Q235	<23	<107	<23	<96
Q345	<19	<91	<19	<81

(5) 在需要设置栓钉的部位，可按弹性方法计算型钢翼缘外表面处的剪应力，相应于该剪应力的剪力由栓钉承担；栓钉承载力应按国家标准《钢结构设计规范》GB 50017—2003 的规定计算。型钢上设置的抗剪栓钉的直径规格宜选用 19mm 和 22mm，其长度不宜小于 4 倍栓钉直径，栓钉间距不宜小于 6 倍栓钉直径。

(6) 纵向筋配筋率：劲钢混凝土框架柱全部纵向受力钢筋的配筋率不宜小于 0.8%；受力型钢的含钢率不宜小于 4%，且不宜大于 10%。

(7) 纵向筋净距：框架柱内纵向钢筋的净距不宜小于 60mm。

2.7.4 劲钢混凝土结构施工监控要点

(1) 劲钢混凝土结构中型钢的制作必须采用机械加工；并宜由相应资质的钢结构制作厂承担；制作者应根据设计和施工详

图，编制制作工艺书。型钢的切割、焊接、运输、吊装、探伤检验应符合现行国家标准《钢结构工程施工质量验收规范》GB 50205和《建筑钢结构焊接技术规程》JGJ 81、《钢结构工程质量检验评定标准》GB 50221 的规定。

(2) 结构用钢应有质量证明书，质量应符合国家现行标准《碳素结构钢》GB 700、《高强度低合金结构钢》GB/T 1591 的规定。焊接材料、高强度螺栓、普通螺栓应具有质量证明书，且应符合现行国家标准《碳钢焊条》GB 5117、《低合金钢焊条》GB 5118、《熔化焊用钢丝》GB/T 14957、《钢结构高强度六角头螺栓、大六角头螺母、垫圈的技术条件》GB/T 1228～1231 的规定。

(3) 型钢拼接前应将构件焊接面的油漆、铁锈清除。焊工应持证上岗。

(4) 钢结构的安装应严格按图纸规定的轴线方向和位置定位，受力和孔位应正确；吊装过程中应使用经纬仪严格校准垂直度，并及时定位。安装的垂直度、现场吊装误差范围应符合现行国家标准《钢结构工程施工质量验收规范》GB 50205 的规定。

(5) 焊接质量要求

1) 施工中应确保现场型钢柱拼接和梁柱节点连接的焊接质量，其焊缝质量应满足一级焊缝质量等级要求。

2) 对一般部位的焊缝，应进行外观质量检查，并应达到二级焊缝质量等级要求。

一级、二级焊缝的质量等级及缺陷分级应符合表 2.7.10 的规定。

一、二级焊缝质量等级及缺陷分级　　表 2.7.10

焊缝质量等级		一级	二级
内部缺陷超声波探伤	评定等级	Ⅱ	Ⅲ
	检验等级	B级	B级
	探伤比例	100%	20%

续表

焊缝质量等级		一级	二级
内部缺陷射线探伤	评定等级	Ⅱ	Ⅲ
	检验等级	AB级	AB级
	探伤比例	100％	20％

注：探伤比例的计数方法应按以下原则确定：

1. 对工厂制作焊缝，应按每条焊缝计算百分比，且探伤长度应不小于200mm，当焊缝长度不足200mm时，应对整条焊缝进行探伤。
2. 对现场安装焊缝，应按同一类型、同一施焊条件的焊缝条数计算百分比，探伤长度应不小于200mm，并应不小于1条焊缝。

3）T形接头、十字接头、角接接头等要求熔透的对接和角对接组合焊缝，其焊脚尺寸不应小于$t/4$。设计有疲劳验算要求的吊车梁或类似构件的腹板与上翼缘连接焊缝的焊脚尺寸为$t/2$，且不应大于10mm。

4）焊缝表面不得有裂纹、焊瘤等缺陷。一级、二级焊缝不得有表面气孔、夹渣、弧坑裂纹、电弧擦伤等缺陷。且一级焊缝不得有咬边、未焊满、根部收缩等缺陷。

二级、三级焊缝外观质量标准应符合表2.7.11的规定。

二级、三级焊缝外观质量标准(mm)　　**表2.7.11**

项　目	允许偏差	
缺陷类型	二　级	三　级
未焊满(指不足设计要求)	≤0.2＋0.02t，且≤1.0	≤0.2＋0.04t，且≤2.0
	每100.0焊缝内缺陷总长≤25.0	
根部收缩	≤0.2＋0.02t，且≤1.0	≤0.2＋0.04t，且≤2.0
	长度不限	
咬　边	≤0.05t，且≤0.5；连续长度≤100.0，且焊缝两侧咬边总长≤10％焊缝全长	≤0.1t且≤1.0，长度不限
弧坑裂纹	—	允许存在个别长度≤5.0的弧坑裂纹

续表

项　目	允许偏差	
电弧擦伤	—	允许存在个别电弧擦伤
接头不良	缺口深度 $0.05t$，且≤0.5	缺口深度 $0.1t$，且≤1.0
	每 1000.0 焊缝不应超过 1 处	
表面夹渣	—	深≤$0.2t$　长≤$0.5t$，且≤20.0
表面气孔	—	每 50.0 焊缝长度内允许直径≤$0.4t$，且≤3.0 的气孔 2 个，孔距≥6 倍孔径

注：表内 t 为连接处较薄的板厚。

5）对接焊缝及全熔透组合焊缝尺寸允许偏差应符合表 2.7.12 的规定。

对接焊缝及完全熔透组合焊缝尺寸允许偏差（mm）　表 2.7.12

序号	项　目	图　例	允许偏差	
			一、二级	三　级
1	对接焊缝余高 C		B<20：0～3.0 B≥20：0～4.0	B<20：0～4.0 B≥20：0～5.0
2	对接焊缝错边 d		d<$0.15t$ 且≤2.0	d<$0.15t$ 且≤3.0

6）部分焊透组合焊缝和角焊缝外形尺寸允许偏差应符合表 2.7.13 的规定。

7）工字形和十字形劲钢柱的腹板与翼缘、水平加劲肋与翼缘的焊接应采用坡口熔透焊缝，水平加劲肋与腹板连接可采用角焊缝。

8）箱形柱隔板与柱的焊接宜采用坡口熔透焊缝。

部分焊透组合焊缝和角焊缝外形尺寸允许偏差(mm) 表 2.7.13

序号	项目	图例	允许偏差
1	焊脚尺寸 h_f	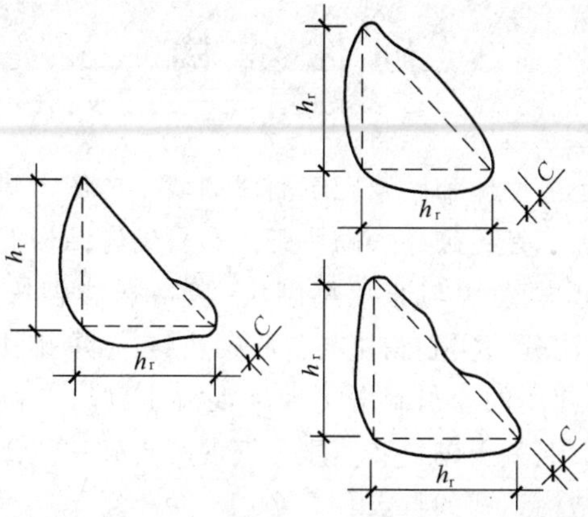	$h_f \leqslant 6$：0～1.5 $h_f > 6$：0～3.0
2	角焊缝余高 C		$h_f \leqslant 6$：0～1.5 $h_f > 6$：0～3.0

注：1. $h_f > 8.0$mm 的角焊缝其局部焊脚尺寸允许低于设计要求值 1.0mm，但总长度不得超过焊缝长度 10%。

2. 焊接 H 形梁腹板与翼缘板的焊缝两端在其两倍翼缘板宽度范围内，焊缝的焊脚尺寸不得低于设计值。

9）焊缝的坡口形式和尺寸，应符合国家现行标准《手工电弧焊缝坡口的基本形式和尺寸》GB 985 和《埋弧焊焊缝坡口的基本形式和尺寸》GB 986 的规定。

(6) 型钢钢板制孔，应采用工厂车床制孔，严禁现场用氧气切割开孔。

(7) 栓钉焊接前，应将构件焊接面的油、锈清除；焊接后检查栓钉高度的允许偏差应在±2mm 以内，同时，按有关规定抽样检查其焊接质量。

(8) 劲钢混凝土组合结构构件的最大裂缝宽度限值。

1）室内正常环境：0.3mm。

2）露天或室内高湿度环境：0.2mm。

3 砌体结构

砌体结构是由块体和砂浆砌筑而成的墙、柱作为建筑物主要受力构件的结构，是砖砌体、砌块砌体和石砌体结构的统称。砌块按用途分为承重砌块与非承重砌块(包括隔墙砌块和保温砌块)，按有无孔洞分为实心砌块与空心砌块(包括单排孔砌块和多排孔砌块)，按使用的原材料分为普通混凝土砌块、粉煤灰硅酸盐砌块、煤矸石混凝土砌块、蒸压加气混凝土砌块，浮石混凝土砌块等。砌体结构工程的特点：

一是砌体结构的砌体材料，是由砖、混凝土砌块等地方性块材和砂浆粘结叠合而成的复合材料，强度低、品种多。

二是砌体结构除具有承重作用外，多兼有建筑隔断、隔声、隔热、装饰等使用和美学功能。

三是砌体结构建筑体系适应性强，砌筑方便、灵活，对建筑物的平面和空间变化无严格的要求，能满足建筑设计变化的需要。

但也应该认识到砌体结构是由小块块材和砂浆粘结叠合所组成，砌体结构构件强度低、刚度差，砌体结构的施工基本上是由瓦工在施工现场用手工进行的，其质量受瓦工技术水平、熟练程度、质量责任心和施工现场的气候、环境因素的影响较大。因此，为确保工程质量，应熟悉国家现行的砌体规范和施工工艺，以利于更有效地进行质量控制。

3.1 术语和符号

3.1.1 主要术语

(1) 砌体结构：由块体和砂浆砌筑而成的墙、柱作为建筑物主要受力构件的结构，是砖砌体、砌块砌体和石砌体结构的统称。

(2) 配筋砌体结构：由配置钢筋的砌体作为建筑物主要受力构件的结构，是网状配筋砌体柱、水平配筋砌体墙、砖砌体和钢筋混凝土面层或钢筋砂浆面层组合砌体柱(墙)、砖砌体和钢筋混凝土构造柱组合墙和配筋砌块砌体剪力墙结构的统称。

(3) 配筋砌块砌体剪力墙结构：由承受竖向和水平作用的配筋砌块砌体剪力墙和混凝土楼、屋盖所组成的房屋建筑结构。

(4) 烧结普通砖：以黏土、页岩、煤矸石或粉煤灰为主要原料，经过焙烧而成的实心或孔洞率不大于规定值且外形尺寸符合规定的砖。分烧结粘土砖、烧结页岩砖、烧结煤矸石砖、烧结粉煤灰砖等。

(5) 烧结多孔砖：以黏土、页岩、煤矸石或粉煤灰为主要原料，经焙烧而成，孔洞率不小于25%，孔的尺寸小而数量多，主要用于承重部位的砖。简称多孔砖。目前多孔砖分为P型砖和M型砖。

(6) 蒸压灰砂砖：以石灰和砂为主要原料，经坯料制备、压制成型、蒸压养护而成的实心砖。简称灰砂砖。

(7) 蒸压粉煤灰砖：以粉煤灰、石灰为主要原料，掺加适量石膏和集料，经坯料制备、压制成型、高压蒸汽养护而成的实心砖。简称粉煤灰砖。

(8) 混凝土小型空心砌块：由普通混凝土或轻骨料混凝土制成，主规格尺寸为390mm×190mm×190mm、空心率在25%～50%的空心砌块。简称混凝土砌块或砌块。

(9) 混凝土砌块砌筑砂浆：由水泥、砂、水以及根据需要掺入的掺和料和外加剂等组分，按一定比例，采用机械拌和制成，专门用于砌筑混凝土砌块的砌筑砂浆。简称砌块专用砂浆。

(10) 混凝土砌块灌孔混凝土：由水泥、集料、水以及根据需要掺入的掺和料和外加剂等组分，按一定比例，采用机械搅拌后，用于浇注混凝土砌块砌体芯柱或其他需要填实部位孔洞的混凝土。简称砌块灌孔混凝土。

(11) 带壁柱墙：沿墙长度方向隔一定距离将墙体局部加厚形成墙面带垛的加劲墙体。

(12) 刚性横墙：在砌体结构中刚度和承载能力均符合规定要求的横墙。又称横向稳定结构。

(13) 夹心墙：墙体中预留的连续空腔内填充保温或隔热材料，并在墙的内叶和外叶之间用防锈的金属拉结件连接形成的墙体。

(14) 混凝土构造柱：在多层砌体房屋墙体的规定部位，按构造配筋，并按先砌墙后浇灌混凝土桩的施工顺序制成的混凝土柱。通常称为混凝土构造柱，简称构造柱。

(15) 圈梁：在房屋的檐口、窗顶、楼层、吊车梁顶或基础顶面标高处，沿砌体墙水平方向设置封闭状的按构造配筋的混凝土梁式构件。

(16) 墙梁：由钢筋混凝土托梁和梁上计算高度范围内的砌体墙组成的组合构件。包括简支墙梁、连续墙梁和框支墙梁。

(17) 挑梁：嵌固在砌体中的悬挑式钢筋混凝土梁。一般指房屋中的阳台挑梁、雨篷挑梁或外廊挑梁。

(18) 设计使用年限：设计规定的时期，在此期间结构或结构构件只需进行正常的维护便可按其预定的目的使用，而不需进行大修加固。

(19) 砌体墙、柱高厚比：砌体墙、柱的计算高度与规定厚度的比值。规定厚度对墙取墙厚，对柱取对应的边长，对带壁柱墙取截面的折算厚度。

(20) 伸缩缝：将建筑物分割成两个或若干个独立单元，彼此能自由伸缩的竖向缝。通常有双墙伸缩缝、双柱伸缩缝等。

（21）控制缝：设置在墙体应力比较集中或墙的垂直灰缝相一致的部位，并允许墙身自由变形和对外力有足够抵抗能力的构造缝。

（22）施工质量控制等级：根据施工现场的质保体系、砂浆和混凝土的强度、砌筑工人技术等级综合水平划分的砌体施工质量控制级别。即按质量控制和质量保证若干要素对施工技术水平所作的分级。

（23）型式检验：确认产品或过程应用结果适用性所进行的检验。

（24）通缝：砌体中，上下皮块材搭接长度小于规定数值的竖向灰缝。

（25）假缝：为掩盖砌体竖向灰缝内在质量缺陷，砌筑砌体时仅在表面作灰缝处理的灰缝。

（26）芯柱：在砌块内部空腔中插入竖向钢筋并浇灌混凝土后形成的砌体内部的钢筋混凝土小柱。

（27）原位检测：采用标准的检验方法，在现场砌体中选样进行非破损或微破损检测，以判定砌筑砂浆和砌体实体强度的检测。

（28）砂浆：由胶结料、细集料、掺加料和水配制而成的建筑工程材料，在建筑工程中起粘结、衬垫和传递应力的作用。

（29）砌筑砂浆：将砖、石、砌块等粘结成为砌体的砂浆。

（30）水泥砂浆：由水泥、细集料和水配制成的砂浆。

（31）水泥混合砂浆：由水泥、细集料、掺加料和水配制成的砂浆。

（32）掺加料：为改善砂浆和易性而加入的无机材料，例如：石灰膏、电石膏、粉煤灰、黏土膏等。

3.1.2 主要符号

（1）MU——砌块的强度等级。

（2）M——砂浆的强度等级。

（3）Mb——混凝土砌块砌筑砂浆的强度等级。

（4）C——混凝土的强度等级。

(5) Cb——混凝土砌块灌孔混凝土的强度等级。

(6) f_1——块体的抗压强度等级值或平均值。

(7) f_2——砂浆的抗压强度平均值。

(8) f、f_k——块体的抗压强度设计值、标准值。

(9) f_g——单排孔且对孔砌筑的混凝土砌块灌孔砌体抗压强度设计值。

(10) f_{vg}——单排孔且对孔砌筑的混凝土砌块灌孔砌体抗剪强度设计值。

(11) f_t、$f_{t,k}$——砌体的轴心抗拉强度设计值、标准值。

(12) f_v、$f_{v,k}$——砌体的抗剪强度设计值、标准值。

(13) f_n——网状配筋砖砌体的抗压强度设计值。

3.2 基本规定

3.2.1 材料要求

(1) 砌体工程所用的材料应有产品的合格证书、产品性能检测报告。块材、水泥、钢筋、外加剂等尚应有材料主要性能的进场复验报告。严禁使用国家明令淘汰的材料。

(2) 见证取样要求。用于拌制砌筑砂浆的水泥、用于承重墙体的砌筑砂浆试块和用于承重墙的砖和混凝土小型砌块，必须按规定实行见证取样；取样数量不得低于有关技术标准规定取样数量的30%。

3.2.2 砌筑基础前准备

应校核放线尺寸，允许偏差应符合表3.2.1的规定。

放线尺寸的允许偏差 **表3.2.1**

长度 L、宽度 B(m)	允许偏差(mm)	长度 L、宽度 B(m)	允许偏差(mm)
L(或 B)≤30	±5	60<L(或 B)≤90	±15
30<L(或 B)≤60	±10	L(或 B)≤30	±20

3.2.3 砌筑顺序

(1) 基底标高不同时，应从低处砌起，并应由高处向低处搭砌。当设计无要求时，搭接长度不应小于基础扩大部分的高度。

(2) 砌体的转角处和交接处应同时砌筑。当不能同时砌筑时，应按规定留槎、接槎。

3.2.4 临时洞口和脚手眼设置

(1) 在墙上留置临时施工洞口，其侧边离交接处墙面不应小于500mm，洞口净宽度不应超过1m。抗震设防烈度为9度的地区建筑物的临时施工洞口位置，应会同设计单位确定。临时施工洞口应做好补砌。

(2) 不得在下列墙体或部位设置脚手眼：

1) 120mm墙、料石清水墙和独立柱。

2) 过梁上与过梁成60°角的三角形范围及过梁净跨度1/2的高度范围内。

3) 宽度小于1m的窗间墙。

4) 砌体门窗洞口两侧200mm(石砌体为300mm)和转角处450mm(石砌体为600mm)范围内。

5) 梁或梁垫下及其左右500mm范围内。

6) 设计不允许设置脚手眼的部位。

(3) 施工脚手眼补砌时，灰缝应填满砂浆，不得用干砖填塞。

(4) 设计要求的洞口、管道、沟槽应于砌筑时正确留出或预埋，未经设计同意，不得打凿墙体和在墙体上开凿水平沟槽。宽度超过300mm的洞口上部，应设置过梁。

3.2.5 其他要求

(1) 尚未施工楼板或屋面的墙或柱，当可能遇到大风时，其允许自由高度不得超过表3.2.2的规定。如超过表中限值时，必须采用临时支撑等有效措施。

墙和柱允许自由高度　　表 3.2.2

墙(柱)厚(mm)	砌体密度>1600kg/m²			砌体密度 1300～1600kg/m²		
	风荷载（kN/m²）			风荷载（kN/m²）		
	0.3(约7级风)	0.4(约8级风)	0.5(约9级风)	0.3(约7级风)	0.4(约8级风)	0.5(约9级风)
190	—	—	—	1.4	1.1	0.7
240	2.8	2.1	1.4	2.2	1.7	1.1
370	5.2	3.9	2.6	4.2	3.2	2.1
490	8.0	6.5	4.3	7.0	5.2	3.5
620	14.0	10.5	7.0	11.4	8.6	5.7

注：1. 本表适用于施工处相对标高(H)在 10m 范围内的情况。如 $10m<H\leqslant15m$、$15m<H\leqslant20m$ 时，表中允许自由高度应分别乘以 0.9、0.8 的系数；如 $H>20m$ 时，应通过抗倾覆验算确定。

2. 当所砌筑的墙有横墙或其他结构与其连接，而且间距小于表列限值的 2 倍时，砌筑高度可不受本表的限制。

（2）搁置预制梁、板的砌体顶面应找平，安装时应座浆。当设计无具体要求时，应采用 1∶2.5 的水泥砂浆。

（3）砌体施工质量控制等级应分为 A、B、C 三级，见表 3.2.3。

砌体施工质量控制等级　　表 3.2.3

项　目	施工质量控制等级		
	A	B	C
现场质量管理	制度健全，并严格执行；非施工方质量监督人员经常到现场，或现场设有常驻代表；施工方有在岗专业技术管理人员，人员齐全，并持证上岗	制度基本健全，并能执行；非施工方质量监督人员间断地到现场进行质量控制；施工方有在岗专业技术管理人员，并持证上岗	有制度；非施工方质量监督人员很少在现场进行质量控制；施工方有在岗专业技术管理人员
砂浆、混凝土强度	试块按规定制作，强度满足验收规定，离散性小	试块按规定制作，强度满足验收规定，离散性较小	试块强度满足验收规定，离散性大
砂浆拌合方式	机械拌合；配合比计量控制严格	机械拌合；配合比计量控制一般	机械或人工拌合；配合比计量控制较差
砌筑工人	中级工以上，其中高级工不少于20%	高、中级工不少于70%	初级工以上

(4) 设置在潮湿环境或有化学侵蚀性介质的环境中的砌体灰缝内的钢筋应采取防腐措施。

(5) 砌体施工时，楼面和屋面堆载不得超过楼板的允许荷载值。施工层进料口楼板下，宜采取临时加撑措施。

(6) 砌体结构和结构构件在设计使用年限内，在正常维护下，必须保持适合使用，而不需大修加固。设计使用年限按表3.2.4划分。

设计使用年限分类 **表3.2.4**

类 别	设计使用年限(年)	示 例
1	5	临时性结构
2	25	易于替换的结构构件
3	50	普通房屋和构筑物
4	100	纪念性建筑和特别重要的建筑结构

(7) 根据建筑结构破坏可能产生的后果(危及人的生命、造成经济损失、产生社会影响等)的严重性，建筑结构按表3.2.5划分为3个安全等级。

建筑结构的安全等级 **表3.2.5**

安全等级	破坏后果	建筑物类型
一 级	很 严 重	重要的房屋
二 级	严 重	一般的房屋
三 级	不 严 重	次要的房屋

注：1. 对特殊的建筑物，其安全等级应根据具体情况另行确定。
2. 对地震区的砌体结构设计，应按现行国家标准《建筑抗震设防分类标准》GB 50223根据建筑物重要性区分建筑物类别。

3.2.6 质量验收划分与合格确认

(1) 分项工程的验收应在检验批验收合格的基础上进行。检验批的确定可根据施工段划分。

（2）砌体工程检验批验收时，其主控项目应全部符合现行《砌体工程施工质量验收规范》的规定；一般项目应有80%及以上的抽检处符合规范的规定，或偏差值在允许偏差范围以内，且最大偏差不应超过规范规定的1.5倍。

3.3 砌筑砂浆

3.3.1 材质要求

（1）水泥

1）砌筑用水泥对品种、强度等级没有限制，但使用水泥时，应注意水泥的品种、性能及适用范围。宜选用普通硅酸盐水泥或矿渣硅酸盐水泥，不宜选用强度等级较高的水泥，水泥砂浆不宜选用强度等级大于32.5级的水泥，混合砂浆不宜选用强度等级大于42.5级的水泥。对不同厂家、品种、强度等级的水泥应分别贮存，不得混合使用。

2）水泥进入施工现场应有出厂质量保证书，且品种和强度等级符合设计要求。使用前，对进场的水泥质量应分批对其强度、安定性进行复验，检验批应以同一生产厂家、同一编号为一批，经试验鉴定合格后方可使用。

3）当在使用中对水泥质量有怀疑或出厂日期超过3个月的水泥（快硬硅酸盐水泥超过一个月）时，应复查试验，并按其结果使用，复查试验达不到质量标准的不得使用。严禁使用安定性不合格的水泥。

（2）砂

砌筑砂浆宜用中砂，砌毛石用的砂浆宜用粗砂，并应过筛，不得含有草根、土块、石块等有害杂物。砂应进行抽样检验并符合现行国家标准的要求。砂浆用砂含泥量限制：

1）对水泥砂浆和强度等级不小于M5的水泥混合砂浆，不应超过5%。

2）对强度等级小于 M5 的水泥混合砂浆，不应超过 10%。

3）人工砂、山砂及特细砂，应经试配能满足砌筑砂浆技术条件要求。

（3）石灰

1）石灰宜采用块灰（生石灰），灰末的含量不得超过总重量的 30%。运到现场的石灰，宜随到随淋。

2）淋灰应通过孔径不大于 3mm×3mm 的筛网过滤，沉入淋灰池中充分熟化。熟化时间不得少于 7d。

（4）生石灰粉

1）生石灰粉有钙质生石灰和镁质生石灰，分为优等品、一等品、合格品。

2）消石灰粉不得直接使用于砌筑砂浆中。

（5）石灰膏：块状生石灰按上述（3）之 2）的要求熟化成石灰膏；对于磨细生石灰粉，其熟化时间不得少于 1d。沉淀池中贮存的石灰膏，应防止干燥、冻结和污染。严禁使用脱水、硬化的石灰膏。

（6）黏土膏：应用粉质黏土或黏土制备黏土膏，宜用孔洞不大于 3mm×3mm 的网过筛，并用搅拌机加水搅拌。黏土中的有机物含量用比色法鉴定，其颜色应浅于标准色。

（7）粉煤灰：粉煤灰品质等级用三级即可。砂浆中的粉煤灰取代水泥率不宜超过 40%，砂浆中的粉煤灰取代石灰膏率不宜超过 50%。

（8）外加剂：凡在砂浆中掺入有机塑化剂、引气剂、早强剂、缓凝剂及防冻剂等，应符合国家质量标准或施工合同确定的标准，并应具有法定检测机构出具的该产品砌体强度型式检验报告，还应经砂浆性能试验合格后，方可使用。有机塑化剂应有砌体强度的型式检验报告。其掺量应通过试验确定。

（9）水：采用饮用水。当采用其他来源水时，水质必须符合国家现行标准《混凝土拌合用水标准》JGJ 63 的规定。

3.3.2 砌筑砂浆的配制

（1）砂浆强度等级

1）砂浆强度等级是以标准养护、龄期为28d的试块抗压强度为准。确定砂浆强度等级时，应采用同类块体为砂浆强度试块底模。

2）根据《砌筑砂浆配合比设计规程》（JGJ 98—2000），砂浆强度分为六个等级：M20、M15、M10、M7.5、M5和M2.5。各设计强度等级砂浆相应的抗压设计强度值应符合《砌体结构设计规范》GB 50003—2001的规定。

3）施工中当采用水泥砂浆代替水泥混合砂浆时，应重新确定砂浆强度等级。

（2）砂浆配合比

砂浆的配合比应根据现场材料经试验确定，施工过程中如果砂浆的组成材料有变更时，应调整配合比。如无实验室，在不得已的情况下，应进行试配。砂浆配合比的确定，应按下列步骤进行：

1）计算砂浆试配强度　　$f_{m,0}=f_2+0.645\sigma$(MPa)

式中　f_2——抗压强度平均值；

σ——砂浆现场强度标准差，当没有统计资料时，σ可按表3.3.1取值。

无统计资料时，σ的参考值　　　　**表3.3.1**

施工水平 \ 砂浆强度等级	M2.5	M5	M7.5	M10	M15	M20
优　良	0.50	1.00	1.50	2.00	3.00	4.00
一　般	0.62	1.25	1.88	2.50	3.75	5.00
较　差	0.75	1.50	2.25	3.00	4.50	6.00

2）按砌筑砂浆配合比设计规程所示公式计算每立方米砂浆中水泥用量Q_c(kg)。

3）按水泥用量Q_c计算每立方米砂浆掺加料用量Q_d(kg)。

4）确定每立方米砂浆砂用量Q_s(kg)。

5）按砂浆稠度选用每立方米砂浆用水量Q_w(kg)。

6）进行砂浆试配。

7）确定配合比。

（3）砂浆的拌合

1）砂浆应采用机械拌和，拌和时间自投料结束算起：水泥砂浆、混合砂浆不少于 2min；水泥粉煤灰砂浆和掺用外加剂砂浆不少于 3min（微沫剂砂浆为 3～5min）；掺用有机塑化剂的砂浆应为 3～5min。实在受到条件限制采用人工拌和时，应采用保证配合比的精度和拌合均匀性的有关措施，并经参建各方确认。

2）拌制砂浆的计量要求

① 砂浆的配合比应采用重量比。

② 水泥及外加剂的配料精度应控制在±2%以内；砂、石灰膏等配料精度应控制在±5%以内。

3.3.3 质量控制

（1）检查砂浆的品种及掺和料的品种，应检查是否按施工配合比进行拌合。例如水泥砂浆不应掺加石灰或黏土等，防水砂浆应掺加防水剂，防冻砂浆应掺加防冻剂等。

（2）查看水泥、砂及其他主要材料是否有不正常的情况，例如水泥结块、砂的粗细度、砂中的杂物与含泥量等，是否与已经过试验合格的材料的外观有明显的差异，如有明显差异应要求施工人员进行见证取样试验。

（3）在砂浆出料口检查砂浆的稠度，砂浆的稠度应符合表 3.3.2 的规定。

砂浆的稠度选用　　表 3.3.2

砌　体　种　类	砂浆稠度(mm)
烧结普通砖砌体	70～90
轻骨料混凝土小型空心砌块砌体	60～90
烧结多孔砖、空心砖砌体	60～80
烧结普通砖平拱式过梁、空斗墙、筒拱、普通混凝土小型空心砌块砌体、加气混凝土砌块砌体	50～70
石砌体	30～50

(4) 检查砂浆是否具有良好的和易性，其分层度不宜大于30mm。砂浆拌成后在使用时，均应盛入贮灰器内。如砂浆出现泌水现象，应在砌筑前再次拌合。

(5) 砂浆应随拌随用。在检查时应注意砂浆的拌合速度与使用消耗速度是否协调。特别是在出现非正常停工时，更应注意水泥砂浆和水泥混合砂浆在拌成后必须分别在 3h 和 4h 内使用完毕；如施工期间最高温度超过 30℃，必须分别在拌成后 2h 和 3h 内使用完毕。对掺用缓凝剂的砂浆，其使用时间可根据具体情况延长。

(6) 当采用具有自动计量装置的拌合机械拌合砂浆，不需进行计量检查，否则检查计量精度。

(7) 对于人工拌制砂浆且砂浆所用部位是重要的受力结构，如挡土墙、承重墙、砖拱等均应进行重点检查：

1) 水、水泥、砂及其他掺加物的计量方法。

2) 根据经验察看砂浆的颜色及和易性。

3) 利用砂浆稠度测定仪和分层度筒检查砂浆的稠度分层度。

3.3.4 砂浆的验收

在现行的砌体结构验收规范中，砌筑砂浆不作为一个独立的检验批或隐蔽工程来验收，应放入不同部位和不同种类的砌体形成的各个验收批之中进行验收，验收的指标就是经过见证取样的砂浆试块的强度值是否达到了要求。

(1) 砌筑砂浆试块强度验收时其强度合格标准必须符合以下规定：

1) 同一验收批砂浆试块抗压强度平均值必须大于或等于设计强度等级所对应的立方体抗压强度；同一验收批砂浆试块抗压强度的最小一组平均值必须大于或等于设计强度等级所对应的立方体抗压强度的 0.75 倍。

注：1. 砌筑砂浆的验收批，同一类型强度等级的砂浆试块应不少于 3 组。当同

一验收批只有一组试块时，该组试块抗压强度的平均值必须大于或等于设计强度等级所对应的立方体抗压强度。

2. 砂浆强度应以标准养护龄期为28d的试块抗压试验结果为准。

2）抽检数量：每一检验批且不超过250m^{3}砌体的各种类型及强度等级的砌筑砂浆，每台搅拌机应至少抽检一次。

3）检验方法：在砂浆搅拌机出料口随机取样制作砂浆试块（同盘砂浆只应制作一组试块），最后检查试块强度试验报告单。

(2) 当施工中或验收时出现下列情况，可采用现场检验方法对砂浆和砌体强度进行原位检测或取样检测，并判定其强度。

1）砂浆试块缺乏代表性或试块数量不足。

2）对砂浆试块的试验结果有怀疑或有争议。

3）砂浆试块的试验结果，不能满足设计要求。

(3) 原位试验的方法有：原位轴压法、扁顶法、原位单剪法、原位单砖双剪法、推出法、筒压法、砂浆片剪切法、回弹法、点荷法、射荷法与贯入法等。具体内容与要求参见《砌体工程现场检测技术标准》与《贯入法检测砌筑砂浆抗压强度技术规程》。

3.4 砖砌体工程

本节适用于烧结普通砖、烧结多孔砖、蒸压灰砂砖、粉煤灰砖等砌体工程。

3.4.1 施工原则及基本规定

(1) 砖的品种、强度等级必须符合设计要求，并应规格一致。用于清水墙、柱表面的砖，应边角整齐，色泽均匀。

(2) 有冻胀环境和条件的地区，地面以下或防潮层以下的砌体，不宜采用多孔砖。

(3) 砌筑砖砌体时，砖应提前1～2d浇水湿润。普通砖、空心砖含水率宜为10％～15％，灰砂砖、粉煤灰砖含水率宜为

5%～8%，含水率以水重占干砖重的百分数计。

(4) 砌砖工程当采用铺浆法砌筑时，铺浆长度不得超过750mm；施工期间气温超过30℃时，铺浆长度不得超过500mm。

(5) 240mm厚承重墙的每层墙的最上一皮砖，砖砌体的阶台水平面上及挑出层，应整砖丁砌。

(6) 砖砌平拱过梁的灰缝应砌成楔形缝。灰缝的宽度，在过梁的底面不应小于5mm；在过梁顶面不应大于15mm。拱脚下面应伸入墙内不小于20mm，拱底应有1%的起拱。

(7) 砖过梁底部的模板，应在灰缝砂浆强度不低于设计强度的50%时，方可拆除。

(8) 多孔砖的孔洞应垂直于受压面砌筑。

(9) 施工时施砌的蒸压(养)砖的产品龄期不应小于28d。

(10) 竖向灰缝不得出现透明缝、瞎缝和假缝。

(11) 砖砌体施工临时间断处补砌时，必须将接槎处表面清理干净，浇水湿润，并填实砖浆，保持灰缝平直。

3.4.2 施工准备及作业条件

(1) 材质要求

除砂浆外，砖砌体的主要材料包括烧结普通砖、烧结多孔砖、粉煤灰砖和蒸压灰砂砖。烧结普通砖和烧结多孔砖根据强度分5种：MU30、MU25、MU20、MU15、MU10。

1) 烧结普通砖

强度和抗风化性能合格的砖根据尺寸偏差、外观质量、泛霜和石灰爆裂分为优等品(A)、一等品(B)、合格品(C)3个等级。优等品适用于清水墙和墙体装饰，一等品和合格品可用于混水墙。中等泛霜的砖不能用于潮湿部位。

砖强度应符合表3.4.1的规定，尺寸偏差应符合表3.4.2的规定，外观质量应符合表3.4.3的规定。严重风化的东北、内蒙和新疆地区的砖应进行冻融试验。

烧结普通砖的强度要求(MPa)　　表 3.4.1

强度等级	抗压强度平均值 $f\geqslant$	变异系数 $\delta\leqslant0.21$	变异系数 $\delta>0.21$
		强度标准值 $f_k\geqslant$	单块最小抗压强度值 $f_{min}\geqslant$
MU30	30.0	22.0	25.0
MU25	25.0	18.0	22.0
MU20	20.0	14.0	16.0
MU15	15.0	10.0	12.0
MU10	10.0	6.5	7.5

烧结普通砖的尺寸允许偏差(mm)　　表 3.4.2

公称尺寸	优等品		一等品		合格品	
	样本平均差	样本极差≤	样本平均差	样本极差≤	样本平均差	样本极差≤
240	±2.0	8	±2.5	8	±3.0	8
115	±1.5	6	±2.0	6	±2.5	7
53	±1.5	4	±1.6	5	±2.0	6

烧结普通砖的外观质量　　表 3.4.3

项　　目	指　标(mm)		
	优等品	一等品	合格品
两个条面厚度高度差不大于	2	3	5
弯曲不大于	2	3	5
杂质在砖表面上造成的凸出高度不大于	2	3	5
缺棱、掉角的三个破坏尺寸不得同时大于	15	20	30
裂纹长度不大于： 1. 大面上宽度方向及其延伸至条面上的长度	70	70	110
2. 大面上长度方向及其延伸至顶面上的长度或条顶面上水平裂纹的长度	100	100	150
完整面不得少于	一条面和一顶面	一条面和一顶面	—
颜色	基本一致	—	—

注：1. 为装饰而施加的色差、凹凸纹、拉毛、压花等不算作缺陷。

2. 凡有下列缺陷之一者，不得称为完整面。

A. 缺损在条面或顶面上造成的破坏面尺寸同时大于 10mm×10mm。

B. 条面或顶面上裂纹宽度大于 1mm，其长度超过 30mm。

C. 压陷、粘底、焦花在条面或顶面上的凹陷或凸出超过 2mm，区域尺寸同时大于 10mm×10mm。

2）烧结多孔砖

强度和抗风化性能合格的砖根据尺寸偏差、外观质量、孔形及孔洞排列、泛霜和石灰爆裂分为优等品(A)、一等品(B)、合格品(C)3个等级。优等品适用于清水墙和墙体装饰，一等品和合格品可用于混水墙，中等泛霜的砖不能用于潮湿部位。

① 强度应符合表3.4.4的规定。

烧结多孔砖强度等级(MPa)　　**表3.4.4**

等级强度	抗压强度平均值 $f \geqslant$	变异系数 $\delta \leqslant 0.21$	变异系数 $\delta > 0.21$
		强度标准值 $f_k \geqslant$	单块最小抗压强度值 $f_{min} \geqslant$
MU30	30.0	22.0	25.0
MU25	25.0	18.0	22.0
MU20	20.0	14.0	16.0
MU15	15.0	10.0	12.0
MU10	10.0	6.5	7.5

② 烧结多孔砖尺寸允许偏差应符合表3.4.5的规定。

烧结多孔砖尺寸允许偏差(mm)　　**表3.4.5**

公称尺寸	优等品		一等品		合格品	
	样本平均差	样本极差≤	样本平均差	样本极差≤	样本平均差	样本极差≤
290、240	±2.0	6	±2.5	7	±3.0	8
190、180 175、140 115	±1.5	6	±2.0	6	±2.5	7
90	±1.5	4	±1.7	5	±2.0	6

③ 烧结多孔砖孔形、孔洞率应符合表3.4.6的规定。

④ 烧结多孔砖孔洞尺寸应符合表3.4.7的规定。

⑤ 多孔砖的外观质量应符合表3.4.8的规定。

烧结多孔砖孔形、孔洞率　　表 3.4.6

产品等级	孔　形	孔洞率(%)≥	孔洞排列
优 等 品	矩形条孔或矩形孔	25	交错排列，有序
一 等 品			
合 格 品	矩形孔或其他孔形		—

注：1. 所有孔宽 b 应相等，孔长 $L\leqslant 50$mm；

2. 孔洞排列上下、左右应对称，分布均匀，手抓孔的长度方向必须平行于砖的条面；

3. 矩形孔的孔长 L、孔宽 b 满足式 $L\geqslant 3b$ 时，为矩形条孔。

烧结多孔砖孔洞尺寸(mm)　　表 3.4.7

圆孔直径	非圆孔内切直径	手抓孔
≤22	≤15	(30～40)×(75～85)

烧结多孔砖的外观质量　　表 3.4.8

项　目	指　标(mm)		
	优 等 品	一 等 品	合 格 品
颜色(一条面和一顶面)	一　致	基本一致	—
完整面不得少于	一条面和一顶面	一条面和一顶面	—
缺棱、掉角的三个破坏尺寸不得同时大于	15	20	30
裂纹长度不大于：			
1. 大面上深入孔壁 15mm 以上宽度方向及其延伸到条面的长度	60	80	100
2. 大面上深入孔壁 15mm 以上长度方向及其延伸到顶面的长度	60	100	120
条顶面上的水平裂纹	80	100	120
杂质在砖表面上造成的凸出高度不大于	3	4	5

注：1. 为装饰而施加的色差、凹凸纹、拉毛、匝花等不算缺陷。

2. 凡有下列缺陷之一者，不能称为完整面：

A. 缺损在条面或顶面上造成的破坏面尺寸同时大于 20mm×30mm。

B. 条面或顶面上裂纹宽度大于 1mm，其长度超过 70mm。

C. 压陷、焦花、粘底在条面或项面上的凹陷或凸出超过 2mm，区域尺寸同时大于 20mm×30mm。

⑥ 泛霜

优等品：无泛霜。

一等品：不允许出现中等泛霜。

合格品：不允许出现严重泛霜。

⑦ 石灰爆裂

优等品：不允许出现最大破坏尺寸大于 2mm 的爆裂区域。

一等品：1)最大破坏尺寸大于 2mm 且小于等于 10mm 的爆裂区域，每组砖样不得多于 15 处；2)不允许出现最大破坏尺寸大于 10mm 的爆裂区域。

合格品：1)最大破坏尺寸大于 2mm 且小于等于 10mm 的爆裂区域，每组砖样不得多于 15 处，其中大于 10mm 的不得多于 7 处；2)不允许出现最大破坏尺寸大于 15mm 的爆裂区域。

(2) 作业条件

1) 基础部分

① 基槽：混凝土或其他地基均已完成，并办完隐检手续。

② 已放好基础轴线及边线；立好皮数杆(一般间距不超过 15m，转角处均应设立)，皮数杆上应标明皮数及竖向构造变化部位，并办完预检手续。

③ 杆最下面一层砖的底标高，拉线检查基础垫层表面标高，如第一层砖的水平灰缝大于 20mm 时，应先用细石混凝土找平，严禁在砌筑砂浆中掺细石代替或用砂浆垫平，更不允许砍砖找平。

④ 常温施工时，黏土砖必须在砌筑的前一天浇水湿润，一般以水浸入砖四边 15mm 左右为宜。

⑤ 砂浆应用水泥砂浆，配合比应经试验室确定，现场准备好砂浆试模。

2) 主体部分：除应符合基础部分②、④和⑤款外，尚应符合以下 3 点：

① 办完地基、基础隐检手续。

② 完成室外及房心回填土，安装好沟盖板。按标高做好防

潮层。

③ 弹好轴线、墙身线，根据进场砖的实际规格尺寸，弹出门窗洞口位置线，经验线符合设计要求，办完预检手续。

3.4.3 施工监控要点

(1) 砖砌体砌筑工艺

1) 砖砌体一般工艺流程图

砖墙砌筑前：必须清除基础面上的杂物；校核轴线；弹出墙身边线；按施工图标高尺寸分出门窗洞口、附墙垛、构造柱等位置；砖浇水润湿后，方可砌筑。砖砌体工艺流程图见图 3.4.1。

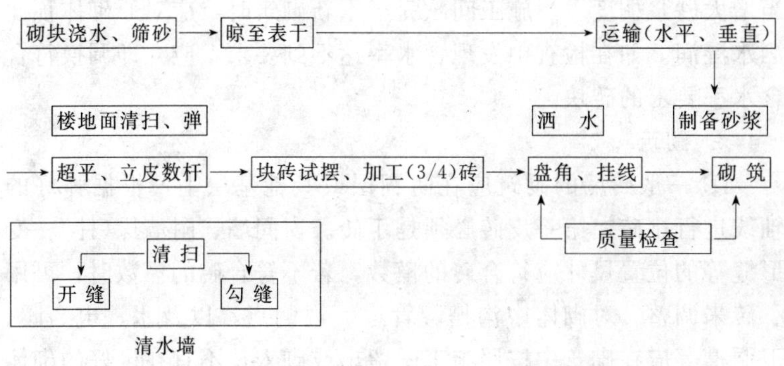

图 3.4.1 砖砌体工艺流程

2) 砌筑要求

① 砌墙时应先盘角，每次高度不得超过 320mm，并随时吊线找正。

② 砌墙应挂线，砌一砖厚及其以下的砖墙应单面挂线，砌一砖厚以上的砖墙应双面挂线，线长大于 15m 时，中间应加支线点。在砌筑砖墙时，每块砖应上跟线，下跟棱，揉平压实。

③ 在砌筑时，应根据墙体类别和部位选砖。用于清水墙或正面墙的砖，应边角整齐，色泽一致。断砖不得集中使用。

④ 砌筑山墙，按设计坡度可用套板或立中心线杆。砌后应及时做屋面，必要时应设临时支撑。

(2) 监控要点

1) 运输与堆放

砖在运输装卸过程中，严禁倾倒和抛掷。经验收的砖应按品种和相同强度等级堆放整齐，每 200 块砖为一垛，宜侧立堆码，堆置高度不宜超过 2m。

2) 含水率

砌筑砖砌体时，应每天检查是否按规范规定提前 1～2d 浇水湿润，湿润的程度是普通砖、空心砖含水率控制在 10%～15% 之间，灰砂砖、粉煤灰砖含水率为 8%～12%。常温施工不得干砖上墙，雨季不得使用含水率达饱和状态的砖砌墙；冬期必须适当增大砂浆稠度。当施工间歇完毕重新砌筑时，应对原砌体顶面洒水湿润。如在检查中发现含水率达不到要求，应立即调换符合含水率要求的砖块。

3) 砌筑

① 一般砖墙的砌筑应在防潮层或其他基层上，根据弹好的轴线进行排砖，第一皮砖必须是丁砖。窗间墙、附墙垛(柱)、变形缝等的位置尺寸应符合砖的模数，若不符合砖的模数时，可用丁砖来调整。对砌体中沟槽、管道、观测点，以及水、电、暖、卫洞槽等应在砌筑中按照施工图留出或砌入，不宜在砌好的砌体上开槽凿洞。

② 砖砌体砌筑时宜随铺砂浆随砌筑。

③ 砖砌体的灰缝，应横平竖直，砂浆饱满。水平灰缝厚度和竖向灰缝宽度一般为 10mm，不应小于 8mm，也不应大于 12mm，清水墙面应及时清缝。砌筑好的砌体，不得任意挪动砖块或敲打墙面。纠正偏差时，应轻拆重砌。

④ 从有利于保证砌体的完整性、整体性和受力的合理性出发，240mm 厚承重墙每层墙的最上一皮砖、砖砌体的阶台水平面上，以及挑出层，应整砖丁砌。这是砌体验收规范的明确规定，在检查验收时要严格要求。

⑤ 砖平拱过梁是砖砌拱体结构中矢高极小的一种拱体结构。

必须保证拱脚下面伸入墙内的长度和拱底应有的起拱量，保持楔形灰缝形态。拱脚下面应伸入墙内不小于20mm，拱底应有1%的起拱。

⑥ 砖过梁底部的模板，应在灰缝砂浆强度不低于设计强度的50%时，方可拆除。

⑦ 当竖缝砂浆很不饱满甚至完全无砂浆时，其砌体的抗剪强度将降低40%～50%。此外，透明缝、瞎缝和假缝对房屋的使用功能也会产生不良影响。检查时一定要检查竖向灰缝不得出现透明缝、瞎缝和假缝。

⑧ 多孔砖的孔洞应垂直于受压面砌筑，这样能使砌体有较大的有效受压面积，有利于砂浆结合层进入上下砖块的孔洞中产生“销键”作用，提高砌体的抗剪强度和砌体的整体性。

⑨ 灰砂砖、粉煤灰砖出窑后停放时间不应小于28d，使其早期收缩值在此期间内完成大部分，以防墙体早期开裂。

⑩ 施工过程中在砖墙上留设过人或其他临时施工洞口，应在砌筑时增设拉结筋，洞口上方加设过梁。临时间断处补砌时，必须将接槎处表面清理干净，浇水湿润，并填实砂浆，保持灰缝垂直。

⑪ 预埋件及预留孔洞应按设计要求做到稳固、正确。对埋入砌体内的木料及金属制品，必须涂刷防腐剂或防锈涂料。

4）砂浆饱满度

根规范规定水平灰缝饱满度应达到80%。检查频度：一般情况下，每层每轴线应检查一至两次，有问题存在时应加大频度2倍以上，检查方法是将砌好的砖揭开检查粘结面积。当设计对饱满度有特殊要求的砌体，应按设计要求进行。

5）转角处和交接处的砌筑和接槎质量

试验分析证明：同时砌筑的连接性能最佳；留踏步搓（斜槎）的次之；留直槎并按规定加拉结钢筋的再次之；仅留直槎不加设拉结钢筋的最差。

在现场检查时要注意砖砌体的转角处和交接处应同时砌筑，

严禁无可靠措施的内外墙分砌施工。对不能同时砌筑而又必须留置的临时间断处应砌成斜槎，斜槎水平投影长度不应小于高度的2/3。

非抗震设防及抗震设防烈度为6度、7度地区的临时间断处，当不能留斜槎时，除转角处外，可留直槎，但直槎必须做成阳槎，并加设拉结钢筋。

3.4.4 施工质量验收

砌体施工质量验收见表3.4.9。

砌体施工质量验收　　　　表3.4.9

检验项目		标准	检验方法
主控项目	1. 砖和砂浆的强度等级	必须符合设计要求	检查砖和砂浆试块试验报告
	2. 砌体水平灰缝的砂浆饱满度	不得小于80%	用百格网检查砖底面与砂浆粘结痕迹面积。每处检测3块砖，取平均值
	3. 砖砌体转角处和交接处的砌筑	应同时砌筑，严禁无可靠措施的内外墙分砌施工。不能同时砌筑又必须留置的临时间断处应砌成斜槎，斜槎水平投影长度不应小于高度的2/3	观察检查
	4. 非抗震设防及抗震设防烈度为6度、7度地区的临时间断处	不能留斜槎时，除转角处外，可留直槎(必须做成凸槎)。留直槎处应加设拉结钢筋，拉结钢筋的数量为每120mm墙厚放置1ϕ6拉结钢筋(120mm厚墙放置2ϕ6拉结钢筋)，间距沿墙高不应超过500mm；埋入长度从留槎处算起每边均不应小于500mm，对抗震设防烈度6度、7度的地区，不应小于1000mm；末端应有90°弯钩。留槎正确，拉接钢筋设置数量、直径正确，竖向间距偏差不超过100mm，留置长度基本符合规定	观察和尺量检查

续表

检验项目		标　准	检验方法
主控项目	5. 砖砌体的位置及垂直度允许偏差	见表 3.4.10	见表 3.4.10
一般项目	1. 砖砌体组砌方法	上、下错缝，内外搭砌，砖柱不得采用包心砌法。清水墙、窗间墙无通缝；混水墙中长度大于或等于 300mm 的通缝每间不超过 3 处，且不得位于同一面墙体上	观察检查
	2. 砖砌体的灰缝	应横平竖直，厚薄均匀。水平灰缝厚度宜为 10mm，但不应小于 8mm，也不应大于 12mm	用尺量 10 皮砖砌体高度折算
	3. 砖砌体的一般尺寸允许偏差	见表 3.4.11	见表 3.4.11

主控项目检查数量：

1. 每一厂家按烧结砖 15 万块、多孔砖 5 万块、灰砂砖及粉煤灰砖 10 万块各为一验收批，抽检数量为 1 组。砂浆试块的抽检数量见 3.3 有关规定。

2. 每检验批抽查不应少于 5 处。

3. 每检验批抽 20%接槎，且不应少于 5 处。

4. 每检验批抽 20%接槎，且不应少于 5 处。

5. 轴线查全部承重墙、柱；外墙垂直度全高查阳角，不应少于 4 处，每层每 20m 查一处；内墙按有代表性的自然间抽 10%，但不应少于 3 间，每间不应少于 2 处，柱不少于 5 根。

一般项目检查数量：

1. 外墙每 20m 抽查一处，每处 3～5m，且不应少于 3 处；内墙按有代表性的自然间抽 10%，且不应少于 3 间。

2. 每步脚手架施工的砌体，每 20m 抽查 1 处。

3. 见表 3.4.11。

砖砌体的位置及垂直度允许偏差　　表 3.4.10

序号	项目			允许偏差(mm)	检验方法
1	轴线位置偏移			10	用经纬仪和尺检查或用其他测量仪器检查
2	垂直度	每层		5	用 2m 托线板检查
		全高	≤10m	10	用经纬仪、吊线和尺检查，或用其他测量仪器检查
			＞10m	20	

砖砌体一般尺寸允许偏差　　表 3.4.11

序号	项目		允许偏差(mm)	检验方法	抽检数量
1	基础顶面和楼面标高		±15	用水平仪和尺检查	不应少于 5 处
2	表面平整度	清水墙、柱	5	用 2m 靠尺和楔形尺检查	有代表性自然间 10%，≥3 间，每间≥2 处
		混水墙、柱	8		
3	门窗洞口高、宽(后塞口)		±5	用尺检查	检验批洞口的 10%，且不应少于 5 处
4	外墙上下窗口偏移		20	以底层窗口为准，用经纬仪或吊线检查	检验批的 10%，且不应少于 5 处
5	水平灰缝平直度	清水墙	7	拉 10m 线和尺检查	有代表性自然间 10%，≥3 间，每间≥2 处
		混水墙	10		
6	清水墙游丁走缝		20	吊线和尺检查，以每层第一皮砖为准	有代表性自然间 10%，≥3 间，每间≥2 处

3.4.5 成品保护

(1) 基础砌筑工程

1) 基础墙砌完后，未经有关人员复查之前，对轴线桩、水平桩或龙门板应注意保护，不得碰撞。

2）预埋在基础内的暖卫、电气套管及其他预埋件，应注意保护，不得损坏。

3）抗震构造柱的钢筋和拉结筋应加保护，不得踩倒，弯折。

4）基础墙回填土，两侧应同时进行回填，暖气沟墙未填土的一侧应加支撑，防止回填时挤歪挤裂，破坏墙体。回填土应分层夯实，不允许向槽内灌水取代夯实。

5）土运输时，先将墙顶保护好，不得在墙上推车，损坏墙顶和碰撞墙体。

（2）主体砌筑工程

1）墙体拉结筋，抗震构造柱钢筋、大模板混凝土墙体钢筋及各种预埋件，暖卫、电气管线等，均应注意保护，不得任意拆改或损坏。

2）砂浆的稠度应适宜，砌墙时应防止砂浆流淌或溅脏墙面。

3）在吊放平台脚手架或安装大模板时，指挥人员和吊车司机要认真指挥和操作，防止碰撞已砌好的砖墙。

4）在高车架、进料口周围，应用塑料薄膜或木板等遮盖，保持墙面洁净。

5）尚未安装楼板或屋面板的墙和柱，当可能遇到大风时，应采取临时支撑等措施，以保证施工中墙体的稳定性。

3.4.6 常见质量缺陷及预控措施

（1）原材料与试验

1）水泥：无出厂合格证或证物不符；承重结构用水泥、进口水泥、过期水泥品种、日期、安定性等不详，水泥未取样复试。

预防措施：水泥应有生产厂家的出厂质量证明书（内容包括厂别、品种、强度等级、出厂日期、试验编号和试验数据以及出厂证明的代表批量）；水泥用于下列情况之一者必须进行复试：

① 用于承重结构和有强度等级要求的水泥。

② 无出厂证明的水泥。

③ 水泥出厂超过三个月(快硬硅酸盐水泥为一个月)。

④ 进口水泥。

水泥复试的必试项目：抗压强度、抗折强度、安定性和凝结时间。

2）砖：无出厂合格证或证物不符；承重砌体用砖未取样复试或复试数据不全；不合格者未注明如何处理。

预防措施：砖应有出厂质量证明书(应包括砖的品种、强度等级(标号)和试验数据等)用于承重结构的砖必须进行复试(必试项目为砖的抗压强度等级)。

砖的复试取样标准为每15万块为一批量，不足者也按一批量论。

复试不合格的砖应注明如何处理及去向。

3）砂：过细；含泥量超过规定；不合格者未注明如何处理。

预防措施：砌砖砂浆宜采用中砂配制，M5级以下砂浆所用砂的含泥量不超过10%，M5级以上砂浆的砂含泥量不超过5%，使用前用5mm孔径的筛子过筛。

砂应按产地、品种、规格、批量取样进行试验，试验内容包括颗粒级配、含泥量等，取样标准为同规格、同产地不超过300t，不足者也按一批。

试验不合格者应注明如何处理及去向。

(2) 砂浆

1）砂浆的强度：常用砂浆的强度波动较大，匀质性差，其中M2.5、M5级的砂浆强度低于设计要求的较多。

预防措施：①砂浆的配合比应经试验室确定，如砂浆的组成材料有变更时，其配合比应重新试验选定，严禁套用配合比，如用水泥砂浆代替同等级的水泥混合砂浆，应考虑砌体强度要降低15%的不利影响。②砂浆的配合比应采用重量比，石灰膏、电石膏等湿料，使用时的用量应按试配时的稠度予以调整，砂的含水率应作测定，并及时调整配合比。水泥、有机塑化剂(微沫剂)和冬期施工中掺用的氯盐等配料精确度控制在±2%以内，砂、灰膏等配料精确度控制在±5%以内。③砂浆应采用机械拌合，拌合时间自投料算起，不得少于1.5min。掺入微沫剂的砂浆，必须采用机械拌合，拌合时间自投料完算起为3～5min，人工拌合应充分搅拌均匀，严禁随意加水拌合再用，以免降低砌体强度。④砂浆试块应在砂浆拌制过程中随机抽样制作。⑤砂浆强度等级应以标准养护、龄期28d的试块抗压试验结果为准，如砂浆试块在自然温度下养护，必须作好温度纪录，应以28d养护温度的平均值换算为20℃时的强度，作为评定强度等级依据。⑥砂浆强度以地基基础和主体分部工程内，同品种、同强度等级砂浆为同一验收批。

2）砂浆和易性：①砂浆和易性不好，砌筑和挤浆都较困难，影响灰缝砂浆的饱满度，同时也使砂浆与砖的粘结力减弱。②砂浆保水性差，容易产生沉淀泌水现象，或灰槽中砂浆存放时间过长，砂浆沉底结硬，无法砌筑。

防治措施：①低强度等级砂浆(M2.5或M2.5以下)，必须使用混合砂浆，如使用混合砂浆确有困难，可掺微沫剂或掺水泥用量5%～10%的粉煤灰，达到改善砂浆和易性的目的。②水泥混合砂浆中的塑化材料(石灰膏)，应符合试验室试配时的材质要求，现场的塑化材料应存放在灰池中妥善保管，防止曝晒，风干结硬，并应经常浇水保持湿润。③水泥品种和强度等级应根据砌体部位及所处环境选择，一般宜采用32.5级普通硅酸盐水泥或矿渣硅酸盐水泥，不宜选用强度等级过高的水泥和过细的砂子拌制砂浆，严格执行施工配合比，保证搅拌时间。④灰槽中的砂浆，使用时应经常用铲翻拌，清底时应将灰槽内边角处的砂浆刮净，堆于一侧继续使用或与新拌砂浆混在一起使用。⑤砂浆应随拌随用，严禁使用隔夜或已凝结的砂浆，水泥砂浆和水泥混合砂浆，必须在3～4h内使用完毕，如施工期间最高气温超过30℃，必须分别在拌成后2～3h内使用完毕，掺入微沫剂的砂浆应在拌成后2h内使用完毕。

(3) 砌筑工程

1）基础墙身位移或基础墙与上部墙错台。

防治措施：基础砖撂底要正确，基础大放脚两侧边收退要均匀，退到墙身之前要检查轴线和边线是否正确，要拉线找正确的轴线和边线，砌筑时要保持墙身垂直。如偏差较小可在基础部位纠正，不得在防潮层以上退台或出沿。

2）墙面不平。

防治措施：砌筑墙体时，按有关规定通准线；一砖半墙必须双面挂线；一砖墙反手挂线；舌头灰要随砌随刮平。

3）水平灰缝不平，高低不一致。

防治措施：盘角时灰缝要掌握均匀，厚度一致；每层砖都要与皮数杆对平，通准线要绷紧穿平；砌筑时要左右照顾，避免接槎处形成高低不平。

4）皮数杆不平。

防治措施：抄平放线时，要细致认真；定皮数杆的木桩要牢固，防止碰撞松动；皮数杆竖立完成后，应进行水平标高的复验。

5）埋入砌体中的拉结筋位置不正确。

防治措施：应随时注意正在砌筑的皮数，保证按皮数杆标明的位置放置拉结筋，其外露部分在施工中不得任意弯折；并保证其长度符合设计要求。

6）留槎不符合要求。

防治措施：砌体的转角和交接处应同时砌筑，否则应砌成斜槎。

7）高低台基础砖搭接不合理。

防治措施：高低台相接处应砌成踏步式相接，操作时应从低处砌起，由高台向低台搭接，如设计无要求，其搭接长度不应小于基础扩大部分的高度。

8）砌体临时间断处的高度差过大。

防治措施：砌筑时应按照规定，临时间断处的高度差控制在一步脚手架的高度范围之内。

9）清水墙面游丁走缝。

防治措施：排砖时必须把立缝排匀，将窗口位置引出，使砖的竖缝尽量与窗口边线相齐；丁砖的中线必须与下层条砖的中线相重合；砌完一步架高度，每隔 2m 间距在丁砖立楞处用托线板吊直弹线，二步架往上继续吊直弹粉线，由底往上所有七分头的长度应保持一致，上层分窗口位置时必须同下窗口保持垂直。

10）清水墙面勾缝深浅不一致，竖缝不实，十字缝搭接不平，墙缝内残浆未扫净，墙面被砂浆严重污染，脚手眼处堵塞不严、不平，堵孔砖与原墙面色泽不一致，勾缝砂浆开裂，脱落。

防治措施：①勾缝前，通过拉线把游丁偏差大的开补找齐，水平缝不平和瞎缝也要拉线找平。如果砌墙时划缝太浅或漏刮的灰缝，用扁铲或瓦刀剔凿出缝子，深度控制在 10～12mm 之内并清扫干净。②勾缝前，对缺棱掉角的砖和游丁的立缝应进行修补；砂浆的颜色必须和砖的颜色一致，一般补砖时用砖面加水泥，拌成 1∶2 水泥砂浆，然后抹入缺楞掉角处；表面也加砖面压光。③砌墙时应保存一部分砖，供堵塞脚手眼用，脚手眼堵塞前，先将洞内残余砂浆剔除干净，并浇水润湿(冲去浮灰)然后铺砂浆用砖挤严，横竖灰缝均应填实砂浆，顶砖缝采取喂灰方法，塞严砂浆，以减少脚手眼对墙体强度的影响。④勾缝前，应提前一天将砖墙浇水湿润，勾缝时再适时浇水，但不宜太湿。⑤勾缝用水泥砂浆的配合比为水泥∶砂子＝1∶1～1∶5，细砂应过筛，砂浆稠度以勾缝镏子挑起不落为宜；砂浆应随拌随用，下班前应将砂浆用完为宜。⑥外清水墙一般宜勾凹缝，深度为 4～5mm，顺序是自上而下，先勾水平缝，后勾立缝，操作时用勾缝镏子将砂浆压入缝内，并来回压穿，上下口切实，竖缝应与上下水平缝搭接平整，左右切口要齐，为了防止托灰板对墙面的污染，宜将板端刨成尖角以减少与墙面的接触。⑦勾完缝后，待勾缝砂浆略被砖面吸水起干，即可进行扫缝。扫缝应顺缝扫，先水平缝，后竖缝，扫缝时应不断地抖掉扫帚中的砂浆粉粒，以减少对墙面的污染。⑧干燥天气，勾缝后应喷水养护。

11）水平灰缝厚薄不均，灰缝大小不匀：

防治措施：立皮数杆要保证标高一致，盘角时灰缝要掌握均匀，砌砖时小线要拉紧，防止一层线松，一层线紧。

12）砖墙臌胀。

防治措施：外砖内模墙体砌筑时，在窗间墙上、抗震柱两边分上、中、下留出 6cm×12cm 通孔，在抗震柱外墙面上垫木模板，用花篮螺栓与大模板连接牢固。混凝土要分层浇筑，振捣棒不可直接触及外墙。楼层圈梁外三皮 12cm 砖墙也应认真加固。如在振捣时发现砖墙已臌胀，则应及时拆掉重砌。

13）混水墙粗糙。

防治措施：半头砖应分散使用在墙体较大面上；首层或楼层的第一皮砖要查对皮数杆的标高及层高，防止到顶砌成螺丝墙；一砖厚墙应外手挂线。

14）构造柱处未按规范砌筑。

防治措施：构造柱砖墙应砌成大马牙槎，设置好拉结筋，从柱脚开始两侧都应先退后进，当槽口凹深 12cm 时，宜上口一皮进 6cm，再上一皮进 12cm，以保证混凝土浇筑时上角密实。构造柱内的落地灰、砖渣等杂物必须清理干净，防止混凝土内夹渣。

15）拱式过梁立砖不对称。

防治措施：砌筑平拱前应在底板侧面划出砖的块数及灰缝的宽度，砌筑操作时要从拱的两边同时往中间砌筑。

16）同一砖层的标高差一皮砖的厚度，造成螺丝墙。

防治措施：砌筑前对于基础顶面或楼板面标高偏差要先找平理顺，首层或楼层的第一皮砖要查对皮数杆的标高及层高，使皮数杆与砖层吻合；在砌筑时，要严格按皮数杆控制砖的皮数；按皮数杆砌好大角，坚持皮皮拉通线，线应绷紧、平直，砌砖时做到上跟线下跟棱，左右相跟要对平。

17）砌体砂浆不饱满，实心砖砌体水平灰缝的砂浆，饱满度低于 80%，砂浆饱满度不合格。

防治措施：①改善砂浆和易性。②改进砌筑方法，砌砖宜采用一铲灰、一块砖、一挤揉的满铺、满挤的操作方法。③应每天检查是否按规范规定提前 1～2d 浇水湿润，湿润的程度是普通砖、空心砖含水率控制在10%～15%之间，灰砂砖、粉煤灰砖含水率为8%～12%。现场检测时可把砖砍断，四周湿印为15mm左右。雨季不得使用含水率达饱和状态的砖砌墙；冬期有困难，必须适当增大砂浆稠度。当施工间歇完毕重新砌筑时，应对原砌体顶面洒水湿润。如在检查中发现含水率达不到要求，应立即要求施工人员调换符合含水率要求的砖块。

18）砌完一个层高的墙体时，同一砖层的标高差一皮砖的厚度，不能交圈。

防治措施：①砌墙前应先测定好所砌部位基面标高误差，通过调整灰缝厚度、调整墙体标高控制。画皮数杆时应注意砖砌体的水平灰缝厚度和竖直灰缝宽度，其宽度一般为10mm，但不应小于8mm，也不应大于12mm，注意灰缝应均匀。当第一层砖灰缝厚度大于20mm时应用豆石混凝土铺垫。②皮数杆标记要清楚，立皮数杆标高要准，安装牢固，便于观测，并应逐个进行预检合格后方可使用。③挂线两端应相互呼应，注意同一条平线所砌砖的层数是否与皮数杆上的砖层号相符。

19）预留孔洞及预埋件位置：①门窗洞口尺寸标高不准，影响门窗框安装及抹灰。②施工临时洞口位置不符合规定，洞口顶部未放过梁；墙体预留洞口宽度超过300mm，顶部未设过梁。③预留孔洞(槽)位置不准或漏留后剔凿。④预埋木砖数量不足，位置不准，顺纹安装，大头向外，不做防腐。⑤预埋件位置不准或漏放。⑥120厚墙、加气块墙及其他填充砌块墙用木砖无有效加固措施。⑦过梁安装座灰不饱满，夹杂砖渣、木块等，或座灰厚度超过20mm不用豆石砖铺垫。

防治措施：①设计要求的洞口、管道、沟槽、门窗洞口等应在施工前统一规定好尺寸位置，并在施工放线时一次标注清楚；应按位置线上下挂线，保证截面尺寸准确。②准备好所用材料及工具，施工中所需门窗框，预制过梁插筋，预埋铁等必须事先作好安排及时送到现场。③砌体中的预埋件应作好防腐处理，木砖预埋时应小头在外，大头在内，数量按洞口高度确定，洞口高在

1.2m 以内，每边放 2 块；洞口高 1.2～2m，每边放 3 块；洞口高 2～3m，每边放 4 块。预埋木砖的部位一般为上 3(皮砖)下 4(皮砖)中均分，木砖要提前做好防腐处理，木砖应与钉子垂直，120mm 墙及加气混凝土砌块墙用木砖应采用素混凝土内加木砖砌块做法，进行加固。④施工中需要在砖墙中留置的临时洞口，其侧边离交接处的墙角不应小于 500mm，洞口顶部宜设置过梁，宽度超过 300m 的洞口顶部应设置过梁。⑤在不允许设置脚手眼的部位设置了脚手眼。⑥抗震设计裂度为 9 度的建筑物，临时洞口的留置应会同设计单位研究决定。

20）墙身轴线位移。

防治措施：在砌筑操作过程中，要检查校核砌体的轴线与边线；通准线要绷紧拉平，且所挂的准线不宜过长。

21）砌体不稳定。

防治措施：砌筑时排砖、盘角、留槎等应符合上述规范要求；拉结钢筋规格、长度没按设计规定位置埋设，墙顶与天花板、梁和板底连接等要符合规范及设计的要求。

（4）砌体裂缝

砌体结构中的裂缝比较普遍，产生裂缝的原因也比较复杂。有的裂缝是产生于单一原因，而有一些裂缝则是由多种因素综合作用而产生的。由于裂缝往往是事故产生的预兆，其发展会造成更大更严重的事故。所以，一旦发现裂缝应及时分析原因，采取措施，而不能只用砂浆将裂缝抹平了事的错误作法，结果酿成大祸。因此，了解砌体发生裂缝的原因是十分重要的。一般说来，砌体中裂缝产生的原因大致有如下几种：地基不均匀沉降及不均匀冻胀、温度变形差异影响、砌体主要受力构件的强度不足、墙或柱稳定性不够等。

1）温差裂缝：根据国内外大量的调查资料分析，砌体中的裂缝大部分都属于温度胀缩裂缝。

① 温度裂缝的常见形态特征：

A. 斜裂缝：其形态有三种，即正八字形、倒八字形和 X

形，其中以正八字形最多见。正八字形一般在房屋纵向两端对称产生，多数只在端部各裂一个开间，少数裂两个开间，有时有可能发展至房屋长度的1/3左右；多数仅在房屋顶层开裂，少数向下裂二层，个别的向下裂三层。此缝主要是由于屋盖温度升高膨胀，当砌体中的主拉应力超过砌体的抗拉强度时而产生的。相反，当屋盖产生较大的收缩时，与之相连接的墙体就有可能产生倒八字形裂缝。当屋盖热胀、冷缩的变形都较大时，在砌体的同一部位可能产生正、倒八字裂缝，两者叠加成X形交叉裂缝。

B. 水平裂缝：水平裂缝多发生在顶层圈梁下皮标高处的内外纵、横墙上。常在建筑物四角形成水平包角缝，少数可在端开间室内四墙上裂成一圈。出现这种裂缝主要是因为屋盖的温度变形大于墙体变形，屋盖下砖墙产生的水平剪力大于砌体的水平抗剪强度。

C. 竖向裂缝：竖向裂缝通常有贯通房屋全高的竖向裂缝、房屋槽口下的竖向裂缝和底层窗台上的竖向裂缝及现浇钢筋混凝土梁端处墙面竖向裂缝。其产生原因主要是墙体或构件因温度降低产生收缩而造成的。

D. 女儿墙裂缝：女儿墙整个部位暴露在外面，由于屋盖温度变形使女儿墙根部受到向外(或内向)的水平推力，而导致女儿墙根部与平屋面交接处开裂。有时屋盖收缩也可使女儿墙偏心受压而造成墙顶竖向裂缝。

② 防治措施：从设计和施工等方面提出防止墙体裂缝的技术措施。

A. 屋面保温(隔热)层厚度必须根据当地气候条件通过热工计算确定。当采用水泥膨胀蛭石或水泥膨胀珍珠岩做保温层时，由于施工工艺和天气影响其内部含水率(一般含有20%～60%)超过规范规定，降低了保温隔热性能。因此，必须做好排汽道。排汽孔的数量每36m^{2}屋面面积设置一个，并做好防水处理。

B. 根据功能要求，在防水屋面上宜设架空隔热层，其高度按照屋面宽度或坡度的大小确定，一般宜为100～300mm。这既

可改善屋面的使用条件（便于安装太阳能等设备），又保护了防水层。

C. 用铝银粉或其他浅色防水涂料，代替绿豆砂做卷材保护层，可达到减小温度裂缝的目的。

D. 提倡设计坡屋顶、瓦材屋盖，既能美化城市环境，又能起到保温、隔热效果。

E. 采用整体式或装配式钢筋混凝土屋盖时，用油毡或铁皮将屋面板与墙体顶分隔开，做成滑动面。在地震区，板下的圈梁做成企口型，板头离企口或女儿墙留开 20mm 的缝隙，嵌填密封油膏，以利于屋面变形，避免墙体裂缝。

F. 顶层墙体应设置钢筋混凝土圈梁，以加强结构整体性；当屋面无挑檐时，外墙可做成暗圈梁，以降低钢筋混凝土圈梁的温度。

G. 屋顶设置钢筋混凝土挑檐时，非地震区宜为预制。采用现浇悬臂挑檐板和天沟时伸缩缝间距不应大于 15m，伸缩缝宽度不小于 20mm，缝隙宜用油膏或其他做法采取防渗漏措施。

H. 在两个端开间及山墙上，有窗的地方，除了在窗洞口的上部设有圈梁外，并在窗口的下部应力集中处增设窗下卧梁，断面为 120mm×240mm，主筋 4ϕ10，箍筋 ϕ6@150，伸入墙内不少于 240mm，顶标高为窗下口，混凝土强度等级为 C20。

I. 东西端山墙宜为 370 墙，非承重内纵墙应为 240 墙。当楼房宽度大于 10m 时，内纵墙与山墙交接处应设抗裂柱，宜沿纵墙端部开间设 2ϕ6@500 通长钢筋带。砌体砂浆强度等级不宜低于 M5。

J. 为防止因温差和砌体干缩引起的墙体竖向裂缝，应按规范要求设置伸缩缝。

K. 为防止女儿墙产生温度裂缝，应将构造柱引伸到女儿墙顶，构造柱间距 3～6m，墙顶设厚 60mm 钢筋混凝土现浇带配筋 3ϕ8。

L. 对整体性钢筋混凝土屋面板或板面积较大的屋面应设置

柔性分格缝；在屋面板与女儿墙的平行侧应留 20～30mm 的缝隙，嵌填密封油膏。架空板与女儿墙之间的距离不宜小于 250mm。

M. 施工质量的优劣直接影响裂缝开展的程度。因此施工企业应严格执行规范和规程的要求。非冬季施工禁止干砖上墙，内外墙同时砌筑，不留直槎，严禁碎砖集中使用，保证砂浆强度等级，提高砂浆饱满度。

N. 屋面结构层完成后，应及时做好保温层，挑檐部位的保温层做法同屋面，防止施工期间墙体裂缝。

O. 房屋建成后长期不使用的住宅，应注意室内通风，防止室内温度过高致使楼板热胀，使墙体产生过大裂缝。

单纯温度裂缝属于稳定性裂缝，一旦出现，能量便得以释放，对结构安全影响不大。一般一至三年即可稳定，等裂缝稳定后，应做好修补工作。

2）地基不均匀沉降裂缝

防治措施：

① 应加强工程地基验槽工作。在基槽开挖后应按规定进行钎探，对探出的软弱部位经加固处理后，方可进行基础施工。

② 按规范要求，合理设置沉降缝。施工时应注意缝内洁净，满足房屋的自由沉降。

③ 为防止窗台墙产生竖向裂缝，一是设计时调整基础底面的宽度和加大基础的刚度，二是在窗台下设计钢筋混凝土梁，也可以在窗台砌体二至三皮砖下配 3ϕ6 钢筋圈梁。另外，底层窗台下不应留设暖气洞，施工时控制砌筑质量。

3）其他原因裂缝：因结构荷载过大或砌体截面过小，设计构造不当，材料质量不良，施工质量低劣及其他（如地震、机械振动）等原因引起的裂缝，其裂缝特点显著，易于鉴别，应由设计单位采取针对性措施予以防治。

4）墙体裂缝的治理方法：墙体发生裂缝首先应认真做好观察与检测工作，根据工程结构性质和裂缝严重程度及裂缝发展规律进行治理。治理时应先由设计部门制定治理方案，按方案规定要求进行。

① 对于非地震区的一般性裂缝，经过一段时间(如一个冻溶循环或三年内)不再发展时，则认为裂缝已稳定，不影响结构安全和使用，对其局部裂缝处，可用砂浆嵌缝法或块体嵌补法处理。

② 对承载力无影响的表面裂缝及深进裂缝，可按表面涂抹水泥砂浆或表面涂抹环氧胶泥或用环氧粘贴玻璃布的表面覆盖法处理。

③ 对随温度变化而张闭的裂缝，宜采用密封法(有简单密封法和弹性密封法)修补。

5）设计上防止或减轻墙体开裂的主要措施：

① 为了防止或减轻房屋在正常使用条件下，由温差和砌体干缩引起的墙体竖向裂缝，应在墙体中设置伸缩缝。伸缩缝应设在因温度和收缩变形可能引起应力集中、砌体产生裂缝可能性最大的地方。伸缩缝的间距参见表 3.4.12。

砌体房屋伸缩缝最大间距　　表 3.4.12

屋盖或楼盖类别		间距（m）
整体式或装配式钢筋混凝土结构	有保温或隔热层的屋盖、楼盖	50
	无保温或隔热层的屋盖	40
装配式无檩条体系钢筋混凝土结构	有保温或隔热层的屋盖、楼盖	60
	无保温或隔热层的屋盖	50
装配式有檩条体系钢筋混凝土结构	有保温或隔热层的屋盖、楼盖	75
	无保温或隔热层的屋盖	60
瓦材屋盖、木屋盖或轻钢屋盖		100

② 为了防止或减轻房屋顶层墙体的裂缝，可根据具体情况采取下列措施：

A. 屋面应设置保温、隔热层。

B. 屋面保温(隔热)层或屋面刚性面层及砂浆找平层应设置分隔缝，分隔缝间距不宜大于 6m，并与女儿墙隔开，其缝宽不

小于 30mm。

C. 采用装配式有檩体系钢筋混凝土屋盖和瓦材屋盖。

D. 在钢筋混凝土屋面板与墙体圈梁的接触面处设置水平滑动层，滑动层可采用两层油毡夹滑石粉或橡胶片等，对于长纵墙，可只在其两端的 2～3 个开间设置，对于横墙可只在其两端各 1/4 横墙长度范围内设置。

E. 顶层屋面板下设置现浇钢筋混凝土圈梁，并沿内外墙拉通，房屋两端圈梁下的墙体内宜适当设置水平钢筋。

F. 顶层挑梁末端下墙体灰缝由设置 3 道焊接钢筋网片（纵向钢筋不少于 2ϕ4，横筋间距不宜大于 200mm）或 2ϕ6 钢筋，钢筋网片或钢筋应自挑梁末端伸入两边墙体不小于 1m。

G. 顶层墙体有门窗洞口时，在过梁上的水平灰缝内设置 2～3道焊接钢筋网片或 2ϕ6 钢筋，并应伸入过梁两端墙内不小于 600mm。

H. 顶层及女儿墙砂浆强度等级不低于 M5。

I. 女儿墙应设置构造柱，构造柱间距不宜大于 4m，构造柱伸至女儿墙顶并与现浇钢筋混凝土压顶整浇在一起。

③ 为防止或减轻房屋底层墙体裂缝，可根据情况采取下列措施：

A. 增大基础圈梁的刚度。

B. 在底层的窗台下墙体灰缝内设置 3 道焊接钢筋网片或 2ϕ6 钢筋，并伸入两边窗间墙内不小于 600mm。

C. 采用钢筋混凝土窗台板，窗台板嵌入窗间墙内不小于 600mm。

④ 墙体转角处和纵横墙交接处宜沿竖向每隔 400～500mm 设拉结钢筋，其数量为每 120mm 墙厚不少于 1ϕ6 或焊接钢筋网片，埋入长度从墙的转角或交接处算起，每边不小于 600mm。

⑤ 当房屋刚度较大时，可在窗台下或窗台角处墙体内设置竖向控制缝。在墙体高度或厚度突然变化处也宜设置竖向控制缝，或采取其他可靠的防裂措施。竖向控制缝的构造和嵌缝材料

应能满足墙体平面外传力和防护的要求。

3.5 混凝土小型空心砌块工程

本章适用于普通混凝土小型空心砌块和轻骨料混凝土小型空心砌块(以下简称小砌块)工程的施工。

3.5.1 施工原则及基本规定

(1) 施工时所用的小砌块的产品龄期不应小于28d。

(2) 砌筑小砌块时,应清除表面污物和芯柱小砌块孔洞底部的毛边,剔除外观质量不合格的小砌块。

(3) 施工时所用的砂浆,宜选用专用的小砌块砌筑砂浆。

(4) 底层室内地面以下或防潮层以下的砌体,应采用强度等级不低于C20的混凝土灌实小砌块的孔洞。

(5) 小砌块砌筑时,在天气干燥炎热的情况下,可提前洒水湿润小砌块;对轻骨料混凝土小砌块,可提前浇水湿润。小砌块表面有浮水时,不得施工。

(6) 承重墙体严禁使用断裂小砌块。

(7) 小砌块墙体应对孔错缝搭砌,搭接长度不应小于90mm。墙体的个别部位不能满足上述要求时,应在灰缝中设置拉结钢筋或钢筋网片,但竖向通缝仍不得超过两皮小砌块。

(8) 小砌块应底面朝上反砌于墙上。

(9) 浇灌芯柱的混凝土,宜选用专用的小砌块灌孔混凝土,当采用普通混凝土时,其坍落度不应小于90mm。

(10) 浇灌芯柱混凝土,应遵守下列规定:

1) 清除孔洞内的砂浆等杂物,并用水冲洗。

2) 砌筑砂浆强度大于1MPa时,方可浇灌芯柱混凝土。

3) 在浇灌芯柱混凝土前应先注入适量与芯柱混凝土相同的去石水泥砂浆,再浇灌混凝土。

(11) 需要移动砌体中的小砌块或小砌块被撞动时,应重新铺砌。

3.5.2 施工准备及作业条件

(1) 材质要求

无论是配筋或非配筋(无筋)混凝土小型空心砌块，其砌体结构都是由混凝土小型空心砌块、砌筑砂浆、芯柱混凝土、钢筋和钢筋网片四种材料组砌而成。

1) 混凝土小型空心砌块

混凝土小型空心砌块(以下简称砌块)分普通砌块和装饰砌块两大类，前者以承重为主，后者兼有承重和装饰作用。混凝土小型空心砌块的形状、尺寸、强度等级、颜色和外观纹理等花样繁多，可满足设计人员和建设单位的多种需求。

混凝土小型空心砌块的主要规格有：标准块、半块、一端开口块、两端开口块、圈梁块、开口圈梁块、过梁块、壁柱块和独立柱块等。

① 砌块侧壁和横肋的最小厚度见表3.5.1。

砌块侧壁和横肋的最小厚度　　表3.5.1

砌块模数宽度(mm)	砌块实际宽度(mm)	砌块侧壁最小厚度(mm)	砌块横肋最小厚度(mm)
100	90	30	25
150	140	30	25
200	190	30	25
250	240	38	28

② 强度要求

砌块的强度等级根据设计要求进行生产。承重砌块、承重装饰砌块、装饰砌块(含夹心墙的外叶墙)不应低于MU10，自承重砌块不应低于MU5；《普通混凝土小型空心砌块》(GB 8239—1997)规定了六种强度等级，其具体要求见表3.5.2。

普通混凝土小型空心砌块强度等级　　　表 3.5.2

强度等级	抗压强度≥		强度等级	抗压强度≥	
	五块平均值	单块最小值	五块平均值	五块平均值	单块最小值
MU3.5	3.5	2.8	MU10	10.0	8.0
MU5.0	5.0	4.0	MU15	15.0	12.0
MU7.5	7.5	6.0	MU20	20.0	16.0

③ 相对含水率见表 3.5.3。

砌块含水率最大允许值　　　表 3.5.3

线性干缩系数(%)	允许最大含水率(以吸水率的百分率表示)		
	年平均相对湿度		
	>75%	50%~75%	<50%
≤0.03	45	40	35
0.03~0.045	40	35	30
0.45~0.065	35	30	25

注：砌块最大含水率是指 3 块砌块的平均值。

④ 抗渗要求

用于外墙、潮湿房间及装饰砌块有抗渗要求。首先将 3 块砌块试件泡入水中 2h，然后将砌块从水中提出，用湿布擦干表面水分，在抗渗仪中加 300mm 的水压 30min 后，其水面下降量三块中的任一块不得超过 1mm。

⑤ 抗冻要求

砌块应满足 15 次或 25 次冻融后，其质量损失不大于 5%，其强度损失不大于 25%。非采暖地区不做上述要求。

⑥ 纹理要求

砌块的纹理有粗纹理、中纹理和细纹理。当墙面不再作任何饰面装修时，根据不同风格应选用细纹理砌块或中纹理砌块；当墙面要作粉刷时，则要采用粗纹理砌块，以便于挂灰。

⑦ 饰面砌块的其他要求

混凝土小型空心饰面砌块，在外观上还应表面颜色和骨料分布均匀、表面不得有裂纹和缺陷；并要求在散光条件下，人在6.0m处不能发现上述问题。

劈裂砌块在劈裂过程中不得咬肉太多，侧壁最小厚度不得小于20mm。

⑧ 外观尺寸误差要求

按外观质量，砌块可分为优等品、一等品和合格品，具体规定参见《普通混凝土小型空心砌块》(GB 8239—1997)。管理人员可按施工合同对照该标准进行验收。

2) 砌筑砂浆

砌块砌筑砂浆应采用高黏度、和易性和保水性好、强度较高的专用砂浆，其技术性能应符合国家建材行业标准《混凝土小型空心砌块砌筑砂浆》(JC 860—2000)的规定。

① 强度要求

当使用混凝土小型空心砌块专用砂浆时，对于自承重砌块(不包括夹心墙的外叶墙)砂浆强度等级不低于M5.0，对其余砌块不宜低于M10。

当没有条件使用混凝土小型空心砌块专用砂浆时，砂浆的强度等级可分为5个等级，即M5，M7.5，M10，M15和M20等。特殊需要时，也可配制M25以上的砂浆。

地震区一般均采用M7.5及其以上的砂浆，但也不宜采用超过M20的砂浆，因为高强度砂浆塑性变形差、延性也差。因此，能用低强度等级砂浆时，不选用高强度等级砂浆。

② 稠度一般均控制在80±5mm。

③ 保水性要求：保水性的衡量方法是砂浆的分层度，一般均规定砌筑砂浆的分层度不宜大于20mm，应控制在10～20mm之间。

④ 粘附性要求：这是新增加的一种要求。粘附性的试验方法是将砂浆抹在砌块端肋上，要求砂浆不得掉落，或用挑铲铲起砂浆转90°，砂浆不掉落为满足要求。

⑤ 抗冻性要求：对于采暖地区，砂浆应作冻融试验，一般环境作 15 次，干湿交替环境应作 25 次，其冻融后的质量损失不得大于 5%，强度损失不得大于 25%。

⑥ 抗渗要求应与砌块相当。

3）芯柱混凝土

① 芯柱混凝土是一种大流动性胶结材料，灌入砌块孔内后将砌块砌体和钢筋连接成整体，使 3 种材料(砌块、砂浆和钢筋）共同工作。其作用有：

A. 增大砌体的横截面面积，以便承受更大的垂直荷载和水平荷载(作用)。

B. 增强隔声性能，减小相邻房间的干扰。

C. 增强防火性能，提高砌体的防火等级。

D. 增加墙的储能性能，改善居住环境。

E. 增加墙的重量，改善挡土墙的抗倾覆能力。

② 芯柱混凝土的性能要求

A. 强度等级要求：

a. 灌孔混凝土的强度等级不宜低于砌块强度等级的 2 倍，也不应低于 Cb20。

b. 芯柱混凝土的抗压强度等级可分为 C15、C20、C25、C30。芯柱混凝土的强度等级不宜低于 C15。

B. 坍落度宜控制在 200～250mm 左右。用于非抗渗砌块灌孔用的芯柱混凝土，其坍落度取大值 250mm。

C. 均匀性要求：混凝土拌合物应均匀，颜色一致，不离析、不泌水，均匀指标应符合表 3.5.4 的要求。

混凝土拌合物的均匀性要求 **表 3.5.4**

检 查 项 目	指 标
混凝土中的砂浆密度两次测定值的相对误差	≤0.8%
单位体积混凝土中粗集料含量两次测定值的相对误差	≤5%

D. 芯柱混凝土参考配合比见表 3.5.5。

小型空心砌块灌孔混凝土参考配合比　　表 3.5.5

混凝土强度等级	水泥强度等级	配合比					
		水泥	粉煤灰	砂	碎石	外加剂	水灰比
C15	32.5	1	0.18	2.63	3.63	加	0.48
C20	42.5	1	0.18	2.63	3.63	加	0.48
C25	42.5	1	0.18	2.08	3.00	加	0.45
C30	42.5	1	0.18	1.66	2.49	加	0.42

4）钢筋和钢筋网片

① 灰缝钢筋应采用小直径热轧或冷轧焊接网片，网片钢筋的直径宜为 1/2 灰缝厚度，也不宜大于 $\phi 6$。灰缝钢筋应进行防腐处理。

② 非灰缝钢筋宜采用 HRB335 级（原Ⅱ级）或 HRB400 级（原Ⅲ级）钢筋，钢筋直径不宜大于 22。

（2）作业条件

1）施工准备

① 砌块、水泥、砂、掺合料、钢筋、拉结钢筋、预埋件、木砖等。

② 主要机具；搅拌机、手推车、大铲、刨锛、托线板、线坠、钢卷尺、灰槽、小水桶、砖夹子、小白线、筛子、八字靠尺板、钢筋卡子、铁抹子等。

2）作业条件

① 编制好施工方案，准备好施工机具，做好施工平面布置，划分施工段。

② 砌块砌筑施工前，必须做完基础工程，办完预检、隐检手续。

③ 放好砌体墙身位置线、门窗口等位置线，经验线符合设计图纸要求，预检合格。

④ 按砌筑操作需要，找好标高，立好标尺杆。

⑤ 搭设好操作和卸料架子。

⑥ 配制异形尺寸砌块(同材割制)；砂浆经试配确定配合比，准备好试模。

3）选材

① 如果发现养护龄期不足 28d 以及潮湿的普通混凝土小型空心砌块，不得用于砌筑。

② 断裂的小砌块从产品标准上说属于废品，严禁使用断裂或在壁肋中有竖向裂缝的普通混凝土小型空心砌块砌筑承重墙，这是普通混凝土小型空心砌块施工中最基本的要求。

③ 在一栋建筑物中，应使用同一生产厂家生产的产品。

3.5.3 施工控制要点

(1) 混凝土小型空心砌块砌筑工艺流程见图 3.5.1。

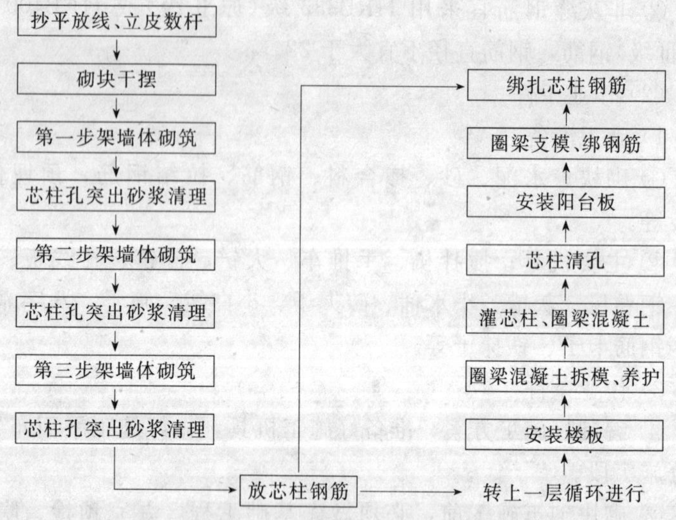

图 3.5.1 混凝土小型空心砌块砌筑的施工工艺流程

(2) 施工监控要点

混凝土小型空心砌块往往作为承重砌体承担着楼层结构的荷载。因此，它的质量与安全有密切的关系。工程建设人员在此砌体施工中应加强检查施工准备工作、加强施工过程中的巡视与检查，保证工程质量。

1）混凝土小型空心砌块使用及堆放要求

应按规格、强度等级整齐堆放，堆放的高度不宜超过1.6m，当采用集装箱或集装托板时，其叠放的高度不应超过两箱或两格（每格6皮小砌块）。堆垛应做出规格、等级以及是否检验合格的标识，堆放的场地必须平整，并且应做好排水，最好在混凝土小砌块的底部垫以木方、混凝土板等物，距地面应在100mm以上。堆垛之间应保持可以满足搬运要求的通道，装卸时严禁倾卸或甩掷。雨期堆放时，必须建立避雨设施。

2）普通混凝土小型空心砌块的砌筑，与砖砌体砌筑没有本质上的区别，但毕竟由于自身的特点，从而构成普通混凝土小型空心砌块的砌筑要求。

块型组配规格的强度等级应匹配，根据承重和自承重砌块的分类，相同建筑层高内各种块型应具有相同的混凝土强度等级。

① 普通混凝土小型空心砌块的强度等级应符合设计要求，并应采用主规格的小砌块，在砌筑前，一定将小砌块表面的污物和用于浇筑芯柱小砌块孔洞底部的毛边清除干净。

② 使用前可以不用浇水湿润，只在天气干燥炎热的情况下，才可提前洒水湿润。轻骨料混凝土小型空心砌块吸水率较高，为了保证砂浆不会失水过快影响砌体质量，使用前可以提前2d洒水湿润，但是必须注意小砌块表面有浮水时不得施工。

③ 砌筑前，应在四角或楼梯间转角处设立皮数杆，间距不宜超过15m。

④ 墙体转角处和纵横墙交接处应同时砌筑，墙体临时间断处应砌成斜槎，斜槎水平投影长度不应小于高度的2/3（一般按一步脚手架高度控制）。

如留斜槎确有困难时，除外墙转角处及抗震设防地区墙体临时间断处不应留直槎外，可从墙面伸出200mm砌成阳槎，并沿墙高每600mm（相当于3皮砌块）设拉结筋（2ϕ6）或钢筋网片（ϕ4），拉结筋或网片必须准确埋入灰缝或芯柱内，埋入的长度，从留槎处算起，每边均不应小于 600mm，外露部分不得随意弯折。

⑤ 砌筑普通混凝土小型空心砌块时，应底面向上反砌，并应对孔错缝搭砌，搭接长度不应小于 90mm。

当墙体的个别部位无法对孔错缝砌筑或不能满足搭接长度时，应在水平灰缝中设置拉结钢筋或 $\phi4$ 点焊网片(不宜使用搭接网片)，但竖向通缝仍然不能超过两皮小砌块。

⑥ 砌体与相邻施工流水段高度差不得超过一个楼层高度，同时也不得大于 4m。

⑦ 承重墙体不得采用普通混凝土小型空心砌块与黏土砖或其他块体材料混合砌筑。

⑧ 砌体中的加强网片和拉结钢筋，应按设计要求埋设在灰缝砂浆层中，其连接部位的搭结长度须大于 $30d$。

⑨ 需要移动已砌好小砌块或小砌块砌体被撞动时，应重新铺浆砌筑。

⑩ 在单体建筑中宜尽可能采用全长砌块(390mm)，以减少砌块类型。

⑪ 转角部位应采用单顶面砌块。

⑫ 丁字墙和纵横墙十字交叉部位宜采用七分头(290mm)砌块咬槎交错搭接，搭接长度不应小于 90mm；也可采用丁字墙砌块芯柱横向连接代替砌块咬槎交错搭接。

⑬ 设置水平配筋带的位置应采用系梁砌块，设置水平配筋带的丁字墙交叉部位应采用节点砌块。

⑭ 清水墙的端部应采用单顶面砌块，过梁部位宜采用通孔系梁砌块。

⑮ 墙体内部不应设置各种带有压力的水、暖、燃气和蒸汽管线。电线管应在墙内上下贯通的砌块孔洞内设置，不得在墙体内水平设置。

⑯ 固定膨胀螺栓部位的砌块应用混凝土灌实。

⑰ 清水墙面应尽量减少混凝土的外露，并进行相应处理。可

采用适用的砌块块型用于过梁、系梁、配筋带、芯柱清扫口等部位；可采用起拱方式处理较大的门窗开洞；对混凝土框架梁、柱和夹心砌体的较大门窗开洞也可采用挑檐承托外包砌块的方法。

⑱ 清水砌体的灰缝应厚度均匀，颜色一致。灰缝颜色宜采用砂浆本色，如需变更应采用涂料描缝的方法，而不宜剔凿另勾。

⑲ 墙体留缝，包括温度、沉降、防震和控制缝位置，应尽可能设置于墙体阴角等不易引人注意的地方，并在嵌缝材料表面涂覆与墙体相近似的颜色。

⑳ 较大面积的混水墙抹灰层应做分格处理，分格间距不宜大于3m。

㉑ 砌块建筑的雨水落水口应位于接近室外地面的位置，如设置较高的落水口，其落水点应与墙面保持足够的距离，以防止污、锈水污染墙面。

㉒ 洞口、管道、沟槽和预埋件等，应在砌筑时预留或预埋，严禁在砌好的墙体上打凿。在普通混凝土小型空心砌块墙体中不得预留水平沟槽。如必须打孔凿洞时，其砂浆强度应超过设计值的70%，并应采用小型机具施工，防止过大冲击和振动。

㉓ 在混凝土承重小型空心砌块上安装预制梁或楼板时，应座浆垫平。

㉔ 如果设计要求向混凝土砌块砌体孔洞中填充隔热或隔声材料时，应随着施工的进程砌一皮填一皮。所填材料须干燥、洁净、不含杂物，性能应满足设计要求。

㉕ 砌体伸缩缝、沉降缝、防震缝中夹杂的落灰、碎块等杂物应及时清除干净。

㉖ 对墙体表面的垂直度和平整度、灰缝的厚度和饱满度应随时检查，校正偏差。在砌完每一楼层后，应校核墙体的轴线尺寸和标高，在允许范围内的轴线及标高的偏差，可以在楼板上予以校正。

㉗ 基础防潮层的顶面，应将污物泥土除尽后，方能砌筑上

面的砌体。

㉘ 常温条件下的日砌筑高度：普通混凝土小砌块控制在1.8m内；轻骨料混凝土小砌块控制在2.4m内；砌体相邻工作段的高度差不得大于一个楼层或4m。

㉙ 雨期施工应有防雨措施，雨后继续施工，应复核墙体的垂直度。

㉚ 施工中需要在砌体中设置的临时施工洞口，其侧边离交接处的墙面不应小于600mm，并在顶部设过梁，填砌施工洞口的砌筑砂浆强度等级应提高一级。

㉛ 混凝土小型空心砌块砌筑灰缝要求：

A. 砌体灰缝应横平竖直，全部灰缝均应铺填砂浆；水平灰缝的砂浆饱满度不得低于90%；竖缝的砂浆饱满度不得低于80%；砌筑中不得出现瞎缝、透明缝；砌筑砂浆强度未达到设计要求的70%时，不得拆除过梁底部的模板。

B. 砌体的水平灰缝厚度和竖直灰缝宽度应控制在8～12mm，砌筑时的铺灰长度不得超过800mm；严禁用水冲浆灌缝；当缺少辅助规格小砌块时，墙体通缝不应超过两皮砌块。

C. 清水墙面，应随砌随勾缝，并要求光滑、密实、平整。

㉜ 砌体内不宜设脚手眼：如必须设置时，可用190mm×190mm×190mm小砌块侧砌；利用孔洞作脚手眼时，完工后用C15混凝土填实。但在下列部位不得设置脚手眼：

A. 过梁上部，与过梁成60度角的三角形及过梁跨度1/2范围内；

B. 宽度不大于800mm的窗间墙；

C. 梁和梁垫下及其左右各500mm的范围内；

D. 门窗洞口两侧200mm内和墙体交接处400mm的范围内；

E. 设计规定不允许设脚手眼的部位。

3）芯柱施工要点

① 宜优先利用砌体的孔洞设置芯柱，芯柱的布置规定：

A. 芯柱的最大间距(除非另有规定外)不宜大于2m；

B. 芯柱的截面不宜小于 120mm×120mm 或 140mm×100mm；芯柱中至少设置 1ϕ12 的钢筋，钢筋应在楼层圈梁或基础梁锚固。

② 当采用非标准砌块时也可采用构造柱增强砌体的抗裂能力，构造柱的布置应符合下列规定：

A. 对采用构造柱的砌块建筑，除应在所有纵横墙交接处，较大洞口的两侧设置构造柱外，尚应在房屋底部一、二层和顶层的墙体中设置构造柱，构造柱的间距不宜大于 2.4m；房屋其他部位墙体中的构造柱可根据地方经验或规定设置。构造柱的截面不应小于 190mm×200mm，纵筋不应少于 4ϕ12，箍筋 ϕ6@200，混凝土不应低于 C20。

B. 当采用单排孔砌块砌体时，也可根据当地情况，在纵横墙交接处，较大洞口两侧采用构造柱，在其他部位采用芯柱。

C. 构造柱应与楼层圈梁或基础梁锚固。

D. 砌块墙体中的水平钢筋网片应在构造柱中锚固，此时墙体与构造柱相连接处可不设马牙槎。

③ 芯柱部位宜采用不封底的通孔小砌块，当采用半封底小砌块时，砌筑前必须打掉孔洞毛边。

④ 在楼(地)面砌筑第一皮小砌块时，在芯柱部位，应用开口砌块(或 U 形砌块)砌出操作孔，在操作孔侧面宜预留连通孔，必须清除芯柱孔洞内的杂物及削掉孔内凸出的砂浆，用水冲洗干净，校正钢筋位置并绑扎或焊接固定后，方可浇灌混凝土。

⑤ 检查竖筋安放位置及其接头连接质量，芯柱钢筋应与基础或基础梁中的预埋钢筋连接，上下楼层的钢筋可在楼板面上搭接，搭接长度不应小于 40d。

⑥ 砌完一个楼层高度后，应连续浇灌芯柱混凝土，每浇灌 400～500mm 高度捣实一次，或边浇灌边捣实。浇灌混凝土前，先注入适量水泥浆，严禁灌满一个楼层后再捣实，宜采用机械捣实。

⑦ 芯柱部位砌体的砌块孔心必须上下贯通，包括芯柱混凝土在预制楼板处应贯通，不得削弱芯柱断面尺寸，可采用设置现浇钢筋混凝土板带的方法或预制楼板预留缺口(板端外伸钢筋插入芯柱)的方法，实施芯柱贯通措施，在芯柱底部位置应设置清扫口砌块。

⑧ 芯柱与圈梁应整体现浇，如采用槽形小砌块作圈梁模壳时，其底部必须留出芯柱通过的孔洞。

⑨ 砌筑砂浆必须达到一定强度后(大于 1.0MPa)方可浇灌芯柱混凝土。

⑩ 应事先计算每个芯柱的混凝土用量，按计量浇筑混凝土。芯柱施工中，管理人员应旁站检查混凝土的质量与施工质量，同时检查混凝土灌入量，认可之后，方可继续施工，并将此次检查结果记录在案。

⑪ 芯柱混凝土的浇注尚应符合下列规定：

A. 每次连续浇注的高度宜为半个楼层，但不应大于 1.8m。

B. 每次浇筑后应用小直径($D\leqslant 30$mm)振捣棒逐孔振捣，振捣棒应轻轻插入底部，振捣时间宜控制在几秒钟之内，初次振捣后经过 3～5min，当过多的水被墙体吸收后应进行复振，但必须在芯柱混凝土失去塑态之前。

C. 复振后可按本条的程序浇捣上半个楼层的芯柱混凝土至楼层圈梁部位，并宜在两次浇筑混凝土的界面以下 200mm 范围内搭振。

D. 当每次浇筑时间间隔≥1h 或浇至楼层圈梁底标高时，应使芯柱混凝土表面低于最上一皮砌块 30～50min，并保持自然的粗糙面。

E. 芯柱混凝土应与圈梁混凝土浇成整体。

4）砌块夹心墙应符合下列规定：

① 夹心墙的夹层厚度不宜大于 100mm。

② 夹心墙的有效厚度可取各叶墙厚度的平方和的开方。

③ 夹心墙外叶墙的最大横向支承距离，在 8 度、9 度区不宜

大于 3m，在 7 度区不宜大于 6m，在 6 度区不宜大于 9m。

④ 混凝土砌块的强度等级不应低于 MU10。

⑤ 夹心墙叶墙的连接应符合下列规定：

A. 叶墙应用经防腐处理的拉结件或钢筋网片连接。

B. 当采用环形拉结件时，钢筋直径不应小于 4mm，当为 Z 形拉结件时，钢筋直径不应小于 6mm。拉结件应沿竖向呈梅花状布置。拉结件的水平和竖向最大间距分别不宜大于 800mm 和 600mm；对有振动或有抗震设防要求时，其水平和竖向最大间距分别不宜大于 800mm 和 400mm。

C. 当采用钢筋网片作拉接件时，网片横向钢筋的直径不应小于 4mm，间距不应大于 400mm；网片的竖向间距不宜大于 600mm，对有振动或有抗震设防要求时，网片的竖向间距不宜大于 400mm。

D. 拉结件在叶墙上的搁置长度不应小于叶墙厚度的 2/3，并不应小于 60mm。

E. 门、窗洞口周边 300mm 范围内应附加间距不大于 600mm 的拉结件。

F. 夹心墙外叶墙可单独设置控制缝，控制缝的间距不宜大于两个开间及 9m。

G. 夹心墙的内外叶墙间宜采用组合节能型圈梁。

⑥ 夹心墙的砌筑可根据情况采用下列方法之一：

A. 先砌内叶墙至拉结件的竖向高度，清理槽内的落灰并刮平灰缝砂浆，设置保温板（如有防蒸汽渗透要求，应同时作隔汽层），再砌外叶墙至内叶墙等高，按设计要求设置拉结件，依次重复进行。

B. 先分别将内、外叶墙砌至拉结件的竖向间距，清理槽内掉落的砂浆，刮平灰缝砂浆，按设计要求设置保温材料和夹心墙的拉结件。

C. 对采用现场发泡的氮尿素保温层时，按 *A* 或 *B* 方法操作（仅放水平拉结网片或拉结件）砌至浇注高度（如楼层处），清除空

腔内的砂浆及杂物，待砌体达到强度后，进行浇筑保温层的施工。但应采取措施，确保打孔、浇筑压力不对砌体的强度或稳定性以及外观质量产生不利影响。

5）砌筑砂浆

① 砌筑砂浆应随拌随用，在砌筑前出现泌水时应重新拌和。砂浆应在拌和后 2.5h 内用完；施工期间最高温度超过 30℃时，必须在 1.5h 内用完。

② 水平及垂直灰缝的饱满度分别不应低于 90%和 80%；当端槽深度＞6mm，允许仅在端槽的凸处竖向条面挂灰，此时灰缝的饱满度，水平缝不应低于 80%，竖缝应为 100%，但此时应对砌体强度乘以 0.8 的折减系数。

6）砌块砌筑的检验与试验

① 材料出厂合格证和试验资料

小砌块建筑砌体工程所用材料有：水泥、粗集料、细集料、掺合料、外加剂、钢筋、防水材料和小型砌块等均应有出厂合格证和规定的试验资料。

小砌块应按国家标准《普通混凝土小型空心砌块》(GB 8239—1997)进行验收。产品出厂合格证包括：厂名和商标；合格证编号和砌块数量；产品标记和检验结果；检验项目有：尺寸偏差、外观质量、相对含水率、抗压强度、抗冻性和抗渗性等；有些地区需有当地主管部门颁发的小砌块准用证。

② 施工现场的材料试验

A. 小砌块和钢筋复试

《普通混凝土小型空心砌块》(GB 8239—1997)规定，试验的组批规则是：砌块按外观质量等级和强度等级分批验收。以同一种原材料配制的相同外观质量等级、强度等级和同一工艺生产的 10000 块为一批，不足一批者按一批计。每批随机抽取 32 块做尺寸偏差和外观质量试验。从尺寸偏差和外观质量检验合格的砌块中抽取如下数量进行其他项目的试验。

强度等级：5 块；相对含水率：3 块；抗渗性：3 块；抗冻

性：10块；空心率：3块。

小砌块和钢筋进入施工现场时虽有出厂合格证和准用证，但是这两种材料是结构的主要材料，进场后需要进行复试，以保证结构的安全。

《砌体工程施工质量验收规范》(GB 50203—2002)规定，现场复试试验应对每一生产厂家，每1万块小砌块至少应抽检一组。用于多层以上建筑基础和底层的小砌块抽检数量不应少于2组，至少应随机抽取5个小砌块进行抗压强度试验，试验结果应符合规范要求。

每一种规格、强度等级的钢筋随机抽取2个试件进行屈服点、极限强度、伸长率和冷弯试验，试验结果应符合规范要求。

B. 砂浆和混凝土强度

每一检验批且不超过250m^{3}砌体的各种类型及强度等级的砌筑砂浆，每台搅拌机应至少抽检一次。

检验方法：在砂浆搅拌机出料口随机取样制作砂浆试块(同盘砂浆只应制作一组试块)，最后检查试块强度试验报告单。

每种强度等级的砂浆至少制作两组(每组6块)，试作7.07cm×7.07cm×7.07cm，经标准养护后进行28d抗压强度试验。

不超过100m^{3}的每层楼、每种强度等级的混凝土至少制作一组(每组3块)，尺寸为15cm×15cm×15cm试块，经现场同条件养护28d后进行抗压强度试验。

③ 现场注入发泡保温材料的施工及质量检测方法

A. 双层墙体砌筑时要用接灰板随时将砌筑时遗留的砂浆残留物清理干净，确保空腔内无任何残留物，同时确认空腔是否已完全闭合，确保浇筑时无开口或自由端。

B. 墙体全部砌筑完成后，用装有18mm钻头的快速旋转钻沿灰缝以正确角度在墙上打孔，孔洞直径为16mm，间距一般为1.0m，但在墙角处需加密孔洞，间距一般为0.5m，沿墙面呈菱形排布。

C. 钻孔全部砌筑完成后，开始注入发泡保温材料，每孔持续注入，直至泡沫从孔溢出方可换孔，并记录材料使用量。

D. 注入完成后在墙面四角任意位置各抽检一点，选点后进行钻孔，并将铁丝深入孔内钩拉，如有保温材料被钩出证明此部位已密实，一次抽检合格率达98%时为合格，经检查浇注不密实的部位一定要补浇密实。

E. 验收合格后，所有孔洞用砂浆封闭。

7）隐蔽工程验收

① 基础。

② 防潮层。

③ 沉降缝、伸缩缝。

④ 预埋拉结钢筋、网片及其节点焊接。

⑤ 芯柱部位(钢筋混凝土芯柱及混凝土芯柱)。

⑥ 梁和屋架支承处的垫块。

⑦ 其他隐蔽工程。

3.5.4 施工质量验收

混凝土小型空心砌块工程质量验收见表3.5.6。

混凝土小型空心砌块工程质量验收　　表3.5.6

检验项目		标准	检验方法
主控项目	1. 小砌块和砂浆的强度等级	必须符合设计要求	检查小砌块和砂浆试块试验报告
	2. 砌体水平灰缝的砂浆饱满度	应按净面积计算不得低于90%；竖向灰缝饱满度不得小于80%，竖缝凹槽部位应用砌筑砂浆填实；不得出现瞎缝、透明缝	用百格网检测小砌块与砂浆粘结痕迹，每处检测3块，取其平均值
	3. 墙体转角处和纵横墙交接处砌筑	应同时砌筑。临时间断处应砌成斜槎，斜槎水平投影长度不应小于高度的2/3	观察检查
	4. 砌体的轴线偏移和垂直度偏差	应按表3.4.10执行	应按表3.4.10执行

续表

检验项目		标准	检验方法
一般项目	1. 墙体水平和竖向灰缝宽度	宜为 10mm，但不应大于 12mm，也不应小于 8mm	用尺量 5 皮小砌块的高度和 2m 砌体长度折算
	2. 小砌块墙体的一般尺寸允许偏差	应按表 3.4.11 中 1～5 项的规定执行	应按表 3.4.11 中 1～5 项的规定执行

检查数量

主控项目：

1. 每一生产厂家，每 1 万块小砌块至少应抽检一组。用于多层以上建筑基础和底层的小砌块抽检数量不应少于 2 组。砂浆试块的抽检数量参见砖砌体的有关规定。

2. 每检验批不应少于 3 处。

3. 每检验批抽 20%接槎，且不应少于 5 处。

4. 应按表 3.4.10 执行。

一般项目：

1. 每层楼的检测点不应少于 3 处。

2. 应按表 3.4.11 中 1～5 项的规定执行。

3.5.5 成品保护

(1) 砌体材料运输、装卸过程中严禁抛掷和倾倒。进场后，要按品种、规格分别堆放整齐，作好标识，堆放高度不能超过 1.6m。堆放场地应平整，作好排水。

(2) 砌体在墙上支撑圈梁模板时，防止撞动最上一皮砖。

(3) 支完模板后，保持模内清洁，防止掉入砖头、石子、木屑等杂物。

(4) 砂浆稠度要适宜，砌体操作、浇筑过梁混凝土时要防止砂浆流淌污染墙面。

(5) 在吊放操作平台脚手架或安装模板、搬运材料时，防止碰撞已砌筑完成的墙体；拆除施工架子时，注意保护墙体及门、窗口角。

（6）预留有孔洞的墙面，要用与原墙相同规格和色泽的砌块嵌砌严密，不留痕迹。

（7）装门窗框时，应注意固定框的埋件牢固，不可损坏、不可使其松动。

（8）砌体上的设备槽孔以预留为主，因漏埋或未预留时，应采取措施，不能因剔凿而损坏砌体的完整性。

（9）砌筑施工应及时清除落地砂浆。

3.5.6　常见质量缺陷及预控措施

（1）砌体粘结不牢

预控措施：小砌块砌筑时，在天气干燥炎热的情况下，可提前洒水湿润小砌块；对轻骨料混凝土小砌块，可提前2d浇水湿润；小砌块表面有浮水时，不得施工。随吊运随将砌块表面清理干净；砌块就位后应及时校正，紧跟着用砂浆(或细石混凝土)灌竖缝；雨天不得施工，砌完的砌体应进行防雨保护。

（2）第一皮砌块底铺砂浆厚度不均匀

预控措施：砌筑前基底应先用细石混凝土找平标高，使砌筑灰缝厚度一致、均匀。

（3）拉结钢筋或压砌钢筋网片不符合设计要求

预控措施：事先对有关人员进行培训，施工前对班组进行施工技术交底，要求按设计和规范的规定，设置拉结带和拉结钢筋及压砌钢筋网片。

（4）砌体错缝不符合设计和规范的规定

预控措施：事先对有关人员进行培训，施工前对班组进行施工技术交底，画出组砌图。使有关人员熟悉有关图纸及规范要求，严格按设计和规范的规定进行砌块排列组砌。

（5）混凝土小砌块墙面产生裂缝

预控措施：施工中所用的小砌块的产品龄期应大于28d，这样的砌块变形基本稳定，能减少因砌块收缩过多而引起的墙体裂缝，有益于房屋墙面裂缝的减少或消除。

(6) 为防止或减轻混凝土砌块房屋顶层两端和底层第一、第二开间门窗洞处的裂缝，可采取下列措施

1) 在门、窗洞口两侧不少于一个孔洞中设置不小于 1ϕ12 钢筋，钢筋应在楼层圈梁或基础锚固，并采用不低于 Cb20 灌孔混凝土灌实。

2) 在门、窗洞口两边的墙体的水平灰缝中，设置长度不小于 900mm、竖向间距为 400mm 的 2ϕ4 焊接钢筋网片。

3) 在顶层和底层设置通长钢筋混凝土窗台梁，窗台梁的高度宜为块高的模数，纵筋不少于 4ϕ10、箍筋 ϕ6@200，Cb20 混凝土。

4) 窗台下第一皮砌块的位置宜设置窗台梁或系梁。窗台梁的截面高度宜为 200mm，配筋不少于 4ϕ10。当为系梁时，配筋不少于 2ϕ12。窗台梁或系梁伸入侧墙的长度不宜小于 400mm，并与窗边芯柱混凝土整浇。

(7) 为提高砌块砌体的抗裂能力，尚需在砌体内配置水平钢筋网片，尤其是当实体墙长度大于 5m 的墙段。砌块砌体的水平配筋应符合下列规定：

1) 砌体水平配筋率不宜小于 0.03%，并应在墙体转角、集中荷载作用处、墙体局部截面削弱处以及在建筑顶层和底层温度或干缩变形较集中的部位适当增大配筋率。

2) 水平配筋应采用点焊网片，并沿砌体通长设置。网片纵筋不应小于 2ϕ4，横筋间距不应大于 200mm；网片的竖向间距不宜大于 400mm。当网片不能通长设置时，可在受力较小的部位断开并搭接，搭接长度不应小于 55d 或 300mm。

3) 水平钢筋网片应在墙的端部弯折锚固，锚固长度不宜小于 50d，且弯折的长度不应小于 20d 和 150mm。

4) 水平配筋也可利用系梁，系梁的竖向间距不宜大于 1200mm，系梁的高度宜为 200mm，钢筋不宜小于 2ϕ12。系梁钢筋应通长设置，当不能通长设置时，其搭接长度不宜小于

35d。系梁钢筋应弯入墙端或转角处锚固，锚固长度不宜小于20d和150mm。

(8) 为提高砌块砌体的抗裂能力，采取下列构造措施：

1) 设置伸缩缝，间距不宜大于表3.4.12有关规定的0.8倍。

2) 砌块建筑宜根据情况按下列要求设置控制缝：

① 在建筑物墙体高度或厚度突然变化处，在门窗洞口的一侧或两侧设置竖向控制缝；并宜在房屋阴角处设置控制缝。

② 对3层以下的房屋，应沿墙体的全高设置，对大于3层的房屋，可仅在建筑物的1～2层和顶层墙体部位设置。

③ 控制缝在楼、屋盖圈梁处可不贯通，但在该部位圈梁外侧宜留宽度和深度为12m的槽作成假缝，以控制可预料的裂缝。

④ 控制缝的间距不宜大于9m；建筑物尽端开间内不宜设置控制缝。

⑤ 控制缝可以作成隐式，与墙体的灰缝一致，控制缝的宽度宜通过计算确定，但不宜大于12mm；控制缝内应用弹性材料填缝。

(9) 为防止墙体砌筑中产生的各种弊端，砌块在工程正式施工之前，宜在施工现场采用样板墙，样板墙在施工前砌好，保持到施工结束。

1) 砌块的类别、尺寸、颜色、纹理、表面形状等特性应满足规范和设计要求。

2) 砌块的组砌方法、搭接长度应满足规范和设计要求。

3) 灰缝尺寸、垂直度和水平度、颜色、勾缝形式等应满足规范和设计要求。砂浆的评价应待其表面干燥后进行。如果采用的是彩色砂浆，还必须待其干燥相当一段时间后，方可进行评价。

4) 如果砌块采用的不是一种颜色，要按设计进行搭配组砌，三方共同取得共识。

5) 施工技术水平，包括采用的施工机具、铺灰浆水平和施工误差，应满足规范和设计要求。

6）对所采用的清洁剂应对清洗效果进行确认。

7）砌体表面的斥水性应满足规范和设计的要求。

8）渗水孔的类型、间距和所采用的填充材料应符合规范和设计要求。

9）对变形缝和控制缝的嵌缝材料、颜色和施工水平进行评价。

10）隐蔽结构构件应设观察孔和清扫孔。

（10）为防止墙体在使用过程中产生安全隐患采取如下措施：

1）不宜采用射钉枪在墙上固定挂件。

2）当挂件重量较小且离地较矮，如洗脸盆架、暖气片等宜采用膨胀螺栓固定挂件。

3）当吊挂重量较大且离地较高的物件，如热水器、吊柜等，宜采用预埋螺栓，预埋螺栓部位应用同等级灌孔混凝土灌实。

4）建筑工程竣工资料中应包括有关灌实和木砖砌块的具体位置及挂件的承载力。

3.6 石砌体工程

3.6.1 施工原则及基本规定

（1）石砌体采用的石材应质地坚实，无风化剥落和裂纹。用于清水墙、柱表面的石材，尚应色泽均匀。

（2）石材表面的泥垢、水锈等杂质，砌筑前应清除干净。

（3）灰缝厚度：毛料石和粗料石砌体不宜大于20mm；细料石砌体不宜大于5mm。

（4）砂浆初凝后，如移动已砌筑的石块，应将原砂浆清理干净，重新铺浆砌筑。

（5）砌筑毛石基础的第一皮石块应座浆，并将大面向下；砌筑料石基础的第一皮石块应用丁砌层座浆砌筑。

（6）毛石砌体的第一皮及转角处、交接处和洞口处，应用较大的平毛石砌筑。每个楼层(包括基础)砌体的最上一皮，宜选用较大的毛石砌筑。

(7) 砌筑毛石挡土墙应符合下列规定：

1) 每砌3～4皮为一个分层高度，每个分层高度应找平一次。

2) 外露面灰缝厚度不得大于40mm，两个分层处的错缝不得小于80mm。

(8) 料石挡土墙中间部分用毛石砌时，丁砌料石伸入毛石部分长度不小于200mm。

(9) 挡土墙的泄水孔当设计无规定时，施工应符合下列规定：

1) 泄水孔应均匀设置，在每米高度上间距2m左右设置一个泄水孔。

2) 泄水孔与土体间铺设长宽各为300mm、厚200mm的卵石或碎石作疏水层。

(10) 挡土墙内侧回填土必须分层夯填，分层松土厚度应为300mm。墙顶土面应有适当坡度使流水流向挡土墙外侧面。

3.6.2 施工准备及作业条件

(1) 材质要求

石料质量的控制如下：

砌石工程中所用的石料有毛石和料石两种。

毛石分为乱毛石和平毛石两种。乱毛石是指形状不规则的石块；平毛石是指形状不规则，但有两个平面大致平行的石块。

1) 强度等级：毛石和料石的强度等级分为MU100、MU80、MU60、MU50、MU40、MU30、MU20、MU15、MU10。其强度等级是以70mm边长的立方体试块的抗压强度表示(取三块试块的平均值)。

2) 毛石应呈块状，其中部厚度不宜小于150mm。

3) 料石按其加工面的平整程度分为细料石、半细料石、粗料石和毛料石四种。

① 料石各面的加工要求，应符合表 3.6.1 的规定。

料石各面的加工要求 **表 3.6.1**

料石种类	外露面及相接周边的表面凹入深度	叠砌面和接砌面的表面凹入深度
细料石	不大于 2mm	不大于 10mm
半细料石	不大于 10mm	不大于 15mm
粗料石	不大于 20mm	不大于 20mm
毛料石	稍加修整	不大于 25mm

② 料石的宽度、厚度均不宜小于 200mm，长度不宜大于厚度的 4 倍。

③ 料石加工的允许偏差应符合表 3.6.2 的规定。

料石加工允许偏差 **表 3.6.2**

料 石 种 类	加 工 允 许 偏 差 (mm)	
	宽 度 厚 度	长 度
细料石半细料石	±3	±5
粗 料 石	±5	±7
毛 料 石	±10	±15

注：如设计有特殊要求，应按设计要求加工。

（2）作业条件

1）基础、垫层施工前要进行基槽检验，包括钎探或洛阳铲探、土质检验、轴线和标高的校对，基槽深、宽尺寸的检查等均应符合设计要求，并做好原始记录。

2）垫层施工完毕。

3）砌筑砂浆应根据设计要求和现场材料实际情况通过试验，确定配合比。

4）选择施工机械，包括垂直运输、水平运输、墙体砌筑和料石安装等中小型机械。

5）编制石料分配供应和料石加工计划，严格按计划组织石料供应。

6）现场的石料，必须区别不同规格，分出加工料石和一般砌筑石材，分别堆置于机械运输的适应范围之内，以保证有组织、有计划、有秩序地进行安全施工。

7）需要细加工的料石，应按需要的规格数量，在施工前先组织人员在适合的场地集中加工，以备使用。

8）砌筑前根据图纸要求，做好测量放线工作，弹好墙身线、基础边线；打好标高桩或立好皮数杆，间距约 15m 为宜；有坡度要求的砌体，应立好坡度门架。

9）砌筑前拉线检查基础、垫层表面标高尺寸是否符合设计要求，如果第一皮水平灰缝超过 20mm 时，应用细石混凝土找平，不得用砂浆掺石子代替。

3.6.3 施工监控要点

（1）石砌体砌筑施工准备

石砌体砌筑前：必须清除基础面上的杂物；校核轴线；弹出墙身边线；按施工图标高尺寸分出门窗洞口、附墙垛、柱等位置；炎热天气需浇水润湿后，方可砌筑。

（2）施工监控要点

砌石工程主要有毛石基础、毛石墙、料石基础、料石墙等，其中以毛石基础和料石墙较为普遍。

1）在砌筑石砌体前准备工作

① 石砌体用石应选质地坚实、无风化剥落和裂纹的石块，拼接石块规格对各砌筑部位分配，每个砌筑部位所用石块要大小搭配，不可先用大块后用小块。

② 砌筑前，应清除石块表面的泥垢、水锈等杂质，必要时用水清洗。

③ 在砌筑部位放出石砌体的中心线及边线。

④ 复核各砌筑部位的原有标高，如有高低不平，应用细石混凝土填平。

⑤ 按石砌体的每皮高度及灰缝厚度等制作皮数杆，皮数杆

立于石砌体的转角处和交接处，在皮数杆之间挂准线，依准线逐皮砌石。

⑥ 准备脚手架。当石砌体砌高 1.2m 以上时就要搭设脚手架。

⑦ 选用的石块，其强度等级一般应不低于 MU20；制备的砂浆应为水泥砂浆或水泥混合砂浆，用于石墙的砂浆强度等级应不低于 M2.5；用于石基础的砂浆强度等级应不低于 M5。

2）毛石基础检查监控要点

毛石基础可作墙下条形基础或柱下独立基础。毛石基础按其断面形状有矩形、梯形和阶梯形等。基础顶面宽度应比墙基底面宽度大 200mm；基础底面宽度依设计计算而定。梯形基础坡角应大于 60°。阶梯形基础每阶高小于 300mm，每阶挑出宽度不小于 200mm。

① 砌毛石基础应双面拉准线，第二皮按所放的基础边线砌筑；其余按准线砌筑。

② 第一皮毛石应选用有较大平面的石块，铺设砂浆后，毛石大面向下砌牢。

③ 砌每一皮毛石时，应分皮卧砌，上下错缝，内外搭砌。不得采用先砌外面石块、中间填心的砌筑方法，石块间较大的空隙应填塞砂浆后用碎石嵌实；不得采用先摆碎石后塞砂浆或干填碎石块的方法。

④ 灰缝厚度宜为 20～30mm，砂浆应饱满，石块间不得有相互接触现象。

⑤ 每皮毛石内每隔 2m 左右设置一块拉结石。拉结石宽度：如基础宽度等于或小于 400mm，拉结石宽度应与基础宽度相等；如基础宽度大于 400mm，可用两块拉结石内外搭接，搭接长度不应小于 150mm，且其中一块长度不应小于基础宽度的 2/3。

⑥ 阶梯形毛石基础，上阶的石块应至少压砌下阶石块的 1/2 石长，相邻阶梯毛石应相互错缝搭接。

⑦ 毛石基础最上一皮，宜选用较大的平毛石砌筑。转角处、交接处和洞口处也应选用平毛石砌筑。

⑧ 有高低台的毛石基础，应从低处砌起，并由高台向低台搭接，搭接长度不小于基础高度。

⑨ 毛石基础转角处和交接处应同时砌起，如不能同时砌起又必须留槎时，应留成斜槎，斜槎长度应不小于斜槎高度。

3）毛石墙检查监控要点

毛石墙墙面灰缝不规则，外观要求整齐的墙面，其外皮石材可适当加工。毛石墙的转角可用料石或平毛石砌筑。毛石墙的厚度应不小于 350mm。

毛石墙常见于挡土墙中，挡土墙出现垮塌的事故也时常发生，因此管理人员在毛石墙施工中要加强巡视。巡视的频度视工人的质量意识来决定，一般情况下，管理人员在现场巡视占现场施工时间的 50%左右。

① 石砌体采用的石材应质地坚实，无风化剥落和裂纹。用于清水墙、柱表面的石材，应色泽均匀。石材表面的泥垢、水锈等杂质，砌筑前应清除干净。

② 毛石墙的第一皮、每个楼层最上一皮、转角处、交接处及门窗洞口处应用较大的平毛石砌筑。

③ 毛石墙应分皮卧砌，搭砌紧密、上下错缝、内外搭砌，不得采用外面侧立石块，中间填心的砌筑方法，中间不得有铲口石(尖石倾斜向外的石块)、斧刃石(下尖上宽的三角形石块)和过桥石(仅在两端搭砌的石块)。

④ 灰缝厚度宜为 20mm 以内，砂浆应饱满，不得有干接现象，石块间较大空隙应先填砂浆后塞碎石块。这一工作在施工现场经常发生，监理人员要从严要求。

⑤ 毛石墙必须设置拉结石，拉结石应均匀分布、相互错开，一般每 0.7m^2 墙面至少设置一块，且同皮内的间距不大于 2m。拉结石长度同基础要求。

⑥ 在毛石和普通砖的组合墙中，毛石与砖块同时砌筑，并

每隔5～6皮砖用2～3皮丁砖与毛石拉结砌合，砌合长度应不小于120mm，两种材料间的空隙应用砂浆填满。

⑦ 砌筑毛石挡土墙检查要点

A. 每砌3～4皮为一个分层高度，每个分层高度应找平一次。

B. 外露面的灰缝厚度不得大于40mm，两个分层高度间分层处的错缝不得小于80mm。

⑧ 挡土墙的泄水孔当设计无规定时，应符合下列规定：

A. 泄水孔应均匀设置，在每米高度上间隔2m左右设置一个泄水孔。

B. 泄水孔与土体间铺设长宽各为300mm、厚200mm的卵石或碎石作疏水层。

⑨ 挡土墙内侧回填土必须分层夯填，分层松土厚度应为300mm。墙顶土面应有适当坡度，使流水流向挡土墙外侧面。

4）料石墙、柱检查监控要点

料石墙砌筑形式有全顺、丁顺叠砌、丁顺组砌。料石柱有整石柱和组砌柱两种。

① 料石墙的第一皮及每个楼层的最上一皮应丁砌。

② 灰缝厚度：细料石墙不宜大于5mm；半细料石墙不宜大于10mm；粗料石和毛料石不宜大于20mm。砌筑时，砂浆铺设厚度应略高于规定灰缝厚度，细料石、半料石宜为3～5mm，粗料石、毛料石宜为6～8mm。

③ 在料石和毛石或砖的组合墙中，料石和毛石或砖应同时砌起，并每隔2～3皮料石丁砌石与毛石或砖拉结砌合，丁砌料石的长度与组合墙厚度相同。在料石挡土墙中，当中间部分用毛石砌时，丁砌料石伸入毛石部分的长度不应小于200mm。

④ 料石墙的转角处及交接处应同时砌起；如不能同时砌起应留斜槎。

⑤ 料石清水墙中不得留脚手眼。

⑥ 砌整石柱时，应将石块的叠砌面清理干净。先在柱座面

上抹一层水泥砂浆，厚约10mm，再将石块对准中心线砌上，以后各皮石块砌筑应先铺好砂浆，对准中心线，将石块砌上。石块如有竖向偏斜，可用锦砖片或铝片在灰缝边缘内垫平。

⑦ 砌组砌柱对，应按规定的组砌形式逐皮砌筑，上下皮竖缝相互错开，无通天缝，不得使用垫片。灰缝要横平竖直。

⑧ 砌筑料石柱时，工程建设人员应用线坠检查整个柱身的垂直，如有偏斜应拆除重砌，不得用敲击方法去纠正。

⑨ 料石柱每天砌筑高度不宜超过1.2m。砌筑完后应立即加以围护，严禁碰撞。

⑩ 石墙面勾缝过程中工程建设人员要根据设计要求进行检查。石墙面或柱面的勾缝形式有平缝、平凹缝、平凸缝、半圆凸缝和三角凸缝等，一般料石墙面多采用平缝或平凹缝；毛石墙面多采用平缝或平凸缝。勾缝砂浆宜用1∶1.5水泥砂浆。

5）石墙面勾缝按下列程序进行：

① 拆除墙或柱面上临时装设的缆风绳、挂钩等物。

② 清除墙面或柱面上粘结的砂浆、泥浆、杂物和污渍等。

③ 剔缝，即将灰缝刮深10～20mm，不整齐处加以修整。

④ 用水喷洒墙面或柱面，使其湿润，随后进行勾缝。

勾缝线条应顺石缝进行，且均匀一致，深浅及厚度相同，压实抹光，搭接平整。阳角勾缝要两面方正。阴角勾缝不能上下直通。勾缝不得有丢缝、开裂或粘结不牢的现象。勾缝完毕，应清扫墙面或柱面，并督促施工人员早期洒水养护。

3.6.4 砌石工程的试验与检验

砌石工程的试验项目主要是石料的强度和砂浆强度。石料的检验按每一产地和每一强度等级要求至少检验一组。当石质明显不同时，可增加检验次数。

料石或毛石的抗压强度试块，采用料石或毛石切割并磨平成边长70mm的立方体，三块为一组，也可采用表3.6.3中的尺寸，但应乘以相应的系数。

抗压强度试块的换算系数 **表 3.6.3**

立方体边长(mm)	200	150	100	70	50
换算系数	1.43	1.28	1.14	1.00	0.86

砂浆的检验频度按每 250m³ 作为一个检验批检验一组。

3.6.5 施工质量验收

石砌体工程施工质量验收见表 3.6.4。

石砌体工程施工质量验收 **表 3.6.4**

检验项目		标准	检验方法
主控项目	1. 石材及砂浆强度等级	必须符合设计要求	料石检查产品质量证明书，石材、砂浆检查试块试验报告
	2. 砂浆饱满度	不应小于 80%	观察检查
	3. 石砌体的轴线位置及垂直度允许偏差	应符合表 3.6.5 的规定	应符合表 3.6.5 的规定
一般项目	1. 石砌体的一般尺寸允许偏差	应符合表 3.6.6 的规定	应符合表 3.6.6 的规定
	2. 石砌体的组砌形式	(1) 内外搭砌，上下错缝，拉结石、丁砌石交错设置 (2) 毛石墙拉结石每 0.7m² 墙面不应少于 1 块	观察检查

检查数量

主控项目：

1. 同一产地的石材至少应抽检一组。砂浆试块的抽检数量每一检验批且不超过 250m³ 砌体各种类型及强度等级的砌筑砂浆，每台搅拌机至少抽检一次。

2. 每步架抽查不应少于 1 处。

石砌体的轴线位置及垂直度允许偏差　　表 3.6.5

序号	项目		允许偏差(mm)							检验方法
			毛石砌体		料石砌体					
					毛料石		粗料石		细料石	
			基础	墙	基础	墙	基础	墙	墙、柱	
1	轴线位置		20	15	20	15	15	10	10	用经纬仪和尺检查，或用其他测量仪器检查
2	墙面垂直度	每层		20		20		10	7	用经纬仪、吊线和尺检查或用其他测量仪器检查
		全高		30		30		25	20	

砌体的一般尺寸允许偏差　　表 3.6.6

序号	项目		允许偏差(mm)							检验方法
			毛石砌体		料石砌体					
			基础	墙	基础	墙	基础	墙	墙、柱	
1	基础和砌筑墙体顶面标高		±25	±15	±25	±15	±15	±15	±10	用水准仪和尺检查
2	砌体厚度		+30	+20 −10	+30	+20 −10	+15	+10 −5	+10 −5	用尺检查
3	表面平整度	清水墙、柱		20				10	5	细料石用2m靠尺楔形尺检查，其他用两直尺垂直于灰缝拉2m线尺检查
		混水墙、柱		20				15		
4	清水墙水平灰缝平直度							10	5	拉10m线和尺检查

3. 外墙，按楼层(或4m高以内)每20m抽查1处，每处3延长米，但不应少于3处；内墙，按有代表性的自然间抽查10%，但不应少于3间，每间不应少于2处，柱子不应少于5根。

一般项目：

1. 外墙，按楼层(4m高以内)每20m抽查1处，每处3延长米，但不应少于3处；内墙，按有代表性的自然间抽查10%，但不应少于3间，每间不应少于2处，柱子不应少于5根。

2. 外墙，按楼层(或4m高以内)每20m抽查1处，每处3延长米，但不应少于3处；内墙，按有代表性的自然间抽查10%，但不应少于3间。

3.6.6 成品保护

(1) 料石砌筑完毕后，未经有关人员检查验收，轴线桩、水准桩、皮数杆应加以保护不得碰坏、拆除。

(2) 砌体中埋设的构造筋应注意保护，不得随意踩倒弯折。

(3) 不得在已完成的砌体上修凿石块和堆放石料。

(4) 墙体表面要清理干净，并不得留设脚手架眼，不得开凿孔洞。在垂直运输上落井架进料口周围应用塑料纺织布或木板等遮盖，保持墙面洁净。

(5) 砌体两侧回填土方时，应同步进行。否则应在未能回填土方的一侧用支撑加固，以防止回填土将砌体挤压变形。

(6) 门窗石过梁底部模板应在灰缝砂浆强度达到设计规定的70%以上时拆除。

(7) 细料石墙、柱、垛，应用木板、塑料布保护防止损坏棱角或污染。

3.6.7 常见质量缺陷及预控措施

(1) 砌筑砂浆不符合要求

防治措施：材料计量要准确，搅拌时间要达到规定的要求；

试块的制作、养护、试压要符合规定(详见3.3)。

(2) 水平灰缝不平

防治措施：如起砌时底面不平，应用细石混凝土找平后再排石；皮数杆应立牢固，标高一致，砌筑时小线要拉紧，砌筑跟线，防止一层线松，一层线紧。

(3) 料石质量不符合要求

防治措施：施工方应严把原材关，对进场的料石品种、规格颜色验收时要严格把关。不符合要求时拒收，不用。

(4) 勾缝粗糙

防治措施：勾缝线条应顺石缝进行，且均匀一致，深浅及厚度相同，压实抹光，搭接平整。勾缝完毕，应清扫墙面或柱面，并督促施工人员早期洒水养护。

(5) 基础墙身位移过大

防治措施：基础石材摞底要正确，基础大放脚两侧边收退要均匀，退到墙身之前要检查轴线和边线是否正确，要拉线找正确的轴线和边线，砌筑时要保持墙身垂直。如偏差较小可在基础部位纠正，不得在防潮层以上退台或出沿。

(6) 墙身不平、轴线位移

防治措施：在砌筑操作过程中，要检查校核砌体的轴线与边线；通准线要绷紧穿平，且挂准线不宜过长。

(7) 留槎不符合要求

防治措施：砌体的临时间断面，应留踏步槎，不得留直槎。

(8) 砂浆不饱满、通缝、空缝

防治措施：毛石砌筑时，除了要上下错缝、左右和内外搭砌外，不应出现空缝和通缝；砌筑前，基底先座浆，墙身座浆要饱满；石料不能直接接触，要先塞砂浆后填心。

(9) 石料搭砌无错缝或错缝不足

防治措施：毛石砌体应设置拉结石，且应均匀分布，上下层梅花形错开。基础拉结石中心水平间距不应大于2m，每层垂直距离约0.5m。每0.7m^2墙面至少应设置一块拉结石。拉结石的长度：当墙厚在400mm内时，应等于墙厚；墙厚大于400mm时，用两块拉结石内外搭接，搭接长度不小于150mm，其中一块长度不应小于墙厚的2/3。

(10) 影响石料粘结能力

防治措施：在砌筑前，受污染的石块应冲洗干净。

(11) 嵌缝不够密实

防治措施：1)如设计要求墙面嵌缝时，应在砌体砂浆初凝开始，将原灰缝勾刮25mm深，并将松散的砂浆刮去。用清水湿润，然后用水泥砂浆嵌压入缝内，根据设计要求做成平缝、凹缝或凸缝。2)如设计无特殊要求，墙面应采用凸缝或平缝，基础部分可用平缝。3)毛石墙面嵌缝应尽量保持砌合时的自然缝，毛石墙嵌缝后，应及时清扫墙面。

3.7 配筋砌体工程

本节内容包括网状配筋砌体、组合砖砌体、钢筋混凝土填心墙、钢筋混凝土构造柱等。砌筑部分有关要求见3.4、3.5。本节主要介绍配筋砌体监控要点和质量标准。

3.7.1 一般规定

(1) 构造柱浇灌混凝土前，必须将砌体留槎部位和模板浇水湿润，将模板内的落地灰、砖渣和其他杂物清理干净，并在结合面处注入适量与构造柱混凝土相同的去石水泥砂浆。振捣时，应避免触碰墙体，严禁通过墙体传振。

(2) 设置在砌体水平灰缝中的钢筋锚固长度不宜小于50d，且其水平或垂直弯折段的长度不宜小于20d和150mm；钢筋的搭接长度不应小于55d(d为钢筋直径)。

(3) 配筋砌块砌体剪力墙，应采用专用小砌块砌筑砂浆和专用小砌块灌孔混凝土。

3.7.2 施工监控要点

（1）网状配筋砌体

1）网状配筋砖柱是用烧结普通砖与砂浆砌成砖柱，在砖柱的水平灰缝中配有钢筋网片。所用的砖不应低于MU10，所用的砂浆不应低于M7.5。

2）钢筋网片有方格网和连弯网两种形式。方格网是将纵、横方向的钢筋点焊成钢筋网，网格为方形，钢筋直径宜采用3～4mm。连弯网是将钢筋连弯成格栅形，分有纵向连弯网和横向连弯网，钢筋直径不应大于8mm。钢筋网的竖向间距，不应大于5皮砖，并不应大于400mm。当采用连弯网时，网的钢筋方向应互相垂直，沿砖柱高度交错设置，钢筋网的间距是指同一方向网的间距。

3）钢筋网应设置在砌体的水平灰缝中，配有钢筋网的水平灰缝厚度应保证钢筋上下至少各有2mm的砂浆层。钢筋网应置于砂浆层中间，钢筋网边缘的钢筋砂浆保护层应不小于15mm。

4）设置在砌体水平灰缝中钢筋的锚固长度不宜小于50d，且其水平或垂直弯折段的长不宜小于20d和150mm；钢筋的搭接长度不应小于55d，d为钢筋直径。

5）配筋砌块砌体剪力墙中，采用搭接接头的受力钢筋搭接长度不应小于35d，且不应少于300mm。

6）重点检查钢筋网片的设置质量(间距、规格、大小、锚固长度)和钢筋的砂浆保护层厚度。钢筋网中钢筋的间距不应大于120mm，且不应小于30mm。

（2）组合砖砌体构件

组合砖砌体是由砖砌体和钢筋混凝土面层或钢筋砂浆面层组成，有组合砖柱、组合砖壁及组合砖墙等。

1）砖砌体所用的砖一般不低于MU10，砌筑砂浆不得低于M5。

2）面层混凝土强度等级一般采用C15或C20。面层水泥砂浆强度等级不得低于M7.5。砂浆面层的厚度可采用30～45mm。

当面层厚度大于45mm时，其面层宜采用混凝土。

3）钢筋的规格与尺寸。受力钢筋宜采用HRB335级钢筋，对于混凝土面层，亦可采用HRB400级钢筋。受力钢筋的直径不应小于8mm，钢筋的净间距不应小于30mm。

4）受力钢筋的保护层厚度。受力钢筋的保护层厚度，不应小于表3.7.1中的规定。受力钢筋距砖砌体表面的距离不应小于5mm。

受力钢筋的保护层厚度(mm)　　**表3.7.1**

类别＼环境条件		室内正常环境	露天或室内潮湿环境
墙		15	25
柱	混合砂浆	25	35
	水泥砂浆	20	30

5）受力钢筋的锚固。

6）先按常规砌筑砖砌体，在砌筑同时，按规定的间距在砌体的水平灰缝内放置箍筋或拉结钢筋。箍筋或拉结钢筋应埋于砂浆层中，使其砂浆保护层厚度不小于2mm，两端伸出砖砌体外的长度相一致。

7）面层施工前，应清除面层底部的杂物，并浇水湿润砖砌体表面(指面层与砖砌体的接触面)。

8）砂浆面层施工不用支模板，只需从下而上分层涂抹即可。一般应两层涂抹，第一层刮底，使受力钢筋与砖砌体有一定的保护层；第二层主要是抹面，使面层表面平整。

9）混凝土面层施工时应支设模板，每次支设高度宜为500～600mm。在此段高度内，混凝土还应分层浇筑。待混凝土强度达到设计强度30％以上才能拆除模板。

10）组合砖砌体结构房屋，应在纵横墙交接处、墙端部和较大洞口的洞边设置构造柱，其间距不宜大于4m。各层洞口宜设置在相应位置，并宜上下对齐。

11）组合砖砌体结构房屋应在基础顶面、有组合墙的楼层设置现浇钢筋混凝土圈梁。圈梁大截面高度不宜小于240mm，纵向钢筋直径不宜小于4ϕ12，纵向钢筋伸入构造柱内，并应符合受拉钢筋锚固要求，圈梁的钢筋宜采用ϕ6、间距200。

12）组合砖墙的施工顺序应为先砌墙后浇柱。

（3）钢筋混凝土填心墙

钢筋混凝土填心墙是将砌好的两个独立墙片用拉结钢筋连接在一起，在两墙片之间设置钢筋，并浇筑混凝土而成。

1）墙片采用烧结普通砖与砂浆砌筑而成。砖强度等级不低于MU7.5，砂浆强度等级不低于M5，墙厚至少为115mm，混凝土强度等级不低于C15。竖向受力钢筋的直径及间距按设计计算而定，其直径不应小于10mm。水平分布钢筋直径不应小于8mm，垂直方向间距不应大于500mm。拉结钢筋直径可用4～6mm，垂直方向及水平方向间距均不应大于500mm，并不应小于120mm。

2）钢筋混凝土填心墙可采用低位浇筑混凝土和高位浇筑混凝土两种施工方法。低位浇筑混凝土是指先绑扎受力筋，砌筑高600mm以内墙体然后即灌注混凝土。高位浇筑混凝土是指先竖立受力钢筋，绑好水平分布钢筋，并临时固定，再同时砌筑两墙片至全高，最后浇筑混凝土。

① 低位浇筑混凝土法

A. 在灌注混凝土前检查受力钢筋、水平分布钢筋，以及砌筑两侧墙片，符合质量要求后方可同意灌注混凝土。每次砌筑高度和灌注的混凝土不超过600mm，砌筑时巡视检查是否按设计要求在砖墙水平灰缝中放置拉结钢筋，要求施工人员将落入两墙片之间的砂浆和碎砖等杂物清理干净并向墙片里侧浇水使其湿润。

B. 浇筑混凝土要旁站检查混凝土的质量和逐层振捣要密实。

② 高位浇筑混凝土法

A. 工程建设人员要控制每次砌筑的墙高不得超过3m。两

墙片砌筑高度差不应大于墙内钢筋的竖向间距。砌筑时要巡视检查按设计要求在砖墙水平灰缝中设立拉结钢筋，拉结钢筋与受力钢筋绑牢。

B. 在砌筑墙体前要检查钢筋规格与间距等，符合质量要求后方可同意砌墙。

C. 浇筑混凝土前要检查墙体质量、两墙片间的砂浆和碎砖等杂物是否清理干净，洞口是否用同品种、同强度等级的砖和砂浆填塞。同时要确认砌筑砂浆强度达到使墙片能承受住混凝土产生的侧压力时(不少于3天)，浇水湿润墙里侧，方可浇筑混凝土。

D. 浇筑混凝土要检查混凝土的质量和逐层振捣密实。振捣混凝土宜用插入式振动器，分层浇捣厚度不宜超过200mm，振动棒不要触及钢筋及砖墙。

(4) 配筋砌块砌体剪力墙

配筋砌块砌体剪力墙由砌块砌体和钢筋混凝土面层或钢筋砂浆面层组成。

1) 钢筋的规格应符合下列规定：

① 钢筋的直径不宜大于25mm，当设置在灰缝中时不应小于4mm。

② 配置在孔洞或空腔中的钢筋面积不应大于孔洞或空腔面积的6%。

2) 钢筋的设置应符合下列规定：

① 设置在灰缝中钢筋的直径不宜大于灰缝厚度的1/2。

② 两平行钢筋间的净距不应小于25mm。

③ 柱和壁柱中的竖向钢筋的净距不宜小于40mm(包括接头处钢筋间的净距)。

3) 钢筋在灌孔混凝土中的锚固应符合下列规定：

① 当计算中充分利用竖向受拉钢筋强度时，其锚固长度L_a，对HRB335级钢筋不宜小于$30d$；对HRB400和RRB400级钢筋不宜小于$35d$；在任何情况下钢筋(包括钢丝)锚固长度不应小于300mm。

② 竖向受拉钢筋不宜在受拉区截断。如必须截断时，应延伸至按正截面受弯承载力计算不需要该钢筋的截面以外，延伸的长度不应小于 $20d$。

③ 竖向受压钢筋在跨中截断时，必须伸至按计算不需要该钢筋的截面以外，延伸的长度不应小于 $20d$；对绑扎骨架中末端无弯钩的钢筋，不应小于 $25d$。

④ 钢筋骨架中的受力光圆钢筋，应在钢筋末端作弯钩，在焊接骨架、焊接网以及轴心受压构件中，可不作弯钩；绑扎骨架中的受力变形钢筋，在钢筋的末端可不作弯钩。

4）钢筋的接头应符合下列规定：

钢筋的直径大于 22mm 时宜采用机械连接接头，接头的质量应符合有关标准、规范的规定；其他直径的钢筋可采用搭接接头，并应符合下列要求：

① 钢筋的接头位置宜设置在受力较小处；

② 受拉钢筋的搭接接头长度不应小于 $1.1L_a$，受压钢筋的连接接头长度不应小于 $0.7L_a$，且不应小于 300mm；

③ 当相邻接头钢筋的间距不大于 75mm 时，其搭接长度应为 $1.2L_a$。当钢筋间的接头错开 $20d$ 时，搭接长度可不增加。

5）水平受力钢筋（网片）的锚固和搭接长度应符合下列规定：

① 在凹槽砌块混凝土带中钢筋的锚固长度不宜小于 $30d$，且其水平或垂直弯折段的长度不宜小于 $15d$ 和 200mm；钢筋的搭接长度不宜小于 $35d$。

② 在砌体水平灰缝中，钢筋的锚固长度不宜小于 $50d$，且其水平或垂直弯折段的长度不宜小于 $20d$ 和 150mm；钢筋的搭接长度不宜小于 $55d$。

③ 在隔皮或错缝搭接的灰缝中为 $50d+2A$，d 为灰缝受力钢筋的直径；A 为水平灰缝的间距。

6）钢筋的最小保护层厚度应符合下列要求：

① 灰缝中钢筋外露砂浆保护层不宜小于 15mm。

② 位于砌块孔槽中的钢筋保护层，在室内正常环境不宜小于 20mm；在室外或潮湿环境不宜小于 30mm。

注：对安全等级为一级或设计使用年限大于 50 年的配筋砌体结构构件，钢筋的保护层应比本条规定的厚度至少增加 5mm，或采用经防腐处理的钢筋、抗渗混凝土砌块等措施。

7）配筋砌块砌体剪力墙、连梁砌体材料强度等级应符合下列规定：

① 砌块不应低于 MU10。

② 砌筑砂浆不应低于 M7.5。

③ 灌孔混凝土不应低于 C20。

注：对安全等级为一级或设计使用年限大于 50 年的配筋砌块砌体房屋，所用材料的最低强度等级应至少提高一级。

8）配筋砌块砌体剪力墙厚度、连梁截面宽度不应小于 190mm。

9）配筋砌块砌体剪力墙的构造配筋应符合下列规定：

① 应在墙的转角、端部和孔洞两侧配置竖向连续钢筋，钢筋直径不宜小于 12mm。

② 应在洞口的底部和顶部设置不小于 2ϕ10 的水平钢筋，其伸入墙内的长度不宜小于 35d 和 400mm。

③ 应在楼(屋)盖的所有纵横墙处设置现浇钢筋混凝土圈梁，圈梁的宽度和高度宜等于墙厚和块高，圈梁主筋不应少于 4ϕ10，圈梁的混凝土强度等级不宜低于同层混凝土块体强度等级的 2 倍，或该层灌孔混凝土的强度等级，也不应低于 C20。

④ 剪力墙其他部位的竖向和水平钢筋的间距不应大于墙长、墙高之半，也不应大于 1200mm。对局部灌孔的砌体，竖向钢筋的间距不应大于 600mm。

⑤ 剪力墙沿竖向和水平方向的构造钢筋配筋率均不宜小于 0.07%。

10）壁式框架配筋砌块窗间墙除应符合上述 7～9 规定外，尚应符合下列规定：

① 墙宽不应小于 800mm，也不宜大于 2400mm。

② 墙净高与墙宽之比不宜大于5。

③ 每片窗间墙中沿全高不应少于4根钢筋。

④ 沿墙的全截面应配置足够的抗弯钢筋。

⑤ 窗间墙的竖向钢筋的含钢率不宜小于0.2%，也不宜大于0.8%。

⑥ 水平分布钢筋应在墙端部纵筋处弯180°标准钩，或等效的措施。

⑦ 水平分布钢筋的间距：在距梁边1倍墙宽范围内不应大于1/4墙宽，其余部位不应大于1/2墙宽。

⑧ 水平分布钢筋的配筋率不宜小于0.15%。

11）当利用剪力墙端的砌体时，配筋砌块砌体剪力墙应按下列情况设置边缘构件：

① 在距墙端至少3倍墙厚范围内的孔中设置不小于1ϕ12通长竖向钢筋。

② 当剪力墙端部的设计压应力大于0.8f_g时，除按①的规定设置竖向钢筋外，尚应设置间距不大于200mm、直径不小于6mm的水平钢筋(箍筋)，该水平钢筋宜设置在灌孔混凝土中(f_g为灌孔砌体抗剪强度设计值)。

12）当在剪力墙墙端设置混凝土柱时，应符合下列规定：

① 柱的截面宽度宜等于墙厚，柱的截面长度宜为1～2倍的墙厚，并不应小于200mm。

② 柱的混凝土强度等级不宜低于该墙体块体强度等级的2倍，或该墙体灌孔混凝土的强度等级，也不应低于C20。

③ 柱的竖向钢筋不宜小于4ϕ12，箍筋宜为ϕ6、间距200mm。

④ 墙体中的水平钢筋应在柱中锚固，并应满足钢筋的锚固要求。

⑤ 柱的施工顺序宜为先砌砌块墙体，后浇捣混凝土。

13）配筋砌块砌体剪力墙中当连梁采用钢筋混凝土时，混凝土强度等级不宜低于同层墙体块体强度等级的2倍，或同层墙体灌孔混凝土的强度等级，也不应低于C20；其他构造尚应符合《混凝土结构设计规范》GB 50010的有关规定。

14）配筋砌块砌体剪力墙中当连梁采用配筋砌块砌体时，连梁应符合下列规定：

① 连梁的截面应符合下列要求：

A. 连梁的高度不应小于两皮砌块的高度和400mm。

B. 连梁应采用H型砌块或凹槽砌块组砌，孔洞应全部浇灌混凝土。

② 连梁的水平钢筋宜符合下列要求：

A. 连梁上、下水平受力钢筋宜对称、通长设置，在灌孔砌体内的锚固长度不应小于35d和400mm。

B. 连梁水平受力钢筋的含筋率不宜小于0.2%，也不宜大于0.8%。

③ 连梁的箍筋应符合下列要求：

A. 箍筋的直径不应小于6mm。

B. 箍筋的间距不宜大于1/2梁高和600mm。

C. 在距支座等于梁高范围内的箍筋间距不应大于1/4梁高，距支座表面第一根箍筋的间距不应大于100mm。

D. 箍筋的面积配筋率不宜小于0.15%。

E. 箍筋宜为封闭式，双肢箍末端弯钩为135°；单肢箍末端的弯钩为180°或90°加12倍箍筋直径的延长段。

15）配筋砌块砌体柱除应符合上述7的要求外，尚应符合下列规定：

① 柱截面边长不宜小于400mm，柱高度与截面短边之比不宜大于30。

② 柱的纵向钢筋的直径不宜小于12mm，数量不应少于4根，全部纵向受力钢筋的配筋率不宜小于0.2%。

③ 柱中箍筋的设置应根据下列情况确定：

A. 当纵向钢筋的配筋率大于0.25%，且柱承受的轴向力大于受压承载力设计值的25%时，柱应设箍筋；当配筋率≤

0.25%时，或柱承受的轴向力小于受压承载力设计值的25%时，柱中可不设置箍筋。

B. 箍筋直径不宜小于6mm。

C. 箍筋的间距不应大于16倍的纵向钢筋直径、48倍箍筋直径及柱截面短边尺寸中较小者。

D. 箍筋应封闭，端部应弯钩。

E. 箍筋应设置在灰缝或灌孔混凝土中。

（5）钢筋混凝土构造柱

设置钢筋混凝土构造柱是提高多层砖混结构房屋(简称多层砖房)抗震能力的一种措施。构造柱截面尺寸不宜小于240mm×240mm，纵向钢筋直径对于中柱不宜少于4ϕ12，对于边柱、角柱不宜少于4ϕ14。构造柱纵向钢筋直径也不宜大于ϕ16。其箍筋一般部位宜采用ϕ6、间距200，楼层上下500mm范围内宜采用ϕ6、间距100mm。构造柱竖向受力钢筋应在基础梁和楼层圈梁中锚固，并满足受拉钢筋锚固长度。构造柱的混凝土强度不低于C20。

1）必须坚持先砌墙后浇注混凝土的原则。

2）底层构造柱的竖向受力钢筋与基础圈梁(或混凝土底脚)的锚固长度不应小于5倍竖向钢筋直径，并保证钢筋位置正确。构造柱的竖向受力钢筋需接长时，可采用绑扎，其接长长度一般为35倍钢筋的直径，在绑扎接头区段内的箍筋应加密。构造柱钢筋的混凝土保护层厚度一般为20mm，并不得小于15mm。

3）砌砖墙时，从每层构造柱脚开始，砌马牙槎应先退后进。

4）在浇筑构造柱混凝土前，工程建设人员要现场检查受力钢筋及箍筋的规格与尺寸，检查墙体与构造柱之间拉接筋的设置。规范规定：设置在砌体水平灰缝中钢筋的锚固长度均不宜小于50d，且其水平或垂直弯折段的长度不宜小于20d和150mm，上述要求均达到后才能同意灌注混凝土。要求将砖墙和模板浇水湿润(钢模板面不浇水，刷隔离剂)，并将模板内的砂浆残块、砖渣等杂物清理干净。

5）构造柱的混凝土浇筑可以分段进行，每段高度不宜大于2m，或每个楼层分二次浇筑。在施工条件较好，并能确保浇捣密实时，亦可每一楼层浇筑一次。

6）浇捣构造柱混凝土时，工程建设人员要全过程旁站。宜用插入式振动器，分层捣实。振捣棒随振随拔，每次振捣层的厚度不得超过振捣棒有效长度的1.25倍，一般为2000mm左右。振捣时，振捣棒应避免直接触碰钢筋和砖墙，严禁通过砖墙传振，以免墙体臌肚和灰缝开裂。

7）在新老混凝土接槎处，须先用水冲洗、湿润，再铺10～20mm厚的水泥砂浆(用原混凝土配合比去掉粗骨料)，方可继续浇筑混凝土。

（6）抗震要求

1）配筋砌块砌体剪力墙的厚度，一级抗震剪力墙不应小于层高的1/20，二、三、四级抗震剪力墙不应小于层高的1/25，且不应小于190mm。

2）配筋砌块砌体剪力墙的布置，应符合下列要求：

① 平面形状宜简单、规则，凹凸不宜过大；竖向布置宜规则、均匀，避免有过大的外挑和内收。

② 纵横方向的剪力墙宜拉通对齐；较长的剪力墙可用楼板或弱连梁分为若干个独立的墙段，每个独立墙段的总高度与长度之比不宜小于2。

③ 剪力墙的门窗洞口宜上下对齐，成列布置。

④ 剪力墙小墙肢的截面高度不宜小于3倍墙厚，也不应小于600mm，一级剪力墙小墙肢的轴压比不宜大于0.5，二、三级剪力墙的轴压比不宜大于0.6。

3）配筋砌块砌体剪力墙的水平分布钢筋(网片)宜沿墙长连续设置，其锚固或搭接要求除应符合(4)中5)的规定外，尚应符合下列规定：

① 水平分布钢筋可绕端部主筋弯180°弯钩，弯钩端部直段长度不宜小于$12d$；该钢筋亦可垂直弯入端部灌孔混凝土中锚

固，其弯折段长度，对一、二级抗震等级不应小于 250mm；对三、四级抗震等级，不应小于 200mm。

② 当采用焊接网片作为剪力墙水平钢筋时，应在钢筋网片的弯折端部加焊两根直径与抗剪钢筋相同的横向钢筋，弯入灌孔混凝土的长度不应小于 150mm。

4）配筋砌块砌体剪力墙连梁的构造，当采用配筋砌块砌体连梁时，除应符合(4)中 13)的规定外，尚应符合下列要求：

① 连梁上下水平钢筋锚入墙体内的长度，一、二级抗震等级不应小于 $1.1L_a$，三、四级抗震等级不应小于 L_a，且不应小于 600mm。

② 连梁的箍筋应沿梁长布置，并应符合表 3.7.2 的要求：

连梁的箍筋的构造要求 **表 3.7.2**

抗震等级	箍筋加密区			非箍筋加密区	
	长　度	箍筋间距(mm)	直　径	箍筋间距(mm)	直　径
一　级	$2h$	100	$\phi10$	200	$\phi10$
二　级	$1.5h$	200	$\phi8$	200	$\phi8$
三　级	$1.5h$	200	$\phi8$	200	$\phi8$
四　级	$1.5h$	200	$\phi8$	200	$\phi8$

注：h 为连梁截面高度；加密区长度不小于 600mm。

③ 在顶层连梁伸入墙体的钢筋长度范围内，应设置间距不大于 200mm 的构造箍筋，箍筋直径应与连梁的箍筋直径相同。

④ 跨高比小于 2.5 的连梁，在自梁底以上 200mm 和梁顶以下 200mm 范围内，每隔 200mm 增设水平分布钢筋，当一级抗震等级时，不小于 $2\phi12$，二～四级抗震等级时为 $2\phi10$，水平分布钢筋伸入墙内的长度不小于 $30d$ 和 300mm。

⑤ 连梁不宜开洞。当需要开洞时，应在跨中梁高 1/3 处预埋外径不大于 200mm 的钢套管，洞口上下的有效高度不应小于 1/3 梁高，且不应小于 200mm，洞口处应配补强钢筋并在洞周边浇筑灌孔混凝土，被洞口削弱的截面应进行受剪承载力验算。

5）配筋砌块砌体柱的构造除应符合(4)中 14)的规定外，尚应符合下列要求：

① 纵向钢筋直径不应小于 12mm，全部纵向钢筋的配筋率不应小于 0.4%。

② 箍筋直径不应小于 6mm，且不应小于纵向钢筋直径的 1/4。箍筋的间距，应符合下列要求：

A. 地震作用产生轴向力的柱，箍筋间距不宜大于 200mm。

B. 地震作用不产生轴向力的柱，在柱顶和柱底的 1/6 柱高、柱截面长边尺寸和 450mm 三者较大值范围内，箍筋间距不宜大于 200mm；其他部位不宜大于 16 倍纵向钢筋直径、48 倍箍筋直径和柱截面短边尺寸三者较小值。

C. 箍筋或拉结钢筋端部的弯钩不应小于 135°。

6）夹心墙的自承重叶墙的横向支承间距，宜符合下列规定：

① 设防烈度为 8、9 度时不宜大于 3m。

② 设防烈度为 7 度时不宜大于 6m。

③ 设防烈度为 6 度时不宜大于 9m。

7）配筋砌块砌体剪力墙房屋的楼、屋盖宜采用现浇钢筋混凝土结构；抗震等级为四级时，也可采用装配整体式钢筋混凝土楼盖。

8）配筋砌块砌体剪力墙房屋的楼、屋盖处，应按下列规定设置钢筋混凝土圈梁：

① 圈梁混凝土强度等级不宜小于砌块强度等级的 2 倍，不宜小于该层灌孔混凝土的强度等级，同时不应低于 C20。

② 圈梁的宽度宜为墙厚，高度不宜小于 200mm；纵向钢筋直径不应小于墙中水平分布钢筋的直径，且不宜小于 4ϕ12；箍筋直径不应小于 ϕ6，间距不大于 200mm。

9）配筋砌块砌体剪力墙房屋的基础与剪力墙结合处的受力钢筋，当房屋高度超过 50m 或一级抗震等级时宜采用机械连接或焊接，其他情况可采用搭接。当采用搭接时，一、二级抗震等级时搭接长度不宜小于 50d，三、四级抗震等级时不宜小于 40d（d 为受力钢筋直径）。

3.7.3 施工质量验收

配筋砌体工程施工质量验收见表3.7.3。

配筋砌体工程施工质量验收 表3.7.3

检验项目		标准	检验方法
主控项目	1. 钢筋的品种、规格和数量	应符合设计要求	检查合格证书、性能试验报告、隐蔽工程记录
	2. 混凝土或砂浆的强度等级	应符合设计要求	检查混凝土或砂浆试块试验报告
	3. 构造柱与墙体的连接处应砌成马牙槎	(1) 马牙槎应先退后进，预留的拉结钢筋应位置正确，施工中不得任意弯折； (2) 钢筋竖向移位不应超过100mm； (3) 马牙槎沿高度方向尺寸不应超过300mm。钢筋竖向位移和马牙槎尺寸偏差每一构造柱不应超过2处	观察检查
	4. 构造柱位置及垂直度允许偏差	应符合表3.7.4的规定	应符合表3.7.4的规定
	5. 配筋混凝土小型空心砌块砌体，芯柱混凝土	应在装配式楼盖处贯通，不得削弱芯柱截面尺寸	观察检查
一般项目	1. 设置在砌体水平灰缝内的钢筋	应居中置于灰缝中。水平灰缝厚度应大于钢筋直径4mm以上。砌体外露面砂浆保护层厚度≥15mm	观察检查，辅以钢尺检测
	2. 设置在砌体灰缝内的钢筋的防腐保护	应采取防腐措施，防腐涂料无漏刷（喷浸），无起皮脱落现象	观察检查

续表

检验项目		标 准	检验方法
一般项目	3. 网状配筋砌体中，钢筋网及放置间距	应符合设计规定，钢筋网沿砌体高度位置超过设计规定一皮砖厚不得多于1处	钢筋规格检查钢筋网成品，钢筋网放置间距局部剔缝观察，或用探针刺入灰缝内检查，或用钢筋位置测定仪测定
	4. 组合砖砌体构件，竖向受力钢筋保护层	钢筋保护层应符合设计要求，距砖砌体表面距离不应小于5mm；拉结筋两端应设弯钩，拉结筋及箍筋的位置应正确，拉结筋位置及弯钩设置80%及以上符合要求，箍筋间距超过规定者，每件不得多于2处，且每处不得超过一皮砖	支模前观察与尺量检查
	5. 配筋砌块砌体剪力墙中，采用搭接接头的受力钢筋搭接长度	不应小于 $35d$，且不应小于300mm	尺量检查

注：主控项目为构造柱、芯柱、组合砌体构件、配筋砌体剪力墙构件的混凝土和砂浆的强度等级。

检查数量

主控项目：

对项目2，各类构件每一检验批砌体至少应做一组试块。

对项目3，每检验批抽20%构造柱，且不少于3处。

对项目4和5每检验批抽查10%，且不应少于5处。

一般项目：

对项目1，每检验批抽检3个构件，每个构件检查3处。

对项目2，每检验批抽检10%的钢筋。

对项目3和4，每检验批抽查10%，且不应少于5处。

对项目5，每检验批每类构件抽20%(墙、柱、连梁)，且不应少于3件。

构造柱尺寸允许偏差　　　　表 3.7.4

<table>
<tr><th>项次</th><th colspan="3">项　目</th><th>允许偏差（mm）</th><th>抽　检　方　法</th></tr>
<tr><td>1</td><td colspan="3">柱中心线位置</td><td>10</td><td>用经纬仪和尺检查或用其他测量仪器检查</td></tr>
<tr><td>2</td><td colspan="3">柱层间错位</td><td>8</td><td>用经纬仪和尺检查或用其他测量仪器检查</td></tr>
<tr><td rowspan="3">3</td><td rowspan="3">柱垂直度</td><td colspan="2">每层</td><td>10</td><td>用 2m 托线板检查</td></tr>
<tr><td rowspan="2">全高</td><td>≤10m</td><td>15</td><td rowspan="2">用经纬仪、吊线和尺检查，或用其他测量仪器检查</td></tr>
<tr><td>>10m</td><td>20</td></tr>
</table>

3.8 填充墙砌体工程

本节适用于房屋建筑采用空心砖、蒸压加气混凝土砌块、轻骨料混凝土空心砌块等砌筑的填充墙砌体工程。

3.8.1 施工原则及基本规定

（1）蒸压加气混凝土砌块、轻骨料混凝土小型空心砌块砌筑时，龄期应超过 28d。

（2）空心砖、蒸压加气混凝土砌块、轻骨料混凝土小型空心砌块等的运输、装卸过程中，严禁抛掷和倾倒。进场后应按品种、规格分别堆放整齐，堆置高度不宜超过 2m。加气混凝土砌块应防止雨淋。

（3）填充墙砌体砌筑前块材应提前两天浇水湿润。蒸压加气混凝土砌块砌筑时，应向砌筑面适量浇水。

（4）用轻骨料混凝土小型空心砌块或蒸压加气混凝土砌块砌筑墙体时，墙体底部应砌烧结普通砖或多孔砖，或普通混凝土小型空心砌块，或现浇混凝土坎台等，其高度不宜小于 200mm。

3.8.2 施工准备及作业条件

（1）材质要求

填充墙砌体工程与其他砌体工程的最大区别是只承受自身荷

载，而不承受来自楼面和上部的其他荷载。

1）加气混凝土砌块砌体

加气混凝土砌块主规格的长度为 600mm，宽度和高度有多种。墙厚一般等于砌块宽度，其立面砌筑形式只有全顺式一种。上下皮竖缝相互错开不小于砌块长度的 1/3。如不能满足时，在水平灰缝中设置 2 根直径 6mm 的钢筋或直径 4mm 钢筋网片，加筋长度不小于 700mm。

蒸压加气混凝土砌块用的砌筑砂浆应符合表 3.8.1 的规定。

加气混凝土砌块用的砌筑砂浆质量要求　　表 3.8.1

项　目	砌 筑 砂 浆
干密度(kg/m^3)	≥1800
分 层 度	≤20
抗压强度(N/mm^2)	2.5、5.0
粘 结 强 度	≥0.2
抗冻性 25 次	质量损失≤5、强度损失≤20
收 缩 性 能	收缩值≤1.1mm/m

注：有抗冻性能和保温性能要求的地区，砂浆性能还应符合抗冻性和导热性能的规定。

2）粉煤灰砌块砌体

粉煤灰砌块的主规格长度为 880mm，宽度有 380、430mm 两种。墙厚等于砌块宽度，其立面砌筑形式只有全顺式一种，即每皮砌块均为顺砌，上下竖缝相互错开砌块长度的 1/3 以上，并不小于 150mm，如不能满足时，在水平灰缝中应设置 2 根直径 6mm 钢筋或直径 4mm 钢筋网片加强，加强筋长度不小于 700mm。

3）轻骨料混凝土空心砌块

轻骨料混凝土空心砌块的主规格多为 390mm×190mm×190mm，常用全顺砌筑形式，墙厚等于砌块宽度。上下皮竖向灰缝相互错开 1/2 砌块长，并不应小于 120mm，如不能保证时，应在水平灰缝中设置 2 根直径 6mm 的拉结钢筋或直径 4mm 的钢筋网片。

(2) 作业条件

1) 基础主体结构均已完工，并办理好隐检验收手续。

2) 砌筑前一天，将填充墙与原结构相接处浇水湿润，确保砌体粘结。

3.8.3 施工监控要点

(1) 加气混凝土砌块砌体

1) 按砌块每皮高度制作皮数杆，并竖立于墙的两端，两相对皮数杆之间拉准线。在砌筑位置放出墙身边线。

2) 加气混凝土砌块砌筑时，应向砌筑面适量浇水。

3) 在砌块墙底部应用烧结普通砖或多孔砖砌筑，其高度不宜小于 200mm。

4) 不同干密度和强度等级的加气混凝土砌块不应混砌，也不得与其他砌块混砌。但墙底、墙顶及门窗洞口处局部采用烧结普通砖和多孔砖砌筑不视为混砌。

5) 灰缝应横平竖直，砂浆饱满。

6) 砌块墙的转角处，应隔皮纵、横墙砌块相互砌筑。砌块墙的 T 形交接处，应使横墙砌块隔皮端面露头。

7) 砌到接近上层梁、板底时，宜用烧结普通砖斜砌拼紧，砖倾斜度为 60°左右，砂浆应饱满。

8) 墙体洞口上部应放置 2 根直径 6mm 钢筋，伸过洞口两边长度每边不小于 500mm。

9) 砌块墙与承重墙或柱交接处，应在承重墙或住的水平灰缝内预埋拉结钢筋。拉结钢筋沿墙或柱高每 1m 左右设一道，每道为 2 根直径 6mm 的钢筋(带弯钩)，伸出墙或柱面长度不小于 700mm，砌筑时，将此拉结钢筋伸出部分埋置于砌块墙的水平灰缝中。

10) 加气混凝土砌块墙上不得留脚手眼。切锯砌块应使用专用工具，不得用斧或瓦刀任意砍劈。

（2）粉煤灰砌块砌体

1）为了减少收缩，粉煤灰砌块自生产之日算起，应放置一个月以后，方可用于砌筑。

2）严禁使用干的粉煤灰砌块上墙，一般应提前两天浇水，砌块含水率宜为8%～12%。不得随砌随浇。

3）砌筑用砂浆应采用水泥混合砂浆。

4）灰缝应横平竖直。砂浆饱满。水平灰缝厚度不得大于15mm，竖向灰缝宜用内外临时夹板灌缝，在灌浆槽中的灌浆高度应不小于砌块高度，个别竖缝宽度大于30mm时，应用细石混凝土灌缝。

5）粉煤灰砌块墙的转角处应隔皮纵、横墙砌块相互砌筑，砌块端面露头。在T形交接处，隔皮使横墙砌块端面露头。凡露头砌块应用粉煤灰砂浆将其填补抹平。

6）粉煤灰砌块墙与普通砖承重墙或柱交接处，应沿墙高1m左右设置3根直径4mm的拉结钢筋，拉结钢筋伸入砌块墙内长度不小于700mm。

7）粉煤灰砌块墙与半砖厚普通砖墙交接处，应沿墙高800mm左右设直径4mm钢筋网，钢筋网片形状依照两种墙交接情况而定。置于半砖墙水平灰缝中的钢筋为2根，伸入长度不小于36mm；置于砌块墙水平灰缝中的钢筋为3根，伸入长度不小于360mm。

8）墙体洞口上部应放置2根直径6mm钢筋，伸过洞口两边长度每边不小于500mm。

9）洞口两侧的粉煤灰砌块应锯掉灌浆槽。锯剖砌块应用专用手锯，不得用斧或瓦刀任意砍劈。

10）粉煤灰砌块墙上不得留置脚手眼。

（3）轻骨料混凝土空心砌块

1）轻骨料混凝土空心砌块应至少有28d以上的龄期，宜提前适当浇水湿润。严禁雨天施工，砌块表面有浮水时亦不得进行砌筑。

2）砌筑前应根据砌块皮数制作皮数杆，并在转角处及交接处竖立，皮数杆间距不得超过15m。

3）砌筑必须遵守“反砌”原则，即使砌块底面向上砌筑。上下皮应对孔错缝搭砌。

4）水平灰缝应平直，砂浆饱满，按净面积计算的砂浆饱满度不应低于80%。竖向方灰缝应采用加浆方法，使其砂浆饱满，严禁用水冲浆灌缝，不得出现瞎缝、透明缝，其砂浆饱相不宜低于80%。

5）需要移动已砌好的砌块或对被撞动的砌块进行修整时，应清除原有砂浆后，再重新铺浆砌筑。

6）墙体转角处及交接处应同时砌起，如不能同时砌起时，留洞的方法及要求同混凝土空心砌块墙中所述的规定。

7）在砌筑砂浆终凝前，应将灰缝刮平。

3.8.4 施工质量验收

填充墙砌体工程施工质量验收见表3.8.2。

填充墙砌体工程施工质量验收　　表3.8.2

检验项目		标　准	检验方法
主控项目	砖、砌块和砌筑砂浆的强度等级	应符合设计要求	查产品合格证书、性能检测报告和砂浆试块试验报告
一般项目	1. 填充墙砌体一般尺寸的允许偏差	应符合表3.8.3的规定	应符合表3.8.3的规定
	2. 蒸压加气混凝土砌块砌体和轻骨料混凝土小型空心砌块砌体	不应与其他块材混砌	外观检查
	3. 填充墙砌体的砂浆饱满度	应符合表3.8.4的规定	应符合表3.8.4的规定
	4. 填充墙砌体留置的拉结钢筋或网片的位置	应与块体皮数相符合。拉结钢筋或网片应置于灰缝中，埋置长度应符合设计要求，竖向位置偏差不应超过一皮高度	观察和用尺量检查

续表

检验项目		标准	检验方法
一般项目	5. 填充墙砌筑时应错缝搭砌，蒸压加气混凝土砌块搭砌长度	不应小于砌块长度的1/3；轻骨料混凝土小型空心砌块搭砌长度不应小于90mm；竖向通缝应小于2皮	观察和用尺量检查
	6. 填充墙砌体的灰缝厚度和宽度应正确。空心砖、轻骨料混凝土小型空心砌块的砌体灰缝	应为8～12mm。蒸压加气混凝土砌块砌体的水平灰缝厚度及竖向灰缝宽度分别宜为15mm和20mm	用尺量5皮空心砖或小砌块的高度和2m砌体长度折算
	7. 填充墙砌至接近梁、板底时	应留一定空隙，待填充墙砌筑完并应至少间隔7d后，再将其补砌挤紧	观察检查

填充墙砌体一般尺寸允许偏差　　表3.8.3

项次	项目		允许偏差(mm)	检验方法
1	轴线位移		10	用尺检查
2	垂直度	小于或等于3m	5	用2m托线板或吊线、尺检查
		大于3m	10	
3	表面平整度		8	用2m靠尺和楔形尺检查
4	门窗洞口高、宽(后塞口)		±5	用尺检查
5	外墙上、下窗口偏移		20	用经纬仪或吊线检查

填充墙砌体的砂浆饱满度及检验方法　　表3.8.4

砌体分类	灰缝	饱满度及要求	检验方法
空心砖砌体	水平	≥80%	采用百格网检查块材的底面粘结痕迹面积
	垂直	填满砂浆，不得有透明缝、瞎缝、假缝	
加气混凝土砌块和清骨料混凝土小砌块砌体	水平	≥80%	
	垂直	≥80%	

检查数量

一般项目：

对项目 1，(1)按表 3.8.3 中的 1、2、3 项，在检验批的标准间中随机抽查 10%，但不应少于 3 间；大面积房间和楼道按两个轴线或每 10 延长米按一标准间计数；每间检验不应少于 3 处。

(2) 按表 3.8.3 中 4、5 项，在检验批中抽检 10%，且不应少于 5 处。

对项目 2，在检验批中抽检 20%，且不应少于 5 处。

对项目 3，每步架子不少于 3 处，且每处不应少于 3 块。

对项目 4，在检验批中抽检 20%，且不应少于 5 处。

对项目 5，在检验批的标准间中抽查 10%，且不应少于 3 间。

对项目 6，在检验批的标准间中抽查 10%，且不应少于 3 间。

对项目 7，每验收批抽 10%填充墙片(每两柱间填充墙为一墙片)，且不少于 3 片。

3.8.5 成品保护

(1) 砌块在装运过程中，应轻装轻放，计算好各房间及各层间数量，按规格分别堆放整齐。

(2) 搭拆脚手架时应防止碰坏已砌筑完成的墙体和门窗洞口棱角。

(3) 墙体砌筑完成后，如需增加预留孔洞或槽坑时，开凿后墙体有松动或砌块不完整时，必须立即进行处理补强。

(4) 落地砂浆及镶砖砍落碎砖应及时清除，保持施工场地清洁。

(5) 门框安装后应将门口框两侧从地(楼)面起 300～600mm 高度范围钉临时铁皮保护，防止推车子时撞损。

3.8.6 常见质量缺陷及预控措施

(1) 墙体强度降低出现裂纹

预控措施：砌筑时尽量用主规格砖，不宜镶砖。

(2) 砂浆粘结不牢

预控措施：砌筑砂浆严格按照配合比拌制，砌筑前一天，将填充墙与原结构相接处浇水湿润，确保砌体粘结。

(3) 灰缝厚度、宽度不匀

预控措施：砌组前应根据砌块皮数制作皮数杆，并在转角处及交接处竖立，皮数杆间距不得超过15m；砌筑时挂准线并收紧；砌前应排砖试摆，并在砌筑过程经常检查上下皮砖层错缝是否一致，如有问题及时改正。

(4) 门窗洞口构造不合理

预控措施：

1) 将预制好的砌块按洞口高度在2m以内每边砌筑三块，洞口高度大于2m时砌四块，用作安装固定门、窗框用。

2) 门洞上方两边过梁支座范围应用粘土砖砌筑不少于四皮的实心砖墙，以防应力集中导致出现裂纹。

3) 门窗洞口做抱框。

(5) 砌体不稳定

预控措施：

1) 当墙体高度大于3m时，应沿每1.5m高度范围通长加设2ϕ8或3ϕ6钢筋水平带。当墙体水平长度大于6m时，应设钢筋混凝土构造柱。构造柱间距不大于6m，柱截面不小于180mm×240mm，配置纵向钢筋不小于4ϕ12，水平箍筋直径ϕ4～ϕ6，间距不宜大于250mm，柱与墙之间应沿每500mm高度设置拉结钢筋，钢筋两端伸入墙内应不小于1000mm。构造柱和圈梁应在砌墙后才进行浇筑，以加强墙体的整体稳定性。

2) 砌筑必须遵守“反砌”原则，即使砌块底面向上砌筑。上下皮应对孔错缝搭砌。

3）水平灰缝应平直，砂浆饱满，按净面积计算的砂浆饱满度不应低于 80%。竖向灰缝应采用加浆方法，使其砂浆饱满，严禁用水冲浆灌缝，不得出现瞎缝、透明缝，其砂浆饱满度不宜低于 80%。

（6）砌体顶与梁底（或板底）间出现裂缝

预控措施：砌块墙与梁底（或板底）的联结严格按图纸施工，如设计图纸没有明确规定时可分别采用如下的两种方法。

1）沿梁底（或板底）要浇注混凝土时，每 1.5m 水平长度顶留 2ϕ6 拉结筋伸入墙一皮砌块高度的竖向灰缝内，与砌筑砂浆固结成整体。

2）当梁底（或板底）没有预留拉结筋时，在墙顶与梁底（或板底）之间，用粘结砂浆斜砌一层（60°）黏土砖上下顶紧、灌浆堵实。

3.9 冬期施工

3.9.1 施工原则及基本规定

（1）当室外日平均气温连续 5d 稳定低于 5℃时，砌体工程应采取冬期施工措施。

注：1. 气温根据当地气象资料确定。

2. 冬期施工期限以外，当日最低气温低于 0℃时，也应按本节的规定执行。

（2）砌体工程冬期施工应有完整的冬期施工方案。

（3）冬期施工砂浆试块的留置，除应按常温规定要求外，尚应增留不少于 1 组与砌体同条件养护的试块，测试检验 28d 强度。

（4）基土无冻胀性时，基础可在冻结的地基上砌筑；基土有冻胀性时，应在未冻的地基上砌筑。在施工期间和回填土前，均应防止地基遭受冻结。

（5）普通砖、多孔砖和空心砖在气温高于 0℃条件下砌筑时，应浇水湿润。在气温低于、等于0℃条件下砌筑时，可不浇水，但必须增大砂浆稠度。抗震设防烈度为9度的建筑物，普通砖、多孔砖和空心砖无法浇水湿润时，如无特殊措施，不得砌筑。砂的温度不得超过40℃。

(6) 砂浆使用温度应符合下列规定：

1) 采用掺外加剂法时，不应低于+5℃。

2) 采用氯盐砂浆法时，不应低于+5℃。

3) 采用暖棚法时，不应低于+5℃。

4) 采用冻结法当室外空气温度分别为0～－10℃、－11～－25℃、－25℃以下时，砂浆使用最低温度分别为10℃、15℃、20℃。

(7) 采用暖棚法施工，块材在砌筑时的温度不应低于+5℃，距离所砌的结构底面0.5m处的棚内温度也不应低于+5℃。

(8) 在暖棚内的砌体养护期间，应根据暖棚内温度，按表3.9.1确定。

暖棚法砌体的养护时间(d) **表 3.9.1**

暖棚的温度(℃)	5	10	15	20
养护时间(d)	≥6	≥5	≥4	≥3

(9) 在冻结法解冻期间，应经常对砌体进行观测和检查，如发现裂缝、不均匀下沉等情况，应立即采取加固措施。

(10) 当采用掺盐砂浆法施工时，宜将砂浆强度等级按常温施工强度等级提高一级。

(11) 配筋砌体不得采用掺盐砂浆法施工。

3.9.2 施工准备及作业条件

(1) 材质要求

1) 砖石材料除应达到国家标准要求外，尚应符合表3.9.2的要求。

冬期施工砖石材料的要求 表 3.9.2

<table>
<tr><th colspan="2">材 料 名 称</th><th>吸水率不大于(%)</th><th>要 求</th></tr>
<tr><td rowspan="2">普通黏土砖</td><td>实 心</td><td rowspan="2">15</td><td rowspan="6">1. 应清除表面污物及冰、霜、雪等；
2. 遇水浸泡后受冻的砖、砌块不能使用；
3. 砌筑时，当室外气温高于1℃普通黏土砖可适当浇水，但不宜过多，一般以表面吸进10mm为宜，且随浇随用，砖的表面不得有游离水。当室外气温低于1℃时，不得浇水</td></tr>
<tr><td>空 心</td></tr>
<tr><td rowspan="2">黏 土 质 砖</td><td>实 心</td><td rowspan="2">8</td></tr>
<tr><td>空 心</td></tr>
<tr><td colspan="2">小型空心砌块</td><td>3</td></tr>
<tr><td colspan="2">加气混凝土砌块</td><td>70</td></tr>
<tr><td colspan="2">石 材</td><td>5</td><td>除应符合上述1条外，石材表面不应有水锈</td></tr>
</table>

注：1. 粘土砖质指粉煤灰、煤干石砖等。
2. 小型空心砌块指硅酸盐质砌块。

2）水泥宜采用普通硅酸盐水泥，不可使用无熟料水泥。水泥不得受潮结块。

3）砂中不应有冰块和直径大于1mm的冻结块。

4）生石灰技术指标见表3.9.3。

生石灰技术指标 表 3.9.3

<table>
<tr><th rowspan="2">项 目</th><th colspan="3">钙质生石灰</th><th colspan="3">镁质生石灰</th></tr>
<tr><th>一等</th><th>二等</th><th>三等</th><th>一等</th><th>二等</th><th>三等</th></tr>
<tr><td>有效氧化钙加氧化镁含量不小于(%)</td><td>85</td><td>80</td><td>70</td><td>80</td><td>75</td><td>65</td></tr>
<tr><td>未消化残渣含量(5mm圆孔筛的筛余)不大于(%)</td><td>7</td><td>11</td><td>17</td><td>10</td><td>14</td><td>20</td></tr>
</table>

注：硅、铝、铁氧化物含量之和大于5%的生石灰，有效氧化钙加氧化镁含量指标分别为：一等≥75%，二等≥70%；三等≥60%；未消化残渣含量指标与镁质生石灰相同。

5）外加剂

① 防冻剂

砌筑砂浆使用的防冻剂分单组份及复合产品。单组份材料的质量要求应符合相应的国家标准。复合产品应使用经省、市级以上部门鉴定并认证的产品，其质量要求见厂家产品说明书。

② 微沫剂

A. 使用的微沫剂应是经省市以上部门鉴定并认证的产品。主要指标 pH 在 7.5～8.5 之间；有效成分不少于 75%；游离松香含量不大于 10%；0.02%水溶液起泡率＞350%；1%水溶液起泡高度 80～90mm；消泡时间大于 7h。

B. 微沫剂的掺量一般为水泥用量的 0.005%～0.010%（微沫剂按 100%纯度计）。

C. 使用微沫剂宜用不低于 70℃的热水配制溶液，按规定浓度溶液投入搅拌机中拌制砂浆时，搅拌时间不少于 3min。拌制的溶液不得冻结。

（2）砌筑砂浆

1）冬期施工对砌筑砂浆的一般要求

① 砂浆的强度等级及品种必须符合设计要求。试块经过 28d 标准养护后应达到设计规定的强度。

② 流动性满足砌筑要求。

③ 运输和使用时不得产生泌水、分层、离析现象，要保证砂浆组分的均匀性。

④ 冬期施工中不得使用无水泥配制的砂浆。

⑤ 在特殊情况下尚应满足抗冻性以及防腐蚀性等方面的要求。

2）材料加热的温度要求

拌合砂浆时，水的加热温度不得超过 80℃，砂的加热温度不得超过 40℃。水泥不能加热。水加热可将蒸汽直接通入水箱，亦可用铁桶烧水。砂加热可用排管、火炕、蒸汽、铁板炒等，用蒸汽管直接插入砂堆中加热砂子时，要控制温湿度。用铁板热炒时，要勤翻拌，防止爆裂。

3）砂浆稠度

在负温条件下砌筑时，由于砖和砌块浇水困难，砂浆稠度可比常温时大 10～30mm，但不宜超过 130mm。冬期施工砌筑砂浆的稠度要求见表 3.9.4。

冬期施工砌筑砂浆稠度要求　　　　　　表 3.9.4

项次	砌体类别	常温时砂浆稠度(mm)	冬期时砂浆稠度(mm)
1	实心砖墙、柱	70～100	90～120
2	空心砖墙、柱	60～80	80～100
3	实心砖墙、拱式过梁	50～70	80～100
4	空　斗　墙	50～70	70～90
5	石　砌　体	30～50	40～60
6	加气混凝土砌块		130

4）冬期施工砌筑砂浆使用温度

冬期砌筑施工时，为保证砂浆的使用温度与砖石表面温差不宜过大，以至于在砖石与砂浆之间产生冰膜，影响砌体强度，砌筑时砖表面与砂浆的温差一般不宜超过 30℃，石材表面与砂浆温差不宜超过 20℃。

冬期施工砌筑砂浆使用温度不宜低于表 3.9.5 规定。

砌筑时砂浆使用温度　　　　　　表 3.9.5

气　　温	冻　结　法	外加剂法
0～10℃	+10	+5
11～25℃	+15	+10
低于 25℃	+20	+15

5）砌筑砂浆的强度等级

① 冬期施工的砂浆强度等级一般不得低于 M2.5，重要部位和重要结构强度等级不得低于 M5。

② 为了弥补砂浆早期受冻而造成的后期强度损失，对砌筑砂浆应适当提高强度等级。使用掺外加剂砂浆，如设计无要求时，当最低气温等于或低于－15℃时，砌筑承重砌体砂浆强度等级应按常温施工的规定提高一级。

用冻结法砌筑时，如设计无要求，当日最低气温高于－25℃时，砌筑承重砌体砂浆强度等级应按常温施工时提高一级；当日最低气温等于或低于－25℃时，应提高二级。

③ 砂浆的检验

冬期砌筑的砂浆检验应做成两种用途的试块。一种为标准养护，用以检验 28d 龄期强度，另一种试块与砌体同条件养护，作为现场不同龄期的强度检验。

施工中取样进行砂浆试验时，其取样方法和原则按相应的标准规范执行。应在使用地点的砂浆槽、砂浆运送车或搅拌机出料口，至少从三个不同部位集取。所取试样的数量应多于试验用料的 1～2 倍。

3.9.3 冬期砌筑工程施工方法分类及选择

(1) 施工方法可分为六种：外加剂法、冻结法、蓄热法、蒸汽加热法、电气加热法和暖棚法。

(2) 施工方法的选择

冬期砌筑工程施工应优先选用外加剂法。当对保温要求较高或对绝缘、装饰等有特殊要求的工程，不能采用外加剂法时，可选用冻结法或其他方法。

3.9.4 施工监控要点

(1) 外加剂法砌筑工程冬期施工

外加剂法是指在水泥砂浆、水泥混合砂浆中掺入一定量的外加剂，并用这种掺外加剂砂浆进行砌筑的施工方法。

1) 适用范围

① 允许使用范围

采用外加剂法具有施工方法简单，造价低，货源易于解决等优点，广为施工单位所采纳。除有特殊功能要求的工程外，一般工程均可采用外加剂法施工。

采用外加剂法施工，应按不同负温度界限选择适宜的外加剂掺量。如选用氯盐时，当砂浆中氯盐掺量过少，砂浆的溶液会出现大量的冰结晶体，水泥的水化反应极其缓慢，甚至停止，早期强度不高，达不到预期效果。如氯盐掺量过多，砂浆后期强度要下降，同时导致砌体析盐量大，增大吸湿性、导电性，降低保温性能，影响墙面装饰质量和装饰效果。

氯盐砂浆中的氯离子对钢铁有腐蚀作用，采用氯盐外加剂施工应对铁埋件、钢筋作防腐处理。

② 不得使用的工程

由于含氯盐的砂浆吸湿性大，保温性能下降，并有析盐现象等，对下列工程不应采用氯盐外加剂法施工：

A. 对装饰有特殊要求的工程。

B. 有高压电线路的建筑物(变电所、发电站等)。

C. 热工要求高的工程。

D. 使用湿度大于60%的建筑物。

E. 经常受40℃以上高温影响的建筑物。

F. 经常处于地下水位变化范围及地下未设防水层的结构及构筑物。

G. 配有钢筋、铁埋件未作防腐处理的砌体。

2）外加剂法施工的砌体操作、检查要点

① 外加剂溶液的配制：外加剂溶液配制一般有两种方法：一种是配制定量浓度的溶液在砂浆拌制时掺进去；另一种是先配制高浓度的溶液，使用时再稀释到含量合乎要求浓度的溶液，作为拌合水加进去。

② 掺外加剂砂浆的拌制：当室外大气温度低于－10℃时，对原材料要进行加热，首先将水加热，当加热水尚满足不了热工计算温度时，再加热砂子。水泥不得加热，但应放在不低于零度的室内。当拌和水的温度超过60℃时，拌制时投料顺序是：水和砂子先拌和，然后再投放水泥。

③ 冬期施工时不应忽视掺外加剂砂浆的保温。砂浆保温可减少热损失，同时延长砂浆凝结时间，促进水泥水化，提高早期强度。因此，搅拌站应设暖棚，运送砂浆的车子，盛砂浆的灰槽子应有保温措施。使用砂浆时，应从灰槽子的边缘往中间撮灰。

④ 砖砌筑施工

A. 在砌筑操作时应采用“三一砌砖法”，保证砌体砂浆饱满度，提高砌体强度。

B. 冬期施工使用的砂浆温度，不应低于+5℃。砖与砂浆的温差最好控制在20℃以内，最大不超过30℃。

C. 冬期施工砖浇水有困难，可增加砂浆稠度来解决砖含水率不足而影响砌筑质量等不利因素，但砂浆最大稠度不应超过130mm。

D. 严格控制砖墙的水平灰缝厚度及竖向灰缝宽度，一般为10mm，不应小于8mm、大于12mm，砂浆饱满度不低于80%。

E. 墙体每日砌筑高度不超过1.8m为宜。

⑤ 砌块施工

A. 冬期施工砌块的主要问题是，由于砌块体积大，吸热量多，随着温度降低，砂浆塑性也很快下降，影响砌筑质量。当砂浆冻结以后，水泥水化反应停止，而影响砂浆强度和粘结力，因此，施工过程中应将各种材料集中堆放，并用草帘、草包等遮盖保温，砌好的墙体也应用草帘遮盖。

B. 施工时不可浇水润湿砌块。

C. 砌筑砂浆宜选用水泥石灰混合砂浆，不宜用水泥砂浆或水泥黏土混合砂浆。为确保铺灰均匀，并与砌块粘结良好，砂浆稠度宜为50～60mm。

D. 砌块就位后，如发现偏斜，可用人力轻轻推动或用小铁棒微微撬挪移动，发现高低不平，可用木槌敲击偏高处，直至校正为止。也可将块体吊起，重新铺平灰缝砂浆，再安装到水平。不得用石块或楔块等垫在砌块的底部以求平整。

⑥ 掺氯盐砂浆对配筋及铁埋件有锈蚀作用，因此，钢筋及铁埋件要涂刷防锈涂料。

⑦ 掺外加剂砂浆砌筑的质量要求

A. 配制掺外加剂砂浆，要按当时的气温条件和砌体部位，严格控制外加剂掺量。

B. 溶液的配制应设专人负责，用比重计随时测定溶液的浓度。当发现有变异时，要及时查找原因，直到调整达到要求后方可使用。

C. 砂浆的出机温度不宜超过35℃，使用时最低温度不应低于5℃。

D. 不准用任意增加微沫剂掺量的方法来改善砂浆的和易性。

E. 砂浆应有良好的流动性和保水性。

F. 砂浆配制计量要准确，应以重量比为主。水泥、各种外加剂掺量的计量误差控制在±2%以内；砂、石灰膏及外掺粉煤灰等掺合料时，掺量计量误差控制在±5%以内。

(2) 冻结法冬期施工

冻结法是指采用不掺有化学外加剂的普通水泥砂浆或水泥混合砂浆进行砌筑，砌体砌完后，不需加热保温等附加措施的一种冬期施工方法。

1) 冻结法适用范围

① 允许使用范围

A. 对有保温、绝缘、装饰等特殊要求的工程和受力配筋砌体以及不受地震区条件限制的其他工程，均可采用冻结法施工。

B. 当砌体长度在两个稳定结构间不超过40倍墙厚，且不超过25m时，其承重墙的高度在总高为24m以内的建筑物中，砌筑层每层不得超过4m；总高在20m以内的，砌筑层每层不得超过6m，均可采用冻结法施工。

采用冻结法施工，不得连续突击砌筑，以避免砌体由于砌筑过快过急而随之出现的变形、倾斜甚至倒塌等事故的发生。

② 不得采用冻结法砌筑的工程

A. 空斗墙、毛石砌体。

B. 砖薄壳、双曲砖拱、筒式拱及承受侧压力的砌体。

C. 在解冻期间可能受到振动或其他动力荷载的砌体。

D. 在解冻时，砌体不允许产生沉降的结构。

E. 在解冻阶段承受偏心荷载，其计算偏心距超过0.25d的

无上端支承点的自由独立结构及偏心距超过 0.7 的有上端支承点的结构(d 为截面重心距最大受压边缘的距离)。

F. 外挑长度大于 180mm 的挑檐。

G. 钢筋砖过梁和跨度大于 1.2m 的砖砌平拱过梁。

H. 在解冻期间其计算高度大于表 3.9.6 中所列数值的墙和柱。

用冻结法砌筑的墙和柱的高度限值(设临时加固的)　　**表 3.9.6**

结构名称	墙和柱的高度限值(m)								
	砂浆 M10			砂浆 M5			砂浆 M2.5		
	墙的厚度或柱的最小边长度(m)								
	0.37	0.49	0.62 和 0.62 以上	0.37	0.49	0.62 和 0.62 以上	0.37	0.49	0.62 和 0.62 以上
上下两端和层间楼板相连的墙和柱	4.5	6.0	8.0	4.0	5.5	7.0	3.5	5.0	6.0
和楼板或地面在一端相连一端自由的墙和柱	2.25	3.0	4.0	2.0	2.75	3.5	1.75	2.5	3.0

注：超过上表数值的墙和柱，用冻结法施工时应在横向加以临时支撑，支撑的方法应在设计中确定。

I. 以轻质混凝土和其他填充料填充，但没有顶砖砌筑以及没有金属拉接条的轻型墙体。

J. 按烈度 9 级以上设防的地震区多层房屋或较高的建筑物，两个稳定结构间的砌体长度超过 25m 或 40 倍墙厚时的砌体，以及建筑物超过表 3.9.7 中所列数值等，均不得采用冻结法施工。

采用冻结法砌筑的砌体极限高度　　**表 3.9.7**

砌体种类	楼层高度(m)	极限高度(m)
实心砌体	＜4m 且不大于墙厚的 12 倍	24
	4～5m 且不大于墙厚的 12 倍	20
	5～6m 且不大于墙厚的 12 倍	12
	6～8m 且不大于墙厚的 12 倍	16
中型空心砌块砌体	＜4m 且不大于墙厚的 10 倍	16

K. 连续梁支承处，配有纵向钢筋的砌体以及水池、水塔、烟囱等工程。

L. 其他设计不容许采用冻结法施工的砖石砌体。

2）冻结法施工的砌体操作、检查要点

在冬期施工中为了确保冻结法砌筑的砖石结构在解冻时的稳定性和正常沉降，对下列施工要点应加以保证。

① 水平分段作业

冻结法施工中采取水平分段施工，有利于合理安排施工程序，进行分期施工，以减少建筑物各部分的不均匀沉降和满足砌体在解冻时的稳定要求。

不设沉降缝的砌体，其分段处之间的高度差不得大于 4m。间断处的砌体应做成阶梯式，并埋设拉结筋，其间距不得超过 8 皮砖，拉结筋伸入砌体两边不应小于 1m。

② 水平灰缝控制在 10mm 以内。

③ 构造措施

A. 在楼板的水平面上、墙的拐角、交接和交叉处配置拉结筋，按墙厚计每 120mm 配 1ϕ6 筋，并伸入相邻墙内长度不得小于 1m。在准备进行人工解冻的房屋中，拉结筋沿高度设置，间距不应超过 2m。

B. 当每一层楼的砌体砌筑完毕后，应及时吊装梁、板。当采用预制构件时，构件之间、构件与墙之间应采用适当的锚固措施，锚点间距应不大于 5 倍砌体厚度。

C. 用冻结法砌筑的墙，与已经沉降的墙体交接处应留沉降缝。

D. 在门窗框上部应预留出缝隙，其厚度在砖砌体中不应小于 5mm，在料石砌体中不应小于 3mm。

E. 对未安装楼板或屋面板的墙体，特别是较高大的山墙，要及时采取临时加固措施，以保证墙体稳定。

F. 跨度大于 0.7m 的过梁，应采用预制构件。跨度较大的梁、悬挑结构，在砌体解冻前应在下面设临时支柱，当砌体强度

达到设计值的 80%时，方可拆除临时支柱。

G. 在框架结构房屋中，对支承在独立基础上的墙，以及支承在框架上的高度较大的填充墙，墙与柱之间应设拉结筋，并应保证不妨碍墙的沉降。

H. 留置在砌体中的洞口和沟槽等，宜在解冻前填砌完毕。

I. 必要时，在解冻期内采用临时加固件，以提高砖石结构的稳定性和承载能力。临时加固体不得妨碍砌体的自然沉降，或使砌体的其他部分受到附加荷载。

J. 在砌体解冻后，砂浆硬化初期，临时加固件应继续留置，时间不少于 10 天。

3）采用冻结法施工时应注意的几个问题

① 施工应按照“三一砌砖法”砌筑，对于房屋转角处和内外墙交接处的灰缝应特别仔细砌合。砌筑时采用一顺一丁或三顺一丁的方法砌筑。

② 门窗过梁一般应采用钢筋混凝土预制过梁。如跨度不超过 0.7m，也可采用砖砌平拱过梁，但拆模日期不得早于砌体解冻后的 15d。

③ 外挑长度不超过 180mm 的屋檐、腰线等可用于砖逐步挑出的方法砌筑，每皮丁砖挑出长度不超过砖长 1/3。

④ 安装阳台板、悬臂梁和类似结构时，不得在支承处铺设过厚的灰缝，一般不超过 15mm。

⑤ 砌筑砖柱时，首先应彻底清扫柱根上的冰雪或已冻结的砂浆，要选用优质整砖砌筑，其中使用的半砖不超过 15%，不准使用 1/4 砖。不准采用框式砌合法，砖柱的水平灰缝和立缝均应填砂浆。

⑥ 在墙和基础砌体中，不允许留设未经设计部门同意的水平槽和斜槽。

4）解冻期应注意事项

解冻砌筑的墙体，在解冻前要进行检查，解冻过程中应组织观测，必要时还需进行临时加固和处理。

① 凡冻结法砌筑的工程(包括平均气温低于-20℃时用抗冻砂浆砌筑的建筑物或构筑物)，应在春季解冻期进行经常的观测，检查结构在解冻期间的承载能力和稳定性是否有保证，检查结构的减荷措施和加固的方法。

② 在春季解冻期来临前，应从楼板上除去设计中规定的以外荷载，将施工废料、残余的建筑材料从楼板上清除干净。

③ 在一般情况下，砌体解冻时期，宜暂停施工。

④ 在解冻期(或人工解冻)进行观测时，应特别注意观测多层房屋的下层的柱和窗间墙，梁端支承处，墙的交接处和梁模板支承处等地方。此外，还必须观测砌体沉降的大小，方向和均匀性，砌体灰缝内砂浆的硬化情况。

观测应在整个解冻期内不间断地进行，根据各地气温状况不同，一般不少于15d。为了便于进行观测，每一层楼砖墙砌筑结束后，应设置观测沉降用的标志。

⑤ 当发现砌体有超应力变形(如不均匀沉降、裂缝、倾斜、臌起等)现象时，应分析变形发生的原因，并立即采取措施，以消除或减弱其影响。

⑥ 当发现砌体表面或个别砖块出现裂缝时，如正在砌筑时须立即停止查找原因，在裂缝附近作出标志，并尽可能减少砌体的荷载，并进行临时加固。如裂缝增加并扩展到几皮砖，以及发现砌体臌起或倾斜时，必须采取下列措施以防止进一步扩展：

A. 窗间墙出现裂缝时，在相邻两个窗口内安设临时支柱，在特别危险的情况下，则应用砖和砂浆填砌窗口。

B. 柱出现破坏迹象，应安设临时支撑，以支撑柱上的大梁，必要时可加斜撑，支撑柱子以保持结构的稳定。

C. 墙发生变形时，用斜撑或夹板进行临时加固，并在梁、板下(以及在下面各层内)设置临时支柱，支柱下应加木楔。

有关增加砌体强度的措施(如用筒箍加强柱和窗间墙，墙的侧面增设配筋砂浆层和增设刚性隔墙等)，应会同设计单位共同研究确定。

⑦ 进行砌体加固时，应特别注意安全。在变形迅速发展时，抢修工作带有一定程度的危险性。必要时解冻期施工操作作业应当暂停。

5）冻结法施工砌体人工解冻

砌体的人工解冻，是指利用热空气、蒸汽、电热等对采用冻结法施工的砖石砌体进行人工加热，以促使砌体强度能够较快地增长，为加快主体工程的进度和尽快进行装饰工程施工作业创造条件。

由于采取人工解冻所要求的措施比较复杂和所消耗的费用较高，所以只有处在下列情况之一者时，方可考虑人工解冻：

① 对于工期要求较紧和必须在冬期进行室内装修施工的工程。

② 要求必须提高多层房屋墙的稳定性，避免砌体在解冻时发生危险变形或倾斜。

③ 为了提高下层砌体的承载能力，使有可能在解冻前完成的主体工程。

④ 在进行砌筑的框架承重结构的工程。

(3) 蓄热法

蓄热法就是在施工过程中，先将砂浆中的原材料水和砂等加热，使砂浆上墙时具有一定的温度，推迟冻结时间。在一定施工段的砌体砌筑完毕后，立即用保温材料(如草帘、草袋、塑料薄膜或用海草编织的海带被等)覆盖其表面，使砌体中的砂浆在硬化过程中，保持一定的正温度，使之达到一定的强度。

蓄热法可用于冬期气温不太低的地区，以及寒冷地区的初冬或初春季节，如一般施工温度在－5～－10℃左右的地区或环境内，特别适用于地下结构。冬期进行基础工程施工时，亦可利用未遭受冻结的软土的热量来进行防寒保温，以达到保温的目的。

1）蓄热法施工的砌体操作、检查要点

① 在蓄热法的施工中，通常使用的主要材料有：刨花、锯

末、膨胀珍珠岩粉、草袋、草帘、草袋、岩棉毯、棉被、塑料薄膜以及炉渣等导热系数小而又比较经济的材料。对于地下结构工程，无条件时也可用土、砂覆盖，但都要保持干燥。保温方式以分层或散装覆盖，分层覆盖时一般不少于二层，最好是其中有一层不透风的材料。散装覆盖的厚度不少于100mm。

② 一般情况下，气温在0～－5℃时，可采用草帘覆盖1～2层，气温低于－5℃时，可将保温材料加厚或与其他施工方法综合使用，如掺早强剂或用电气加热等方法。

③ 材料加热可利用工地原有蒸汽，或另设锅炉、铁锅烧水。

(4) 电气加热法

电热法是利用砂浆通过低压电流使电能变为热能，产生热量对砌体砂浆进行加热，促使砌体砂浆加速硬化，尽快获得所必要的强度。

1) 适用范围

① 适应于薄壁、拱型砌体、砖砌挑檐、女儿墙、附墙垛、柱以及在修缮工程中局部砌体需立即恢复所使用功能和不能采用冻结法或外加剂法施工的结构部位。个别荷载很大，但又必须恢复所具备功能的结构，需要使局部砌体具有一定的强度和稳定性(为了减轻承墙梁的荷载，使悬墙下部具备一定强度)等，均可考虑采用电热法施工。

② 电热法要消耗很多电能并要用一定的设备，附加费用较高，还要考虑安全用电等问题。所以，在供电能力较为紧张、条件较差的地区砌筑大型结构以及在多工种多工序穿插复杂的情况下，均不宜采用。

2) 电热法施工的检查要点

① 采用电热法施工时，应在施工前结合现场实际情况(如输电线路、供电能力等)和安全用电方面等(如电源、线路、警号标志的走向与设置、人员安全用电常识的教育及操作方法的传授等)制定出经济、合理、低耗、有效可靠的施工方案及措施，并在操作前向有关作业人员做好安全技术交底。

② 施工中，电气加热的作业制度和延续时间应根据砌体所需要的强度而定。经加热的砌体内砂浆的配制强度要高于砂浆设计强度的20%。

③ 开始加热时，对砌体温度的要求一般不低于零度，更不允许冻结，以免电阻增大导电不良，造成加热初期耗费过多的电能。

④ 对砖砌体进行电气加热，是利用电流通过导体，将电能转化为热能，电流借灰缝中电极的帮助通过砌体，使砂浆缓遭冻结，加快硬化。施工中必须注意测温，电气加热的温度不宜高于40℃。

⑤ 采用电气加热，要求每个部位的电极相同，以防温度过高而出现问题。

⑥ 为了节约用电，施工中亦可考虑与蓄热法相结合。具体做法是：经测定当砌体获得一定的初温后，即可切断电源进行保温蓄热或间隔送电。

⑦ 当砌筑进行到砌体顶部完了时，要用草帘、棉被或棉毯等保温材料进行覆盖。在通电加热过程中，应加强砌体的测温工作。在进行测温时，必须先切断电源，然后测温人员方可进入测温现场。在此期间，随时可以断电或通电进行温度调整。

(5) 暖棚法

1) 暖棚法适用范围

① 暖棚法多用于较寒冷地区的地下工程和基础工程的砌体砌筑。即利用现有的简单结构或骨架条件搭设暖棚，用成本较低的维护材料或保温材料，将所需要砌筑的砌体与工作面临时封闭起来，使工人在正温条件下进行砌筑和砌体养护。采用暖棚法施工，棚内的温度要求一般不低于5℃。

② 暖棚法施工主要适用于地下室墙、挡土墙、局部基础砌石，量少而又必须进行砌筑的部分墙、柱以及因事故而急需修复的砌筑工程项目、临时加固等小型建筑。在特殊情况下，如解冻阶段有较大偏心而又不易临时加固的砌体或横向荷载较大采用其

他方法有困难的，也可采用暖棚法施工。

③ 总之，暖棚法适用于建筑面积（或砌筑体积）不大、工程项目集中的砌筑工程，并且工序穿插少、工艺简便的操作环境。由于搭设暖棚需要大量的材料，设备、能源和劳力，成本高，一般不宜多用。

2）暖棚法施工检查要点

① 在暖棚法施工前，应根据现场实际情况结合工程特点，制定出经济、合理、低耗、适用的方案措施，编制相应的材料进场计划和施工作业计划以指导施工。

② 采用暖棚法施工时，对暖棚的加热可优先采用热风机装置。如利用天然气、焦炭炉或火炉等加热时，施工时须严格注意安全防火和煤气中毒。对暖棚法的热耗，应考虑围护结构的热量损失。

③ 用暖棚法施工时，要求砖石和砂浆砌筑时的温度均不低于5℃，而距所砌的结构底面0.5m处的气温也不得低于5℃。

（6）蒸汽加热法

1）使用范围

蒸汽加热法是利用低压蒸汽对砌体进行均匀加热，使砌体得到适宜的温度与湿度，促进砂浆中水泥的水化，使砂浆加快凝结与硬化。由于蒸汽加热法在实际施工过程中需要模板或其他有关材料并以蒸汽做热源，因而附加费用较高，所以在一般情况下很少采用，只有当蓄热法或其他方法不能满足施工要求和设计要求时方可采用。有方便蒸汽来源的地方（如临近热电厂、蒸汽鼓风机房、锅炉房等），能就近供应常压蒸汽、废汽或高压蒸汽（高压蒸汽在施工使用时必须减到0.1N/mm^{2}以下时才能使用），在施工现场或附近设有锅炉而又不需另外增加设备的情况下，可考虑采用蒸汽加热法。

2）蒸汽加热法的具体操作方法和检查要点

① 在砌体周围做1层表面不透蒸汽的模板，并在靠近砌体内表面模板上刻沟槽（沟槽做成三角形、矩形或半圆形均可），一

般槽深为 20～30mm(约为模板厚度的 4/5)，宽度为 40～60mm，然后沿沟槽钉上薄铁皮以形成毛细管，在管内通入蒸汽。

② 施工时，要求先将砌体砌筑至一定高度后，再组装带有蒸汽流通毛细管的模板。模板组装过程中，质量上要求拼装严密，不得损坏砌体，确保蒸汽在模板内的毛细管中通畅。模板组装完后，经质检人员检查认可后对砌体通汽加热。

③ 采用蒸汽加热法进行砌筑时，应注意所砌筑的砌体不宜一次砌筑过高，一般要求不超过 3.5m 的高度或满足模板组装要求高度为宜。

④ 采用蒸汽法加热施工时，对所用的砂、红砖等材料可不需进行加热，但材料的技术指标必须满足规定的要求。原则上要求砌筑砂浆必须热拌，以保证砌体在砌完后和通汽前不致遭受冻结。

⑤ 砌体在蒸汽加热过程中，应在砌体的顶端用草帘、草袋或其他保温材料进行覆盖，同时要求妥善处理好所排出的废汽，防止严冬季节因废气乱排而造成到处是冰膜和管道冻堵等现象发生。

3.9.5 毛石基础冬期施工

(1) 一般要求

1) 毛石是不规整的石料，空隙率大于 40%，砌体的砂浆灰缝厚度不均匀，冬期砌筑的砌体下沉量较大，施工时必须采取措施，减少砌体的下沉量和防止不均匀下沉，以保证砌体的稳定性，因此毛石基础的冬期施工，应优先采用外加剂法施工，禁止采用冻结法砌筑。

2) 采用外加剂法砌筑毛石基础，不宜在平均气温低于－10℃或最气温低于－20℃时砌筑。当气温更低时可采用暖棚法施工。所用毛石应提前一天在暖棚内预热，然后在不低于－20℃的环境中砌筑或将毛石砌体改为毛石混凝土基础。

3) 当地基为不冻胀性土时，毛石基础可以在冻结的地基上砌筑。当地基为冻胀性土时，毛石必须在未冻结的地基上砌筑，并采取随砌随检查，用暖土回填的施工方法，同时要有保温措施防止地基土冻胀。

4）石材应质地坚硬、无风化剥落和裂纹；石材表面的冰霜、泥垢、水锈等杂物在砌筑前应清除干净；毛石砌体所用石材应是块状，其中部厚度不宜小于150mm。

5）毛石基础所用砂浆，一般以水泥砂浆为主，砂子以中、粗砂为宜，选用早期强度增长快的水泥。

6）冬期砌筑毛石基础，应以掺氯化钠和氯化钙防冻剂的氯盐砂浆为主。既可在负温下施工，到初春融化时，又不必对砌体采取临时加固措施。砂浆的稠度应控制在40～60mm。

7）为防止砂浆与毛石表面温差过大则产生冰膜，施工时砂浆与毛石表面的温差应控制在20℃以内。

（2）毛石基础的砌筑要求

1）砌筑毛石基础的第一皮石块应座浆，并将大面向下。

2）基础扩大部分要做成阶梯形，上级阶梯的石块应至少压砌下级阶梯的1/2，相邻阶梯的毛石应相互错缝搭砌。

3）毛石砌体宜分皮卧砌，并上下错缝，内外搭砌，不得采用外面侧立石块、中间填心的砌筑方法。

4）每皮石块砌筑时，要隔1～1.5m的距离砌一块拉结石，拉结石应上下皮错开，形成梅花形，墙过厚可用两块拉结石内外搭接，其搭接长度不小于150mm，其中一个应大于墙厚的2/3。

5）内外墙交接处和外墙的拐角处应同时砌筑，否则应留踏步槎。

6）基础的预留洞口施工时应按要求设置，不得在毛石砌筑完后凿孔开洞。

7）毛石砌筑的灰缝厚度为20～30mm，砂浆应饱满，石块间较大的空隙应先填砂浆后再用碎石块填塞密实，不得采用先摆碎石块后塞砂浆或干填碎石的方法。

8）毛石砌体每日砌筑高度不超过1.2m。

(3) 检查要点

1) 砂浆的配制与搅拌：砂浆配制必须按配合比通知单执行。

砂浆的搅拌时间应比常温季节延长 0.5～1 倍，以 2.5～3min 为宜。

2) 搅拌的热砂浆应采取措施，尽可能减少搅拌、运输、储存过程中的热量损失。

① 搅拌机应设在不低于 5℃的保温棚内，砂浆应随拌随运(直接倾入运输车内)，不得露天存放和二次倒运。

② 在可能的情况下，应尽量缩短运距，用手推车运输砂浆时，应加保温装置，使用的灰槽也应保温。

③ 在砌筑时，为减少砂浆温度降低，工人操作时应从灰槽的边缘向中心挖灰使用。

④ 保温槽与运输车应及时清理，每日工作完后须用热水清洗，以免冻结。

3) 砂浆应随拌随用，不要积存过多以免冻结。严禁使用已受冻的砂浆。

4) 不宜在砌筑时随意向砂浆内加热水。

5) 砖砌体砌筑时应注意：

① 应优先采用一顺一丁的砌筑方法。

② 必须采用一铲灰、一块砖、一挤揉的“三一砌砖”方法进行操作，不允许大面积铺灰排砖。

③ 要做到灰缝饱满度在 80% 以上，水平灰缝厚度 9～10mm。

6) 砖石砌体在当日施工完后，必须将砖面灰渣清理干净后表面覆盖保温材料。

7) 楼层施工完后，应尽快安装楼板，以保证砌体的稳定。

8) 砖石工程冬期施工不包括烟囱、薄壳、砖拱等特殊结构。

3.9.6 质量缺陷及预控措施

(1) 用冻结法砌毛石基础，毛石与砂浆没有粘接

现象：冬期施工的毛石基础，在来年解冻之后发现砂浆与毛石之间没有粘接牢固，没有形成整块毛石砌体，用手就可以把已砌完的毛石拿下来，基础丧失承受上部荷载的能力。已砌完的毛石之间有错动变位的现象，上部砌体出现裂缝，或产生位移。

预控措施：原则上乱毛石砌体是不允许用冻结法施工的，如必须在冬期施工时，应在砂浆内掺入适量的防冻剂。即使采用掺盐砂浆，也不宜在－20℃以下露天施工毛石砌体。当气温在－20℃以下时可采用暖棚法施工，毛石应在砌筑前一天搬入暖棚内预热。为防止砂浆与毛石表面温差过大而产生冰膜，施工时此温度差应控制在20℃以内。

(2) 解冻时墙体倒塌

预控措施：在工业建筑和民用建筑中，层高较高的墙体当冬期施工不能安装楼板和屋面承重结构时，在解冻之前必须作好临时支撑，避免由于上端是自由端所带来的危害。临时支撑应与设计单位配合设置，目的在于减小墙体计算高度，增强稳定、特别是加强抗风能力。

(3) 砖柱、砖垛、砌体受冻

现象：当主体结构基本完成时，解冻期间承重的砖柱及尺寸比较小的墙垛，发生裂缝现象。裂缝部位在砖柱中部附近，竖直方向，柱造成劈裂，形成危险因素。

预控措施：冬期施工砖柱，墙垛时，不宜采用冻结法，应采用掺盐砂浆法施工。当气温较低时，砌体完毕后，其外露表面应加以覆盖，进行有效保温，防止砂浆早期受冻。砌体解冻时，对柱、过梁是否进行支顶，需按设计要求进行。

(4) 混凝土构造柱及圈梁受冻

现象：砖混结构中抗震构造柱及圈梁混凝土由于措施不当经常出现早期受冻，混凝土表面出现鸡爪纹，影响混凝土耐久性，

在北方高寒地区经常出现。

预控措施：

1）提高混凝土入模温度，一般控制在20～25℃。

2）混凝土掺入抗冻性外加剂WN-D(如低温建筑研究所生产)效果较好。

3）加强模板保温，选用高效保温材料如岩棉、聚苯板等导热系数小的材料，应选用ë值在0.040～0.047W/m·K的较好。

(5) 饰面泛碱析盐问题

现象：外墙抹灰及饰面工程常采用水泥砂浆作面层，但冬期施工经常出现颜色不均、析白或析盐现象，因而影响了装饰效果。

预控措施：

1）水泥砂浆中冬施改掺氯化钙或亚硝酸钠表面不易析盐。

2）水泥砂浆中掺入复合抗冻剂可防止泛碱析盐问题。

3.10 其　他

3.10.1 皮数杆的设置

(1) 皮数杆的作用

皮数杆的设置对于砌体建筑物高度的控制、竖向变化部位以及砌体的外观质量都有着重要的作用。

通过设置皮数杆将建筑物高度，分解成更为细致的尺寸，比如砖和灰缝的尺寸，同时在皮数杆上标出门窗、圈梁、配筋和凸出或凹进的腰线、眉线等竖向高度变化的位置。

皮数杆的这些作用，无疑给砌体的施工带来极大的方便，因此在施工规范中也特别强调在砌体砌筑时，一定要设置皮数杆。

(2) 皮数杆使用的材料

建筑工地上使用最多的木料大部分为黄花松，这种木料往往含水量较大，变形能力强因此只适合模板使用。

皮数杆应用烘干后的红、白松木方制成，选择这种材料的原因在于不易变形，并且容易固定，皮数杆材质要求干燥、无疤痕、无劈裂，表面刨光后使人感觉很洁净。

皮数杆的断面一般为 40mm×40mm～60mm×60mm，它的长度通常为一个建筑物的层高，过大的断面不仅显得有些浪费材料，也会在使用时由于过于笨重而感到不方便，而过小的断面安放后可能会出现摇摆不定的现象，因此断面的确定需要根据建筑物层高的具体情况，本着皮数杆在砌体上竖立后能够保持稳定为原则。

由于皮数杆上需要划制细部尺寸，所以皮数杆木方的表面一定要刮刨平整，见棱见角尺寸刻画的线条必须清晰，竖向变化的标识必须准确。

(3) 基础皮数杆的设置

立基础皮数杆时，可先在立杆处打一木桩，用水准仪在木桩侧面抄出一条高于垫层标高某一数值(如 100mm)的水平线，然后将皮数杆上相同的一条标高线对齐桩上的水平线，把皮数杆与木桩钉在一起，这样立好皮数杆后，即可作为砌筑基础高度控制的依据。

(4) 墙身皮数杆的设置

墙身皮数杆一般应树立在建筑物的拐角和内外墙交接处，立皮数杆时，可以先在立杆处的墙体上钉一木桩，用水平仪在木桩上测量出±0.000 标高位置，把皮数杆上的±0.000 线与木桩上的±0.000 对齐，用钉子钉牢，为了保证皮数杆的稳定，可加钉两根斜撑，一层砌体砌完后从该层皮数杆起，一层一层往上接。

(5) 皮数杆制划的几个问题

1) 皮数杆制划前，要实际抽查砖的厚度尺寸，并最终确定砖厚度的使用尺寸，出现的细微偏差，可以消失在灰缝中。在此我们可以看到，为什么砖进入施工现场必须要进行砖外观的检查，薄厚尺寸相差太大的砖，将无法划制皮数杆，强行使用在砌体上，必然会影响砌体的质量。

2）皮数杆制划时，要详细标出灰缝的准确厚度。

3）皮数杆制划前，要详细了解施工图纸所提出的要求，标出墙身凸出物，如腰线，窗台挑口的位置。

4）皮数杆制划时，要标出圈梁、过梁或孔洞以及墙内预埋件、预埋钢筋的水平位置。

5）皮数杆的间距不宜过大，一般间距以不超过 15m 为宜，以防小线挠度过大或风吹摇摆，导致出现砖摆放不平或灰缝不均匀的现象。

6）倘若皮数杆固定在墙体上，要注意固定时砌筑砂浆必须具有一定的强度，避免墙体受到敲击产生松动。

3.10.2 基础防潮层的要求

砖混结构有一个特点，地下水会沿着基础砌体结构，逐渐上升进入室内，随着时间的推移侵蚀室内外的墙体和墙面装饰。不仅如此，长期的腐蚀还会降低砌体结构的使用寿命，为了防止这种现象的出现，需要在基础墙的某一高度的位置上设置防潮层。

基础墙上的防潮层，一般情况下，设计都会给出详细的位置和使用的防潮材料，施工中只要根据施工图纸的要求进行施工就可以了。只有当设计无具体要求时，可以采用水泥：砂＝1：2.5 的水泥砂浆加适量的防水剂铺设，其厚度应比砌体灰缝的厚度要大一些，一般应为 20mm。铺设防潮层砂浆时，应将砌体厚度的全部铺满，并压实抹光。防潮层的高度位置可以设置在室内地坪下一皮砖，也就是在－0.06m 标高的位置。

防潮层砂浆铺设完成后，应当进行不少于 3d 的养护，这段期间可以进行土方的回填和脚手架的搭设。养护期间每天浇水湿润不少于三次，炎热的气候下应用草帘覆盖湿润养护。回填土方或搭设脚手架时必须强调操作要小心，不能碰伤防潮层。

水泥砂浆中掺加防水剂后形成水泥防水砂浆，增强了原水泥砂浆的防水能力，但是防水剂的自身质量又会对水泥防水砂浆的防水效果产生直接的影响，从目前情况看，由于防水剂的品种不一，纯度和浓度存在着差异，所以关于不同品种防水剂的掺量问题，只能通过试验确定。

使用各种防水卷材作为防潮层材料，施工简单，不但施工速度快，而且防潮的效果也很好，但是采用各种防水卷材作为基础墙的水平防潮层，往往会在该处形成上、下砌体间的分离现象，从而极大削弱建筑物的抗震能力。因此，对于建造在抗震设防地区的建筑物，不应采用防水卷材作为防潮层的材料使用。

3.10.3 对伸缩缝、沉降缝、防震缝的要求

砖混结构墙体上设置的伸缩缝、沉降缝以及防震缝都有着重要的作用。伸缩缝可以容纳建筑物在大气温度变化作用下的伸胀和收缩，建筑物平面上不同荷载的差异形成的竖向剪切，可以通过沉降缝消失，在地震力的作用下，防震缝区别了建筑物之间的关系广使建筑物能够得到有效的保护或者免于遭受更大的破坏。

倘若在伸缩缝、沉降缝、防震缝内夹有硬结的砂浆、块材、碎渣或其他杂物，将会破坏建筑物的伸缩缝、沉降缝和防震的效果，因此如果说对于伸缩缝、沉降缝、防震缝内有哪些要求的话，那就是施工中不准在缝内夹有任何杂物，为了达到这一目的，施工中必须采取有效的措施。

（1）砌筑伸缩缝、沉降缝和防震缝两侧砌体时，每砌一块砖应随时把舌头灰刮掉，避免灰浆掉入缝内，砍砖应在墙内进行，禁止在墙上操作，使用的各种工具，一定放在内脚手架上，而不要放在墙上。每日砌筑工作完毕后，用木板将缝封严、盖牢，同时应随时注意检查，一旦有杂物堆积，要及时清除干净，避免墙砌高了杂物无法清除。

（2）为了更为有效地保证缝内的清洁，在砌筑伸缩缝等处的两侧墙体时，可以选用板厚与缝宽相同的聚苯板，垂直放入缝内以挡住杂物掉入，聚苯板随着砌体的增高不断向上提，以满足砌体面砌筑高度不断提高的要求，这种施工方法我们称之为聚苯板

隔离抽芯法。

实践证明，利用聚苯板隔离抽芯法施工的伸缩缝等的内部都很干净，没有任何杂物存在。可以称得上是一种防止杂物掉入缝内的好方法。

3.10.4 砖砌体中哪些部位应用整砖丁砌层

(1) 从有利于保证砖砌体的完整性、整体性和受力的合理性出发，在砖砌体中有很多部位需要使用整砖丁砌筑；

(2) 为了保证楼面或屋面结构能够得到砖砌墙体的有力支撑，240mm 厚承重墙的最上一皮砖，应使用整砖丁砌筑。

(3) 在梁或梁垫的下面，也应使用整砖丁砌筑。

(4) 砖砌体的阶台水平面以及砖砌体的挑出层(挑檐、腰线等)，都应是整砖丁砌层。

特别强调的是：在 240mm 厚砖墙中不能使用半砖作为丁砖，必须使用整砖丁砌层，之所以提出整砖丁砌的说法，是为了区别外面丁砖，里面使用破砖的现象。

3.10.5 砖砌体中哪些部位应用整砖砌筑

在砖砌体结构中，砖柱和小于 1.0m 的窗间墙，不但同其他墙体一样承受着荷载，同时与其他构件没有任何拉结，所以显得比较单薄，导致成为整个砖砌体结构的薄弱点。因此对于砖柱和宽度小于 1.0m 的窗间墙，应选用整砖砌筑，不能使用碎砖或表面破损的整砖。

为了节约起见，半砖或表面有破损现象的砖应分散使用在受力较小的砌体中或墙心部位。

3.10.6 砌砖工程的“三一”砌筑法

烧结砖砌体工程宜采用“三一”砌筑法，“三一”砌筑法是指一铲灰、一块砖、一揉压的满铺满挤砌筑方法。提倡使用这种方法对于保证砌体砂浆的饱满度，特别是对于砖墙的立缝砂浆的饱满以及加快砌筑施工进度，效果是非常明显的。

一铲灰是“三一”砌筑法的一个关键点，如果将砌筑砂浆摊铺的过长，由于砖吸收砂浆的水分，在一定程度上容易影响一揉压所期盼的效果，因而对砌体的质量是不利的，尤其在抗震设防区砖砌体施工中采用“三一”砌筑法显得更为重要。

只有在非地震区施工时，才可以使用铺浆法施工，但是铺浆长度不得超过750mm；如果当施工期间大气温度超过30℃时，为了避免砂浆水分的快速蒸发；影响砂浆与砖的黏结，铺浆长度不得超过500mm，换句话说不要超过两块烧结砖长边总和的长度。

采用“三一”砌筑法砌砖时，砖一定要平放，倘若里手高，墙面就容易向里张，倘若里手低，墙面容易向外背，所以砌砖过程中一定要上跟线，下跟棱，左右相邻要对平。

3.10.7 砖砌体中预埋件的留置要求

砖砌体中的预埋件，应在砌体砌筑过程中予以埋设，不能事后剔凿，这样的要求既可保证埋件的牢固，节省劳力，加快施工进度。在砌体砌筑前，应对砌体中的预埋件仔细做好防腐处理。

砖砌体工程中使用最多的预埋件有很多是木质的，特别是为了固定门、窗框料的木砖，用量是很大的，一般情况下都应在砌体砌筑前集中进行防腐处理，以保证施工中使用，目前比较流行的做法是使用防腐剂进行木砖的防腐处理。

墙体中放置固定木门窗使用的木砖时，一定要注意木砖的木纹应与钉子相垂直，并且木砖应大头在里，小头露外，保证钉子在木砖中以及木砖在砌体中，获得最大的抗拔能力，进而保证门、窗框的稳定与牢固。

沿高度方向门窗洞口每侧木砖留置的位置要保证“上三、下四”，即在距过梁下皮三皮砖(普通烧结砖)和距下结构标高四皮砖的位置预埋。

当门、窗洞口的高度超过2.1m时，每侧应设置四块；低于2.1m时，每侧应设置三块；低于1.2m时，每侧应设置两块。

对于120mm厚的砖墙或加气混凝土砌块砌体、陶粒混凝土砌块、空心砖等砌体中所用的木砖，可以采用在预制素混凝土块内埋置木砖作为砖块的方法。

木砖一般应设置在墙体门、窗洞口的中部，如果必须设置在墙体厚度的一侧，为了保证木砖的稳定，也应把木砖埋设在预制混凝土砌块中一并砌入墙体。

3.10.8 砌体结构施工时对楼面和屋面堆载的要求

多层砖混建筑的砌体施工，是每砌筑完成一层砌体后，放置本层的楼板，然后再砌筑上一层的砌体，如此循环直至屋面结构的完成。这样会产生一个问题，当某一层砌体在楼板上施工时，大量的材料可能会堆积于楼板上，例如：由于为了抢进度或防止停电以及施工场地狭小等原因，需要提前进行集中备料，这样就有可能造成该楼层的楼板严重超载。再有就是采用井架或门架上料时，一般吊篮位置较高，接料平台倾斜有坎，运料车辆出吊篮后，对进料口楼面产生较大的冲击荷载。这些超载现象会使楼板不堪承受，非常有可能导致楼板底面产生横向裂缝，造成工程质量事故。为此，现行施工质量验收规范非常明确规定：楼面和屋面堆载不得超过楼板的允许荷载值。

保证楼板不受超载的影响应做到以下几点：

(1) 施工工地的超载现象有时是突发性的，因此需要时刻意识超载现象的出现，在楼板上进行的任何活动，都有可能超载，时刻意识的含义就是将可能出现的超载现象杜绝在发生之前。

(2) 从生产计划安排着手，尽量不在楼板上堆积材料。

(3) 为了从根本上解决超载现象，一般说应当在施工层楼板的下面一层或两层内加设竖向支撑，使施工层的荷载分散到各层中，用以保护施工层的楼板。

(4) 对于施工层进料口的楼板下，同样必须采取在其下1～3层内加设竖向支撑，以提高施工层楼板的承载能力。

(5) 我们在施工过程中不仅要强调工程进度和质量，还要随时注意检查楼面的堆载情况。

3.10.9 砌体顶面搁置预制构件的要求

在砖混结构中，楼板或屋面板、楼面梁或屋面梁，既可以采用现浇也可以采用预制构件，现浇的构件与墙体的接触处，结合的很紧密，一般说没有什么太大的问题，但是问题出现在采用预制构件上，预制构件底与墙顶面是否紧密接触，对砌体强度影响很大。目前有些施工工地在施工中对搁置混凝土预制构件的墙体顶面，往往忽略了找平这道工序，并且在楼板安装时也不座浆，致使墙体受力不均匀，安装的预制板因底面不平而不够平稳，甚至发生楼板断裂的现象，同时由于楼板底面高低不平，给装修工作带来了极大的困难。

为了防止这种情况的发生，搁置预制构件的砌体顶面应用水泥砂浆找平，并应在安装时按设计要求座浆；当设计无具体要求时，座浆应采用 1∶2.5 水泥砂浆。

但是找平或座浆工序，需要增加一定的工作量，势必会影响施工速度，同时找平也不是件容易的事，稍有不慎构件的底部仍会凸凹不平，特别是预制板的找平更为突出。

为了克服这些缺点，目前绝大部分施工工地在施工中，都采用了结合圈梁的硬架支模方法。在地震设防区，对于砖混结构，无论是纵墙承重还是横墙承重都设置圈梁，利用圈梁的侧模，将预制板搁置在上，圈梁与楼板伸出的胡子筋浇筑在一起，既保证了平面的整体性满足抗震要求，又容易使楼板平整加快施工速度，这种做法的实际意义在于十分强调侧模的承载力和侧模上口的平直。

硬架支模具有以下几个突出的特点：

(1) 极大简化施工工序，省去了板底找平和座浆以及由于施工人员在墙顶上操作所带来的极大不便，将原来常规的 10 道工序减为 4 道，由此缩短工期近 50%，极大地加块了施工速度。

(2) 楼板安装平整牢固，增强了结构的整体性，提高和稳定了墙体节点的施工质量。

(3) 由于硬架支模首先要铺设楼板，人员可以在楼板上水平浇筑混凝土，不仅方便施工而且避免浪费，可以杜绝浇筑混凝土损失约20%～30%，符合现场文明施工的要求。

(4) 可以省去20mm厚的找平层工作，板底平整而不需用抹灰。扩展了结构空间、节约了工程造价。

(5) 一般现浇混凝土梁的强度也不都是全部达到设计强度后，再安装楼板，所以支模所用的支撑并不比常规施工增加多少。

(6) 砌体结构大开间所用的进深梁及梁上搁置预制板，同样可采用硬架支模方案。

3.10.10 砌体工程工作段的分段位置和分段高差

砌体工程工作段的分段位置，也就是我们通常所讲的施工流水的位置，一般情况下应选择设置在建筑物的伸缩缝、沉降缝、防震缝、构造柱或门窗洞口处。

为了给留置斜槎创造有利条件，例如，为了操作和运输的方便，并有利于保证墙体的稳定性和组织流水施工，相邻工作段的砌筑高度差不得超过一个楼层的高度，也不宜大于4.0mm。

为了保证砌体的整体性，砌体临时间断处的高度差，不得超过一步脚手架的高度。

3.10.11 砌体轴线、标高偏差改正的方法

我们希望砌体轴线和标高的偏差越小越好，甚至达到零偏差，但是通过了解施工的实际情况，发现实现零偏差是很困难的，产生偏差也是正常的事，问题在于偏差的大小，超过允许偏差是不允许的，而在允许偏差内的偏差应当怎么校正，倒是一个实际问题。

当砌筑完基础或每一楼层后，应及时核实砌体的轴线，在允许偏差范围内；其偏差可以在基础的顶面和楼面上加以调整、

校正。

同样，砌筑完基础或每一楼层后，应及时核实砌体的标高，标高偏差可以通过调整上部灰缝的厚度，逐步地缓慢地加以校正，不宜一次性调整完成，避免灰缝陡然发生变化，从而影响外观质量。常用的标高调整方法是在灰缝允许厚度的 8～12mm 之间进行，这样既不会影响外观，又能满足规范对灰缝厚度的要求。

3.10.12 单层厂房山墙砌筑的时机

单层厂房大都为排架结构，这种结构的特点为，屋面荷载通过屋面板传至梁，通过梁传至柱，荷载传至杯形基础后，最后传向地基，单层厂房四周的砌体仅承受自身的重量，担负着围护、隔热和保温的任务，单层厂房的施工次序恰恰与荷载的传递相反，进行杯形基础的施工，立好钢筋混凝土柱，安装屋面大梁，最后再安装屋面板，整个结构完成后，再砌筑围护砌体。

单层厂房通常需要在跨度方向的两端，也就是在山墙处，设置抗风柱，用以增强屋面结构的稳定性。

完全出于安全考虑，对于设有钢筋混凝土抗风柱的单层厂房，应在抗风柱柱顶与屋架以及屋架间的支撑均已连接固定，并经检验合格后，方可砌筑山墙，否则不允许施工人员进入工作面进行砌体工程施工。

3.10.13 单砖隔墙与砖承重墙或柱的连接

砖混结构中，经常采用单砖隔墙来分割建筑平面，以满足不同建筑使用功能的要求。单砖隔墙虽然不是承重墙，如果不与砖承重墙或砖柱连接，特别对于较高的单砖隔墙，不仅缺乏抗震能力，而且它自身的稳定性恐怕也成问题了，因此单砖隔墙需要与承重砖墙或砖柱连接。

在非抗震设防区施工时，砖隔墙与砖承重墙或砖柱应同时砌筑。当不能同时砌筑时，应从砖承重墙或砖柱中引出斜槎，以便与砖隔墙连接。如果既不能留置斜槎同时又不能同时砌筑时，可以在砖承重墙或砖柱中引出凸槎，但是要严禁留置凹槎。

对在抗震设防区施工的砌体工程，除应遵循非抗震设防区的要求以外，在砖承重墙或砖柱的灰缝中还应预埋拉结筋，以便与砖隔墙相连。

预埋拉结筋构造：120mm 厚隔墙应有 2ϕ6 钢筋，沿墙高不超过 500mm 设置一道，埋入隔墙长度从墙的留槎处算起，每边均不应小于 500mm，并在端部设置 90°弯钩。

预埋拉结钢筋应在砌筑承重墙或柱时留置，为了防止漏放，可以在皮数杆上表示清楚，同时要对砌筑人员进行详细的交底。预埋拉结筋应在砖承重墙或砖柱中有足够的锚固长度。如果设计另有规定和要求时，还应满足设计要求。

3.10.14 砖砌体勾缝的要求

砖砌体勾缝有两个作用，一是可以增强砌体结构的防水能力，二是增强墙面的立体效果，这两个作用向我们描述出勾缝工序的重要性。

并不是所有砖砌体都需要进行勾缝，只有清水砖墙上才要求进行，通过施工图纸我们就可以清楚看到砌体需要勾缝的部位。

对于设计有勾缝要求的砌体，在砌筑过程中就应及时划缝，否则阻碍勾缝的砌筑砂浆凝固后，很不容易彻底剔除，给勾缝工序带来很多不必要的麻烦。这样就应当在砌体砌筑前向砌体操作人员进行详细的技术交底，以保证及时划缝并划出合适的深度。

当工程进行到砌体勾缝阶段时，需要对勾缝提出具体的要求：

(1) 勾缝前要认真清除墙面粘结的砂浆、泥浆等杂物，并对墙体进行洒水湿润。

(2) 对缺棱掉角的部位，应配置与墙面相同颜色的水泥砂浆修复整齐，对于在砌筑砖墙时，划缝太浅或漏刮的灰缝，可用瓦刀或其他的带刃工具，剔凿出满足灰缝要求的深度，但是必须注意，在剔凿时不能硬剔硬撬，以免损坏甚至扰动砌体。

准备进行勾缝的灰缝深度一般情况下控制在 8～12mm 范围内，勾缝前需要将缝道内的浮灰仔细清扫干净。

(3) 墙面勾缝的材料应采用细砂和水泥拌制的 1：1.5 水泥砂浆，砂浆的稠度以勾缝镏子挑起不落为合适，勾缝砂浆应随拌随用，当日的砂浆要在当日内用完，不允许第二天再继续使用。

(4) 如果设计对勾缝形式无特殊要求时，砖墙勾缝可以选用凹缝或平缝，凹缝和平缝所起的作用是一致的，从立面感官效果上看，凹缝显得更为立体，为此在目前大多数工程中，广泛应用凹缝。凹缝形成后勾缝砂浆与墙表面之间的距离称为勾缝深度，从感觉上讲，深度值越大，立体感越强，但是勾缝深度需要一定的限度，超过这个限度，不仅影响到砌筑砂浆的饱满度，还会给人一种无砌筑砂浆的感觉，因此采用凹缝形式的勾缝深度为 4～5mm 为宜，勾缝的顺序是：自上而下、先勾水平缝后勾立缝。

(5) 勾完缝后，应待勾缝砂浆略被砖面吸水起干，方可进行扫缝，扫缝时应顺缝扫，先扫水平缝，后扫垂直缝。在干燥的气温下，勾缝后应喷水养护。

(6) 已完的勾缝墙面的基本质量要求是：横平竖直、深浅一致、搭接平整并压实抹光，不得有丢缝、开裂、黏结不牢和污染墙面现象。

3.10.15 砌体“四度”检查的时机

所谓砌体“四度”是指：表面平整度、垂直度、灰缝厚度及砂浆饱满度。对这“四度”的检查应随砌随检查，以便发现问题及时纠正。很多施工工地实行的操作者名单上墙和自检、互检、专职检的三检制度，是一种保证“四度”合格的有效方式。通过“四度”检查出来的问题，需要分析产生的原因，并且可以运用排列图、因果图或直方图等统计技术手段帮助分析原因，从而建立相应的预防和纠正措施，杜绝出现已发生过的质量问题。

对平整度、垂直度、灰缝厚度及砂浆饱满度的检查，虽然十分强调随时进行，但总不能砌筑一点检查一点，准确说应当在砌体砌筑砂浆初凝前进行检查，最迟也不得超过终凝时间。这是因为由于砌筑砂浆在初凝前还没有完全硬结，所出现的问题，可以通过轻轻敲击甚至拆除的手段予以改正，一旦砂浆超过终凝时间后与砖形成了整体，轻轻敲击是没有用的，即使拆除也很费劲，力度过大的敲击会破坏砖与砂浆的黏结，甚至使砖与砂浆完全脱开，使砖处于单摆浮搁的状态，最终影响砌体质量。

3.10.16 钢筋砖圈梁、过梁的施工要求

钢筋砖圈梁不同于砌体内配筋，前者完全出于加强建筑物整体性的目的，后者则为了提高砌体的承载能力。

由于混凝土圈梁的广泛应用，钢筋砖圈梁现在已经不常见了，只有在一些隔墙中偶尔使用。

钢筋砖过梁在很长一段时期内使用的较多，混凝土过梁的大量使用以及现浇混凝土技术的不断趋于成熟，钢筋砖过梁也只是在不便安装混凝土过梁的局部区域中使用，例如对于砌体上跨度小于 300mm 的洞口，使用混凝土过梁显得有些浪费，使用钢筋砖过梁既经济又省事。

由于已经注意到钢筋砖圈梁和钢筋砖过梁在现实施工中依然存在的事实，不妨将钢筋砖圈梁和钢筋砖过梁在施工中的基本要求提出，以方便工程施工的进行。

(1) 在钢筋砖圈梁内，钢筋的数量、规格和位置以及设置钢筋砖圈梁的墙体与其他墙体之间的联系，都应当符合设计的要求。

(2) 钢筋砖圈梁内钢筋的搭接长度应大于 40 倍的钢筋直径，并且钢筋的端头应制作 180°的弯钩。

(3) 钢筋砖圈梁和过梁内的钢筋应摆放均匀、对称放置，不允许钢筋有弯折现象。

(4) 砌筑钢筋砖过梁时，应在其底部设置模板，一般情况下使用木模板居多，木模板应浇水湿润，模板表面应平整，不得有漏浆的可能，在模板上铺设 1∶3 水泥砂浆层，其厚度为 30mm，将加工好的钢筋埋入砂浆层中，两端伸入支座砌体内不应小于

240mm，并有90°弯钩埋入墙的竖缝内。只有当水泥砂浆层和砌体砂浆达到不低于设计强度50%时，才可拆除模板(在工地上，一般情况下并不急于拆除，而是在装修时才拆除，这样水泥砂浆的强度不存在任何问题)，模板拆除后，检查钢筋砖过梁的下表面不可外露钢筋。

(5) 钢筋砖过梁的第一皮砖应砌丁砌层。

3.10.17 钢筋混凝土构造柱的施工要求

在砖混设计中，根据抗震设防的要求，建筑物的转角和内外墙交接处都设有构造柱，构造柱的上、下端设有圈梁，从而形成封闭的构造框架。实践证明构造框架对于建筑物的抗震能力，起着极大的促进作用，从这个意义上看，构造柱施工质量的优劣，关系到整个建筑物的安全。因此，需要提出关于构造柱施工中应当引起注意的问题。

(1) 设置在砖砌体中的构造柱，必须是现场浇筑，并且必须按照先砌墙、后浇柱的施工顺序进行。每一检验批砌体中构造柱的混凝土，至少应做一组试块。

(2) 构造柱与墙体的连接处，墙体应砌成马牙槎，从每层柱脚开始，先退后进：每一马牙槎沿高度方向的尺寸不宜超过300mm，也就是我们工地上称之为五进五出的做法(由于多孔砖的厚度尺寸较大称为三进三出)，沿墙高方向每500mm设2ϕ6拉结钢筋，每边伸入墙内不宜小于1.0m，预留伸出的拉结钢筋，不得在施工中任意反复弯折，如发现有歪斜、弯曲，应在浇筑混凝土之前，校正到准确位置并绑扎牢固。马牙槎在砌筑时，可以利用皮数杆，每隔8皮砖划一明显记号，提醒砌筑人员切勿遗放墙体拉结筋。

(3) 在砌马牙槎时最好能够采用缩口缝砌筑法，要求保证做到随砌随划，划缝深度为8～10mm，划缝的深度应当一致，并随砌随清理干净，提倡采用缩口砌筑法的目的是为了增强构造柱与墙体的结合力。

（4）如果能在凸槎最下面的1皮砖用刨锛锛打去一角，这样更有利于增强混凝与砌体的黏结程度，增强构造柱的抗震能力。

为了保证构造柱钢筋不产生位移，可以用20号铁丝把每道墙体拉钢筋分别与构造柱的竖向主筋绑扎连接在一起。

（5）在浇筑构造柱混凝土之前，必须将砌体和模板浇水湿润，并将模板内的落地灰、砖渣和其他杂物清除干净。

（6）为了确保模板内的清洁，在砌墙时，应在各层柱的底部（圈梁面上），以及该层二次浇筑段的下端位置留出2皮砖洞眼，供清除模板内杂物使用，清除完毕应立即封闭洞眼，然后开始浇灌混凝土。

（7）现浇混凝土构造柱可以采用木模或钢模作为模板，如果使用木模板应浇水湿润，钢模板应涂刷隔离剂，模板应紧贴墙体设置，为防止混凝土胀模，支撑必须牢固有力。

对于砌体沉降或抗震缝处构造柱的模板，无论采用木模还是钢模，当混凝土浇筑完毕后，模板很不容易取出，如果不把缝内的模板取出，就会违反规范中关于沉降或抗震缝内不准存有硬物的规定，成为阻碍建筑物的沉降和抗震效果的事实。为解决这一问题，可以选用聚苯乙烯泡沫板作为沉降缝或抗震缝内的模板，实际操作时，可以选购厚度与沉降或抗震缝宽度相同的聚苯乙烯泡沫板，用电锯或手锯把聚苯板沿长边方向切割成条，切割的宽度，应为构造柱宽度加两个马牙槎长度再加上100mm，在砌体砌筑过程中将聚苯板条立在柱位上，砌好的墙自然会把聚苯板挤紧，模板无需再进行加固，在构造柱混凝土浇筑完成后，聚苯板条可以留在抗震或沉降缝内，不必取出，由于泡沫板具有可塑性，不会影响建筑物抗震、沉降以及伸缩的功能。

（8）构造柱混凝应分段浇灌，一般情况下每段浇筑高度不宜大于2m。但是目前大部分的砖混结构层高都在3m左右，特别是住宅建筑的层高仅为2.7m，因此，在施工条件较好并能确保混凝土浇灌密实的前提下，可以以每层的层高作为浇筑高度。

(9) 浇灌构造柱混凝土前，需要在构造柱与楼层结合面处，先注入适量与混凝土配合比相同、但是要去掉石子的水泥砂浆，其厚度可以掌握在 30mm～50mm，然后再浇灌混凝土。这样做的目的在于混凝土倾倒过程中，受到拉结钢筋的阻碍，粗骨料与水泥产生离析，缺少水泥的粗骨料堆积在构造柱的底部，就会出现我们常说的烂根现象。

(10) 在构造柱混凝土振捣时，最好是采用人工插捣与振捣棒振捣相结合的方法，利用振捣棒捣实构造柱的柱心部位混凝土，利用人工插捣捣实与砌体接触的部位混凝土，好处在于振捣棒不接触砌体，起到保护已经砌筑完毕砌体的作用。在任何情况下振捣棒都应避免触碰砌体，特别是应当严禁通过砌体传振。浇筑 500mm 高混凝土振捣一次。

(11) 在砌完一层墙体后准备浇灌该层构造柱混凝土之前，如果当时的风力和墙高都很大，此时对已砌好的独立墙片，采取相对应的临时支撑作为加固措施。

(12) 模板拆除后，应当检查混凝土的表面，要求不应有蜂窝、孔洞以及振捣不实的现象，构造柱混凝土不应突出砌体的表面，钢筋应保证位置准确。

3.10.18 普通混凝土小型空心砌块砌体中哪些部位应用混凝土灌孔

普通混凝土小型空心砌块砌体由于孔洞的存在，使得砌体上的一些部位显得薄弱，因此在某些部位应用混凝土灌注砌块中的孔洞予以加强显得十分必要。

(1) 混凝土砌块房屋，宜在纵横墙交接处、距墙中心线每边不小于 300mm 范围内的孔洞，采用不低于 Cb20 灌孔混凝土灌实，灌实高度应为墙身全高。

(2) 混凝土砌块墙体的下列部位，如未设圈梁或混凝土垫块，应采用不低于 Cb20 灌孔混凝土将孔洞灌实。

1) 搁栅、檩条和钢筋混凝土楼板的支承面下，高度不小于

200mm 的砌体。

2）屋架、梁等构件的支承面下，高度不小于 600mm，长度不小于 600mm 的砌体。

3）挑梁支承面下，距墙中心线每边不小于 300mm，高度不小于 600mm 的砌体。

4 钢 结 构

4.1 术语、符号和基本规定

4.1.1 术语

(1) 零件：组成部件或构件的最小单元，如节点板、翼缘板等。

(2) 部件：由若干零件组成的单元，如焊接 H 型钢、牛腿等。

(3) 构件：由零件或由零件和部件组成的钢结构基本单元，如梁、柱、支撑等。

(4) 小拼单元：钢网架结构安装工程中，除散件之外的最小安装单元，一般分平面桁架和锥体两种类型。

(5) 中拼单元：钢网架结构安装工程中，由散件和小拼单元组成的安装单元，一般分条状和块状两种类型。

(6) 高强度螺栓连接副：高强度螺栓和与之配套的螺母、垫圈的总称。

(7) 抗滑移系数：高强度螺栓连接中，使连接件摩擦面产生滑动时的外力与垂直于摩擦面的高强度螺栓预拉力之和的比值。

(8) 预拼装：为检验构件是否满足安装质量要求而进行的拼装。

(9) 空间刚度单元：由构件构成的基本的稳定空间体系。

(10) 焊钉(栓钉)焊接：将焊钉(栓钉)一端与板件(或管件)表面接触通电引弧，待接触面熔化后，给焊钉(栓钉)一定压力完成焊接的方法。

（11）环境温度：制作或安装时现场的温度。

（12）强度：构件截面材料或连接抵抗破坏的能力。强度计算是防止结构构件或连接因材料强度被超过而破坏的计算。

（13）承载能力：结构或构件不会因强度、稳定或疲劳等因素破坏所能承受的最大内力；或塑性分析形成破坏机构时的最大内力；或达到不适应于继续承载的变形时的内力。

（14）脆断：一般指钢结构在拉应力状态下没有出现警示性的塑性变形而突然发生的脆性断裂。

（15）强度标准值：国家标准规定的钢材屈服点（屈服强度）或抗拉强度。

（16）强度设计值：钢材或连接的强度标准值除以相应抗力分项系数后的数值。

（17）屈曲：杆件或板件在轴心压力、弯矩、剪力单独或共同作用下突然发生与原受力状态不符的较大变形而失去稳定。

（18）腹板屈曲后强度：腹板屈曲后尚能继续保持承受荷载的能力。

（19）通用高厚比：参数，其值等于钢材受弯、受剪或受压屈服强度除以相应的腹板抗弯、抗剪或局部承压弹性屈曲应力之商的平方根。

（20）整体稳定：在外荷载作用下，对整个结构或构件能否发生屈曲或失稳的评估。

（21）有效宽度：在进行截面强度和稳定性计算时，假定板件有效的那一部分宽度。

（22）有效宽度系数：板件有效宽度与板件实际宽度的比值。

（23）计算长度：构件在其有效约束点间的几何长度乘以考虑杆端变形情况和所受荷载情况的系数而得的等效长度，用以计算构件的长细比。计算焊缝连接强度时所采用的焊缝长度。

（24）长细比：构件计算长度与构件截面回转半径的比值。

(25) 换算长细比：在轴心受压构件的整体稳定计算中，按临界力相等的原则，将格构式构件换算为实腹构件进行计算时所对应的长细比或将弯扭与扭转失稳换算为弯曲失稳时采用的长细比。

(26) 支撑力：为减小受压构件(或构件的受压翼缘)的自由长度所设置的侧向支承处，在被支撑构件(或构件受压翼缘)的屈曲方向，所施加于该构件(或构件受压翼缘)截面剪心的侧向力。

(27) 无支撑纯框架：靠构件及节点连接的抗弯能力，抵抗侧向荷载的框架。

(28) 高强度螺栓：高强度螺栓是采用高强度钢材(如 40 号钢、45 号钢)制成具有高抗拉强度的螺栓。安装时要用特制的扳手将螺帽拧紧，使螺栓杆产生预拉力，并使被连接母材接触面互相压紧，靠接触面上的摩擦力阻止被连接材料相互滑动，以达到传递外力的目的。高强度螺栓与普通螺栓的重要区别是：普通螺栓连接是依靠螺杆的抗剪和孔壁的承压来传递外力。而高强度螺栓是依靠摩擦力传递外力。因此，高强度螺栓工作可靠，受力性能好，不易松动。

(29) 初拧、终拧：这是拧紧高强度螺栓操作的一个特点。钢结构构件在制作过程中易发生翘曲，安装时不易紧贴。先施拧的螺栓实际有一部分力消耗在克服构件变形上。当周围的螺栓也被施拧后，其轴力将被分摊而降低。为了使每个螺栓所受的轴力均匀相等，高强度螺栓必须分两次拧紧。第一次拧紧称为初拧，初拧扭矩值不得小于终拧扭矩值的 30%，第二次拧紧称为终拧，终拧外露丝扣不得少于 2 扣。

(30) 终拧扭矩、扭矩扳手：终拧扭矩是安装高强度螺栓的控制值。扭矩扳手是高强度螺栓安装、计量和检查的工具；常用的有电动的或风动的扭矩扳手和手动定扭矩长柄扳手。

(31) 扭剪型高强度螺栓：扭剪型高强度螺栓是一种特殊的自标量型高强度螺栓。螺栓本身带有环形切口的尾部，切口扭断力矩控制高强度螺栓的轴力。复验时，不必借助工具，尾部被拧断即可判断为合格。紧固扭剪型高强度螺栓应使用专用电动扳手。

(32) 抗滑移系数：高强度螺栓连接中，使连接件摩擦面产生滑动时的外力与垂直于摩擦面的高强度螺栓预拉力之和的比值。

4.1.2 符号

(1) P——高强度螺栓设计预拉力；

(2) ΔP——高强度螺栓预拉力的损失值；

(3) T——高强度螺栓检查扭矩；

(4) T_c——高强度螺栓终拧扭矩；

(5) T_0——高强度螺栓初拧扭矩；

(6) f——挠度、弯曲矢高；

(7) h_e——角焊缝计算厚度。

4.1.3 基本规定

(1) 钢结构工程施工单位应具备相应的钢结构工程施工资质，施工现场质量管理应有相应的施工技术标准、质量管理体系、质量控制及检验制度，施工现场应有经项目技术负责人审批的施工组织设计、施工方案等技术文件。

(2) 钢结构工程施工质量的验收，必须采用经计量检定、校准合格的计量器具。

(3) 钢结构工程应按下列规定进行施工质量控制：

1) 采用的原材料及成品应进行进场验收。凡涉及安全、功能的原材料及成品应按本规范规定进行复验，并应经监理工程师(建设单位技术负责人)见证取样、送样。

2) 各工序应按施工技术标准进行质量控制，每道工序完成后，应进行检查。

3) 相关各专业工种之间，应进行交接检验，并经监理工程师(建设单位技术负责人)检查认可。

(4) 钢结构工程施工质量验收应在施工单位自检基础上，按照检验批、分项工程、分部(子分部)工程进行。钢结构分部（子分部）工程中分项工程划分应按照现行国家标准《建筑工程施工质量验收统一标准》GB 50300—2001 的规定执行。钢结构分项工程应有一个或若干检验批组成，各分项工程检验批应按《钢结构工程施工质量验收规范》GB 50205—2001 的规定进行划分。

(5) 检验批合格质量标准应符合下列规定

1) 主控项目必须符合钢结构施工验收规范合格质量标准的要求。

2) 一般项目的检验结果应有 80%及以上的检查点(值)符合规范合格质量标准的要求，且最大值不应超过其允许偏差值的 1.2 倍。

3) 质量检查记录、质量证明文件等资料应完整。

(6) 钢结构分部(子分部)工程有关安全及功能检验和见证检测项目

1) 见证取样送样试验项目：

钢材及焊接材料复验。

高强度螺栓预拉力、扭矩系数复验。

摩擦面抗滑移系数复验。

网架节点承载力试验。

2) 焊缝质量：内部缺陷、外观缺陷和焊缝尺寸。

3) 高强度螺栓施工质量：终拧扭矩、梅花头检查和网架螺栓球节点。

4) 柱脚及网架支座：锚栓紧固、垫板、垫块和二次灌浆。

5) 主要构件变形：钢屋(托)架、桁架、钢梁、吊车梁等垂直度和侧向弯曲，钢柱垂直度以及网架结构挠度。

6) 主体结构尺寸：整体垂直度和整体平面弯曲。

(7) 观感质量检查项目主要有：普通涂层表面、防火涂层表面、压型金属板表面、钢平台、钢梯和钢栏杆。

（8）单层房屋和露天结构的温度区段长度（伸缩缝的间距），当不超过表 4.1.1 的数值时，一般情况可不考虑温度应力和温度变形的影响。

（9）通过返修或加固处理仍不能满足安全使用要求的钢结构工程，严禁验收。

温度区段（伸缩缝间距）长度（m） **表 4.1.1**

结构情况	纵向温度区段（垂直屋架或构架跨度方向）	横向温度区段（沿屋架或构架跨度方向）	
		柱顶为刚接	柱顶为铰接
采暖房屋和非采暖地区的房屋	220	120	150
热车间和采暖地区的非采暖房屋	180	100	125
露天结构	120	—	—

4.2 材料及成品进场

本节适用于进入钢结构各分项工程实施现场的主要材料、零（部）件、成品件、标准件等产品的进场验收。进场验收的检验批原则上应与各分项工程检验批一致，也可以根据工程规模及进料实际情况划分检验批。

4.2.1 原材料及成品质量要求

（1）原材料及成品质量

1）钢材质量

① 钢结构工程所使用的钢材应符合现行国家标准的规

定，应附有钢材的质量证明书，各项指标应达到设计文件的要求。

② 承重结构选用的钢材应有抗拉强度、屈服强度(或屈服点)、延伸率和硫、磷含量的合格保证。对焊接结构用钢，尚应具有碳含量的合格保证。对重要承重结构的钢材，还应有冷弯试验的合格保证。

③ 对于重级工作制和吊车起重量等于或大于 50t 的中级工作制焊接吊车梁、吊车桁架或类似结构的钢材，除应有以上性能合格保证外，还应有常温冲击韧性的合格保证。当设计有要求时，尚须做－20℃和－40℃冲击韧性试验并达到合格指标。其他重要工作制的类似钢结构钢材，必要时亦应有冲击韧性的合格保证。

④ 钢材表面质量应符合国家现行有关标准的规定，当表面有锈蚀、麻点、划伤、压痕时，其深度不得大于该钢材厚度负偏差值的 1/2；工程中，优先选用 A、B 级，使用 C 级应彻底除锈；当钢材断口处发现分层、夹渣缺陷时，应会同有关单位研究处理。

⑤ 凡进口的钢材，应以供货国家标准或根据订货合同条款进行检验，检验不合格者不得使用。

⑥ 用于钢结构工程的钢板、型钢和管材的外形、尺寸、重量及允许偏差，应符合国家现行标准的要求。

2）连接材料质量

① 所用的连接材料均应附有合格的产品质量证书，并符合设计文件和国家标准的要求。

② 钢结构工程所使用的焊条药皮不得脱落，焊芯不得生锈，所使用的焊剂不得受潮结块。

3）涂装材料质量

① 对钢结构工程所采用的涂装材料，应具有出厂质量证明书和混合配料说明书，并符合国家现行有关标准和设计要求，涂料色泽应按设计或顾客的要求，必要时可作样板，封存

对比。

② 对超过使用期限的涂料，需经质量检测合格后方可投入使用。

③ 钢结构防火涂料的品种和技术性能应符合设计要求，并经过国家检测机构检测符合国家现行有关标准的规定。

④ 钢结构防火涂料使用时应抽检粘结强度和抗压强度，并应符合国家现行有关标准规定。

(2) 原材料及成品质量管理

1) 加强对材料的质量控制，材料进厂必须按规定的技术条件进行检验，合格后方可入库和使用。

2) 钢材应按种类、材质、炉号(批号)、规格等分类平整堆放，并作好标记。

3) 焊材必须分类堆放，并有明显标志，不得混放，焊材库必须干燥通风，严格控制库内温度和湿度。

4) 高强度螺栓存放应防潮、防雨、防粉尘，并按类型、规格、批号分类存放保管。对长期保管或保管不善而造成螺栓生锈及沾染脏物等可能改变螺栓的扭矩系数或性能的螺栓，应视情况进行清洗、除锈和润滑等处理，并对螺栓进行扭矩系数或预拉力检验，合格后方可使用。

5) 压型金属板应按材质、规格分批平整堆放，并妥善保管，防止出现擦痕，积聚泥砂、油污，发生明显凹凸和皱折。

6) 由于涂料(油漆和耐火涂料)属于时效性物资，库存积压易过期失效，故宜先进先用，注意时效管理。对因存放过久，超过使用期限的涂料，应取样进行质量检测，检测项目按产品标准的规定或设计部门要求进行。

7) 应建立严格的进料验证、入库、保管、标记、发放和回收制度，使影响产品质量的材料处于受控状态。

4.2.2 原材料及成品质量验收

(1) 钢材质量验收见表 4.2.1。

钢材质量验收 表 4.2.1

检验项目		标准	检验方法
主控项目	1. 钢材、钢铸件的品种、规格、性能	应符合现行国家产品标准和设计要求。进口钢材产品的质量应符合设计和合同规定标准的要求	检查质量合格证明文件、中文标志及检验报告等
	2. 国外进口钢材、钢材混批、板厚≥40mm 且设计有Z向性能要求的厚板、建筑结构安全等级为一级、大跨度钢结构中主要受力构件所采用的钢材、设计有复验要求的钢材和对质量有疑义的钢材	应抽样复验，复验结果应符合现行国家产品标准和设计要求	检查复验报告
一般项目	1. 钢板厚度及允许偏差	应符合产品标准的要求	用游标卡尺量测
	2. 型钢的规格尺寸及允许偏差	应符合产品标准的要求	用钢尺和游标卡尺量测
	3. 钢材的表面外观质量	除应符合国家现行有关标准的规定外，尚应符合下列规定： (1) 当钢材的表面有锈蚀、麻点或划痕等缺陷时，其深度不得大于该钢材厚度负允许偏差值的1/2； (2) 钢材表面的锈蚀等级应符合现行国家标准《涂装前钢材表面锈蚀等级和除锈等级》GB 8923 规定的C级及C级以上； (3) 钢材端边或断口处不应有分层、夹渣等缺陷	观察检查

检查数量：主控项目和一般项目 3，全数检查。其余一般项目，每一品种规格抽查 5 处。

(2) 焊接材料质量验收见表 4.2.2。

焊接材料质量验收 **表 4.2.2**

检验项目		标准	检验方法
主控项目	1. 焊接材料的品种、规格、性能	应符合现行国家产品标准和设计要求	检查焊接材料的质量合格证明文件、中文标志及检验报告等
	2. 重要钢结构采用的焊接材料	应进行抽样复验，复验结果应符合现行国家产品标准和设计要求	检查复验报告
一般项目	1. 焊钉及焊接瓷环的规格、尺寸及偏差	应符合现行国家标准《圆柱头焊钉》GB 10433中的规定	用钢尺和游标卡尺量测
	2. 焊条外观	不应有药皮脱落、焊芯生锈等缺陷；焊剂不应受潮结块	观察检查

检查数量

主控项目：全数检查。

一般项目：按量抽查1%，且不应少于10套(包)。

(3) 连接用紧固标准件质量验收见表 4.2.3。

连接用紧固标准件质量验收 **表 4.2.3**

检验项目		标准	检验方法
主控项目	1. 钢结构连接用高强度大六角头螺栓连接副、扭剪型高强度螺栓连接副、钢网架用高强度螺栓、普通螺栓、铆钉、自攻钉、拉铆钉、射钉、锚栓(机械型和化学试剂型)、地脚锚栓等紧固标准件及螺母、垫圈等标准配件的品种、规格、性能	应符合现行国家产品标准和设计要求。高强度大六角头螺栓连接副和扭剪型高强度螺栓连接副出厂时应分别随箱带有扭矩系数和紧固轴力(预拉力)的检验报告	检查产品的质量合格证明文件、中文标志及检验报告等

续表

检验项目		标准	检验方法
主控项目	2. 高强度大六角头螺栓连接副	应按规范的规定检验其扭矩系数，其检验结果应符合规范的规定	检查复验报告
	3. 扭剪型高强度螺栓连接副	应按规范的规定检验预拉力，其检验结果应符合规范的规定	检查复验报告
一般项目	1. 高强度螺栓连接副	应按包装箱配套供货，包装箱上应标明批号、规格、数量及生产日期。螺栓、螺母、垫圈的外观表面应涂油保护，不应出现生锈和沾染赃物，螺纹不应有损伤	观察检查
	2. 对建筑结构安全等级为一级、跨度为40m及以上的螺栓球节点钢网架结构，其连接用的高强度螺栓	应进行表面硬度试验，对8.8级的高强度螺栓，其硬度应为HRC 21～29；10.9级高强度螺栓，其硬度应为HRC 32～36，且不得有裂纹或损伤	硬度计、10倍放大镜或磁粉探伤

检查数量：

主控项目：全数检查。

一般项目：项目1，抽查5%，且不少于3箱。项目2，按规格抽查8只。

(4) 焊接球质量验收见表4.2.4。

焊接球质量验收 **表4.2.4**

检验项目		标准	检验方法
主控项目	1. 焊接球及制造焊接球采用原材料的品种、规格、性能	应符合现行国家产品标准和设计要求	检查产品的质量合格证明文件、中文标志及检验报告等
	2. 焊接球焊缝	应进行无损检验，其质量应符合设计要求，当设计无要求时应符合规范中规定的二级质量标准	超声波探伤或检查检验报告

续表

检验项目		标准	检验方法
一般项目	1. 焊接球直径、圆度、壁厚减薄量等尺寸及允许偏差	应符合规范的规定	用卡尺和测厚仪检查
	2. 焊接球表面	应无明显波纹，局部凹凸不平不大于1.5mm	用弧形套模、卡尺和观察检查

检查数量

主控项目1，全数检查。

主控项目2和一般项目，每一规格按数量抽查5%，且不应少于3个。

(5) 螺栓球质量验收见表4.2.5。

螺栓球质量验收 **表4.2.5**

检验项目		标准	检验方法
主控项目	1. 螺栓球及制造螺栓球节点采用原材料的品种、规格、性能	应符合现行国家产品标准和设计要求	检查产品的质量合格证明文件、中文标志及检验报告等
	2. 螺栓球表面	不得有过烧、裂纹及褶皱	用10倍放大镜观察和表面探伤
一般项目	1. 螺栓球螺纹尺寸	应符合现行国家标准《普通螺纹基本尺寸》GB 196中粗牙螺纹的规定，螺纹公差必须符合现行国家标准《普通螺纹公差与配合》GB 197中6H级精度的规定	用标准螺纹规
	2. 螺栓球直径、圆度、相邻两螺栓孔中心线夹角等尺寸及允许偏差	应符合规范的规定	用卡尺和分度头仪检查

检查数量

主控项目：项目1，全数检查；项目2，每种规格抽查5%，且不应少于5只。

一般项目：项目1、项目2，每种规格抽查5%，项目1，不少于5只，项目2不少于3个。

(6) 封板、锥头和套筒质量验收见表4.2.6。

封板、锥头和套筒质量验收　　表4.2.6

检验项目		标准	检验方法
主控项目	1. 封板、锥头、套筒，及制造封板、锥头和套筒采用原材料的品种、规格、性能	应符合现行国家产品标准和设计要求	检查产品的质量合格证明文件、中文标志及检验报告等
	2. 封板、锥头、套筒外观	不得有裂纹、过烧及氧化皮	用放大镜观察检查和表面探伤

检查数量：项目1，全数检查；项目2，每种抽查5%，且不应少于10只。

(7) 金属压型板质量验收见表4.2.7。

金属压型板质量验收　　表4.2.7

检验项目		标准	检验方法
主控项目	1. 金属压型板及制造金属压型板所采用的原材料，其品种、规格、性能	应符合现行国家产品标准和设计要求	检查产品的质量合格证明文件、中文标志及检验报告等
	2. 压型金属泛水板、包角板和零配件的品种、规格以及防水密封材料的性能	应符合现行国家产品标准和设计要求	检查产品的质量合格证明文件、中文标志及检验报告等
一般项目	压型金属板的规格尺寸及允许偏差、表面质量、涂层质量	应符合设计要求和《钢结构工程施工质量验收规范》GB 50205—2001的规定	观察和用10倍放大镜检查及尺量

检查数量

主控项目：全数检查。

一般项目：每种规格抽查5%，且不应少于3件。

(8) 涂装材料质量验收见表4.2.8。

涂装材料质量验收 **表4.2.8**

检验项目		标准	检验方法
主控项目	1. 钢结构防腐涂料、稀释剂和固化剂等材料的品种、规格、性能	应符合现行国家产品标准和设计要求	检查产品的质量合格证明文件、中文标志及检验报告等
	2. 钢结构防火涂料的品种和技术性能	应符合设计要求，并应经过具有资质的检测机构检测符合国家现行有关标准的规定	检查产品的质量合格证明文件、中文标志及检验报告等
一般项目	防腐涂料和防火涂料的型号、名称、颜色及有效期	应与其质量证明文件相符。开启后，不应存在结皮、结块、凝胶等现象	观察检查

检查数量

主控项目：全数检查。

一般项目：按桶数抽查5%，且不应少于3桶。

(9) 其他项目质量验收见表4.2.9。

其他项目质量验收 **表4.2.9**

检验项目		标准	检验方法
主控项目	1. 钢结构用橡胶垫的品种、规格、性能	应符合现行国家产品标准和设计要求	检查产品的质量合格证明文件、中文标志及检验报告等
	2. 钢结构工程所涉及到的其他特殊材料，其品种、规格、性能	应符合现行国家产品标准和设计要求	检查产品的质量合格证明文件、中文标志及检验报告等

检查数量：全数检查。

4.3 钢结构焊接工程

本节适用于钢结构制作和安装中的钢构件焊接和焊钉焊接工程。

4.3.1 施工原则及基本规定

（1）钢结构焊接工程可按相应的钢结构制作或安装工程检验批的划分原则划分为一个或若干个检验批。

（2）碳素结构钢应在焊缝冷却到环境温度、低合金结构钢应在完成焊接 24h 以后，进行焊缝探伤检验。

（3）焊缝施焊后应在工艺规定的焊缝及部位打上焊工钢印。

4.3.2 施工准备及作业条件

（1）材质要求

1）建筑钢结构用钢材及焊接填充材料的选用应符合设计图的要求，并应具有钢厂和焊接材料厂出具的质量证明书或检验报告；其化学成分、力学性能和其他质量要求必须符合国家现行标准规定。当采用其他钢材和焊接材料替代设计选用的材料时，必须经原设计单位同意。

2）钢材的成分、性能复验应符合国家现行有关工程质量验收标准的规定；大型、重型及特殊钢结构的主要焊缝采用的焊接填充材料应按生产批号进行复验。复验应由国家技术质量监督部门认可的质量监督检测机构进行。

3）钢结构工程中选用的新材料必须经过新产品鉴定。钢材应由生产厂提供焊接性能资料、指导性焊接工艺、热加工和热处理工艺参数、相应钢材的焊接接头性能数据等资料；焊接材料应由生产厂提供贮存及焊前烘焙参数规定、熔敷金属成分、性能鉴定资料及指导性施焊参数，经专家论证、评审和焊接工艺评定合格后，方可在工程中采用。

4）焊接T形、十字形、角接接头，当其翼缘板厚度等于或大于40mm时，设计宜采用抗层状撕裂的钢板。钢材的厚度方向性能级别应根据工程的结构类型、节点形式及板厚和受力状态的不同情况选择。

5）钢材还应符合下列要求：

① 清除待焊处表面的水、氧化皮、锈、油污。

② 焊接坡口边缘上钢材的夹层缺陷长度超过25mm时，应采用无损探伤检测其深度，如深度不大于6mm，应用机械方法清除；如深度大于6mm，应用机械方法清除后焊接填满；若缺陷深度大于25mm时，应采用超声波探伤测定其尺寸，当单个缺陷面积或聚集缺陷的总面积不超过被切割钢材总面积的4%时为合格，否则该板不宜使用。

③ 钢材内部的夹层缺陷，其尺寸不超过上述②的规定且位置离母材坡口表面距离大于或等于25mm时不需要修理；如该距离小于25mm则应进行修补。

④ 夹层缺陷是裂纹时，如裂纹深度超过50mm或累计长度超过板宽的20%时，该钢板不宜使用。

6）焊接材料还应符合下列规定：

① 焊条、焊丝、焊剂和熔嘴应储存在干燥、通风良好的地方，由专人保管。

② 焊条、熔嘴、焊剂和药芯焊丝在使用前，必须按产品说明书及有关工艺文件的规定进行烘干。

③ 低氢型焊条烘干温度应为350～380℃，保温时间应为1.5～2h，烘干后应缓冷放置于110～120℃的保温箱中存放、待用；使用时应置于保温筒中；烘干后的低氢型焊条在大气中放置时间超过4h应重新烘干；焊条重复烘干次数不宜超过2次；受潮的焊条不应使用。

④ 实芯焊丝及熔嘴导管应无油污、锈蚀，镀铜层应完好无损。

⑤ 焊钉的外观质量和力学性能及焊接瓷环尺寸应符合现行国家标准《圆柱头焊钉》(GB/T 10433)的规定，并应由制造厂提供焊钉性能检验及其焊接端的鉴定资料。焊钉保存时应有防潮措施；焊钉及母材焊接区如有水、氧化皮、锈、漆、油污、水泥灰渣等杂质，应清除干净方可施焊。受潮的焊接瓷环使用前应经120℃烘干 2h。

⑥ 焊条、焊剂烘干装置及保温装置的加热、测温、控温性能应符合使用要求；二氧化碳气体保护电弧焊所用的二氧化碳气瓶必须装有预热干燥器。

(2) 作业条件

1) 在施工前，施工单位应编制好工艺规程、施工组织设计，并做好技术交底。

2) 制作、安装和检查所用工具应定期送计量部门检定。

3) 原材料及构件符号规范和设计要求。

4.3.3 施工监控要点

(1) 焊接前的质量检查

1) 母材与焊接材料的确认及复验：焊接前，要对焊条、焊丝、焊剂等焊接材料与母材的匹配性进行全数检查和确认。要重点检查焊接材料的质量保证书、中文标志及检验报告。当质保资料不全或对焊接材料的质量有疑义时，可以抽样复检，只有复检合格后方可允许使用。

2) 焊工操作技术水平考核：焊工必须经考试并取得合格证书，持证焊工必须在其考试合格项目及其认可范围内施焊。焊工停焊时间超过 6 个月，应重新考试取得合格证后方可上岗担任相应项目的焊接工作。当对持证焊工的技术水平有疑义时，也可现场对其考核。

3) 焊接设备及仪器的检查：必须综合考虑施工现场条件、焊接类型、焊接设备的性能、焊接工艺与方法、施工组织与管理等各种因素，对焊接设备和仪器进行检查。着重从焊接设备和仪器的选型、主要性能和使用操作等三方面予以控制。

4）焊接部位的处理：在正式施焊前，要对焊接部位的处理情况进行检查。要重点检查焊接部位的剖口位置、角度、焊件间隙、钝边尺寸等是否符合设计要求，焊接部位是否清理干净等。

5）焊接方法的检查：必须结合工程实际，从技术、工艺、操作、经济等方面进行全面分析、综合考虑。施工单位对其首次采用的钢材、焊接材料、焊接方法、焊后热处理等，应进行焊接工艺评定，并应根据评定报告确定焊接工艺。审核焊接方案时应注意以下几点：

① 选择合理的装配焊接顺序。总的原则是将结构构件适当分为几个部件，尽可能使不对称或收缩量大的焊接工作放在部件组装时进行，以使焊缝自由收缩，而在总装中减少焊接变形。

② 合理的焊接顺序和方向。尽量使焊缝在焊接时处于自由收缩状态，先焊收缩量比较大的焊缝和工作时受力较大的焊缝。

③ 厚板焊接中在结构适当部位加热伸长，使其带动焊接部位伸长，在焊接后加热区与焊缝同时收缩，从而降低内应力。

④ 不得任意加大焊缝的宽度和高度，厚板多边焊时不应采用横向摆动的焊接以减少焊接内应力。

（2）焊接过程中的检查

1）焊接工艺参数是否稳定：焊接过程中，要时刻检查焊接工艺参数（如焊接电流、电弧电压等）是否稳定，焊接层数、焊接速度、电流种类及极性的选择是否合理。

2）焊接材料的烘干：焊条、焊剂的受潮对焊接质量影响较大。除注意焊条运输、贮存过程防潮外，使用前应按规定的时间和温度进行烘干。施焊过程中，要检查施工单位的烘干记录。检查施工单位对焊接材料的烘干应注意以下几点：

① 低氢型焊条取出应随即放入焊工保温筒，在常温下使用，

一般控制在4h内。超过时间，应重新烘干，同一焊条，重复烘干次数不宜超过2次。

② 焊条烘干时，温度宜控制在300～430℃，保温2h。

③ 焊条、焊剂烘干，应由管理人员及时、准确填写烘干记录，记录上应有牌号、规格、批号、烘干温度、时间和次数等项内容，并应有专职质控人员对其核查，认证签字。

④ 焊条烘干时，不得成捆堆放，应铺平浅放，每层高度约3根焊条高度。

⑤ 现场焊接时焊条保温筒应接通电源，保持焊条的温度，减缓受潮。

3）检查焊接材料的选用是否正确：凡焊接材料与焊接主材不匹配时，均不得施焊。

4）检查焊接设备运转是否正常：这是要重点检查内容。

5）检查焊接热处理是否及时：要求焊接过程中及时进行热处理。凡需要焊前预热、中间热处理、焊后热处理的焊件，必须严格遵照相应的热处理工艺规范进行热处理。其主要的热处理参数应由仪表自动记录或操作工人巡回记录，记录经专职检验员签字并经责任负责人签字后归档。

6）焊接区装配应符合质量要求：焊接前除组装应满足标准规定的焊接连接组装允许偏差外，尚应满足下列条件：

① 焊接区边缘的铁锈、毛刺、污垢、冰雪等必须清除干净，以减少产生焊接气孔等缺陷。

② 定位焊必须由持定位焊资格证的合格焊工施焊，定位焊不合格的焊接质量，应纠正后才能进入正式焊接。

③ 引出板应与母材材质相同，焊缝坡口形式相同，长度应符合标准的规定。引出弧板严禁用锤击落，避免损伤焊缝端部。

④ 衬垫板焊时，垫板要与母材底面贴紧，以保证焊接金属与垫板完全熔合。

7）全焊透时清根要求：要求全焊透的焊缝不加垫板时，不论单面坡口还是双面坡口，均应在第一道焊缝的反面清根。用碳弧气刨方法清根后，刨槽表面不应残留夹碳或夹渣，必要时，宜用角向砂轮打磨干净，方可继续施焊。

8）T 形接头、十字接头、角接接头等要求熔透的对接和角对接组合焊缝，其焊脚尺寸不应小于 $t/4$（图 4.3.1a、b、c）；设计有疲劳验算要求的吊车梁或类似构件的腹板与上翼缘连接焊缝的焊脚为 $t/2$（图 4.3.1d），且不应大于 10mm。焊脚尺寸的允许偏差为 0～4mm。

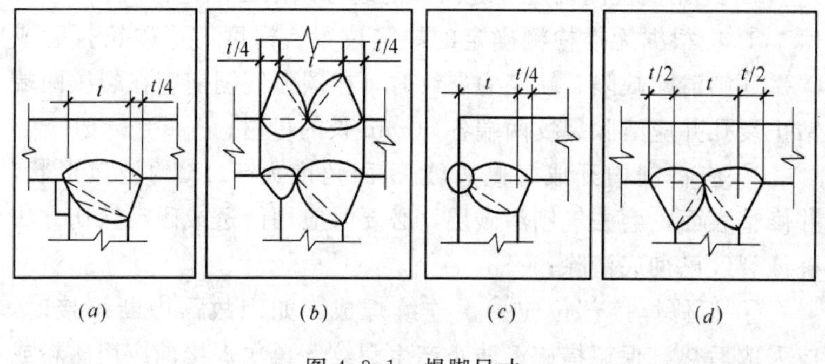

图 4.3.1　焊脚尺寸

（3）焊接作业区环境温度检查

1）作业区环境温度在 0℃以上时

① 焊接作业区风速超过下列规定时，应设防风棚或采取其他防风措施：手工电弧焊：8m/s；气体保护及自保护焊：2m/s。制作车间内焊接区有穿堂风或鼓风机时，也应设挡风设施。

② 焊接作业区的相对湿度不得大于 90%。

③ 当焊件表面潮湿或有冰雪覆盖时，应采取加热去潮湿措施。

2）低温作业环境时

焊接作业区环境温度低于 0℃时，常温时不须预热的构件，也应对焊接区各方向 2 倍板厚且不小于 100mm 范围内加热到 20℃以上后方可施焊。常温时须预热的构件，则应综合考虑后由焊接责任工程师制订出比常温下焊接预热温度更高和加热范围更宽的作业方案，并经认可后方可实施。同时对构件采取适当和充分的保温措施。

(4) 熔化焊焊缝缺陷返修的质量检查

1) 焊缝表面缺陷超过施工质量验收标准的规定时：对气孔、夹渣、焊瘤、余高过大之缺陷，应用砂轮打磨、铲凿、钻、铣方法去除；对焊缝尺寸不足、局部缺陷、咬边、弧坑、未焊满等缺陷应进行补焊。

2) 经无损检测确定焊缝内部的超标缺陷必须返修时：

① 应根据无损检测确定的缺陷位置、深度，用砂轮打磨或碳弧气刨清除缺陷。缺陷为裂纹时，在碳弧气刨前应在裂纹两端钻止裂孔并应清除裂纹两端各 50mm 长的母材；

② 应将刨槽开成每侧边坡 U 面角度大于 15°的坡口形状，并修整表面，磨去气刨渗碳层，必要时应用渗透或磁粉探伤方法确认裂纹已彻底清除；

③ 返修焊接部位应一次连续焊成，如因故需中断焊接时，应采取后热、保温措施、防止产生裂纹。再次焊接前应用磁粉或渗透方法检测，确认无裂纹产生后方可继续补焊。

④ 焊接修补的预热温度应比同样条件下的一般焊接预热温度高 25～50℃，并根据工程节点的实际情况确定是否需要用超低氢焊条或增加焊后消氢处理。

⑤ 同一部位(焊缝正、反面各作为一个部位)焊补次数不宜超过 2 次。对 2 次返修后仍不合格的部位应分析原因采取有效措施，重新制订修补方案及作业指导书，并经工程技术责任人审批后方可执行。

⑥ 返修焊接应填报补焊施工记录及补焊前后的无损检验报告，以供工程验收及存档。

4.3.4 钢构件焊接施工质量验收

(1) 钢构件焊接工程质量验收见表 4.3.1。

钢构件焊接工程质量验收　　表 4.3.1

检验项目		标准	检验方法
主控项目	1. 焊条、焊丝、焊剂、电渣焊熔嘴等焊接材料与母材的匹配	应符合设计要求及国家现行行业标准《建筑钢结构焊接技术规程》JGJ 81—2002 的规定。焊条、焊剂、药芯焊丝、熔嘴等在使用前，应按其产品说明书及焊接工艺文件的规定进行烘焙和存放	检查质量证明书和烘焙记录
	2. 施工单位首次采用的钢材、焊接材料、焊接方法、焊后热处理	应进行焊接工艺评定，并应根据评定报告确定焊接工艺	检查焊接工艺评定报告
	3. 设计要求全焊透的一、二级焊缝	应采用超声波探伤进行内部缺陷的检验；超声波探伤不能对缺陷作出判断时，应采用射线探伤。其内部缺陷分级及探伤方法应符合现行国家标准《钢焊缝手工超声波探伤方法和探伤结果分级法》GB 11345 或《钢熔化焊对接接头射线照相和质量分级》GB 3323 的规定。焊接球节点网架焊缝、螺栓球节点网架焊缝及圆管 T、K、Y 形节点相关线焊缝的内部缺陷分级及探伤方法应分别符合国家现行标准的规定。一级、二级焊缝的质量等级及缺陷分级应符合表 4.3.2 的规定	检查超声波或射线探伤记录
	4. T 形接头、十字接头、角接接头要求熔透的对接和角对接组合焊缝	其焊脚尺寸按 4.3.3(2)之 8)要求进行验收	观察检查，用焊缝量规抽查测量
	5. 焊缝表面	不得有裂纹、焊瘤等缺陷。一级、二级焊缝不得有表面气孔、夹渣、弧坑、裂纹、电弧擦伤等缺陷，且一级焊缝不得有咬边、未焊满、根部收缩等缺陷	观察检查或使用放大镜、焊缝量规和钢尺检查，当存在疑问时，采用渗透或磁粉探伤检查

续表

检验项目		标准	检验方法
一般项目	1. 对于需要进行焊前预热或焊后热处理的焊缝	其预热温度、后热温度应符合国家现行有关标准的规定或通过工艺试验确定。预热区在焊道两侧，每侧宽度均应大于焊件厚度的 1.5 倍且不应小于 100mm；后热处理应在焊后立即进行，保温时间应按每 25mm 板厚 1h 确定	检查预、后热施工记录和工艺试验报告
	2. 二级、三级焊缝外观质量标准	应符合 4.12.1 中表 4.12.1 的规定。三级对接焊缝应按二级焊缝标准进行外观质量检验	观察检查或使用放大镜、焊缝量规和钢尺检查
	3. 焊缝尺寸允许偏差	应符合 4.12.1 中表 4.12.2 的规定	用焊缝量规检查
	4. 焊成凹形的角焊缝，焊缝金属与母材间应平缓过渡；加工成凹形的角焊缝	不得在其表面留下切痕	观察检查
	5. 焊缝感观	应达到：外形均匀、成型较好，焊道与焊道、焊道与基本金属间过渡较平滑，焊渣和飞溅物基本清除干净	观察检查

检查数量

主控项目：项目 1、2、3 全数检查。

项目 4 资料全数检查，同类焊缝抽查 10%，且不应少于 3 条。

项目 5，每批同类构件抽查 10%，且不应少于 3 件；被抽查构件中，每一类型焊缝按条数抽查 5%，且不应少于 1 条；每条检查 1 处，总抽查数不应少于 10 处。

一般项目：项目 1，全数检查。

项目 2 和 3 每批同类构件抽查 10%，且不应少于 3 件；被抽查构件中，每一类型焊缝按条数抽查 5%，且不应少于 1 条；每条检查 1 处，总抽查数不应少于 10 处。

项目 4，每批同类构件抽查 10%，且不应少于 3 件。

项目 5，每批同类构件抽查 10%，且不应少于 3 件；被抽查构件中，每种焊缝按数量各抽查 5%，总抽查数不应少于 5 处。

一、二级焊缝质量等级及缺陷分级　　表 4.3.2

焊缝质量等级		一级	二级
内部缺陷超声波探伤	评定等级	Ⅱ	Ⅲ
	检验等级	B 级	B 级
	探伤比例	100%	20%
内部缺陷射线探伤	评定等级	Ⅱ	Ⅲ
	检验等级	AB 级	AB 级
	探伤比例	100%	20%

注：探伤比例的计数方法应按以下原则确定：

1. 对工厂制作焊缝，应按每条焊缝计算百分比，且探伤长度应不小于 200mm，当焊缝长度不足 200mm 时，应对整条焊缝进行探伤；
2. 对现场安装焊缝，应按同一类型、同一施焊条件的焊缝条数计算百分比，探伤长度应不小于 200mm，并应不少于 1 条焊缝。

(2) 焊钉(栓钉)焊接工程质量验收见表 4.3.3。

焊钉(栓钉)焊接工程质量验收　　表 4.3.3

检验项目		标准	检验方法
主控项目	1. 所采用的焊钉和钢材焊接	应进行焊接工艺评定，其结果应符合设计要求和国家现行有关标准的规定。瓷环应按其产品说明书进行烘焙	检查焊接工艺评定报告和烘焙记录
	2. 焊钉焊接后	应进行弯曲试验检查，其焊缝和热影响区不应有肉眼可见的裂纹	焊钉弯曲 30°后用角尺检查和观察检查
一般项目	焊钉根部焊脚	应均匀，焊脚立面的局部未熔合或不足 360°的焊脚应进行修补	观察检查

检查数量

主控项目：项目 1 全数检查。

项目 2 每批同类构件抽查 10%，且不应少于 10 件；被抽查构件中，每件检查焊钉数量的 1%，但不应少于 1 个。

一般项目：按总焊钉数量抽查 1%，且不应少于 10 个。

4.3.5 质量验收文件

(1) 焊条、焊丝、焊剂、电渣熔嘴、焊钉、焊接瓷环等焊接材料等焊接材料出厂合格证明文件及检验报告。

(2) 焊条、焊剂、瓷环等烘焙记录。

(3) 重要钢结构采用的焊接材料、焊钉复验报告。

(4) 焊工合格证书及其认可范围、有效期。

(5) 施工单位首次采用的钢材和焊接材料的焊接工艺评定报告。

(6) 无损检测报告和 X 射线底片。

(7) 焊接工程有关竣工图及相关设计文件。

(8) 技术复核记录。

(9) 隐蔽工程验收记录。

(10) 焊接分项工程检验批质量验收记录。

(11) 不合格项的处理记录及验收记录。

(12) 其他有关文件的记录。

4.3.6 常见质量缺陷及预控措施

(1) 焊缝产生裂纹

预控措施：

1) 选择合理的焊接材料和焊接工艺。

2) 焊后及时热处理，可清除焊接内应力及降低接头焊缝的含氢量。

3) 凡需要预热的构件，焊前应在焊道两侧各 100mm 范围内均匀预热。

(2) 焊接变形

预控措施：

1）在保证安全的前提下，不使焊缝尺寸过大，焊缝过多。

2）严格控制下料尺寸。

3）几种焊缝施焊时，先焊收缩变形较大的横缝。

4）尽量采取对称施焊。

5）对角变形可采用反弯法，如杆件对接焊时，将焊缝处垫高。

4.4 紧固件连接工程

本节适用于钢结构制作和安装中的普通螺栓、扭剪型高强度螺栓、高强度大六角头螺栓、钢网架螺栓球节点用高强度螺栓及射钉、自攻钉、拉铆钉等连接工程。

4.4.1 施工原则及基本规定

紧固件连接工程可按相应的钢结构制作或安装工程检验批的划分原则划分为一个或若干个检验批。

4.4.2 施工准备及作业条件

(1) 材质要求

1）紧固件连接根据材料的不同，可分为普通螺栓连接和高强度螺栓连接两种。

常用的紧固件有普通螺栓、扭剪型高强度螺栓、高强度大六角头螺栓、钢网架螺栓球节点用高强度螺栓等。螺栓按照性能等级分 3.6、4.6、4.8、5.6、5.8、8.8、9.8、10.9、12.9 等 10 个等级。螺栓性能等级标号由两部分数字组成，分别表示螺栓的公称抗拉强度和材质的屈强比。

2）普通螺栓按照形式可分为六角头螺栓、双头螺栓、沉头螺栓等；按制作精度可分为 A、B、C 三个等级，A、B 级为精制螺栓，C级为粗制螺栓，钢结构用连接螺栓，除特别注明外，一般为普通粗制C级螺栓。

3）高强度螺栓从外形上可分为大六角头和扭剪型两种；按性能等级可分为8.8、10.9、12.9级等，目前我国使用的大六角头高强度螺栓有8.8级和10.9级两种，扭剪型高强度螺栓只有10.9级一种。大六角头高强度螺栓连接副由一个螺栓、一个螺母、两个垫圈(螺头和螺母两侧各一个垫圈)组成；扭剪型高强度螺栓连接副由一个螺栓、一个螺母、一个垫圈组成。螺栓、螺母、垫圈在组成一个连接副时，其性能等级要匹配。

(2) 作业条件

1）施工前，应按设计文件和施工图的要求编制工艺规程和安装施工组织设计。

2）安装和质量检查的钢尺，均应具有相同的精度，并应定期送计量部门检定。

3）连接用的高强度螺栓、精制螺栓、普通螺栓等均应有质量证明书，并符合设计文件的要求和国家标准的规定。同一批号、同一规格的螺栓、螺母、垫圈配套装箱待用。

4）高强度螺栓连接副运到工地后必须进行有关的机械性能检验，合格后方准使用。

4.4.3 施工监控要点

紧固件连接是通过螺栓、铆钉等紧固件产生紧固力，从而使被连接件连接成为一体的一种连接方法。

(1) 普通紧固件连接的检查

1）螺栓孔的位置是否符合设计要求。

2）螺栓的排列是否合理，螺栓的中距、边距和端距是否符合要求。

3）螺栓头下面放置垫圈一般不应多于2个，螺母下面放置垫圈一般不应多于1个。对于设计要求防松动的螺栓，应采取有防松装置的螺母或弹簧垫圈，或采用人工方法进行防松措施。对于承受动力荷载或重要部位的螺栓连接，应按设计要求放置弹簧垫圈，弹簧垫圈必须设置在螺母一侧。

4）对于工字钢、槽钢等类型钢应尽量使用斜垫圈，使螺母和螺栓头部的支承面垂直于螺杆。

(2) 高强度螺栓连接工程的检查

高强度螺栓的连接工程属于隐蔽工程，高强度螺栓的预拉力是否达到设计要求直接影响结构的承载力。

1）严格控制施工工具的标定质量。

① 没有标定过的扳手，不准投入使用。凡是没有标定过的扳手施拧的高强度螺栓，不能进行验收。

② 施拧及检查用的扭矩扳手，班前必须校正标定，班后还须校验，以确定此扳手在使用过程中，扭矩是否有变化。

③ 当班后校验发现扭矩误差超过允许范围，则用此扳手施拧的螺栓应全部视为不合格。扳手重新校正后，是欠拧的应重新施拧，是超拧的高强度螺栓应全部更换，重新按要求施拧。

④ 施工用扳手在使用前标定，误差应控制在±3%以内，使用后校验，误差不应超过±5%；检查用扭矩扳手标定误差不应超过±3%。

2）检查摩擦面的处理情况

施拧前，必须对接触面进行隐蔽工程检查验收。接触面的加工处理方法、摩擦面的保护及接触面间隙的处理等是否符合设计要求和规范规定。

3）高强度螺栓的穿入，应在结构中心位置调整后进行，穿入方向应以施工方便为准，力求一致；安装时要注意垫圈的正反面，即：螺母带圆台面的一侧应朝向垫圈有倒角的一侧；对于大六角头高强度螺栓连接副靠近螺头一侧的垫圈，有倒角的一侧朝向螺栓头。

4）高强度螺栓的安装应能自由穿入孔，严禁强行穿入，如不能自由穿入时，该孔应用铰刀进行修整，修整后孔的最大直径应小于1.2倍螺栓直径。修孔时，为了防止铁屑落入板叠缝中，铰孔前应将四周螺栓全部拧紧，使板叠密贴后再进行，严禁气割扩孔。

5）初拧与终拧的检查。

① 高强度螺栓连接副的拧紧分初拧、终拧。对于大型节点应分为初拧、复拧、终拧。复拧扭矩等于初拧扭矩。初拧、复拧、终拧应在24h内完成。

② 施拧一般应按螺栓群节点中心位置顺序向外拧紧的方法进行初(复)拧、终拧后应做好标志。

4.4.4 施工质量验收

(1) 普通紧固件连接质量验收见表4.4.1。

普通紧固件连接质量验收 **表4.4.1**

检验项目		标准	检验方法
主控项目	1. 普通螺栓作为永久性连接螺栓时	当设计有要求或对其质量有疑义时，应进行螺栓实物最小拉力载荷复验，其结果应符合现行国家标准《紧固件机械性能螺栓、螺钉和螺柱》GB 3098的规定	检查螺栓实物复验报告
	2. 连接薄钢板采用的自攻钉、拉铆钉、射钉等的规格尺寸	应与被连接钢板相匹配间距、边距等应符合设计要求	观察和尺量检查
一般项目	1. 永久性普通螺栓的紧固	应牢固、可靠，外露丝扣不应少于2扣	观察或用小锤敲击检查
	2. 自攻螺钉、钢拉铆钉、射钉等与连接钢板	应紧固密贴，外观排列整齐	观察或用小锤敲击检查

检查数量

主控项目：项目1每一规格螺栓抽查8个。

项目2按连接节点数抽查1%，且不应少于3个。

一般项目：按连接节点数抽查10%，且不应少于3个。

(2) 高强度螺栓连接质量验收见表4.4.2。

高强度螺栓连接质量验收　　表4.4.2

检验项目		标准	检验方法
主控项目	1. 钢结构制作和安装单位应按规范规定分别进行高强度螺栓连接摩擦面的抗滑移系数试验和复验，现场处理的构件摩擦面应单独进行摩擦面抗滑移系数试验	结果应符合设计要求	检查摩擦面抗滑移系数试验报告和复验报告
	2. 高强度大六角头螺栓连接副终拧完成1h后、48h内	应进行终拧扭矩检查，检查结果应符合规范规定	按规范附录B
	3. 扭剪型高强度螺栓连接副终拧后	除因构造原因无法使用专用扳手终拧掉梅花头者外，未在终拧中拧掉梅花头的螺栓数不应大于该节点螺栓数的5%。对所有梅花头未拧掉的扭剪型高强螺栓连接副应采用扭矩法或转角法进行终拧并作标记	观察检查并按规范附录B
一般项目	1. 高强度螺栓连接副的施拧顺序和初拧、复拧扭矩	应符合设计要求和国家现行行业标准钢结构高强度螺栓连接设计施工及验收规程(JGJ 82)的规定	检查扭矩扳手标定记录和螺栓施工记录
	2. 高强度螺栓连接副终拧后，螺栓丝扣外露	应为2～3扣，其中允许有10%的螺栓丝扣外露1扣或4扣	观察检查
	3. 高强度螺栓连接摩擦面	应保持干燥、整洁，不应有飞边、毛刺、焊接飞溅物、焊疤、氧化铁皮、污垢等，除设计要求外摩擦面不应涂漆	观察检查

续表

检验项目		标准	检验方法
一般项目	4. 高强度螺栓应自由穿入螺栓孔。高强度螺栓孔	不应采用气割扩孔，扩孔数量应征得设计同意，扩孔后的孔径不应超过1.2*d*(*d* 为螺栓直径)	观察检查及用卡尺检查
	5. 螺栓球节点网架总拼完成后，高强度螺栓与球节点应紧固连接，高强度螺栓拧入螺栓球内的螺纹长度	不应小于1.0*d*(*d* 为螺栓直径)，连接处不应出现有间隙、松动等未拧紧情况	普通扳手及尺量检查

检查数量

主控项目：项目 1，全数检查。

项目 2 按节点数抽查 10%，且不应少于 10 个；每个被抽查节点按螺栓数抽查 10%，且不应少于 2 个。

项目 3 按节点数抽查 10%，但不应少于 10 个节点，被抽查节点中梅花头未拧掉的扭剪型高强螺栓连接副全数进行终拧扭矩检查。

一般项目：项目 1、3 和 4 全数检查。

项目 2 和 5 按节点数抽查 5%，且不应少于 10 个。

4.4.5 质量验收文件

(1) 普通紧固件的产品质量合格证明文件及复验报告。

(2) 高强度大六角头螺栓连接副的出厂合格证、检验报告、复验报告和检查记录。

(3) 摩擦面抗滑移系数试验检验报告、复验报告和检查记录。

(4) 扭剪型高强度大六角头螺栓连接副的出厂合格证、检验报告、复验报告和检查记录。摩擦面抗滑移系数试验检验报告、复验报告和检查记录。

(5) 施工记录。

(6) 技术复核记录。

(7) 钢结构普通紧固件连接、高强度螺栓连接分项工程检验批质量验收记录。

4.4.6 常见质量缺陷及预控措施

(1) 螺栓紧固后松动

预控措施

1) 在螺母下面垫一开口弹簧垫圈，螺母紧固后在上下轴向产生弹性压力，可起到防松作用；为防止开口垫圈损伤构件表面，可在开口垫圈下面垫一平垫圈。

2) 副螺母防松。在紧固后的螺母上面，增加一个较薄的副螺母，使两螺母之间产生轴向压力，并增加螺栓、螺母凸凹螺纹的咬合自锁长度，以达到互相制约而不使螺母松动；使用副螺母防松的螺栓，在安装前应计算螺栓的准确长度，待防松副螺母紧固后，应使螺栓伸出副螺母外的长度不少于 2 扣螺纹。

3) 不可拆的永久防松。这种防松方法一般应用在不再拆除和更换零、部件的永久工程上。不可拆的永久防松方法是将螺母紧固后，用电焊将螺母与螺栓的相邻位置，对称点焊 3～4 处或将螺母与构件相点焊；另一防松做法是将螺母紧固后，用尖锤或钢冲在螺栓伸出螺母的侧面或靠近螺母上平面螺纹处进行对称点铆 3～4 处，使螺栓上的螺纹被铆成乱丝凹陷，以破坏螺纹，使螺母无法旋转，起到防松作用。

4) 在防松的措施中，宜采用破坏螺纹的铆点方法，不宜采用电焊点焊法防松，以免螺母或构件表面局部硬化，加速腐蚀。

(2) 丝扣损伤

预控措施：螺栓在安装前应经认真检查、清洗，严禁强行将螺栓打入螺孔。高强度螺栓应将配套的连接件(螺栓、螺母和垫圈)放入同一包装内，避免混用，损伤丝扣。

(3) 连接板拼装不严密

预控措施：连接钢板应平直，如有变形应矫正后方可使用。连接板间隙应按规定的允许间隙进行调整，拼装应严密。连接型钢或零件的平面坡度大于1∶20时，应放置斜垫片支垫。

4.5 钢零件及钢部件加工工程

本节适用于钢结构制作及安装中钢零件及钢部件加工。

4.5.1 施工准备及作业条件

(1) 材质要求

钢材的选用原则：

1) 承重结构和钢材应保证抗拉强度、屈服点、伸长率、冷弯、冲击韧性，和硫、磷的极限含量，其中对焊接结构除了要保证上述必要的项目外，还应保证碳的极限含量。

2) 对重要结构，如吊车梁、设有5t以上锻锤等振动设备和重型、特重型厂房的屋架、托架、柱子、跨度≥24m的托架和屋架，以及冷弯成型的构件等，除保证机械性能外，还应具有冷弯试验的合格保证。

3) 对重级工作制和吊车起重量≥50t的中级工作制焊接的吊车梁或类似钢结构，以及跨度>18m、起重量≥75t的重级工作制非焊接吊车梁等重要结构，所用的钢材都应具有常温冲击韧性的保证。当结构设计工作温度等于或低于－20℃时，使用不同牌号钢材应保证其在不同温度下的冲击韧性：

当结构工作温度等于或低于0℃但高于－20℃时，对Q235钢和Q345钢应具有0℃冲击韧性的合格保证(C级)；对Q390钢和Q420钢应具有－20℃冲击韧性的合格保证(D级)。

当结构工作温度等于或低于－20℃时，对Q235钢、Q345钢应具有－20℃冲击韧性合格保证(D级)，对Q390钢和Q420

钢应具有−40℃冲击韧性合格保证(E级)。

(2) 钢材代用原则

1) 钢材的化学成分应符合钢的化学成分的标准规定。

2) 对于造成混批的钢材，当用于主要承重结构时，必须逐按现行标准对其力学性能和化学成分进行试验，如检验结果不符合要求时，可根据实际性能用于非承重结构构件。

3) 对于无牌号或无证明书的钢材原则上不允许使用，但经设计允许的条件下，一般可按下列情况处理：

① 经试验证明其力学性能和化学成分符合 GB/T 700 中所列牌号的要求，但未查明其冶炼方法时，可按相应的氧气转炉沸腾钢使用；

② 如有充分根据证明其为平炉或氧气转炉钢，但未查明其为镇静钢时，可按相应的沸腾钢使用；

③ 按现行标准试验证明其力学性能和化学成分符合 GB/T 1519 中所列的 Q345 钢的要求时，可用于一般结构承重构件。

4) 由于备料规格不能完全满足设计要求，需要代用钢材时应按下列原则进行：

① 代用钢材的力学性能和化学成分应与原设计一致。

② 选择代用钢材时，应认真复核构件的强度、稳定性和刚度；特别要注意因材料代用可能产生偏心的影响，在机械性能得到保证的条件下，还应兼顾选取厚度和截面规格能相互一致的材料。

③ 因代用材料可能引起构件之间的连接尺寸与设计要求有变动或不相符合，设计者应在采取代用材料时对局部设计给予合理的修改。

④ 采取代用钢材时不可以大代小，引起自重增加，导致结构的疲劳，应在可能的范围内尽量作到使用上和经济上合理。

4.5.2 施工监控要点

(1) 零件加工

1) 放样

① 放样工作包括：核对构件各部分尺寸及安装尺寸和孔距；以1∶1的大样放出节点、样板和样杆，作为切割、弯制、铣、刨、制孔等加工的依据。

② 放样应在专门的钢平台或平板上进行。

③ 放样时，要先划出构件的中心线，然后再划出零件尺寸，得出实杆样板，实样完成后，复查一次主要尺寸，发现差错应及时改正。对焊接构件，放样重点应控制连接焊缝长度和型钢重心，并根据工艺要求预留切割余量、加工余量或焊接收缩余量。放样时，桁架上下弦应同时起拱，竖腹杆方向尺寸保持不变，吊车梁应按 $L/500$ 起拱。

2) 下料

① 号料采用样板、样杆，根据图纸要求在板料或型钢上划出零件形状及切割、铣、刨、弯曲等加工线以及钻孔、打冲孔的位置。

② 号料前要根据图纸用料要求和材料尺寸合理配料。尺寸大、数量多的零件，应统筹安排，长短搭配，先大后小，以节约原材料和提高利用率。大型构件的板材宜使用定尺料，使定尺的宽度或长度为零件宽度或长度的倍数。

③ 在焊接结构上号孔，应在焊接完毕经整形以后进行，孔眼应距焊缝边缘50mm以上。

④ 号料公差：长、宽±1.0mm，两端眼心距±1.0mm；对角线差±1.0mm；相邻眼心距±0.5mm；两排眼心距±0.5mm；冲点与眼心距位移±0.5mm。

3) 切割

① 在钢材号料之后，一般应接着进行切割工作。切割方法有机械切割、氧气切割和等离子切割等。

② 切割时，应清除钢材表面切割区域内的铁锈、油污等；

切割后，断口上不得有裂纹和大于 1.0mm 的缺棱，并应清除边缘上的熔瘤和飞溅物等。

③ 切割的质量要求：切割截面与钢材表面垂直度偏差不应大于钢材厚度的 10%，且不得大于 2.0mm；机械剪切的零件，剪切线与号料线的允许偏差为 2mm；断口处的截面上不得有裂纹和大于 1.0mm 的缺棱；机械剪切的型钢，其端部剪切斜度不大于 2.0mm，并均应清除毛刺；切割面必须整齐，个别处出现缺陷，要进行修磨处理。

(2) 矫正

1) 钢材在运输、装卸、堆放和切割过程中，有时会产生不同程度弯曲的波浪变形，当变形值超过允许值时，必须在划线下料之前及切割之后予以平直矫正。

2) 常用平直、矫正方法有人工矫正、机械矫正、火焰矫正、混合矫正等。

3) 应控制冷矫正和冷弯曲的最小曲率半径和最大弯曲矢高，具体要求见表 4.5.1。

冷矫正和冷弯曲的最小曲率半径和最大弯曲矢高(mm)　表 4.5.1

钢材类别	图例	对应轴	矫正		弯曲	
			r	f	r	f
钢板、扁钢	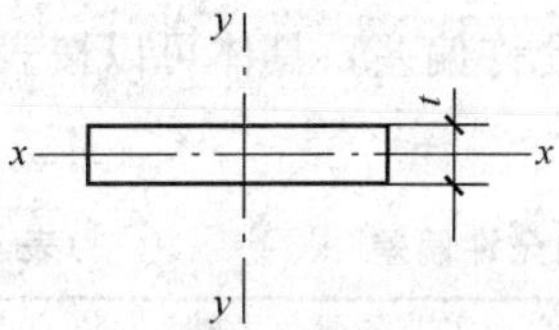 图 4.5.1	$x—x$	$50t$	$L^2/400t$	$25t$	$L^2/200t$
		$y—y$（仅对扁钢轴线）	$100b$	$L^2/800b$	$50b$	$L^2/400b$
角钢	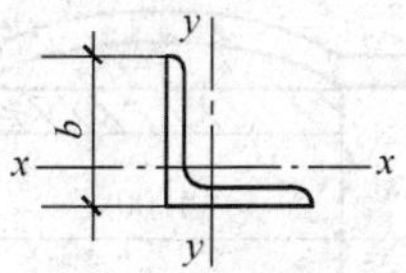 图 4.5.2	$x—x$	$90b$	$L^2/720b$	$45b$	$L^2/360b$

续表

钢材类别	图例	对应轴	矫正		弯曲	
			r	f	r	f
槽钢	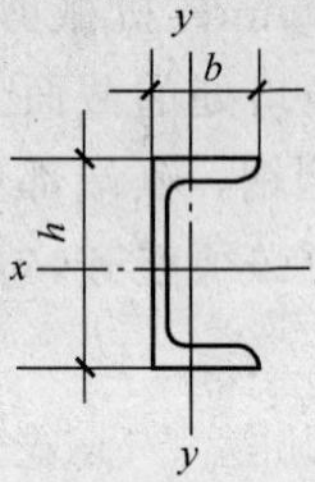 图 4.5.3	$x—x$	$50h$	$L^2/400h$	$25h$	$L^2/200h$
		$y—y$	$90b$	$L^2/720b$	$45b$	$L^2/360b$
工字钢	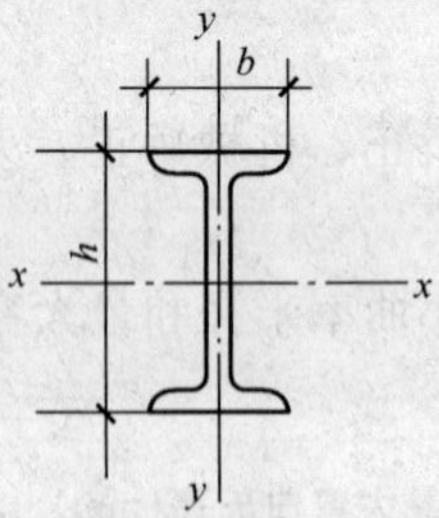 图 4.5.4	$x—x$	$50h$	$L^2/400h$	$25h$	$L^2/200h$
		$y—y$	$50b$	$L^2/400b$	$25b$	$L^2/360b$

注：r 为曲率半径、f 为弯曲矢高、L 为弯曲弦长、t 为钢板厚度。

4）应注意检查钢材矫正后的允许偏差，具体可以按表 4.5.2 的规定进行控制。

钢材矫正后的允许偏差　　表 4.5.2

项目		允许偏差	图例
钢板的局部平面度	$r \leqslant 14$	1.5	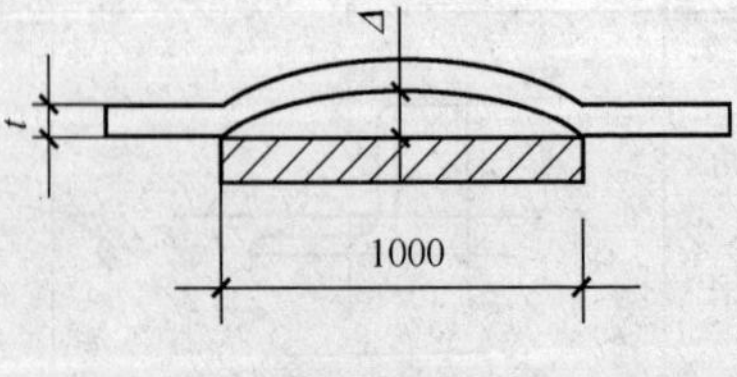 图 4.5.5
	$t > 14$	1.0	

续表

项　目	允许偏差	图　例
型钢弯曲矢高	$L/1000$ 且不应大于 5.0	
角钢肢的垂直度	$b/100$ 双肢栓接角钢的角度不得大于 90°	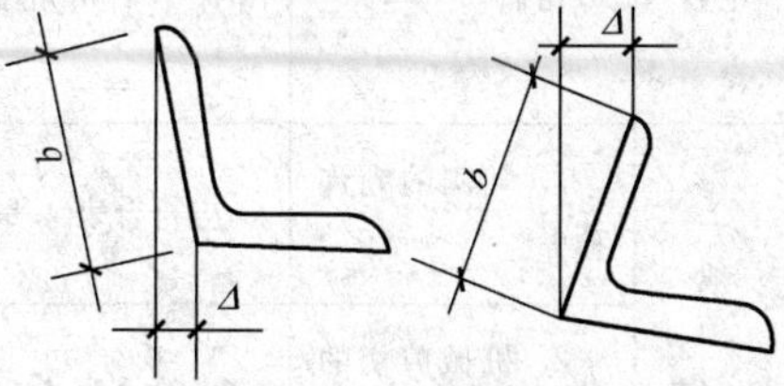 图 4.5.6
槽钢翼缘对腹板的垂直度	$b/80$	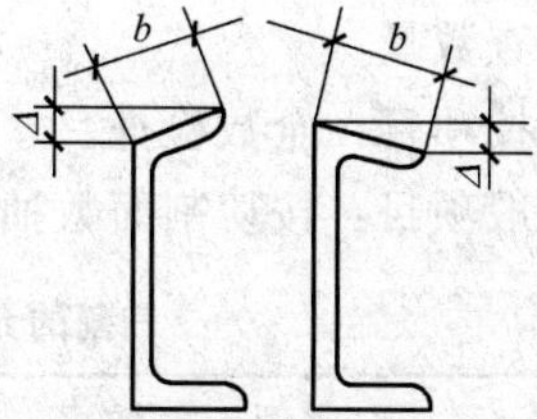 图 4.5.7
工字钢、H 型钢翼缘对腹板的垂直度	$b/100$ 且不大于 2.0	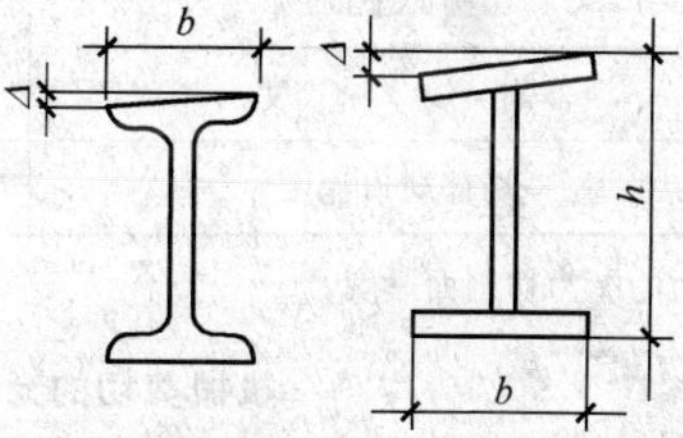 图 4.5.8

4.5.3　施工质量验收

（1）切割施工质量验收见表 4.5.3。

切割施工质量验收 **表 4.5.3**

检验项目		标准	检验方法
主控项目	钢材切割面或剪切面	应无裂纹、夹渣、分层和大于1mm的缺棱	观察或用放大镜及百分尺检查，有疑义时作渗透、磁粉或超声波探伤检查
一般项目	1. 气割的允许偏差	应符合表 4.5.4 的规定	观察检查或用钢尺、塞尺检查
	2. 机械剪切的允许偏差	应符合表 4.5.5 的规定	观察检查或用钢尺、塞尺检查

检查数量

主控项目：全数检查。

一般项目：按切割面数抽查10%，且不应少于3个。

气割的允许偏差(mm) **表 4.5.4**

项目	允许偏差
零件宽度、长度	±3.0
切割面平面度	0.05t，且不应大于2.0
割纹深度	0.3
局部缺口深度	1.0

注：t 为切割面厚度。

机械剪切的允许偏差(mm) **表 4.5.5**

项目	允许偏差
零件宽度、长度	±3.0
边缘缺棱	1.0
型钢端部垂直度	2.0

(2) 矫正和成型施工质量验收见表 4.5.6。

检验项目		标准	检验方法
主控项目	1. 碳素结构钢在环境温度低于－16℃、低合金结构钢在环境温度低于－12℃时	不应进行冷矫正和冷弯曲。碳素结构钢和低合金结构钢在加热矫正时，加热温度不应超过900℃。低合金结构钢在加热矫正后应自然冷却	检查制作工艺报告和施工记录
	2. 当零件采用热加工成型时，加热温度	应控制在900℃～1000℃；碳素结构钢和低合金结构钢在温度分别下降到700℃和800℃之前，应结束加工；低合金结构钢应自然冷却	检查制作工艺报告和施工记录
一般项目	1. 矫正后的钢材表面	不应有明显的凹面或损伤，划痕深度不得大于0.5mm，且不应大于该钢材厚度负允许偏差的1/2	观察检查和实测检查
	2. 冷矫正和冷弯曲的最小曲率半径和最大弯曲矢高	按表4.5.1要求进行验收	观察检查和实测检查
	3. 钢材矫正后的允许偏差	应符合表4.5.2的规定	观察检查和实测检查

检查数量

主控项目1、2和一般项目1、2，全数检查。

一般项目3按冷矫正和冷弯曲的件数抽查10%，且不应少于3个。

(3) 边缘加工施工质量验收见表4.5.7。

边缘加工施工质量验收 **表 4.5.7**

检验项目		标准	检验方法
主控项目	气割或机械剪切的零件，需要进行边缘加工时	其刨削量不应小于2.0mm	检查工艺报告和施工记录
一般项目	边缘加工允许偏差	应符合表4.5.8的规定	观察检查和实测检查

检查数量

主控项目：全数检查。

一般项目：按加工面数抽查10%，且不应少于3件。

边缘加工的允许偏差(mm) **表 4.5.8**

项目	允许偏差
零件宽度、长度	±1.0
加工边直线度	1/3000，且不应大于2.0
相邻两边夹角	±6′
加工面垂直度	0.025t，且不应大于0.5
加工面表面粗糙度	50/▽

(4) 管、球加工施工质量验收见表4.5.9。

管、球加工施工质量验收 **表 4.5.9**

检验项目		标准	检验方法
主控项目	1. 螺栓球成型后	不应有裂纹、褶皱、过烧	10倍放大镜观察检查或表面探伤
	2. 钢板压成半圆球后	表面不应有裂纹、褶皱；焊接球的对接坡口应采用机械加工，对接焊缝表面应打磨平整	10倍放大镜观察检查或表面探伤

续表

检验项目		标准	检验方法
一般项目	1. 螺栓球加工的允许偏差	应符合表4.5.10的规定	见表4.5.10
	2. 焊接球加工的允许偏差	应符合表4.5.11的规定	见表4.5.11
	3. 钢网架(桁架)用钢管杆件加工的允许偏差	应符合表4.5.12的规定	见表4.5.12

检查数量

主控项目和一般项目均为每种规格抽查10%，且不少于5件(个)。

螺栓球加工的允许偏差(mm)　　**表4.5.10**

项目		允许偏差	检验方法
圆度	$d \leqslant 120$	1.5	用卡尺和游标卡尺检查
	$d > 120$	2.5	
同一轴线上两铣平面平行度	$d \leqslant 120$	0.2	用百分表V形块检查
	$d > 120$	0.3	
铣平面距球中心距离		±0.2	用游标卡尺检查
相邻两螺栓孔中心线夹角		±30′	用分度头检查
两铣平面与螺栓孔轴线垂直度		$0.005r$	用百分表检查
球毛坯直径	$d \leqslant 120$	+2.0 1.0	用卡尺和游标卡尺检查
	$d > 120$	+3.0 1.5	

焊接球加工的允许偏差(mm)　　**表4.5.11**

项目	允许偏差	检验方法
直径	$\pm 0.005d$，±2.5	用卡尺和游标卡尺检查
圆度	2.5	用卡尺和游标卡尺检查
壁厚减薄量	$0.13t$，且不应大于1.5	用卡尺和测厚仪检查
两半球对口错边	1.0	用套模和游标卡尺检查

钢网架(桁架)用钢管杆件加工的允许偏差　　表 4.5.12

项　目	允许偏差	检验方法
长　度	±1.0	用钢尺和百分表检查
端面对管轴的垂直度	0.005r	用百分表 V 形块检查
管口曲线	1.0	用套模和游标卡尺检查

(5) 制孔施工质量验收见表 4.5.13。

制孔施工质量验收　　表 4.5.13

检验项目		标准	检验方法
主控项目	孔壁表面粗糙度 Ra	A、B 级螺栓孔(Ⅰ类孔)，应具有 H_{12} 的精度孔壁表面粗糙度 R_a 不应大于 12.5μm。其孔径的允许偏差应符合表 4.5.14 的规定。C 级螺栓孔(Ⅱ类孔)，孔壁表面粗糙度 R_a 不应大于 25μm，其孔径的允许偏差应符合表 4.5.15 的规定	用游标卡尺或孔径量规检查
一般项目	1. 螺栓孔孔距的允许偏差	应符合表 4.5.16 的规定	用钢尺检查
	2. 螺栓孔孔距的允许偏差超过表 4.5.16 规定的允许偏差时	应采用与母材材质相匹配的焊条补焊后重新制孔	观察检查

检查数量：

主控项目：按构件抽查 10%，且不少于 3 件。

一般项目：项目 1 按构件抽查 10%，且不少于 3 件。项目 2 全数检查。

A、B 级螺栓孔径的允许偏差(mm)　　表 4.5.14

序号	螺栓公称直径、螺栓孔直径	螺栓公称直径允许偏差	螺栓孔直径允许偏差
1	10～18	0.00　−0.21	+0.18　0.00
2	18～30	0.00　−0.21	+0.21　0.00
3	30～50	0.00　−0.25	+0.25　0.00

C级螺栓孔的允许偏差(mm)　　表 4.5.15

项　目	允许偏差
直　径	+1.0　0.0
圆　度	2.0
垂直度	0.03t,且不应大于2.0

螺栓孔孔距允许偏差(mm)　　表 4.5.16

螺栓孔孔距范围	≤500	501～1200	1201～3000	>3000
同一组内任意两孔间距离	±1.0	±1.5	—	—
相邻两组的端孔间距离	±1.5	±2.0	±2.5	±3.0

注：1. 在节点中连接板与一根杆件相连的所有螺栓孔为一组；
2. 对接接头在拼接板一侧的螺栓孔为一组；
3. 在两相邻节点或接头间的螺栓孔为一组，但不包括上述两款所规定的螺栓孔；
4. 受弯构件翼缘上的连接螺栓孔，每米长度范围内的螺栓孔为一组。

4.5.4 施工质量验收资料

(1) 材料出厂合格证或复验报告。
(2) 无损检测报告。
(3) 技术复核记录。
(4) 隐蔽工程验收记录。
(5) 钢结构(零件及部件加工)分项工程检验批质量验收记录。

4.5.5 常见质量缺陷及预控措施

(1) 起拱不准确

预控措施：放样、下料时应明确拱度值，并在下料尺寸中放出所需的起拱量。按设计要求的拱度值，采用正确的加工工艺和拼装方法，严格控制累计偏差值。必须对起拱构件采取预防变形的保护加固措施。严防构件在翻转、运输和吊装时产生变形。

(2) 产生变形

预控措施：存放场地应夯实坚固、防止场地受压后产生沉降。构件堆垛下应铺设枕木，且应堆放要平稳。重大构件尚应标明重量、重心位置及定位标记。构件在运输和起吊时，应采取临时加固措施，防止变形。

4.6 钢构件组装工程

本节适用于钢结构制作中构件的组装。

4.6.1 施工原则及基本规定

1) 钢构件组装工程可按钢结构制作工程检验批的划分原则划分为一个或若干个检验批。

2) 钢结构构件的组装是按照施工图的要求，把已加工完成的各零件或半成品构件装配成独立的成品。组装根据被组装构件的特性以及组装程度，可分为部件组装、组装、预总装：

① 部件组装是装配的最小单元的组合，它由两个或两个以上零件按施工图的要求装配成为半成品的结构部件。

② 组装是把零件或半成品按施工图的要求装配成为独立的成品构件。

③ 预总装是根据施工总图把相关的两个以上成品构件，在工厂制作场地上，按各构件空间位置总装起来。其目的是客观地反映出各构件装配节点，保证构件安装质量。

4.6.2 施工准备及作业条件

(1) 组装要求及原则

1) 基本要求

① 组装应按工艺方法的组装次序进行。当有隐蔽焊缝时，必须先施焊，经检验合格方可覆盖。当复杂部位不易施焊时，亦须按工序次序分别先后组装和施焊。严禁不按次序组装和强力组对。

② 为减少大件组装焊接的变形，一般应先采取小件组焊，经矫正后，再大部件组装。胎具及组装出的首个成品须经严格检验，方可大批进行组装工作。

③ 组装前，连接表面及焊缝每边30～50mm范围内的铁锈、毛刺和油污及潮气等必须清除干净，并露出金属光泽。

④ 应根据金属结构的实际情况，选用或制作相应的装配胎具(如组装平台、铁凳、胎架等)和工(夹)具，应尽量避免在结构上焊接临时固定件、支撑件。工夹具及吊耳必须焊接固定在构件上时，材质与焊接材料应与该构件相同，用后需除掉时，不得用锤强力打击，应用气割切除，残留痕迹应进行打磨、修整。

2）钢结构组装原则

① 钢结构组装必须严格按照工艺要求进行，其顺序在通常情况下，先组装主要结构的构件，从内向外或从里向表的装配方法。在装配组装的全过程均不允许采用强制的方法来组装构件，避免产生各种内应力，减少其装配变形。

② 所有需预总装构件必须是经过质量检验部门验证合格的钢结构成品。

③ 预总装工作场地应配备适当的吊装机械和装配空间。

④ 预总装胎模按工艺要求铺设，其刚度应有保证。

⑤ 构件预总装时，必须在自然状态下进行，使其正确地装配在相关构件安装位置上。

⑥ 需在预总装时制孔的构件，在所有构件全部预总装完工，并通过整体检查，确认无误后，亦可进行预总装制孔。

⑦ 预总装完毕，拆除全部定位夹具后，方可拆装配的构件，

防止其在吊卸中产生变形。

(2) 作业条件

1) 零件复核：按施工图要求复核其前道的加工质量，并按要求归类堆放。

2) 基准面一般按下列规律选择：

① 构件的外形有平面也有曲面时，应以平面作为装配基准面；

② 在零件上有若干个平面的情况下，应选择较大的平面作为装配基准面；

③ 根据构件的用途，选择最重要的面作为装配基准面；

④ 选择的装配基准面要使装配过程中最便于对零件定位和夹紧。

4.6.3 施工监控要点

在钢结构构件的组装过程中，应注意以下几个方面：

(1) 对施工单位提交的组装方案进行审查和审批。重点检查组装次序、装配的支承与夹紧措施、装配方法等。组装时应督促施工单位按监理审批的组装方案进行组装。

(2) 零部件在组装前应进行矫正，使变形控制在偏差范围以内。接触表面和沿焊缝的每边缘 30～50mm 范围内应无铁锈、毛刺、冰雪、污垢和杂物，以保证构件的组装紧密贴合，符合质量标准。

(3) 组装时，应有适当的工具和设备，如定位器、夹具、坚固的基础(或胎架)，以保证组装有足够的精度。

(4) 为减小变形，尽量采取小件组焊，经矫正后再组装大件。胎具及组装出的第一个构件必须经过严格检验，方可大批进行装配工作。

(5) 组装时的点固焊缝长度宜大于 40mm，间距宜为 500～600mm，点固焊缝高度不宜超过设计焊缝高度的 2/3。

(6) 板材、型材的拼接，应在组装前进行；构件的组装应在部件组装、焊接、矫正后进行，以便减少构件的焊接残余应力，保证产品的制作质量。

(7) 为了保证隐蔽部位的质量，隐蔽部位应经质量检查人员检查认可，签发隐蔽部位验收记录，方可封闭。构件的隐蔽部位应提前进行涂装。

(8) 组装焊接时，必须按照焊接工程的质量标准对焊接准备工作、焊工资格、焊接材料、焊接工艺、焊接方案等进行检查，对组装焊接参数进行监督检查，组装焊接完成后，要按焊缝质量检查标准进行质量验收。

(9) 组装中采用紧固件连接时，必须根据紧固件工程质量标准对组装过程进行旁站检查，尤其对于采用高强度螺栓连接的组装工程，必须严格按高强度螺栓的质量标准、工艺过程进行旁站检查，必要时要见证取样和平行检验，对高强度螺栓的预拉力、连接面的摩擦面处理等隐蔽工程进行逐一验收，高强度螺栓连接副要经现场取样复试合格后方可采用。

(10) 装配时要求磨光顶紧的部位，其顶紧接触面应有 75％以上的面积紧贴，用 0.3mm 的塞尺检查，其塞入面积应小于 25％，边缘间隙不应大于 0.8mm。

(11) 拼装好的构件应立即用油漆在明显部位编号，写明图号、构件号和件数，以便查找。要检查施工单位编号是否正确。

(12) 焊接材料的选择应按照施工图的要求选用，并应具有质量证明书或检验报告。制作施工单位必须按施工图的要求备料，不得随意变更，特别是酸性焊条和碱性焊条二者不得混杂使用，否则会造成严重的工程质量事故。焊接材料代换时必须经设计院同意，并应由设计单位签发材料代换通知单。

4.6.4 施工质量验收

(1) 焊接 H 型钢施工质量验收见表 4.6.1。

焊接 H 型钢施工质量验收　　表 4.6.1

检验项目		标准	检验方法
一般项目	1. 焊接 H 型钢的翼缘板拼接缝和腹板拼接缝的间距	不应小于 200mm。翼缘板拼接长度不应小于 2 倍板宽；腹板拼接宽度不应小于 300mm，长度不应小于 600mm	观察和用钢尺检查
	2. 焊接 H 型钢的允许偏差	应符合表 4.12.8 的规定	钢尺、角尺、塞尺等检查

检查数量：项目 1 全数检查。

项目 2 按钢构件数抽查 10%，且不应少于 3 件。

(2) 组装施工质量验收见表 4.6.2。

组装施工质量验收　　表 4.6.2

检验项目		标准	检验方法
主控项目	吊车梁和吊车桁架	不应下挠	构件直立，在两端支承后，用水准仪和钢尺检查
一般项目	1. 焊接连接组装的允许偏差	应符合表 4.12.9 的规定	钢尺检验
	2. 顶紧接触面	应有 75% 以上的面积紧贴	用 0.3mm 塞尺检查，其塞入面积应小于 25%，边缘间隙不应大于 0.8mm
	3. 桁架结构杆件轴线交点错位允许偏差	不得大于 3.0mm	尺量检查

检查数量：

主控项目：全数检查。

一般项目：项目 1 按构件数抽查 10%，且不应少于 3 个。

项目 2 按接触面的数量抽查 10%，且不应少于 10 个。

项目 3 按构件数抽查 10%，且不应少于 3 个，每个抽查构件按节点数抽查 10%，且不应少于 3 个节点。

(3) 端部铣平及安装焊缝坡口质量验收见表 4.6.3。

端部铣平及安装焊缝坡口质量验收　　表 4.6.3

检验项目		标准	检验方法
主控项目	端部铣平的允许偏差	应符合表 4.6.4 的规定	用钢尺、角尺、塞尺等检查
一般项目	1. 安装焊缝坡口的允许偏差	应符合表 4.6.5 的规定	用焊缝量规检查
	2. 外露铣平面	应防锈保护	观察检查

检查数量

主控项目：按铣平面数量抽查 10%，且不应少于 3 个。

一般项目：项目 1 按坡口数量抽查 10%，且不少于 3 条。

项目 2 全数检查。

端部铣平的允许偏差(mm)　　表 4.6.4

项目	允许偏差
两端铣平时构件长度	±2.0
两端铣平时零件长度	±0.5
铣平面的平面度	0.3
铣平面对轴线的垂直度	1/1500

安装焊缝坡口的允许偏差　　表 4.6.5

项目	允许偏差
坡口角度	±5°
钝边	±1.0mm

(4) 钢构件外形尺寸质量验收见表 4.6.6。

钢构件外形尺寸质量验收 **表 4.6.6**

检验项目		标准	检验方法
主控项目	钢构件外形尺寸主控项目的允许偏差	应符合表 4.6.7 规定	用钢尺检查
一般项目	钢构件外形尺寸的允许偏差	应符合表 4.12.10 ～ 4.12.16 的规定	见表 4.12.10～4.12.16

检查数量

主控项目：全数检查。

一般项目：按构件数量抽查 10%，且不应少于 3 件。

钢构件外形尺寸主控项目的允许偏差(mm) **表 4.6.7**

项目	允许偏差
单层柱、梁、桁架受力支托(支承面)表面至第一个安装孔距离	±1.0
多节柱铣平面至第一个安装孔距离	±1.0
实腹梁两端最外侧安装孔距离	±3.0
构件连接处的截面几何尺寸	±3.0
柱、梁连接处的腹板中心线偏移	2.0
受压构件(杆件)弯曲矢高	l/1000，且不应大于 10.0

4.6.5 质量验收资料

(1) 产品质量合格证书、复验报告。

(2) 工程有关竣工图及相关设计文件。

(3) 隐蔽工程验收记录。

(4) 有关安全功能和见证检测记录。

(5) 有关观感质量的检查记录。

(6) 不合格项的处理记录及验收记录。

(7) 分项工程检验批质量验收记录。

4.6.6 常见质量缺陷及预控措施

钢构件变形预控措施

(1) 尽量减少钢材品种，减少构件种类编号，以防止结构应力集中及变形。

(2) 合理地布置焊缝，焊缝布置应对称于构件的重心或轴线对称两侧，以减少焊接应力集中和焊接变形。

(3) 零件和构件连接时应避免以不等截面和厚度相接；相接时应按缓坡形式来改变截面的形状和厚度，使对接连接处的截面或厚度相等，达到传力平顺均匀受力，可防止焊后产生过大的应力及增加变形。

(4) 构件焊接平面的端头的选型不应出现锐角形状，以避免焊接区热量集中，使连接处产生较大的应力和变形。

(5) 钢结构各节点中各杆件端头边缘之间的距离不宜靠得太近，一般错开距离不得小于20mm，以保证焊接质量，避免节点连接的各杆端焊接时因热量集中而增加应力，引起变形的幅度增加。

4.7 钢构件预拼装工程

本节适用于钢构件预拼装工程。

4.7.1 施工原则及基本规定

(1) 施工原则

1) 钢构件预拼装工程可按钢结构制作工程检验批的划分原则划分为一个或若干个检验批。

2) 预拼装所用的支承凳或平台应测量找平，检查时应拆除全部临时固定和拉紧装置。

3) 进行预拼装的钢构件，其质量应符合设计要求和《钢结构工程施工质量验收规范》GB 50205—2001合格质量标准的规定。

4）为了保证安装的顺利进行，应根据构件或结构的复杂程度、设计要求或合同协议规定，在构件出厂前进行预拼装。另外，大型钢结构构件，由于受运输条件限制、现场安装条件等因素的影响，不能整件出厂而必须分成单元，再由各个单元组成整体；连接方法可以采用普通螺栓、高强度螺栓、焊接或铆接。

（2）拼装方法

1）构件拼装有平装法、立拼装法和利用模具拼装法。

2）典型梁、柱拼装有H形钢梁拼装、工字钢梁、槽钢梁拼装、箱形梁拼装、柱底座板和柱身拼装。

3）钢柱、托架拼装有平装和立装两种。

4.7.2 施工监控要点

预拼装分构件单体拼装和构件立、平面总体拼装两种方式。构件单体预拼装是指本属一个构件而分成若干段(件)后，两段(件)或多段(件)的拼装，视场地及需要而定；而构件立、平面总体预拼装是指建筑物在某一个或数个柱到立、平面中的柱、梁、支撑等的平面预拼装。预拼装均须在工厂支承凳或平台上进行。

（1）预拼装要求

1）修孔。在施工过程中，修孔现象时有发生，如错孔在3.0mm以内时，一般都用铣刀铣孔或铰刀铰孔，其孔径扩大不超过原孔径的1.2倍；如错孔超过3.0mm，一般都用焊条焊补堵孔，并修磨平整，不得凹陷。特别强调不得在孔内填塞钢块，否则，会酿成严重后果。

2）预拼装检查。预拼装检查合格后，对上下定位中心线、标高基准线、交线中心点等应标注清楚、准确；对管结构、工地焊接连接处等，除应有上述标记外，还应焊接一定数量的卡具、角钢或钢板定位器等，以便按预拼装结果进行安装。

3）钢构件预拼装的允许偏差应符合表4.7.1的规定。

(2) 钢结构预拼装工程检查

1) 预换装的构件必须是经检查和确认为符合图纸尺寸、符合构件精度要求的。需预拼装的相同构件应可随机抽装。

2) 为保证拼装的穿孔率，零件钻孔时可将孔径缩小一级(3mm)，在拼装定位后进行扩孔，扩到设计孔径尺寸。

3) 预拼装所用的支承凳或平台应测量找平，预拼装时不得用大锤锤击，检查时应拆除全部临时固定和拉紧装置。

4) 预拼装的构件应处于自由状态，不得强行固定。预拼装时，构件应在自由状态条件下进行(特别是网架结构)，预拼装结果应符合《钢结构工程施工质量及验收规范》及有关标准规定。

5) 预拼装检查合格后，应根据预装结果标注中心线、控制基准线等标记，必要时应设置定位器，以便于按预拼装的结果进行安装。

6) 对跨度大于40m的重要建筑物网架预装时，对最大焊接球或螺栓球节点应进行承载力复验。

4.7.3 施工质量验收

钢构件预拼装工程施工质量验收见表4.7.1。

钢构件预拼装工程施工质量验收　　表4.7.1

检验项目		标准	检验方法
主控项目	高强度螺栓和普通螺栓连接的多层板叠，用试孔器检查	应符合下列规定： (1) 当采用比孔公称直径小1.0mm的试孔器检查时，每组孔的通过率不应小于85%； (2) 当采用比螺栓公称直径大0.3mm的试孔器检查时，通过率应为100%	采用试孔器检查
一般项目	预拼装的允许偏差	应符合表4.7.2的规定	应符合表4.7.2的规定

检查数量：主控项目和一般项目均按预拼装单元全数检查。

钢构件预拼装的允许偏差(mm)　　表 4.7.2

<table>
<tr><th>构件类型</th><th colspan="2">项　目</th><th>允许偏差</th><th>检验方法</th></tr>
<tr><td rowspan="5">多节柱</td><td colspan="2">预拼装单元总长</td><td>±5.0</td><td>用钢尺检查</td></tr>
<tr><td colspan="2">预拼装单元弯曲矢高</td><td>l/1500，且不应大于 10.0</td><td>用拉线和钢尺检查</td></tr>
<tr><td colspan="2">接口错边</td><td>2.0</td><td>用焊缝量规检查</td></tr>
<tr><td colspan="2">预拼装单元柱身扭曲</td><td>h/200，且不应大于 5.0</td><td>用拉线、吊线和钢尺检查</td></tr>
<tr><td colspan="2">顶紧面至任一牛腿距离</td><td>±2.0</td><td rowspan="2">用钢尺检查</td></tr>
<tr><td rowspan="5">梁、桁架</td><td colspan="2">跨度最外两端安装孔或两端支承面最外侧距离</td><td>+5.0
10.0</td></tr>
<tr><td colspan="2">接口截面错位</td><td>−2.0</td><td>用焊缝量规检查</td></tr>
<tr><td rowspan="2">拱度</td><td>设计要求起拱</td><td>±l/5000</td><td rowspan="2">用拉线和钢尺检查</td></tr>
<tr><td>设计未要求起拱</td><td>l/2000，0</td></tr>
<tr><td colspan="2">节点处杆件轴线错位</td><td>4.0</td><td>划线后用钢尺检查</td></tr>
<tr><td rowspan="4">管构件</td><td colspan="2">预拼装单元总长</td><td>±5.0</td><td>用钢尺检查</td></tr>
<tr><td colspan="2">预拼装单元弯曲矢高</td><td>l/1500，且不应大于 10.0</td><td>用拉线和钢尺检查</td></tr>
<tr><td colspan="2">对口错边</td><td>t/10，且不应大于 3.0</td><td rowspan="2">用焊缝量规检查</td></tr>
<tr><td colspan="2">坡口间隙</td><td>+2.0，−1.0</td></tr>
<tr><td rowspan="4">构件平面总体预拼装</td><td colspan="2">各楼层柱距</td><td>±4.0</td><td rowspan="4">用钢尺检查</td></tr>
<tr><td colspan="2">相邻楼层梁与梁之间距离</td><td>±3.0</td></tr>
<tr><td colspan="2">各层间框架两对角线之差</td><td>H/2000，且不应大于 5.0</td></tr>
<tr><td colspan="2">任意两对角线之差</td><td>ΣH/2000，且不应大于 8.0</td></tr>
</table>

4.7.4 质量验收文件

(1) 构件尺寸检查记录。

(2) 技术复核记录。

(3) 隐蔽工程验收记录。

(4) 钢构件(预拼装)分项工程检验批质量验收记录。

4.7.5 常见质量缺陷及预控措施

钢结构拼装变形的预控措施如下

1) 从号料到剪切,对钢材及剪切后的零件应作认真检查。对于变形的钢材及剪切后零、构件应矫正合格,防止以后各道工序积累变形。

2) 拼装时应选择合理的装配顺序,一般原则是先将整体构件适当分成几个部分,分别进行小单元部件的拼装,然后将这些拼装和焊完的部件予以矫正后,拼成大单元再拼装成整体。

3) 钢结构在吊装或运输中需防止构件变形。防止构件焊接变形的主要措施有:

① 焊条的材质、性能应与母材相符,均应符合设计要求。

② 拼装支承的平面应保证其水平度,并应符合支承的强度要求,不使构件因自重失稳下坠,造成拼装构件焊接处的弯曲变形。

③ 焊接过程中应正确地采用焊接规范,防止在焊缝及热影响区产生过大的受热面积,使焊后造成较大的焊接应力,导致构件变形。

④ 焊接时还应采取相应的防变形措施,常用的防止变形的方法如下:

A. 焊接较厚构件时在不降低结构强度的条件下,可采用焊前预热或退火处理来提高塑性,以降低焊接残余应力引起的变形。

B. 采用正确的焊接顺序。

C. 构件加固法：将焊件于焊前用刚性较大的夹具临时加固，增加刚性后，再进行焊接。但这种方法只适用塑性较好的低碳结构钢和低合金结构钢一类的焊接构件，不适用于高强结构钢一类的脆裂敏感性较强的焊接构件，否则易增加应力，产生裂纹。

D. 反变形法：根据施工经验或以试焊件的变形为依据，采取使构件间焊接变形相反方向作适量变形，以达到消除焊接变形的目的。

4.8 钢结构安装工程

本节适用于单、多、高层钢结构的主体结构、地下钢结构、檩条及墙架等次要构件、钢平台、钢梯、防护栏杆等安装工程。

4.8.1 施工原则及基本规定

(1) 单层钢结构安装工程可按变形缝或空间刚度单元等划分成一个或若干个检验批；多层及高层钢结构安装工程可按楼层或施工段等划分为一个或若干个检验批；地下钢结构可按不同地下层划分检验批。

(2) 钢结构安装检验批应在进场验收和焊接连接、紧固件连接、制作等分项工程验收合格的基础上进行验收。

(3) 安装的测量校正、高强度螺栓安装、负温度下施工及焊接工艺等，应在安装前进行工艺试验或评定，并应在此基础上制定相应的施工工艺或方案。

(4) 安装偏差的检测，应在结构形成空间刚度单元并连接固定后进行。

(5) 安装时，必须控制屋面、楼面、平台等的施工荷载，施工荷载和冰雪荷载等严禁超过梁、桁架、楼面板、屋面板、平台铺板等的承载能力。

(6) 在形成空间刚度单元后，应及时对柱底板和基础顶面的空隙用细石混凝十、灌浆料等进行二次浇灌。

(7) 在吊车梁或直接承受动力荷载的梁的受拉翼缘、以及吊车桁架或直接承受动力荷载的桁架的受拉弦杆上，不得焊接悬挂物和卡具等。

(8) 柱、梁、支撑等构件的长度尺寸应包括焊接收缩余量等变形值。

(9) 安装柱时每节柱的定位轴线应从地面控制轴线直接引上，不得从下层柱轴线引上。

(10) 结构的楼层标高可按相对标高或设计标高进行控制。

4.8.2 施工准备及作业条件

(1) 材质要求

钢构件的验收一般分两次进行：一次是在钢构件焊接质量检验时，确定其符合施工图和《建筑钢结构焊接规程》的规定后，对钢构件外观和外形尺寸进行检查；另一次是在钢构件除锈、涂装、编号后，对涂装质量和涂装厚度进行检查。

构件出厂时，提供下列技术文件

1) 钢材和其他辅助材料(焊条、焊剂、螺栓、油漆等)质量证明书及必要的试验报告。

2) 施工和设计变更文件，设计变更的内容应在施工图中相应部位注明；有材料代用时，应将代用清单、批准文件一并列出。

3) 制作中对技术问题的处理协议书。

4) 一、二级焊缝的无损检测报告，高强度螺栓摩擦面抗滑移系数实测报告。

5) 主要构件验收记录。

6) 工厂拼装记录。

(2) 作业条件

1) 编制好钢结构安装施工组织设计，经审批后贯彻执行。钢结构的安装程序，必须确保结构的稳定性和不导致永久性的变形。

2）取得经总包检查的安装支座或基础的验收合格资料。

3）安装前，应按照构件明细表核对进场的构件，查验质量证明书和设计更改文件；工厂预装的大型构件在现场组装时，应根据预组装的合格记录进行；构件交工所必需的技术资料以及大型构件预装排版图应齐备。

4）构件在工地制孔、组装、焊接和铆接以及涂层等的质量要求均应符合有关规定。

5）检查构件在装卸、运输及堆放中有无损坏或变形。损坏和变形的构件应予矫正或重新加工。被碰损的防腐底漆应补涂，并再次检查办理验收合格。

6）对构件的外形几何尺寸、制孔、组装、焊接、摩擦面等进行检查作出的记录。

4.8.3 施工监控要点

(1) 单层钢结构

1）要加强钢构件原材料的检查。在检查时一旦发现钢材或钢构件出现变形扭曲等现象，应要求安装单位拿出处理意见，并加以修正和处理。

2）检查构件进场堆放。进场后应进行编号，按构件类型、规格分类堆放，挂牌明示；构件应放置在适当的支承台座上，防止产生扭转或弯曲变形，要督促施工单位做好构件的成品保护工作。

3）基础检查。组织安装单位、基础施工单位共同对基础进行检查和交接。要仔细检查施工单位所放轴线、预埋件位置、标高是否准确，地脚螺栓的位置必须埋设准确，露出部分的丝扣应满足安装要求，并采取保护措施，不应产生锈蚀、弯曲和螺纹损伤等现象。所用测量仪器是否符合要求，是否具有法定计量单位的检查证明并在检查有效期内。

4）检查施工工艺。监督安装单位是否按经批准的施工组织设计及施工规范的要求进行施工，是否符合施工工艺要求；为保证结构的稳定性和构件不发生永久变形，每日完成的结构应能由梁、柱组成空间稳定体系，以保证其具有抗风稳定性和结构的安全性；要加强施工工序的检查和工序质量控制，并做好工序质量检查记录。

5）构件吊装顺序。一般单层钢结构最佳的施工方法是先吊装竖向构件，后吊装平面构件。这样施工的目的是减少建筑物在纵向长度上的安装累积误差，保证工程质量。竖向构件吊装顺序是：柱（混凝土、钢）→连系梁（混凝土、钢）→柱间钢支撑→吊车梁（混凝土、钢）→制动桁架→托架（混凝土、钢）等；平面构件吊装顺序主要以形成空间结构稳定体系为原则，其顺序是：第一榀钢屋架→第二榀钢屋架→斗屋架间上下水平支撑→垂直支撑→屋面板→第一榀钢天窗架→第三榀屋架→屋盖支撑→屋面板（依次循环）。

6）检查吊装机械运转。钢结构安装工作中，吊装机械的性能、数量、配置等均直接影响安装工程的质量和效率。在单层钢结构安装过程中，要注意检查吊装机械的运转情况，检查所采用的吊装设备配合是否正常，机械工作效率是否有效发挥。

7）检查吊点设置。构件在吊装前应选择好吊点，特别是轻钢结构单层厂房中的大跨度构件和整体起吊的构件的吊点需经计算确定，构件起吊时应采取防止构件扭曲和损坏的措施。

8）厂房吊车梁安装质量控制。钢吊车梁的安装质量与许多因素有关。如吊车梁的制作偏差，钢柱制作偏差；钢柱吊装偏差。对于单层厂房而言，牛腿标高将影响吊车梁标高；柱的位移和垂直度将导致吊车梁中心线的偏移。所以凡是有吊车梁的工程，就注意控制以下几点：

① 严格控制柱的定位轴线；

② 预测吊车梁的高度（支承处）及牛腿距柱底的高度，将其偏差放在垫块中处理；

③ 认真控制钢柱的位移值和垂直度；

④ 钢屋（托）架、桁架、梁及受压杆件的垂直度和侧向弯曲

矢高的允许偏差应符合表 4.8.1 的规定。

钢屋(托)架，桁架、梁及受压杆件垂直度和侧向弯曲矢高的允许偏差(mm)　　表 4.8.1

项　目	允　许　偏　差		图　例
跨中的垂直度	$h/250$，且不应大于 15.0		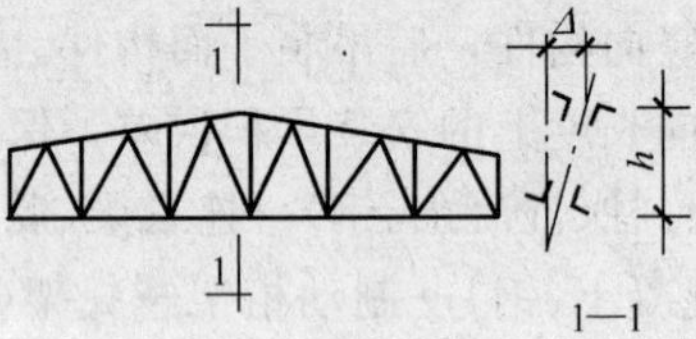 图 4.8.1
侧向弯曲矢高 f	$l\leqslant 30\text{m}$	$l/1000$，且不应大于 10.0	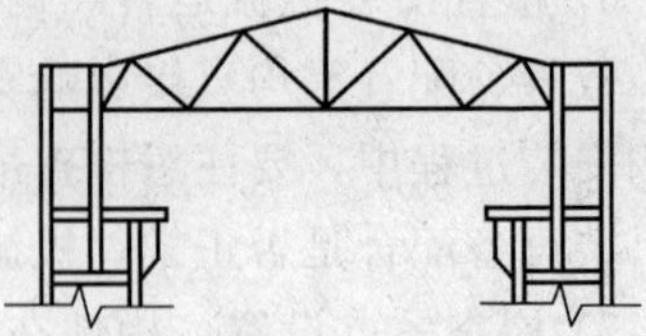 图 4.8.2
	$30\text{m}<l\leqslant 60\text{m}$	$l/1000$，且不应大于 30.0	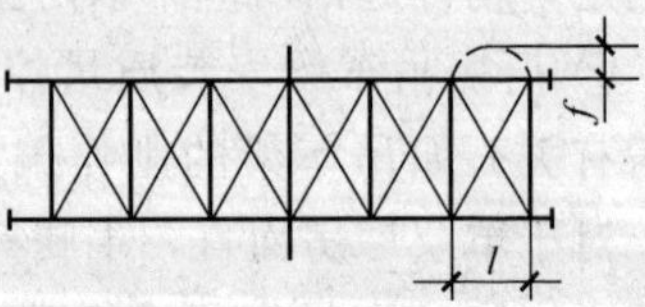 图 4.8.3
	$l>60\text{m}$	$l/1000$，且不应大于 50.0	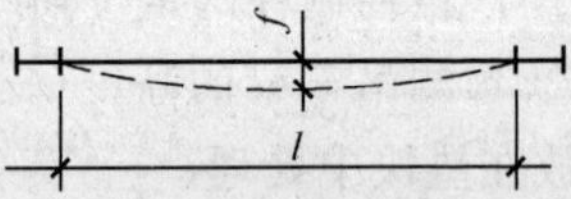 图 4.8.4

⑤ 单层钢结构主体结构的整体垂直度和整体平面弯曲的允许偏差应符合表 4.8.2 的规定。

整体垂直度和整体平面弯曲的允许偏差(mm)　　**表 4.8.2**

项　目	允许偏差	图　例
主体结构的整体垂直度	$H/1000$，且不应大于 25.0	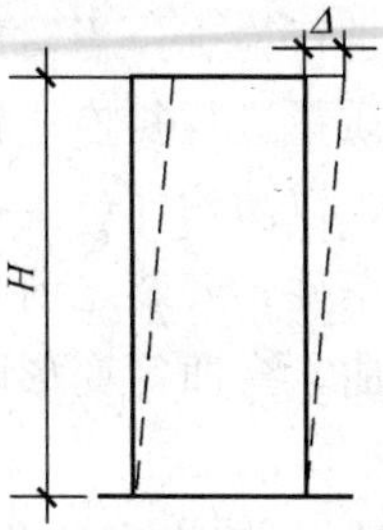 Δ H 图 4.8.5
主体结构的整体平面弯曲	$l/1500$，且不应大于 25.0	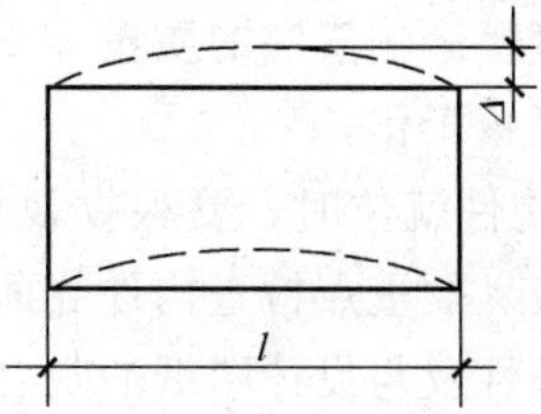 Δ l 图 4.8.6

9）检查二次浇灌的质量。当结构形成空间刚度单元并连接固定且偏差检查合格后，应及时对柱底板和基础顶面的空隙进行细石混凝土、灌浆料等二次浇灌。检查二次浇灌细石混凝土的配合比、坍落度、浇灌的密实性及二次浇灌细石混凝土的养护情况。

(2) 多层及高层钢结构

和单层钢结构相比，多层及高层钢结构所承受的荷载较大，尤其是水平风荷载和地震作用将成为钢结构设计的主要荷载。

1）在安装过程中，除了要重视安装质量检查外，还要高度重视安装的安全工作的检查。提醒和督促安装单位在选用安装机械时，应根据最大起吊荷载、作业半径、作业效率、建筑规模等，确定安装机械的种类和台数，并对风荷载下起重机运转时的冲击荷载，采取安全措施。

2）要加强对构件进场和堆放的检查。接受构件时，要根据产品合格证进行检查，当对构件的质量有疑义或设计有要求时，应对构件的质量进行复检；构件堆放时，应将构件放置在适当的支承台座上，以防构件产生扭转或弯曲变形等，要重点检查构件堆放的环境条件；安装之前，要对构件的外观质量进行检查，发现构件有扭曲、弯曲等变形时，应要求安装单位或制造商矫正后方可安装。

3）和单层钢结构安装相比，多层及高层钢结构的安装测量工作要复杂的多。测量是工程建设的一项十分重要的工作，测量的精度直接影响安装的质量。一定要重视多层及高层钢结构的安装测量复核工作。

4）构件就位时，要根据设计图纸对构件的位置、标高进行测量复核。要重点检查构件表面弹出的安装中心基准线及标高基线的准确性及与设计图纸的吻合性。

5）钢框架吊装顺序。对竖向构件标准层的钢柱一般为最重构件，钢柱一般为 2～3 层为一节，对框架平面而言，除考虑结构本身刚度外，尚需考虑塔吊爬升过程中框架稳定性及吊装进度，进行流水段划分。

6）在形成空间刚度单元后，应及时对柱底板和基础顶面的空隙进行细石混凝土灌浆料二次浇灌。在二次灌浆之前，要反复核查柱的轴线是否符合设计要求，在确保无误后，才能同意安装单位进行二次灌浆。二次灌浆施工时，重点检查细石混凝土、灌浆料的配合比是否符合设计强度要求，振捣是否充分，灌缝是否密实等。

7）吊装过程中，要重点检查构件吊点设置是否符合要求，尤其是吊装自重大的构件时，要求安装单位进行吊点验算，防止构件因吊点设置不当而在吊装过程中产生较大的变形。在吊装上层构件时，要注意安装荷载的验算，尤其要注意楼层或其他构件上材料和构件的堆积荷载，防止造成对下层已安装固定构件的破坏。

8）吊装时，要检查配件及连接板的配套情况。应要求安装单位将柱、梁、楼梯等构件的连接板附在构件上一起吊装。

9）焊接连接时，重点检查焊接前构件坡口的处理情况、焊接电流、焊条类型、焊剂种类等参数是否合理。焊缝连接完成后，要等焊缝冷却到环境温度后再对焊缝进行检查。焊缝的检查主要包括外观检查和无损探伤检查。

10）高强度螺栓连接固定时，要重视隐蔽工程的检查验收。高强度螺栓施工前，要检查扳手扭矩值的标定，要求安装单位进行施工试验，复验扭矩系数的平均值和偏差值。安装前，要重点检查连接摩擦面的处理与设计要求是否一致，摩擦面不得有浮锈、灰尘、油污、涂料和焊接飞溅物，要确保摩擦面摩擦系数值达到设计要求。

11）高强度螺栓连接的施拧质量直接关系到高强度螺栓预拉力的大小，直接影响高强度螺栓连接的承载力，高强度螺栓的施拧属于隐蔽工程。高强度螺栓连接副的紧固分初拧和终拧两次进行，对大型节点应分为初拧、复拧和终拧，复拧扭矩等于初拧扭矩。初拧、复拧和终拧应在24h内完成。施拧一般应按由螺栓群节点中心位置顺序向外拧紧的方法进行初(复)拧，终拧后应做好标志。紧固后的高强度螺栓应按规定进行检查，扭剪型高强度螺栓要检查螺栓尾部的梅花卡头是否拧断，大六角头高强度螺栓终拧后应用小锤进行敲击检查。

12）栓钉与压型钢板的连接往往采用焊接，应先进行焊接试验，取得合理的焊接参数后方可正式施焊，要加强栓钉焊接的质量检查。栓钉焊接以四周熔化金属形成一个均匀小圈而无缺陷为合格，栓钉的高度偏差为±2mm，偏离垂直方向的倾斜角应小于5°。

4.8.4　施工质量验收

(1) 单层钢结构

1) 基础和支承面施工质量验收见表 4.8.3。

基础和支承面施工质量验收　　　　表 4.8.3

	检验项目	标准	检验方法
主控项目	1. 建筑物的定位轴线、基础轴线和标高、地脚螺栓的规格及其紧固	应符合设计要求	用经纬仪、水准仪、全站仪和钢尺现场实测
主控项目	2. 基础顶面直接作为柱的支承面和基础顶面预埋钢板或支座作为柱的支承面时，其支承面、地脚螺栓（锚栓）位置的允许偏差	应符合表 4.8.4 的规定	用经纬仪、水准仪、全站仪、水平尺和钢尺实测
主控项目	3. 采用座浆垫板时，座浆垫板的允许偏差	应符合表 4.8.5 的规定	用水准仪、全站仪、水平尺和钢尺现场实测
主控项目	4. 采用杯口基础时，杯口尺寸的允许偏差	应符合表 4.8.6 的规定	观察及尺量检查
一般项目	地脚螺栓（锚栓）尺寸的允许偏差	应符合表 4.8.7 的规定。地脚螺栓（锚栓）的螺纹应受到保护	用钢尺现场实测

检查数量：

主控项目和一般项目均抽查 10%，除主控项目 4 不少于 4 处外，其余均不少于 3 个。

支承面、地脚螺栓(锚栓)位置的允许偏差(mm)　　表 4.8.4

项目		允许偏差
支承面	标高	±3.0
	水平度	$l/1000$
地脚螺栓(锚栓)	螺栓中心偏移	±5.0
预留孔中心偏移		10.0

座浆垫板的允许偏差(mm)　　表 4.8.5

项目	允许偏差
顶面标高	0.0，－3.0
水平度	$l/1000$
位置	20.0

杯口尺寸的允许偏差(mm)　　表 4.8.6

项目	允许偏差
底面标高	0.0，－5.0
杯口深度 H	±5.0
杯口垂直度	$H/100$，且不应大于 10.0
位置	10.0

地脚螺栓(锚栓)尺寸的允许偏差(mm)　　表 4.8.7

项目	允许偏差
螺栓(锚栓)露出长度	＋30.0，0.0
螺纹长度	＋30.，0.0

2）安装和校正施工质量验收见表 4.8.8。

安装和校正施工质量验收 **表 4.8.8**

检验项目		标准	检验方法
主控项目	1. 钢构件	应符合设计要求和规范的规定。运输、堆放和吊装等造成的钢构件变形及涂层脱落，应进行矫正和修补	用拉线、钢尺现场实测或观察
	2. 设计要求顶紧的节点接触面	不应少于70%紧贴，且边缘最大间隙不应大于0.8mm	用钢尺及0.3mm和0.8mm厚的塞尺现场实测
	3. 钢屋（托）架、桁架、梁及受压杆件的垂直度和侧向弯曲矢高的允许偏差	应符合表4.8.1规定	用吊线、拉线、经纬仪和钢尺现场实测
	4. 单层钢结构主体结构的整体垂直度和整体平面弯曲的允许偏差	应符合表4.8.2规定	采用经纬仪、全站仪等测量
一般项目	1. 钢柱等主要构件的中心线及标高基准点等标记	应齐全	观察检查
	2. 当钢桁架（或梁）安装在混凝土柱上时，其支座中心对定位轴线的偏差	不应大于10mm；当采用大型混凝土屋面板时，钢桁架（或梁）间距的偏差不应大于10mm	用拉线和钢尺现场实测
	3. 钢柱安装的允许偏差	应符合表4.12.18的规定	见表4.12.18
	4. 钢吊车梁或直接承受动力荷载的类似构件的安装允许偏差	应符合表4.12.19的规定	见表4.12.19
	5. 檩条、墙架等次要构件的安装允许偏差	应符合表4.12.20的规定	见表4.12.20

续表

检验项目		标准	检验方法
一般项目	6. 钢平台、钢梯、栏杆安装	应符合现行国家标准《固定式钢直梯》GB 4053.1、《固定式钢斜梯》GB 4053.2、《固定式防护栏杆》GB 4053.3和《固定式钢平台》GB 4053.4的规定。钢平台、钢梯和防护栏杆安装的允许偏差应符合表4.12.21的规定	见表4.12.21
	7. 现场焊缝组对间隙的允许偏差	应符合表4.8.9的规定	尺量检查
	8. 钢结构表面	应干净，结构主要表面不应有疤痕、泥沙等污垢	观察检查

检查数量：

① 主控项目4和一般项目6以外，其余均抽查10%，且不应少于3件(个)。

② 主控项目4对主要立面全部检查。对每个检查的立面，除两列角柱外，尚应至少选取一列中间柱。

③ 一般项目6按钢平台总数抽查10%，栏杆、钢梯按总长度各抽查10%，但钢平台不应少于1个，栏杆不应少于5m，钢梯不应少于1跑。

现场焊缝组对间隙的允许偏差(mm)　　表4.8.9

项目	允许偏差
无垫板间隙	+3.0，0.0
有垫板间隙	+3.0，-2.0

(2) 多、高层钢结构

1) 基础和支承面施工质量验收见表4.8.10。

基础和支承面施工质量验收 **表 4.8.10**

检验项目	标准	备注
定位轴线、标高、螺栓位置、规格，是否符合设计要求；当设计无要求时，应符合允许偏差值(mm)	建筑物定位轴线为 $l/20000$，且不应大于3.0；基础上柱的定位轴线为不应大于1.0；基础上柱的底标高为±2.0；地脚螺栓(锚栓)为2.0； 其他参见单层钢结构相应验收项目	采用经纬仪、水准仪、全站仪和钢尺实测

检查数量：按柱基数抽查10%，且不应少于3个。

2）安装和校正施工质量验收见表4.8.11。

安装和校正施工质量验收 **表 4.8.11**

检验项目		标准	检验方法
主控项目	1. 钢构件	应符合设计要求和规范的规定。运输、堆放和吊装等造成的钢构件变形及涂层脱落，应进行矫正和修补	用拉线、钢尺现场实测或观察
	2. 柱子安装的允许偏差	底层柱底轴线对定位轴线偏移为3.0mm；柱子定位轴线为1.0mm；多节柱的垂直度为 $h/1000$，且不应大于10.0mm	用全站仪或激光经纬仪和钢尺实测
	3. 设计要求顶紧的节点接触面	不应少于70%紧贴，且边缘最大间隙不应大于0.8mm	用钢尺及0.3mm和0.8mm厚的塞尺现场实测
	4. 钢主梁、次梁及受压杆件的垂直度和侧向弯曲矢高的允许偏差	主体结构的整体垂直度为($H/2500+10.0$)，且不应大于50.0mm；主体结构的平面弯曲为 $L/1500$，且不应大于25.0mm	用吊线、拉线、经纬仪和钢尺现场实测

续表

检验项目		标准	检验方法
主控项目	5. 多层及高层钢结构主体结构的整体垂直度和整体平面弯曲的允许偏差	应符合规定	对于整体垂直度，可采用激光经纬仪、全站仪测量，也可根据各节柱的垂直度允许偏差累计（代数和）计算。对于整体平面弯曲，可按产生的允许偏差累计（代数和）计算
一般项目	1. 钢结构表面	应干净，结构主要表面不应有疤痕、泥沙等污垢	观察检查
	2. 钢柱等主要构件的中心线及标高基准点等标记	应齐全	观察检查
	3. 当钢构件安装在混凝土柱上时，其支座中心对定位轴线的偏差	不应大于 10mm；当采用大型混凝土屋面板时，钢梁（或桁架）间距的偏差不应大于 10mm	用拉线和钢尺现场实测
	4. 钢构件安装的允许偏差	应符合表 4.12.22 的规定	见表 4.12.22
	5. 主体结构总高度的允许偏差	应符合表 4.12.23 的规定	采用全站仪、水准仪和钢尺实测
	6. 多层及高层钢结构中钢吊车梁或直接承受动力荷载的类似构件，其安装的允许偏差	应符合表 4.12.19 的规定	见表 4.12.19
	7. 多层及高层钢结构中檩条、墙架等次要构件安装的允许偏差	应符合表 4.12.20 的规定	见表 4.12.20

续表

检验项目		标准	检验方法
一般项目	8. 多层及高层钢结构中钢平台、钢梯、栏杆的安装	应符合现行国家标准《固定式钢直梯》GB 4053.1、《固定式钢斜梯》GB 4053.2、《固定式防护栏杆》GB 4053.3 和《固定式钢平台》GB 4053.4 的规定。钢平台、钢梯和防护栏杆安装的允许偏差应符合表 4.12.21 的规定	见表 4.12.21
	9. 多层及高层钢结构中现场焊缝组对间隙的允许偏差	应符合《钢结构工程施工质量验收规范》GB 50205—2001 的规定(见表 4.8.9)	尺量检查

检查数量：

主控项目：项目 1 按构件数抽查 10%，且不应少于 3 个。

项目 2 标准柱全部检查；非标准柱抽查 10%，且不应少于 3 根。

项目 3 按节点数抽查 10%，且不应少于 3 个。

项目 4 按同类构件数抽查 10%，且不应少于 3 个。

项目 5 对主要立面全部检查。对每个所检查的立面，除两列角柱外，尚应至少选取一列中间柱。

一般项目：项目 1 按同类构件数抽查 10%，且不应少于 3 件。

项目 2 按同类构件数抽查 10%，且不应少于 3 件。

项目 3 按同类构件数抽查 10%，且不应少于 3 榀。

项目 4 按同类构件或节点数抽查 10%。其中柱和梁各不应少于 3 件，主梁与次梁连接节点不应少于 3 个，支承压型金属板的钢梁长度不应少于 5m。

项目 5 按标准柱列数抽查 10%，且不应少于 4 列。

项目 6 按钢吊车梁数抽查 10%，且不应少于 3 榀。

项目 7 按同类构件数抽查 10%，且不应少于 3 件。

项目 8 按钢平台总数抽查 10%，栏杆、钢梯按总长度各抽查 10%，但钢平台不应少于 1 个，栏杆不应少于 5m，钢梯不应少于 1 跑。

项目 9 按同类节点数抽查 10%，且不应少于 3 个。

4.8.5 质量验收文件

(1) 构件出厂合格证。

(2) 钢结构工程竣工图及相关文件。

(3) 砂浆试块强度试验报告。

(4) 有关安全功能的检验和见证检测项目检查记录。

(5) 有关观感质量检验项目检查记录。

(6) 隐蔽工程验收记录。

(7) 钢结构单项结构安装分项工程检验批质量验收记录。

(8) 不合格项的处理记录及验收记录。

(9) 重大质量与技术问题的实施方案及验收记录。

(10) 其他有关文件和记录。

4.8.6 常见质量缺陷及预控措施

(1) 钢柱底脚有空隙

预控措施：钢柱吊装前，应严格控制基础标高，测量准确，并按其测量值对基础表面仔细找平；为采用二次灌浆法，在柱脚底板开浇灌孔(兼作排气孔)，利用钢垫板将钢柱底部不平处垫平，并预先按设计标高安置好柱脚支座钢板，然后采取二次灌浆。

(2) 钢柱位移

预控措施：浇筑混凝土基础前，应用定型卡盘将预埋螺栓按设计位置卡住，以防浇灌混凝土时发生位移；柱底钢板预留孔应放大样，确定孔位后再作预留孔。

(3) 柱垂直偏差过大

预控措施：钢柱应按计算的吊挂点吊装就位，且必须采用二点以上的吊装方法；吊装时应进行临时固定，以防吊装变形；柱就位后应及时增设临时支撑；对垂直偏差，应在固定前予以修正。

(4) 吊车梁垂直度偏差过大

预控措施：支座处的垫板应用刨床刨平；连接件尺寸必须准确，构件焊接时应严格控制焊接变形；吊车梁、柱和制动桁架的连接尺寸要准确。

(5) 水平支撑挠度过大

严格控制制作尺寸；钢支撑的中部严禁焊死；支撑端部焊缝应尽量不出现仰焊，支撑每端至少应有两个安装螺孔。

4.9 钢网架结构安装工程

本节适用于建筑工程中的平板型钢网格结构(简称钢网架结构)安装工程。

4.9.1 施工原则及基本规定

(1) 检验批可按变形缝、施工段或空间刚度单元划分成一批(个)或若干批(个)。

(2) 钢网架结构安装检验批应在进场验收和焊接连接、紧固件连接、制作等分项工程验收合格的基础上进行验收。

(3) 钢网架结构安装应遵照本章4.8(节)有关规定。

4.9.2 施工准备及作业条件

(1) 材质要求

1) 钢网架使用的钢材、连接材料、高强度螺栓、焊条等材料应符合设计要求，并应有出厂合格证明。

2) 螺栓球、空心焊接球、加肋焊接球、锥头、套筒、封板、网架杆件、焊接钢板节点等半成品，应符合设计要求及相应的国家标准规定。

① 制造钢结构网架用的螺栓球的钢材，必须符合设计规定及相应材料的技术条件和标准。对铸造的螺栓球应着重检查：

A. 螺栓球要求无裂纹和无过烧，并除去氧化皮及各种隐患；

B. 成品球必须对最大的螺孔进行抗拉强度检验。螺栓球的质量要求以及检验方法应符合表 4.9.1 的规定；

螺栓球加工的允许偏差及检验方法　　表 4.9.1

<table>
<tr><th>项次</th><th colspan="2">项　　目</th><th>允许偏差(mm)</th><th>检 验 方 法</th></tr>
<tr><td rowspan="2">1</td><td rowspan="2">球毛坯直径</td><td>$d\leqslant120$</td><td>+2.0，−1.0</td><td rowspan="4">用卡钳、游标卡尺检查</td></tr>
<tr><td>$d>120$</td><td>+3.0，−1.5</td></tr>
<tr><td rowspan="2">2</td><td rowspan="2">球的圆度</td><td>$d\leqslant120$</td><td>1.5</td></tr>
<tr><td>$d>120$</td><td>2.5</td></tr>
<tr><td>3</td><td colspan="2">螺栓球螺孔端面与球心距</td><td>±0.20</td><td>用游标卡尺、测量芯棒、高度尺检查</td></tr>
<tr><td rowspan="2">4</td><td rowspan="2">同一轴线上两铣平面平行度</td><td>$d\leqslant120$</td><td>0.20</td><td rowspan="2">用游标卡尺、高度尺检查</td></tr>
<tr><td>$d>120$</td><td>0.30</td></tr>
<tr><td>5</td><td colspan="2">相邻两螺孔轴线间夹角</td><td>±30′</td><td>用测量芯棒、高度尺、分度头检查</td></tr>
<tr><td>6</td><td colspan="2">两铣平端面与螺栓孔轴线的垂直度</td><td>0.5%r</td><td>用百分表</td></tr>
</table>

② 拼装用高强度螺栓的钢材必须符合设计规定及相应的技术标准。钢网架结构用高强度螺栓必须采用国家标准《钢结构用高强度大六角头螺栓》规定的性能等级 8.8S 或 10.9S，并应按相应等级要求来检查。检查高强度螺栓出厂合格证、试验报告、复验报告并符合以下规定：

A. 螺纹及螺纹公差应符合 GB 196 和 GB 197 的规定。

B. 高强度螺栓不允许存在任何淬火裂纹。

C. 高强度螺栓表面要进行发黑处理。

D. 网架拼装前还应对每根高强度螺栓进行表面硬度试验，严禁有裂纹和损伤。高强度螺栓的允许偏差和检验方法应符合表 4.9.2 的规定。

高强度螺栓的允许偏差和检验方法　　　表 4.9.2

项次	项　目		允许偏差(mm)	检验方法
1	螺纹长度		$+2t$，0	用钢尺、游标卡尺检查
2	螺栓长度		$+2t$，$0.8t$	
3	键槽	槽　深	±0.2	
4		直线度	<0.2	
5		位置度	<0.5	

注：t 为螺距。

③ 加肋焊接空心球的肋板加于两个半球的拼接环形缝平面处，用以提高焊接空心球的承载能力和刚度；杆件，网架结构主要受力部件，可在工厂加工，也可在施工现场加工。

④ 钢网架拼装用杆件的钢材品种、规格、质量，必须符合设计规定及相应的技术标准。钢管杆件与封板、锥头的连接，必须符合设计要求，焊缝质量标准必须符合现行国家标准《钢结构工程施工质量验收规范》GB 50205—2001 中的标准。

杆件质量要求如下：

A. 钢管初始弯曲必须小于 $L/1000$。

B. 钢管与封板或锥头组装成杆件时，钢管两端对接焊缝应根据图纸要求的焊缝质量等级选择相应焊接材料进行施焊，并应采取保证对接焊全熔透的焊接工艺。

C. 焊工应经过考试并取得合格证后方可施焊，如停焊半年以上应重新考核。

D. 施焊前应复查焊区坡口情况，确认符合要求后方能施焊；焊接完成后应清除熔渣及金属飞溅物，并打上焊工代号的钢印。

E. 钢管杆件与封板或锥头的焊缝应进行强度检验，其承载能力应满足设计要求。钢管杆件的质量要求应符合规定。

(2) 作业条件

1) 拼装焊工必须有焊接考试合格证，并有相应焊接材料与焊接工位的资格证明。

2）拼装前应对拼装场地做好安全设施、防火设施。并对拼装胎位进行检测，防止胎位移动和变形。拼装胎位应留出恰当的焊接变形余量，防止拼装杆件和角度变形。

3）拼装前杆件尺寸、坡口角度以及焊缝间隙应符合规定。

4）熟悉图纸，编制好拼装工艺，做好技术交底。

5）拼装前，对拼装用的高强度螺栓应逐个进行硬度试验，达到标准值才能进行拼装。

4.9.3 施工监控要点

钢网架结构安装应符合以下规定：

(1) 安装的测量校正、高强度螺栓安装、负温度下施工及焊接工艺等，应在安装前进行工艺试验或评定，并应在此基础上制订相应的施工工艺或方案。

(2) 安装偏差的检测，应在结构形成空间刚度单元并连接固定后进行。其中小拼单元的允许偏差按表 4.9.3 的规定进行控制；中拼单元的允许偏差按表 4.9.4 的规定进行控制。

小拼单元的允许偏差(mm)　　表 4.9.3

<table>
<tr><th colspan="3">项　目</th><th>允许偏差</th></tr>
<tr><td colspan="3">节点中心偏移</td><td>2.0</td></tr>
<tr><td colspan="3">焊接球节点与钢管中心的偏移</td><td>1.0</td></tr>
<tr><td colspan="3">杆件轴线的弯曲矢高</td><td>L_1/1000，且不应大于 5.0</td></tr>
<tr><td rowspan="3">锥体型小拼单元</td><td colspan="2">弦杆长度</td><td>±2.0</td></tr>
<tr><td colspan="2">锥体高度</td><td>±2.0</td></tr>
<tr><td colspan="2">上弦杆对角线长度</td><td>±3.0</td></tr>
<tr><td rowspan="5">平面桁架型小拼单元</td><td rowspan="2">跨长</td><td>≤24m</td><td>+3.0，−7.0</td></tr>
<tr><td>>24m</td><td>+5.0，−10.0</td></tr>
<tr><td colspan="2">跨中高度</td><td>±3.0</td></tr>
<tr><td rowspan="2">跨中拱度</td><td>设计要求起拱</td><td>±L/5000</td></tr>
<tr><td>设计未要求起拱</td><td>+10.0</td></tr>
</table>

注：L_1 为杆件长度、L 为跨长。

中拼单元的允许偏差(mm)　表 4.9.4

项目		允许偏差
单元长度≤20m，拼接长度	单跨	±10.0
	多跨连续	±5.0
单元长度>20m，拼接长度	单跨	±20.0
	多跨连续	±10.0

(3) 安装时，必须控制屋里、楼面、平台等的施工荷载，施工荷载和冰雪荷载等严禁超过梁、桁架、楼面板、屋面板、平台铺板等的承载能力。

(4) 网架应在专门的拼装模架上进行小拼，以保证小拼单元的形状、尺寸的正确性。应检查小拼单元的形状尺寸偏差。

(5) 高空总拼前可在地面采用预拼装或其他措施保证精度，以确保总拼后的网架质量。

(6) 网架采用高强度螺栓连接时，按有关规定拧紧螺栓后，要重点检查高强度螺栓按钢结构防腐蚀要求处理情况。当网架采用螺栓球节点连接时，在拧紧螺栓后，应将多余的螺孔封口，并应用油腻子将所有的接缝处填嵌严密，补刷防腐漆两道或按设计要求进行涂装。在整个网架拼装完成后，必须进行一次全面检查，看螺栓是否拧紧。

(7) 将网架分成条状单元或块状单元在高空连成整体时，网架单元应具有足够刚度并保证自身的几何不变性，否则应采取临时加固措施。各种加固件必须在网架形成整体后才能拆除。拆除部位必须进行二次表面处理和补涂装，后补涂装的质量必须达到设计要求。重点检查网架结构的强度、刚度、稳定性、二次表面处理及涂装质量。

(8) 检查滑轨的接头。滑轨的接头必须垫实、光滑。当滑动式滑移时，还应在滑轨上涂刷润滑油，滑撬前后都应做成圆弧导角，否则容易出现“卡轨”。

(9) 检查柱子的稳定性。提升或顶升时，一般均用结构柱作为提(顶)升时临时支承结构，因此可利用原设计的框架体系等来增加施工期间柱的刚度，并要求施工单位对柱子的稳定性进行验算。如果稳定性不够，应采取加固措施。

(10) 网架单元宜尽量减少中间运输、翻身起吊、重复堆放。如需现场倒运、翻身起吊、重复堆放时应采取措施防止网架变形。网架单元应尽量在现场附近小拼，小拼顺序应与吊装顺序一致，减少中间吊、运、翻倒环节，从根本上防止网架贮运吊装的变形。

4.9.4 施工质量验收

(1) 支撑面顶板和支撑垫块施工质量验收见表 4.9.5。

支撑面顶板和支撑垫块施工质量验收　　表 4.9.5

检验项目		标准	检验方法
主控项目	1. 钢网架结构支座定位轴线的位置、支座锚栓的规格	应符合设计要求	用经纬仪和钢尺实测
	2. 支承面顶板的位置、标高、水平度以及支座锚栓位置的允许偏差	应符合表 4.9.6 的规定	
	3. 支承垫块的种类、规格、摆放位置和朝向	必须符合设计要求和国家现行有关标准的规定。橡胶垫块与刚性垫块之间或不同类型刚性垫块之间不得互换使用	观察和用钢尺实测
	4. 网架支座锚栓的紧固	应符合设计要求	观察检查
一般项目	支座锚栓尺寸的允许偏差	应符合表 4.8.7 的规定。支座锚栓的螺纹应受到保护	用钢尺实测

检查数量

主控项目和一般项目均按支座数抽查 10%，且不应少于 4 处。

支承面顶板、支座锚栓位置的允许偏差(mm)　　**表 4.9.6**

项　目		允 许 偏 差
支承面顶板	位　置	15.0
	顶 面 标 高	0，−3.0
	顶面水平度	l/1000
支 座 锚 栓	中 心 偏 移	±5.0

(2) 总拼与安装施工质量验收见表 4.9.7。

总拼与安装施工质量验收　　**表 4.9.7**

检验项目		标　准	检 验 方 法
主控项目	1. 小拼单元的允许偏差	应符合表 4.9.3 的规定	用钢尺和拉线等辅助量具实测
	2. 中拼单元的允许偏差	应符合表 4.9.4 的规定	用钢尺和拉线等辅助量具实测
	3. 对建筑结构安全等级为一级，跨度 40m 及以上的公共建筑钢网架结构，且设计有要求时	应按下列项目进行节点承载力试验，其结果应符合以下规定： (1) 焊接球节点应按设计指定规格的球及其匹配的钢管焊接成试件，进行轴心拉、压承载力试验，其试验破坏荷载值大于或等于 1.6 倍设计承载力者为合格。 (2) 螺栓球节点应按设计指定规格的球最大螺栓孔螺纹进行抗拉强度保证荷载试验，当达到螺栓的设计承载力时，螺孔、螺纹及封板仍完好无损为合格	在万能试验机上检验，检查试验报告
	4. 钢网架结构总拼完成后及屋面工程完成后应分别测量其挠度值	所测的挠度值不应超过相应设计值的 1.15 倍	用钢尺和水准仪实测

续表

检验项目		标准	检验方法
一般项目	1. 钢网架结构安装完成后，其节点及杆件表面	应干净，不应有明显的疤痕、泥沙和污垢。螺栓球节点应将所有接缝用油腻子填嵌严密，并应将多余螺孔封口	观察检查
	2. 钢网架结构安装完成后检查安装偏差	应符合表4.9.8的规定	见表4.9.8

检查数量

主控项目：项目1和2按单元数抽查5%，且不应少于5个。

项目3每项试验做3个试件。

项目4跨度24m及以下钢网架结构测量下弦中央一点；跨度24m以上钢网架结构测量下弦中央一点及各向下弦跨度的四等分点。

一般项目：项目1按节点及杆件数抽查5%，且不应少于10个节点。

项目2除杆件弯曲矢高按杆件数抽查5%外，其余全数检查。

钢网架结构安装的允许偏差(mm) **表4.9.8**

项目	允许偏差	检验方法
纵向、横向长度	$L/2000$，且不应大于30.0 $-L/2000$，且不应小于-30.0	用钢尺实测
支座中心偏移	$L/3000$，且不应大于30.0	用钢尺和经纬仪实测
周边支承网架相邻支座高差	$L/400$，且不应大于15.0	用钢尺和水准仪实测
支座最大高差	30.0	
多点支承网架相邻支座高差	$L_1/800$，且不应大于30.0	

注：L为纵向、横向长度，L_1为相邻支座间距。

4.9.5 质量验收文件

（1）构件出厂合格证。

（2）钢网架工程竣工图及相关文件。

（3）砂浆试块强度试验报告。

（4）有关安全功能的检验和见证检测项目检查记录。

（5）有关观感质量检验项目检查记录。

（6）隐蔽工程验收记录。

（7）钢结构（网架结构）安装分项工程检验批质量验收记录。

（8）不合格项的处理记录及验收记录。

（9）重大质量、技术问题实施方案及验收记录。

（10）其他有关文件和记录。

4.9.6 常见质量缺陷及预控措施

（1）网架杆件失稳

预控措施：应根据网架自重挠度曲线分区按比例降落，采取整个网架多点同步下降，每步不大于10mm，降落完毕后拆除支撑点。

（2）安装挠度偏差

预控措施：拼装时应增加网架施工的起拱数值。大型网架安装时中间应设置滑道，以减小网架的跨度，增加其刚度。为避免在滑移过程中，因杆件内力改变而影响挠度值，应控制网架在滑移过程中的同步数值。必须在网架两端滑轨上标出尺寸，利用自整角机装置代替标尺。

（3）安装标高误差

预控措施：支架的拼装应通过计算，确保其刚度和稳定性，支架总的沉降量应小于5mm。对网架的悬挑拼装结构，由于网架单元不能承受自重，必须进行加固。应严格控制屋脊线的标高。

4.10 压型金属板工程

本节适用于压型金属板的施工现场制作和安装工程。

4.10.1 施工原则及基本规定

(1) 压型金属板的制作和安装工程可按变形缝、楼层、施工段或屋面、墙面、楼面等划分为一个或若干个检验批。

(2) 压型金属板安装应在钢结构安装工程检验批质量验收合格后进行。

4.10.2 材质要求

(1) 彩色钢板。应具备出厂合格证、产品质量证明书，证明书中应注有产品标准号、钢板牌号、镀锌量、表面结构、表面质量、表面处理、规格尺寸和外形精度等。彩色钢板进场后，还要进行外观质量进行详细检查。

(2) 彩色钢板夹芯板。重点对其外观质量、尺寸允许偏差、粘结强度、剥离性能、抗弯承载力等方面进行检验。

(3) 压型金属板的连接件 。连接件分为两类，一类为将板与承重构件相连的连接件，也可称为结构连接件。一类是用于将板与板、板与配件、配件与配件等相连的连接件，也可称为构造连接件。应检查出厂合格证、材质单和技术性能书等。

(4) 压型金属板工程的密封材料。压型金属板工程密封材料分为防火密封材和保温隔热密封材两种。密封材料进场后，对防水密封材料应检查其出厂日期和保存时间，进场总的数量是否准确，并应按储存要求存放，在使用期内使用完毕。

4.10.3 施工监控要点

(1) 压型钢板的施工一定要按设计图纸和规范要求施工，检查施工单位机具准备、技术准备、场地准备、组织和临时设施准备工作。

(2) 压型钢板要检查材质、连接材料和涂装材料的质量证明文件，并符合设计文件的要求和国家现行有关标准的规定。

(3) 彩板围护结构的施工组织设计是工程总组织设计的组成部分，并纳入总施工组织设计中。由于彩板围护结构的特殊性，要重点审查彩板围护工程安装对施工总平面的要求、安装工序、施工组织、施工机械及施工机具等方面。

(4) 压型钢板进厂后应即进行检查。若有积水，应立即擦干，并尽可能存放在干燥、常温的环境中。

(5) 应检查成叠薄板放置情况。成叠压型钢板放置时应遵守下列规定：

1) 应抬高架空，使下部空气流通。

2) 薄板存放在库棚中时一端应抬高，以防积水；表面应加覆盖，严禁裸露在大气中。

3) 禁止在薄板上行走。

(6) 薄板的切割，宜采用等离子切割机或多头火焰切割机。

(7) 压型钢板在运输时宜在下部用方木垫起，卸车时应防止损坏。成叠的板材从车上吊起时，要确保板的边缘和端部不损坏。

(8) 所有安装螺栓孔，均不得采用气割扩孔，当板叠错孔超出容许偏差造成连接螺栓不能穿通时，可用铰刀进行修整，但修整后孔的最大直径应小于螺栓直径的 1.2 倍，铰孔时应防止铁屑落入板叠缝隙。永久性的普通螺栓连接，每个螺栓不得垫两个以上垫圈，更不得用大螺母代替垫圈。螺栓紧固后，外露丝扣应不少于 2～3 扣，并采取防松措施。

(9) 应严格控制压型金属板成型后的允许偏差，见表 4.10.1；在施工现场制作的压型金属板，允许偏差见表 4.10.2 的规定。

压型金属板的尺寸允许偏差(mm)　　表 4.10.1

项目			允许偏差
波距			±2.0
波高	压型钢板	截面高度≤70	±1.5
		截面高度>70	±2.0
侧向弯曲	在测量长度 L_1 的范围内	20.0	

注：L_1 为测量长度，指板长扣除两端各 0.5m 后的实际长度(小于 10m)或扣除后任选的 10m 长度。

压型金属板施工现场制作的允许偏差(mm)　　表 4.10.2

项目		允许偏差
压型金属板的覆盖宽度	截面高度≤70	+10.0，−2.0
	截面高度>70	+6.0，−2.0
板长		±9.0
横向剪切偏差		6.0
泛水板、包角板尺寸	板长	±6.0
	折弯面宽度	±3.0
	折弯面夹角	2°

(10) 在安装墙板和屋面板时，墙梁和檩条应保持平直。

(11) 压型钢板的接缝方向应避开主要视角。当主风向明显时，应将面板搭接边朝向下风方向。

(12) 安装过程中，要重点检查防水施工质量。压型钢板的纵向搭接长度应能防止漏水和腐蚀。

(13) 压型钢板搭接处均应设置胶条，纵横方向搭接边设置的胶条应连续。胶条本身应拼接。檐口的搭接边除胶条外，尚应设置与压型钢板剖面相应的堵头。

(14) 现场切割过程中，切割机械的底面不宜与彩板面直接接触，最好垫以薄三合板材，吊装中不要将彩板与脚手架、柱子、砖墙等碰撞和摩擦。

(15) 压型金属板的安装允许偏差应符合表 4.10.3 的规定。

压型金属板安装的允许偏差(mm)　　**表 4.10.3**

项目		允许偏差
屋面	檐口与屋脊的平行度	12.0
	压型金属板波纹线对屋脊的垂直度	L/800，且不应大于 25.0
	檐口相邻两块压型金属板端部错位	6.0
	压型金属板卷边板件最大波浪高	4.0
墙面	墙板波纹线的垂直度	H/800，且不应大于 25.0
	墙板包角板的垂直度	H/800，且不应大于 25.0
	相邻两块压型金属板的下端错位	6.0

注：L 为屋面半坡或单坡长度，H 为墙面高度。

4.10.4 施工质量验收

(1) 压型金属板制作施工质量验收见表 4.10.4。

压型金属板制作施工质量验收　　**表 4.10.4**

检验项目		标准	检验方法
主控项目	1. 压型金属板成型后其基板	不应有裂纹	观察和用 10 倍放大镜检查
	2. 有涂层、镀层压型金属板成型后的涂、镀层	不应有肉眼可见的裂纹、剥落和擦痕等缺陷	观察检查
一般项目	1. 压型金属板的尺寸允许偏差	应符合表 4.10.1 的规定	用拉线和钢尺检查
	2. 压型金属板成型后的表面	应干净，不应有明显凹凸和皱褶	观察检查
	3. 压型金属板施工现场制作的允许偏差	应符合表 4.10.2 的规定	用钢尺、角尺检查

检查数量

主控项目和一般项目均抽查5%，且不应少于10件。

(2) 压型金属板安装施工质量验收见表4.10.5。

压型金属板安装施工质量验收　　表4.10.5

检验项目		标准	检验方法
主控项目	1. 压型金属板、泛水板和包角板	应固定可靠、牢固，防腐涂料涂刷和密封材料敷设应完好，连接件数量、间距应符合设计要求和国家现行有关标准规定	观察检查及尺量
	2. 压型金属板应在支承构件上可靠搭接	搭接长度应符合设计要求，且不应小于表4.10.6所规定的数值	观察和用钢尺检查
	3. 组合楼板中压型钢板与主体结构(梁)的锚固支承长度	应符合设计要求，且不应小于50mm，端部锚固件连接应可靠，设置位置应符合设计要求	观察和用钢尺检查
一般项目	1. 压型金属板安装	应平整、顺直，板面不应有施工残留物和污物。檐口和墙面下端应呈直线，不应有未经处理的错钻孔洞	观察检查
	2. 压型金属板安装的允许偏差	应符合表4.10.3的要求	用拉线、吊线和钢尺检查

检查数量

主控项目：项目1全数检查。

项目2按搭接部位总长度抽查10%，且不应少于10m。

项目 3 沿连接纵向长度抽查 10%，且不应少于 10m。

一般项目：项目 1 按面积抽查 10%，且不应少于 $10m^2$。

项目 2 檐口与屋脊的平行度，按长度抽查 10%，且不应少于 $10m^2$。其他每 20m 长度应抽查 1 处，不应少于 2 处。

压型金属板在支承构件上的搭接长度(mm)　　**表 4.10.6**

项　　目		搭　接　长　度
截面高度＞70		375
截面高度≤70	屋面坡度＜1/10	250
	屋面坡度≥1/10	200
墙　　面		120

4.10.5　质量验收文件

(1) 材料出厂合格证和检验报告。

(2) 技术复核记录。

(3) 有关观感质量检查记录。

(4) 钢结构(压型金属板)分项工程检验批质量验收记录。

4.11　钢结构涂装工程

本节适用于钢结构的防腐涂料(油漆类)涂装和防火涂料涂装工程。

4.11.1　施工原则及基本规定

(1) 钢结构涂装工程可按钢结构制作或钢结构安装工程检验批的划分原则划分成一个或若干个检验批。

(2) 钢结构普通涂料涂装工程应在钢结构构件组装、预拼装或钢结构安装工程检验批的施工质量验收合格后进行。钢结构防火涂料涂装工程应在钢结构安装工程检验批和钢结构普通涂料涂装检验批的施工质量验收合格后进行。

(3) 涂装时的环境温度和相对湿度应符合涂料产品说明书的要求，当产品说明书无要求时，环境温度宜在5～38℃之间，相对湿度不应大于85%。涂装时构件表面不应有结露；涂装后4h内应保护免受雨淋。

4.11.2 施工准备及作业条件

(1) 材质要求

1) 钢结构防腐材料

① 钢结构防腐材料(又称油漆):建筑钢结构工程常用的一般涂料是油脂性系列、酚醛系列、醇酸系列、环氧系列、氯化橡胶系列、沥青系列、聚氨酯系列等。

② 涂层结构形式有以下几种：

A. 底漆-中间漆-面漆，特点是底漆附着力强、防锈性能好；中间漆兼有底漆和面漆的性能，是理想的过渡漆。

B. 底漆-面漆，特点是只发挥了底漆和面漆的作用，明显不如第一种形式。

C. 底漆和面漆是一种漆，特点是有机硅漆多用于高温环境，因没有有机硅底漆，只好把面漆也作为底漆用。

③ 选用涂料时，首先应选用已有国家或行业标准的品种，其次选用已有企业标准的品种，无标准的产品不得使用。

A. 产品由生产厂的技术检验部门进行检验，生产厂应保证所有出厂的产品都符合国家或行业标准的要求。每批产品均应附有合格证明。涂料进场应有产品出厂合格证，并应取样复验，符合产品质量标准后，方可使用。

B. 使用部门有权按国家或行业标准的规定，对产品质量进行检验，如发现产品质量不符合标准的规定时，双方共同复验，如仍不符合标准的规定，使用部门有权退货。

C. 供需双方应对产品包装、数量及标志进行检验及核对。

如发现包装有漏损、装量有出入、标志不符合规定等现象，即作为不合格论。

D. 供需双方在产品质量上发生争议时，由产品质量检验机构执行仲裁检验。

2）钢结构防火材料

① 钢结构防火涂料是施涂于建筑物及构筑物的钢结构表面，能形成耐火隔热保护层以提高钢结构耐火极限的涂料。钢结构防火涂料按其涂层厚度及性能特点可分为：

B类：薄涂型钢结构防火涂料，涂层厚度一般为2～7mm，耐火极限可达0.5～1.5h。又称为钢结构膨胀防火涂料。

H类：厚涂型钢结构防火涂料，其涂层厚度一般为8～50mm，粒状表面，密度较小，热导率低，耐火极限可达0.5～3.0h。又称钢结构防火隔热涂料。

② 技术条件与性能指标。

A. 用于制造防火涂料的原料应预先检验。不得使用石棉材料和苯类溶剂。

B. 防火涂料可用喷涂、抹涂、滚涂、刮涂或刷涂等方法中的任何一种或多种方法，方便地施工，并能在通常的自然环境条件下干燥固化。

C. 防火涂料应呈碱性或偏碱性。复层涂料应相互配套。底层涂料应能同普通的防锈漆配合使用。

D. 涂层实干后不应有刺激性气味。燃烧时一般不产生浓烟和有害人体健康的气体。

（2）作业条件

1）施工环境应通风良好、清洁和干燥，室内施工环境温度应在0℃以上，室外施工时环境温度为5℃～38℃之间，相对湿度不大于85%。雨天或钢结构表面结露时，不宜作业。冬季应在采暖条件下进行，室温必须保持均衡。

2）钢结构制作或安装的完成、校正及交接验收合格。

3）注意与土建工程配合，特别是与装饰、涂料工程要编制交叉计划及措施。

4.11.3 施工质量监控要点

钢材的腐蚀有材质的原因，也有使用环境和接触介质等原因，在施工中主要采用保护层的方法防止金属的腐蚀，其有以下几种，金属保护层、化学保护层、非金属保护层。

(1) 防腐涂料检查

1) 钢材表面粗糙度的控制。表面粗糙度即表面的微观不平整度，钢材表面的粗糙度对漆膜的附着力、防腐蚀性能和使用寿命有很大的影响。钢材表面合适的粗糙度有利于漆膜保护性能的提高。但是粗糙度太大或太小都是不利于漆膜的保护性能。

2) 对镀锌、镀铝的钢材表面的预处理质量检查

① 外露构件需热浸锌和热喷锌、铝的，表面粗糙度应达30～35μm。

② 对热浸锌构件允许用酸洗除锈，酸洗后必须经 3～4 道水洗，将残留酸完全清洗干净，干燥后方可浸锌。

3) 涂装前的检查

① 涂装前钢材表面除锈应符合设计要求和国家现行有关标准的规定。处理后的钢材表面不应有焊渣、焊疤、灰尘、油污、水和毛刺等。钢材表面处理达到清洁度后，一般应在 4～6h 内涂第一道底漆。涂漆前钢材表面不容许再有锈蚀，否则应重新除锈，同时处理后表面沾上油迹或污垢时，应用溶剂清洗后，方可涂装。

② 进场的涂料应检查产品合格证，并经复验合格，方可使用。

③ 涂装环境的检查，环境条件应符合前述规定的要求。

4) 涂装过程中的检查

① 涂后 4h 内严防雨淋。当使用无气喷涂时，风力超过 5 级时，不宜喷涂。

② 涂层(漆膜)厚度的控制。为了使涂料能够发挥其最佳性

能，足够的漆膜厚度是极其重要的，因此，应加强漆膜厚度的检查和控制。漆膜厚度应从下面四个方面加以控制：

A. 施工时应按使用量进行涂装。

B. 对于边、角、焊缝、切痕等部位，在喷涂之前应先涂刷一道，然后再进行大面积的涂装，以保证凸出部位的漆膜厚度。

C. 施工时，要常用湿膜测厚仪测定湿漆膜厚度，以保证干漆的厚度和涂层的均匀。

D. 漆膜干透后，应用于膜测厚仪测出于膜厚度。

（2）钢结构防火涂料涂装检查

1）防火涂料的质量检查。在涂装之前，要详细检查防火涂料的质量。防火涂料进场后，要根据设计要求重点核对和检查产品名称、技术性能、颜色、制造批号、贮存期限和使用说明。必要时要取样复检。进行粘结强度试验和抗压强度试验。

2）检查施工人员的资格。钢结构防火涂料是一类重要消防安全材料，防火涂料施工质量的好坏，直接影响防火性能和使用要求。钢结构防火喷涂施工，应由经过培训合格的专业施工队施工，或者由研制该防火涂料的工程技术人员指导下施工，以确保工程质量。所以，钢结构防火涂装工程施工之前，应对防火涂料施工队伍的资格进行审查，不具备相应施工资格的队伍不得进行防火涂料施工。

3）钢结构表面处理质量检查。在喷涂前，钢结构表面的尘土、油污、杂物要清除干净。钢构件连接处 4～12mm 宽的缝隙应采用防火涂料或其他防火材料填补堵平。钢结构表面应除锈，并根据使用要求确定防锈处理。要认真检查钢结构表面的锈迹锈斑，并检查一层防锈底漆的涂刷质量，做好隐蔽工程验收。

4）涂装调配质量检查。应检查调节器配质量，涂料的稠度应适当。对于出厂时已调配好的防火涂料，一定要督促施工单位在施工前要搅拌均匀。

5）涂层厚度的检查。防火涂层的厚度是防火涂装的一项十分重要的参数，直接关系到结构的耐火极限。所以一定要重点检查涂层的厚度，确保涂层的厚度符合设计要求。

6）检查成品保护工作。施工钢结构防火涂料应在室内装饰之前和不被后期工程所损坏的条件下进行。施工时，对不需作防火保护的墙面、门窗、机械设备和其他构件应采用塑料布遮挡保护。刚施工的涂层，应防止雨淋、脏液污染和机械撞击。

7）施工环境的检查。对大多数防火涂料而言，施工过程中和涂层干燥固化前，环境温度宜保持在5～38℃，相对湿度不宜大于90%，空气应流动。当风速大于5m/s或雨后和构件表面结露时，不宜作业。

8）检查涂装效果。面涂层应在底涂层经检测厚度满足要求，并基本干燥后方可喷涂。防火涂料的喷涂要均匀，不得有误涂、漏涂现象，涂层应无脱层和空鼓。若设计要求涂层表面平整光滑时，待喷完最后一遍后要用抹灰刀将表面抹平。还要检查涂装颜色，不能产生过大的色差。

4.11.4 施工质量验收

（1）钢结构防腐涂料涂装工程施工质量验收见表4.11.1。

钢结构防腐涂料涂装工程施工质量验收　　表4.11.1

检验项目		标准	检验方法
主控项目	1. 涂装前钢材表面除锈	应符合设计要求和国家现行有关标准的规定。处理后的钢材表面不应有焊渣、焊疤、灰尘、油污、水和毛刺等。当设计无要求时，钢材表面除锈等级应符合表4.11.2的规定	用铲刀检查和用现行国家标准《涂装前钢材表面锈蚀等级和除锈等级》GB 8923规定的图片对照观察检查
	2. 涂料、涂装遍数、涂层厚度	应符合设计要求。当设计无要求时，涂层干漆膜总厚度：室外应为150μm，室内应为125μm，其允许偏差为－25μm。每遍涂层干漆膜厚度的允许偏差为－5μm	用干漆膜测厚仪检查。每个构件检测5处，每处的数值为3个相距50mm测点涂层干漆膜厚度的平均值

续表

检验项目		标准	检验方法
一般项目	1. 构件表面	不应误涂、漏涂，涂层不应脱皮和返锈等。涂层应均匀、无明显皱皮、流坠、针眼和气泡等	观察检查
	2. 当钢结构处在有腐蚀介质环境或外露且设计有要求时	应进行涂层附着力测试，在检测处范围内，当涂层完整程度达到70%以上时，涂层附着力达到合格质量标准的要求	按照现行国家标准《漆膜附着力测定法》GB 1720 或《色漆和清漆、漆膜的划格试验》GB 9286 执行
	3. 涂装完成后，构件的标志、标记和编号	应清晰完整	观察检查

检查数量

主控项目：按构件数抽查 10%，且同类构件不应少于 3 件。

一般项目：项目 1 和 3 全数检查。

项目 2 按构件数抽查 1%，且不应少于 3 件，每件测 3 处。

各种底漆或防锈漆要求最低的除锈等级　　　表 4.11.2

涂料品种	除锈等级
油性酚醛、醇酸等底漆或防锈漆	St2
高氯化聚乙烯、氧化橡胶、氯磺化聚乙烯、环氧树脂、聚氨酯等底漆或防锈漆	Sa2
无机富锌、有机硅、过氧乙烯等底漆	Sa2(1/2)

（2）钢结构防火涂料涂装工程施工质量检验见表 4.11.3。

钢结构防火涂料涂装工程施工质量检验　　表 4.11.3

检验项目		标准	检验方法
主控项目	1. 防火涂料涂装前钢材表面除锈及防锈底漆涂装	应符合设计要求和国家现行有关标准的规定	表面除锈用铲刀检查和用现行国家标准《涂装前钢材表面锈蚀等级和除锈等级》GB 8923 规定的图片对照观察检查。底漆涂装用漆膜测厚仪检查，每个构件检测 5 处，每处的数值为 3 个相距 50mm 测点涂层干漆膜厚度的平均值
	2. 钢结构防火涂料的粘结强度、抗压强度	应符合国家现行标准《钢结构防火涂料应用技术规程》CECS 24：90 的规定。检验方法应符合现行国家标准《建筑构件防火喷涂材料性能试验方法》GB 9978 的规定	检查复检报告
	3. 防火涂料的涂层厚度	薄涂型防火涂料的涂层厚度应符合有关耐火极限的设计要求。厚涂型防火涂料涂层的厚度，80％及以上面积应符合有关耐火极限的设计要求，且最薄处厚度不应低于设计要求的 85％	用涂层厚度测量仪、测针和钢尺检查。测量方法应符合国家现行标准《钢结构防火涂料应用技术规程》CECS 24：90 的规定
	4. 防火涂料涂层表面裂纹宽度	薄涂型防火涂料涂层表面裂纹宽度不应大于 0.5mm；厚涂型防火涂料涂层表面裂纹宽度不应大于 1mm	观察和用尺量检查
一般项目	1. 防火涂料涂装基层	不应有油污、灰尘和泥砂等污垢	观察检查
	2. 钢结构表面防火涂料	不应有误涂、漏涂，涂层应闭合无脱层、空鼓、明显凹陷、粉化松散和浮浆等外观缺陷，乳突已剔除	观察检查

检查数量

主控项目：项目1、3和4按同类构件数抽查10%，且同类构件不应少于3件。

项目2每使用100t或不足100t薄涂型防火涂料应抽检一次粘结强度；每使用500t或不足500t厚涂型防火涂料应抽检一次粘结强度和抗压强度。

一般项目：全数检查。

4.11.5 质量验收文件

(1) 防腐、防火涂料出厂合格证或复验报告。

(2) 涂装施工检查记录、防火涂料施工检查记录。

(3) 有关观感质量检验项目检查记录。

(4) 钢结构防腐涂装、防火涂料涂装分项工程检验批质量验收记录。

4.12 检测规定

4.12.1 焊缝外观质量标准及尺寸允许偏差

(1) 二级、三级焊缝外观质量标准应符合表4.12.1的规定。

二级、三级焊缝外观质量标准(mm) **表4.12.1**

<table>
<tr><td>项目</td><td colspan="2">允许偏差</td></tr>
<tr><td>缺陷类型</td><td>二级</td><td>三级</td></tr>
<tr><td rowspan="2">未焊满(指不足设计要求)</td><td>≤0.2+0.02t，且≤1.0</td><td>≤0.2+0.04t，且≤2.0</td></tr>
<tr><td colspan="2">每100.0焊缝内缺陷总长≤25.0</td></tr>
<tr><td rowspan="2">根部收缩</td><td>≤0.2+0.02t，且≤1.0</td><td>≤0.2+0.04t，且≤2.0</td></tr>
<tr><td colspan="2">长度不限</td></tr>
<tr><td>咬边</td><td>≤0.05t，且≤0.5；连续长度≤100.0，且焊缝两侧咬边总长≤10%焊缝全长</td><td>≤0.1t
且≤1.0，长度不限</td></tr>
</table>

续表

项目	允许偏差	
弧坑裂纹	—	允许存在个别长度≤5.0的弧坑裂纹
电弧擦伤	—	允许存在个别电弧擦伤
接头不良	缺口深度0.05t，且≤0.5	缺口深度0.1t，且≤1.0
	每1000.0焊缝不应超过1处	
表面夹渣	—	深≤0.2t 长≤0.5t，且≤20.0
表面气孔	—	每50.0焊缝长度内允许直径≤0.4t，且≤3.0的气孔2个，孔距≥6倍孔径

注：表内 t 为连接处较薄的板厚。

(2) 对接焊缝及完全熔透组合焊缝尺寸允许偏差应符合表4.12.2的规定。

对接焊缝及完全熔透组合焊缝尺寸允许偏差(mm)　　表4.12.2

序号	项目	图例	允许偏差	
			一、二级	三级
1	对接焊缝余高C	图4.12.1	B<20：0～3.0 B≥20：0～4.0	B<20：0～4.0 B≥20：0～5.0
2	对接焊缝错边d	图4.12.2	d<0.15t，且≤2.0	d<0.15t，且≤3.0

(3) 部分焊透组合焊缝和角焊缝外形尺寸允许偏差应符合表4.12.3的规定。

部分焊透组合焊缝和角焊缝外形尺寸允许偏差(mm)　　表4.12.3

序号	项目	图例	允许偏差
1	焊脚尺寸 h_f	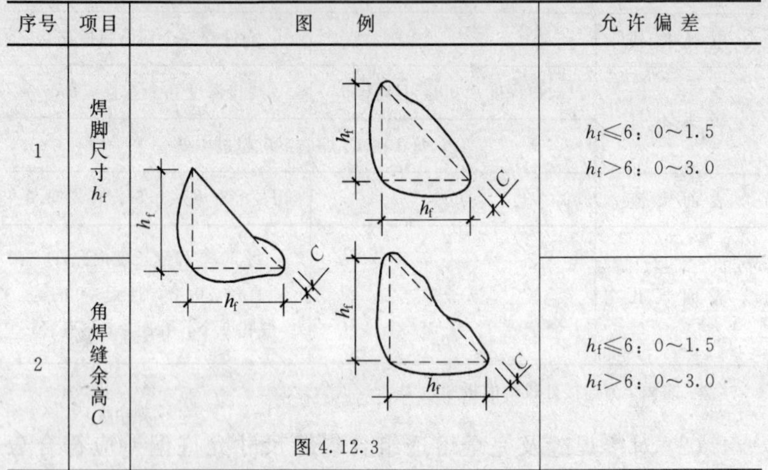	$h_f \leqslant 6$：0～1.5 $h_f > 6$：0～3.0
2	角焊缝余高 C	图4.12.3	$h_f \leqslant 6$：0～1.5 $h_f > 6$：0～3.0

注：$h_f > 8.0$mm 的角焊缝其局部焊脚尺寸允许低于设计要求值1.0mm，但总长度不得超过焊缝长度10%；

焊接H形梁腹板与翼缘板的焊缝两端在其两倍翼缘板宽度范围内，焊缝的焊脚尺寸不得低于设计值。

4.12.2　紧固件连接工程检验项目

(1) 螺栓实物最小载荷检验

1) 目的：测定螺栓实物的抗拉强度是否满足现行国家标准《紧固件机械性能螺栓、螺钉和螺柱》GB 3098.1的要求。

2) 检验方法：用专用卡具将螺栓实物置于拉力试验机上进行拉力试验，为避免试件承受横向载荷，试验机的夹具应能自动调正中心，试验时夹头张拉的移动速度不应超过25mm/min。

螺栓实物的抗拉强度应根据螺纹应力截面积(A_s)计算确定，其取值应按现行国家标准《紧固件机械性能螺栓、螺钉和螺柱》GB 3098.1的规定取值。

3）进行试验时，承受拉力载荷的末旋合的螺纹长度应为 6 倍以上螺距；当试验拉力达到现行国家标准《紧固件机械性能—螺栓、螺钉和螺柱》GB 3098.1 中规定的最小拉力载荷 $A_s \cdot \sigma_b$ 时不得断裂。当超过最小拉力载荷直至拉断时，断裂应发生在杆部或螺纹部分，而不应发生在螺头与杆部的交接处。

（2）扭剪型高强度螺栓连接副预拉力复验

1）复验用的螺栓应在施工现场待安装的螺栓批中随机抽取，每批应抽取 8 套连接副进行复验。

2）连接副预拉力可采用经计量检定、校准合格的轴力计进行测试。

3）试验用的电测轴力计、油压轴力计、电阻应变仪、扭矩扳手等计量器具，应在试验前进行标定，其误差不得超过 2%。

4）采用轴力计方法复验连接副预拉力时，应将螺栓直接插入轴力计。紧固螺栓分初拧、终拧两次进行，初拧应采用手动扭矩扳手或专用定扭电动扳手；初拧值应为预拉力标准值的 50% 左右。终拧应采用专用电动扳手，至尾部梅花头拧掉，读出预拉力值。

5）每套连接副只应做一次试验，不得重复使用。在紧固中垫圈发生转动时，应更换连接副，重新试验。

复验螺栓连接副的预拉力平均值和标准偏差应符合表 4.12.4 的规定。

扭剪型连接高强度螺栓

紧固预拉力和标准偏差(kN)　　表 4.12.4

螺栓直径(mm)	16	20	(22)	24
紧固预拉力的平均值	99～120	154～186	191～231	222～270
标准偏差	10.1	15.7	19.5	22.7

（3）高强度螺栓连接副施工扭矩检验

高强度螺栓连接副扭矩检验含初拧、复拧、终拧扭矩的现场无损检验。检验所用的扭矩扳手其扭矩精度误差应不大于 3%。

高强度螺栓连接副扭矩检验分扭矩法检验和转角法检验两种，原则上检验法与施工法应相同。扭矩检验应在施拧 1h 后，48h 内完成。

1）用扭矩法检验

检验方法：在螺尾端头和螺母相对位置划线，将螺母退回60°左右，用扭矩扳手测定拧回至原来位置时的扭矩值。该扭矩值与施工扭矩值的偏差在 10%以内为合格。

高强度螺栓连接副终拧扭矩值按下式计算：

$$T_c = K \cdot P_c \cdot d$$

式中 T_c——终拧扭矩值(N·m)；

P_c——施工预拉力值标准值(kN)，见表 4.12.5；

d——螺栓公称直径(mm)；

K——扭矩系数，按表 4.12.6 的规定试验确定。

高强度螺栓连接副施工预拉力标准值(kN)　　表 4.12.5

螺栓的性能等级	螺栓公称直径(mm)					
	M16	M20	M22	M24	M27	M30
8.8s	75*	120*	150	170*	225*	275*
10.9s	110*	170	210	250	320	390

编者注：本表摘自《钢结构工程施工质量验收规范》(GB 50205—2001)，其中带 * 号的数值均比后来颁布的钢结构设计规范(GB 50017—2003)低。施工规范的规定不应比设计规范低，建议按设计规范采用，或将带 * 号的数值适当提高使用。

螺栓预拉力值范围(kN)　　表 4.12.6

螺栓规格(mm)		M16	M20	M22	M24	M27	M30
预拉力值 P	10.9s	93～113	142～177	175～215	206～250	265～324	325～390
	8.8s	62～78	100～120	125～150	140～170	185～225	230～275

高强度大六角头螺栓连接副初拧扭矩值 T_o 可按 $0.5T_c$ 取值。

扭剪型连接高强度螺栓连接副初拧扭矩值 T_o 可按下式计算：

$$T_o = 0.065P_c \cdot d$$

式中 T_o——初拧扭矩值(N·m)；

P_c——施工预拉力标准值(kN)，见表 4.12.5；

d——螺栓公称直径(mm)。

2）用转角法检验：

① 检查初拧后在螺母与相对位置所画的终拧起始线和终止线所夹的角度是否达到规定值。

② 在螺尾端头和螺母相对位置画线，然后全部卸松螺母，在按规定的初拧扭矩和终拧角度重新拧紧螺栓，观察与原画线是否重合。终拧转角偏差在10°以内为合格。

终拧转角与螺栓的直径、长度等因素有关，应由试验确定。

③ 扭剪型连接高强度螺栓施工扭矩检验

检验方法：观察尾部梅花头拧掉情况。尾部梅花头被拧掉者视同其终拧扭矩达到合格质量标准；尾部梅花头未被拧掉者应按上述扭矩法或转角法检验。

（4）高强度大六角头螺栓连接副扭矩系数复验

复验用螺栓应在施工现场待安装的螺栓批中随机抽取，每批应抽取 8 套连接副进行复验。

连接副扭矩系数复验用的计量器具应在试验前进行标定，误差不得超过 2%。

每套连接副只应做一次试验，不得重复使用。在紧固中垫圈发生转动时，应更换连接副，重新试验。

连接副扭矩系数的复验应将螺栓穿入轴力计，在测出螺栓预拉力 P 的同时，应测定施加于螺母上的施拧扭矩值 T，并应按下式计算扭矩系数 K。

$$K=T/(P\cdot d)$$

式中 T——施拧扭矩(N·m)；

d——高强度螺栓的公称直径(mm)；

P——螺栓预拉力(kN)。

进行连接副扭矩系数试验时，螺栓预拉力值应符合表4.12.6的规定。

每组8套连接副扭矩系数的平均值应为0.110～0.150，标准偏差小于或等于0.010。

扭剪型连接高强度螺栓连接副当采用扭矩法施工时，其扭矩系数亦按本规定确定。

(5) 高强度螺栓连接摩擦面的抗滑移系数检验

1) 基本要求

制造厂和安装单位应分别以钢结构制造批为单位进行抗滑移系数试验。制造批可按分部(子分部)工程划分规定的工程量每2000t为一批，不足2000t的可视为一批。选用两种及两种以上表面处理工艺时，每种处理工艺应单独检验。每批三组试件。

抗滑移系数试验应采用双摩擦面的二栓拼接的拉力试件(图4.12.4)。

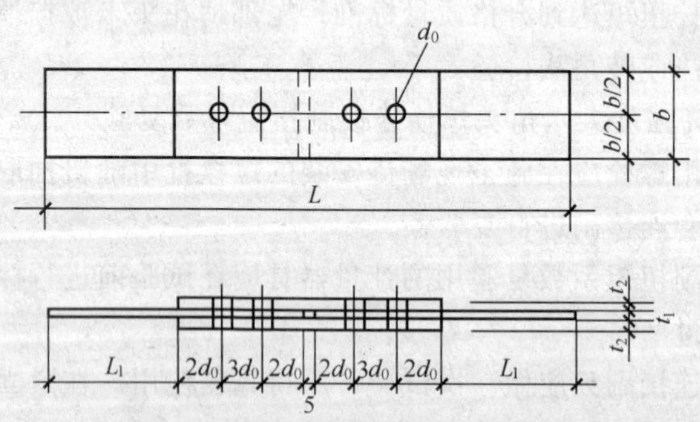

图4.12.4 抗滑移系数拼接试件的形式和尺寸

抗滑移系数试验用的试件应由制造厂加工，试件与所代表的钢结构构件应为同一材质、同批制作、采用同一摩擦面处理工艺和具有相同的表面状态，并应用同批同一性能等级的高强度螺栓连接副，在同一环境条件下存放。

试件钢板的厚度 t_1、t_2 应根据钢结构工程中有代表性的板材厚度来确定，同时应考虑在摩擦面滑移之前，试件钢板的净截面始终处于弹性状态；宽度 b 可参照表 4.12.7 规定取值。L_1 应根据试验机夹具的要求确定。

试件板的宽度(mm)　　　　**表 4.12.7**

螺栓直径 d	16	20	22	24	27	30
板宽 b	100	100	105	110	120	120

试件板面应平整，无油污，孔和板的边缘无飞边、毛刺。

2）试验方法

① 试验用的试验机误差应在 1%以内。

② 试验用的贴有电阻片的高强度螺栓、压力传感器和电阻应变仪应在试验前用试验机进行标定，其误差应在 2%以内。

③ 试件的组装顺序应符合下列规定：

A. 先将冲钉打入试件孔定位，然后逐个换成装有压力传感器或贴有电阻片的高强度螺栓，或换成同批经预拉力复验的扭剪型高强度螺栓。

B. 紧固高强度螺栓应分初拧、终拧。初拧应达到螺栓预拉力标准值的 50%左右。终拧后，螺栓预拉力应符合下列规定：

a. 对装有压力传感器或贴有电阻片的高强度螺栓，采用电阻应变仪实测控制试件每个螺栓的预拉力值应在($0.95P$)～($1.05P$)(P 为高强度螺栓设计预拉力值)之间；

b. 不进行实测时，扭剪型高强度螺栓的预拉力(紧固轴力)可按同批复验预拉力的平均值取用。

C. 试件应在其侧面画出观察滑移的直线。

D. 将组装好的试件置于拉力试验机上，试件的轴线应与试验机夹具中心严格对中。

加荷时，应先加10％的抗滑移设计荷载值，停1min后，再平稳加荷，加荷速度为3～5kN/s。直拉至滑动破坏，测得滑移荷载N_v。

E. 在试验中当发生以下情况之一时，所对应的荷载可定为试件的滑移荷载：

a. 试验机发生回针现象；

b. 试件侧面画线发生错动；

c. X—Y记录仪上变形曲线发生突变；

d. 试件突然发生"嘣"的响声。

4.12.3 钢构件组装的允许偏差

(1) 焊接H型钢的允许偏差应符合表4.12.8的规定。

焊接H型钢的允许偏差(mm)　　表4.12.8

项目		允许偏差	图例
截面高度 h	$h<500$	±2.0	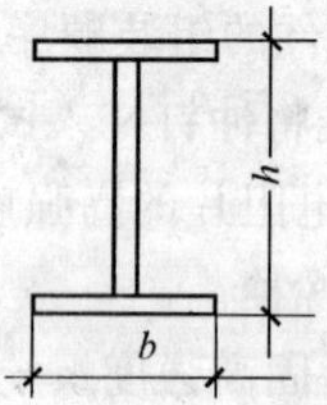 图4.12.5
	$500<h<1000$	±3.0	
	$h>1000$	±4.0	
截面宽度 b		±3.0	
腹板中心偏移		2.0	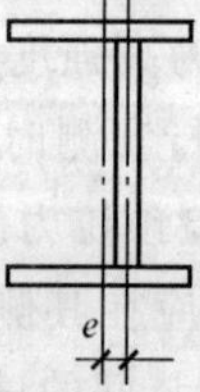 图4.12.6

续表

<table>
<tr><th colspan="2">项　目</th><th>允许偏差</th><th>图　例</th></tr>
<tr><td colspan="2">翼缘板垂直度 Δ</td><td>b/1000，
且不应大于 3.0</td><td> 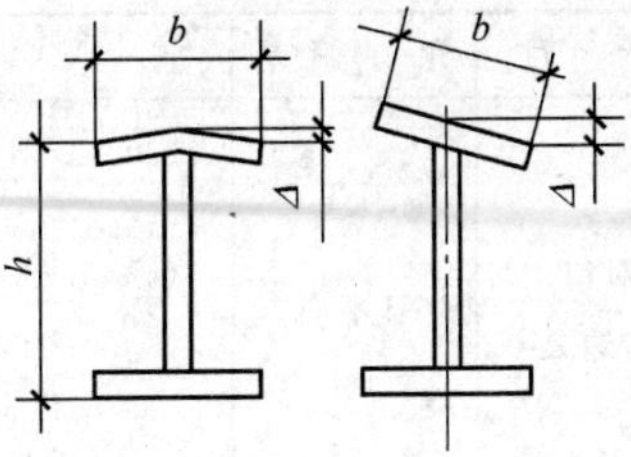图 4.12.7</td></tr>
<tr><td colspan="2">弯曲矢高
（受压件除外）</td><td>l/1000，
且不应大于 10.0</td><td></td></tr>
<tr><td colspan="2">扭　曲</td><td>h/250，
且不应大于 5.0</td><td></td></tr>
<tr><td rowspan="2">腹板局部
平面度 f</td><td>t<14</td><td>3.0</td><td rowspan="2"> 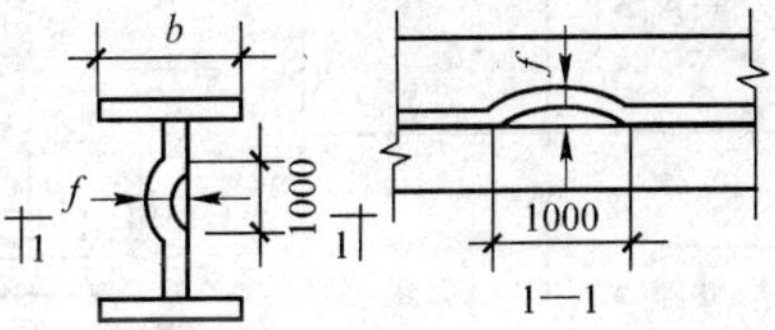图 4.12.8</td></tr>
<tr><td>t≥14</td><td>2.0</td></tr>
</table>

(2) 焊接连接制作组装的允许偏差应符合表 4.12.9 的规定。

(3) 单层钢柱外形尺寸的允许偏差应符合表 4.12.10 的规定。

(4) 多节钢柱外形尺寸的允许偏差应符合表 4.12.11 的规定。

(5) 焊接实腹钢梁外形尺寸的允许偏差应符合表 4.12.12 的规定。

（6）钢桁架外形尺寸的允许偏差应符合表 4.12.13 的规定。

焊接连接制作组装的允许偏差（mm）　　**表 4.12.9**

项　　目	允许偏差	图　　例
对口错边 Δ	$t/10$，且不应大于 3.0	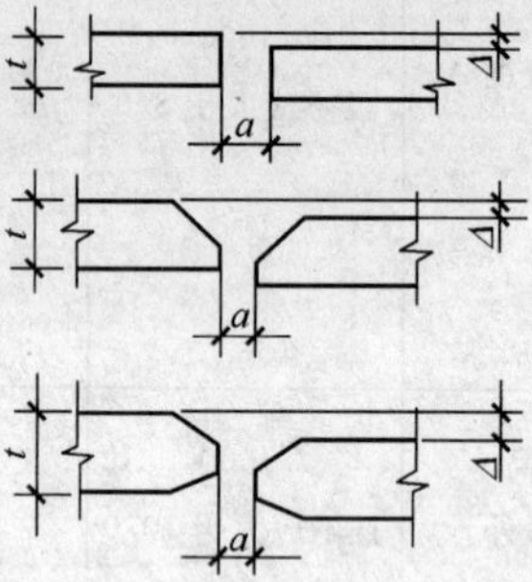 图 4.12.9
间隙 a	±1.0	
搭接长度 a	±5.0	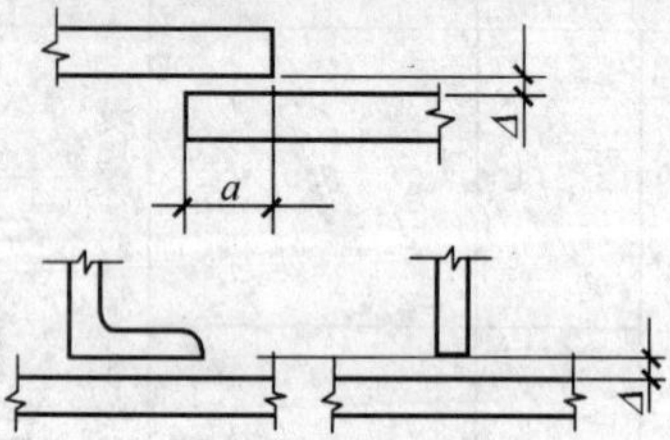 图 4.12.10
缝隙 Δ	1.5	
高度 h	±2.0	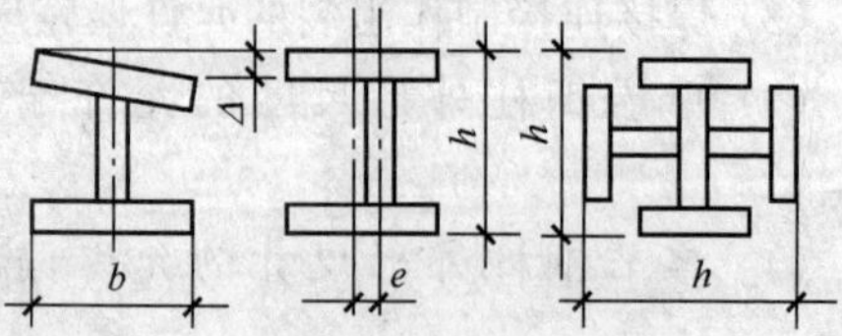 图 4.12.11
垂直度 Δ	$b/100$，且不应大于 3.0	
中心偏移 e	±2.0	

续表

项目		允许偏差	图例
型钢错位	连接处	1.0	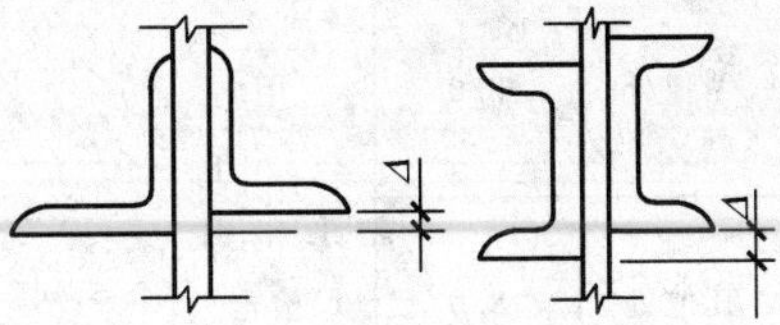 图 4.12.12
	其他处	2.0	
箱形截面高度 h		±2.0	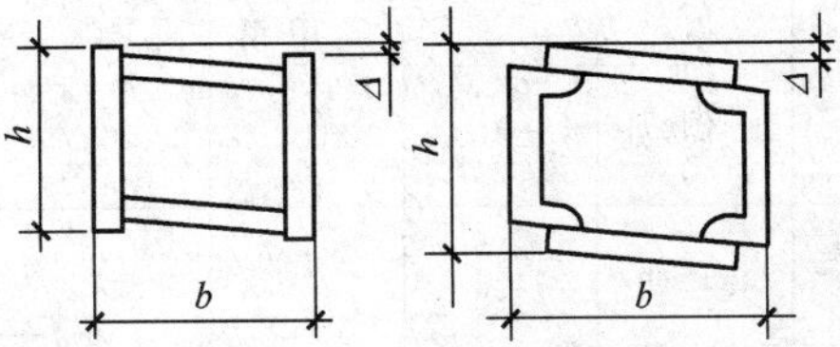 图 4.12.13
宽度 b		±2.0	
垂直度 Δ		$b/200$，且不应大于 3.0	

单层钢柱外形尺寸的允许偏差(mm)　　表 4.12.10

项目	允许偏差	检验方法	图例
柱底面到柱端 l 与桁架连接的最上一个安装孔距离 l	±1/1500 ±15.0	用钢尺检查	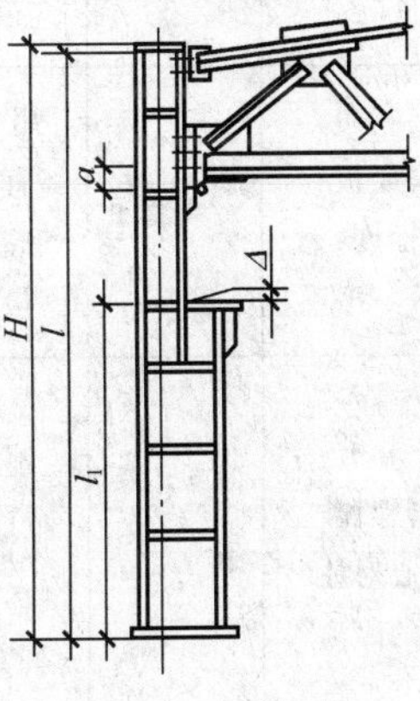 图 4.12.14
柱底面到牛腿支承面距离 l_1	$\pm l_1/2000$ ±8.0		
牛腿面的翘曲 Δ	2.0	用拉线、直角尺和钢尺检查	
柱身弯曲矢高	$H/1200$，且不应大于 12.0		

续表

项目		允许偏差	检验方法	图例
柱身扭曲	牛腿处	3.0	用拉线、吊线和钢尺检查	
	其他处	8.0		
柱截面几何尺寸	连接处	±3.0	用钢尺检查	
	非连接处	±4.0		
翼缘对腹板的垂直度	连接处	1.5	用直角尺和钢尺检查	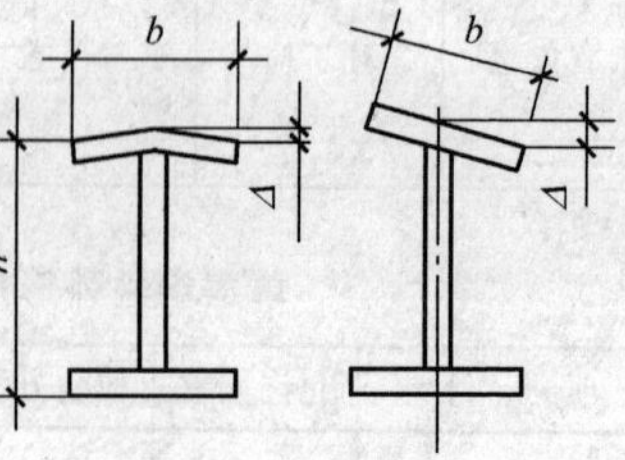 图 4.12.15
	其他处	$b/100$，且不应大于 5.0		
柱脚底板平面度		5.0	用 1m 直尺和塞尺检查	
柱脚螺栓孔中心对柱轴线的距离		3.0	用钢尺检查	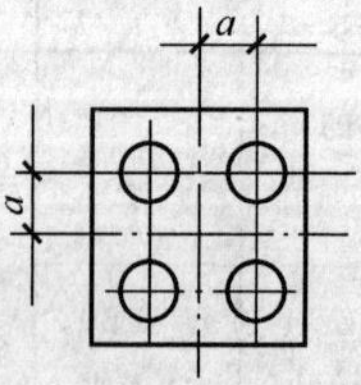 图 4.12.16

多节钢柱外形尺寸的允许偏差(mm) 表 4.12.11

项目		允许偏差	检验方法	图例
一节柱高度 H		±3.0	用钢尺检查	图 4.12.17
两端最外侧安装孔距离 l_3		±2.0		
铣平面到第一个安装孔距离 a		±1.0		
柱身弯曲矢高 f		H/1500，且不应大于 5.0	用拉线和钢尺检查	
一节柱的柱身扭曲		h/250，且不应大于 5.0	用拉线、吊线和钢尺检查	
牛腿端孔到柱轴线距离 l_2		±3.0	用钢尺检查	
牛腿的翘曲和扭曲 Δ	12≤1000	2.0	用拉线、直角尺和钢尺检查	
	12>1000	3.0		
柱截面尺寸	连接处	±3.0	用钢尺检查	
	非连接处	±4.0		
柱脚底板平面度		5.0	用直尺和塞尺检查	

续表

项目		允许偏差	检验方法	图例
翼缘板对腹板的垂直度	连接处	1.5	用直角尺和钢尺检查	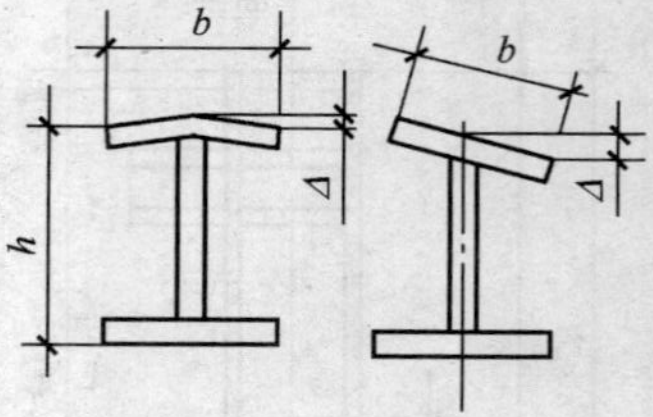
	其他处	$b/100$，且不应大于 5.0		
柱脚螺栓孔对柱轴线的距离 a		3.0	用钢尺检查	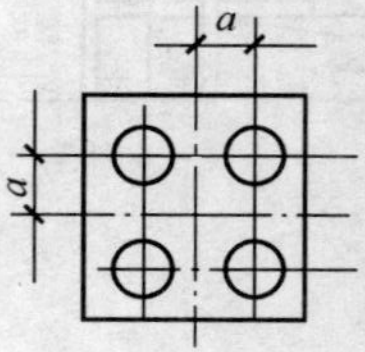 图 4.12.18

续表

项　目	允许偏差	检验方法	图　例
箱型截面连接处对角线差	3.0	用钢尺检查	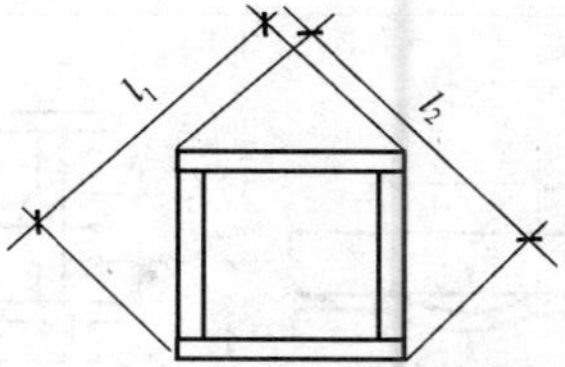 图 4.12.19
箱型柱身板垂直度	$h(b)/150$，且不应大于5.0	用直角尺和钢尺检查	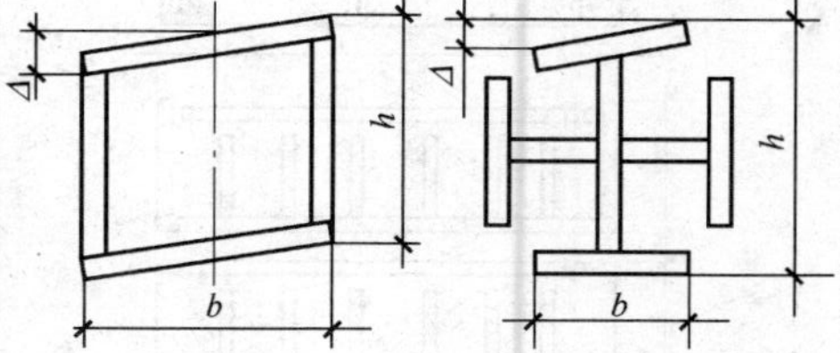 图 4.12.20

焊接实腹钢梁外形尺寸的允许偏差(mm) **表 4.12.12**

项目		允许偏差	检验方法	图例
梁长度 L	端部有凸缘支座板	0，−5.0	用钢尺检查	图 4.12.21
	其他形式	$\pm l/2500$，±10.0		
端部高度 h	$h\leqslant 2000$	±2.0	用钢尺检查	
	$h>2000$	±3.0		
拱度	设计要求起拱	$\pm l/5000$	用拉线和钢尺检查	
	设计未要求起拱	10.0，−5.0		
侧弯矢高		$l/2000$，且不应大于 10.0		
扭曲		$h/250$，且不应大于 10.0	用拉线、吊线和钢尺检查	
腹板局部平面度	$t\leqslant 14$	5.0	用 1m 直尺和塞尺检查	图 4.12.22
	$t>14$	4.0		
翼缘板对腹板的垂直度		$b/100$，且不应大于 3.0	用直角尺和钢尺检查	
吊车梁上翼缘与轨道接触面平面度		1.0	用 200mm、1m 直尺和塞尺检查	

续表

项目		允许偏差	检验方法	图例
箱型截面对角线差		5.0	用钢尺检查	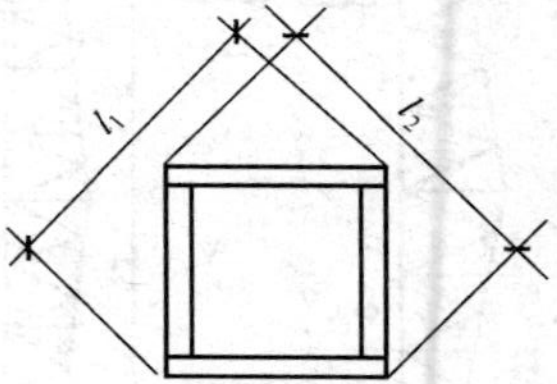 图 4.12.23
箱型截面两腹板至翼缘板中心线距离 a	连接处	1.0		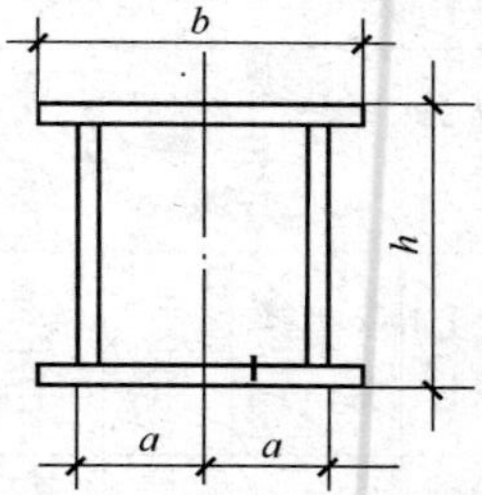 图 4.12.24
	其他处	1.5		
梁端板的平面度（只允许凹进）		$h/500$，且不应大于 2.0	用直角尺和钢尺检查	
梁端板与腹板的垂直度		$h/500$，且不应大于 2.0	用直角尺和钢尺检查	

钢桁架外形尺寸的允许偏差(mm)　　　　表 4.12.13

项目		允许偏差	检验方法	图例
桁架最外端两个孔或两端支承面最外侧距离	$L\leqslant24$m	+3.0，−7.0	用钢尺检查	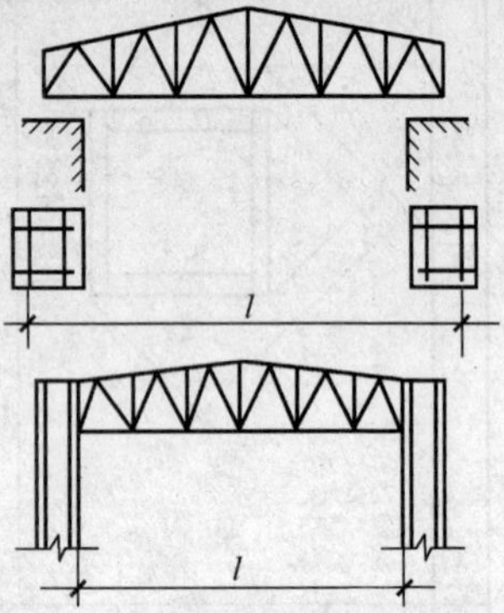 图 4.12.25
	$L>24$m	+5.0，−10.0		
桁架跨中高度		±10.0		
桁架跨中拱度	设计要求起拱	$\pm l/5000$		
	设计未要求起拱	10.0，−5.0		
相邻节间弦杆弯曲（受压除外）		$l/1000$		
支承面到第一个安装孔距离 a		±1.0	用钢尺检查	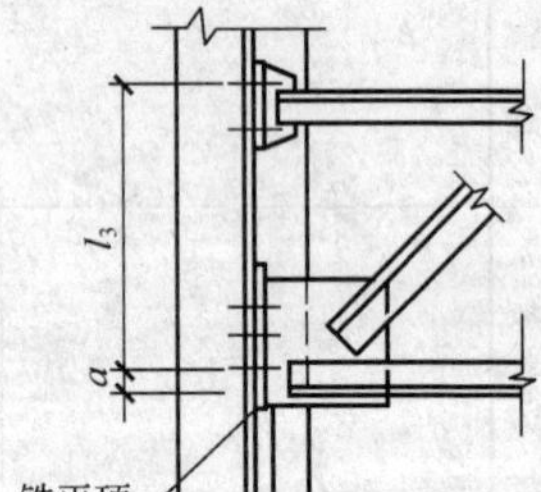 图 4.12.26 1—铣平顶紧支撑面
檩条连接支座间距		±5.0		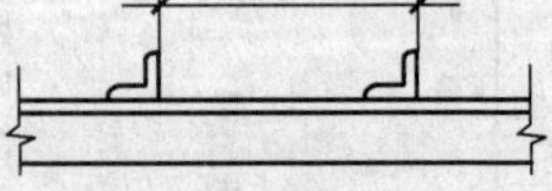 图 4.12.27

(7) 钢管构件外形尺寸的允许偏差应符合表 4.12.14 的规定。

钢管构件外形尺寸的允许偏差(mm)　　　表 4.12.14

项　目	允　许　偏　差	检　验　方　法	图　例
直径 d	$\pm d/500$， ±5.0	用钢尺检查	图 4.12.28
构件长度 l	±3.0		
管口圆度	$d/500$，且 不应大于 5.0		
管面对管轴的垂直度	$d/500$，且 不应大于 3.0	用焊缝量规检查	
弯曲矢高	$l/1500$，且 不应大于 5.0	用拉线、吊线和钢尺检查	
对口错边	$t/10$，且 不应大于 3.0	用拉线和钢尺检查	

注：对方矩形管，d 为长边尺寸。

(8) 墙架、檩条、支撑系统钢构件外形尺寸的允许偏差应符合表 4.12.15 的规定。

墙架、檩条、支撑系统钢构件外形尺寸的允许偏差(mm)　　　表 4.12.15

项　目	允　许　偏　差	检　验　方　法
构件长度 l	±4.0	用钢尺检查
构件两端最外侧安装孔距离 l_1	±3.0	
构件弯曲矢高	$l/1000$，且 不应大于 10.0	用拉线和钢尺检查
截面尺寸	+5.0，−2.0	用钢尺检查

(9) 钢平台、钢梯和防护钢栏杆外形尺寸的允许偏差应符合表 4.12.16 的规定。

钢平台、钢梯和防护钢栏杆

外形尺寸的允许偏差(mm)　　表 4.12.16

项　目	允许偏差	检验方法	图　例
平台长度和宽度	±5.0	用钢尺检查	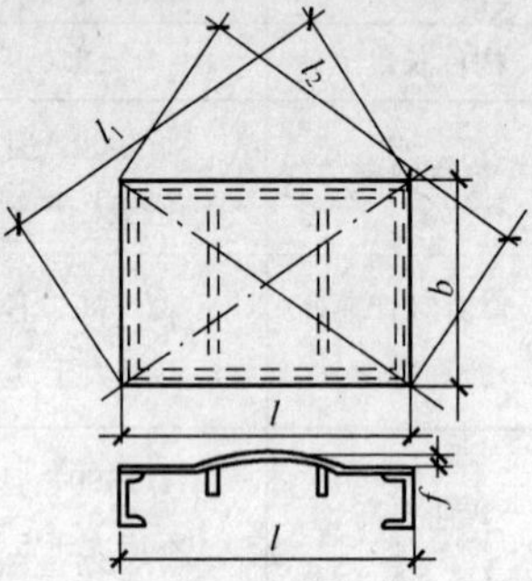 图 4.12.29
平台两对角线差 $\|l_1-l_2\|$	6.0		
平台支柱高度	±3.0		
平台支柱弯曲矢高	5.0	用拉线和钢尺检查	
平台表面平面度(1m 范围内)	6.0	用 1m 直尺和塞尺检查	
梯梁长度 l	±5.0	用钢尺检查	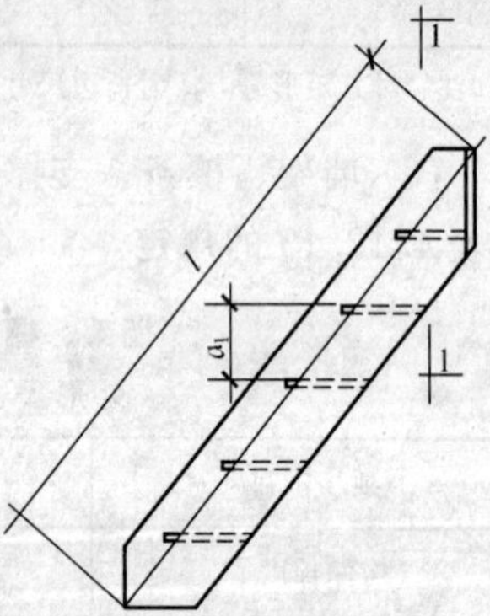 图 4.12.30
钢梯宽度 b	±5.0		
钢梯安装孔距离 a	±3.0		
钢梯纵向挠曲矢高	$l/1000$	用拉线和钢尺检查	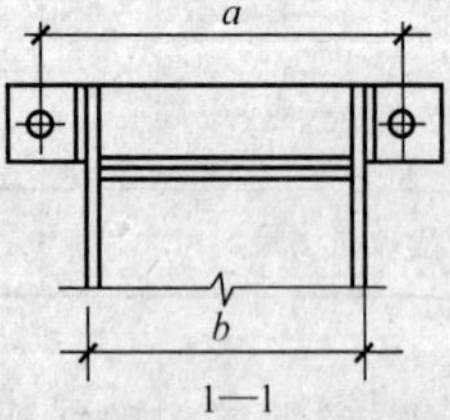 图 4.12.31
踏步(棍)间距	±5.0	用钢尺检查	
栏 杆 高 度	±5.0		
栏杆立柱间距	±10.0		

4.12.4 钢构件预拼装的允许偏差

钢构件预拼装的允许偏差应符合表4.12.17的规定。

钢构件预拼装的允许偏差(mm)　　表4.12.17

<table>
<tr><th>构件类型</th><th colspan="2">项　目</th><th>允许偏差</th><th>检验方法</th></tr>
<tr><td rowspan="5">多节柱</td><td colspan="2">预拼装单元总长</td><td>±5.0</td><td>用钢尺检查</td></tr>
<tr><td colspan="2">预拼装单元弯曲矢高</td><td>$l/1500$，且不应大于10.0</td><td>用拉线和钢尺检查</td></tr>
<tr><td colspan="2">接口错边</td><td>2.0</td><td>用焊缝量规检查</td></tr>
<tr><td colspan="2">预拼装单元柱身扭曲</td><td>$h/200$，且不应大于5.0</td><td>用拉线、吊线和钢尺检查</td></tr>
<tr><td colspan="2">顶紧面至任一牛腿距离</td><td>±2.0</td><td rowspan="2">用钢尺检查</td></tr>
<tr><td rowspan="5">梁、桁架</td><td colspan="2">跨度最外两端安装孔或两端支承面最外侧距离</td><td>+5.0，−10.0</td></tr>
<tr><td colspan="2">接口截面错位</td><td>2.0</td><td>用焊缝量规检查</td></tr>
<tr><td rowspan="2">拱度</td><td>设计要求起拱</td><td>$\pm l/5000$</td><td rowspan="2">用拉线和钢尺检查</td></tr>
<tr><td>设计未要求起拱</td><td>$l/2000$，0</td></tr>
<tr><td colspan="2">节点处杆件轴线错位</td><td>4.0</td><td>划线后用钢尺检查</td></tr>
<tr><td rowspan="4">管构件</td><td colspan="2">预拼装单元总长</td><td>±5.0</td><td>用钢尺检查</td></tr>
<tr><td colspan="2">预拼装单元弯曲矢高</td><td>$L/1500$，且不应大于10.0</td><td>用拉线和钢尺检查</td></tr>
<tr><td colspan="2">对口错边</td><td>$t/10$，且不应大于3.0</td><td rowspan="2">用焊缝量规检查</td></tr>
<tr><td colspan="2">坡口间隙</td><td>+2.0，−1.0</td></tr>
<tr><td rowspan="2">构件平面总体预拼装</td><td colspan="2">各楼层柱距</td><td>±4.0</td><td rowspan="2">用钢尺检查</td></tr>
<tr><td colspan="2">相邻楼层梁与梁之间距离</td><td>±3.0</td></tr>
<tr><td rowspan="2">构件平面总体预拼装</td><td colspan="2">各层间框架两对角线之差</td><td>$H/2000$，且不应大于5.0</td><td rowspan="2">用钢尺检查</td></tr>
<tr><td colspan="2">任意两对角线之差</td><td>$\Sigma H/2000$，且不应大于8.0</td></tr>
</table>

4.12.5 钢结构安装的允许偏差

（1）单层钢结构中柱子安装的允许偏差应符合表 4.12.18 的规定。

单层钢结构中柱子安装的允许偏差(mm)　　**表 4.12.18**

项目			允许偏差	图例	检验方法
柱脚底座中心线对定位轴线的偏移			5.0	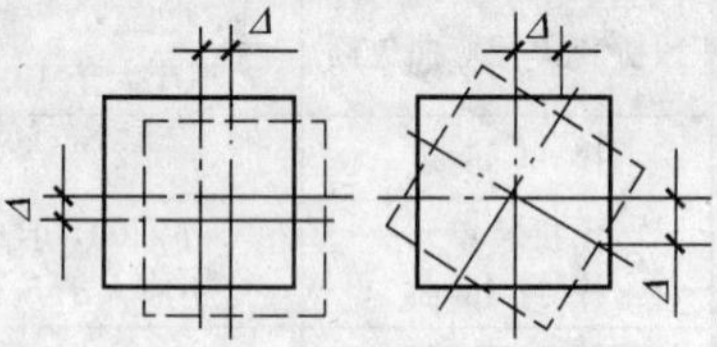 图 4.12.32	用吊线和钢尺检查
柱基准点标高	有吊车梁的柱		+3.0 −5.0	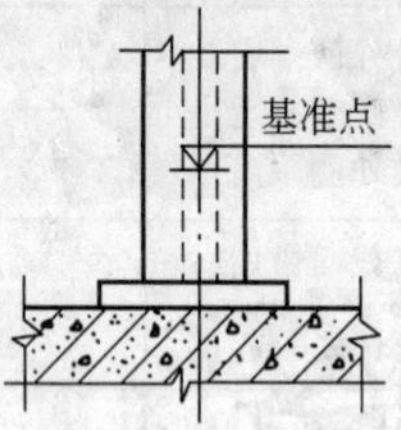 图 4.12.33	用水准仪检查
	无吊车梁的柱		+5.0, −8.0		
弯曲矢高			H/1200，且不应大于 15.0		用经纬仪或拉线和钢尺检查
柱轴线垂直度	单层柱	H≤10m	H/1000	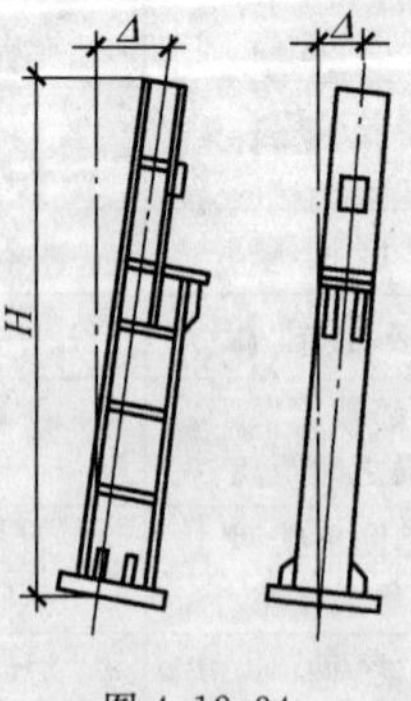 图 4.12.34	用经纬仪或吊线和钢尺检查
		H>10m	H/1000 且不应大于 25.0		
	多节柱	单节柱	H/1000，且不应大于 10.0		
		栓全高	35.0		

（2）钢吊车梁安装的允许偏差应符合表 4.12.19 的规定。

钢吊车梁安装的允许偏差（mm） **表 4.12.19**

项目		允许偏差	图例	检验方法
梁的跨中垂直度 Δ		$h/500$	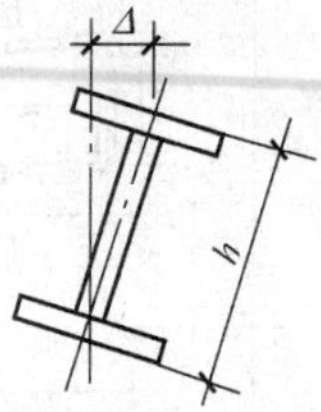 图 4.12.35	用吊线和钢尺检查
侧向弯曲矢高		$l/1500$，且不应大于 10.0		用拉线和钢尺检查
垂直上拱矢高		10.0		
两端支座中心位移 Δ	安装在钢柱上时，对牛腿中心的偏移	5.0	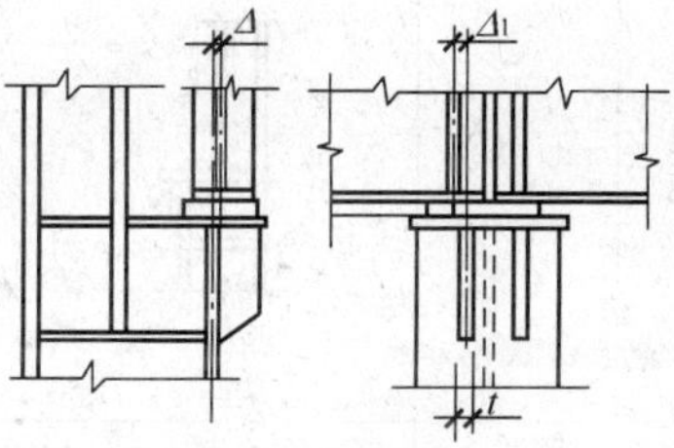 图 4.12.36	
	安装在混凝土柱上时，对定位轴线的偏移	5.0		
吊车梁支座加劲板中心与柱子承压加劲板中心的偏移 Δ_1		$t/2$		用吊线和钢尺检查
同跨间内同一横截面吊车梁顶面高差 Δ	支座处	10.0	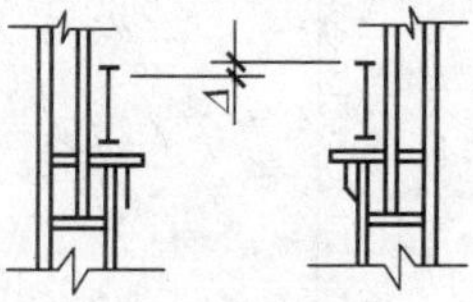 图 4.12.37	用经纬仪、水准仪和钢尺检查
	其他处	15.0		
同跨间内同一横截面下挂式吊车梁底面高差 Δ		10.0	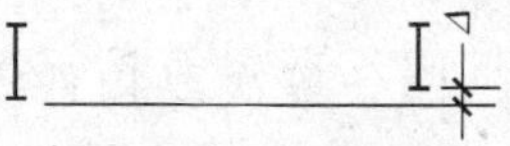 图 4.12.38	

续表

<table>
<tr><th colspan="2">项　　目</th><th>允许偏差</th><th>图　　例</th><th>检验方法</th></tr>
<tr><td colspan="2">同列相邻两
柱间吊车梁
顶面高差 Δ</td><td>$l/1500$，
且不应
大于 10.0</td><td> 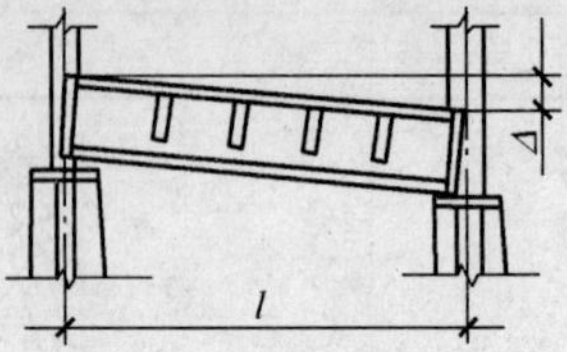图 4.12.39</td><td>用水准
仪和钢
尺检查</td></tr>
<tr><td rowspan="3">相邻
两吊
车梁
接头
部位
Δ</td><td>中心错位</td><td>3.0</td><td rowspan="3"> 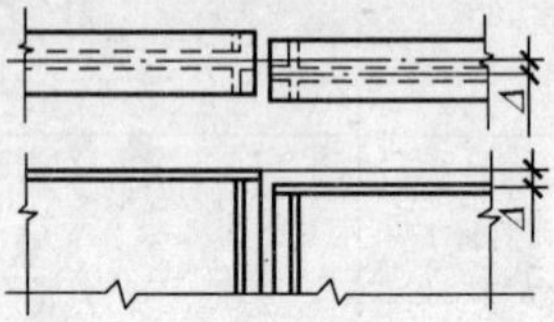图 4.12.40</td><td rowspan="3">用钢尺
检查</td></tr>
<tr><td>上 承 式
顶面高差</td><td>1.0</td></tr>
<tr><td>下 承 式
底面高差</td><td>1.0</td></tr>
<tr><td colspan="2">同跨间任一
截面的吊车
梁中心跨距 Δ</td><td>±10.0</td><td> 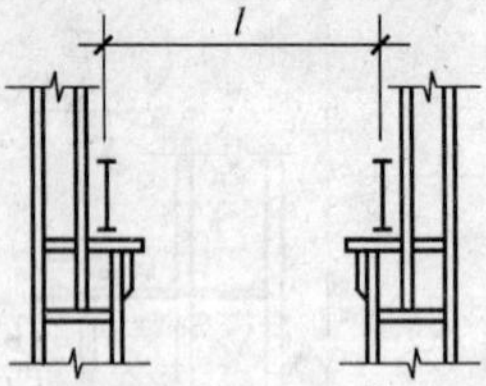图 4.12.41</td><td>用经纬
仪和光
电测距
仪检查；
跨度小
时，可用
钢尺检查</td></tr>
<tr><td colspan="2">轨道中心对
吊车梁腹板
轴线的偏移 Δ</td><td>$t/2$</td><td> 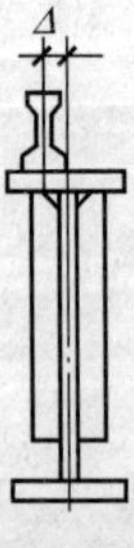图 4.12.42</td><td>用吊线和
钢尺检查</td></tr>
</table>

（3）墙架、檩条等次要构件安装的允许偏差应符合表 4.12.20 的规定。

墙架、檩条等次要构件安装的允许偏差(mm)　　表 4.12.20

项目		允许偏差	检验方法
墙架立柱	中心线对定位轴线的偏移	10.0	用钢尺检查
	垂直度	$H/1000$，且不应大于 10.0	用经纬仪或吊线和钢尺检查
	弯曲矢高	$H/1000$，且不应大于 15.0	用经纬仪或吊线和钢尺检查
抗风桁架的垂直度		$h/250$，且不应大于 15.0	用吊线和钢尺检查
檩条，墙梁的间距		±5.0	用钢尺检查
檩条的弯曲矢高		$L/750$，且不应大于 12.0	用拉线和钢尺检查
墙梁的弯曲矢高		$L/750$，且不应大于 10.0	用拉线和钢尺检查

注：H 为墙架立柱的高度、h 为抗风桁架的高度、L 为檩条或墙梁的长度。

(4) 钢平台、钢梯和防护栏杆安装的允许偏差应符合表 4.12.21 的规定。

钢平台、钢梯和防护栏杆安装的允许偏差(mm)　　表 4.12.21

项目	允许偏差	检验方法
平台高度	±15.0	用水准仪检查
平台梁水平度	$L/1000$，且不应大于 20.0	用水准仪检查
平台支柱垂直度	$H/1000$，且不应大于 15.0	用经纬仪或吊线和钢尺检查
承重平台梁侧向弯曲	$L/1000$，且不应大于 10.0	用拉线和钢尺检查
承重平台梁垂直度	$h/250$，且不应大于 15.0	用吊线和钢尺检查
直梯垂直度	$L/1000$，且不应大于 15.0	用吊线和钢尺检查
栏杆高度	±15.0	用钢尺检查
栏杆立柱间距	±15.0	用钢尺检查

(5) 多层及高层钢结构中构件安装的允许偏差应符合表 4.12.22 的规定。

多层及高层钢结构中构件安装的允许偏差(mm)　表 4.12.22

项　目	允许偏差	图　例	检验方法
上、下柱连接处的错口 Δ	3.0	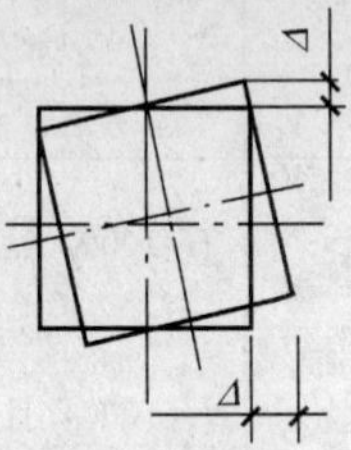 图 4.12.43	用钢尺检查
同一层柱的各柱顶高度差 Δ	5.0	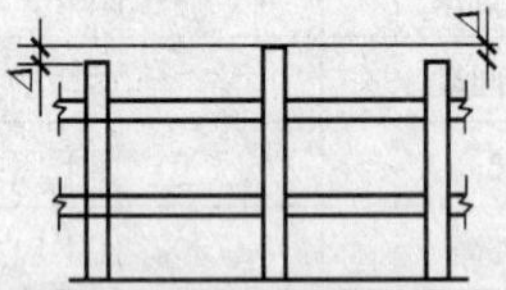 图 4.12.44	用水准仪检查
同一根梁两端顶面的高差 Δ	l/1000，且不应大于 10.0	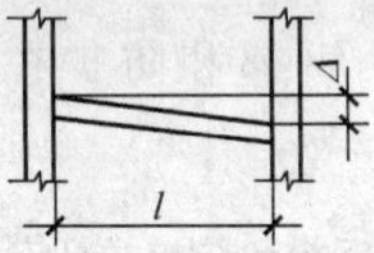 图 4.12.45	用水准仪检查
主梁与次梁表面的高差 Δ	±2.0	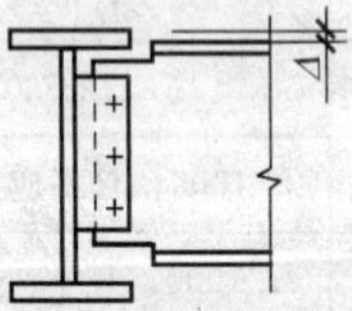 图 4.12.46	用直尺和钢尺检查
压型金属板在钢梁上相邻列的错位 Δ	15.00	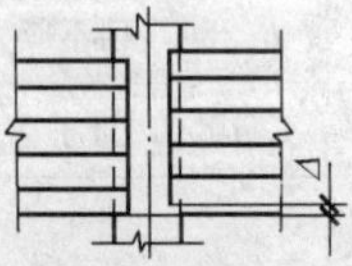 图 4.12.47	用直尺和钢尺检查

(6) 多层及高层钢结构主体结构总高度的允许偏差应符合表 4.12.23 的规定。

多层及高层钢结构主体

结构总高度的允许偏差（mm）　　　　**表 4.12.23**

项　目	允 许 偏 差	图　例
用相对标高控制安装	$\pm\Sigma(\Delta_h+\Delta_z+\Delta_w)$	
用设计标高控制安装	$H/1000$，且不应大于 30.0 $-H/1000$，且不应小于 -30.0	H 图 4.12.48

注：Δ_h 为每节柱子长度的制造允许偏差、Δ_z 为每节柱子长度受荷载后的压缩值、Δ_w 为每节柱子接头焊缝的收缩值。

4.12.6　钢结构防火涂料涂层厚度测定方法

（1）测针

测针（厚度测量仪），由针杆和可滑动的圆盘组成，圆盘始终保持与针杆垂直，并在其上装有固定装置，圆盘直径不大于 30mm，以保证完全接触被测试件的表面。如果厚度测量仪不易插入被插材料中，也可使用其他适宜的方法测试。

测试时，将测厚探针垂直插入防火涂层直至钢基材表面上，记录标尺读数。见图 4.12.49。

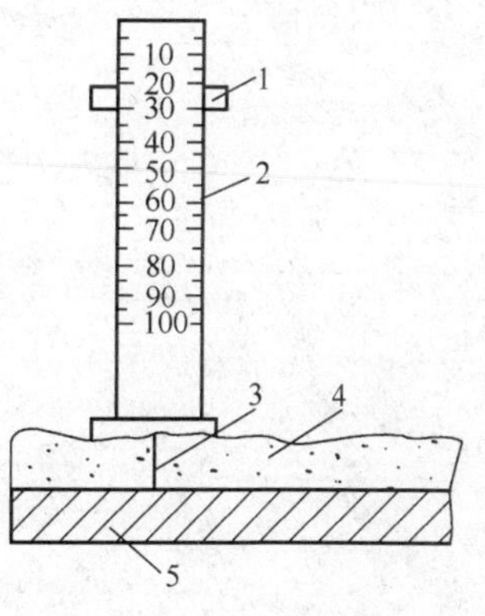

图 4.12.49　测厚度示意图

1—标尺；2—刻度；3—测针；4—防火涂层；5—钢基材

（2）测点选定

1）楼板和防火墙的防火涂层厚度测定，可选两相邻纵、横轴线相交中的面积为一个单元，在其对角线上，按每米长度选一点进行测试。

2）全钢框架结构的梁和柱的防火涂层厚度测定，在构件长度内每隔 3m 取一截面，按图 4.12.50 数字所示位置测试。

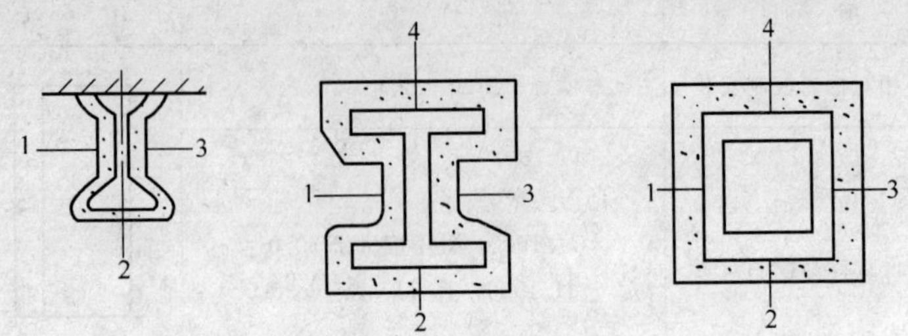

图 4.12.50 测点示意图

(a)工字梁；(b)工字柱；(c)方形柱

3）桁架结构，上弦和下弦按上述 2，的规定每隔 3m 取一截面检测，其他腹杆每根取一截面检测。

(3) 测量结果

对于楼板和墙面，在所选择的面积中，至少测出 5 个点：对于梁和柱在所选择的位置中，分别测出 6 个和 8 个点。分别计算出它们的平均值，精确到 0.5mm。

附：建筑结构检测

1 术　　语

1.1 建筑结构

1.1.1 建筑结构：建筑的承重骨架体系。在标准中是指建筑结构工程和既有建筑结构。

1.1.2 建筑结构工程：在建的建筑结构或竣工验收后使用不超过两年的建筑工程中的结构工程。

1.1.3 既有建筑结构：已建成且投入使用超过两年的建筑工程中的结构工程。

1.2 建筑结构检测

1.2.1 建筑结构检测：为评定建筑结构工程的质量或鉴定既有建筑结构的性能等所实施的检测工作。

1.2.2 检测批：检测项目相同、质量要求和生产工艺等基本相同，由一定数量构件等构成的检测对象。

1.2.3 抽样检测：从检测批中抽取样本，通过对样本的测试确定检测批质量的检测方法。

1.2.4 测区：按检测方法要求布置的，有一个或若干个测点的区域。

1.2.5 测点：在测区内，取得检测数据的检测点。

1.3 结构构件材料强度与缺陷检测方法

1.3.1 非破损检测方法：在检测过程中，对结构的既有性能没有影响的检测方法。

1.3.2 局部破损检测方法：在检测过程中，对结构既有性能有局部和暂时的影响，但可修复的检测方法。

1.3.3 回弹法：通过测定回弹值及有关参数检测材料抗压强度和强度匀质性的方法。

1.3.4 超声回弹综合法：通过测定混凝土的超声波声速值和回弹值检测混凝土抗压强度的方法。

1.3.5 钻芯法：通过从结构或构件中钻取圆柱状试件检测材料强度的方法。

1.3.6 超声法：通过测定超声脉冲波的有关声学参数检测非金属材料缺陷和抗压强度的方法。

1.3.7 后装拔出法：在已硬化的混凝土表层安装拔出仪进行拔出力的测试，检测混凝土抗压强度的方法。

1.3.8 贯入法：通过测定钢钉贯入深度值检测构件材料抗压强度的方法。

1.3.9 原位轴压法：用原位压力机在烧结普通砖墙体上进行抗压测试，检测砌体抗压强度的方法。

1.3.10 扁式液压顶法：用扁式液压千斤顶在烧结普通砖墙体上进行抗压测试，检测砌体的压应力、弹性模量、抗压强度的方法。

1.3.11 原位单剪法：在烧结普通砖墙体上沿单个水平灰缝进行抗剪测试，检测砌体抗剪强度的方法。

1.3.12 双剪法：在烧结普通砖墙体上对单块顺砖进行双面抗剪测试，检测砌体抗剪强度的方法。

1.3.13 砂浆片剪切法：用砂浆测强仪测定砂浆片的抗剪承载力，检测砌筑砂浆抗压强度的方法。

1.3.14 推出法：用推出仪从烧结普通砖墙体上水平推出单

块丁砖，根据测得的水平推力及推出砖下的砂浆饱满度来检测砌筑砂浆抗压强度的方法。

1.3.15 点荷法：对试样施加点荷载检测砌筑砂浆抗压强度的方法。

1.3.16 筒压法：将取样砂浆破碎、烘干并筛分成一定级配要求的颗粒，装入承压筒并施加筒压荷载后，测定其破碎程度，用筒压比来检测砌筑砂浆抗压强度的方法。

1.3.17 射钉法：用射钉枪将射钉射入墙体的水平灰缝中，依据射钉的射入量检测砌筑砂浆抗压强度的方法。

1.3.18 超声波探伤：采用超声波探伤仪检测金属材料或焊缝缺陷的方法。

1.3.19 射线探伤：用x射线或γ射线透照钢工件，从荧光屏或所得底片上检测钢材或焊缝缺陷的方法。

1.3.20 磁粉探伤：根据磁粉在试件表面所形成的磁痕检测钢材表面和近表面裂纹等缺陷的方法。

1.3.21 渗透探伤：用渗透剂检测材料表面裂纹的方法。

1.4 结构、构件几何尺寸

1.4.1 标高：建筑物某一确定位置相对于±0.000的垂直高度。

1.4.2 轴线位移：结构或构件轴线实际位置与设计要求的偏差。

1.4.3 垂直度：在规定高度范围内，构件表面偏离重力线的程度。

1.4.4 平整度：结构构件表面凹凸的程度。

1.4.5 尺寸偏差：实际几何尺寸与设计几何尺寸之间的差值。

1.4.6 挠度：在荷载等作用下，结构构件轴线或中性面上某点由挠曲引起垂直于原轴线或中性面方向上的线位移。

1.4.7 变形：作用引起的结构或构件中两点间的相对位移。

1.5 结构构件缺陷与损伤

1.5.1 蜂窝：构件的混凝土表面因缺浆而形成的石子外露酥松等缺陷。

1.5.2 麻面：混凝土表面因缺浆而呈现麻点、凹坑和气泡等缺陷。

1.5.3 孔洞：混凝土中超过钢筋保护层厚度的孔穴。

1.5.4 露筋：构件内的钢筋未被混凝土包裹而外露的缺陷。

1.5.5 龟裂：构件表面呈现的网状裂缝。

1.5.6 裂缝：从建筑结构构件表面伸入构件内的缝隙。

1.5.7 疏松：混凝土中局部不密实的缺陷。

1.5.8 混凝土夹渣：混凝土中夹有杂物且深度超过保护层厚度的缺陷。

1.5.9 焊缝夹渣：焊接后残留在焊缝中的熔渣。

1.5.10 焊缝缺陷：焊缝中的裂纹、夹渣、气孔等。

1.5.11 腐蚀：建筑构件直接与环境介质接触而产生物理和化学的变化，导致材料的劣化。

1.5.12 锈蚀：金属材料由于水份和氧气等的电化学作用而产生的腐蚀现象。

1.5.13 损伤：由于荷载、环境侵蚀、灾害和人为因素等造成的构件非正常的位移、变形、开裂以及材料的破损和劣化等。

1.6 检测数据概率统计特征值

1.6.1 均值：随机变量取值的平均水平，也常称 0.5 分位值。

1.6.2 方差：随机变量取值与其均值之差的二次方的平均值。

1.6.3 标准差：随机变量方差的正平方根。

1.6.4 样本均值：样本 X_1，……X_N 的算术平均值。

1.6.5　样本方差：样本分量与样本均值之差的平方和为分子，分母为样本容量减1。

1.6.6　样本标准差：样本方差的正平方根。

1.6.7　样本：按一定程序从总体(检测批)中抽取的一组(一个或多个)个体。

1.6.8　个体：可以单独取得一个检验或检测数据代表值的区域或构件。

1.6.9　样本容量：样本中所包含的个体的数目。

1.6.10　标准值：与随机变量分布函数0.05概率(具有95%保证率)相应的值，也常称为0.05分位值。

2　基本规定

2.1　建筑结构检测范围和分类

2.1.1　建筑结构的检测可分为建筑结构工程质量的检测和既有建筑结构性能的检测。

2.1.2　当遇到下列情况之一时，应进行建筑结构工程质量的检测。

1. 涉及结构安全的试块、试件以及有关材料检验数量不足。

2. 对施工质量的抽样检测结果达不到设计要求。

3. 对施工质量有怀疑或争议，需要通过检测进一步分析结构的可靠性。

4. 发生工程事故，需要通过检测分析事故的原因及对结构可靠性的影响。

2.1.3　当遇到下列情况之一时，应对既有建筑结构现状缺陷和损伤、结构构件承载力、结构变形等涉及结构性能的项目进行检测。

1. 建筑结构安全鉴定。

2. 建筑结构抗震鉴定。

3. 建筑大修前的可靠性鉴定。

4. 建筑改变用途、改造、加层或扩建前的鉴定。

5. 建筑结构达到设计使用年限要继续使用的鉴定。

6. 受到灾害、环境侵蚀等影响建筑的鉴定。

7. 对既有建筑结构的工程质量有怀疑或争议。

2.1.4　建筑结构的检测应为建筑结构工程质量的评定或建筑结构性能的鉴定提供真实、可靠、有效的检测数据和检测结论。

2.1.5　建筑结构的检测应根据本标准的要求和建筑结构工程质量评定或既有建筑结构性能鉴定的需要合理确定检测项目和检测方案。

2.1.6　对于重要和大型项目宜进行结构动力测试和结构安全性监测。

2.2　检测工作程序与基本要求

2.2.1　建筑结构检测工作程序宜按图附-1进行。

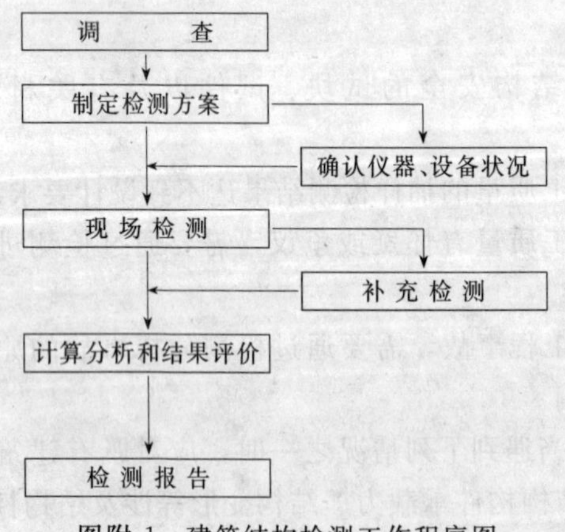

图附-1　建筑结构检测工作程序图

2.2.2　现场和有关资料调查内容

1. 收集被检测建筑结构的设计图纸、设计变更、施工记录、施工验收和工程地质勘察等资料。

2. 调查被检测建筑结构现状缺陷，环境条件，使用期间的加固与维修情况和用途与荷载等变更情况。

3. 向有关人员进行调查。

4. 进一步明确委托方的检测目的和具体要求，并了解是否已进行过检测。

2.2.3 建筑结构的检测应有完备的检测方案，并应经过审定。

2.2.4 建筑结构的检测方案内容

1. 概况：主要包括结构类型、建筑面积、总层数、设计、施工及监理单位，建造时间等。

2. 检测目的或检测要求。

3. 检测依据：主要包括检测所依据的标准及有关的技术资料等。

4. 检测项目和选用的检测方法以及检测的数量。

5. 检测人员和仪器设备情况。

6. 检测工作进度计划。

7. 所需要的配合工作。

8. 检测中的安全措施。

9. 检测中的环保措施。

2.2.5 检测时应确保所使用的仪器设备在检定或校准周期内，并处于正常状态。仪器设备的精度应满足检测项目的要求。

2.2.6 检测的原始记录，应记录在专用记录纸上，数据准确、字迹清晰，信息完整，不得追记、涂改，如有笔误，应进行更改。当采用自动记录时，应符合有关要求。原始记录必须由检测及记录人员签字。

2.2.7 现场取样的试件或试样应予以标识并妥善保存。

2.2.8 当发现检测数据数量不足或检测数据出现异常情况时，应补充检测。

2.2.9 建筑结构现场检测工作结束后，应及时修补因检测造成的结构或构件局部的损伤。修补后的结构构件，应满足承载力的要求。

2.2.10 建筑结构的检测数据计算分析工作完成后，应及时提出相应的检测报告。

2.3 检测方法和抽样方案

2.3.1 建筑结构的检测，应根据检测项目、检测目的、建筑结构状况和现场条件选择适宜的检测方法。

2.3.2 建筑结构的检测方法

1. 有相应标准的检测方法。

2. 有关规范、标准规定或建议的检测方法。

3. 参照本条第1款的检测标准，扩大其适用范围的检测方法。

4. 检测单位自行开发或引进的检测方法。

2.3.3 选用有相应标准的检测方法时的规定

1. 对于通用的检测项目，应选用国家标准或行业标准。

2. 对于有地区特点的检测项目，可选用地方标准。

3. 对同一种方法，地方标准与国家标准或行业标准不一致时，有地区特点的部分宜按地方标准执行，检测的基本原则和基本操作要求应按国家标准或行业标准执行。

4. 当国家标准、行业标准或地方标准的规定与实际情况确有差异或存在明显不适用问题时，可对相应规定做适当调整或修正，但调整与修正应有充分的依据；调整与修正的内容应在检测方案中予以说明，必要时应向委托方提供调整与修正的检测细则。

2.3.4 采用有关规范、标准规定或建议的检测方法时，应遵守的规定

1. 当检测方法有相应的检测标准时，应按第2.3.3条的规定执行。

2. 当检测方法没有相应的检测标准时，检测单位应有相应的检测细则；检测细则应对检测用仪器设备、操作要求、数据处理等做出规定。

2.3.5 采用扩大相应检测标准适用范围的检测方法时，应遵守的规定

1. 所检测项目的目的与相应检测标准相同。

2. 检测对象的性质与相应检测标准检测对象的性质相近。

3. 应采取有效的措施，消除因检测对象性质差异而存在的检测误差。

4. 检测单位应有相应的检测细则，在检测方案中应予以说明，必要时应向委托方提供检测细则。

2.3.6 采用检测单位自行开发或引进的检测仪器及检测方法时，应遵守的规定

1. 该仪器或方法必须通过技术鉴定，并具有一定的工程检测实践经验。

2. 该方法应事先与已有成熟方法进行比对试验。

3. 检测单位应有相应的检测细则，检测细则应符合第 2.3.4 条第 2 款的要求，并给出测试误差或测试结果的不确定度。

4. 在检测方案中应予以说明，必要时应向委托方提供检测细则。

2.3.7 现场检测宜选用对结构或构件无损伤的检测方法。当选用局部破损的取样检测方法或原位检测方法时，宜选择结构构件受力较小的部位，并不应损害结构的安全性。

2.3.8 当对古建筑和有纪念性的既有建筑结构进行检测时，应避免对建筑结构造成损伤。

2.3.9 重要和大型项目的结构动力测试，应根据结构的特点和检测的目的，分别采用环境振动和激振等方法。

2.3.10 重要大型项目和新型结构体系的安全性监测，应根据结构的受力特点制定监测方案，并应对监测方案进行论证。

2.3.11 建筑结构检测抽样方案的选择

1. 外部缺陷的检测，宜选用全数检测方案。

2. 几何尺寸与尺寸偏差的检测，宜选用一次或二次计数抽样方案。

3. 结构连接构造的检测，应选择对结构安全影响大的部位进行抽样。

4. 构件结构性能的实荷检验，应选择同类构件中荷载效应相对较大和施工质量相对较差构件或受到灾害影响、环境侵蚀影响构件中有代表性的构件。

5. 按检测批检测的项目，应进行随机抽样，且最小样本容量宜符合第 2.3.13 条的规定。

6.《建筑工程施工质量验收统一标准》GB 50300 或相应专业工程施工质量验收规范规定的抽样方案。

2.3.12 当为下列情况时，检测对象可以是单个构件或部分构件；但检测结论不得扩大到未检测的构件或范围。

1. 委托方指定检测对象或范围。

2. 因环境侵蚀或火灾、爆炸、高温以及人为因素等造成部分构件损伤时。

2.3.13 建筑结构检测中，检测批的最小样本容量不宜小于表附-1 的限定值。

建筑结构抽样检测的最小样本容量(mm)　　表附-1

检测批的容量	检测类别和样本最小容量		
	A	*B*	*C*
2～8	2	2	3
9～15	2	3	5
16～25	3	5	8
26～50	5	8	13
51～90	5	13	20
91～150	8	20	32
151～280	13	32	50
281～500	20	50	80

续表

检测批的容量	检测类别和样本最小容量		
	A	B	C
501～1200	32	80	125
1201～3200	50	125	200
3201～10000	80	200	315
10001～35000	125	315	500
35001～150000	200	500	800
150001～500000	315	800	1250
＞500000	500	1250	2000
—	—	—	—

注：检测类别 A 适用于一般施工质量的检测；检测类别 B 适用于结构质量或性能的检测；检测类别 C 适用于结构质量或性能的严格检测或复检。

2.3.14　计数抽样检测时，检测批的合格判定

1. 计数抽样检测的对象为主控项目时，正常一次抽样应按表附-2 判定；正常二次抽样应按表附-3 判定。

2. 计数抽样检测的对象为一般项目时，正常一次抽样应按表附-4 判定；正常二次抽样应按表附-5 判定。

主控项目正常一次性抽样的判定(mm)　　**表附-2**

样本容量	合格判定数	不合格判定数	样本容量	合格判定数	不合格判定数
2～5	0	1	80	7	8
8～13	1	2	125	10	11
20	2	3	200	14	15
32	3	4	＞315	21	22
50	5	6			

主控项目正常二次性抽样的判定(mm)　　**表附-3**

抽样次数与样本容量	合格判定数	不合格判定数	抽样次数与样本容量	合格判定数	不合格判定数
(1)　2～6	0	1	(1)　～5	0	2
			(2)　～10	1	2

续表

抽样次数与样本容量	合格判定数	不合格判定数	抽样次数与样本容量	合格判定数	不合格判定数
(1) ～8	0	2	(1) ～80	5	9
(2) ～16	1	2	(2) ～160	12	13
(1) ～13	0	3	(1) ～125	7	11
(2) ～26	3	4	(2) ～250	18	19
(1) ～20	1	3	(1) ～200	11	16
(2) ～40	3	4	(2) ～400	26	27
(1) ～32	2	5	(1) ～315	11	16
(2) ～64	6	7	(2) ～630	26	27
(1) ～50	3	6	—	—	—
(2) ～100	9	10			

注：(1)和(2)表示抽样批次；(2)对应的样本容量为二次抽样的累计数量。

一般项目正常一次性抽样的判定(mm)　　表附-4

样本容量	合格判定数	不合格判定数	样本容量	合格判定数	不合格判定数
2～5	1	2	32	7	8
8	2	3	50	10	11
13	3	4	80	14	15
20	5	6	≥125	21	22

一般项目正常二次性抽样的判定(mm)　　表附-5

抽样次数与样本容量	合格判定数	不合格判定数	抽样次数与样本容量	合格判定数	不合格判定数
(1) ～2	0	2	(1) ～20	2	5
(2) ～4	1	2	(2) ～40	6	7
(1) ～3	0	2	(1) ～32	4	7
(2) ～6	1	2	(2) ～64	10	11
(1) ～5	0	2	(1) ～50	6	10
(2) ～10	1	2	(2) ～100	15	16
(1) ～8	0	3	(1) ～80	9	14
(2) ～16	3	4	(2) ～160	23	24
(1) ～13	1	3	(1) ～125	9	14
(2) ～26	4	5	(2) ～250	23	24

续表

抽样次数与样本容量	合格判定数	不合格判定数	抽样次数与样本容量	合格判定数	不合格判定数
(1) ～200 (2) ～400	9 23	14 24	(1) ～800 (2) ～1600	9 23	14 24
(1) ～315 (2) ～630	9 23	14 24	(1) ～1250 (2) ～2500	9 23	14 24
(1) ～500 (2) ～1000	9 23	14 24	(1) ～2000 (2) ～4000	9 23	14 24

注：(1)和(2)表示抽样次数；(2)对应的样本容量为二次抽样的累计数量。

2.3.15 计量抽样检测批的检测结果，宜提供推定区间。推定区间的置信度宜为0.90，并使错判概率和漏判概率均为0.05。特殊情况下，推定区间的置信度可为0.85，使漏判概率为0.10，错判概率仍为0.05。

2.3.16 结构材料强度计量抽样的检测结果，推定区间的上限值与下限值之差值应予以限制，不宜大于材料相邻强度等级的差值和推定区间上限值与下限值算术平均值的10％两者中的较大值。

2.3.17 当检测批的检测结果不能满足第2.3.15条和第2.3.16条的要求时，可提供单个构件的检测结果，单个构件的检测结果的推定应符合相应检测标准的规定。

2.3.18 检测批中的异常数据，可予以舍弃；异常数据的舍弃应符合《正态样本异常值的判断和处理》GB 4883或其他标准的规定。

2.3.19 检测批的标准差 σ 为未知时，计量抽样检测批均值 μ(0.5分位值)的推定区间上限值和下限值可按下式计算。

$$\mu_1 = m + ks$$

$$\mu_2 = m - ks$$

式中 μ_1——均值(0.5分位值) μ 推定区间的上限值；

μ_2——均值(0.5 分位值)μ 推定区间的下限值；

m——样本均值；

s——样本标准差；

k——推定系数，取值见表附-6。

标准差未知时推定区间上限值与下限值系数　　表附-6

样本容量	标准差未知时推定区间上限值与下限值系数					
	0.5 分位值		0.05 分位值			
	$k(0.05)$	$k(0.1)$	$k_1(0.05)$	$k_2(0.05)$	$k_1(0.1)$	$k_2(0.1)$
5	0.95339	0.68567	0.81778	4.20268	0.98218	3.39983
6	0.82264	0.60253	0.87477	3.70768	1.02822	3.09188
7	0.73445	0.54418	0.92037	3.39947	1.06516	2.89380
8	0.66983	0.50025	0.95803	3.18729	1.09570	2.75428
9	0.61985	0.46561	0.98987	3.03124	1.12153	2.64990
10	0.57968	0.43735	1.01730	2.91096	1.14378	2.56837
11	0.54648	0.41373	1.04127	2.81499	1.16322	2.50262
12	0.51843	0.39359	1.06247	2.73634	1.18041	2.44825
13	0.49432	0.37615	1.08141	2.67050	1.19576	2.40240
14	0.47330	0.36085	1.09848	2.61443	1.20958	2.36311
15	0.45477	0.34729	1.11397	2.56600	1.22213	2.32898
16	0.43826	0.33515	1.12812	2.52366	1.23358	2.29900
17	0.42344	0.32421	1.14112	2.48626	1.24409	2.27240
18	0.41003	0.31428	1.15311	2.45295	1.25379	2.24862
19	0.39782	0.30521	1.16423	2.42304	1.26277	2.22720
20	0.38665	0.29689	1.17458	2.39600	1.27113	2.20778
21	0.37636	0.28921	1.18425	2.37142	1.27893	2.19007
22	0.36686	0.28210	1.19330	2.34896	1.28624	2.17385
23	0.35805	0.27550	1.20181	2.32832	1.29310	2.15891
24	0.34984	0.26933	1.20982	2.30929	1.29956	2.14510
25	0.34218	0.26357	1.21739	2.29167	1.30566	2.13229
26	0.33499	0.25816	1.22455	2.27530	1.31143	2.12037
27	0.32825	0.25307	1.23135	2.26005	1.31690	2.10924
28	0.32189	0.24827	1.23780	2.24578	1.32209	2.09881
29	0.31589	0.24373	1.24395	2.23241	1.32704	2.08903
30	0.31022	0.23943	1.24981	2.21984	1.33175	2.07982

续表

样本容量	标准差未知时推定区间上限值与下限值系数					
	0.5 分位值		0.05 分位值			
	$k(0.05)$	$k(0.1)$	$k_1(0.05)$	$k_2(0.05)$	$k_1(0.1)$	$k_2(0.1)$
31	0.30484	0.23536	1.25540	2.20800	1.33625	2.07113
32	0.29973	0.23148	1.26075	2.19682	1.34055	2.06292
33	0.29487	0.22779	1.26588	2.18625	1.34467	2.05514
34	0.29024	0.22428	1.27079	2.17623	1.34862	2.04776
35	0.28582	0.22092	1.27551	2.16672	1.35241	2.04075
36	0.28160	0.21770	1.28004	2.15768	1.35605	2.03407
37	0.27755	0.21463	1.28441	2.14906	1.35955	2.02771
38	0.27368	0.21168	1.28861	2.14085	1.36292	2.02164
39	0.26997	0.20884	1.29266	2.13300	1.36617	2.01583
40	0.26640	0.20612	1.29657	2.12549	1.36931	2.01027
41	0.26297	0.20351	1.30035	2.11831	1.37233	2.00494
42	0.25967	0.20099	1.30399	2.11142	1.37526	1.99983
43	0.25650	0.19856	1.30752	2.10481	1.37809	1.99493
44	0.25343	0.19622	1.31094	2.09846	1.38083	1.99021
45	0.25047	0.19396	1.31425	2.09235	1.38348	1.98567
46	0.24762	0.19177	1.31746	2.08648	1.38605	1.98130
47	0.24486	0.18966	1.32058	2.08081	1.38854	1.97708
48	0.24219	0.18761	1.32360	2.07535	1.39096	1.97302
49	0.23960	0.18563	1.32653	2.07008	1.39331	1.96909
50	0.23710	0.18372	1.32939	2.06499	1.39559	1.96529
60	0.21574	0.16732	1.35412	2.02216	1.41536	1.93327
70	0.19927	0.15466	1.37364	1.98987	1.43095	1.90903
80	0.18608	0.14449	1.38959	1.96444	1.44366	1.88988
90	0.17521	0.13610	1.40294	1.94376	1.45429	1.87428
100	0.16604	0.12902	1.41433	1.92654	1.46335	1.86125
110	0.15818	0.12294	1.42421	1.91191	1.47121	1.85017
120	0.15133	0.11764	1.43289	1.89929	1.47810	1.84059

2.3.20 检测批的标准差 σ 为未知时，计量抽样检测批具有95%保证率的标准值(0.05 分位值) x_k 的推定区间上限值和下限值可按下式计算。

$$x_{k,1}=m-k_1 s$$

$$x_{k,2}=m-k_2 s$$

式中 $x_{k,1}$——标准值(0.05 分位值)推定区间的上限值；

$x_{k,2}$——标准值(0.05 分位值)推定区间的下限值；

m——样本均值；

s——样本标准差；

k_1 和 k_2——推定系数。

2.3.21 计量抽样检测批的判定，当设计要求相应数值小于或等于推定上限值时，可判定为符合设计要求；当设计要求相应数值大于推定上限值时，可判定为低于设计要求。

2.4 既有建筑的检测

2.4.1 既有建筑除了在遇到本附录第 2.1.3 条规定的情况下应进行建筑结构的检测外，宜有正常的检查制度和在设计使用年限内建筑结构的常规检测。

2.4.2 既有建筑正常的检查工作可由建筑物的产权所有者、管理者实施，检查对象可为建筑构件表面的裂缝、损伤、过大的位移或变形，建筑物内外装饰层是否出现脱落空鼓，栏杆扶手是否松动失效等；既有业务用房的正常检查工作可结合设备的年检进行。

2.4.3 当年检发现存在影响既有建筑正常使用的问题时，应及时维修；当发现影响结构安全的问题时，应委托有资质的检测单位进行建筑结构的检测。

2.4.4 建筑结构在其设计使用年限内的常规检测，应委托具有资质的检测单位进行检测，检测时间应根据建筑结构的具体情况确定。

2.4.5 建筑结构的常规检测应根据既有建筑结构的设计质量、施工质量、使用环境类别等确定检测重点、检测项目和检测方法。

2.4.6 建筑结构的常规检测重点

1. 出现渗水漏水部位的构件。

2. 受到较大反复荷载或动力荷载作用的构件。

3. 暴露在室外的构件。

4. 受到腐蚀性介质侵蚀的构件。

5. 受到污染影响的构件。

6. 与侵蚀性土壤直接接触的构件。

7. 受到冻融影响的构件。

8. 委托方年检怀疑有安全隐患的构件。

9. 容易受到磨损、冲撞损伤的构件。

2.4.7 实施建筑结构常规检测的单位应向委托方提供有关结构安全性、使用安全性及结构耐久性等方面的有效检测数据和检测结论。

2.5 检测结果评定和检测报告

2.5.1 建筑结构检测结果的评定，应符合本附录和相应标准规范的规定。

2.5.2 建筑结构工程质量的检测报告应做出所检测项目是否符合设计文件要求或相应验收规范规定的评定。既有建筑结构性能的检测报告应给出所检测项目的评定结论，并能为建筑结构的鉴定提供可靠的依据。

2.5.3 检测报告应结论准确、用词规范、文字简练，对于当事方容易混淆的术语和概念可书面予以解释。

2.5.4 检测报告内容

1. 委托单位名称。

2. 建筑工程概况，包括工程名称、结构类型、规模、施工日期及现状等。

3. 设计单位、施工单位及监理单位名称。

4. 检测原因、检测目的，以往检测情况概述。

5. 检测项目、检测方法及依据的标准。

6. 抽样方案及数量。

7. 检测日期，报告完成日期。

8. 检测项目的主要分类检测数据和汇总结果；检测结果、检测结论。

9. 主检、审核和批准人员的签名。

2.6 检测单位和检测人员

2.6.1 承接建筑结构检测工作的检测机构，应符合国家规定的有关资质条件要求。

2.6.2 检测单位应有固定的工作场所，健全的质量管理体系和相应的技术能力。

2.6.3 建筑结构检测所用的仪器和设备应有产品合格证、计量检定机构的有效检定(校准)证书或自校证书。

2.6.4 检测人员必须经过培训取得上岗资格，对特殊的检测项目，检测人员应有相应的检测资格证书。

2.6.5 现场检测工作应由两名或两名以上检测人员承担。

3 基桩检测

基桩是指混凝土灌注桩、混凝土预制桩(包括预应力管桩)和钢桩。

3.1 检测方法和内容

3.1.1 工程桩应进行单桩承载力和桩身完整性抽样检测。

3.1.2 基桩检测方法应根据检测目的按表附-7选择。

检测方法及检测目的取 表附-7

序号	检测方法	检测目的
1	单桩竖向抗压静载试验	确定单桩竖向抗压极限承载力。 判定竖向抗压承载力是否满足设计要求。 通过桩身内力及变形测试，测定桩侧、桩端阻力。 验证高应变法的单桩竖向抗压承载力检测结果
2	单桩竖向抗拔静载试验	确定单桩竖向抗拔极限承载力。 判定竖向抗拔承载力是否满足设计要求。 通过桩身内力及变形测试，测定桩的抗拔摩阻力
3	单桩水平静载试验	确定单桩水平临界和极限承载力，推定土抗力参数。 判定水平承载力是否满足设计要求。 通过桩身内力及变形测试，测定桩身弯矩
4	钻芯法	检测灌注桩桩长、桩身混凝土强度、桩底沉渣厚度，判定或鉴别桩端岩土性状，判定桩身完整性类别
5	低应变法	检测桩身缺陷及其位置，判定桩身完整性类别
6	高应变法	判定单桩竖向抗压承载力是否满足设计要求。 检测桩身缺陷及其位置，判定桩身完整性类别。 分析桩侧和桩端阻力
7	声波透射法	检测灌注桩桩身缺陷及其位置，判定桩身完整性类别

3.1.3　桩身完整性检测宜采用两种或多种合适的检测方法进行。

3.2　检测时间

3.2.1　检测开始时间

1. 当采用低应变法或声波透射法检测时，受检桩混凝土强度至少达到设计强度的70%，且不小于15N/mm^2。

2. 当采用钻芯法检测时，受检桩的混凝土龄期达到28d或预留同条件养护试件强度达到设计强度。

3. 承载力检测前的休止时间除应达到上述规定的混凝土强度外，当无成熟的地区经验时，尚不应少于表附-8规定的时间。

休止时间 表附-8

土的类别		休止时间(d)
砂土		7
粉土		10
黏性土	非饱和	15
	饱和	25

注：对于泥浆护壁灌注桩，宜适当延长休止时间。

3.2.2 施工后，宜先进行工程桩的桩身完整性检测，后进行承载力检测。当基础埋深较大时，桩身完整性检测应在基坑开挖至基底标高后进行。

3.2.3 现场检测期间，除应执行有关规定外，还应遵守国家有关安全生产的规定。当现场操作环境不符合仪器设备使用要求时，应采取有效的防护措施。

3.2.4 当发现检测数据异常时，应查找原因，重新检测。

3.2.5 当需要进行验证或扩大检测时，应得到有关各方的确认，并按3.4.1～3.4.7的有关要求执行。

3.3 检测数量

3.3.1 当设计有要求或满足下列条件之一时，施工前应采用静载试验确定单桩竖向抗压承载力特征值。

1. 设计等级为甲级、乙级的桩基。

2. 地质条件复杂、桩施工质量可靠性低。

3. 本地区采用的新桩型或新工艺。

3.3.2 检测数量在同一条件下不应少于3根，且不宜少于总桩数的1%；当工程桩总数在50根以内时，不应少于2根。

3.3.3　打入式预制桩有下列条件要求之一时，应采用高应变法进行试打桩的打桩过程监测。

1. 控制打桩过程中的桩身应力。

2. 选择沉桩设备和确定工艺参数。

3. 选择桩端持力层。

在相同施工工艺和相近地质条件下，试打桩数量不应少于3根。

3.3.4　单桩承载力和桩身完整性验收抽样检测的受检桩选择宜符合下列规定：

1. 施工质量有疑问的桩。

2. 设计方认为重要的桩。

3. 局部地质条件出现异常的桩。

4. 施工工艺不同的桩。

5. 承载力验收检测时适量选择完整性检测中判定的Ⅲ类桩。

6. 除上述规定外，同类型桩宜均匀随机分布。

3.3.5　混凝土桩的桩身完整性检测的抽检数量

1. 柱下3桩或3桩以下的承台抽检桩数不得少于1根。

2. 设计等级为甲级，或地质条件复杂、成桩质量可靠性较低的灌注桩，抽检数量不应少于总桩数的30%，且不得少于20根；其他桩基工程的抽检数量不应少于总桩数的20%，且不得少于10根。

注：1. 对端承型大直径灌注桩，应在上述两款规定的抽检桩数范围内，选用钻芯法或声波透射法对部分受检桩进行桩身完整性检测。抽检数量不应少于总桩数的10%。

2. 地下水位以上且终孔后桩端持力层已通过核验的人工挖孔桩，以及单节混凝土预制桩，抽检数量可适当减少，但不应少于总桩数的10%，且不应少于10根。

3. 当符合附录3.3.4条1～4规定的桩数较多，或为了全面了解整个工程基桩的桩身完整性情况时，应适当增加抽检数量。

3.3.6　对单位工程内且在同一条件下的工程桩，当符合下列条件之一时，应采用单桩竖向抗压承载力静载试验进行验收检测。

1. 设计等级为甲级的桩基。

2. 地质条件复杂、桩施工质量可靠性低。

3. 本地区采用的新桩型或新工艺。

4. 挤土群桩施工产生挤土效应。

5. 抽检数量不应少于总桩数的1%，且不少于3根；当总桩数在50根以内时，不应少于2根。

注：对上述规定条件外的工程桩，当采用竖向抗压静载试验进行验收承载力检测时，抽检数量宜按规定执行。

3.3.7 对3.3.6条规定条件外的预制桩和满足高应变法适用检测范围的灌注桩，可采用高应变法进行单桩竖向抗压承载力验收检测。当有本地区相近条件的对比验证资料时，高应变法也可作为3.3.6条规定条件下单桩竖向抗压承载力验收检测的补充。抽检数量不宜少于总桩数的5%，且不得少于5根。

3.3.8 对于端承型大直径灌注桩，当受设备或现场条件限制无法检测单桩竖向抗压承载力时，可采用钻芯法测定桩底沉渣厚度并钻取桩端持力层岩土芯样检验桩端持力层。抽检数量不应少于总桩数的10%，且不应少于10根。

3.3.9 对于承受拔力和水平力较大的桩基，应进行单桩竖向抗拔、水平承载力检测。检测数量不应少于总桩数的1%，且不应少于3根。

3.4 验证与扩大检测

3.4.1 当进行验证检测时，验证方法宜采用单桩竖向抗压静载试验；对于嵌岩灌注桩，可采用钻芯法验证。

3.4.2 桩身浅部缺陷可采用开挖验证。

3.4.3 桩身或接头存在裂隙的预制桩可采用高应变法验证。

3.4.4 单孔钻芯检测发现桩身混凝土质量问题时，宜在同一基桩增加钻孔验证。

3.4.5　对低应变法检测中不能明确完整性类别的桩或Ⅲ类桩，可根据实际情况采用静载法、钻芯法、高应变法、开挖等适宜的方法验证检测。

3.4.6　当单桩承载力或钻芯法抽检结果不满足设计要求时，应分析原因，并经确认后扩大抽检。

3.4.7　当采用低应变法、高应变法和声波透射法抽检桩身完整性所发现的Ⅲ、Ⅳ类桩之和大于抽检桩数的20%时，宜采用原检测方法(声波透射法可改用钻芯法)，在未检桩中继续扩大抽检。

3.5　检测结果评价和检测报告

3.5.1　桩身完整性检测结果评价，应给出每根受检桩的桩身完整性类别。桩身完整性分类应符合表附-9的规定。

桩身完整性分类表　　**表附-9**

桩身完整性类别	分类原则
Ⅰ类桩	桩身完整
Ⅱ类桩	桩身有轻微缺陷，不会影响桩身结构承载力的正常发挥
Ⅲ类桩	桩身有明显缺陷，对桩身结构承载力有影响
Ⅳ类桩	桩身存在严重缺陷

3.5.2　Ⅳ类桩应进行工程处理。

3.5.3　工程桩承载力检测结果的评价，应给出每根受检桩的承载力检测值，并据此给出单位工程、同一条件下的单桩承载力特征值是否满足设计要求的结论。

3.5.4　检测报告应结论准确、用词规范。

3.5.5　检测报告内容

1. 委托方名称，工程名称、地点，建设、勘察、设计、监理和施工单位，基础、结构形式，层数，设计要求，检测目的，检测依据，检测数量，检测日期。

2. 地质条件描述。

3. 受检桩的桩号、桩位和相关施工记录。

4. 检测方法，检测仪器设备，检测过程叙述。

5. 受检桩的检测数据，实测与计算分析曲线、表格和汇总结果。

6. 与检测内容相应的检测结论。

4 混凝土结构

4.1 一般规定

4.1.1 本章适用于现浇混凝土及预制混凝土结构与构件质量或性能的检测。

4.1.2 混凝土结构的检测可分为原材料性能、混凝土强度、混凝土构件外观质量与缺陷、尺寸与偏差、变形与损伤和钢筋配置等项工作，必要时，可进行结构构件性能的实荷检验或结构的动力测试。

4.2 原材料性能

4.2.1 混凝土原材料质量或性能检测方法

1. 当工程尚有与结构中同批、同等级的剩余原材料时，可按有关产品标准和相应检测标准的规定对与结构工程质量问题有关联的原材料进行检验。

2. 当工程没有与结构中同批、同等级的剩余原材料时，可从结构中取样，检测混凝土的相关质量或性能。

4.2.2 钢筋质量或性能检测方法

1. 当工程尚有与结构中同批的钢筋时，可按有关产品标准的规定进行钢筋力学性能检验或化学成分分析。

2. 需要检测结构中的钢筋进行时，可在构件中截取钢筋进行力学性能检验或化学成分分析；进行钢筋力学性能的检验时，同一规格钢筋的抽检数量应不少于一组。

3. 钢筋力学性能和化学成分的评定指标，应按有关钢筋产品标准确定。

4.2.3 既有结构钢筋抗拉强度的检测，可采用钢筋表面硬度等非破损检测方法与取样检验相结合的方法。

4.2.4 需要检测锈蚀钢筋、受火灾影响等钢筋的性能时，可在构件中截取钢筋进行力学性能检测。在检测报告中应对测试方法与标准方法的不符合程度和检测结果的适用范围等予以说明。

4.3 混凝土强度

4.3.1 结构或构件混凝土抗压强度的检测，可采用回弹法、超声回弹综合法、后装拔出法或钻芯法等方法，检测操作应分别遵守相应技术规程的规定。

4.3.2 混凝土抗压强度检测(特殊项目除外)

1. 采用回弹法时，被检测混凝土的表层质量应具有代表性，且混凝土的抗压强度和龄期不应超过相应技术规程限定的范围。

2. 采用超声回弹综合法时，被检测混凝土的内外质量应无明显差异，且混凝土的抗压强度不应超过相应技术规程限定的范围。

3. 采用后装拔出法时，被检测混凝土的表层质量应具有代表性，且混凝土的抗压强度和混凝土粗骨料的最大粒径不应超过相应技术规程限定的范围。

4. 当被检测混凝土的表层质量不具有代表性时，应采用钻芯法；当被检测混凝土的龄期或抗压强度超过回弹法、超声回弹综合法或后装拔出法等相应技术规程限定的范围时，可采用钻芯法或钻芯修正法。

5. 在回弹法、超声回弹综合法或后装拔出法适用的条件下，宜进行钻芯修正或利用同条件养护立方体试块的抗压强度进行修正。

4.3.3 采用钻芯修正法时，宜选用总体修正量的方法。总体修正量方法中的芯样试件换算抗压强度样本的均值 $f_{cor,m}$，应按本附录第 2.3.19 条的规定确定推定区间，推定区间应满足本附录第 2.3.15 条和第 2.3.16 条的要求；总体修正量 Δ_{tot} 和相应的修正可按下式计算：

$$\Delta_{tot}=f_{cor,m}-f^{c}_{cu,m0}$$

$$f^{c}_{cu,i}=f^{c}_{cu,i0}+\Delta_{tot}$$

式中 $f_{cor,m}$——芯样试件换算抗压强度样本的均值；

$f^{c}_{cu,m0}$——被修正方法检测得到的换算抗压强度样本的均值；

$f^{c}_{cu,i}$——修正后测区混凝土换算抗压强度；

$f^{c}_{cu,i0}$——修正前测区混凝土换算抗压强度。

4.3.4 当钻芯修正法不能满足第 4.3.3 条的要求时，可采用对应样本修正量、对应样本修正系数或一一对应修正系数的修正方法；此时直径 100mm 混凝土芯样试件的数量不应少于 6 个；现场钻取直径 100mm 的混凝土芯样确有困难时，也可采用直径不小于 70mm 的混凝土芯样，但芯样试件的数量不应少于 9 个。一一对应的修正系数，可按相关技术规程的规定计算。

1. 对应样本的修正量 Δ_{loc} 和修正系数 η_{loc}，可按下式计算；

$$\Delta_{loc}=f_{cor,m}-f^{c}_{cu,m0,loc}$$

$$\eta_{loc}=f_{cor,m}/f^{c}_{cu,m0,loc}$$

式中 $f_{cor,m}$——芯样试件换算抗压强度样本的均值；

$f^{c}_{cu,m0,loc}$——被修正方法检测得到的与芯样试件对应测区的换算抗压强度样本的均值。

2. 相应的修正可按下式计算：

$$f^{c}_{cu,i}=f^{c}_{cu,i0}+\Delta_{loc}$$

$$f^{c}_{cu,i}=\eta_{loc}f^{c}_{cu,i0}$$

式中 $f^{c}_{cu,i}$——修正后测区混凝土换算抗压强度；

$f^{c}_{cu,i0}$——修正前测区混凝土换算抗压强度。

4.3.5 检测批混凝土抗压强度的推定，宜按第 2.3.20 条的规定确定推定区间，推定区间应满足第 2.3.15 条和第 2.3.16 条的要求，可按第 2.3.21 条的规定进行评定。单个构件混凝土抗压强度的推定，可按相应技术规程的规定执行。

4.3.6 混凝土的抗拉强度，可采用对直径 100mm 的芯样试件施加劈裂荷载或直拉荷载的方法检测；劈裂荷载的施加方法可参照《普通混凝土力学性能试验方法》GB/T 50081 的规定执行，直拉荷载的施加方法可按《钻芯法检测混凝土强度技术规程》CECS 03 的规定执行。

4.3.7 受到环境侵蚀或遭受火灾、高温等影响构件中未受到影响部分混凝土的强度检测方法

1. 采用钻芯法检测，在加工芯样试件时，应将芯样上混凝土受影响层切除；混凝土受影响层的厚度可依据具体情况分别按最大碳化深度、混凝土颜色产生变化的最大厚度、明显损伤层的最大厚度确定，也可按芯样表面硬度测试情况确定。

2. 混凝土受影响层能剔除时，可采用回弹法或回弹加钻芯修正的方法检测，但回弹测区的质量应符合相应技术规程的要求。

4.4 混凝土构件外观质量与缺陷

4.4.1 混凝土构件外观质量与缺陷的检测可分为蜂窝、麻面、孔洞、夹渣、露筋、裂缝、疏松区和不同时间浇筑的混凝土结合面质量等项目。

4.4.2 混凝土构件外观缺陷，可采用目测与尺量的方法检测；检测数量，对于建筑结构工程质量检测时宜为全部构件。混凝土构件外观缺陷的评定方法，可按表 2.5.22 确定。

4.4.3 结构或构件裂缝的检测

1. 检测项目：应包括裂缝的位置、长度、宽度、深度、形态和数量；裂缝的记录可采用表格或图形的形式。

2. 裂缝深度：可采用超声法检测，必要时可钻取芯样予以验证。

3. 对于仍在发展的裂缝应进行定期观测，提供裂缝发展速度的数据。

4. 裂缝的观测，应按《建筑变形测量规程》JGJ/T 8 的有关规定进行。

4.4.4 混凝土内部缺陷的检测，可采用超声法、冲击反射法等非破损方法；必要时可采用局部破损方法对非破损的检测结果进行验证。采用超声法检测混凝土内部缺陷时，可参照《超声法检测混凝土缺陷技术规程》CECS 21 的规定执行。

4.5 尺寸与偏差

4.5.1 混凝土结构构件的尺寸与偏差的检测项目

1. 构件截面尺寸。
2. 标高。
3. 轴线尺寸。
4. 预埋件位置。
5. 构件垂直度。
6. 表面平整度。

4.5.2 现浇混凝土结构及预制构件的尺寸，应以设计图纸规定的尺寸为基准确定尺寸的偏差，尺寸的检测方法和尺寸偏差的允许值应按第五章和第六章有关内容确定。

4.5.3 对于受到环境侵蚀和灾害影响的构件，其截面尺寸应在损伤最严重部位量测，在检测报告中应提供量测的位置和必要的说明。

4.6 变形与损伤

4.6.1 混凝土结构或构件变形的检测可分为构件的挠度、结构的倾斜和基础不均匀沉降等项目；混凝土结构损伤的检测可分为环境侵蚀损伤、灾害损伤、人为损伤、混凝土有害元素造成的损伤以及预应力锚夹具的损伤等项目。

4.6.2 混凝土构件的挠度，可采用激光测距仪、水准仪或拉线等方法检测。

4.6.3 混凝土构件或结构的倾斜，可采用经纬仪、激光定位仪、三轴定位仪或吊锤的方法检测，宜区分倾斜中施工偏差造成的倾斜、变形造成的倾斜、灾害造成的倾斜等。

4.6.4 混凝土结构的基础不均匀沉降，可用水准仪检测；当需要确定基础沉降的发展情况时，应在混凝土结构上布置测点进行观测，观测操作应遵守《建筑变形测量规程》JGJ/T 8 的规定；混凝土结构的基础累计沉降差，可参照首层的基准线推算。

4.6.5 混凝土结构受到损伤时检测

1. 对环境侵蚀，应确定侵蚀源、侵蚀程度和侵蚀速度。

2. 对混凝土的冻伤，可按注 A 的规定进行检测，并测定冻融损伤深度、面积。

3. 对火灾等造成的损伤，应确定灾害影响区域和受灾害影响的构件，确定影响程度。

4. 对于人为的损伤，应确定损伤程度。

5. 宜确定损伤对混凝土结构的安全性及耐久性影响的程度。

4.6.6 当怀疑水泥中游离氧化钙(f-CaO)对混凝土质量构成影响时，可按注 B 进行检测。

4.6.7 混凝土存在碱骨料反应隐患时，可从混凝土中取样，按《普通混凝土用碎石或卵石质量标准及检验方法》JGJ 53 检测骨料的碱活性，按相关标准的规定检测混凝土中的碱含量。

4.6.8 混凝土中性化(碳化或酸性物质的影响)的深度，可用浓度为1%的酚酞酒精溶液(含 20%的蒸馏水)测定，将酚酞酒精溶液滴在新暴露的混凝土面上，以混凝土变色与未变色的交接处作为混凝土中性化的界面。

4.6.9 混凝土中氯离子的含量，可按注 C 进行检测。

4.6.10 对于未封闭在混凝土内的预应力锚夹具的损伤，可用卡尺、钢尺直接量测。

4.7 钢筋的配置与锈蚀

4.7.1 钢筋配置的检测可分为钢筋位置、保护层厚度、直径、数量等项目。

4.7.2 钢筋位置、保护层厚度和钢筋数量，宜采用非破损的雷达法或电磁感应法进行检测，必要时可凿开混凝土进行钢筋直径或保护层厚度的验证。

4.7.3 有相应检测要求时，可对钢筋的锚固与搭接、框架节点及柱加密区箍筋和框架柱与墙体的拉结筋进行检测。

4.7.4 钢筋的锈蚀情况，可按注D进行检测。

4.8 构件性能实荷检验与结构动测

4.8.1 需要确定混凝土构件的承载力、刚度或抗裂等性能时，可进行构件性能的实荷检验。

4.8.2 构件性能检验的加载与测试方法，应根据设计要求以及构件的实际情况确定。

4.8.3 构件性能的实荷检验

1. 独立构件的实荷检验，按《混凝土结构工程施工质量验收规范》GB 50204 的规定进行。

2. 构件性能实荷检验的荷载布置、检验方法和量测方法，按照《混凝土结构试验方法标准》GB 50152 的要求确定。

3. 实荷检验应确保安全。

4.8.4 当仅对结构的一部分做实荷检验时，应使有问题部分或可能的薄弱部位得到充分的检验。

4.8.5 重要和大型项目混凝土结构的动力测试方法，可按注E确定。

5 钢管混凝土结构

5.1 一般规定

5.1.1 本章适用于钢管混凝土结构与构件质量或性能的检测。

5.1.2 钢管混凝土结构的检测可分为原材料、钢管焊接质量与构件的连接、钢管中混凝土的强度与缺陷以及尺寸与偏差等项工作。具体实施的检测工作或检测项目应根据钢管混凝土结构的实际情况确定。

5.2 原材料

5.2.1 钢管钢材力学性能的检验和化学成分分析，可按第7.2的规定执行。

5.2.2 钢管中混凝土原材料的质量与性能的检验，可按第4.2.1条的规定执行。

5.3 钢管焊接质量与构件连接

5.3.1 钢管焊缝外观缺陷，检测方法和质量评定指标应按现行《钢结构工程施工质量验收规范》GB 50205确定。

5.3.2 钢管混凝土结构的焊接质量与性能，可根据情况分别按第7.3.2条、第7.3.3条和第7.3.4条进行检测。

5.3.3 当钢管为施工单位自行卷制时，焊缝坡口质量评定指标应按《钢管混凝土结构设计与施工规程》CECS 28确定。

5.3.4 钢管混凝土构件之间的连接等，应根据连接的形式和连接构件的材料特性分别按4和7的相关规定进行检测。

5.4 钢管中混凝土强度与缺陷

5.4.1 钢管中混凝土抗压强度，可采用超声法结合同条件立方体试块或钻取混凝土芯样的方法进行检测。

5.4.2 超声法检测钢管中混凝土抗压强度的操作可参见注I。

5.4.3 抗压强度修正试件采用边长150mm同条件混凝土立方体试块或从结构构件测区钻取的直径100mm(高径比1∶1)混凝土芯样试件，试块或试件的数量不得少于6个；可取得对应样本的修正量或修正系数，也可采用一一对应修正系数。对应样本的修正量和修正系数可按第4.3.4条的方法确定，一一对应的修正系数可按相应技术规程的方法确定。

5.4.4 构件或结构的混凝土强度的推定，宜按第 2.3.15 条、第 2.3.16 条和第 2.3.20 条的规定给出推定区间；可按第 2.3.21 条的规定进行评定。单个构件混凝土抗压强度的推定，当构件的测区数量少于 10 个时，以修正后换算强度的最小值作为构件混凝土抗压强度的推定值，当构件测区数为 10 个时，可按下式计算混凝土强度的推定值：

$$f_{cu,e}=f_{cu,m}^{c*}-1.645s$$

式中 $f_{cu,m}^{c*}$——10 个测区修正后换算强度的平均值；

s——样本标准差。

5.4.5 钢管中混凝土的缺陷，可采用超声法检测，检测操作可按《超声法检测混凝土缺陷技术规程》CECS 21 的规定执行。

5.5 尺寸与偏差

5.5.1 钢管混凝土构件尺寸的检测可分为钢管、缀条、加强环、牛腿和连接腹板尺寸等项目，偏差的检测可分为钢管柱的安装偏差和拼接组装偏差等项目。

5.5.2 构件钢管和缀材钢管尺寸的检测可分为钢管的外径、壁厚和长度等项目。钢管的外径，可用专用卡具或尺量测；钢管的壁厚，可用超声测厚仪测定；钢管的长度，可用尺量或激光测距仪测定。

5.5.3 钢管混凝土构件最小尺寸的评定、外径与壁厚比值的限制和构件容许长细比应按《钢管混凝土结构设计与施工规程》CECS 28 的规定评定。

5.5.4 格构柱缀条尺寸的检测可分为缀条的长度、宽度、厚度及缀条与柱肢轴线的偏心等项目；缀条的尺寸，可用尺量的方法检测。

5.5.5 梁柱节点的牛腿、连接腹板和加强环的尺寸，可用钢尺检测，其中加强环的设置与尺寸应按《钢管混凝土结构设计与施工规程》CECS 28 的规定评定。

5.5.6 钢管拼接组装的偏差的检测可分为纵向弯曲、椭圆度、管端不平整度、管肢组合误差和缀件组合误差等项目。其检测方法和评定指标可按《钢管混凝土结构设计与施工规程》CECS 28 的规定执行。

5.5.7 钢管柱的安装偏差检测分为立柱轴线与基础轴线偏差、柱的垂直度等项目，其检测方法和评定指标按《钢管混凝土结构设计与施工规程》CECS 28 确定。

6 砌体结构

6.1 一般规定

6.1.1 本部分内容适用于砖砌体、砌块砌体和石砌体结构与构件的质量或性能的检测。

6.1.2 砌体结构的检测可分为砌筑块材、砌筑砂浆、砌体强度、砌筑质量与构造以及损伤与变形等项工作。具体实施的检测工作和检测项目应根据施工质量验收或鉴定工作的需要和现场的检测条件等具体情况确定。

6.2 砌筑块材

6.2.1 砌筑块材的检测可分为砌筑块材的强度及砌筑砂浆强度等级、尺寸偏差、外观质量、抗冻性能、块材品种等检测项目。

6.2.2 砌筑块材的强度，可采用取样法、回弹法、取样结合回弹的方法或钻芯的方法检测。

6.2.3 砌筑块材强度的检测，应将块材品种相同、强度等级相同、质量相近、环境相似的砌筑构件划为一个检测批，每个检测批砌体的体积不宜超过 $250m^3$。

6.2.4 鉴定工作需要依据砌筑块材强度和砌筑砂浆强度确

定砌体强度时，砌筑块材强度的检测位置宜与砌筑砂浆强度的检测位置对应。

6.2.5 除了有特殊的检测目的之外，砌筑块材强度的检测应遵守下列规定：

1. 取样检测的块材试样和块材的回弹测区，外观质量应符合相应产品标准的合格要求，不应选择受到灾害影响或环境侵蚀作用的块材作为试样或回弹测区。

2. 块材的芯样试件，不得有明显的缺陷。

6.2.6 砌筑块材强度等级的评定指标可按相应产品标准确定。

6.2.7 砖和砌块的取样检测，检测批试样的数量应符合相应产品标准的规定，当对检测批进行推定时，块材试样的数量尚应满足第 2.3.15 条和第 2.3.16 条对推定区间的要求；块材试样强度的测试方法应符合相应产品标准的规定。当符合第 6.2.3 条和第 6.2.5 条的要求时，建筑工程剩余的砌筑块材可作为块材试样使用。

6.2.8 采用回弹法检测烧结普通砖的抗压强度时，检测操作可按注 F 的规定执行。

烧结普通砖的回弹值与换算抗压强度之间换算关系应通过专门的试验确定，当采用注 F 的换算关系时，应进行验证。

6.2.9 采用取样结合回弹的方法检测烧结普通砖的抗压强度

1. 按注 F 布置回弹测区、确定检测的砖样、进行回弹测试并计算换算抗压强度值 $f_{1,i}$。

2. 在进行了回弹测试的砖样中选择 10 块砖取样作为块材试样，按第 6.2.7 条进行块材试样抗压强度的测试，并计算抗压强度平均值$f_{1,\mathrm{m}}^{*}$ 。

3. 参照 4.3.4 之 1 标准式确定对应样本的修正量 Δ_{loc}或对应样本的修正系数 η_{loc}：

4. 参照 4.3.4 之 2 标准式进行修正计算，得到修正后的回弹换算抗压强度值，按第 2.3.19 条或第 2.3.20 条确定推定区间。

6.2.10 当条件具备时，其他块材的抗压强度也可采用取样结合回弹的方法检测，检测操作可参照第 6.2.9 条的规定进行。

6.2.11 石材强度，可采用钻芯法或切割成立方体试块的方法检测；其中钻芯法检测操作规定

1. 芯样试件的直径可为 70mm，高径比为 1.0±0.05。

2. 芯样的端面应磨平，加工质量宜符合《钻芯法检测混凝土强度技术规程》CECS 03 的要求。

3. 按相关规定测试芯样试件的抗压强度；可将直径 70mm 芯样试件抗压强度乘以 1.15 的系数，换算成 70mm 立方体试块抗压强度。

4. 石材强度的推定，可按第 2.3.19 条确定石材强度的推定区间。

6.2.12 鉴定工作需要确定环境侵蚀、火灾或高温等对砌筑块材强度的影响时，可采取取样的检测方法，块材试样强度的测试方法和评定方法可按相应产品标准确定。在检测报告中应明确说明检测结果的适用范围。

6.2.13 砖和砌块尺寸及外观质量检测可采用取样检测或现场检测方法

1. 砖和砌块尺寸的检测，每个检测批可随机抽检 20 块块材，现场检测可仅抽检外露面。单个块材尺寸的评定指标可按现行相应产品标准确定。检测批的判定，应按表附-4 或表附-5 的规定进行检测批的合格判定。

2. 砖和砌块外观质量的检查可分为缺棱掉角、裂纹、弯曲等。现场检查，可检查砖或块材的外露面。检查方法和评定指标应按现行相应产品标准确定。检测批的判定，应按表附-4 或表附-5 进行检测批的合格判定。第一次的抽样数可为 50 块砖或砌块。

6.2.14 砌筑块材外观质量不符合要求时，可根据不符合要

求的程度降低砌筑块材的抗压强度；砌筑块材的尺寸为负偏差时，应以实测构件的截面尺寸作为构件安全性验算和构造评定的参数。

6.2.15 工程质量评定或鉴定工作有要求时，应核查结构特殊部位块材的品种及其质量指标。

6.2.16 砌筑块材其他性能的检测，可参照有关产品标准的规定进行。

6.3 砌筑砂浆

6.3.1 砌筑砂浆的检测可分为砂浆强度及其等级、品种、抗冻性和有害元素含量等项目。

6.3.2 砌筑砂浆强度的检测

1. 砌筑砂浆的强度，宜采用取样的方法检测，如推出法、筒压法、砂浆片剪切法、点荷法等。

2. 砌筑砂浆强度的匀质性，可采用非破损的方法检测，如回弹法、射钉法、贯入法、超声法、超声回弹综合法等。当这些方法用于检测既有建筑砌筑砂浆强度时，宜配合有取样的检测方法。

3. 推出法、筒压法、砂浆片剪切法、点荷法、回弹法和射钉法的检测操作应遵守《砌体工程现场检测技术标准》GB/T 50315 的规定；采用其他方法时，应遵守《砌体工程现场检测技术标准》GB/T 50315 的原则，检测操作应遵守相应检测方法标准的规定。

6.3.3 当遇到下列情况之一时，采用取样法中的点荷法、剪切法、冲击法检测砌筑砂浆强度时，除提供砌筑砂浆强度必要的测试参数外，还应提供受影响层的深度。

1. 砌筑砂浆表层受到侵蚀、风化、剔凿、冻害影响的构件。

2. 遭受火灾影响的构件。

3. 使用年数较长的结构。

6.3.4 工程质量评定或鉴定工作有要求时，应核查结构特殊部位砌筑砂浆的品种及其质量指标。

6.3.5 砌筑砂浆的抗冻性能，当具备砂浆立方体试块时，应按《建筑砂浆基本性能试验方法》JGJ 70 的规定进行测定，当不具备立方体试块或既有结构需要测定砌筑砂浆的抗冻性能时检测方法

1. 采用取样检测方法。

2. 将砂浆试件分为两组，一组做抗冻试件，一组做比对试件。

3. 抗冻组试件按《建筑砂浆基本性能试验方法》JGJ 70 的规定进行抗冻试验，测定试验后砂浆的强度。

4. 比对组试件砂浆强度与抗冻组试件同时测定。

5. 取两组砂浆试件强度值的比值评定砂浆的抗冻性能。

6.3.6 砌筑砂浆中氯离子的含量，可参照第 4.6.9 条提出的方法测定。

6.4 砌体强度

6.4.1 砌体的强度，可采用取样的方法或现场原位的方法检测。

6.4.2 砌体强度的取样检测

1. 取样检测不得构成结构或构件的安全问题。

2. 试件的尺寸和强度测试方法应符合《砌体基本力学性能试验方法标准》GBJ 129 的规定。

3. 取样操作宜采用无振动的切割方法，试件数量应根据检测目的确定。

4. 测试前应对试件局部的损伤予以修复，严重损伤的样品不得作为试件。

5. 砌体强度的推定，可按第 2.3.19 条确定砌体强度均值的推定区间或按第 2.3.20 条确定砌体强度标准值的推定区间；推定区间应符合第 2.3.15 条和第 2.3.16 条的要求。

6. 当砌体强度标准值的推定区间不满足本条第 5 款的要求

时，也可按试件测试强度的最小值确定砌体强度的标准值，此时试件的数量不得少于3件，也不宜大于6件，且不应进行数据的舍弃。

6.4.3 烧结普通砖砌体的抗压强度，可采用扁式液压顶法或原位轴压法检测；烧结普通砖砌体的抗剪强度，可采用双剪法或原位单剪法检测；检测操作应遵守《砌体工程现场检测技术标准》GB/T 50315的规定。砌体强度的推定，宜按第2.3.20条确定砌体强度标准值的推定区间，推定区间应符合第2.3.15条和第2.3.16条的要求；当该要求不能满足时，也可按《砌体工程现场检测技术标准》GB/T 50315进行评定。

6.4.4 遭受环境侵蚀和火灾等灾害影响砌体的强度，可根据具体情况分别按第6.4.2条和第6.4.3条规定的方法进行检测，在检测报告中应明确说明试件状态与相应检测标准要求的不符合程度和检测结果的适用范围。

6.5 砌筑质量与构造

6.5.1 砌筑构件的砌筑质量检测可分为砌筑方法、灰缝质量、砌体偏差和留槎及洞口等项目。砌体结构的构造检测可分为砌筑构件的高厚比、梁垫、壁柱、预制构件的搁置长度、大型构件端部的锚固措施、圈梁、构造柱或芯柱、砌体局部尺寸及钢筋网片和拉结筋等项目。

6.5.2 既有砌筑构件砌筑方法、留槎、砌筑偏差和灰缝质量等，可采取剔凿表面抹灰的方法检测。当构件砌筑质量存在问题时，可降低该构件的砌体强度。

6.5.3 砌筑方法的检测，应检测上、下错缝，内外搭砌等是否符合要求。

6.5.4 灰缝质量检测可分为灰缝厚度、灰缝饱满程度和平直程度等项目。其中灰缝厚度的代表值应按10皮砖砌体高度折算。灰缝的饱满程度和平直程度，可按《砌体工程施工质量验收规范》GB 50203规定的方法进行检测。

6.5.5 砌体偏差的检测可分为砌筑偏差和放线偏差。砌筑偏差中的构件轴线位移和构件垂直度的检测方法和评定标准，可按《砌体工程施工质量验收规范》GB 50203 的规定执行。对于无法准确测定构件轴线绝对位移和放线偏差的既有结构，可测定构件轴线的相对位移或相对放线偏差。

6.5.6 砌体中的钢筋，可按第 4 款提出的方法检测。砌体中拉结筋的间距，应取 2～3 个连续间距的平均间距作为代表值。

6.5.7 砌筑构件的高厚比，其厚度值应取构件厚度的实测值。

6.5.8 跨度较大的屋架和梁支承面下的垫块和锚固措施，可采取剔除表面抹灰的方法检测。

6.5.9 预制钢筋混凝土板的支承长度，可采用剔凿楼面面层及垫层的方法检测。

6.5.10 跨度较大门窗洞口的混凝土过梁的设置状况，可通过测定过梁钢筋状况判定，也可采取剔凿表面抹灰的方法检测。

6.5.11 砌体墙梁的构造，可采取剔凿表面抹灰和用尺量测的方法检测。

6.5.12 圈梁、构造柱或芯柱的设置，可通过测定钢筋状况判定；圈梁、构造柱或芯柱的混凝土施工质量，可按第 4 款的相关规定进行检测。

6.6 变形与损伤

6.6.1 砌体结构的变形与损伤的检测可分为裂缝、倾斜、基础不均匀沉降、环境侵蚀损伤、灾害损伤及人为损伤等项目。

6.6.2 砌体结构裂缝的检测

1. 对于结构或构件上的裂缝，应测定裂缝的位置、裂缝长度、裂缝宽度和裂缝的数量。

2. 必要时应剔除构件抹灰确定砌筑方法、留槎、洞口、管线及预制构件对裂缝的影响。

3. 对于仍在发展的裂缝应进行定期的观测，提供裂缝发展速度的数据。

6.6.3 砌筑构件或砌体结构的倾斜，可按第4.6.3条提供的方法检测，宜区分倾斜中砌筑偏差造成的倾斜、变形造成的倾斜、灾害造成的倾斜等。

6.6.4 基础的不均匀沉降，可按第4.6.4条提供的方法检测。

6.6.5 对砌体结构受到的损伤进行检测时，应确定损伤对砌体结构安全性的影响。对于不同原因造成的损伤检测

1. 对环境侵蚀，应确定侵蚀源、侵蚀程度和侵蚀速度。

2. 对冻融损伤，应测定冻融损伤深度、面积，检测部位宜为檐口、房屋的勒脚、散水附近和出现渗漏的部位。

3. 对火灾等造成的损伤，应确定灾害影响区域和受灾害影响的构件，确定影响程度。

4. 对于人为的损伤，应确定损伤程度。

7 钢结构

7.1 一般规定

7.1.1 本部分内容适用于钢结构与钢构件质量或性能的检测。

7.1.2 钢结构的检测可分为钢结构材料性能、连接、构件的尺寸与偏差、变形与损伤、构造以及涂装等项工作，必要时，可进行结构或构件性能的实荷检验或结构的动力测试。

7.2 材料

7.2.1 对结构构件钢材的力学性能检验可分为屈服点、抗拉强度、伸长率、冷弯和冲击功等项目。

7.2.2 当工程尚有与结构同批的钢材时，可以将其加工成试件，进行钢材力学性能检验；当工程没有与结构同批的钢材时，可在构件上截取试样，但应确保结构构件的安全。钢材力学

性能检验试件的取样数量、取样方法、试验方法和评定标准应符合表附-10的规定。

材料力学性能检验项目和方法　　　　表附-10

<table>
<tr><th>检验项目</th><th>取样数量（个/批）</th><th>取样方法</th><th>试验方法</th><th>评定标准</th></tr>
<tr><td>屈服点、抗拉强度、伸长率</td><td>1</td><td rowspan="3">《钢材力学及工艺性能试验取样规定》GB 2975</td><td>《金属拉伸试验试样》GB 6397；《金属拉伸试验方法》GB 228</td><td rowspan="3">《碳素结构钢》GB/T 700；《低合金高强度结构钢》GB/T 1591；其他钢材产品标准</td></tr>
<tr><td>冷弯</td><td>1</td><td>《金属弯曲试验方法》GB 232</td></tr>
<tr><td>冲击功</td><td>3</td><td>《金属夏比缺口冲击试验方法》GB/T 229</td></tr>
</table>

7.2.3　当被检验钢材的屈服点或抗拉强度不满足要求时，应补充取样进行拉伸试验。补充试验应将同类构件同一规格的钢材划为一批，每批抽样3个。

7.2.4　钢材化学成分的分析，可根据需要进行全成分分析或主要成分分析。钢材化学成分的分析每批钢材可取一个试样，取样和试验应分别按《钢的化学分析用试样取样法及成品化学成分允许偏差》GB 222和《钢铁及合金化学分析方法》GB 223执行，并应按相应产品标准进行评定。

7.2.5　既有钢结构钢材的抗拉强度，可采用表面硬度的方法检测，检测操作可按注G的规定进行。应用表面硬度法检测钢结构钢材抗拉强度时，应有取样检验钢材抗拉强度的验证。

7.2.6　锈蚀钢材或受到火灾等影响钢材的力学性能，可采用取样的方法检测；对试样的测试操作和评定，可按相应钢材产品标准的规定进行，在检测报告中应明确说明检测结果的适用范围。

7.3 连接

7.3.1 钢结构的连接质量与性能的检测可分为焊接连接、焊钉(栓钉)连接、螺栓连接、高强螺栓连接等项目。

7.3.2 对设计上要求全焊透的一、二级焊缝和设计上没有要求的钢材等强对焊拼接焊缝的质量检测

1. 可采用超声波探伤的方法检测。

2. 对钢结构工程质量，应按《钢结构工程施工质量验收规范》GB 50205 的规定进行检测。

3. 对既有钢结构性能，可采取抽样超声波探伤检测；抽样数量不应少于表附-1 的样本最小容量。

4. 焊缝缺陷分级，应按《钢焊缝手工超声波探伤方法及探伤结果分级法》GB 11345 确定。

7.3.3 对钢结构工程的所有焊缝都应进行外观检查；对既有钢结构检测时，可采取抽样检测焊缝外观质量的方法，也可采取按委托方指定范围抽查的方法。焊缝的外形尺寸和外观缺陷检测方法和质量标准，应按《钢结构工程施工质量验收规范》GB 50205 确定。

7.3.4 焊接接头的力学性能，可采取截取试样的方法检验，但应采取措施确保安全。焊接接头力学性能的检验分为拉伸、面弯和背弯等项目，每个检验项目可各取两个试样。焊接接头的取样和检验方法应按《焊接接头机械性能试验取样方法》GB 2649、《焊接接头拉伸试验方法》GB 2651 和《焊接接头弯曲及压扁试验方法》GB 2653 等确定。

焊接接头焊缝的强度不应低于母材强度的最低保证值。

7.3.5 当对钢结构工程质量进行检测时，可抽样进行焊钉焊接后的弯曲检测，抽样数量不应少于表附-1 中 A 类检测的要求；检测方法与评定标准，锤击焊钉头使其弯曲至 30°，焊缝和热影响区没有肉眼可见的裂纹可判为合格；应按表附-4 进行检测批的合格判定。

7.3.6　高强度大六角头螺栓连接副的材料性能和扭矩系数，检验方法和检验规则应按《钢结构高强度大六角头螺栓、大六角螺母、垫圈及技术条件》GB/T 1231、《钢结构工程施工质量验收规范》GB 50205 和《钢结构高强度螺栓连接的设计、施工及验收规程》JGJ 82 确定。

7.3.7　扭剪型高强度螺栓连接副的材料性能和预拉力的检验，检验方法和检验规则应按《钢结构扭剪型高强度螺栓连接副》GB/T 3633 和《钢结构工程施工质量验收规范》GB 50205 确定。

7.3.8　对扭剪型高强度螺栓连接质量，可检查螺栓端部的梅花头是否已拧掉，除因构造原因无法使用专用扳手拧掉梅花头者外，未在终拧中拧掉梅花头的螺栓数不应大于该节点螺栓数的 5%。抽样检验时，应按表附-2 或表附-3 进行检测批的合格判定。

7.3.9　对高强度螺栓连接质量的检测，可检查外露丝扣，丝扣外露应为 2 至 3 扣。允许有 10%的螺栓丝扣外露 1 扣或 4 扣。抽样检验时，应按表附-4 或表附-5 进行检测批的合格判定。

7.4　尺寸与偏差

7.4.1　钢构件尺寸的检测

1. 抽样检测构件的数量，可根据具体情况确定，但不应少于表附-1 规定的相应检测类别的最小样本容量。

2. 尺寸检测的范围，应检测所抽样构件的全部尺寸，每个尺寸在构件的 3 个部位量测，取 3 处测试值的平均值作为该尺寸的代表值。

3. 尺寸量测的方法，可按相关产品标准的规定量测，其中钢材的厚度可用超声测厚仪测定。

4. 构件尺寸偏差的评定指标，应按相应的产品标准确定。

5. 对检测批构件的重要尺寸，应按表附-2 或表附-3 进行检测批的合格判定；对检测批构件一般尺寸的判定，应按本标准按表附-4 或表附-5 进行检测批的合格判定。

6. 特殊部位或特殊情况下，应选择对构件安全性影响较大的部位或损伤有代表性的部位进行检测。

7.4.2 钢构件的尺寸偏差，应以设计图纸规定的尺寸为基准计算尺寸偏差；偏差的允许值，应按《钢结构工程施工质量验收规范》GB 50205 确定。

7.4.3 钢构件安装偏差的检测项目和检测方法，应按《钢结构工程施工质量验收规范》GB 50205 确定。

7.5 缺陷、损伤与变形

7.5.1 钢材外观质量的检测可分为均匀性，是否有夹层、裂纹、非金属夹杂和明显的偏析等项目。当对钢材的质量有怀疑时，应对钢材原材料进行力学性能检验或化学成分分析。

7.5.2 对钢结构损伤的检测可分为裂纹、局部变形、锈蚀等项目。

7.5.3 钢材裂纹，可采用观察的方法和渗透法检测。采用渗透法检测时，应用砂轮和砂纸将检测部位的表面及其周围20mm 范围内打磨光滑，不得有氧化皮、焊渣、飞溅、污垢等；用清洗剂将打磨表面清洗干净，干燥后喷涂渗透剂，渗透时间不应少于 10min；然后再用清洗剂将表面多余的渗透剂清除；最后喷涂显示剂，停留 10～30min 后，观察是否有裂纹显示。

7.5.4 杆件的弯曲变形和板件凹凸等变形情况，可用观察和尺量的方法检测，量测出变形的程度；变形评定，应按现行《钢结构工程施工质量验收规范》GB 50205 的规定执行。

7.5.5 螺栓和铆钉的松动或断裂，可采用观察或锤击的方法检测。

7.5.6 结构构件的锈蚀，可按《涂装前钢材表面锈蚀等级和除锈等级》GB 8923 确定锈蚀等级，对 D 级锈蚀，还应量测钢板厚度的削弱程度。

7.5.7 钢结构构件的挠度、倾斜等变形与位移和基础沉降等，可分别参照第 4.6.2 条、第 4.6.3 条和第 4.6.4 条的提出方法和相应标准规定的方法进行检测。

7.6 构造

7.6.1 钢结构杆件长细比的检测与核算，可按第7.4的规定测定杆件尺寸，应以实际尺寸等核算杆件的长细比。

7.6.2 钢结构支撑体系的连接，可按7.3的规定检测；支撑体系构件的尺寸，可按7.4的规定进行测定；应按设计图纸或相应设计规范进行核实或评定。

7.6.3 钢结构构件截面的宽厚比，可按7.4的规定测定构件截面相关尺寸，并进行核算，应按设计图纸和相关规范进行评定。

7.7 涂装

7.7.1 钢结构防护涂料的质量，应按国家现行相关产品标准对涂料质量的规定进行检测。

7.7.2 钢材表面的除锈等级，可用现行国家标准《涂装前钢材表面锈蚀等级和除锈等级》GB 8923规定的图片对照观察来确定。

7.7.3 不同类型涂料的涂层厚度检测

1. 漆膜厚度，可用漆膜测厚仪检测，抽检构件的数量不应少于表附-1中A类检测样本的最小容量，也不应少于3件；每件测5处，每处的数值为3个相距50mm的测点干漆膜厚度的平均值。

2. 对薄型防火涂料涂层厚度，可采用涂层厚度测定仪检测，量测方法应符合《钢结构防火涂料应用技术规范》CECS 24的规定。

3. 对厚型防火涂料涂层厚度，应采用测针和钢尺检测，量测方法应符合《钢结构防火涂料应用技术规范》CECS 24的规定。

涂层的厚度值和偏差值应按《钢结构工程施工质量验收规范》GB 50205的规定进行评定。

7.7.4 涂装的外观质量，可根据不同材料按《钢结构工程施工质量验收规范》GB 50205的规定进行检测和评定。

7.8 钢网架

7.8.1 钢网架的检测可分为节点的承载力、焊缝、尺寸与偏差、杆件的不平直度和钢网架的挠度等项目。

7.8.2 钢网架焊接球节点和螺栓球节点的承载力的检验，应按《网架结构工程质量检验评定标准》JGJ 78 的要求进行。对既有的螺栓球节点网架，可从结构中取出节点来进行节点的极限承载力检验。在截取螺栓球节点时，应采取措施确保结构安全。

7.8.3 钢网架中焊缝，可采用超声波探伤的方法检测，检测操作与评定应按《焊接球节点钢网架焊缝超声波探伤及质量分级法》JGJ/T 3034.1 或《螺栓球节点钢网架焊缝超声波探伤及质量分级法》JGJ/T 3034.2 的要求进行。

7.8.4 钢网架中焊缝的外观质量，应按《钢结构工程施工质量验收规范》GB 50205 的要求进行检测。

7.8.5 焊接球、螺栓球、高强度螺栓和杆件偏差的检测，检测方法和偏差允许值应按《网架结构工程质量检验评定标准》JGJ 78 的规定执行。

7.8.6 钢网架钢管杆件的壁厚，可采用超声测厚仪检测，检测前应清除饰面层。

7.8.7 钢网架中杆件轴线的不平直度，可用拉线的方法检测，其不平直度不得超过杆件长度的1‰。

7.8.8 钢网架的挠度，可采用激光测距仪或水准仪检测，每半跨范围内测点数不宜小于3个，且跨中应有1个测点，端部测点距端支座不应大于1m。

7.9 结构性能实荷检验与动测

7.9.1 对于大型复杂钢结构体系可进行原位非破坏性实荷检验，直接检验结构性能。结构性能的实荷检验可按注 H 的规定进行。加荷系数和判定原则可按注 H.2 的规定确定，也可根据具体情况进行适当调整。

7.9.2 对结构或构件的承载力有疑义时，可进行原型或足尺模型荷载试验。试验应委托具有足够设备能力的专门机构进行。试验前应制定详细的试验方案，包括试验目的、试件的选取或制作、加载装置、测点布置和测试仪器、加载步骤以及试验结果的评定方法等。试验方案可按注 H 制定，并应在试验前经过有关各方的同意。

7.9.3 对于大型重要和新型钢结构体系，宜进行实际结构动力测试，确定结构自振周期等动力参数。结构动力测试宜符合注 E 的规定。

7.9.4 钢结构杆件的应力，可根据实际条件选用电阻应变仪或其他有效的方法进行检测。

注 A 结构混凝土冻伤的检测方法

A.0.1 结构混凝土冻伤情况的分类、各类冻伤的定义、特点、检验项目和检测方法见表注-1：

结构混凝土冻伤类型及检测项目与检测方法　　表注-1

<table>
<tr><th colspan="2">混凝土冻伤类型</th><th>定　义</th><th>特　点</th><th>检验项目</th><th>采用方法</th></tr>
<tr><td rowspan="2">混凝土早期冻伤</td><td>立即冻伤</td><td>新拌制的混凝土，若入模温度较低且接近于混凝土冻结温度时则导致立即冻伤</td><td>内外混凝土冻伤基本一致</td><td>受冻混凝土强度</td><td>取芯法或超声回弹综合法</td></tr>
<tr><td>预养冻伤</td><td>新拌制的混凝土，若入模温度较高，而混凝土预养时间不足，当环境温度降到混凝土冻结温度时则导致预养冻伤</td><td rowspan="2">内外混凝土冻伤不一致，内部轻微，外部较严重</td><td rowspan="2">（1）外部损伤较重的混凝土厚度及强度。
（2）内部损伤轻微的混凝土强度</td><td rowspan="2">外部损伤较重的混凝土厚度可通过钻出芯样的湿度变化来检测，也可采用超声法</td></tr>
<tr><td colspan="2">混凝土冻融损伤</td><td>成熟龄期后的混凝土，在含水的情况下，由于环境正负温度的交替变化导致混凝土损伤</td></tr>
</table>

A. 0. 2　结构混凝土冻伤类型的判别可根据其定义并结合施工现场情况进行判别。必要时，也可从结构上取样，通过分析冻伤和未冻伤混凝土的吸水量、湿度变化等试验来判别。

A. 0. 3　混凝土冻伤检测的操作，应分别参照钻芯法、超声回弹综合法和超声法检测混凝土强度方法标准进行。

注 B　f-CaO 对混凝土质量影响的检测

B. 0. 1　本检测方法适用于判定 f-CaO 对混凝土质量的影响。

B. 0. 2　f-CaO 对混凝土质量影响的检测可分为现场检查、薄片沸煮检测和芯样试件检测等。

B. 0. 3　现场检查：可通过调查和检查混凝土外观质量(有无开裂、疏松、崩溃等严重破坏症状)初步确定 f-CaO 对混凝土质量有影响的部位和范围。

B. 0. 4　在初步确定有 f-CaO 对混凝土质量有影响的部位上钻取混凝土芯样，芯样的直径可为 70～100mm，在同一部位钻取的芯样数量不应少于两个，同一批受检混凝土至少应取得上述混凝土芯样 3 组。

B. 0. 5　在每个芯样上截取一个无外观缺陷的 10mm 厚的薄片试件，同时将芯样加工成高径比为 1.0 的芯样试件，芯样试件的加工质量应符合《钻芯法检测混凝土强度技术规程》CECS 03 的要求。

B. 0. 6　试件的检测

1. 薄片沸煮检测，将薄片试件放入沸煮箱的试架上进行沸煮，沸煮制度应符合 B. 0. 7 条的规定。对沸煮过的薄片试件进行外观检查。

2. 芯样试件检测，将同一部位钻取的 2 个芯样试件中的 1 个放入沸煮箱的试架上进行沸煮，沸煮制度应符合 B. 0. 7 条的规定。对沸煮过的芯样试件进行外观检查。将沸煮过的芯样试件晾置3天，并与未沸煮的芯样试件同时进行抗压强度测试。芯样试件抗压强度测试应符合《钻芯法检测混凝土强度技术规程》CECS 03的规定。每组芯样试件强度变化的百分率ξ_{cor}和全部芯样试件抗压强度变换百分率的平均值$\xi_{cor,m}$按下式计算。

$$\xi_{cor}=\frac{(f_{cor}-f_{cor}^{*})}{f_{cor}}\times 100$$

式中 ξ_{cor}——芯样试件抗压强度变化的百分率；

f_{cor}——未沸煮芯样试件抗压强度；

f_{cor}^{*}——同组沸煮芯样试件抗压强度。

B.0.7 当出现下列情况之一时，可判定f-CaO对混凝土质量有影响：

1. 有两个或两个以上沸煮试件(包括薄片试件和芯样试件)出现开裂、疏松或崩溃等现象。

2. 芯样试件强度变化百分率平均值$\xi_{cor,m}>30\%$。

3. 仅有一个薄片试件出现开裂、疏松或崩溃等现象，并有一个$\xi_{cor}>30\%$。

B.0.8 沸煮制度，调整好沸煮箱内的水位，使能保证在整个沸煮过程中都超过试件，不需中途添补试验用水，同时又能保证在30min±5min内升至沸腾。将试样放在沸煮箱的试架上，在30min±5min内加热至沸，恒沸6h，关闭沸煮箱自然降至室温。

注C 混凝土中氯离子含量测定

C.0.1 试样制备

1. 将混凝土试件(芯样)破碎，剔除石子。

2. 将试样缩分至50g，研磨至全部通过0.08mm的筛。

3. 用磁铁吸出试样中的金属铁屑。

4. 将试样置于105～110℃烘箱中烘干2h，取出后放入干燥器中冷却至室温备用。

C.0.2　检测用试剂

1. 将5g铬酸钾溶于100mL蒸馏水中，混匀，配制成浓度为50g/L铬酸钾指示液。

2. 将氯化钠基准试剂于500～600℃烧至恒重，并在干燥状态下冷却至室温，称取冷却后的氯化钠基准试剂0.1461g置于250mL烧杯中，用不含Cl^-的蒸馏水溶解，移入250mL溶量瓶中，再稀释至标线，摇匀，配制成浓度为0.01mol/L的氯化钠标准溶液。

3. 称取1.7g硝酸银，用不含Cl^-的蒸馏水溶解后稀释至1L，混匀，配制成浓度为0.01mol/L的硝酸银标准溶液，贮存于棕色瓶中。

4. 硝酸银标准溶液的标定：用移液管吸取氯化钠标准溶液25mL(V_1)，放入300mL三角瓶中，加入蒸馏水70mL制成标定溶液。在强烈振荡下，用硝酸银标准溶液滴至标定溶液出现淡橙色即为终点，记下消耗的硝酸银标准溶液的毫升数(V)。

硝酸银标准溶液的浓度按下式计算：

$$C_{(AgNO_3)}=\frac{C_{(NaCl)}\cdot V_1}{V-V_1}$$

式中　$C_{(AgNO_3)}$——硝酸银标准溶液的浓度(mol/L)；

$C_{(NaCl)}$——氯化钠标准溶液的浓度(mol/L)；

V——滴定时消耗硝酸银标准溶液的体积(mL)；

V_1——吸取氯化钠标准溶液的体积(mL)。

C.0.3　氯离子含量的测定

1. 称取20g试样(m，精确至0.01g)，置于磨口三角瓶中，加入300mL蒸馏水剧烈振荡3～4min，浸泡24h或在90℃的水浴锅中浸泡3h，然后用定性滤纸过滤得到试样溶液。

2. 用移液管分别取50mL试样溶液置于3个250 mL锥形瓶中，并将提取试样溶液的pH值调整到7～8。调整pH值时用硝酸溶液调整酸度，用碳酸氢钠或氢氧化钠调整碱度。

3. 在试样溶液中加入浓度为50g/L的铬酸钾指示剂10～12滴，制成标准试样溶液。

4. 用浓度为0.01mol/L的硝酸银标准溶液滴定，边滴边摇，直至标准试样溶液呈现不消失的淡橙色为终点。记下消耗硝酸银标准溶液的毫升数V_3。

5. 同时做空白试验；空白试验方法：取70mL无Cl^-的蒸馏水放入300mL三角瓶中，加入1mL浓度为50g/L铬酸钾指示液制成空白试验溶液。在强烈振荡下，用硝酸银标准溶液滴至空白试验溶液呈淡橙色即为终点，记下消耗硝酸银标准溶液的毫升数(V_2)。

C.0.4　试样中氯离子含量可按下式计算：

$$W_{Cl^-}=\frac{C_{(AgNO_3)}\times(V_3-V_2)\times0.0355\times6}{m}$$

式中　$C_{(AgNO_3)}$——硝酸银标准溶液的浓度(mol/L)；

V_3——滴定时消耗硝酸银标准溶液的体积(mL)；

V_2——空白试验消耗硝酸银标准溶液的体积(mL)；

m——试样质量(g)。

氯离子含量的测试结果以三次试验的平均值表示，计算精确至0.001％。

C.0.5　测试结果，可提供氯离子含量占试样质量的百分比，也可根据混凝土配合比将上述氯离子含量的测试结果换算成占水泥质量的百分比或氯离子含量占混凝土质量的百分比。

注D　混凝土中钢筋锈蚀状况的检测

D.0.1　钢筋锈蚀状况的检测可根据测试条件和测试要求选择剔凿检测方法、电化学测定方法、或综合分析判定方法。

D.0.2　钢筋锈蚀状况的剔凿检测方法，剔凿出钢筋直接测定钢筋的剩余直径。

D. 0. 3　钢筋锈蚀状况的电化学测定方法和综合分析判定方法宜配合剔凿检测方法的验证。

D. 0. 4　钢筋锈蚀状况的电化学测定可采用极化电极原理的检测方法，测定钢筋锈蚀电流和测定混凝土的电阻率，也可采用半电池原理的检测方法，测定钢筋的电位。

D. 0. 5　电化学测定方法的测区及测点布置

1. 应根据构件的环境差异及外观检查的结果来确定测区，测区应能代表不同环境条件和不同的锈蚀外观表征，每种条件的测区数量不宜少于3个。

2. 在测区上布置测试网格，网格节点为测点，网格间距可为200mm×200mm、300mm×300mm或200mm×100mm等，根据构件尺寸和仪器功能而定。测区中的测点数不宜少于20个。测点与构件边缘的距离应大于50mm。

3. 测区应统一编号，注明位置，并描述其外观情况。

D. 0. 6　电化学检测操作应遵守所使用检测仪器的操作规定，并应注意：

1. 电极铜棒应清洁、无明显缺陷。

2. 混凝土表面应清洁，无涂料、浮浆、污物或尘土等，测点处混凝土应湿润。

3. 保证仪器连接点钢筋与测点钢筋连同。

4. 测点读数应稳定，电位读数变动不超过2mV；同一测点同一技术参考电极重复读数的差异不得超过10mV，同一测点不同参考电极重复读数差异不得超过20mV。

5. 应避免各种电磁场的干扰。

6. 应注意环境温度对测试结果的影响，必要时应进行修正。

D. 0. 7　电化学测试结果的表达

1. 按一定的比例绘出测区平面图，标出相应到点位置的钢筋锈蚀电位，得到数据阵列。

2. 绘出电位等值线图，通过数值相等各点或内插各等值点绘出等值线，等值线差值宜为100mV。

D. 0. 8　电化学测试结果的判定

1. 钢筋电位与钢筋锈蚀状况的判别见表注-2。

钢筋电位与钢筋锈蚀状况判别　　表注-2

序号	钢筋电位状况(mV)	钢筋锈蚀状况判别
1	－350～－500	钢筋发生锈蚀的概率为95%
2	－200～－350	钢筋发生锈蚀的概率为50%，可能存在坑蚀现象
3	－200或高于－200	无锈蚀活动性或锈蚀活动性不确定，锈蚀概率5%

2. 钢筋锈蚀电流与钢筋锈蚀速率及构件损伤年限的判别见表注-3。

钢筋锈蚀电流与钢筋锈蚀速率和构件损伤年限判别　　表注-3

序号	锈蚀电流 I_{corr}($\mu A/cm^2$)	锈蚀速率	保护层出现损伤年限
1	<0.2	钝化状态	—
2	0.2～0.5	低锈蚀速率	>15年
3	0.5～1.0	中等锈蚀速率	10～15年
4	1.0～10	高锈蚀速率	2～10年
5	>10	极高锈蚀速率	不足2年

3. 混凝土电阻率与钢筋锈蚀状况判别见表注-4。

混凝土电阻率与钢筋锈蚀状态判别　　表注-4

序号	混凝土电阻率(kΩcm)	钢筋锈蚀状态判别
1	>100	钢筋不会锈蚀
2	50～100	低锈蚀速率
3	10～50	钢筋活化时，可出现中高锈蚀速率
4	<10	电阻率不是锈蚀的控制因素

D. 0. 9　综合分析判定方法，检测的参数可包括裂缝宽度、混凝土保护层厚度、混凝土强度、混凝土碳化深度、混凝土中有害物质含量以及混凝土含水率等，根据综合情况判定钢筋的锈蚀

状况。

注 E 结构动力测试方法和要求

E.0.1 建筑结构的动力测试方法

1. 测试结构的基本振型时，宜选用环境振动法，在满足测试要求的前提下也可选用初位移等其他方法。

2. 测试结构平面内多个振型时，宜选用稳态正弦波激振法。

3. 测试结构空间振型或扭转振型时，宜选用多振源相位控制同步的稳态正弦波激振法或初速度法。

4. 评估结构的抗震性能时，可选用随机激振法或人工爆破模拟地震法。

E.0.2 结构动力测试设备和测试仪器

1. 当采用稳态正弦激振的方法进行测试时，宜采用旋转惯性机械起振机，也可采用液压伺服激振器，使用频率范围宜在0.5～30Hz，频率分辨率应高于0.01Hz。

2. 可根据需要测试的动参数和振型阶数等具体情况，选择加速度仪、速度仪或位移仪，必要时尚可选择相应的配套仪表。

3. 应根据需要测试的最低和最高阶频率选择仪器的频率范围。

4. 测试仪器的最大可测范围应根据被测试结构振动的强烈程度来选定。

5. 测试仪器的分辨率应根据被测试结构的最小振动幅值来选定。

6. 传感器的横向灵敏度应小于0.05。

7. 进行瞬态过程测试时，测试仪器的可使用频率范围应比稳态测试时大一个数量级。

8. 传感器应具备机械强度高，安装调节方便，体积重量小而便于携带，防水，防电磁干扰等性能。

9. 记录仪器或数据采集分析系统、电平输入及频率范围，应与测试仪器的输出相匹配。

E.0.3 结构动力测试

1. 脉动测试应满足下列要求：避免环境及系统干扰；测试记录时间，在测量振型和频率时不应少于5min，在测试阻尼时不应小于30min；当因测试仪器数量不足而做多次测试时，每次测试中应至少保留一个共同的参考点。

2. 机械激振振动测试应满足下列要求：应正确选择激振器的位置，合理选择激振力，防止引起被测试结构的振型畸变；当激振器安装在楼板上时，应避免楼板的竖向自振频率和刚度的影响，激振力应具有传递途径；激振测试中宜采用扫频方式寻找共振频率，在共振频率附近进行测试时，应保证半功率带宽内有不少于5个频率的测点。

3. 施加初位移的自由振动测试应符合下列要求：应根据测试的目的布置拉线点；拉线与被测试结构的连结部分应具有能够整体传力到被测试结构受力构件上；每次测试时应记录拉力数值和拉力与结构轴线间的夹角；量取波值时，不得取用突断衰减的最初两个波；测试时不应使被测试结构出现裂缝。

E.0.4 结构动力测试的数据处理

1. 时域数据处理：对记录的测试数据应进行零点漂移、记录波形和记录长度的检验；被测试结构的自振周期，可在记录曲线上比较规则的波形段内取有限个周期的平均值；被测试结构的阻尼比，可按自由衰减曲线求取，在采用稳态正弦波激振时，可根据实测的共振曲线采用半功率点法求取；被测试结构各测点的幅值，应用记录信号幅值除以测试系统的增益，并按此求得振型。

2. 频域数据处理：采样间隔应符合采样定理的要求；对频域中的数据应采用滤波、零均值化方法进行处理；被测试结构的自振频率，可采用自谱分析或傅里叶谱分析方法求取；被测试结构的阻尼比，宜采用自相关函数分析、曲线拟合法或半功率点法确定。被测试结构的振型，宜采用自谱分析、互谱分析或传递函数分析方法确定；对于复杂结构的测试数据，宜采用谱分析、相关分析或传递函数分析等方法进行分析。

3. 测试数据处理后应根据需要提供被测试结构的自振频率、阻尼比和振型，以及动力反应最大幅值、时程曲线、频谱曲线等分析结果。

注 F 回弹检测烧结普通砖抗压强度

F.0.1 本方法适用于用回弹法检测烧结普通砖的抗压强度。按本方法检测时，应使用 HT75 型回弹仪。

F.0.2 对检测批的检测，每个检验批中可布置 5～10 个检测单元，共抽取 50～100 块砖进行检测，检测块材的数量尚应满足第 2.3.13 条 A 类检测样本容量的要求和第 2.3.15 条与第 2.3.16 条对推定区间的要求。

F.0.3 回弹测点布置在外观质量合格砖的条面上，每块砖的条面布置 5 个回弹测点，测点应避开气孔等且测点之间应留有一定的间距。

F.0.4 以每块砖的回弹测试平均值 R_m 为计算参数，按相应的测强曲线计算单块砖的抗压强度换算值；当没有相应的换算强度曲线时，经过试验验证后，可按下式计算单块砖的抗压强度换算值：

黏土砖： $f_{1,i}=1.08R_{m,i}-32.5$

页岩砖： $f_{1,i}=1.06R_{m,i}-31.4$ （精确至小数点后一位）

煤矸石砖： $f_{1,i}=1.05R_{m,i}-27.0$

式中 $R_{m,i}$——第 i 块砖回弹测试平均值；

$f_{1,i}$——第 i 块砖抗压强度换算值。

F.0.5 抗压强度的推定，以每块砖的抗压强度换算值为代表值，按第 2.3.19 条或第 2.3.20 条的规定确定推定区间。

F.0.6 回弹法检测烧结普通砖的抗压强度宜配合取样检验的验证。

注 G 表面硬度法推断钢材强度

G.0.1 本检测方法适用于估算结构中钢材抗拉强度的范围，不能准确推定钢材的强度。

G.0.2 构件测试部位的处理，可用钢锉打磨构件表面，除去表面锈斑、油漆，然后应分别用粗、细砂纸打磨构件表面，直至露出金属光泽。

G.0.3 按所用仪器的操作要求测定钢材表面的硬度。

G.0.4 在测试时，构件及测试面不得有明显的颤动。

G.0.5 按所建立的专用测强曲线换算钢材的强度。

G.0.6 可参考《黑色金属硬度及相关强度换算值》GB/T 1172 等标准的规定确定钢材的换算抗拉强度，但测试仪器和检测操作应符合相应标准的规定，并应对标准提供的换算关系进行验证。

注 H 钢结构性能的静力荷载检验

H.1 一般规定

H.1.1 本附录适用于普通钢结构性能的静力荷载检验，不适用用冷弯型钢和压型钢板以及钢-混组合结构性能和普通钢结构疲劳性能的检验。

H.1.2 钢结构性能的静力荷载检验可分为使用性能检验、承载力检验和破坏性检验；使用性能检验和承载力检验的对象可以是实际的结构或构件，也可以是足尺寸的模型；破坏性检验的对象可以是不再使用的结构或构件，也可以是足尺寸的模型。

H.1.3 检验装置和设置，应能模拟结构实际荷载的大小和分布，应能反映结构或构件实际工作状态，加荷点和支座处不得出现不正常的偏心，同时应保证构件的变形和破坏不影响测试数据的准确性和不造成检验设备的损坏和人身伤亡事故。

H.1.4 检验的荷载，应分级加载，每级荷载不宜超过最大荷载的20%，在每级加载后应保持足够的静止时间，并检查构件是否存在断裂、屈服、屈曲的迹象。

H.1.5 变形的测试，应考虑支座的沉降变形的影响，正式检验前应施加一定的初试荷载，然后卸荷，使构件贴紧检验装置。加载过程中应记录荷载变形曲线，当这条曲线表现出明显非线性时，应减小荷载增量。

H.1.6 达到使用性能或承载力检验的最大荷载后，应持荷至少1h，每隔15min测取一次荷载和变形值，直到变形值在15min内不再明显增加为止。然后应分级卸载，在每一级荷载和卸载全部完成后测取变形值。

H.1.7 当检验用模型的材料与所模拟结构或构件的材料性能有差别时，应进行材料性能的检验。

H.2 使用性能检验

H.2.1 使用性能检验以证实结构或构件在规定荷载的作用下不出现过大的变形和损伤，经过检验且满足要求的结构或构件应能正常使用。

H.2.2 在规定荷载作用下，某些结构或构件可能会出现局部永久性变形，但这些变形的出现应是事先确定的且不表明结构或构件受到损伤。

H.2.3 检验的荷载，应取下列荷载之和：

实际自重×1.0；其他恒载×1.15；可变荷载×1.25。

H.2.4 经检验的结构或构件应满足下列要求：

1. 荷载-变形曲线宜基本为线性关系。

2. 卸载后残余变形不应超过所记录到最大变形值的20%。

H.2.5 当第H.2.4条的要求不满足时，可重新进行检验。第二次检验中的荷载一变形应基本上呈现线性关系，新的残余变形不得超过第二次检验中所记录到最大变形的10%。

H.3 承载力检验

H.3.1 承载力检验用于证实结构或构件的设计承载力。

H.3.2 在进行承载力检验前，宜先进行 H.2 节所述使用性能检验且检验结果满足相应的要求。

H.3.3 承载力检验的荷载，应采用永久和可变荷载适当组合的承载力极限状态的设计荷载。

H.3.4 承载力检验结果的评定，检验荷载作用下，结构或构件的任何部分不应出现屈曲破坏或断裂破坏；卸载后结构或构件的变形应至少减少 20%。

H.4 破坏性检验

H.4.1 破坏性检验用于确定结构或模型的实际承载力。

H.4.2 进行破坏性检验前，宜先进行设计承载力的检验，并根据检验情况估算被检验结构的实际承载力。

H.4.3 破坏性检验的加载，应先分级加到设计承载力的检验荷载，根据荷载变形曲线确定随后的加载增量，然后加载到不能继续加载为止，此时的承载力即为结构的实际承载力。

注 I 超声法检测钢管中混凝土抗压强度

I.0.1 本附录适用于超声法检测钢管中混凝土的强度，按本附录得到的混凝土强度换算值应进行同条件立方体试块或芯样试件抗压强度的修正。

I.0.2 超声法检测钢管中混凝土的强度，圆钢管的外径不宜小于 300mm，方钢管的最小边长不宜小于 275mm。

I.0.3 超声法的测区布置和抽样数量

1. 按检测批检测时，抽样检测构件的数量不应少于表附-1中样本最小容量的规定，测区数量尚应满足本标准对计量抽样推定区间的要求。

2. 每个构件上应布置 10 个测区(每个测区应有两个相对的测面)。小构件可布置 5 个测区。

3. 每个测面的尺寸不宜小于 200mm×200mm。

I.0.4 超声法的测区，钢管的外表面应光洁，无严重锈蚀，并应能保证换能器与钢管表面耦合良好。

I.0.5 在每个测区内的相对测试面上，应各布置 3 个测点，发射和接收换能器的轴线应在同一轴线上，对于圆钢管该轴线应通过钢管的圆心。如图 I.0.5 所示。

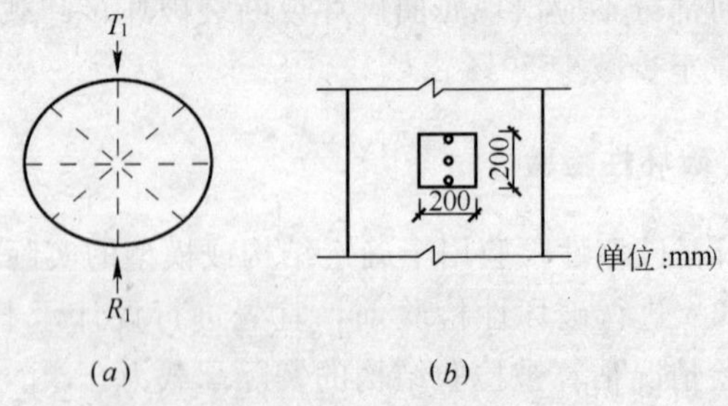

(a)　　(b)

图 I.0.5 钢管中混凝土强度检测示意图

(a)平面图；(b)立面图

I.0.6 测区的声速应按下列公式计算：

$$v = d / t_m$$

$$t_m = (t_1 + t_2 + t_3)/3$$

式中 v ——测区声速值(精确到 0.01km/s)；

d ——超声测距，即钢管外径(精确到 mm)；

t_m ——测区平均声时值(精确到 0.1μs)；

t_1、t_2、t_3 ——分别为测区中 3 个测点的声时值(精确到 0.1μs)。

I.0.7 构件第 i 个测区的混凝土强度换算值 $f^c_{cu,i}$，应依据测区声速值 v 按专用测强曲线或地区测强曲线确定。

参考文献

[1] 吴松勤主编．建筑工程施工质量验收规范应用讲座．北京：中国建筑工业出版社，2002

[2] 卫明主编．建筑工程施工强制性条文实施指南(第二版)．北京：中国建筑工业出版社，2004

[3] 袁海军，姜红主编．建筑结构检测鉴定与加固手册．北京：中国建筑工业出版社，2003

[4] 上海市建筑业联合会，工程建设监督委员会．建筑工程质量控制与验收．北京：中国建筑工业出版社，2002

[5] 军队工程质监总站主编．军队工程建设质量监督管理手册．北京：2001

[6] 谭跃虎主编．建筑地基与基础工程监理．北京：中国建筑工业出版社，2003

[7] 杨效中主编．主体结构与防水工程监理．北京：中国建筑工业出版社，2003

[8] 程志军等．混凝土结构工程施工质量验收规范学习辅导材料．北京：2002

[9] 张昌叙主编．砌体工程施工质量验收规范培训讲座．北京：中国建筑工业出版社，2002

[10] 侯兆欣等．钢结构工程施工质量验收规范实施指南．北京：中国建筑工业出版社，2002

[11] 侯兆欣等．钢结构工程施工质量验收规范培训讲座．北京：中国建筑工业出版社，2003

[12] 陈禄如等．建筑钢结构施工手册．北京：中国计划出版社，2002

[13] 王景文主编．钢结构工程施工质量验收实用手册．北京：中国建材工业出版社，2002

[14] 李文华等．建筑工程质量检验．北京：中国建筑工业出版社，2002

[15] 毛龙泉等．建筑工程施工质量检查与验收手册．北京：中国建筑工业出版社，2002

[16] 江正荣．建筑施工工程师手册(第二版)．北京：中国建筑工业出版社，2002

[17] 杨南方主编．混凝土结构施工实用手册．北京：中国建筑工业出版社，2001

[18] 杨南方主编．建筑工程施工技术措施(1、2、3)．北京：中国建筑工业出版社，2000

[19] 杨南方主编．住宅工程质量通病防治手册(第二版)．北京：中国建筑工业出版社，2002

[20] 彭圣浩主编．建筑工程质量通病防治手册(第三版)．北京：中国建筑工业出版社，2002

[21] 《基础工程施工手册》编写组．基础工程施工手册．北京：中国建筑工业出版社，2002

[22] 《建筑施工手册》编写组．建筑施工手册(第四版)缩印本．北京：中国建筑工业出版社，2003

[23] 中国建筑工程总公司．地基与基础工程施工工艺标准．北京：中国建筑工业出版社，2003

[24] 中国建筑工程总公司．混凝土结构工程施工工艺标准．北京：中国建筑工业出版社，2003

[25] 中国建筑工程总公司．建筑砌体工程施工工艺标准．北京：中国建筑工业出版社，2003

[26] 中国建筑工程总公司．钢结构工程施工工艺标准．北京：中国建筑工业出版社，2003

[27] 上海建工集团曹鸿新等．结构工程禁忌手册．北京：中国建筑工业出版社，2002

[28] 徐天平主编．地基与基础工程施工质量问答．北京：中国建筑工业出版社，2004

[29] 张鸿勋，赵瑞主编．砌体工程施工质量问答．北京：中国建筑工业出版社，2004

[30] 彭尚银，杨南方主编．混凝土结构工程施工质量问答．北京：中国建筑工业出版社，2004